概率论、数理统计与随机过程

主　编　张帼奋

副主编　黄柏琴　张彩伢

ZHEJIANG UNIVERSITY PRESS
浙江大学出版社

《概率论、数理统计与随机过程》

编 委 会

前　言

本书是为非统计专业本科生编写的教科书，也可以作为有微积分基础的科研工作者学习与使用概率论，数理统计与随机过程的基本概念与方法的参考材料.

本书分为三部分：第一部分（第一章至第五章）是概率论部分，主要介绍概率论的基本知识，包括一元，二元离散型随机变量和连续型随机变量的分布，数字特征等；第二部分（第六章至第九章）是数理统计部分，介绍了统计量与抽样分布，参数估计，假设检验，方差分析与回归分析；第三部分（第十章至第十三章）介绍随机过程的基本知识，马尔可夫链，泊松过程，布朗运动和平稳过程。各部分的教学时数都约为 24 学时，概率论部分的教学时数可以稍多些. 数理统计与随机过程的内容是独立的，可以根据需要开设概率论与数理统计或概率论与随机过程课程.

本书的主要特点有：(1)在每章的习题前列出了思考题，使读者对每章的内容有更清晰的梳理；(2)在某些章节尤其是数理统计部分的例子后介绍了 Excel 软件应用，使读者不仅掌握概率统计的原理，还能对大量复杂的数据运用软件进行直接分析；(3)例题和习题的选取上尽可能贴近生活，兼顾趣味性，有实际意义.

本书的第一章到第三章由黄柏琴编写；第四，第五章由黄炜编写；第六，第九章由张奕编写；第七，第八章由张彩伢编写；第十，第十一章由赵敏智编写；第十二，第十三章由张帼奋编写，最后的统稿由张帼奋完成. 编者中除了张彩伢是浙江大学城市学院教师，其余都是浙江大学教师. 书中的部分介绍，例题和习题参考了书后所列的书目，在此特向有关的作者和出版社表示衷心的感谢.

参加本书编写的教师都长期从事教学科研工作，有丰富的教学实践经验，书中的不少内容是我们教学科研工作的总结，愿与广大读者交流分享.

张立新教授对本书的讲义进行了审阅，并提出了宝贵的意见，在此也向他表示由衷的谢意。另外还要感谢其他对本教材的讲义提出意见和给予帮助的老师和研究生等.

在写作过程中我们努力做到内容由浅入深，所选例题典型新颖，解题过程条理清晰. 由于编者水平有限，书中可能还有不少的缺陷，恳请各位同行，专家和广大的读者朋友批评指正.

本书编委会

2011 年 5 月

目　　录

第一章　概率论的基本概念

自然界的现象可以分为两大类：一类为必然现象，另一类为随机现象.

所谓**必然现象**，是指在一定的条件下必然发生的现象. 例如：在一个标准大气压下，水加热到 100℃一定会沸腾；向上抛一重物，一定会落到地面上；月亮一定沿某一轨道绕地球运转，等等. 研究这些必然现象中的数量关系，常常采用微积分、代数、几何及其他一些数学方法.

所谓**随机现象**，也称为偶然现象，是指在一定条件下具有多种可能发生的结果，而对于究竟发生哪一个结果事先不能肯定的现象. 例如："明天天气"可能是晴，也可能是阴或雨；从一批产品中任意抽取一件产品，该产品可能是合格品，也可能是不合格品；同一工人在同一台车床上用同样的材料加工同类型的轴，其直径也不会完全相同；某一时刻某柜台的顾客数可能为 0，1，2，3，…，等等，这些仅仅是"瞬息万变"的大千世界中的一点点事实. 从表面上看，随机现象完全由偶然性在起支配作用，没有什么必然性. 其实，这些现象有一个共同的特点：在一定的条件下，当我们重复观察随机现象的时候，就会发现随机现象的出现有其规律性. 例如：从一大批产品中，每抽一件产品，该产品是合格或是不合格是随机的，这是现象具有偶然性的一面；然而，当重复抽取产品时，不合格品率是稳定的，这就是现象具有的必然性的一面. 再如，当一辆汽车按正常操作通过某一地段时，事先无法确切知道会不会发生交通事故，即带有偶然性；但经过大量的观察，发现某一地段发生交通事故比较多，因此就在这一地段的路边立了一块"事故多发地段"的牌子（这就是必然的一面，即有规律性的一面），提醒人们引起注意. 由此可见，随机现象的出现是偶然的，但在大量重复试验（观察）中，随机现象隐藏着必然的规律性，这种固有的规律性称为统计规律性. 概率论、数理统计与随机过程就是研究随机现象数量规律性的学科.

§1.1　样本空间、随机事件

（一）样本空间、随机事件

为了精细地考察一个随机现象，必须分析这个随机现象的各种结果，只有弄清了一个随机现象的各种结果，才能进一步研究这个随机现象的各种结果出现的可能性. 对随机现象作一次观察（或记录、或试验）称为**随机试验（random experiment）**，这些试验具有以下特点：

（1）可以在相同的条件下重复进行；

（2）每次试验可能出现的结果不止一个，但能事先明确试验的所有可能结果；

（3）试验完成前不能确定哪个结果会出现.

本书中以后提到的试验都是指随机试验.

称随机试验的所有可能结果构成的集合为**样本空间（sample space）**，记为 S. 样本空间 S 中的每一个元素，即试验的每一个结果称为**样本点（sample point）**.

观察随机现象时，人们常常关心某些特定的结果，这些结果可能出现，也可能不出现. 在随机试验中，称那些可能发生又可能不发生的结果为**随机事件（random event）**，简称**事件**. 特别地，称试验的每一个结果（即样本点）为**基本事件**.

我们常用集合的方法描述样本空间及随机事件，那么随机事件即为样本空间的一个子集.

例 1.1.1　投掷一枚硬币，试验的结果有 2 个："正面朝上"，"反面朝上"，故该试验所对应的样本空间由上述 2 个基本事件构成，简记为

$$S=\{(\text{正面}),(\text{反面})\}.$$

例 1.1.2　一射手向一目标射击 3 次，观察他的击中次数，可能为"击中 0 次"，"击中 1 次"，"击中 2 次"，"击中 3 次"，即该试验有这 4 种可能结果，每一个结果都是一个基本事件，所以该试验所对应的样本空间可以简记为

$$S=\{0,1,2,3\}.$$

记 $A=\{\text{至少有 1 次击中}\}=\{1,2,3\}\subset S$；$B=\{\text{击中次数不到 2 次}\}=\{0,1\}\subset S$. A,B 均为随机事件.

例 1.1.3　记录一批标注重量为 50(kg)的袋装大米的重量 x 与农药残留量 y，对应的样本空间为

$$S=\{(x,y):49\leqslant x\leqslant 51,0\leqslant y\leqslant y_0\},$$

其中 y_0 为农药最高残留量.

记 $A=\{\text{一袋重量不少于 50kg 的无农药残留的大米}\}=\{(x,y):x\geqslant 50,y=0\}\subset S$.

例 1.1.4　从 15 个同类产品（其中 12 个正品，3 个次品）中任取 4 个产品，观察取得的次品数，则对应的样本空间为

$$S=\{0,1,2,3\}.$$

{至少有 2 个正品}及{恰有 2 个正品}均为随机事件.

当某一事件所包含的一个样本点发生时，我们就称该事件发生. 例如，在例 1.1.2 中，$A=\{1,2,3\}$，若射手"恰好击中 1 次"时，即 A 所包含的一个样本点出现，那么我们就称事件 A 发生；当射手"恰好击中 2 次"时，我们亦称事件 A 发生；当射手"恰好击中 3 次"时，我们同样称事件 A 发生.

特别地，若将样本空间 S 亦视为一事件，因为 S 包含了试验所有的可能结果，因此在任何一次试验中，事件 S 一定会发生. 我们称这种每次试验必然发生的事件为**必然事件**，用 S 来表示. 与之相对应地，称在任何试验中都不可能发生的事件为**不可能事件**，记为 $\varnothing$.

考察例 1.1.4 中的 2 个事件：{4 个都是次品}和{至少有 1 个正品}，前者是不可能事件，后者是必然事件.

（二）事件的相互关系及运算

在研究随机现象时，为了掌握复杂事件的统计规律，我们常常需要研究事件之间的相互关系及运算.

前面我们已经用集合描述了样本空间与随机事件，下面我们再用集合论的方法来定义与理解事件的相互关系及运算.

1. 事件的包含与相等

设 A,B 为同一样本空间 S 中的两个事件. 若当事件 B 发生时一定导致 A 发生，则称事件 A **包含**事件 B，记为 $A\supset B$；当 $A\supset B$，同时又有 $B\supset A$ 时，记为 $A=B$，即称事件 A 与 B **相等**.

2. 事件的运算

同样假设以下参与运算的事件都在同一样本空间中.

事件 $A\cup B$ 在集合论中理解为由集合 A 与 B 的元素合并到一起构成的新的集合，现在

A,B 为随机事件，$A\cup B$ 为一个新的事件. 事件 $A\cup B$ 包含了 A 和 B 的所有样本点，这些样本点发生时，$A\cup B$ 发生. 故当事件 A,B 至少有一发生时，$A\cup B$ 发生. 因此有下面的定义：

$$A\cup B=\{A\text{ 与 }B\text{ 至少有一个发生}\}$$

为事件 A 与事件 B 的**和事件**. 同样，称

$$\bigcup_{j=1}^{n}A_j=\{A_1,A_2,\cdots,A_n\text{ 至少有一个发生}\}$$

为 n 个事件 $A_1,A_2,\cdots,A_n(n\geqslant 1)$ 的和事件；称

$$\bigcup_{j=1}^{\infty}A_j=\{A_1,A_2,\cdots,A_n,\cdots\text{至少有一个发生}\}$$

为可列个事件 $A_1,A_2,\cdots$ 的和事件.

而在集合论中，$A\cap B$ 表示由 A,B 两个集合的公共元素组成的新的集合，即 $A\cap B$ 发生当且仅当事件 A,B 同时发生. 故称

$$A\cap B=\{A,B\text{ 同时发生}\}$$

为事件 A 与事件 B 的**积事件**，也可表示成 $A\cdot B$，或表示成 AB. 类似可以定义：

$$\bigcap_{j=1}^{n}A_j=\{A_1,A_2,\cdots,A_n\text{ 同时发生}\}$$

为 n 个事件 $A_1,A_2,\cdots,A_n(n\geqslant 1)$ 的积事件；称

$$\bigcap_{j=1}^{\infty}A_j=\{A_1,A_2,\cdots,A_n,\cdots\text{同时发生}\}$$

为可列个事件 $A_1,A_2,\cdots$ 的积事件.

对于“A 不发生”事件，称之为 A 的**逆事件**，记作 $\overline{A}$，即

$$\overline{A}=\{A\text{ 不发生}\}.$$

注意到 $A\cup\overline{A}=S$，同时 $A\cap\overline{A}=\varnothing$. 故 A 与 $\overline{A}$ 互逆，又称 A 与 $\overline{A}$ 为**对立事件**.

A 与 B 的**差事件**，记为 $A-B$，即

$$A-B=\{A\text{ 发生同时 }B\text{ 不发生}\}.$$

因此，$A-B=A\overline{B}$.

我们可以借助以下的图形(见图 1.1.1)，表示以上事件的关系和运算：

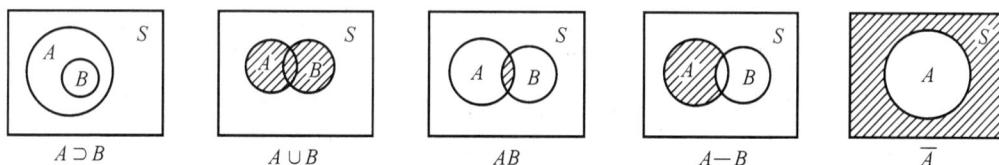

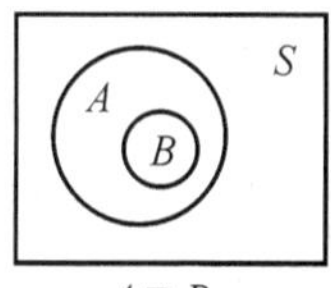

$A\supset B$

$A\cup B$

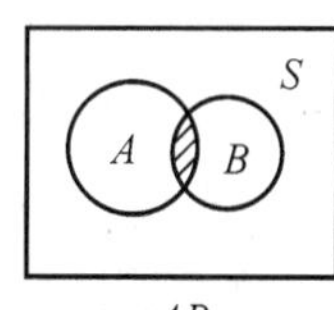

AB

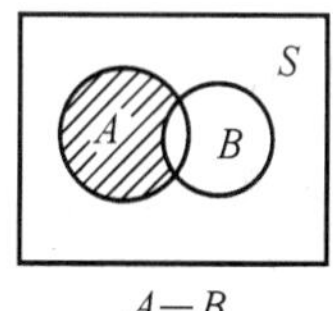

$A-B$

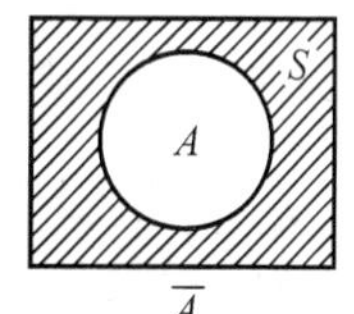

$\overline{A}$

图 1.1.1

和、交与逆事件具有以下的运算规则：

交换律：$A\cup B=B\cup A$，　　$A\cap B=B\cap A$；

结合律：$A\cup(B\cup C)=(A\cup B)\cup C$，　　$A(BC)=(AB)C$；

分配律：$A(B\cup C)=(AB)\cup(AC)$，　　$(AB)\cup C=(A\cup C)(B\cup C)$；

德摩根定律(De Morgan's laws)：

$$\overline{\bigcup_{j=1}^{n}A_j}=\bigcap_{j=1}^{n}\overline{A}_j,\qquad \overline{\bigcap_{j=1}^{n}A_j}=\bigcup_{j=1}^{n}\overline{A}_j$$

即“n 个事件至少有一发生”的逆事件为“这 n 个事件都不发生”；“n 个事件都发生”的逆事件为“这 n 个事件至少有一个不发生”.

定义 1.1.1 设 A,B 为两随机事件，当 $AB=\varnothing$ 时，称事件 A 与事件 B **不相容**(或**互斥**).

也即当 A 与 B 不能同时发生时，称 A,B 不相容. 我们注意到“样本空间中的样本点两两不相容”.

例 1.1.5 抛一颗骰子，设 $A_i=\{$得到的点数为 $i\}$，$i=1,2,\cdots,6$. 再设 $A=\{$得到偶数点$\}$，$B=\{$得到奇数点$\}$，$C=\{$得到 1 点或 3 点$\}$. 则

$$A=A_2\cup A_4\cup A_6,\quad B=A_1\cup A_3\cup A_5,\quad C=A_1\cup A_3$$

显然 $B\supset C$；又 $AC=\varnothing$，故 A 与 C 不相容，又 $\overline{A}=\overline{A_2}\,\overline{A_4}\,\overline{A_6}=B$，故 A,B 互逆.

概率论中常有以下定义：由 n 个元件组成系统，若有一个损坏，则系统就损坏，此时称该系统为串联系统；若有一个不损坏，则系统不损坏，此时称该系统为并联系统. 例如，一个凳子是由 4 条腿、凳板、靠背共 6 个部分组成，如果其中一个部分损坏，我们就认为这把凳子坏了，那么这把凳子就是一个由 6 个部件组成的串联系统.

例 1.1.6 由 n 个部件组成的系统，设 $A_j=\{$第 j 个部件不损坏$\}$，$A=\{$系统不损坏$\}$. 则有

串联系统 $A=A_1A_2\cdots A_n$；

并联系统 $A=A_1\cup A_2\cup\cdots\cup A_n$.

§1.2 频率与概率

(一)频率

前面已经提到，我们的目的是要研究随机现象的数量规律性，为此我们首先提出频率的概念.

在一定的条件下，设事件 A 在 n 次重复试验中发生 n_A 次(称 n_A 为 A 在这 n 次试验中发生的**频数**)，称比值 n_A/n 为事件 A 在这 n 次试验中发生的**频率(frequency)**，记为 $f_n(A)$，

$$f_n(A)=\frac{n_A}{n}=\frac{A\text{ 发生次数}}{\text{总的试验次数}}.$$

例 1.2.1 从市场上抽查了某品牌的一种液态奶制品 30 件，其中有 20 件被检出了某种物质含量超标，则事件“检出某物质含量超标”在这 30 次试验中发生的频率为 $\frac{20}{30}$.

事件 A 发生的频率越大，人们就会感到 A 发生的可能性越大，频率越小，就有这一事件不易发生的感觉，所以频率是人们对事件发生的可能性大或小的第一认识.

事件的频率具有以下性质：

(1)对任一事件 A，$0\leqslant f_n(A)\leqslant 1$；

(2)$f_n(S)=1$；

(3)当事件 A 与 B 不相容时，$f_n(A\cup B)=f_n(A)+f_n(B)$.

性质(3)可以推广，当 $A_1,A_2,\cdots,A_k(k>2)$ 两两不相容时，

$$f_n\Big(\bigcup_{j=1}^{k}A_j\Big)=\sum_{j=1}^{k}f_n(A_j).$$

例 1.2.2 某厂每天从当天的产品中抽取 50 件，检查其是否合格，记录于表 1.2.1：

表 1.2.1

观察天数	1	2	3	…	10	15	20	25	30	…
累计抽检产品数(n)	50	100	150	…	500	750	1000	1250	1500	…
累计不合格数(n_A)	0	2	4	…	6	8	11	14	16	…
频率(n_A/n)	0	0.02	0.027	…	0.012	0.011	0.011	0.011	0.011	…

例 1.2.3　抛硬币试验，在相同的条件下将一枚硬币抛 n 次(你不妨一试)，设 $A=\{$出现正面$\}$，当 n 较小时，$f_n(A)$的变化范围较大，但人们发现，当 n 渐渐增大时，$f_n(A)$的值渐渐地稳定在 0.5 附近. 以下是几个世界著名的大统计学家抛硬币的试验结果(列于表 1.2.2)：

表 1.2.2

试验者	n	n_A	$f_n(A)$
德摩根	2048	1061	0.5181
蒲丰	4040	2048	0.5069
K. 皮尔逊	12000	6019	0.5016
K. 皮尔逊	24000	12012	0.5005

无数事实告诉我们，在大量试验中(即当 n 充分大时)，任一随机事件 A 的频率$f_n(A)$具有稳定性，$f_n(A)$会稳定于一个常数 $p(0\leqslant p\leqslant 1)$附近，这个数是由事件 A 的属性所决定的. 这给了我们一个机会，一个用数量来描述事件 A 发生的可能性大小的机会.

(二)概率

有一种定义概率的方法(称之为概率的统计性定义)是：设某一随机试验所对应的样本空间为 S，对 S 中的任一事件 A，A 的频率 $f_n(A)$的稳定值 p 定义为 A 的概率，记为$P(A)=p$.

虽然上面的定义很直观，很易理解，且人们也常用这样的思路来解释概率，但也存在问题. 事实上，人们常常不易知道 $f_n(A)$的稳定值 p，因而我们采用以下公理化的定义.

定义 1.2.1　设某一随机试验所对应的样本空间为 S. 对 S 中的任一事件 A，定义一个实数 $P(A)$，满足以下三条公理：

(1)$P(A)\geqslant 0$；

(2)$P(S)=1$；

(3)对 S 中的可列个两两不相容的事件 $A_1,A_2,\cdots,A_n,\cdots$(即 $A_iA_j=\varnothing,i\neq j,i,j=1,2,\cdots$)，有

$$P\left(\bigcup_{j=1}^{\infty}A_j\right)=\sum_{j=1}^{\infty}P(A_j),$$

则称 $P(A)$为 A 的**概率(probability)**，$P(\cdot)$为概率测度.

值得注意的是，对于有限个两两不相容的事件的和事件有

$$P\left(\bigcup_{j=1}^{n}A_j\right)=\sum_{j=1}^{n}P(A_j).$$

以上定义的概率有以下性质：

(1)$P(A)=1-P(\overline{A})$；

因为 $A\cup\overline{A}=S$，两边求概率(注意到 $A\overline{A}=\varnothing$)，即得.

特别地，$\varnothing\cup S=S$，可得 $P(\varnothing)=0$.

(注意：若有 $P(A)=0$，**不一定**能得出 $A=\varnothing$.)

(2)当 $A\supset B$ 时，必有 $P(A)\geqslant P(B)$；

因为当 $A\supset B$ 时，$A=B\cup A\overline{B}\Rightarrow P(A)=P(B)+P(A\overline{B})$. 而 $0\leqslant P(A\overline{B})=P(A)-P(B)$，故 $P(A)\geqslant P(B)$. 进而可得 $P(A)\leqslant P(S)=1$.

(3)概率的加法公式：

$$P(A\cup B)=P(A)+P(B)-P(AB);$$

因为 $A=AB\cup A\overline{B}\Rightarrow P(A)=P(AB)+P(A\overline{B})\Rightarrow P(A\overline{B})=P(A)-P(AB)$，

又 $$A\cup B=B\cup A\overline{B}\Rightarrow P(A\cup B)=P(B)+P(A\overline{B}),$$

故 $P(A\cup B)=P(A)+P(B)-P(AB)$.

性质 3 可以推广：

$P(A\cup B\cup C)=P(A)+P(B)+P(C)-P(AB)-P(AC)-P(BC)+P(ABC)$；

$$P(\bigcup_{j=1}^{n}A_i)=\sum_{j=1}^{n}P(A_j)-\sum_{i<j}P(A_iA_j)+\sum_{i<j<k}P(A_iA_jA_k)-\cdots+(-1)^{n-1}P(A_1A_2\cdots A_n),\quad n\geqslant 1.$$

例 1.2.4 设甲、乙两人向同一目标进行射击，已知甲击中目标的概率为 0.7，乙击中目标的概率为 0.6，两人同时击中目标的概率为 0.4，求目标不被击中的概率.

解 设 A={甲击中目标}，B={乙击中目标}. 由题意知

$$P(A)=0.7,\qquad P(B)=0.6,\qquad P(AB)=0.4.$$

而{目标不被击中}$=\overline{A}\,\overline{B}=\overline{A\cup B}$，所以

$$P(\overline{A}\,\overline{B})=1-P(A\cup B)=1-P(A)-P(B)+P(AB)=0.1.$$

例 1.2.5 设甲、乙、丙三个人去参加某个集会的概率均为 0.4，且甲、乙、丙中至少有两个人去参加的概率为 0.3，三人同时参加的概率为 0.05. 求甲、乙、丙三人至少有一人参加的概率.

解 设 A={甲参加}，B={乙参加}，C={丙参加}. 由题意知，

$$P(A)=P(B)=P(C)=0.4,P(AB\cup AC\cup BC)=0.3,P(ABC)=0.05.$$

由 $$0.3=P(AB\cup AC\cup BC)=P(AB)+P(AC)+P(BC)-2P(ABC),$$

得 $P(AB)+P(AC)+P(BC)=0.3+2P(ABC)=0.4$，故

$$P(\text{甲、乙、丙三人至少有一人参加})=P(A\cup B\cup C)$$
$$=P(A)+P(B)+P(C)-[P(AB)+P(AC)+P(BC)]+P(ABC)=0.85.$$

从以上两个例题可以看出，解这类题，第 1 步：要设随机事件；第 2 步：要明确写出已知什么及要求什么；第 3 步：写出事件的运算式与概率运算式，求出概率.

§1.3　等可能概型

在某些随机试验中，我们常假设样本空间中样本点出现的可能性相等. 例如，抛硬币试验，S={正面，反面}，我们常假设出现正面与反面的概率相等.

定义 1.3.1 一个随机试验，如果满足下面两个条件：

(1)样本空间中样本点数有限(有限性)；

(2)出现每一个样本点的概率相等(等可能性).

则称这个试验问题为**古典概型**，又称**等可能概型**.

若设一等可能概型的样本空间为 $S=\{e_1,e_2,\cdots,e_n\}$，则由定义 1.3.1 知 $P(\{e_j\})=\dfrac{1}{n}$，$j=1,2,\cdots,n$. 任一随机事件 $A=\{e_{i_1},e_{i_2},\cdots,e_{i_l}\}$，即 $A=\{e_{i_1}\}\cup\{e_{i_2}\}\cup\cdots\cup\{e_{i_l}\}$. 由样本点两两不相容的性质，知

$$P(A)=P(\bigcup_{j=1}^{l}\{e_{i_j}\})=\sum_{j=1}^{l}P(\{e_{i_j}\})=\frac{l}{n}.$$

这就是说，在等可能概型中，任一事件 A 的概率为

$$P(A)=\frac{A\text{ 所包含的样本点数}}{S\text{ 中总样本点数}}.$$

因此，在古典概型中，求随机事件概率的问题就可以转化为数样本点数的问题，这常要用到组合数学.

例 1.3.1　从一付牌(去掉两个王，共 52 张)中随机取两张，求“恰是一红一黑”的概率.

解　设 $A=\{$恰是一红一黑$\}$.

(1)若是不放回抽样(即第一次抽出 1 张，不放回，再抽第二张)，则

$$P(A)=\frac{C_{26}^{1}C_{26}^{1}}{C_{52}^{2}}=\frac{26}{51}.$$

(2)若是放回抽样(即第一次抽出 1 张后，放回，再抽第二张)，此时的样本空间为

$$S=\{(\text{红},\text{黑}),(\text{红},\text{红}),(\text{黑},\text{红}),(\text{黑},\text{黑})\}.$$

则
$$P(A)=\frac{2}{4}=\frac{1}{2}.$$

例 1.3.2　(抽签问题)袋中有编号为 $1,2,\cdots,n(n>1)$ 的 n 个球，其中有 a 个红球，b 个白球($a+b=n$). 从中每次摸一球，不放回，共摸 n 次. 设每次摸到各球概率相等. 求第 $k(1\leqslant k\leqslant n)$ 次摸到红球的概率.

解　设 $A_k=\{$第 k 次摸到红球$\}$，$k=1,2,\cdots,n$.

解法 1　假设我们视 n 次摸出的球号的先后排列为一个样本点，则样本空间中共有 $n!$ 个样本点. 由题意知，出现每一个样本点的概率相等，而第 k 次为红球共有 $a(n-1)!$ 个样本点. 所以

$$P(A_k)=\frac{a(n-1)!}{n!}=\frac{a}{n}=\frac{a}{a+b},k=1,2,\cdots,n.$$

解法 2　若我们 n 个同学去摸球，我们只关心哪几个同学摸到红球为试验的结果，即假设视“哪几次摸到红球”为样本点，则样本空间总样本点数为 C_n^a. 由题意知，出现每一个样本点的概率相等. 如果 A_k 发生，即第 k 次一定为红球，只要在余下的$(n-1)$次中决定$(a-1)$次就行. 故

$$P(A_k)=\frac{C_{n-1}^{a-1}}{C_n^a}=\frac{a}{n}=\frac{a}{a+b},k=1,2,\cdots,n.$$

解法 3　若视第 k 次摸到的球号为样本点，则样本空间中共有 n 个样本点，其中有 a 个样本点使得 A_k 发生，故

$$P(A_k)=\frac{a}{n}=\frac{a}{a+b},k=1,2,\cdots,n.$$

以上三种方法计算得到：在抽签问题中，第 $k(1\leqslant k\leqslant n)$ 次摸到红球的概率与 k 无关.

例 1.3.3　(配对问题)一个小班共有 n 个学生，分别编上 $1,2,\cdots,n$ 号，在中秋节前每人做一件礼物相应地编上 $1,2,\cdots,n$ 号. 将所有礼物集中放在一起，然后让每个同学随机地取一件(即，每次取到每一件礼物是等可能的)，求没有人取到自己礼物的概率.

解　先求“ 至少有一个人拿到自己的礼物”的概率. 设

$$A_i=\{\text{第 } i \text{ 个人拿到编号为 } i \text{ 的礼物}\}=\{\text{第 } i \text{ 号配对}\},i=1,2,\cdots,n.$$

由概率的加法公式，得

$$P(A)=P(\bigcup_{i=1}^{n}A_i)$$

$$=\sum_{i=1}^{n}P(A_i)-\sum_{i<j}P(A_iA_j)+\sum_{i<j<k}P(A_iA_jA_k)-\cdots+$$

$$(-1)^{n-1}P(A_1A_2\cdots A_n).$$

如果将先后取到的礼物的编号(即排列)作为一个样本点，例如，$(1,2,\cdots,n)$表示 n 人都取到了自己的礼物，那么共有 $n!$ 个样本点，由题意知出现每一个样本点的概率相等. 当 A_i 发生时，即 i 号配对其余$(n-1)$个号可以任意的排列，故

$$P(A_i)=\frac{(n-1)!}{n!}=\frac{1}{n}.$$

同理 $$P(A_iA_j)=\frac{(n-2)!}{n!}=\frac{1}{n(n-1)},i<j,\text{共有 } C_n^2 \text{ 项};$$

$$P(A_iA_jA_k)=\frac{(n-3)!}{n!}=\frac{1}{n(n-1)(n-2)},i<j<k,\text{共有 } C_n^3 \text{ 项};$$

$$\cdots;$$

$$P(A_1A_2\cdots A_n)=\frac{1}{n!}.$$

所以$$P(\bigcup_{i=1}^{n}A_i)=\sum_{i=1}^{n}\frac{1}{n}-C_n^2\cdot\frac{1}{n(n-1)}+C_n^3\cdot\frac{1}{n(n-1)(n-2)}-\cdots+(-1)^{n-1}C_n^n\cdot\frac{1}{n!}$$

$$=1-\frac{1}{2!}+\frac{1}{3!}-\cdots+(-1)^{n-1}\frac{1}{n!}.$$

那么 $$P\{\text{没有一人拿到自己的礼物}\}=P(\overline{\bigcup_{i=1}^{n}A_i})=1-P(\bigcup_{i=1}^{n}A_i)$$

$$=1-1+\frac{1}{2!}-\frac{1}{3!}+\frac{1}{4!}-\cdots+(-1)^n\frac{1}{n!}=\sum_{i=0}^{n}\frac{(-1)^i}{i!}.$$

当 n 充分大时，上式的值近似于 e^{-1}.

§1.4 条件概率

(一)条件概率

我们先来看一个例子，设一批产品的合格品率为 80%，合格品中 90%是优质品，从中任取一件，设 $A=\{$取到合格品$\}$，$B=\{$取到优质品$\}$，则取到优质品的概率显然为 72%. 若把考虑问题的范围缩小，即，只考虑已知取到的一件是合格品，那么取到的这一件合格品是优质品的概率应为 90%，也就是说，如果把取到所有的合格品的概率记为 1，那么取到的一件是优质品的概率为 90%，常记为 $P(B|A)=90\%$.

$P(B)=72\%$与 $P(B|A)=90\%$是在两个不同的样本空间中对事件 B 的概率进行度量，后者是将 A 作为新的样本空间.

定义 1.4.1 如果 $P(A)>0$，那 A 发生的条件下 B 的**条件概率**(**conditional probability**)为

$$P(B|A)=\frac{P(AB)}{P(A)}. \tag{1.4.1}$$

例 1.4.1　将一枚均匀的硬币抛两次，已知"至少有 1 次正面"的条件下，求"两次都是正面"的概率.

解　设 $H_i=\{$第 i 次为正面$\}$，$i=1,2$，$B=\{$至少有一次为正面$\}$，$C=\{$两次均为正面$\}$.

样本空间为 $S=\{H_1H_2, H_1\overline{H_2}, \overline{H_1}H_2, \overline{H_1}\overline{H_2}\}$. 因为硬币是均匀的，故这是一个等可能概型.

解法 1　显然 $P(B)=\frac{3}{4}$，$P(BC)=P(C)=\frac{1}{4}$，故

$$P(C|B)=\frac{P(BC)}{P(B)}=\frac{1}{3}.$$

解法 2　将 B 视为缩减了的样本空间 S_1，则

$$S_1=\{H_1H_2, H_1\overline{H_2}, \overline{H_1}H_2\}.$$

这也是一等可能概型. 在 S_1 的 3 个样本点中只有一个样本点使 C 发生，故

$$P(C|B)=1/3.$$

解法 1 是用条件概率定义求解，解法 2 是利用我们对条件概率的理解，用缩减了的样本空间来求解，两种方法都行.

例 1.4.2　一袋中有 5 个红球，4 个白球，从中每次摸一球，不放回抽样，抽 4 次. (1)已知前两次中至少有一次摸到红球，求前两次中恰有一次摸到红球的概率；(2)已知第 4 次摸到的是红球，求第 1 次和第 2 次摸到的都是红球的概率.

解　设 $A_i=\{$第 i 次摸到红球$\}$，$i=1,2,3,4$. 再设 $B=\{$前两次中至少有一次摸到红球$\}$，$C=\{$前两次恰有一次摸到红球$\}$.

(1)题中要求的是 $P(C|B)$.

$$P(C|B)=\frac{P(BC)}{P(B)}=\frac{P(C)}{1-P(\overline{B})}=\frac{C_4^1C_5^1/C_9^2}{1-C_4^2/C_9^2}=\frac{2}{3}.$$

(2)即求 $P(A_1A_2|A_4)=\frac{P(A_1A_2A_4)}{P(A_4)}$. 由 §1.3 的例 1.3.2，可知 $P(A_4)=\frac{5}{9}$. 而

$$P(A_1A_2A_4)=\frac{C_5^3}{C_9^3}=\frac{5}{42}.$$

所以

$$P(A_1A_2|A_4)=\frac{3}{14}.$$

其实，任何事件的概率都是在一定条件下给予的值，也即概率本身就是有条件的. 上面定义的条件概率无非是在新的样本空间下的概率度量，因此条件概率同样具有一般的概率性质. 例如：当 $P(C)\neq 0$ 时，有

(1) $P(B|C)=1-P(\overline{B}|C)$；

(2)当 $A\supset B$ 时，$P(A|C)\geqslant P(B|C)$；

(3) $P(A\cup B|C)=P(A|C)+P(B|C)-P(AB|C)$.

推广之，

$$P(\bigcup_{j=1}^{n}A_i|C)=\sum_{j=1}^{n}P(A_j|C)-\sum_{i<j}P(A_iA_j|C)+\sum_{i<j<k}P(A_iA_jA_k|C)-\cdots+(-1)^{n-1}P(A_1A_2\cdots A_n|C), n\geqslant 1.$$

(二)乘法公式

由条件概率的定义知，当 $P(A)\neq 0$，$P(B)\neq 0$ 时，

$$P(AB)=P(A)\cdot P(B|A)=P(B)\cdot P(A|B). \tag{1.4.2}$$

即两个事件积事件的概率等于一个事件的概率乘以在这个事件发生的条件下另一个事件的条件概率，称此等式为概率的**乘法公式**.

推广之，当 $P(A_1A_2\cdots A_{n-1})\neq 0$ 时，有

$$P(A_1A_2\cdots A_n)=P(A_1)P(A_2|A_1)P(A_3|A_1A_2)\cdots P(A_n|A_1A_2\cdots A_{n-1}). \tag{1.4.3}$$

为了证明(1.4.3)式，对等式的右边利用条件概率的定义，可得

$$P(A_1)\cdot\frac{P(A_1A_2)}{P(A_1)}\cdot\frac{P(A_1A_2A_3)}{P(A_1A_2)}\cdots\frac{P(A_1A_2\cdots A_n)}{P(A_1A_2\cdots A_{n-1})}=P(A_1A_2\cdots A_n),$$

对应于条件概率(假设以下的条件概率均有意义)，则相应地有

$$P(AB|C)=P(A|C)P(B|AC), \tag{1.4.4}$$

$$P(A_1A_2\cdots A_n|C)=P(A_1|C)P(A_2|A_1C)P(A_3|A_1A_2C)P(A_4|A_1A_2A_3C)\cdots P(A_n|A_1A_2\cdots A_{n-1}C). \tag{1.4.5}$$

例 1.4.3　设一社区“3 口之家”占了 70%，且有 40%的家庭“至少有 1 人职业为教师”，在“3 口之家”中有 30%的家庭“至少有 1 人职业为教师”. 在这社区中随机找一户，(1)求这一户既不是“3 口之家”又没有教师的概率；(2)已知这一户没有教师，求这一户是“3 口之家”的概率.

解　设 $A=\{$这一户是“3 口之家”$\}$，$B=\{$这一户有教师$\}$，由题意知，

(1)$P(A)=70\%$，$P(B)=40\%$，$P(B|A)=30\%$，

得 $P(AB)=P(A)P(B|A)=0.7\times 0.3=0.21$.

所要求的概率为

$P(\overline{A}\,\overline{B})=P(\overline{A\cup B})=1-[P(A)+P(B)-P(AB)]=0.11$.

(2)$P(A|\overline{B})=1-P(\overline{A}|\overline{B})=1-\dfrac{P(\overline{A}\,\overline{B})}{P(\overline{B})}=1-\dfrac{0.11}{0.6}=\dfrac{49}{60}$.

例 1.4.4　某人参加某种技能考试，已知第 1 次考合格的概率为 50%，若第 1 次没有合格，通过努力，第 2 次能考合格的概率为 60%；若第 1，2 次均不合格，则第 3 次能考合格的概率为 70%，求此人最多 3 次能考合格的概率.

解　设 $A_i=\{$第 i 次考合格$\}$，$i=1,2,3$，$B=\{$最多 3 次能考合格$\}$.

解法 1　注意到 $B=A_1\cup\overline{A_1}A_2\cup\overline{A_1}\,\overline{A_2}A_3$. 所以

$$\begin{aligned}P(B)&=P(A_1)+P(\overline{A_1}A_2)+P(\overline{A_1}\,\overline{A_2}A_3)\\&=P(A_1)+P(\overline{A_1})P(A_2|\overline{A_1})+P(\overline{A_1})P(\overline{A_2}|\overline{A_1})P(A_3|\overline{A_1}\,\overline{A_2})\\&=0.5+0.5\times 0.6+0.5\times 0.4\times 0.7=0.94.\end{aligned}$$

解法 2　由于 $\overline{B}=\overline{A_1}\,\overline{A_2}\,\overline{A_3}$，故

$$\begin{aligned}P(B)&=1-P(\overline{A_1}\,\overline{A_2}\,\overline{A_3})=1-P(\overline{A_1})P(\overline{A_2}|\overline{A_1})P(\overline{A_3}|\overline{A_1}\,\overline{A_2})\\&=1-0.5\times 0.4\times 0.3=0.94.\end{aligned}$$

(三)全概率公式、贝叶斯公式

假设 A,B 为随机事件，那么总是有 $A=AB\cup A\overline{B}$，又因为 AB 与 $A\overline{B}$ 不相容，可得

$$P(A)=P(AB)+P(A\overline{B})=P(B)\cdot P(A|B)+P(\overline{B})\cdot P(A|\overline{B}). \tag{1.4.6}$$

(1.4.6)式很重要，说明当直接计算 A 的概率比较困难时，可以先将 A 分解成不相容的两部分 AB 与 $A\overline{B}$，当然 B 常常与 A 有密切的关系. 它使得我们能够通过第二个事件 B 发生与否来

求得 A 的概率.注意到 $P(B)+P(\overline{B})=1$,故(1.4.6)式实际上是条件概率的加权平均.式中重要的是如何寻找合适的 B.

为了将(1.4.6)式推广至更一般的情形,下面先给出一个定义.

定义 1.4.2　设 S 为某一随机试验的样本空间,$B_1,B_2,\cdots,B_n$ 为该试验的一组事件,且满足

(1)$B_iB_j=\varnothing,i,j=1,2,\cdots,n,i\neq j$;

(2)$B_1\cup B_2\cup\cdots\cup B_n=S$.

则称 $B_1,B_2,\cdots,B_n$ 为 S 的一个**划分**,或称为 S 的一个**完备事件组**.

上述定义中的两条,通俗而言,即 $B_1,B_2,\cdots,B_n$ 两两同时发生是不可能的,而至少有一发生又是必然的.其实,当样本空间 S 的样本点有限时,这些样本点就是 S 的一个划分.

若 A 是 S 的一个事件,$B_1,B_2,\cdots,B_n$ 是 S 的一个划分,则参照导出(1.4.6)式的方法,我们也可以将 A 分解成两两不相容的事件的和,即

$$A=AB_1\cup AB_2\cup\cdots\cup AB_n=\bigcup_{j=1}^{n}AB_j,$$

两边求概率,得 $P(A)=P(\bigcup\limits_{j=1}^{n}AB_j)$.于是我们就可以得到下面的定理:

定理 1.4.1　设 S 为某一试验的样本空间,A 为该试验的事件.设 $B_1,B_2,\cdots,B_n$ 是 S 的一个划分,且 $P(B_j)>0,j=1,2,\cdots,n$.则

$$P(A)=\sum_{j=1}^{n}P(B_j)P(A|B_j). \tag{1.4.7}$$

称(1.4.7)式为概率的**全概率(total probability)公式**.

同样(1.4.7)式的关键是找到一组合适的划分.

在上述定理的条件下,有 $P(A|C)=P(\bigcup_{j=1}^{n}AB_j|C)$,故当 $P(B_jC)\neq 0,j=1,2,\cdots,n$ 时,有

$$P(A|C)=\sum_{j=1}^{n}P(B_j|C)P(A|B_jC). \tag{1.4.8}$$

称(1.4.8)式为**条件概率的全概率公式**.

定理 1.4.2　设 S 为某一试验的样本空间,A 为该试验的事件,且 $P(A)\neq 0$.设 $B_1,B_2,\cdots,B_n$ 是 S 的一个划分,且 $P(B_j)>0,j=1,2,\cdots,n$.则对任意 $k=1,2,\cdots,n$,

$$P(B_k|A)=\frac{P(B_kA)}{P(A)}=\frac{P(B_k)P(A|B_k)}{\sum\limits_{j=1}^{n}P(B_j)P(A|B_j)}. \tag{1.4.9}$$

称(1.4.9)式为概率的**贝叶斯(Bayes)公式**.

在利用贝叶斯公式时,其中的 $P(B_j)(j=1,2,\cdots,n)$ 的概率是事先假设(或者根据以往的资料或是根据经验的累积)知道的,常称 $P(B_j)$ 为**先验概率**,而当事件 A 发生时,我们可以对 B_j 发生的概率进行重新认定(或修正),常称 $P(B_j|A)$ 为**后验概率**.

例 1.4.5　某公司有甲、乙两人,已知甲近期出差的概率为 0.7,又已知如果甲出差则乙出差的概率为 0.1,如果甲不出差则乙出差的概率为 0.6.(1)求乙近期出差的概率;(2)已知乙已经出差在外,求甲近期出差的概率.

解　设 $A=\{$甲近期出差$\}$,$B=\{$乙近期出差$\}$,由题意知,$P(A)=0.7$,$P(B|A)=0.1$,$P(B|\overline{A})=0.6$.

(1)乙近期出差的概率为

$$P(B)=P(AB\cup\overline{A}B)=P(A)\cdot P(B|A)+P(\overline{A})\cdot P(B|\overline{A})$$
$$=0.7\times0.1+0.3\times0.6=0.25;$$

(2)已知乙已经出差在外,求甲近期出差的概率为

$$P(A|B)=\frac{P(A)\cdot P(B|A)}{P(A)\cdot P(B|A)+P(\overline{A})\cdot P(B|\overline{A})}=\frac{7}{25}=0.28.$$

例 1.4.6 设有 3 个箱子,第 1 箱装有 3 个白球和 5 个红球,第 2 箱装有 2 个白球和 2 个红球,第 3 箱装有 5 个白球和 2 个红球.现随机地取一箱,再在这一箱中随机取 2 次,每次取一球,不放回抽样.(1)求第一次取到的是白球的概率;(2)已知第二次取到的是白球,问取到的是第 1,2,3 箱的概率分别为多少?

解 设 $A_i=\{$取到第 i 箱$\}$,$i=1,2,3$. $B_j=\{$第 j 次取到白球$\}$,$j=1,2$. 那么 A_1,A_2,A_3 构成了样本空间的一个划分.

$$(1)\ P(B_1)=P(\bigcup_{i=1}^{3}(A_iB_1))=\sum_{i=1}^{3}P(A_i)P(B_1|A_i)=\frac{1}{3}\cdot(\frac{3}{8}+\frac{2}{4}+\frac{5}{7})=\frac{89}{168};$$

$$(2)\ P(A_1|B_2)=\frac{P(A_1B_2)}{P(B_2)}=\frac{P(A_1)P(B_2|A_1)}{\sum_{i=1}^{3}P(A_i)P(B_2|A_i)}.$$

先来求 $P(B_2|A_1)$,即在取到第 1 箱的条件下,第 2 次摸到白球的概率.由 §1.3 例 1.3.2 知,$P(B_2|A_1)=P(B_1|A_1)=\frac{3}{8}$,同理可得 $P(B_2|A_2)=P(B_1|A_2)=\frac{2}{4}$,$P(B_2|A_3)=P(B_1|A_3)=\frac{5}{7}$.从而 $P(B_1)=P(B_2)$.故

$$P(A_1|B_2)=\frac{P(A_1)P(B_2|A_1)}{P(B_2)}=\frac{P(A_1)P(B_2|A_1)}{P(B_1)}=\frac{21}{89}.$$

同理

$$P(A_2|B_2)=\frac{P(A_2)P(B_2|A_2)}{P(B_2)}=\frac{P(A_2)P(B_2|A_2)}{P(B_1)}=\frac{28}{89},$$
$$P(A_3|B_2)=\frac{P(A_3)P(B_2|A_3)}{P(B_2)}=\frac{P(A_3)P(B_2|A_3)}{P(B_1)}=\frac{40}{89}.$$

其实,求 $P(B_2)$也可以用以下方法:

$$P(B_2)=P(B_1B_2\cup\overline{B}_1B_2)$$
$$=\sum_{i=1}^{3}P(A_i)[P(B_1B_2|A_i)+P(\overline{B}_1B_2|A_i)]=\frac{89}{168},$$

其中的 $P(B_1B_2|A_i)=P(B_1|A_i)\cdot P(B_2|B_1A_i)$,$P(\overline{B}_1B_2|A_i)=P(\overline{B}_1|A_i)\cdot P(B_2|\overline{B}_1A_i)$,$i=1,2,3$.

另外,读者应该注意到$\sum_{i=1}^{3}P(A_i|B_2)=1$,这一点事先就应知道.

例 1.4.7 某地发生了一起当地人驾车偷盗事件,调查员有 80%的把握认为是男子 A 所为,现更有证据表明当事车为 B 型车,B 型车在当地占了 30%.在已知男子 A 当天开的也是 B 型车的条件下,调查员认为男子 A 偷盗的把握有多少?

解 设 $A=\{$男子 A 为偷盗者$\}$,$B=\{$男子 A 当天开的是 B 型车$\}$.则

$$P(A|B)=\frac{P(AB)}{P(B)}=\frac{P(A)P(B|A)}{P(A)P(B|A)+P(\overline{A})P(B|\overline{A})}$$
$$=\frac{0.8\times1}{0.8\times1+0.2\times0.3}=\frac{40}{43}\approx93\%.$$

例 1.4.8　有 3 个箱子,第 1 箱中装有 5 件为正品,2 件为次品,第 2 箱中有 4 件正品,2 件次品,第 3 箱中有 3 件正品,2 件次品.现从第 1 箱中随机取 1 件放入第 2 箱,再从第 2 箱中随机取 1 件放入第 3 箱,再从第 3 箱中取 1 件,求最后取出的是次品的概率.

解　设 A,B,C 分别为从第 1,2,3 箱中取到次品事件,易得 $P(A)=2/7,P(\overline{A})=5/7$.则

$$P(C)=P(A)\cdot P(C|A)+P(\overline{A})\cdot P(C|\overline{A}).$$

由条件概率的全概率公式知

$$P(C|A)=P(B|A)\cdot P(C|AB)+P(\overline{B}|A)\cdot P(C|A\overline{B})$$
$$=\frac{3}{7}\times\frac{3}{6}+\frac{4}{7}\times\frac{2}{6}=\frac{17}{42}.$$

同理可得

$$P(C|\overline{A})=P(B|\overline{A})\cdot P(C|\overline{A}B)+P(\overline{B}|\overline{A})\cdot P(C|\overline{A}\,\overline{B})$$
$$=\frac{2}{7}\times\frac{3}{6}+\frac{5}{7}\times\frac{2}{6}=\frac{8}{21}.$$

因此 $P(C)=\frac{2}{7}\times\frac{17}{42}+\frac{5}{7}\times\frac{16}{42}=\frac{19}{49}\approx 0.388$.

§1.5　事件的独立性与独立试验

从§1.4 中的一些例题可知,若 A,B 均为随机事件,一般情形下,$P(A|B)$不等于$P(A)$.也就是说事件 B 发生的条件会改变事件 A 发生的概率.但也有不改变的,例如,某种彩票每次公布的最后两个数都是从 0 到 9 这 10 个数字中随机取 1 个数,如果记 $A_i=\{$倒数第 i 位数小于 5$\}$,$i=1,2$,则有 $P(A_2)=P(A_2|A_1)$,也就是说 A_1 发生并不影响 A_2 发生的可能性.由概率的乘法公式知,此时 $P(A_1A_2)=P(A_1)\cdot P(A_2|A_1)=P(A_1)\cdot P(A_2)$,易见此式中 A_1,A_2 是对称的.这时我们称 A_1,A_2 是相互独立的.

定义 1.5.1　设 A,B 为两随机事件,当

$$P(AB)=P(A)\cdot P(B) \tag{1.5.1}$$

成立时,称事件 A,B **相互独立(independence)**.

定理 1.5.1　当 $P(A)\cdot P(B)\neq 0$ 时,"事件 A 与事件 B 相互独立"等价于"条件概率等于无条件概率",即

$$P(B|A)=P(B)(\text{或 } P(A|B)=P(A)).$$

定理 1.5.2　当事件 A 与事件 B 相互独立时,A 与$\overline{B}$,$\overline{A}$与 B,$\overline{A}$与$\overline{B}$均相互独立.

证明　因为 $A=AB\cup A\overline{B}$,两边求概率并移项得

$$P(A\overline{B})=P(A)-P(AB).$$

当事件 A 与事件 B 相互独立时,

$$P(A\overline{B})=P(A)-P(A)\cdot P(B)=P(A)\cdot[1-P(B)]=P(A)\cdot P(\overline{B}).$$

故 A 与$\overline{B}$相互独立.由此可进一步得$\overline{A}$与 B,$\overline{A}$与$\overline{B}$均相互独立.

定义 1.5.2　设 A,B,C 为三个随机事件,当

$$P(AB)=P(A)\cdot P(B),P(AC)=P(A)\cdot P(C),P(BC)=P(B)\cdot P(C)$$

都成立时,称事件 A,B,C **两两独立**.

如果同时还满足 $P(ABC)=P(A)\cdot P(B)\cdot P(C)$,则称事件 A,B,C **相互独立**.

应注意到相互独立一定是两两独立的,而两两独立时不一定是相互独立的.

例如,设一随机试验的样本空间为 $S=\{e_1,e_2,e_3,e_4\}$,且是等可能概型,记 $A_1=\{e_1,e_2\}$,

$A_2=\{e_2,e_3\}$，$A_3=\{e_1,e_3\}$. 那么有 $P(A_1A_2)=P(\{e_2\})=\frac{1}{4}=P(A_1)\cdot P(A_2)$. 同理有 $P(A_1A_3)=P(A_1)P(A_3)$，$P(A_2A_3)=P(A_2)P(A_3)$. 即 A_1,A_2,A_3 两两独立. 但 $A_1A_2A_3=\varnothing$，即 $0=P(A_1A_2A_3)\neq P(A_1)\cdot P(A_2)\cdot P(A_3)=\frac{1}{8}$，故 A_1,A_2,A_3 不相互独立.

定义 1.5.3 设 n 个事件 $A_1,A_2,\cdots,A_n(n\geqslant 2)$，若对任意的 $k(2\leqslant k\leqslant n)$，都有

$$P(A_{i_1}A_{i_2}\cdots A_{i_k})=\prod_{j=1}^{k}P(A_{i_j})$$

成立，则称事件 $A_1,A_2,\cdots,A_n(n\geqslant 2)$ **相互独立**.

如果对于可列个事件，若其中任意的有限个事件相互独立，则称这可列个事件相互独立.

最后，我们来定义试验的独立性，假设所考虑的概率试验是由一系列子试验组成. 例如，某一种彩票一期一期地不断开奖，就可以把每一次开奖看作一个子试验，而且这一期开奖的结果不影响其他期的开奖结果. 像这样的试验结果互不影响的一系列试验称为**独立试验**. 如果各个子试验是在相同条件下进行的，那我们就称这些试验为**重复试验**.

在实际问题中，我们常常不是用独立的定义去验证事件的独立性，而是根据实际情况来判断. 例如，我们可以认为某一批袋装味精的重量(克)与纯味精的含量(%)是独立的；又如，甲、乙两人同时向各自的靶位射击，注意这儿的"同时"两字，这就意味着两个人的射击结果是互不影响的，所以事件"甲命中"与"乙命中"是相互独立的.

例 1.5.1 有 5 个独立元件组成的系统(如图 1.5.1 所示)，

设每个元件运行正常的概率为 p，$0<p<1$. 求系统运行正常的概率.

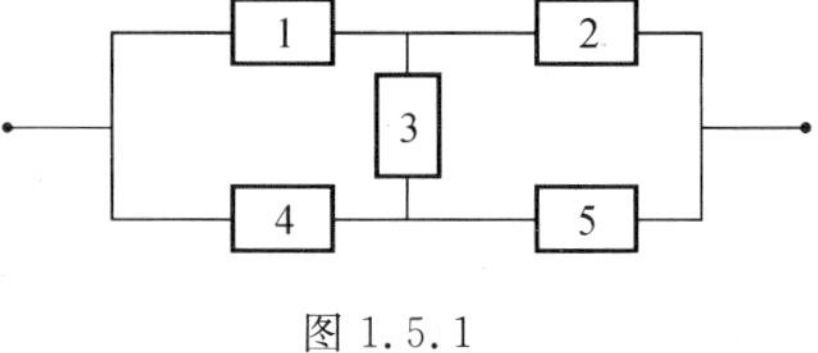

图 1.5.1

解 设 $A_i=\{$第 i 个元件运行正常$\}$，$i=1,2,3,4,5$. 由题意知，$A_1,A_2,\cdots,A_5$ 相互独立. 并设 $A=\{$系统运行正常$\}$，则 $A=AA_3\cup A\overline{A}_3$，那么

$$P(A)=P(A_3)\cdot P(A|A_3)+P(\overline{A}_3)\cdot P(A|\overline{A}_3).$$

用缩减了的样本空间理论求解 $P(A|A_3)$的值为 p_1，p_1 即为图 1.5.2 所示系统运行正常的概率，故

$$p_1=P\{(A_1\cup A_4)\cdot(A_2\cup A_5)\}=P(A_1\cup A_4)\cdot P(A_2\cup A_5)=(2p-p^2)^2.$$

又若记 $P(A|\overline{A}_3)$的值为 p_2，p_2 即为图 1.5.3 所示系统运行正常的概率，同理可得

$$p_2=P(A_1A_2\cup A_4A_5)=2p^2-p^4.$$

所以 $$P(A)=p(2p-p^2)^2+(1-p)(2p^2-p^4)=2p^2+2p^3-5p^4+2p^5.$$

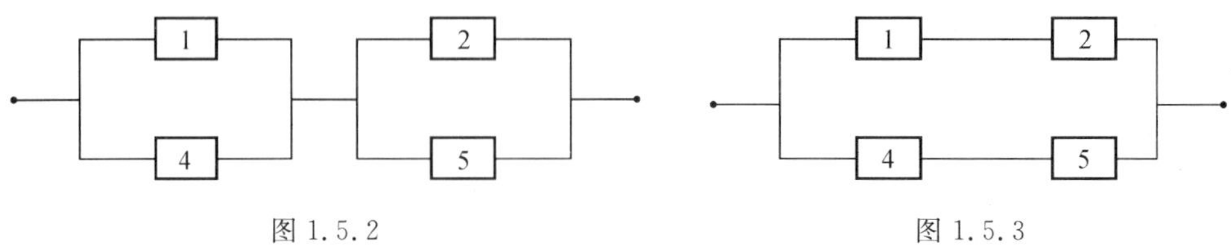

图 1.5.2 图 1.5.3

例 1.5.2 一袋中有编号为 1，2，3，4 共四个球，每回从袋中有放回地取两次(一次一个球，假设取到每一个号码的概率相等)，并记录号码之和. 这样独立重复地试验，求"和等于 3"出现在"和等于 5"之前的概率.

解　设 $A=\{$"和等于 3"出现在"和等于 5"之前$\}$，$B=\{$第一次号码之和为 3$\}$，$C=\{$第一次号码之和为 5$\}$，$D=\{$第一次号码之和既不是 3，也不是 5$\}$.

显然每次"号码和为 3"的概率为$\frac{2}{16}$，"号码和为 5"的概率为$\frac{4}{16}$，"号码和既不是 3 又不是 5"的概率为$\frac{10}{16}$，故

$$P(B)=\frac{2}{16},P(C)=\frac{4}{16},P(D)=\frac{10}{16}.$$

由全概率公式，得

$$\begin{aligned}P(A)&=P(B)\cdot P(A|B)+P(C)\cdot P(A|C)+P(D)\cdot P(A|D)\\&=\frac{2}{16}\times 1+\frac{4}{16}\times 0+\frac{10}{16}\times P(A|D).\end{aligned}$$

在已知第一次号码和既不是 3，也不是 5 的条件下，求 A 的条件概率问题，相当于重新开始考虑 A 的概率，因为试验是独立的，即第一次结果不影响 A 发生的概率，所以 $P(A|D)=P(A)$，故

$$P(A)=\frac{2}{16}+\frac{10}{16}\times P(A)，从而\ P(A)=\frac{1}{3}.$$

例 1.5.3　某技术工人长期进行某项技术操作，他经验丰富，因嫌按规定操作太过烦琐，就按照自己的方法进行，但这样做有可能发生事故. 设他每次操作发生事故的概率为 p，$0<p$ 且很小，他独立地进行了 n 次操作. 求：(1)n 次都不发生事故的概率；(2)至少有一次发生事故的概率.

解　设 $A=\{n$ 次都不发生事故$\}$，$B=\{n$ 次中至少一次发生事故$\}$，$C_i=\{$第 i 次不发生事故$\}$，$i=1,2,\cdots,n$. 由题意知，$C_1,C_2,\cdots,C_n$ 相互独立，且 $P(C_i)=1-p$. 故

$$P(A)=P(C_1C_2\cdots C_n)=(1-p)^n,\quad P(B)=1-P(A)=1-(1-p)^n.$$

注意到，$\lim\limits_{n\to\infty}P(B)=1$，也就是说，虽然每次发生事故的概率 p 很小，但只要次数多(n 充分大)，至少有一次发生事故的概率就会大，甚至接近于 1. 总之，随着独立重复试验次数的增多，"小概率事件""至少有一次发生"的概率在渐渐增大.

思考题一

1. 设 A,B 为两随机事件，当 $P(AB)=0$ 时，A 与 B 不相容，对吗？

2. 随机事件 A 的频率 $f_n(A)$是个变化着的数，而概率 $P(A)$是一个定数，对吗？当 n 充分大时，$P(A)\approx f_n(A)$，对吗？

3. 试举例说明 $P(AB)$与 $P(B|A)$的不同意义.

4. 因为随机事件 A 发生时 $A\cup B$ 一定发生，故 $P(A|A\cup B)=1$，对吗？

5. 当 $P(A)>0,P(B)>0$ 时，随机事件 A,B 独立与不相容可能同时成立吗？A,B 独立能用 Venn 图(见图 1.1.1)表示吗？

6. 设随机事件 A,B,C 满足 $P(ABC)=P(A)\cdot P(B)\cdot P(C)$，问 A,B,C 一定相互独立吗？

习题一

1. 为了解吸烟(草)对人体健康是否有影响，对一社区居民进行抽样调查，分别用 0,1,2 表示不吸烟，少量

吸烟及吸烟较多，再用 a,b,c 表示身体健康，一般及有病.例如：$(0,a)$ 就表示抽到的居民是不吸烟的健康者.

(1)问试验的样本空间共有多少个样本点？

(2)设 A={抽到的居民身体健康}，试写出 A 所包含的样本点；

(3)设 B={抽到的居民不吸烟}，试写出 B 所包含的样本点.

2.设 A,B,C 为 3 个随机事件，请用事件的运算关系式表示：

(1)A,B,C 至少有 2 个发生；　(2)A,B,C 最多有 1 个发生；

(3)A,B,C 恰有 1 个不发生；　(4)A,B,C 至少有 1 个不发生.

3.设 A,B 为 2 个随机事件，判断以下说法的对错，并说明理由.

(1)$P(A\cup B)=P(A)+P(B)$，则一定有 A,B 不相容；

(2)$P(A)=1$，则一定有 $A=S$；　(3)$P(B)=0$，则一定有 $B=\varnothing$；

(4)$P(A)=0.6,P(B)=0.7$，则 A,B 一定相容.

4.设事件 A 与 B 不相容，$P(A)=0.3,P(B)=0.6$.求：

(1)A 与 B 至少有一发生的概率；　(2)A 与 B 都不发生的概率；

(3)A 不发生同时 B 发生的概率.

5.设 A,B,C 为 3 个随机事件，已知 $P(A)=P(B)=P(C)=0.4$，且 A,B,C 至少有 2 个发生的概率为 0.3，A,B,C 同时发生的概率为 0.05，求 A,B,C 都不发生的概率.

6.一袋中有 10 个球，其中 8 个是红球.每次摸一球，共摸 2 次，在放回与不放回抽样两种方式下，分别求：

(1)"两次均为红球"的概率；　(2)"恰有 1 个红球"的概率；　(3)"第 2 次是红球"的概率.

7.一 30 人的班级中有两个"王姓"的学生，将全班学生随机排成一排，求：

(1)两个"王姓"学生紧挨在一起的概率；

(2)两个"王姓"的学生正好一头一尾的概率.

8.一盒子中有 2 个红球，3 个黑球，2 个白球(共 7 个球).每次摸一球(不放回)，共摸 3 次.求：

(1)摸到球恰是 1 红 1 黑 1 白的概率；　(2)摸到的全是黑球的概率；

(3)第 1 次为红且第 2 次为黑球第 3 次为白球的概率.

9.编号为 $1,2,\cdots,9$ 的 9 辆车，随机地停入编号为 $1,2,\cdots,9$ 的 9 个车位中，若车号与车位号一样称该车配对.求：

(1)1 号车配对的概率；　(2)1 号车配对而 9 号车不配对的概率；

(3)1 号车，9 号车都配对，但其他均不配对的概率.

10.设 A,B 为两随机事件，且已知 $P(A)=0.7,P(\overline{B})=0.6,P(A\overline{B})=0.5$，求：

(1)$P(A|A\cup B)$；　(2)$P(A|\overline{A}\cup B)$；　(3)$P(AB|A\cup B)$.

11.设一社区订 A,B,C 报的家庭分别占 50%，30%，40%.且已知一家庭订了 A 报的条件下再订 B 报的概率为 20%，订了 C 报的条件下又订 A 报或 B 报的概率为 60%.随机找一家庭，求该家庭至少订 A,B,C 报中的一种的概率.

12.某企业中有 45%为女职工，10%的职工在管理(技术，质量，行政)岗位.5%的职工为管理岗位的女职工.在该企业中随机找一位职工.

(1)已知该职工为女职工的条件下，求该职工在管理岗位的概率；

(2)已知该职工在管理岗位，求该职工为男职工的概率.

13.从 1,2,3,4,5 中取一数 X，再从 $1,2,\cdots,X$ 中取一数 Y，求$\{Y=2\}$的概率.

14.一架子上有 4 把枪，其中 3 把是调试好的，1 把未调试.设某君用调试好的枪射击命中率为 60%，用未调试的枪命中率为 5%。此人从 4 把枪中随机地取一把进行射击.

(1)求命中的概率；　(2)已知此人命中了，求取到的是未调试的枪的概率.

15.对某证券营业点进行统计.得知入市时间在 1 年以内的股民赢、平、亏的概率分别为 10%，20%，70%；入市时间在 1 年以上但不到 4 年的股民赢、平、亏的概率分别为 20%，30%，50%，入市时间大于 4 年的股民赢、平、亏的概率分别为 50%，30%，20%.不同入市时间的股民数分别占 40%，40%，20%.今在该营业点随机找一股民.

(1)求其有赢利的概率；　(2)若已知其亏损了,问他为新股民的概率有多大?

16.有两组同类产品,第一组有 30 件,其中有 10 件为优质品;第二组有 20 件,其中有 15 件为优质品.今从两组中任选一组,然后从该组中任取 2 次(每次取 1 件,不放回抽样).

(1)求第 1 次取到的是优质品的概率;

(2)在已知第 2 次取到的是优质品的条件下,求第 1 次取到的不是优质品的概率.

17.设一股票(股价以收盘价计)当今天(记为第 1 天)是涨的情形下第 2 天是涨(1 个单位),跌(1 个单位),平(基本持平)的概率为 $\alpha_1,\alpha_2,\alpha_3$;当今天是跌(或是平)的情形下上述三种情况发生的概率分别为 β_1,β_2,β_3(或 $\gamma_1,\gamma_2,\gamma_3$).即明天的情况只与今天有关.其中 $\alpha_1+\alpha_2+\alpha_3=\beta_1+\beta_2+\beta_3=\gamma_1+\gamma_2+\gamma_3=1$.已知该股票今天是涨的.

(1)求第 3 天与今天持平的概率 p_1;

(2)第 4 天股价比今天涨了 2 个单位的概率 p_2.

18.试证:当 $0<P(B)<1$ 时,两事件 A,B 独立的充要条件为:

$$P(A|B)=P(A|\overline{B}).$$

19.设 A,B,C 为随机事件,$P(A)>0,P(B)>0,P(C)>0$.请说明以下说法对,错或可能对.

(1)A,B 相互独立,则 A,B 相容；　(2)$P(A)=0.6,P(B)=0.7$,则 A,B 独立.

(3)$P(ABC)=P(A)\cdot P(B)\cdot P(C)$,则 A,B,C 相互独立.

(4)A,B 不相容,则 A,B 不独立.

20.由 4 个独立部件组成的一个系统,第 i 个部件工作正常的概率为 p_i,$i=1,2,3,4$.且已知至少有 3 个部件工作正常时系统工作正常.

(1)求系统工作正常的概率 α;

(2)在系统工作正常的条件下求 4 个部件均工作正常的概率 β;

(3)对系统独立观察 3 次,求系统恰有 2 次工作正常的概率 γ.

21.连续抛一枚硬币,p 表示每次出现正面的概率,记 $A_i=\{$首次出现正面在第 i 次抛掷$\}$,$i=1,2,\cdots$,$B_j=\{$首次出现连续两次正面在第 $j-1$ 次抛掷和第 j 次抛掷$\}$,$j=2,3,\cdots$.求:

(1)$P(A_i)$ 及 $P(B_4)$,$i=1,2,\cdots$;　(2)$P(B_4|A_1)$;　(3)$P(A_1|B_4)$.

22.已知一批照明用灯管使用寿命大于 1000 小时的概率为 95%,大于 2000 小时的概率为 30%,大于 4000 小时的概率为 5%.

(1)已知一灯管使用了 1000 小时没有坏,求其使用寿命大于 4000 小时的概率;

(2)取 10 个灯管独立地装在一大厅内,过了 2000 小时,求至少有 3 个损坏的概率.

23.一系统的外加电压有 99%的时间是正常的,当外加电压正常时系统稳定的概率为 90%,当外加电压不正常时系统稳定的概率为 20%.且已知当系统稳定时元件正常工作的概率为 80%,当系统不稳定时元件不能正常工作的概率为 90%.

(1)求元件能正常工作的概率;

(2)若该系统有 5 个独立工作的元件,求至少有一个元件不能正常工作的概率.

第二章 随机变量及其概率分布

§2.1 随机变量

随机试验的结果常有两类:示数的和示性的.例如,观察某一车间的用电量;观察某一区域一天内发生的交通事故次数;记录一天内一手机收到的短信数;气象上的温度及相对湿度,等等,其结果均可用一数来表示.我们称这些试验的结果为"示数的".但也有大量的随机试验的结果却不然,例如,抛一枚硬币,其结果可能是正面或反面;记录新生儿的性别,其结果是男或女;检验一件产品,它可能是一等品、二等品、等外品,等等,我们称这类试验的结果为"示性的".为了用更多的数学方法来描述与研究随机现象,必要时人们常常将示性的结果数量化,即定义一个实数与示性的结果相对应.

同时,相对于随机试验的实际结果而言,有时我们更感兴趣这些结果的某些函数,例如,观察某一地区新生儿的性别,我们感兴趣于男婴、女婴的数量,同时也感兴趣于两者的数量之差.又如,我们观察一运动体的速度的随机变化,我们还感兴趣于随之产生的运动体的动能的变化情况.由上面这些例子可以看到,我们感兴趣的量是随机试验的结果的实值函数,我们称它为随机变量.通俗说,随机变量就是随随机试验结果而变的量。一般地,有下面的定义.

定义 2.1.1 设随机试验的样本空间为 $S=\{e\}$,若 $X=X(e)$ 为定义在样本空间 S 上的实值单值函数,则称 $X=X(e)$ 为**随机变量(random variable)**.

如果随机试验的结果是示数的,则样本点 e 即为一实数,这时常定义 $X=X(e)=e$.

本书中常用大写英文字母 $X,Y,Z,X_1,X_2,\cdots$ 来表示随机变量,而以小写字母 $x,y,z,x_1,x_2,\cdots$ 表示实数.

引入了随机变量,一方面使我们能够用随机变量来描述随机现象,另一方面也可以同时用研究随机变量取值的概率来代替随机现象发生的概率.

例 2.1.1 一枚硬币抛 4 次,设每次出现正面的概率为 $p(0<p<1)$,记 X 为 4 次中出现正面的次数,而 4 次中首次出现正面在第 Y 次(如果 4 次都没有出现正面,则取 $Y=0$).试分别写出 X 与 Y 的所有可能取值与取每一值的概率.

解 首先,易得 X 与 Y 的所有可能取值均为:0,1,2,3,4.设 $A_i=\{$第 i 次出现正面$\}$,$i=1,2,3,4$.由题意知,$P(A_i)=p$,$i=1,2,3,4$,且 A_1,A_2,A_3,A_4 相互独立.得

$$P\{X=0\}=P(\overline{A}_1\overline{A}_2\overline{A}_3\overline{A}_4)=C_4^0p^0(1-p)^4=(1-p)^4,$$

$$P\{X=1\}=P(A_1\overline{A}_2\overline{A}_3\overline{A}_4\cup\overline{A}_1A_2\overline{A}_3\overline{A}_4\cup\overline{A}_1\overline{A}_2A_3\overline{A}_4\cup\overline{A}_1\overline{A}_2\overline{A}_3A_4)=C_4^1p^1(1-p)^3=4p(1-p)^3,$$

$$P\{X=2\}=P(A_1A_2\overline{A}_3\overline{A}_4\cup A_1\overline{A}_2A_3\overline{A}_4\cup\cdots\cup\overline{A}_1\overline{A}_2A_3A_4)=C_4^2p^2(1-p)^2=6p^2(1-p)^2,$$

$$P\{X=3\}=P(A_1A_2A_3\overline{A}_4\cup A_1A_2\overline{A}_3A_4\cup A_1\overline{A}_2A_3A_4\cup\overline{A}_1A_2A_3A_4)=C_4^1p^3(1-p)^1=4p^3(1-p),$$

$$P\{X=4\}=P(A_1A_2A_3A_4)=p^4.$$

Y 取每一值的概率分别为:

$$P\{Y=0\}=P(\overline{A}_1\overline{A}_2\overline{A}_3\overline{A}_4)=(1-p)^4,$$
$$P\{Y=1\}=P(A_1)=p,$$
$$P\{Y=2\}=P(\overline{A}_1A_2)=(1-p)p,$$
$$P\{Y=3\}=P(\overline{A}_1\overline{A}_2A_3)=(1-p)^2p,$$
$$P\{Y=4\}=P(\overline{A}_1\overline{A}_2\overline{A}_3A_4)=(1-p)^3p.$$

而且,我们可以验算得到 $\sum_{i=0}^{4}P(X=i)=1,\sum_{j=0}^{4}P(Y=j)=1.$

例 2.1.2 某销售员独立地向编号为 1,2 的两顾客推销售价分别为 17.3 万与18.7 万的 A,B 两款小轿车,与这两位顾客成交的概率分别为 0.4 与 0.7. 设每位顾客选择 A,B 两款车型的概率相等,试给出该销售员的成交额 X 的可能取值与取每一值的概率(假定每位顾客最多买一辆).

解 由题意知,X 的可能取值为:0,17.3,18.7,34.6,36,37.4. 设

$$A_i=\{\text{编号为 } i \text{ 的顾客买 A 款车}\},i=1,2,$$
$$B_j=\{\text{编号为 } j \text{ 的顾客买 B 款车}\},j=1,2,$$
$$C_k=\{\text{编号为 } k \text{ 的顾客买车}\},k=1,2.$$

由于对编号为 1,2 的两顾客是独立推销的,因此两位顾客的购买行为是独立的,也就是说,C_1 与 A_2,B_2,C_2 都是独立的,同理,C_2 与 A_1,B_1,C_1 也都是独立的. 而且 $P(A_k|C_k)=P(B_k|C_k)=1/2,k=1,2$. 因此

$$P(X=0)=P(\overline{C}_1\overline{C}_2)=P(\overline{C}_1)\cdot P(\overline{C}_2)=0.6\times0.3=0.18,$$
$$\begin{aligned}P(X=17.3)&=P(C_1\overline{C}_2A_1\cup\overline{C}_1C_2A_2)=P(C_1A_1)\cdot P(\overline{C}_2)+P(\overline{C}_1)\cdot P(C_2A_2)\\&=P(A_1|C_1)\cdot P(C_1)\cdot P(\overline{C}_2)+P(\overline{C}_1)\cdot P(A_2|C_2)\cdot P(C_2)\\&=\frac{1}{2}\times0.4\times0.3+0.6\times\frac{1}{2}\times0.7=0.27,\end{aligned}$$

同理 $P(X=18.7)=P(C_1\overline{C}_2B_1\cup\overline{C}_1C_2B_2)=\frac{1}{2}\times0.4\times0.3+0.6\times\frac{1}{2}\times0.7=0.27.$

而 $P(X=34.6)=P(A_1A_2)=P(A_1)\cdot P(A_2)=P(C_1A_1)\cdot P(C_2A_2)$

$$=\frac{1}{2}\times0.4\times\frac{1}{2}\times0.7=0.07,$$

同理 $$P(X=37.4)=P(B_1B_2)=0.07.$$

最后可得 $$P(X=36)=P(A_1B_2\cup A_2B_1)=P(C_1A_1C_2B_2\cup C_1A_2C_2B_1)=0.14.$$

§2.2 离散型随机变量

若随机变量的取值为有限个或可列个,则称此随机变量为**离散型(discrete)随机变量**,简称**离散量**.

例如,§2.1 中的例 2.1.1 与例 2.1.2 中的随机变量取值均为有限个,故它们均为离散型随机变量. 又如,抛一枚硬币,直到正面首次出现所需的抛掷次数,一个广场上的人数等等,这些量可能没有上限,但均可列,所以这些量也是离散型随机变量. 若以 X 记某一地区成年男子的身高,以 Y 记某产品的寿命,显然 X 与 Y 的取值充满着某一区间,它们的可能取值不能一一列出,所以 X 与 Y 不是离散量.

离散量的统计规律通常用概率分布律来描述.

设 X 为离散量,若其可能取值为 $x_1,x_2,\cdots,x_k,\cdots$,则称

$$P\{X=x_k\}=p_k,k=1,2,\cdots \tag{2.2.1}$$

为 X 的**概率分布律(distribution sequence)**.

概率分布律也可用下面的列表方式来表示:

X	x_1	x_2	$\cdots$	x_k	$\cdots$
p	p_1	p_2	$\cdots$	p_k	$\cdots$

概率分布律有以下两条性质:(1) $p_k\geqslant 0,k=1,2,\cdots$;(2) $\sum\limits_{k=1}^{+\infty}p_k=1$.

性质(1)是显然的.性质(2)是因为 $\bigcup\limits_{k=1}^{+\infty}\{X=x_k\}=S$ 且当 $x_i\neq x_j$ 时,$\{X=x_i\}$ 与 $\{X=x_j\}$ 是不同的样本点,即对 $i,j=1,2,\cdots,i\neq j$ 而言,$\{X=x_i\}$ 与 $\{X=x_j\}$ 是两两不相容的,这样就得到了性质(2).

例 2.2.1　随机变量 X 的概率分布律为

$$P\{X=k\}=\frac{c\cdot\lambda^k}{k!},\lambda>0,k=0,1,2\cdots$$

求常数 c 的值.

解　这里先回忆一下高等数学中的一个函数展开式,$\mathrm{e}^x=\sum\limits_{k=0}^{+\infty}\dfrac{x^k}{k!}$, $|x|<\infty$. 由概率分布律的性质知,

$$1=\sum_{k=0}^{+\infty}P\{X=k\}=c\cdot\sum_{k=0}^{+\infty}\frac{\lambda^k}{k!}=c\cdot\mathrm{e}^{\lambda},$$

那么 $c=\mathrm{e}^{-\lambda}$.

以下介绍几个重要的离散量.

(一)0—1(p)分布

若随机变量 X 的概率分布律为

X	0	1
p	$1-p$	p

其中,$0<p<1$.则称 X 为服从**参数为 p 的 0—1 分布**,也称为**两点分布**.并用记号 $X\sim 0\text{-}1(p)$ 表示(也可表示为 $B(1,p)$).

例如:若某一地区每一个新生儿是男(或女)的概率为 0.51(或 0.49),记$\{X=1\}$为男孩,$\{X=0\}$为女孩,则 $X\sim 0\text{-}1(0.51)$.

(二)二项分布

若随机变量 X 的概率分布律为

$$P\{X=k\}=C_n^k p^k(1-p)^{n-k},k=0,1,2,\cdots,n, \tag{2.2.2}$$

其中 $0<p<1,n\geqslant 1$,则称 X 服从**参数为(n,p)的二项(binomial)分布**,且记为 $X\sim B(n,p)$.

显然,(2.2.2)式中 $P\{X=k\}\geqslant 0,k=0,1,2,\cdots,n$,且

$$\sum_{k=0}^{n}C_n^k p^k(1-p)^{n-k}=[p+(1-p)]^n=1.$$

在讨论二项分布时必须提到下面的重要试验.

定义 2.2.1 在 n 次独立重复的试验中，每次试验都只有两个结果：$A,\overline{A}$，且每次试验中 A 发生的概率不变，记 $P(A)=p,0<p<1$，称这一系列试验为 **n 重贝努里(Bernoulli)试验**.

例如，若考虑一个试验的结果只有成功与失败，且每次成功的概率都为 $p,0<p<1$，这样独立重复地进行的 n 次试验即为 n 重贝努里试验. 又如，独立重复地抛 n 次硬币，每次结果只有正面或反面；在一放有红球与其他颜色的球的袋中有放回地摸球 n 次，每次只记录摸到红球与其他球（非红球）两种结果，且设每次摸到红球的概率是 $p,0<p<1$，等等，都可以看成是 n 重贝努里试验.

在 n 重贝努里试验中，若记事件 A 发生的概率为 $P(A)=p,0<p<1$. 设 X 为在 n 次试验中 A 发生的次数，则 $X\sim B(n,p)$，即

$$P\{X=k\}=C_n^k p^k(1-p)^{n-k},k=0,1,2,\cdots,n.$$

因为事件 $\{X=k\}$ 即为"在 n 次试验中恰有 k 次 A 发生且有 $n-k$ 次 A 不发生"，这 k 次可以是 n 次中的任意 k 次，故有 C_n^k 种方式，而每一"特定的 k 次 A 发生且特定的 $(n-k)$ 次 A 不发生"的概率为 $p^k(1-p)^{n-k}$，这样就得到了(2.2.2)式. 读者可以再详细地看一下§2.1 例 2.1.1 中随机变量 X 的概率分布律的求解过程. 特别地，当 $n=1$ 时，$B(1,p)$ 即为 $0-1(p)$ 分布.

例 2.2.2 由 6 位品酒师独立投票评定某种酒是否为优质酒，若 6 位中有 4 位投票同意，则定该酒为优质酒，且设每位品酒师作出正确判断的概率为 $p,0<p<1$. 求：

(1)若该酒为优质酒时，能作出正确判断的概率 α；(2)若该酒不为优质酒时，能作出正确判断的概率 β.

解 (1)当该酒为优质酒时，至少要有 4 位品酒师作出正确判断才能判定此酒为优质酒，所以

$$\alpha=\sum_{k=4}^{6}C_6^k p^k(1-p)^{6-k}.$$

(2)当该酒不是优质酒时，则至少要有 3 位品酒师作出正确判断，所以

$$\beta=\sum_{k=3}^{6}C_6^k p^k(1-p)^{6-k}.$$

例 2.2.3 设有一大批优质品率为 p 的产品，$0<p<1$，用以下方式进行验收：第一次先从中随机取 5 件，若至少有 4 件是优质品则接收该批产品，若优质品不到 3 件就拒收；否则再第二次从中抽 2 件，若 2 件均为优质品就接收，否则就拒收. 求：(1)第一次抽样就接收该批的概率 α；(2)该批产品被接收的概率 β.

解 由题意知，各次抽样结果相互独立（由于是一大批，总的数目很多）. 设 X 为第一次抽到的优质品数，Y 为第二次抽到的优质品数，显然 $X\sim B(5,p),Y\sim B(2,p)$.

(1) $\alpha=P\{X\geqslant4\}=P\{X=4\}+P\{X=5\}=C_5^4p^4(1-p)+p^5=p^4(5-4p)$.

(2) $\beta=P\{(X\geqslant4)\cup((X=3)\cap(Y=2))\}=P\{X\geqslant4\}+P\{X=3\}\cdot P\{Y=2\}$

$=p^4(5-4p)+C_5^3p^3(1-p)^2p^2=p^4(5+6p-20p^2+10p^3)$.

一般情形下，当 n 不是很大的时候，对于二项分布的计算还是比较容易的，但当 n 比较大的时候，二项分布的概率值可以采用 Excel 计算.

例 2.2.4 假设 $X\sim B(100,0.05)$，现分别计算 $P(X\leqslant10)$ 和 $P(X=10)$.

解 先计算 $P(X\leqslant10)$，由二项分布可知：

$$P(X\leqslant10)=\sum_{k=0}^{10}P(X=k)=\sum_{k=0}^{10}C_{100}^k 0.05^k 0.95^{100-k}$$

显然这个计算不是很简单，但可以通过 Excel 表单简单得出. 具体如下：在 Excel 表单的任一单元格输入"＝"⇒在主菜单中点击"插入"⇒"函数(*F*)"⇒在选择类别的下拉式菜单中选择"统计"⇒选择"BINOMDIST"点击"确定"⇒在函数参数表单中输入"Number_s＝10，Trials＝100，Probability_s＝0.05，Cumulative＝TRUE"，然后点"确定"⇒即在单元格中出现"0.98852759".

如果要计算 $P(X=10)$，则只需要在上面的过程中所有的步骤中把"Cumulative＝TRUE"改成"Cumulative＝FALSE". 即在单元格中出现"0.016715884".

(三)泊松分布

若随机变量 X 的概率分布律为

$$P\{X=k\}=\frac{e^{-\lambda}\lambda^k}{k!},k=0,1,2,\cdots, \tag{2.2.3}$$

其中 $\lambda>0$，则称 X 服从**参数为 λ 的泊松(Poisson)分布**，且记为 $X\sim\pi(\lambda)$.

观察(2.2.3)，显然有对任意的 $k=0,1,2,\cdots,P\{X=k\}>0$，且由§2.2的例2.2.1知，$\sum\limits_{k=0}^{+\infty}P\{X=k\}=\sum\limits_{k=0}^{+\infty}\frac{e^{-\lambda}\lambda^k}{k!}=1$.

参数 λ 的含义将在第四章中说明，而有关泊松分布的数学模型将在随机过程第十二章中研究.

泊松分布有着非常广泛的应用. 这是因为当 n 足够大，p 充分小(一般要求 $p<0.1$)，且 np 保持适当大小时，参数为 (n,p) 的二项分布可用泊松分布近似描述.

设 $X\sim B(n,p)$，并记 $\lambda=np$. 则

$$\begin{aligned}P\{X=k\}&=C_n^kp^k(1-p)^{n-k}=\frac{n!}{k!(n-k)!}p^k(1-p)^{n-k}\\&=\frac{n!}{k!(n-k)!}(\frac{\lambda}{n})^k(1-\frac{\lambda}{n})^{n-k}\\&=\frac{n(n-1)\cdots(n-k+1)\lambda^k}{n^k}\cdot\frac{\lambda^k}{k!}\cdot\frac{(1-\lambda/n)^n}{(1-\lambda/n)^k}.\end{aligned}$$

当 n 充分大和适当的 λ 时，

$$(1-\frac{\lambda}{n})^n\approx e^{-\lambda},\frac{n(n-1)\cdots(n-k+1)}{n^k}\approx1,(1-\frac{\lambda}{n})^k\approx1.$$

故有

$$P\{X=k\}\approx\frac{e^{-\lambda}\lambda^k}{k!}.$$

也就是说，当 n 充分大，p 足够小时，

$$C_n^kp^k(1-p)^{n-k}\approx\frac{e^{-\lambda}\lambda^k}{k!}. \tag{2.2.4}$$

根据统计工作者的经验，以下的随机变量常可近似用泊松分布描述：

1. 某产品的不合格点数；
2. 一本书一页上的印刷错误数；
3. 一手机某一时间段内收到的信息次数；
4. 某放射物在一定时间内放射出的 α 粒子数；
5. 一定的时间区间内进入某书亭的人数.

例 2.2.5 设某公共汽车站单位时间内候车人数 X 服从参数为 4.8 的泊松分布. 求：(1)随机观察 1 单位时间，至少有 3 个人候车的概率；(2)随机地独立观察 5 个单位时间，恰有 4 个

单位时间至少有 3 人候车的概率.

解　(1)由题意知,$X \sim \pi(\lambda)$,其中 $\lambda=4.8$,则

$$P\{X \geqslant 3\} = 1 - P(X=0) - P(X=1) - P(X=2)$$
$$= 1 - e^{-4.8} - 4.8e^{-4.8} - \frac{4.8^2}{2!}e^{-4.8} = 0.8575.$$

(2)设被观察的 5 个单位时间内有 Y 个单位时间是“至少有 3 个人候车”,则$Y \sim B(5,p)$,其中 $p=P\{X \geqslant 3\}=0.8575$.那么

$$P\{Y=4\} = C_5^4 p^4(1-p) = 0.3852.$$

例 2.2.6　某地区一个月内每 200 个成年人中有 1 个会患上某种疾病,设各人是否患病相互独立.若该地区一社区有 1000 个成年人,求某月内该社区至少有 3 人患病的概率.

解　记 $p=1/200$,且设该社区 1000 人中有 X 人患病.由题意知,$X \sim B(1000,p)$,记 $\lambda=1000p=5$.利用(2.2.4)式,所要求的概率为

$$P\{X \geqslant 3\} = 1 - \sum_{i=0}^{2} P\{X=i\} = 1 - \sum_{i=0}^{2} C_{1000}^{i} p^i (1-p)^{1000-i}.$$
$$\approx 1 - \sum_{i=0}^{2} \frac{e^{-\lambda}\lambda^i}{i!} = 1 - \frac{e^{-5}}{0!} - \frac{5e^{-5}}{1!} - \frac{25e^{-5}}{2!} = 0.8753.$$

例 2.2.7　例 2.2.6 的计算可以通过 Excel 表单简单得出.先计算出 $P\{X \leqslant 2\}$具体如下:在 Excel 表单的任一单元格输入“=”⇒在主菜单中点击“插入”⇒“函数(F)”⇒在选择类别的下拉式菜单中选择“统计”⇒选择“POISSON”点击“确定”⇒在函数参数表单中输入“$X=2$,Mean=5,Cumulative=TRUE”,然后点“确定”⇒即在单元格中出现“0.124652019”.$P\{X \geqslant 3\}=1-P\{X \leqslant 2\}=0.875347981$.

(四)其他离散型随机变量

例 2.2.8　一袋中共有 N 个球,其中有 a 个白球与 b 个红球($a+b=N$).从中不放回地取 $n(n \leqslant N)$个球,设每次取到各球的概率相等.若其中有 X 只白球,试写出 X 的概率分布律.

解　这是一个等可能概型,

$$P\{X=k\} = \frac{C_a^k C_b^{n-k}}{C_N^n}, k = l_1, l_1+1, \cdots, l_2, \qquad (2.2.5)$$

其中 $l_1=\max(0,n-b)$,$l_2=\min(a,n)$.

如果随机变量 X 具有形如(2.2.5)的概率分布律,则称 X 服从**超几何(hypergeometric)分布**.

例 2.2.9　设独立重复试验中,每次试验有两个结果:$A,\overline{A}$.每次试验中 A 出现的概率不变,记 $P(A)=p$,$0<p<1$,设直至 A 首次发生时所需的试验次数为 X,求 X 的概率分布律.

解　参照§2.1 的例 2.1.1 中求 Y 的概率分布律的方法,可知

$$P\{X=k\} = p(1-p)^{k-1}, k=1,2,\cdots \qquad (2.2.6)$$

如果随机变量 X 具有形如(2.2.6)的概率分布律,则称 X 服从**参数为 p 的几何(geometric)分布**.

§2.3　随机变量的概率分布函数

前面我们介绍了离散型随机变量及其概率分布律.但实际上也有许多随机变量的取值是

不可列的，因此就不能用概率分布律来描述其概率分布规律. 例如，打靶时弹着点离开靶心的距离；一地区成年男子的身高；一批产品的寿命；在职职工个人月收入，等等，这些量均不可列，不是离散量. 事实上，我们也不关心这类量取某一定值的概率，而是关心其落在某些区域的可能性大小. 例如，我们可能会关心事件“打了 8 环以上”，“身高大于 170cm”，“寿命大于 1000 小时且小于 2000 小时”，“职工月收入低于 3000 元”的概率. 下面我们引入概率分布函数的概念.

定义 2.3.1 设 X 为一随机变量，x 为任意实数，函数

$$F(x) = P\{X \leqslant x\} \tag{2.3.1}$$

称为随机变量 X 的**概率分布函数**，简称**分布函数**(**distribution function**).

对任意的实数 $x_1, x_2 (x_1 < x_2)$，有

$$P\{x_1 < X \leqslant x_2\} = P\{X \leqslant x_2\} - P\{X \leqslant x_1\} = F(x_2) - F(x_1). \tag{2.3.2}$$

这说明 X 落在区间 $(x_1, x_2]$ 的概率为两端点分布函数值之差. 也就是说，如果 X 的分布函数 $F(x)$ 已知，则可以求出事件 $\{X \in (x_1, x_2]\}$ 的概率. 从这个意义上说明，$F(x)$ 能完整地描述 X 的概率分布.

几何地来看分布函数，将 X 设想成一随机点，那么 X 落在区间 $(-\infty, x]$ 上的概率即为 $F(x)$（如图 2.3.1 所示）.

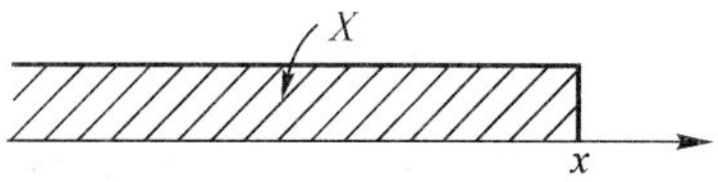

图 2.3.1

当 X 为离散量时，设 X 的概率分布律为 $P\{X = x_i\} = p_i$，$i = 1, 2, \cdots$. 则 X 的分布函数为

$$F(x) = P\{X \leqslant x\} = \sum_{x_i \leqslant x} P\{X = x_i\}, \tag{2.3.3}$$

即 $F(x)$ 为满足 $x_i \leqslant x$ 的一切 x_i 的相应的概率之和.

例 2.3.1 随机变量 $X \sim 0-1(p)$ 分布，$0 < p < 1$. 求 (1) X 的概率分布函数及其图形；(2) $P\{X \geqslant 1\}$ 的值.

解 (1) 由题意知，X 具有概率分布律

X	0	1
p	$1-p$	p

那么 X 的分布函数为

$$F(x) = P\{X \leqslant x\} = \begin{cases} 0, & x < 0 \\ 1-p, & 0 \leqslant x < 1, \\ 1, & x \geqslant 1. \end{cases}$$

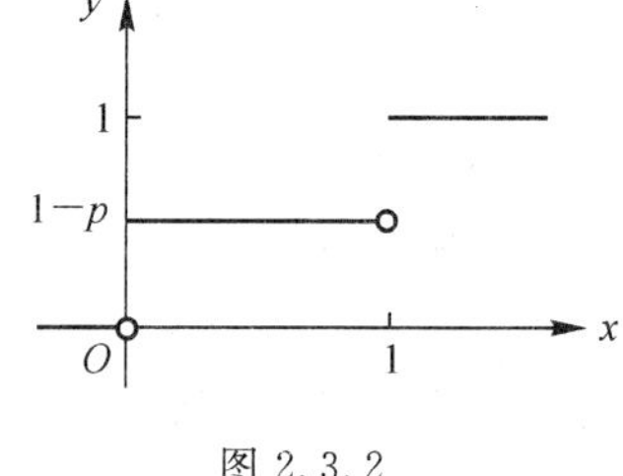

图 2.3.2

(2) $P\{X \geqslant 1\} = P\{X = 1\} = p$.

概率分布函数的性质：

(1) $F(x)$ 单调不减；

这一点由 (2.3.2) 式即可知，当 $x_2 > x_1$ 时，$F(x_2) - F(x_1) = P\{x_1 < X \leqslant x_2\} \geqslant 0$，因此 $F(x_2) \geqslant F(x_1)$.

(2) $0 \leqslant F(x) \leqslant 1$，且有 $\lim\limits_{a \to -\infty} F(a) = 0$，$\lim\limits_{b \to +\infty} F(b) = 1$，简记为 $F(-\infty) = 0$，$F(+\infty) = 1$.

因为 $F(x)$ 为事件 $\{X \leqslant x\}$ 的概率，所以有 $0 \leqslant F(x) \leqslant 1$.

又可设想有实数数列 $a_1 > a_2 > \cdots > a_n > \cdots$，$a_n$ 越小，事件 $\{X \leqslant a_n\}$ 越来越接近不可能事件，故有 $F(-\infty) = 0$. 用同样的方式可以理解 $F(+\infty) = 1$.

(3) $F(x+0) = F(x)$，即 $F(x)$ 是右连续函数（证略）.

例如本节例 2.3.1 中的 $F(x)$（见图 2.3.2）在 $x=0,1$ 点上为右连续，在其他点上均为连续函数.

例 2.3.2　设一醉汉在 A,B 两点间移动，A,B 两点间的距离为 3 个单位. A,B 两点有障碍物，他停留在 A,B 两点的概率均为 1/4. 设他离开 A 的距离为 X，且落在 A,B 两点间任一区间的概率与区间长度成正比，求 X 的概率分布函数.

解　由题意知，$P\{X=0\}=P\{X=3\}=1/4$.

设比例常数为 k，则

$$P\{0<X<3\}=3k$$
$$=1-P\{X=0\}-P\{X=3\}=1/2,$$

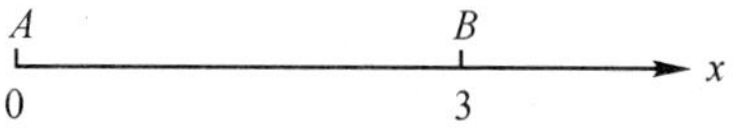

图 2.3.3

得 $k=1/6$. 显然有，当 $x<0$ 时，$F(x)=0$；

当 $x=0$ 时，$F(x)=1/4$；当 $x\geqslant 3$ 时，$F(x)=1$. 而当 $0<x<3$ 时，

$$F(x)=P\{X\leqslant x\}=1/4+P\{0<X\leqslant x\}=1/4+x/6.$$

即

$$F(x)=\begin{cases}0, & x<0,\\ 1/4+x/6, & 0\leqslant x<3,\\ 1, & x\geqslant 3.\end{cases}$$

§2.4　连续型随机变量

接下来我们关注一类重要的非离散型随机变量——连续型随机变量.

定义 2.4.1　对于随机变量 X，若存在一个非负的实函数 $f(x)$，使 X 落在任一区域 D 上的概率

$$P\{X\in D\}=\int_D f(x)\mathrm{d}x, \tag{2.4.1}$$

则称 X 为**连续型随机变量**，简称**连续量**. 称 $f(x)$ 为 X 的**概率密度函数**（**probability density function**），简称**密度**.

由定义知，密度函数具有以下性质：

(1) $f(x)\geqslant 0$；

(2) $\int_{-\infty}^{+\infty} f(x)\mathrm{d}x=1$；

(3) X 的概率分布函数 $F(x)=\int_{-\infty}^{x} f(t)\,\mathrm{d}t$；

(4) 在 $f(x)$ 的连续点 x 处，$F'(x)=f(x)$.

由(2.4.1)式可知 X 属于区域 D 的概率等于概率密度函数在区域 D 上的积分. 令 $D=[a,b]$，则有

$$P\{a\leqslant X\leqslant b\}=\int_a^b f(x)\mathrm{d}x.$$

上式中，若令 $a=b$，则有　　$P\{X=a\}=0$，

即，连续型随机变量取任一定值的概率为零. 因此连续量落在开区间与相应的闭区间上的概率相等.

例 2.4.1　设 X 为连续型随机变量，其密度函数为

$$f(x)=\begin{cases}c(2x-x^2), & 0<x<1,\\ 0, & \text{其他}.\end{cases}$$

求(1)常数 c 的值;(2)$P\{X<0.5\}$的值.

解 (1)由概率密度的性质(2)可知,

$$1=\int_{-\infty}^{\infty}f(x)\mathrm{d}x=c\int_0^1(2x-x^2)\mathrm{d}x=c(x^2-\frac{x^2}{3})\Big|_0^1=\frac{2c}{3},$$

得 $c=3/2$.

(2)$P\{X<0.5\}=\int_{-\infty}^{0.5}f(x)\,\mathrm{d}x=\int_0^{0.5}\frac{3}{2}(2x-x^2)\mathrm{d}x=\frac{5}{16}$.

例 2.4.2 一电子产品的无故障工作时间 X(以小时计)为连续型随机变量,其密度函数为

$$f(x)=\begin{cases}\lambda \mathrm{e}^{-(x-50)/1000}, & x>50,\\ 0, & x\leqslant 50.\end{cases}$$

求(1)常数 λ 的值;(2)从大批该种产品中抽取 3 只,恰有一只无故障工作时间小于 1050 小时的概率.

解 (1)由于 $1=\int_{-\infty}^{+\infty}f(x)\,\mathrm{d}x=\int_{50}^{+\infty}\lambda \mathrm{e}^{-(x-50)/1000}\mathrm{d}x=1000\lambda$,于是可得 $\lambda=1/1000$.

(2)注意到

$$P\{X<1050\}=\int_{50}^{1050}\frac{1}{1000}\mathrm{e}^{-(x-50)/1000}\mathrm{d}x=1-\mathrm{e}^{-1}\approx 0.6321.$$

设 3 只产品中有 Y 只寿命小于 1050 小时,由题意知,$Y\sim B(3,0.6321)$,那么所要求的概率即为

$$P\{Y=1\}=C_3^1\cdot 0.6321\cdot 0.3679^2=0.2566.$$

例 2.4.3 一银行服务需等待,设等待时间 X(以分钟计)的概率密度为

$$f(x)=\begin{cases}\frac{1}{10}\mathrm{e}^{-x/10}, & x>0,\\ 0, & x\leqslant 0.\end{cases}$$

某人进了银行,且计划等下还要去办另一件事,故打算先等待,如果 15 分钟后还是没有等到服务就离开银行,设此人在银行实际等待时间为 Y.(1)求 Y 的概率分布函数;(2)问 Y 是离散量吗? Y 是连续量吗?

解 (1)由分布函数的定义知,Y 的概率分布函数为

$$F(y)=P\{Y\leqslant y\}.$$

显然,当 $y\leqslant 0$ 时,$F(y)=0$;当 $y\geqslant 15$ 时,$F(y)=1$;当 $0<y<15$ 时,

$$F(y)=P\{Y\leqslant y\}=P\{X\leqslant y\}=\int_{-\infty}^{y}f(x)\mathrm{d}x=1-\mathrm{e}^{-y/10}.$$

即

$$F(x)=\begin{cases}0, & y\leqslant 0,\\ 1-\mathrm{e}^{-y/10}, & 0<y<15,\\ 1, & y\geqslant 15.\end{cases}$$

(2)因为 Y 的取值范围为$[0,15]$,Y 的取值不可数,所以 Y 不是离散量. 又 $P\{Y=15\}=F(15)-P\{Y<15\}=1-(1-\mathrm{e}^{-15/10})=\mathrm{e}^{-1.5}\neq 0$,即 Y 取定值 15 时概率不为零,所以 Y 亦不是连续量. 因此 Y 是既非离散又非连续的随机变量.

本教材主要研究离散量与连续量.

下面我们研究几种重要的连续量.

(一)均匀分布

定义 2.4.2　设随机变量 X 具有概率密度

$$f(x)=\begin{cases}\dfrac{1}{b-a}, & x\in(a,b),\\ 0, & \text{其他}.\end{cases} \tag{2.4.2}$$

则称 X 服从区间 **(a,b) 上均匀(uniform)分布**,常记为 $X\sim U(a,b)$.

显然上面的密度函数满足 $f(x)\geqslant 0$, $\int_{-\infty}^{+\infty} f(x)\mathrm{d}x=1$.

根据密度函数的定义,可知 X 的概率分布函数为

$$F(x)=\begin{cases}0, & x<a,\\ (x-a)/(b-a), & a\leqslant x<b,\\ 1, & x\geqslant b.\end{cases}$$

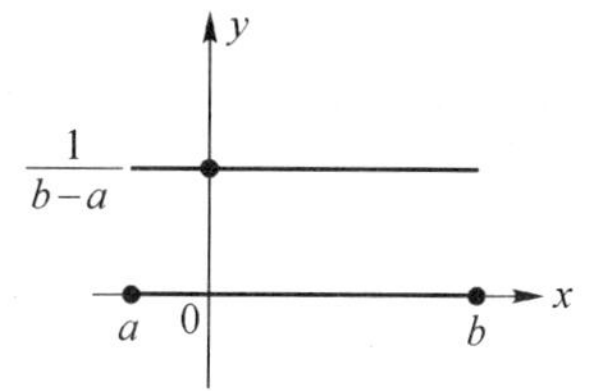

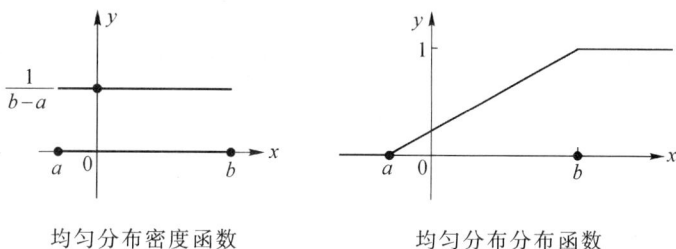

均匀分布密度函数　　均匀分布分布函数

图 2.4.1

设有实数 c,l,满足 $a\leqslant c<c+l\leqslant b$,则有

$$P\{c<X<c+l\}=\int_{c}^{c+l}\frac{1}{b-a}\mathrm{d}x=\frac{l}{b-a},$$

上式的值与 c 无关,即 X 落在区间 $[a,b]$ 内任一长度为 l 的子区间的概率为子区间的长度与 $(b-a)$ 的比(即几何测度之比),其概率与 l 成正比,而且仅依赖于子区间的长度,与子区间的位置没有关系.

例 2.4.4　杭州某长途汽车站每天从早上 6:00(第一班车)开始,每隔 30 分钟有一班车发往上海.设王先生在早上 6:20 过 X 分钟到站,且设 X 服从 $(0,50)$ 上均匀分布.(1)求王先生候车时间不到 15 分钟的概率;(2)如果王先生一个月中有两次按此方式独立地去候车,求他有一次候车不到 15 分钟,另一次候车大于 10 分钟的概率.

解　$X\sim U(0,50)$,由题意知,只有当王先生在图 2.4.2 中画阴影的时间区间内到达时,候车时间会小于 15 分钟,

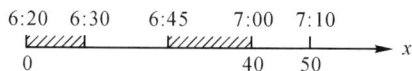

图 2.4.2

阴影区间的长度为 25,所以

$$P\{\text{候车时间小于 15 分钟}\}=25/50=0.5.$$

(2)同样可知,如果王先生在 6:30 以后至 6:50 之间或 7:00 至 7:10 之间到达车站,则他的候车时间要大于 10 分钟,所以

$$P\{\text{候车时间大于 10 分钟}\}=30/50=0.6.$$

设

$$A_i=\{\text{第 } i \text{ 次候车时间小于 15 分钟}\}, i=1,2;$$

$$B_i=\{\text{第 } i \text{ 次候车时间大于 10 分钟}\}, i=1,2;$$

那么所要求的概率为

$$P\{A_1B_2\cup B_1A_2\}=P(A_1)\cdot P(B_2)+P(B_1)\cdot P(A_2)=2\times\frac{1}{2}\times\frac{3}{5}=\frac{3}{5}.$$

(二)正态分布

正态随机变量是概率论与数理统计中最重要的随机变量.

定义 2.4.3　设随机变量 X 具有概率密度

$$f(x)=\frac{1}{\sqrt{2\pi}\cdot\sigma}\mathrm{e}^{-(x-\mu)^2/(2\sigma^2)}, |x|<+\infty, \tag{2.4.3}$$

其中参数 $\sigma>0$, $|\mu|<+\infty$,则称 X 服从**参数为 (μ,σ) 的正态(normal)分布**,或简称 X 为正态量,记为 $X\sim N(\mu,\sigma^2)$.

其相应的分布函数为　$F(x)=\int_{-\infty}^{x}\frac{1}{\sqrt{2\pi}\cdot\sigma}\mathrm{e}^{-(t-\mu)^2/(2\sigma^2)}\mathrm{d}t.$

显然,$f(x)\geqslant0$.下面来证明 $\int_{-\infty}^{+\infty}f(x)\mathrm{d}x=1$.

记 $I=\int_{-\infty}^{+\infty}\frac{1}{\sqrt{2\pi}\cdot\sigma}\mathrm{e}^{-(x-\mu)^2/(2\sigma^2)}\mathrm{d}x$,作积分变量变换,令 $\frac{x-\mu}{\sigma}=t$,则

$$I=\int_{-\infty}^{+\infty}\frac{1}{\sqrt{2\pi}}\mathrm{e}^{-t^2/2}\mathrm{d}t.$$

于是

$$I^2=\int_{-\infty}^{+\infty}\frac{1}{\sqrt{2\pi}}\mathrm{e}^{-x^2/2}\mathrm{d}x\cdot\int_{-\infty}^{+\infty}\frac{1}{\sqrt{2\pi}}\mathrm{e}^{-y^2/2}\mathrm{d}y$$

$$=\int_{-\infty}^{+\infty}\int_{-\infty}^{+\infty}\frac{1}{2\pi}\mathrm{e}^{-(x^2+y^2)/2}\mathrm{d}x\mathrm{d}y,$$

通过将积分变量变换成极坐标形式,得

$$I^2=\int_0^{2\pi}\mathrm{d}\theta\int_0^{+\infty}r\cdot\frac{1}{2\pi}\mathrm{e}^{-r^2/2}\mathrm{d}r=1.$$

这样就得到 $I=1$.

正态密度 $f(x)$ 具有以下性质:

(1) $f(x)$ 关于 $x=\mu$ 对称;

(2) $\max\limits_{|x|<+\infty}f(x)=f(\mu)=\frac{1}{\sqrt{2\pi}\sigma}$;

(3) $\lim\limits_{|x-\mu|\to+\infty}f(x)=0$.

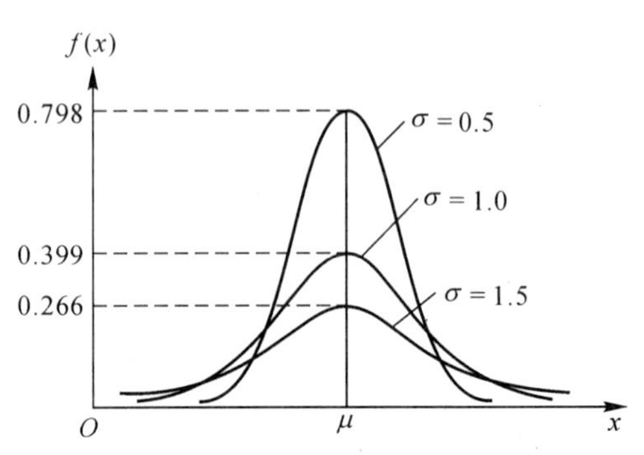

图 2.4.3　正态分布概率密度

由图 2.4.3 所示的密度曲线图可知,X 的取值是中间(μ 附近)大,两头(离 μ 远的地方)小,而且是对称的(关于 $x=\mu$).

人们常称正态变量的参数 μ 为位置参数,因为 μ 给出了密度对称轴的位置及 X 的取值集中的位置;称 σ 为尺度参数,因为密度曲线的尺度(图形的

形状)完全由 σ 决定(却与 μ 无关).

σ 越大,曲线峰越低,越扁平,X 在 μ 附近取值的概率(即相应的曲边梯形的面积)越小,即 X 取值越分散,故 σ 是反映 X 取值分散程度的一个指标量.

特别地,当 $\mu=0,\sigma=1$ 时,若记这时的正态量为 $Z,Z\sim N(0,1)$,称 Z 服从**标准正态分布(standard normal distribution)**,其概率密度为:

$$\varphi(x)=\frac{1}{\sqrt{2\pi}}\mathrm{e}^{-x^2/2},\ |x|<+\infty. \tag{2.4.4}$$

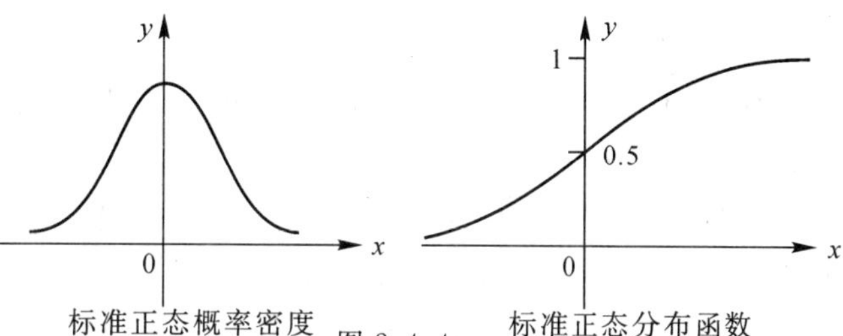

图 2.4.4

其相应的分布函数为

$$\Phi(x)=\int_{-\infty}^{x}\frac{1}{\sqrt{2\pi}}\mathrm{e}^{-t^2/2}\mathrm{d}t.$$

显然标准正态密度关于 y 轴对称,由此可得,对于任一实数:$x>0$

$$\Phi(-x)=P\{Z\leqslant -x\}=P\{Z\geqslant x\}=1-\Phi(x),$$

即
$$\Phi(x)+\Phi(-x)=1. \tag{2.4.5}$$

同时,当 $X\sim N(\mu,\sigma^2)$ 时,对于任意的实数 $a,b,a<b$,有

$$P\{a<X<b\}=\int_a^b\frac{1}{\sqrt{2\pi}\cdot\sigma}\mathrm{e}^{-(x-\mu)^2/(2\sigma^2)}\mathrm{d}x.$$

作积分变量变换,令 $t=(x-\mu)/\sigma$,得

$$P\{a<X<b\}=\int_{(a-\mu)/\sigma}^{(b-\mu)/\sigma}\frac{1}{\sqrt{2\pi}}\mathrm{e}^{-t^2/2}\mathrm{d}t.$$

此时的被积函数为标准正态密度,故有

$$P\{a<X<b\}=\Phi\left(\frac{b-\mu}{\sigma}\right)-\Phi\left(\frac{a-\mu}{\sigma}\right). \tag{2.4.6}$$

这样将正态变量的概率计算归结为标准正态分布函数值的计算问题.而这些数值可查本书附表 2.

若 $X\sim N(\mu,\sigma^2)$,由(2.4.5),(2.4.6)式可得

$$P\{|X-\mu|<k\sigma\}=\Phi(k)-\Phi(-k)=2\Phi(k)-1,$$

当 $k=1,2,3$ 时,查附表 2 可得

$$P\{|X-\mu|<\sigma\}=2\Phi(1)-1=0.6826;$$
$$P\{|X-\mu|<2\sigma\}=2\Phi(2)-1=0.9544;$$
$$P\{|X-\mu|<3\sigma\}=2\Phi(3)-1=0.9974. \tag{2.4.7}$$

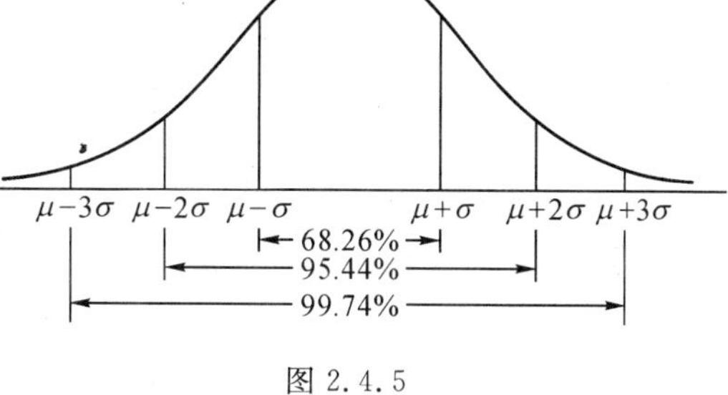

图 2.4.5

可以发现,以上概率值与 μ,σ 的取值无关(总结在图 2.4.5 中).

例 2.4.5　用天平称一实际重量为 a 的物体,天平的读数为随机变量 $X,X\sim N(a,\sigma^2)$.当 $\sigma=0.01$ 时,(1)求读数与 a 的误差小于 0.005 的概率;(2)求读数至少比 a 多 0.0085 的概率;(3)若重复称 3 次,求 3 次中恰有 1 次"读数与 a 的误差小于 0.005"的概率.

解　(1)由(2.4.6)式,并查附表 2,得

$$P\{|X-a|<0.005\}=\Phi(\frac{0.005}{0.01})-\Phi(-\frac{0.005}{0.01})$$

$$=2\Phi(0.5)-1=2\times0.6915-1=0.3830;$$

(2)$P\{X-a\geqslant0.0085\}=1-P\{X-a<0.0085\}$

$$=1-\Phi(0.85)=1-0.8023=0.1977;$$

(3)设 3 次中有 Y 次“读数与 a 的误差小于 0.005”，则 $Y\sim B(3,0.3830)$，因此

$$P\{Y=1\}=C_3^1\cdot0.3830\cdot0.6170^2=0.4374.$$

例 2.4.6 上例的计算中正态分布的值可以通过 Excel 表单简单得出. 例如计算 $P(X-a<0.0085)$，具体如下：在 Excel 表单的任一单元格输入“＝”⇒在主菜单中点击“插入”⇒“函数(F)”⇒在选择类别的下拉式菜单中选择“统计”⇒选择“NORMDIST”点击“确定”⇒在函数参数表单中输入“X＝0.0085，Mean＝0，Standard_dev＝0.01，Cumulative＝TRUE”，然后点“确定”⇒即在单元格中出现“0.802337508”.

例 2.4.7 设一天中经过一高速公路某一入口的重型车辆数 X 近似服从 $N(\mu,\sigma^2)$，已知有 25％的天数超过 400 辆，有 33％的天数不到 350 辆，求 μ,σ.

解 已知 $P\{X>400\}=0.25$，$P\{X<350\}=0.33$，查表得

$$P\{X>400\}=1-\Phi(\frac{400-\mu}{\sigma})=\Phi(\frac{\mu-400}{\sigma})=0.25=\Phi(-0.675),$$

$$P\{X<350\}=\Phi(\frac{350-\mu}{\sigma})=0.33=\Phi(-0.440),$$

于是 $\begin{cases}(\mu-400)/\sigma=-0.675\\(350-\mu)/\sigma=-0.440\end{cases}$ 解得 $\begin{cases}\mu\approx369.7,\\\sigma\approx44.8.\end{cases}$

在自然界与社会现象中许多量可用(或近似用)正态量来描述，那些我们经常可以看到的(自然形成的)沙堆、谷堆、煤堆以及远处的某些山的轮廓线，常常会让人们联想到正态密度曲线. 我们身边的许多量，如同一年龄段的人的身高，体重(但视力测量值不是正态量)；一个地区某一时段的降雨量；某公司普通职工的收入；医院里许多化验的指标量等等，一般均可将其视为正态量，在第五章中我们还可以看到正态量的更多应用.

(三)指数分布

定义 2.4.4 设随机变量 X 具有概率密度

$$f(x)=\begin{cases}\lambda e^{-\lambda x}, & x>0,\\0, & x\leqslant0.\end{cases}\tag{2.4.8}$$

其中 $\lambda>0$，则称 X 服从**参数为 λ 的指数(exponential)分布**，记为 $X\sim E(\lambda)$.

显然有 $f(x)\geqslant0$，$\int_{-\infty}^{+\infty}f(x)\mathrm{d}x=\int_0^{+\infty}\lambda e^{-\lambda x}\mathrm{d}x=-e^{-\lambda x}\Big|_0^{+\infty}=1.$

其相应的分布函数为

$$F(x)=\int_{-\infty}^{x}f(t)\mathrm{d}t=\begin{cases}1-e^{-\lambda x}, & x>0,\\0, & x\leqslant0.\end{cases}\tag{2.4.9}$$

当 $X\sim E(\lambda)$ 时，对任意的 $t>0,t_0>0$，我们有

$$P\{X>t_0+t|X>t_0\}=\frac{P\{X>t_0+t\}}{P\{X>t_0\}}=\frac{1-F(t_0+t)}{1-F(t_0)}$$

$$=e^{-\lambda t}=P\{X>t\},\tag{2.4.10}$$

或写成 $P\{X>t_0+t\}=P\{X>t_0\}\cdot P\{X>t\}$.

若将 X 看成某电子产品的寿命(以小时计)，则(2.4.10)式可解释为："在已知产品用了 t_0 小时没有坏的条件下，再用 t 小时不坏"的条件概率等于这产品"最初使用 t 小时不坏"的概率. 形象地说这产品"忘却"了"已使用 t_0 小时". 所以常将(2.4.10)式形象地称作指数分布的"无记忆性".

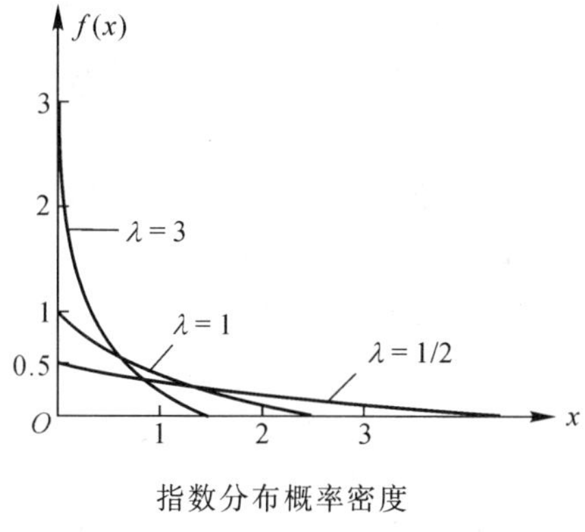

指数分布概率密度

图 2.4.6

例 2.4.8　设一地段相邻两次交通事故间隔时间(以小时计)X 服从参数 $\lambda=1/6.5$ 的指数分布.(1)求 8 个小时内没有发生交通事故的概率;(2)已知已过去的 8 个小时中没有发生交通事故，求在未来的 2 小时内不发生交通事故的概率.

解　(1)$X\sim E(\lambda)$，$\lambda=1/6.5$，则

$$P\{X>8\}=1-F(8)=\mathrm{e}^{-8/6.5}\approx 0.2920.$$

(2)由(2.4.10)式知

$$P\{X>10\,|\,X>8\}=P\{X>2\}=e^{-2/6.5}\approx 0.735.$$

有人说指数分布的无记忆性不好理解，但看了例 2.4.8(2)中的等式 $P\{X>10\,|\,X>8\}=P\{X>2\}$后就有点感觉了吧!

例 2.4.9　有编号为 1,2,3 的 3 个同类设备. 已知它们正常运行时间均服从参数为 λ 的指数分布. 现 1 号,2 号设备已在一系统中独立运行，当其中 1 台损坏时由 3 号接替运行. 求 3 个设备运行到最后的不是 3 号设备的概率.

解　不妨设 1 号先损坏，由于指数分布具有无记忆性，由 3 号接替后开始考虑 2 号再正常运行 t 单位时间的概率应与 3 号正常运行 t 单位时间的概率相等，所以得到"运行到最后的不是 3 号设备"的概率应为 1/2.

(四)其他连续型随机变量

定义 2.4.5　设随机变量 X 具有概率密度

$$f(x)=\begin{cases}\beta\mathrm{e}^{-\beta x}(\beta x)^{\alpha-1}/\Gamma(\alpha), & x>0,\\ 0, & x\leqslant 0.\end{cases}\tag{2.4.11}$$

其中参数 $\alpha>0,\beta>0$，则称 X 服从**参数为$(\boldsymbol{\alpha},\boldsymbol{\beta})$的 $\boldsymbol{\Gamma}$(Gamma)分布**，记为 $X\sim\Gamma(\alpha,\beta)$.

(2.4.11)式中的 $\Gamma(\alpha)=\int_0^{\infty}\mathrm{e}^{-x}x^{\alpha-1}\mathrm{d}x$，且有 $\Gamma(\alpha)=(\alpha-1)\Gamma(\alpha-1)$. 特别地，当 n 为正整数时，有$\Gamma(n)=(n-1)!$.

定义 2.4.6　设随机变量 X 具有概率密度

$$f(x)=\begin{cases}\dfrac{\gamma}{\alpha}\left(\dfrac{x}{\alpha}\right)^{\gamma-1}\mathrm{e}^{-(x/\alpha)^{\gamma}}, & x\geqslant 0,\\ 0, & x<0.\end{cases}\tag{2.4.12}$$

其中参数 $\alpha>0,\gamma>0$，则称 X 服从**参数为$(\boldsymbol{\alpha},\boldsymbol{\gamma})$的二参数威布尔(Weibull)分布**.

定义 2.4.7　记随机变量 X 具有概率密度

$$f(x)=\begin{cases}\dfrac{\Gamma(a+b)}{\Gamma(a)\Gamma(b)}x^{a-1}(1-x)^{b-1}, & 0\leqslant x\leqslant 1,\\ 0, & \text{其他}.\end{cases}\tag{2.4.13}$$

其中参数 $a>0,b>0$，则称 X 服从**参数为$(\boldsymbol{a},\boldsymbol{b})$的 $\boldsymbol{\beta}$(Beta)分布**，记为 $X\sim\beta(a,b)$.

§2.5 随机变量函数的分布

在实际问题中，我们常会碰到已知一随机变量的分布，要求这一变量的函数的分布问题. 例如，已知到达车站的时间服从某一区间上的均匀分布，要求候车时间的分布；已知半径测量值为正态分布，要求对应的圆面积的分布，等等. 本节要研究一个随机变量函数的分布问题. 即已知 X 的分布，$Y=g(X)$，要求 Y 的分布. 下面先来看几个例题.

例 2.5.1 抛一枚骰子，当点数不大于 3 时定义 $Y=-1$，当点数为 4 或 5 时定义 $Y=0$，当点数为 6 时定义 $Y=1$. 且记 $Z=Y^2$. (1)求 Y 的概率分布律；(2)求 Z 的概率分布律.

解 (1)设抛一枚骰子得到的点数为 X. 由题意知当且仅当$\{X\leqslant 3\}$发生时$\{Y=-1\}$发生，我们称事件$\{X\leqslant 3\}$与事件$\{Y=-1\}$等价. 同理事件$\{X=4\}\cup\{X=5\}$与$\{Y=0\}$等价，事件$\{X=6\}$与$\{Y=1)$等价. 故有

$$P\{Y=-1\}=P\{X\leqslant 3\}=1/2;$$
$$P\{Y=0\}=P\{X=4 \text{ 或 } X=5\}=1/3;$$
$$P\{Y=1\}=P\{X=6\}=1/6.$$

即

Y	-1	0	1
p	$1/2$	$1/3$	$1/6$

(2)由题意知 $Z=Y^2$ 的可能取值为 0,1. 与(1)的解法相同，得

$$P\{Z=0\}=P\{Y=0\}=1/3;P\{Z=1\}=P\{Y=1 \text{ 或 } Y=-1\}=2/3.$$

即 $Z\sim 0-1(2/3)$.

例 2.5.2 设一商店某一批电子产品使用寿命(以小时计)$X\sim E(\lambda)$，$\lambda=1/250$. 商店对该批产品实行先使用后付款的办法销售. 若使用寿命小于 100 小时，顾客不用付费；若使用寿命大于 100 且小于 250 小时，顾客得付 10 元；若使用寿命大于 250 小时，则要付 30 元. 求顾客付费的概率分布律.

解 设顾客付费的金额为 Y 元，Y 的可能取值为：0，10，30. 由题意知 $X\sim E(\lambda)$，$\lambda=1/250$. 由于电子产品使用寿命小于 100 小时，顾客不用付费，那么

$$P\{Y=0\}=P\{X<100\}=\int_0^{100}\lambda \mathrm{e}^{-\lambda x}\,\mathrm{d}x=1-\mathrm{e}^{-100\lambda}=1-\mathrm{e}^{-0.4}=0.3297,$$

同理可得

$$P\{Y=10\}=P\{100<X<250\}=\mathrm{e}^{-100\lambda}-\mathrm{e}^{-250\lambda}=\mathrm{e}^{-0.4}-\mathrm{e}^{-1}=0.3024,$$
$$P\{Y=30\}=P\{X>250\}=\mathrm{e}^{-1}=0.3679.$$

即

Y	0	10	30
p	0.3297	0.3024	0.3679

由例 2.5.1，例 2.5.2 可知，若 X 的分布已知，$Y=g(X)$，且 Y 为离散量时，可先列出 Y 的可能取值 $y_1,y_2,\cdots,y_k,\cdots$然后找出事件$\{Y=y_k\}$的等价事件$\{X\in D_k\}$，从而求出 Y 的分布律 $P\{Y=y_k\}=P\{X\in D_k\}$即可. 另外，当 $Y=g(X)$为连续量时，我们总是先找出$\{Y\leqslant y\}$，即$\{g(X)\leqslant y\}$的等价事件$\{X\in D_y\}$，从而求出 Y 的分布函数 $F_Y(y)=P\{Y\leqslant y)=P\{X\in D_y\}$. 总之，求随机变量函数的分布问题实质上就是找等价事件问题.

例 2.5.3　设随机变量 X 的概率密度为

$$f_X(x)=\begin{cases}1/6, & -2<x<0,\\ 1/3, & 1<x<3,\\ 0, & \text{其他}.\end{cases}$$

$Y=X^2$，求 Y 的概率分布函数 $F_Y(y)$ 及密度函数 $f_Y(y)$.

解　由题意知，当 $y\leqslant 0$ 时，$F_Y(y)=0$；当 $y\geqslant 9$ 时，$F_Y(y)=1$.

当 $0<y<9$ 时，$\{Y\leqslant y\}$ 的等价事件为 $\{-\sqrt{y}\leqslant X\leqslant\sqrt{y}\}$. 所以

$$F_Y(y)=P\{-\sqrt{y}\leqslant X\leqslant\sqrt{y}\}=\int_{-\sqrt{y}}^{\sqrt{y}}f_X(x)\mathrm{d}x.$$

当 $0<y<1$ 时，$F_Y(y)=\int_{-\sqrt{y}}^{0}\frac{1}{6}\mathrm{d}x=\frac{\sqrt{y}}{6}$；

当 $1\leqslant y\leqslant 4$ 时，$F_Y(y)=\int_{-\sqrt{y}}^{0}\frac{1}{6}\mathrm{d}x+\int_{1}^{\sqrt{y}}\frac{1}{3}\mathrm{d}x=\frac{\sqrt{y}}{2}-\frac{1}{3}$；

当 $4<y<9$ 时，$F_Y(y)=\int_{-2}^{0}\frac{1}{6}\mathrm{d}x+\int_{1}^{\sqrt{y}}\frac{1}{3}\mathrm{d}x=\frac{\sqrt{y}}{3}$.

即

$$F_Y(y)=\begin{cases}0, & y\leqslant 0,\\ \sqrt{y}/6, & 0<y<1,\\ \sqrt{y}/2-1/3, & 1\leqslant y\leqslant 4,\\ \sqrt{y}/3, & 4<y<9,\\ 1, & y\geqslant 9.\end{cases}\text{推得 } f_Y(y)=F'_Y(y)=\begin{cases}1/(12\sqrt{y}), & 0<y<1,\\ 1/(4\sqrt{y}), & 1\leqslant y\leqslant 4,\\ 1/(6\sqrt{y}), & 4<y<9,\\ 0, & \text{其他}.\end{cases}$$

例 2.5.4　设 X 的概率密度为 $f_X(x)$，$Y=|X|$，$Z=X^2$. 求 Y 与 Z 的概率密度 $f_Y(y)$，$f_Z(t)$.

解　设 Y 与 Z 的分布函数分别为 $F_Y(y)$，$F_Z(t)$. 当 $y\leqslant 0$ 时，显然有 $F_Y(y)=0$. 当 $y>0$ 时，有

$$F_Y(y)=P\{Y\leqslant y\}=P\{|X|\leqslant y\}=F_X(y)-F_X(-y),$$

那么

$$f_Y(y)=\begin{cases}f_X(y)+f_X(-y), & y>0,\\ 0, & y\leqslant 0.\end{cases}$$

当 $t\leqslant 0$ 时，显然有 $F_Z(t)=0$. 当 $t>0$ 时，有

$$F_Z(t)=P\{Z\leqslant t\}=P\{X^2\leqslant t\}=F_X(\sqrt{t})-F_X(-\sqrt{t}).$$

那么

$$f_Z(t)=\begin{cases}\dfrac{1}{2\sqrt{t}}[f_X(\sqrt{t})+f_X(-\sqrt{t})], & t>0,\\ 0, & t\leqslant 0.\end{cases}$$

定理 2.5.1　设 X 为一连续型随机变量，其概率密度为 $f_X(x)$，随机变量 $Y=g(X)$，若函数 $y=g(x)$ 为一严格单调增函数（或减函数），且可微. 记 $y=g(x)$ 的反函数为 $x=h(y)$. 则 Y 的概率密度为

$$f_Y(y)=\begin{cases}f_X(h(y))\cdot|h'(y)|, & y\in D,\\ 0, & y\notin D.\end{cases}\tag{2.5.1}$$

其中 D 为函数 $y=g(x)$ 的值域.

证明　先设 $y=g(x)$ 为一严格单调增函数，即 $g'(x)\geqslant 0$，注意此时的 $h'(y)\geqslant 0$. 而 Y 的分

布函数为

$$F_Y(y)=P\{Y\leqslant y\}=P\{g(X)\leqslant y\}=P\{X\leqslant h(y)\}=\int_{-\infty}^{h(y)}f_X(x)\mathrm{d}x.$$

从而 $f_Y(y)=F'_Y(y)=f_X(h(y))\cdot h'(y)$.

若 $y=g(x)$为一严格单调减函数，即 $g'(x)\leqslant 0$，此时并有 $h'(y)\leqslant 0$. 故 Y 的分布函数为

$$F_Y(y)=P\{Y\leqslant y\}=P\{g(X)\leqslant y\}=P\{X\geqslant h(y)\}=\int_{h(y)}^{\infty}f_X(x)\mathrm{d}x.$$

从而 $f_Y(y)=F'_Y(y)=-f_X(h(y))\cdot h'(y)$. 这样就证明了(2.5.1)式.

例 2.5.5 随机变量 $X\sim N(\mu,\sigma^2)$，$Y=aX+b$，$a\neq 0$ 求 Y 的概率密度.

解 记 $y=g(x)=ax+b$，则其反函数为 $x=h(y)=(y-b)/a$，$h'(y)=1/a$. 满足定理2.5.1的条件，故有

$$f_Y(y)=\frac{1}{|a|}f_X\left(\frac{y-b}{a}\right)=\frac{1}{\sqrt{2\pi}\sigma|a|}\mathrm{e}^{-[y-(a\mu+b)]^2/[2(a\sigma)^2]}$$

即 $Y\sim N(a\mu+b,(a\sigma)^2)$. 特别地当 $a=\frac{1}{\sigma}$，$b=\frac{-\mu}{\sigma}$时，$Y=\frac{X-\mu}{\sigma}\sim N(0,1)$.

也就是说一个正态量的线性函数仍为正态量；特别地，当 $X\sim N(\mu,\sigma^2)$时，$\frac{X-\mu}{\sigma}$是标准正态量.

例 2.5.6 设连续型随机变量 X 的分布函数为 $F(x)$，且当 $0<F(x)<1$ 时 $F(x)$为严格单调函数，记 $Y=F(X)$，证明：Y 服从区间(0,1)上的均匀分布.

证明 由分布函数的性质知，$0\leqslant F(x)\leqslant 1$，故 Y 的取值也属于区间[0,1]. 显然有，当 $y\leqslant 0$ 时，$F_Y(y)=0$；当 $y\geqslant 1$ 时，$F_Y(y)=1$.

当 $0<y<1$ 时，

$$F_Y(y)=P\{Y\leqslant y\}=P\{F(X)\leqslant y\}=P\{X\leqslant F^{-1}(y)\}.$$

因为 X 的分布函数为 $F(x)$，故有

$$F_Y(y)=F[F^{-1}(y)]=y,$$

即

$$F_Y(y)=\begin{cases}0, & y\leqslant 0,\\ y, & 0<y<1,\\ 1, & y\geqslant 1.\end{cases}\text{从而有 } f_Y(y)=\begin{cases}1, & 0<y<1,\\ 0, & \text{其他}.\end{cases}$$

由 $F_Y(y)$(或 $f_Y(y)$)的表示式就知 $Y\sim U(0,1)$，命题得证.

思考题二

1. 随机变量与实变量有什么区别？

2. 取值充满一区间的量一定是连续量吗？

3. 若随机变量 X 分布律为

X	0	1
p	0.2	0.8

，则 X 的分布函数是 $F(x)=\begin{cases}0, & x<0,\\ 0.2, & 0\leqslant x<1,\\ 0.8, & x\geqslant 1.\end{cases}$ 对吗？

4. 设随机变量 X,Y 的概率密度分别为 $f_1(x)$，$f_2(y)$，则以下可作为概率密度的是 ( )

(A) $\frac{3}{2}f_1(x)-\frac{1}{2}f_2(x)$ (B) $\frac{3}{2}f_1(x)+\frac{1}{2}f_2(x)$

(C)$\frac{1}{2}f_1(x)-\frac{1}{2}f_2(x)$　　(D)$\frac{1}{2}f_1(x)+\frac{1}{2}f_2(x)$

5. 以下函数中能作为概率分布函数的是　(　　)

(A)$F(x)=\begin{cases}0, & x\leqslant 0,\\ 1-x, & 0<x<1,\\ 1-\frac{1}{x}, & x\geqslant 1.\end{cases}$　　(B)$F(x)=\begin{cases}0, & x\leqslant 0,\\ x^2/2, & 0<x<1,\\ x^2/2-x+1, & 1\leqslant x<2,\\ 1, & x\geqslant 2.\end{cases}$

(C)$F(x)=\begin{cases}0, & x\leqslant 0,\\ 1-e^{-\lambda x}, & 0<x\leqslant 2,\\ 1, & x>2.\end{cases}$　　(D)$F(x)=\begin{cases}0, & x\leqslant 0,\\ 1-e^{-x}, & 0<x<2,\\ 1+1/x^2, & x\geqslant 2.\end{cases}$

6. 设 $X\sim N(\mu,\sigma^2)$，对任意的 $\delta>0$，$P\{|X-\mu|<\delta\}$ 的值仅与 μ 有关吗？仅与 σ 有关吗？还是与 μ,σ 都有关？

7. 若一元件寿命服从指数分布，由指数分布的无记忆性，是否可认为这元件永远不会损坏？

习题二

1. 从 1,2,3,4,5,6,7 这 7 个数中随机抽取 3 个数(不放回抽样)，并将其从小到大排队，设排在中间的数为 X，求 X 的概率分布律.

2. 某电脑小游戏要依次独立地过 3 关，如果过不了关就结束. 并规定过了第 1,2 关各得1 分，过了第 3 关记为 4 分，第 1 关未过得 0 分. 若设一玩者每关通过的概率为 20%.

(1)写出此人得分数 X 的概率分布律；　(2)求此人得分数大于 2 的概率；

(3)已知此人得分不低于 2，求此人得 4 分的概率.

3. 某人买一种数字型体育彩票，每一注号码中大奖的概率为 10^{-7}.

(1)若每期买 1 注，共买了 n 期，求没有中大奖的概率；

(2)若每期买 10 注(号码全不同)，共买了 n 期，求没有中大奖的概率.

4. 某医院男婴的出生率为 0.51，如果在该院随机找 3 名新生儿，求

(1)至少有 1 名男婴的概率；　(2)恰有 1 名男婴的概率；

(3)第 1，第 2 名是男婴，第 3 名是女婴的概率；　(4)第 1，第 2 名是男婴的概率.

5. 一车辆从 A 地到 B 地要经过 3 个特殊地段，经过这 3 个地段时车辆发生故障的概率分别为 p_1,p_2,p_3. 设其余地段车辆不发生事故，且记 X 为从 A 地到 B 地发生的故障数，Y 为首次发生故障时已通过的特殊地段数(如没有发生故障，则记 $Y=3$). 试分别写出 X,Y 的概率分布律.

6. 从一批不合格品率为 $p(0<p<1)$ 的产品中随机抽查产品. 如果查到不合格品就停止检查，且最多查 5 件产品. 设停止时已检查了 X 件产品.

(1)求 X 的概率分布律；　(2)求 $P\{X\leqslant 2.5\}$ 的值。

7. 要诊断可疑病人是否患有某种罕见疾病，常邀请国内 5 名著名专家会诊，当至少有 3 名专家认为其有病时就诊断其有病. 设每位专家"有病诊断为无病"的概率为 10%，"无病诊断为有病"的概率为 20%，且专家诊断行为独立. 可疑病人有病的概率为 70%.

(1)求此人有病的条件下，诊断为有病的概率 α 及此人无病的条件下诊断为无病的概率 β；

(2)求诊断正确的概率；

(3)此人被诊断为有病的概率.

8. (接第 7 题)若已知恰有 3 名专家意见一致，求诊断正确的概率.

9. 某公交车站单位时间内候车人数服从参数为 λ 的泊松分布.

(1)若已知单位时间内至少有 1 人候车的概率为($1-e^{-4.5}$)，求单位时间内至少有2 人候车的概率；

(2)若 $\lambda=3.2$，已知我们班有一位同学在那里候车，求这车站就他 1 人候车的概率.

10. 设某手机在早上 9:00 至晚上 9:00 的任一长度为 t(分)的时间区间内收到的短信数 X 服从参数为 λt 的泊松分布,$\lambda=\frac{1}{20}$,且与时间起点无关.

(1)求 10:00 至 12:00 期间恰好收到 6 条短信的概率;

(2)已知在 10:00 至 12:00 期间至少有 5 条短信的条件下,求在该时段恰好收到 6 条短信的概率。

11. 某大学定每年的 5 月份为教职工进行体检,根据以往的情况知,通过体检发现 $\frac{1}{1000}$ 的被检者患有重大疾病.已知有 3000 人参加今年的体检,求至少有 2 人被检出重大疾病的概率(可用泊松分布近似计算).

12. 设随机变量 X 具有以下性质:

当 $0\leqslant x\leqslant 1$ 时,$P\{0<X\leqslant x\}=\frac{x}{2}$;当 $2\leqslant x\leqslant 3$ 时,$P\{2\leqslant X\leqslant x\}=\frac{x-2}{2}$.

(1)试写出 X 的概率分布函数;

(2)求 $P\{X\leqslant 2.5\}$的值.

13. 设随机变量 X 的概率密度为

$$f(x)=\begin{cases}c(4-x^2), & 0<x<2,\\ 0, & \text{其他}.\end{cases}$$

(1)求常数 c 的值; (2)求 X 的分布函数 $F(x)$; (3)求 $P\{-1<X<1\}$的值;

(4)对 X 独立观察 5 次,求事件$\{-1<X<1\}$恰好发生 2 次的概率.

14. 已知在早上 7:00~8:00 有两班车(7:30,7:50)从 A 校区到 B 校区,一学生在7:20~7:45 随机到达车站乘这两辆车.

(1)求该学生等车时间小于 10 分钟的概率;

(2)该学生等车时间大于 5 分钟又小于 15 分钟的概率;

(3)已知其候车时间大于 5 分钟的条件下,求其乘上 7:30 的班车的概率.

15. 从区间$(-1,3)$中随机取一数 X,试写出 X 的概率密度函数;若在该区间随机取 n 个数,设其中有 Y 个数大于 0,求 $P\{Y=k\},k=0,1,2,\cdots,n$ 的值.

16. 设随机变量 X 服从 $N(\mu,\sigma^2)$,其中 $\mu=5,\sigma=1$.求:

(1)$P\{X>2.5\}$; (2)$P\{X<3.52\}$; (3)$P\{4<X<6\}$.

17. 设 A 君的年收入扣除日常必需的花费后的余额(以万元计)X 服从 $N(2.3,0.25)$,且往年没有积蓄,也不打算借贷,今年他计划至少花 3 万元买些中高档家电,你说他能实现自己计划的概率有多大?

18. 设一地区的青年男子身高(以 cm 计)X 服从 $N(170,5.0^2)$.今在这地区随机找一青年男子测身高.求:

(1)身高大于 170cm 的概率; (2)身高大于 165cm 且小于 175cm 的概率;

(3)身高小于 172cm 的概率.

19. 设系统电压小于 200 伏,在区间[200,240]伏和超过 240 伏 3 种情况下,系统中某种电子元件不能正常工作的概率分别为 0.1,0.001,0.2.设系统电压 X 服从$N(220,25^2)$.

(1)求该电子元件不能正常工作的概率 α;

(2)该电子元件不能正常工作时,求系统电压超过 240 伏的概率 β;

(3)若一系统有 3 个这种元件,且若至少有 2 只正常时系统运行正常,求该系统运行正常的概率 θ.

20. 设随机变量 Z 服从标准正态分布,对于实数 x_0,若 $P\{Z\geqslant x_0\}=\alpha$,则称 x_0 为标准正态分布的上侧 α 分位点,常记 $z_\alpha=x_0$.试用上侧分位点表示满足以下条件的常数 a,b,c,$P\{|Z|<a\}=\alpha$,$P\{|Z|>b\}=\alpha$,$P\{Z<c\}=\alpha$.

21. 设随机变量 X 服从 $N(15,4)$,X 落在区间$(-\infty,x_1)$,(x_1,x_2),$(x_2,+\infty)$中的概率之比为 50 : 34 : 16,求 x_1,x_2 的值.

22. 设随机变量 X 的概率密度为 $f(x)=a\cdot e^{-x^2}$,$|x|<+\infty$.试求:

(1)常数 a 的值；　(2)$P\{X>\frac{1}{2}\}$的值.

23.设银行的某一柜台一位顾客的服务时间(以分计)服从参数 $\lambda=1/8$ 的指数分布,在 A 到达时恰好有 1 人先于其到达,设 A 的等待时间为 X.

(1)写出 X 的概率密度；　(2)求 A 等待时间超过 10 分钟的概率；

(3)求等待时间大于 8 分钟且小于 16 分钟的概率.

24.设甲,乙两厂生产的同类型产品寿命(以年计)分别服从参数为 1/3 和 1/6 的指数分布,将两厂的产品混在一起,其中甲厂的产品数占 40%.现从这批混合产品中随机取一件产品.

(1)求该产品寿命大于 6 年的概率；

(2)若已知该产品使用了 6 年仍未坏,求该产品再使用 2 年不坏的概率.

25.以 X 表示某商店早晨开门后直到第一个顾客到达的等待时间(以分计),X 的概率分布函数为

$$F(x)=\begin{cases}1-e^{-0.2x}, & x>0,\\ 0, & x\leqslant 0.\end{cases}$$

(1)求 X 的概率密度函数 $f(x)$；　(2)求 $P\{5<X<10\}$的值；

(3)求某一周(7 天)至少有 6 天等待时间不超过 5 分钟的概率.

26.设一批电子元件寿命 X(以小时计)的概率密度函数为

$$f(x)=\begin{cases}0.01e^{-0.01x}, & x>0,\\ 0, & x\leqslant 0.\end{cases}$$

某人买了 3 只元件试用.若至少有 2 只寿命大于 150 小时,则下次再买此类元件.求

(1)这 3 只元件中恰好有 2 只寿命大于 150 小时的概率；

(2)这个人会再买的概率.

27.某次游戏向每个玩者发 5 个球,向目标投掷,投中 2 次就结束投球.若每次投中的概率均为 $p=0.7$,且每次投掷是相互独立的.设 X 为结束时的投球次数,规定当 $X=2$ 时得10 分,$X=3$ 时得 8 分,$X\geqslant 4$ 时得 2 分,记 Y 为得分数.试写出 Y 的概率分布律.

28.已知随机变量 X 的概率密度函数为

$$f(x)=\begin{cases}c(4-x^2), & -1<x<2,\\ 0, & \text{其他}.\end{cases}$$

(1)求常数 c 的值；　(2)设 $Y=3X$,求 Y 的概率密度；

(3)设 $Z=|X|$,求 Z 的概率分布函数及概率密度.

29.设在$(0,t]$时间区间内进入某商店的顾客数 $N(t)$服从参数为 λt 的泊松分布,且设先后两个顾客进入的间隔时间为 T,(1)求 T 的概率分布函数.(2)求 $P\{T>t_0+t|T>t_0\}$的值,其中 $t>0,t_0>0$.

30.从区间(0,1)上随机取一数 X,记 $Y=X^n$($n>1$,为自然数),求 Y 的概率密度.

31.设随机变量 X 服从在$(0,\frac{3\pi}{2})$上的均匀分布,$Y=\cos X$,求 Y 的概率分布函数.

32.设随机变量 $X\sim N(\mu,\sigma^2)$.求 $Y=X^2$ 的概率密度.

33.设随机变量 X 的概率密度为

$$f(x)=\begin{cases}ax+b, & 0<x<2,\\ 0, & \text{其他}.\end{cases}$$

已知 $P\{X<1\}=1/3$.

(1)求常数 a,b；　(2)设 $Y=\sqrt{X}$,求 Y 的概率密度函数 $f_Y(y)$.

34.设随机变量 $X\sim N(0,1)$.记 $Y=e^X$,$Z=\ln|X|$.(1)求 Y 的概率密度；(2)求 Z 的概率密度.

第三章　多元随机变量及其分布

在第二章中，我们研究了单个随机变量的概率分布问题，但许多随机现象用一个变量来描述是不够的，例如要预报明天的天气状况，就要观察与预测许多个随机变量(如:温度、湿度、风力，等等)的变化情况，又比如要制定一地区成年男子衬衣(大、中、小号的尺寸)标准，就需要研究这些人的衣长、袖长、领围、肩宽、胸围，等等随机变量以及这些量之间的关系. 所以研究多元随机变量是必需的. 本教材将较深入地研究二元随机变量，可能时可以将这些方法用于研究多元随机变量.

设一随机试验 E，其样本空间为 $S=\{e\}$，定义随机变量 $X=X(e)$，$Y=Y(e)$，称向量 (X,Y) 为**二元随机向量**或称**二元随机变量**.

§3.1　二元离散型随机变量

定义 3.1.1　若二元随机变量 (X,Y) 的取值有限或可列，则称 (X,Y) 为**二元离散型随机变量**或称**二元离散量**.

(一)二元离散量的联合分布

设二元离散量 (X,Y) 的可能取值为 (x_i,y_j)，$i,j=1,2,\cdots$，与一元离散量相似，称

$$P\{X=x_i,Y=y_j\}=p_{ij},i,j=1,2,3,\cdots \tag{3.1.1}$$

为 (X,Y) 的**联合概率分布律**或简称**联合分布律**. 上式亦可用列表的方式表示.

联合分布律满足:(1) $p_{ij}\geqslant 0,i,j=1,2,\cdots$;(2) $\sum\limits_i\sum\limits_j p_{ij}=1$.

由概率的性质知(1)成立，又 $\{X=x_i,Y=y_j\}$，$i,j=1,2,\cdots$ 是样本点，所以两两不相容，且其全体构成一样本空间，故(2)亦成立.

例 3.1.1　一袋中有 5 个白球，1 个红球和 2 个黑球. 每次摸 1 球，不放回抽样 3 次. 设 3 次中有 X 次摸到白球，Y 次摸到红球，求 (X,Y) 的联合概率分布律.

解　由题意知，X 的可能取值为 0,1,2,3，Y 的可能取值为 0,1. 记 $p(i,j)=P\{X=i,Y=j\}$，则(下式中 $\binom{n}{a}$ 即为组合数 C_n^a)

$$p(0,0)=0,\qquad p(0,1)=\binom{1}{1}\binom{2}{2}\Big/\binom{8}{3}=\frac{1}{56},$$

$$p(1,0)=\binom{5}{1}\binom{2}{2}\Big/\binom{8}{3}=\frac{5}{56},\qquad p(1,1)=\binom{5}{1}\binom{2}{1}\Big/\binom{8}{3}=\frac{10}{56},$$

$$p(2,0)=\binom{5}{2}\binom{2}{1}\Big/\binom{8}{3}=\frac{20}{56},\qquad p(2,1)=\binom{5}{2}\Big/\binom{8}{3}=\frac{10}{56},$$

$$p(3,0)=\binom{5}{3}\Big/\binom{8}{3}=\frac{10}{56},\qquad p(3,1)=0.$$

(二)二元离散量的边际分布

设二元离散量 (X,Y) 的联合分布律为 $P\{X=x_i,Y=y_j\}=p_{ij}$，$i,j=1,2,\cdots$，因为 $\{X=x_i\}$

$=\bigcup\limits_{j=1}^{+\infty}\{X=x_i,Y=y_j\}$，故有

$$P\{X=x_i\}=P\{\bigcup_{j=1}^{+\infty}(X=x_i,Y=y_j)\}=\sum_{j=1}^{+\infty}p_{ij}\triangleq p_{i\cdot},i=1,2,\cdots. \tag{3.1.2}$$

同样可得

$$P\{Y=y_j\}=\sum_{i=1}^{\infty}p_{ij}\triangleq p_{\cdot j},j=1,2,\cdots. \tag{3.1.3}$$

显然有，$p_{i\cdot},p_{\cdot j}\geqslant 0$，$\sum\limits_i p_{i\cdot}=1$，$\sum\limits_j p_{\cdot j}=1$，即(3.1.2)及(3.1.3)满足分布律的性质，它们分别是随机变量 X 与 Y 的概率分布律，分别称为关于 X 及关于 Y 的**边际分布律**或**边缘分布律**. 用列表的方法来表示联合及边际分布更能理解其字面的意义.

X \ Y	y_1	y_2	$\cdots$	y_j	$\cdots$	$P(X=x_i)$
x_1	p_{11}	p_{12}	$\cdots$	p_{1j}	$\cdots$	$p_{1\cdot}$
x_2	p_{21}	p_{22}	$\cdots$	p_{2j}	$\cdots$	$p_{2\cdot}$
$\vdots$	$\vdots$	$\vdots$	$\cdots$	$\vdots$	$\cdots$	$\vdots$
x_i	p_{i1}	p_{i2}	$\cdots$	p_{ij}	$\cdots$	$p_{i\cdot}$
$\vdots$	$\vdots$	$\vdots$	$\cdots$	$\vdots$	$\cdots$	$\vdots$
$P(Y=y_j)$	$p_{\cdot 1}$	$p_{\cdot 2}$	$\cdots$	$p_{\cdot j}$	$\cdots$	1

上表内第 i 行(或第 j 列)累计后记作 $p_{i\cdot}$(或 $p_{\cdot j}$)，上表列在联合分布律表的边上的这一列(或一行)恰是 X(或 Y)的分布律，故称其为边际分布律.

例 3.1.2　设一群体 80%人不吸烟，有 15%的人少量吸烟，5%的人吸烟较多，且已知近期他们患呼吸道疾病(以下简称患病)的概率分别为 5%，25%，70%. 记

$$X=\begin{cases}0, & \text{不吸烟},\\ 1, & \text{少量吸烟},\\ 2, & \text{吸烟较多}.\end{cases}\quad Y=\begin{cases}1, & \text{患病},\\ 0, & \text{不患病}.\end{cases}$$

求：(1)(X,Y)的联合分布与边际分布；(2)求患病人中吸烟的概率.

解　(1)记 $p(i,j)=P\{X=i,Y=j\}$，$i=1,2,3$，$j=1,2$. 由题意知，X 的边际分布律为

X	0	1	2
p	0.80	0.15	0.05

且已知　$P\{Y=1|X=0\}=5\%$，$P\{Y=1|X=1\}=25\%$，$P\{Y=1|X=2\}=70\%$

故　$p(0,1)=P\{X=0,Y=1\}=P\{X=0\}\cdot P\{Y=1|X=0\}=0.80\times0.05=0.04.$

同理可知

$$p(1,1)=0.15\times0.25=0.0375,\qquad p(2,1)=0.05\times0.70=0.035,$$

因此，

$$p(0,0)=P\{X=0\}-p(0,1)=0.80-0.04=0.76,$$

同理可知，$p(1,0)=P\{X=1\}-p(1,1)=0.1125$，$p(2,0)=0.015$. 于是可得以下的联合分布及边际分布

注：符号“$\triangleq$”表示“记为”.

X \ Y	0	1	$P\{X=i\}$
0	0.76	0.04	0.80
1	0.1125	0.0375	0.15
2	0.015	0.035	0.05
$P\{Y=j\}$	0.8875	0.1125	1

(2)要求的概率为

$$P\{(X=1\cup X=2)\mid Y=1\}=\frac{p(1,1)+p(2,1)}{P\{Y=1\}}=\frac{0.0725}{0.1125}=0.6444,$$

即患病的人中有近65%的人吸烟.

(三)二元离散量的条件分布

从上面的例3.1.2(2)可以看到,研究二元离散量的条件概率是有趣和必要的.下面我们就来研究一下二元离散量的条件分布问题.

设二元离散量(X,Y)的联合分布律为$P\{X=x_i,Y=y_j\}=p_{ij},i,j=1,2,\cdots$,

则当$P\{Y=y_j\}\neq 0$时,

$$P\{X=x_i\mid Y=y_j\}=\frac{P\{X=x_i,Y=y_j\}}{P\{Y=y_j\}}=\frac{p_{ij}}{p_{\cdot j}},i=1,2,\cdots. \qquad (3.1.4)$$

同理可得,当$P\{X=x_i\}\neq 0$时,

$$P\{Y=y_j\mid X=x_i\}=\frac{P\{X=x_i,Y=y_j\}}{P\{X=x_i\}}=\frac{p_{ij}}{p_{i\cdot}},j=1,2,\cdots. \qquad (3.1.5)$$

称(3.1.4)(或(3.1.5))式为给定$\{Y=y_j\}$(或$\{X=x_i\}$)的条件下X(或Y)的**条件分布律**.

(3.1.4)式中显然有$p_{ij}/p_{\cdot j}\geqslant 0$,且$\sum_{i=1}^{+\infty}p_{ij}/p_{\cdot j}=1$.同样,(3.1.5)式中有$p_{ij}/p_{i\cdot}\geqslant 0$,且$\sum_{j=1}^{+\infty}p_{ij}/p_{i\cdot}=1$.亦即(3.1.4)及(3.1.5)式满足分布律的性质.

例 3.1.3 设二元离散量(X,Y)的联合概率分布律为

X \ Y	−1	0	1
1	a	0.2	0.2
2	0.1	0.1	b

且已知$P\{Y\leqslant 0\mid X<2\}=0.5$.求:(1)$a,b$的值;(2)$\{X=2\}$的条件下$Y$的条件分布律;(3)$\{X+Y=2\}$的条件下$X$的条件分布律.

解 (1)$0.5=P\{Y\leqslant 0\mid X<2\}=\dfrac{P\{X<2,Y\leqslant 0\}}{P\{X<2\}}=\dfrac{a+0.2}{a+0.2+0.2}$,得$a=0$.由联合分布律的性质知,$a+b+0.6=1$,得$b=0.4$.

(2)$P\{X=2\}=0.1+0.1+b=0.6$.那么$\{X=2\}$的条件下Y的条件分布律为

$$P\{Y=j\mid X=2\}=\begin{cases}1/6, & j=-1,\\ 1/6, & j=0,\\ 2/3, & j=1.\end{cases}$$

也可以写为

Y	-1	0	1
$P\{Y=j\mid X=2\}$	$1/6$	$1/6$	$2/3$

(3) $P\{X+Y=2\}=P\{X=2,Y=0\}+P\{X=1,Y=1\}=0.3$，那么

$$P\{X=i\mid X+Y=2\}=\frac{P\{X=i,Y=2-i\}}{P\{X+Y=2\}}=\begin{cases}2/3, & i=1,\\ 1/3, & i=2.\end{cases}$$

例 3.1.4　设一单位送客车上车人数 X 服从参数为 λ 的泊松分布，每个人行动独立，每个上车人在中途下车（没有坐到终点站）的概率为 p，$0<p<1$，设中途只下不上，并记中途下车的人数为 Y. 求 (X,Y) 的联合分布律，X 与 Y 的边际分布律以及条件分布律.

解　已知 $P\{X=m\}=\frac{e^{-\lambda}\lambda^m}{m!}$，$m=0,1,2,\cdots$. 且由题意知，当 $m=0,1,2,\cdots$时，

$$P\{Y=n\mid X=m\}=C_m^n p^n(1-p)^{m-n},\quad n=0,1,2,\cdots,m.$$

$$P\{X=m,Y=n\}=P\{X=m\}\cdot P\{Y=n\mid X=m\}=\frac{e^{-\lambda}\lambda^m}{m!}C_m^n p^n(1-p)^{m-n},$$

$$m=0,1,2,\cdots;n=0,1,\cdots,m.$$

$$\begin{aligned}P\{Y=n\}&=\sum_{m=0}^{+\infty}P\{X=m,Y=n\}=\sum_{m=n}^{+\infty}\frac{e^{-\lambda}\lambda^m}{m!}\cdot\frac{m!}{n!(m-n)!}p^n(1-p)^{m-n},\\&=\frac{(\lambda p)^n e^{-\lambda}}{n!}\sum_{j=0}^{+\infty}\frac{[\lambda(1-p)]^j}{j!}=\frac{(\lambda p)^n e^{-\lambda}}{n!}\cdot e^{\lambda(1-p)}\\&=\frac{e^{-\lambda p}(\lambda p)^n}{n!},\quad n=0,1,2,\cdots\end{aligned}$$

即 $Y\sim\pi(\lambda p)$.

当 $n=0,1,2\cdots$时，

$$\begin{aligned}P\{X=m\mid Y=n\}&=P\{X=m,Y=n\}/P\{Y=n\}\\&=\frac{e^{-\lambda}\lambda^m}{m!}\cdot\frac{m!}{n!\ (m-n)!}p^n(1-p)^{m-n}\Big/\frac{e^{-\lambda p}(\lambda p)^n}{n!}\\&=e^{-\lambda(1-p)}\cdot[\lambda(1-p)]^{m-n}/(m-n)!,\quad m=n,n+1,\cdots\end{aligned}$$

例 3.1.5　一种叫“排列 3”的彩票：每次从 0～9 这 10 个数中随机取一个数，共取3 次，得 3 个数的一个排列作为一期彩票的大奖号码. 王先生每一期去买 10 个不同排列的号码. 设 X 为他首次中大奖时已买的彩票期数，Y 表示第 2 次中大奖已买彩票的期数. (1)求 (X,Y) 的联合分布律；(2)已知他买了 100 期时第 2 次中大奖，求 X 的条件分布律.

解　(1)由题意知，每一个号码中大奖的概率为 $1/10^3$. 买 10 个不同号码，中大奖的概率为 $1/100$. 记 $p=1/100$.

设 $A_i=\{$王先生买了第 i 期彩票中大奖$\}$，$i=1,2,\cdots$则

$$\begin{aligned}P\{X=m,Y=n\}&=P(\overline{A}_1\ \overline{A}_2\cdots\overline{A}_{m-1}A_m\ \overline{A}_{m+1}\overline{A}_{m+2}\cdots\overline{A}_{n-1}A_n)\\&=p^2(1-p)^{n-2}=(1/100)^2(99/100)^{n-2},\\&\quad m=1,2,\cdots,n-1,n=2,3,\cdots\end{aligned}$$

(2) $P\{Y=n\}=\sum\limits_{m=1}^{n-1}P\{X=m,Y=n\}=(n-1)p^2(1-p)^{n-2}$，$n=2,3,\cdots$

$$\begin{aligned}P\{X=m\mid Y=100\}&=P\{X=m,Y=100\}/P\{Y=100\}\\&=p^2(1-p)^{98}/[99p^2(1-p)^{98})]=1/99,m=1,2,\cdots,99,\end{aligned}$$

即当已知王先生在买了 100 期彩票时第 2 次中大奖，则第 1 次中大奖在前 99 期中是等可能的.

§3.2 二元随机变量的分布函数

在§3.1中我们研究了二元离散型随机变量的联合分布律,边际分布律与条件分布律.对二元随机变量的分布函数,我们同样要研究这三方面的内容.

(一)二元随机变量的联合分布函数

定义 3.2.1 设二元随机变量(X,Y),对于任意的实数x,y,称函数

$$F(x,y)=P\{X\leqslant x,Y\leqslant y\} \tag{3.2.1}$$

为(X,Y)的**联合分布函数**.

若将(X,Y)看作随机点的坐标,则分布函数$F(x,y)$即为(X,Y)落在图3.2.1阴影部分区域的概率.

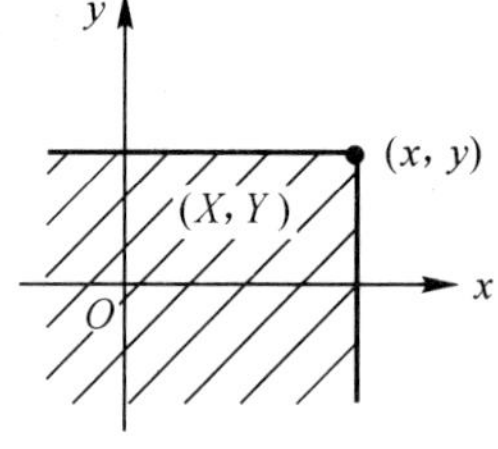

图 3.2.1

与一元随机变量的分布函数一样,相应地,$F(x,y)$具有以下性质:

(1)当给定$x=x_0$时,$F(x_0,y)$关于y单调不减;当给定$y=y_0$时,$F(x,y_0)$关于x单调不减.

(2)$0\leqslant F(x,y)\leqslant 1$,且$F(x,-\infty)=F(-\infty,y)=F(-\infty,-\infty)=0$,$F(+\infty,+\infty)=1$.

(3)$F(x,y)=F(x+0,y)$;$F(x,y)=F(x,y+0)$,即$F(x,y)$关于x右连续,关于y右连续.(证略)

(4)当实数$x_2>x_1$,$y_2>y_1$时,

$$F(x_2,y_2)-F(x_1,y_2)-F(x_2,y_1)+F(x_1,y_1)=P\{x_1<X\leqslant x_2,y_1<Y\leqslant y_2\}\geqslant 0. \tag{3.2.2}$$

性质(1),(2)可参照一元变量的分布函数相应性质的证明方法进行证明.

为了证明性质(4),设$A=\{X\leqslant x_2,Y\leqslant y_2\}$,$B=\{X\leqslant x_2,Y\leqslant y_1\}\cup\{X\leqslant x_1,Y\leqslant y_2\}$.易知$A\supset B$,$P(A)=F(x_2,y_2)$,$P(B)=F(x_2,y_1)+F(x_1,y_2)-F(x_1,y_1)$.从而

$$\begin{aligned}&P\{x_1<X\leqslant x_2,y_1<Y\leqslant y_2\}\\&=P(A-B)=P(A)-P(B)\\&=F(x_2,y_2)-F(x_1,y_2)-F(x_2,y_1)+F(x_1,y_1).\end{aligned}$$

(二)二元随机变量的边际(边缘)分布函数

在§3.1中我们称单个变量的概率分布律为边际分布律,在此我们同样称单个随机变量的分布函数为**边际分布函数**.

记二元变量(X,Y)的联合分布函数为$F(x,y)$,X,Y的边际分布函数为$F_X(x)$,$F_Y(y)$,则

$$F_X(x)=P\{X\leqslant x\}=P\{X\leqslant x,Y<+\infty\}=F(x,+\infty).$$

同理,$F_Y(y)=F(+\infty,y)$.即,二元随机变量的边际分布函数是联合分布函数当另一个变量趋向于$+\infty$时的极限函数.

以后我们不一一说明地常用$F_X(x)$,$F_Y(y)$表示X,Y的边际分布函数,用$F(x,y)$表示(X,Y)的联合分布函数.

(三)条件分布函数

设(X,Y)为二元离散量,当$P\{X=x_i\}\neq 0$时,称函数

$$F_{Y|X}(y|x_i)=P\{Y\leqslant y|X=x_i\}$$

为$\{X=x_i\}$**条件下 Y 的条件分布函数.**

设(X,Y)为二元连续量(下一节介绍),当任意固定$\delta>0$,$P\{x<X\leqslant x+\delta\}>0$时,称函数

$$F_{Y|X}(y|x)=\lim_{\delta\to 0^+}P\{Y\leqslant y|x<X\leqslant x+\delta\}$$

为$\{X=x\}$**条件下 Y 的条件分布函数.**

条件分布函数具有分布函数的所有性质.

例 3.2.1　一袋中有 a 个白球,b 个红球,记 $a+b=n$. 每次从袋中任取一球,不放回抽样,设

$$X_i=\begin{cases}1, & \text{第 } i \text{ 次取到白球},\\ 0, & \text{第 } i \text{ 次取到红球},\end{cases}\quad i=1,2,\cdots,n.$$

(1)试写出 X_i 与 $X_j(i\neq j)$的联合分布函数 $F(x,y)$;(2)求 X_i 的边际分布函数$F_i(x)$,$i=1,2,\cdots,n$;(3)写出当$\{X_i=1\}$时,X_j 的条件分布函数$(j\neq i)$.

解　记 $p_i(k)=P\{X_i=k\}$,$k=0,1$;$i=1,2,\cdots,n$,且记 $p(k_1,k_2)=P\{X_i=k_1,X_j=k_2\}$,$k_1$,$k_2=0,1$,$i,j=1,2,\cdots,n$. 由第一章的例 1.3.2,可知 $p_i(0)=\dfrac{b}{n}$,$p_i(1)=\dfrac{a}{n}$,$i=1,2,\cdots,n$.

当 $i\neq j$ 时,$P\{X_j=1|X_i=1\}=\dfrac{a-1}{n-1}$,因此

$$p(1,1)=P(X_i=1)\cdot P(X_j=1|X_i=1)=\frac{a}{n}\cdot\frac{a-1}{n-1},$$

$$p(1,0)=p_i(1)-p(1,1)=\frac{ab}{n(n-1)},$$

$$p(0,0)=p_j(0)-p(1,0),\ p(0,1)=p_j(1)-p(1,1).$$

于是可得$(X_i,X_j)(i\neq j)$的联合分布律如下:(记 $N=n(n-1)$)

X_i \ X_j	0	1	
0	$b(b-1)/N$	ab/N	b/n
1	ab/N	$a(a-1)/N$	a/n
	b/n	a/n	1

那么 X_i 与 $X_j(i\neq j)$的联合分布函数 $F(x,y)$为

$$F(x,y)=P\{X_i\leqslant x,X_j\leqslant y\}=\begin{cases}0, & x<0 \text{ 或 } y<0,\\ b(b-1)/N, & 0\leqslant x<1,0\leqslant y<1,\\ b/n, & 0\leqslant x<1,y\geqslant 1,\\ b/n, & x\geqslant 1,0\leqslant y<1,\\ 1, & x\geqslant 1,y\geqslant 1.\end{cases}$$

(2)$F_i(x)$有两种求法. 方法一,由 X_i 的边际分布律求 $F_i(x)$;方法二,可由 $F(x,y)$求 $F_i(x)$. 现采用方法二.

$$F_i(x)=\lim_{y\to+\infty}F(x,y)=\begin{cases}0, & x<0,\\ b/n, & 0\leqslant x<1,\\ 1, & x\geqslant 1.\end{cases}$$

(3)由(X_i,X_j)的联合分布律可知,在$\{X_i=1\}$的条件下,$X_j(j\neq i)$的条件分布律为

X_j	0	1
$P\{X_j=k\|X_i=1\}$	$b/(n-1)$	$(a-1)/(n-1)$

所以所要求的条件分布函数为

$$F_{X_j|X_i}(y|1)=\begin{cases}0, & y<0,\\ b/(n-1), & 0\leqslant y<1,\\ 1, & y\geqslant 1.\end{cases}$$

§3.3　二元连续型随机变量

(一)二元连续量的联合分布

定义 3.3.1　设(X,Y)为二元随机变量，若存在二元函数$f(x,y)\geqslant 0$，对任意的二维空间的集合D，有

$$P\{(X,Y)\in D\}=\iint_D f(x,y)\mathrm{d}x\mathrm{d}y, \tag{3.3.1}$$

则称(X,Y)为**二元连续型随机变量**，简称**二元连续量**. 称$f(x,y)$为(X,Y)的**联合概率密度**，简称**联合密度**.

$f(x,y)$具有以下性质：(其中$F(x,y)$为(X,Y)的联合分布函数)

(1)$f(x,y)\geqslant 0$；

(2)$F(x,y)=\int_{-\infty}^{x}\int_{-\infty}^{y}f(u,v)\mathrm{d}v\mathrm{d}u$；

(3)$\int_{-\infty}^{+\infty}\int_{-\infty}^{+\infty}f(x,y)\mathrm{d}y\mathrm{d}x=F(+\infty,+\infty)=1$；

(4)在$f(x,y)$的连续点上有

$$\frac{\partial^2 F(x,y)}{\partial x\partial y}=f(x,y).$$

由连续量的定义可知，二元连续量(X,Y)落在一面积测度为零的区域上的概率为零，特别地落在一条曲线上的概率为零.

由$f(x,y)$的性质(4)知，在$f(x,y)$的连续点处有

$$\begin{aligned}f(x,y)&=\frac{\partial^2 F(x,y)}{\partial x\partial y}\\&=\lim_{\substack{\Delta x\to 0^+\\ \Delta y\to 0^+}}\frac{F(x+\Delta x,y+\Delta y)-F(x,y+\Delta y)-F(x+\Delta x,y)+F(x,y)}{\Delta x\Delta y}\\&=\lim_{\substack{\Delta x\to 0^+\\ \Delta y\to 0^+}}\frac{P\{x<X\leqslant x+\Delta x,y<Y\leqslant y+\Delta y\}}{\Delta x\Delta y}.\end{aligned}$$

这表明(X,Y)的联合密度为(X,Y)落入矩形区域$D=\{(a,b):x\leqslant a\leqslant x+\Delta x,y\leqslant b\leqslant y+\Delta y\}$(其中$\Delta x>0,\Delta y>0$)的概率与该区域面积之比，当$\Delta x,\Delta y\to 0^+$时的极限值，这与物理量质量面密度是相通的. 且当$\Delta x,\Delta y$充分小时，可得

$$P\{x<X\leqslant x+\Delta x,y<Y\leqslant y+\Delta y\}\approx f(x,y)\Delta x\Delta y,$$

即(X,Y)落在矩形区域D上的概率近似等于$f(x,y)\Delta x\Delta y$，同时也表明$f(x,y)$是描述二元变量(X,Y)落在点(x,y)附近的概率大小的一个量.

例 3.3.1　设二元随机变量(X,Y)的联合概率密度为

$$f(x,y)=\begin{cases}cy, & (x,y)\in D,\\ 0, & \text{其他},\end{cases}$$

其中 $D=\{(x,y):0<x<1,x^2<y<x\}$.（1）求常数 c；（2）求 (X,Y) 的联合分布函数；（3）求 $P\{X>\frac{1}{2}\}$.

解　（1）由联合概率密度性质（3）可知

$$1=\int_{-\infty}^{+\infty}\int_{-\infty}^{+\infty}f(x,y)\mathrm{d}x\mathrm{d}y=\iint_D f(x,y)\mathrm{d}x\mathrm{d}y$$

$$=\int_0^1\mathrm{d}x\int_{x^2}^{x}cy\,\mathrm{d}y=\frac{c}{15},$$

得 $c=15$.

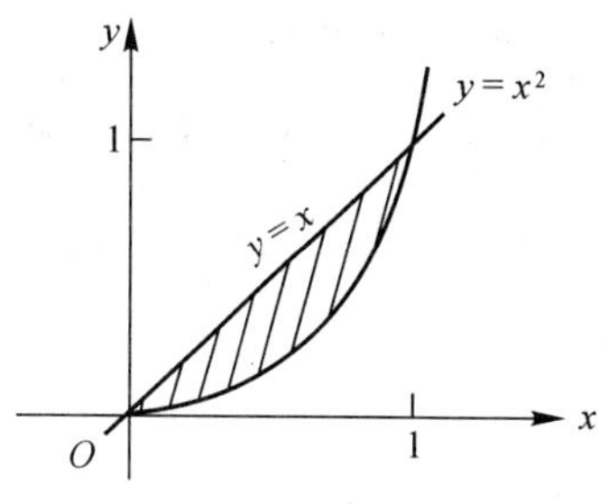

图 3.3.1

（2）$F(x,y)=\int_{-\infty}^{x}(\int_{-\infty}^{y}f(u,v)\mathrm{d}v)\mathrm{d}u$，那么显然当 $x\leqslant 0$ 或 $y\leqslant 0$ 时，$F(x,y)=0$；当 $x\geqslant 1$ 且 $y\geqslant 1$ 时，$F(x,y)=1$.

当 $(x,y)\in D$（如图 3.3.2）时，

$$F(x,y)=\int_0^y\mathrm{d}u\int_{u^2}^{u}15v\mathrm{d}v+\int_y^x\mathrm{d}u\int_{u^2}^{y}15v\mathrm{d}v$$

$$=\frac{15}{2}[\int_0^y(u^2-u^4)\mathrm{d}u+\int_y^x(y^2-u^4)\mathrm{d}u]$$

$$=\frac{15}{2}(xy^2-\frac{2}{3}y^3-\frac{1}{5}x^5);$$

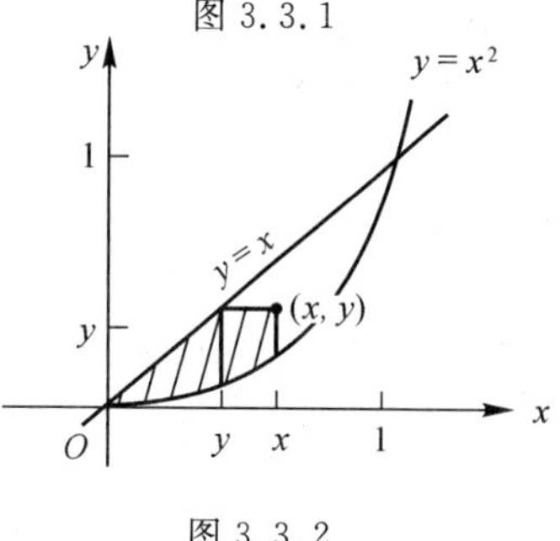

图 3.3.2

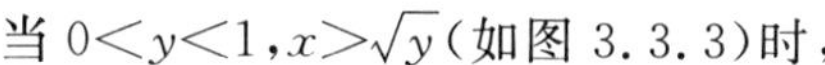
当 $0<y<1,x>\sqrt{y}$（如图 3.3.3）时，

$$F(x,y)=\int_0^y\mathrm{d}v\int_v^{\sqrt{v}}15v\mathrm{d}u=\int_0^y 15v(\sqrt{v}-v)\mathrm{d}v=6y^{\frac{5}{2}}-5y^3;$$

同理可得，当 $0<x<1,y>x$ 时，

$$F(x,y)=\int_0^x\mathrm{d}u\int_{u^2}^{u}15v\mathrm{d}v=\frac{15}{2}(\frac{x^3}{3}-\frac{x^5}{5}).$$

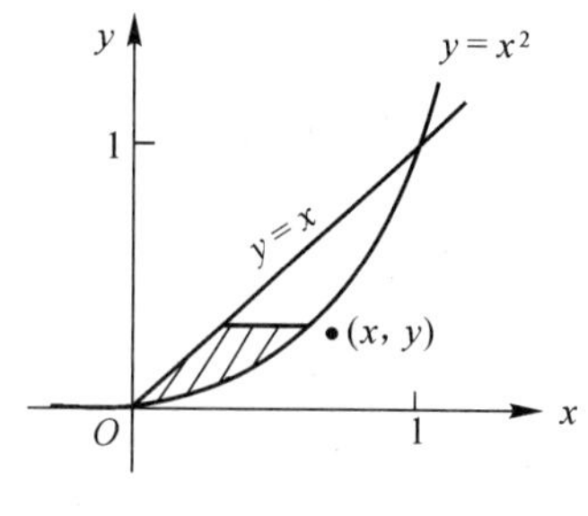

图 3.3.3

即，

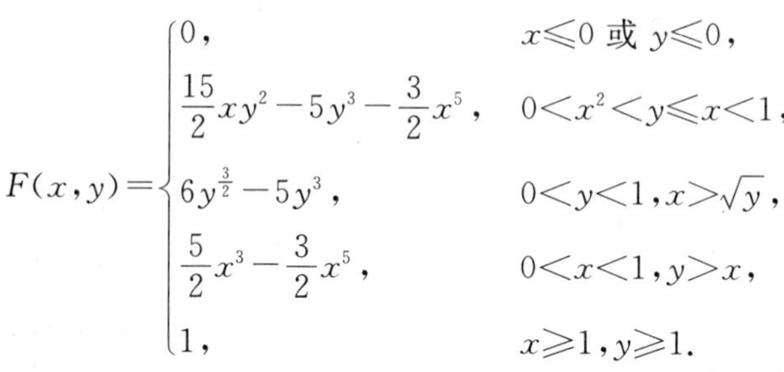

$$F(x,y)=\begin{cases}0, & x\leqslant 0 \text{ 或 } y\leqslant 0,\\ \frac{15}{2}xy^2-5y^3-\frac{3}{2}x^5, & 0<x^2<y\leqslant x<1,\\ 6y^{\frac{3}{2}}-5y^3, & 0<y<1,x>\sqrt{y},\\ \frac{5}{2}x^3-\frac{3}{2}x^5, & 0<x<1,y>x,\\ 1, & x\geqslant 1,y\geqslant 1.\end{cases}$$

（3）记 $D_1=\{(x,y):x^2\leqslant y\leqslant x,0.5<x\leqslant 1\}$，则

$$P\{X>\frac{1}{2}\}=\iint_{D_1}f(x,y)\mathrm{d}x\mathrm{d}y=1-\int_0^{0.5}\mathrm{d}u\int_{u^2}^{u}15v\mathrm{d}v=1-\frac{17}{64}=\frac{47}{64}.$$

亦可，

$$P\{X>\frac{1}{2}\}=1-P\{X\leqslant 1/2\}=1-F(\frac{1}{2},+\infty)$$

$$=1-\frac{15}{2}(\frac{x^3}{3}-\frac{x^5}{5})\mid_{x=1/2}=1-\frac{17}{64}=\frac{47}{64}.$$

（二）二元连续量的边际分布

设 (X,Y) 为二元连续量，$F(x,y)$，$f(x,y)$ 分别为 (X,Y) 的联合分布函数及联合密度函

数，称单个随机变量 X（或 Y）的密度函数为 X（或 Y）的**边际密度函数**，且常分别用 $f_X(x)$，$f_Y(y)$表示. 由于

$$P\{X \in D\} = P\{X \in D, Y \in (-\infty, +\infty)\} = \int_D [\int_{-\infty}^{+\infty} f(x,y)\mathrm{d}y]\mathrm{d}x.$$

那么由连续型随机变量的定义知，X 为连续量，且 X 的概率密度函数为

$$f_X(x) = \int_{-\infty}^{+\infty} f(x,y)\mathrm{d}y; \tag{3.3.2}$$

同理可得

$$f_Y(y) = \int_{-\infty}^{+\infty} f(x,y)\mathrm{d}x; \tag{3.3.3}$$

即边际密度为联合密度关于另一个变量在$(-\infty,+\infty)$上的积分.

例 3.3.2　设二元随机变量(X,Y)的联合概率密度为

$$f(x,y)=\begin{cases}\frac{24}{11}(x^2+\frac{xy}{2}), & 0<x<1, 0<y<1, \\ 0, & \text{其他}.\end{cases}$$

(1)求 $P\{X+Y\geqslant 1\}$的值；(2)求 X 的边际密度 $f_X(x)$；(3)求 $P\{X>1/4\}$的值.

解　(1)由题意得，

$$P\{X+Y \geqslant 1\}= \iint_{x+y\geqslant 1} f(x,y)\mathrm{d}x\mathrm{d}y = \int_0^1 [\int_{1-x}^1 \frac{24}{11}(x^2+\frac{xy}{2})\mathrm{d}y]\mathrm{d}x$$
$$= \frac{24}{11}\int_0^1 (\frac{x^2}{2}+\frac{3x^3}{4})\mathrm{d}x = \frac{17}{22}.$$

(2)当 $x\in(0,1)$时，

$$f_X(x) = \int_{-\infty}^{+\infty} f(x,y)\mathrm{d}y = \frac{24}{11}\int_0^1 (x^2+\frac{xy}{2})\mathrm{d}y = \frac{24}{11}(x^2+\frac{x}{4}).$$

当 $x\notin(0,1)$时，$f_X(x)=0$.

(3)由题意得，

$$P\{X > 1/4\}= 1-P\{X \leqslant 1/4\} = 1-\int_0^{1/4} f_X(x)\mathrm{d}x$$
$$= 1-\int_0^{1/4} \frac{24}{11}(x^2+\frac{x}{4})\mathrm{d}x = \frac{171}{176}.$$

(三)二元连续量的条件分布

设(X,Y)为二元连续量，由条件分布函数的定义知，

$$F_{Y|X}(y|x)= \lim_{\delta\to 0^+} P\{Y\leqslant y|x<X\leqslant x+\delta\}$$
$$= \lim_{\delta\to 0^+}\frac{P\{x<X\leqslant x+\delta, Y\leqslant y\}}{P\{x<X\leqslant x+\delta\}}$$
$$= \lim_{\delta\to 0^+}\frac{F(x+\delta,y)-F(x,y)}{F_X(x+\delta)-F_X(x)}$$
$$= \lim_{\delta\to 0^+}\frac{(F(x+\delta,y)-F(x,y))/\delta}{(F_X(x+\delta)-F_X(x))/\delta}.$$

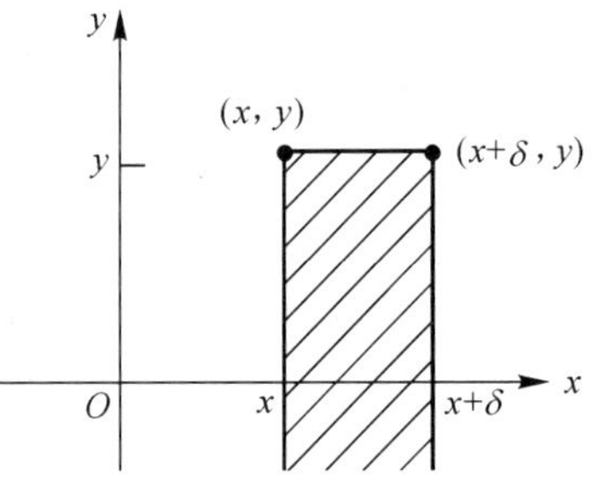

图 3.3.4

在一定的条件下，　$\lim_{\delta\to 0^+}(F_X(x+\delta)-F_X(x))/\delta = f_X(x)$，

且

$$\lim_{\delta\to 0^+}(F(x+\delta,y)-F(x,y))/\delta = \frac{\partial}{\partial x}F(x,y)$$

$$= \frac{\partial}{\partial x}\int_{-\infty}^{x}\left[\int_{-\infty}^{y} f(u,v)\mathrm{d}v\right]\mathrm{d}u = \int_{-\infty}^{y} f(x,v)\mathrm{d}v,$$

即此时有

$$F_{Y|X}(y \mid x) = \int_{-\infty}^{y} \frac{f(x,v)}{f_X(x)}\mathrm{d}v.$$

因此我们有下面的定义：

定义 3.3.2　设(X,Y)为二元连续量，$f(x,y)$为(X,Y)的联合密度函数，$f_X(x)$，$f_Y(y)$为X,Y的边际密度函数. 给定$\{X=x\}$的条件下，Y的**条件密度函数**为

$$f_{Y|X}(y \mid x) = \frac{f(x,y)}{f_X(x)},\qquad f_X(x) \neq 0. \tag{3.3.4}$$

同样有

$$f_{X|Y}(x \mid y) = \frac{f(x,y)}{f_Y(y)},\qquad f_Y(y) \neq 0. \tag{3.3.5}$$

条件密度具有以下性质：(以$f_{Y|X}(y|x)$为例)

(1)$f_{Y|X}(y|x)\geqslant 0$；

(2)$F_{Y|X}(y|x)=P\{Y\leqslant y|X=x\}=\int_{-\infty}^{y} f_{Y|X}(v|x)\mathrm{d}v$；

(3)$\int_{-\infty}^{+\infty} f_{Y|X}(y|x)\mathrm{d}y=\dfrac{\int_{-\infty}^{+\infty} f(x,y)\mathrm{d}y}{f_X(x)}=1$；

(4)给定x，当$f_{Y|X}(y|x)$在y处连续时，

$$\frac{\mathrm{d}}{\mathrm{d}y}F_{Y|X}(y \mid x) = f_{Y|X}(y \mid x).$$

以后，我们不一一说明地常用$f(x,y)$表示(X,Y)的联合密度，用$f_X(x)$，$f_Y(y)$分别表示X,Y的边际密度.

例 3.3.3　设有一件事需甲，乙两人先后接力完成，完成时间要求不能超过 30 分钟. 先由甲工作，再由乙接着干. 设甲干了X(分钟)，甲，乙两人共干了Y分钟，且设X服从$(0,30)$的均匀分布，Y服从$(X,30)$的均匀分布. (1)求(X,Y)的联合密度；(2)求条件密度$f_{X|Y}(x|y)$；(3)当已知花了 25 分钟完成此事，求甲干的时间不超过 10 分钟的概率.

解　由题意知，$X\sim U(0,30)$，即$f_X(x)=\begin{cases}1/30, & x\in(0,30),\\ 0, & \text{其他}.\end{cases}$由题意知，当甲干了$x$分钟结束时，$Y$服从$(x,30)$的均匀分布，故有，当$0<x<30$时，

$$f_{Y|X}(y|x)=\begin{cases}\dfrac{1}{30-x}, & x<y<30,\\ 0, & y\text{取其他值}.\end{cases}$$

由(3.3.4)知，

$$f(x,y) = f_X(x)\cdot f_{Y|X}(y \mid x) = \begin{cases}\dfrac{1}{30(30-x)}, & 0<x<30, x<y<30,\\ 0, & (x,y)\text{取其他值}.\end{cases}$$

(2)由于$f_Y(y)=\int_{-\infty}^{+\infty} f(x,y)\mathrm{d}x$，所以当$0<y<30$时，

$$f_Y(y) = \int_0^y \frac{1}{30(30-x)}\mathrm{d}x = \frac{1}{30}\ln\left(\frac{30}{30-y}\right),$$

当y取其他值时，$f_Y(y)=\int_{-\infty}^{+\infty} 0\mathrm{d}x=0$.

因此，当 $0<y<30$ 时

$$f_{X|Y}(x \mid y)=\frac{f(x,y)}{f_Y(y)}=\begin{cases}\dfrac{1}{(30-x)\ln\left(\dfrac{30}{30-y}\right)}, & 0<x<y,\\ 0, & x\text{ 取其他值}.\end{cases}$$

(3)由题意知，所要求的是 $P\{X\leqslant 10|Y=25\}$. 当 $y=25$ 时，

$$f_{X|Y}(x \mid 25)=\frac{f(x,25)}{f_Y(25)}=\begin{cases}\dfrac{1}{\ln 6}\cdot\dfrac{1}{(30-x)}, & 0<x<25,\\ 0, & x\text{ 取其他值}.\end{cases}$$

因此

$$P\{X\leqslant 10 \mid Y=25\}=\int_{-\infty}^{10} f_{X|Y}(x \mid 25)\mathrm{d}x=\int_0^{10}\frac{1}{\ln 6}\cdot\frac{1}{(30-x)}\mathrm{d}x=\frac{\ln 3-\ln 2}{\ln 6}\approx 0.2263.$$

下面介绍两个重要的连续量.

定义 3.3.3 设二元随机变量(X,Y)在二维有界区域 D 上取值，且具有联合概率密度

$$f(x,y)=\begin{cases}\dfrac{1}{D\text{ 的面积}}, & (x,y)\in D,\\ 0, & \text{其他}.\end{cases} \tag{3.3.6}$$

则称(X,Y)服从 D 上**均匀分布**.

若 D_1 是 D 的一个子集，则可得到 $P\{(X,Y)\in D_1\}=\iint\limits_{D_1} f(x,y)\mathrm{d}x\mathrm{d}y$，即

$$P\{(X,Y)\in D_1\}=\frac{D_1\text{ 的面积}}{D\text{ 的面积}}.$$

定义 3.3.4 设二元随机变量(X,Y)具有联合概率密度(式中 $\exp_{\{\cdot\}}=\mathrm{e}^{\{\cdot\}}$)

$$f(x,y)=\frac{1}{2\pi\sigma_1\sigma_2\sqrt{1-\rho^2}}\exp\left\{-\frac{1}{2(1-\rho^2)}\left[\frac{(x-\mu_1)^2}{\sigma_1^2}-2\rho\frac{(x-\mu_1)(y-\mu_2)}{\sigma_1\sigma_2}+\frac{(y-\mu_2)^2}{\sigma_2^2}\right]\right\}, \tag{3.3.7}$$

其中 $|\mu_1|<+\infty$，$|\mu_2|<+\infty$，$\sigma_1>0$，$\sigma_2>0$，$|\rho|<1$，则称(X,Y)**服从参数为$(\mu_1,\mu_2,\sigma_1^2,\sigma_2^2,\rho)$的二元正态分布**，记为$(X,Y)\sim N(\mu_1,\mu_2,\sigma_1^2,\sigma_2^2,\rho)$.

例 3.3.4 设二元随机变量(X,Y)在 $D=\{(x,y):x^2+y^2<1,x>0,y>0\}$上均匀分布. (1)求关于 X,Y 的边际密度 $f_X(x)$，$f_Y(y)$；(2)求给定 $X=x(0<x<1)$的条件下 Y 的条件密度；(3)求 $P\{Y\leqslant X\}$的值.

解 (1)因为(X,Y)在 D 上均匀分布，故(X,Y)具有联合密度为

$$f(x,y)=\begin{cases}4/\pi, & (x,y)\in D,\\ 0, & \text{其他}.\end{cases}$$

又 $f_X(x)=\int_{-\infty}^{+\infty} f(x,y)\mathrm{d}y$，那么显然，当 $x\leqslant 0$ 或 $x\geqslant 1$ 时，$f_X(x)=0$. 而当 $0<x<1$ 时，

$$f_X(x)=\int_0^{\sqrt{1-x^2}}\frac{4}{\pi}\mathrm{d}y=\frac{4\sqrt{1-x^2}}{\pi},$$

即，

$$f_X(x)=\begin{cases}\dfrac{4\sqrt{1-x^2}}{\pi}, & 0<x<1,\\ 0, & \text{其他}.\end{cases}\quad \text{同理有 } f_Y(y)=\begin{cases}\dfrac{4\sqrt{1-y^2}}{\pi}, & 0<y<1,\\ 0, & \text{其他}.\end{cases}$$

(2)当 $0<x<1$ 时，

$$f_{Y|X}(y|x)=\begin{cases}\dfrac{f(x,y)}{f_X(x)}=\dfrac{1}{\sqrt{1-x^2}}, & 0<y<\sqrt{1-x^2},\\ 0, & y\text{ 取其他值}.\end{cases}$$

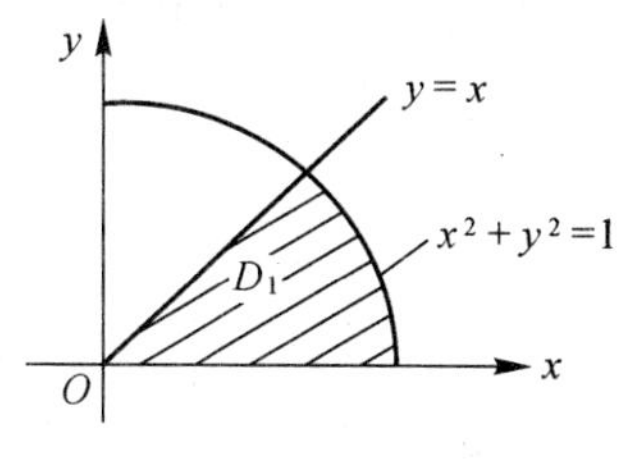

图 3.3.5

(3)由图 3.3.5 知，$P\{Y\leqslant X\}=\dfrac{D_1\text{ 的面积}}{D\text{ 的面积}}$，

其中 $D_1=\{(x,y):x^2+y^2<1,y<x,x>0,y>0\}$.

D_1的面积$=\dfrac{\pi}{8}$，D 的面积$=\dfrac{\pi}{4}$，故 $P\{Y\leqslant X\}=\dfrac{1}{2}$.

例 3.3.5　设二元随机变量(X,Y)服从 $N(\mu_1,\mu_2,\sigma_1^2,\sigma_2^2,\rho)$分布.(1)求关于 X,Y 的边际密度 $f_X(x),f_Y(y)$;(2)求条件密度 $f_{Y|X}(y|x)$及 $f_{X|Y}(x|y)$.

解　(1)记 $C=\dfrac{1}{2\pi\sigma_1\sigma_2\sqrt{1-\rho^2}}$. 则

$$\begin{aligned}f_X(x)&=\int_{-\infty}^{+\infty}f(x,y)\mathrm{d}y\\&=C\cdot\int_{-\infty}^{+\infty}\exp\{-\frac{1}{2(1-\rho^2)}[\frac{(x-\mu_1)^2}{\sigma_1^2}-2\rho\frac{(x-\mu_1)(y-\mu_2)}{\sigma_1\sigma_2}+\frac{(y-\mu_2)^2}{\sigma_2^2}]\}\mathrm{d}y\\&=C\cdot\exp\{-\frac{1}{2(1-\rho^2)}\cdot\frac{(x-\mu_1)^2}{\sigma_1^2}\}\int_{-\infty}^{+\infty}\exp\{-\frac{1}{2(1-\rho^2)}[\frac{(y-\mu_2)^2}{\sigma_2^2}-2\rho\frac{(x-\mu_1)(y-\mu_2)}{\sigma_1\sigma_2}]\}\mathrm{d}y\\&=C\cdot\exp\{-\frac{1}{2(1-\rho^2)}\cdot\frac{(x-\mu_1)^2}{\sigma_1^2}\}\int_{-\infty}^{+\infty}\exp\{-\frac{1}{2(1-\rho^2)}[\frac{y-\mu_2}{\sigma_2}-\rho\frac{(x-\mu_1)}{\sigma_1}]^2+\frac{\rho^2(x-\mu_1)^2}{\sigma_1^2\cdot2(1-\rho^2)}\}\mathrm{d}y\\&=C\cdot\exp\{-\frac{(x-\mu_1)^2}{2\sigma_1^2}\}\int_{-\infty}^{+\infty}\exp\{-\frac{1}{2(1-\rho^2)}(\frac{y-\mu_2}{\sigma_2}-\rho\frac{x-\mu_1}{\sigma_1})^2\}\mathrm{d}y.\end{aligned}$$

作积分变量变换，令 $t=\dfrac{y-\mu_2}{\sigma_2}-\rho\dfrac{x-\mu_1}{\sigma_1}$，则

$$\begin{aligned}f_X(x)&=C\cdot\exp\{-\frac{(x-\mu_1)^2}{2\sigma_1^2}\}\cdot\sigma_2\int_{-\infty}^{+\infty}\exp\{-\frac{t^2}{2(1-\rho^2)}\}\mathrm{d}t\\&=C\cdot\exp\{-\frac{(x-\mu_1)^2}{2\sigma_1^2}\}\cdot\sigma_2\sqrt{2\pi(1-\rho^2)}\int_{-\infty}^{+\infty}\frac{1}{\sqrt{2\pi(1-\rho^2)}}\exp\{-\frac{t^2}{2(1-\rho^2)}\}\mathrm{d}t\\&=\frac{1}{\sqrt{2\pi}\sigma_1}\exp\{-\frac{(x-\mu_1)^2}{2\sigma_1^2}\},\end{aligned}$$

即 $X\sim N(\mu_1,\sigma_1^2)$. 同理可得 $Y\sim N(\mu_2,\sigma_2^2)$.

(2)根据条件密度的定义，知

$$\begin{aligned}f_{Y|X}(y\mid x)&=\frac{f(x,y)}{f_X(x)}\\&=\frac{1}{\sqrt{2\pi}\sqrt{1-\rho^2}\sigma_2}\exp\{-\frac{1}{2(1-\rho^2)\sigma_2^2}[y-(\mu_2+\rho\frac{\sigma_2}{\sigma_1}(x-\mu_1))]^2\}.\end{aligned}$$

同理可得

$$f_{X|Y}(x|y)=\frac{1}{\sqrt{2\pi}\sqrt{1-\rho^2}\sigma_1}\exp\{-\frac{1}{2(1-\rho^2)\sigma_1^2}[x-(\mu_1+\rho\frac{\sigma_1}{\sigma_2}(y-\mu_2))]^2\}.$$

即当$(X,Y)\sim N(\mu_1,\mu_2,\sigma_1^2,\sigma_2^2,\rho)$时，$X,Y$ 的边际分布也是正态分布，$X\sim N(\mu_1,\sigma_1^2)$，$Y\sim N(\mu_2,\sigma_2^2)$.

当给定 $X=x$ 的条件下，Y 的条件分布亦为正态分布，此时 Y 服从 $N(\mu_2+\rho\dfrac{\sigma_2}{\sigma_1}(x-\mu_1),$

$(\sqrt{1-\rho^2}\sigma_2)^2)$. 当给定 $Y=y$ 时，X 的条件分布为 $N(\mu_1+\rho\frac{\sigma_1}{\sigma_2}(y-\mu_2),(\sqrt{1-\rho^2}\sigma_1)^2)$.

§3.4　随机变量的独立性

先回忆一下，在第一章中，两随机事件 A,B 独立的定义：当 $P(AB)=P(A)\cdot P(B)$ 时，称 A,B 相互独立. 对于两个随机变量 X,Y，有下面定义：

定义 3.4.1 对于任意两个实数集合 D_1,D_2，有

$$P\{X\in D_1,Y\in D_2\}=P\{X\in D_1\}\cdot P\{Y\in D_2\},\tag{3.4.1}$$

则称随机变量 X,Y **相互独立**，简称 X,Y **独立**.

利用概率的三条公理可知，当且仅当对任意实数 x,y，有

$$P\{X\leqslant x,Y\leqslant y\}=P\{X\leqslant x\}\cdot P\{Y\leqslant y\},$$

即为 $F(x,y)=F_X(x)\cdot F_Y(y)$ 时 X,Y 相互独立.　　(3.4.2)

也就是说"对于任意的实数 (x,y)，(X,Y) 的联合分布函数 $F(x,y)$ 都等于 X 与 Y 的边际分布函数 $F_X(x),F_Y(y)$ 的乘积"可以作为变量 X 与 Y 独立的等价定义.

特别地，当 (X,Y) 为二元离散量时，设 X,Y 的可能取值为 $x_i,y_j,i,j=1,2,\cdots$，X 与 Y 相互独立的定义等价于：对于任意的实数 x_i,y_j，都有

$$P\{X=x_i,Y=y_j\}=P\{X=x_i\}P\{Y=y_j\},i,j=1,2,\cdots$$

即

$$p_{ij}=p_{i\cdot}\cdot p_{\cdot j},i,j=1,2,\cdots\tag{3.4.3}$$

当 (X,Y) 为二元连续量时，由(3.4.2)式得，对于任意的实数 x,y，有

$$\int_{-\infty}^{x}\left[\int_{-\infty}^{y}f(u,v)\mathrm{d}v\right]\mathrm{d}u=\int_{-\infty}^{x}f_X(u)\mathrm{d}u\int_{-\infty}^{y}f_Y(v)\mathrm{d}v=\int_{-\infty}^{x}\left[\int_{-\infty}^{y}f_X(u)\cdot f_Y(v)\mathrm{d}v\right]\mathrm{d}u.$$

由微积分知识知，两边积分处处相等，被积函数不一定要处处相等，即可以在面积为零的区域不相等. 也就是说，被积函数除了面积为零的区域外处处相等，这种相等，我们称为几乎处处相等，即

$$f(x,y)=f_X(x)\cdot f_Y(y)\tag{3.4.4}$$

几乎处处成立为连续量 X,Y 相互独立的等价定义.

当 (X,Y) 为二元离散量时，由(3.4.3)知，若存在 i_0,j_0 使得 $P\{X=x_{i_0},Y=y_{j_0}\}\neq P\{X=x_{i_0}\}\cdot P\{Y=y_{j_0}\}$，则 X 与 Y 不独立；当 (X,Y) 为二元连续量时，若存在一个面积不为零的区域 D_0，使得 $f(x,y)\neq f_X(x)\cdot f_Y(y),(x,y)\in D_0$，则 X 与 Y 亦不独立.

由(3.4.1)式可知，对任意集合 D_1,D_2，当 $P\{X\in D_1\}P\{Y\in D_2\}\neq 0$ 时，X,Y 独立的定义亦可写成

$$P\{X\in D_1\mid Y\in D_2\}=P\{X\in D_1\},\text{或 }P\{Y\in D_2\mid X\in D_1\}=P\{Y\in D_2\}.\tag{3.4.5}$$

由独立的定义知，§3.1 的例 3.1.2 中 X 与 Y 不独立. 因为

$$P\{X=2,Y=1\}\neq P\{X=2\}\cdot P\{Y=1\}.$$

也就是吸烟的多少与患呼吸道疾病是有关的，不独立的.

再如 §3.3 的例 3.3.4 中的 X,Y 亦不独立，因为当 $0<x<1$ 时，$f_{Y|X}(y|x)\neq f_Y(y)$.

特别地，若 (X,Y) 为二元正态量，由本章 §3.3 例 3.3.5 知，X 与 Y 相互独立的充分必要条件为 $\rho=0$. 因为当且仅当 $\rho=0$ 时，(3.4.4)式成立.

在实际问题中，当一个变量的取值不影响另一个变量取任何值的概率时，常认为这两个变量独立.

例 3.4.1　设在 A 地与 B 地间的距离（以公里计）为 $l(l>1)$ 的公路上有一辆急修车，急修车所在的位置是随机的. 行使中的车辆抛锚地点也是随机的. 求急修车与抛锚车的距离小于 0.5 公里的概率.

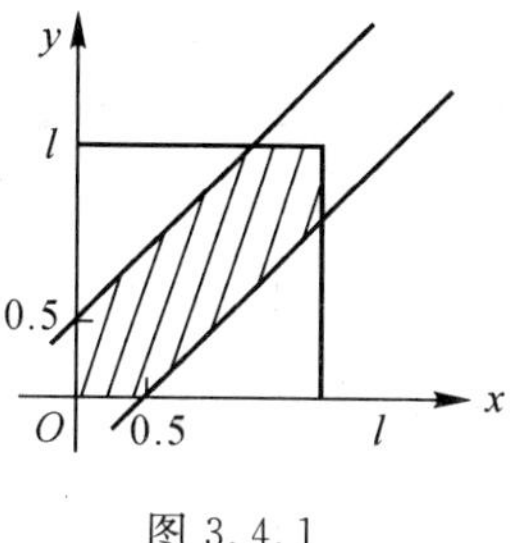

图 3.4.1

解　设急修车离 A 地的距离为 X，抛锚车离 A 地的距离为 Y. 由题意知，X 与 Y 独立，且均在 $(0,l)$ 上均匀分布. 所要求的概率为

$$P\{|X-Y|<0.5\}=\frac{l^2-(l-0.5)^2}{l^2}=\frac{l-0.025}{l^2}.$$

定理 3.4.1　二元连续量 X,Y 相互独立的充要条件是 X,Y 的联合密度 $f(x,y)$ 几乎处处可写成 x 的函数 $m(x)$ 与 y 的函数 $n(y)$ 的乘积，即

$$f(x,y)=m(x)\cdot n(y),|x|<+\infty,|y|<+\infty.$$

证明　先证必要性. 当 X,Y 独立时，由(3.4.4)式知，下式几乎处处成立

$$f(x,y)=f_X(x)\cdot f_Y(y).$$

记 $m(x)=f_X(x),n(y)=f_Y(y)$，则 $f(x,y)=m(x).n(y)$.

再证充分性. 当 $f(x,y)=m(x).n(x)$ 时，由密度函数的性质知

$$1=\int_{-\infty}^{+\infty}\int_{-\infty}^{+\infty}f(x,y)\mathrm{d}x\mathrm{d}y=\int_{-\infty}^{+\infty}m(x)\mathrm{d}x\int_{-\infty}^{+\infty}n(y)\mathrm{d}y.$$

记 $\int_{-\infty}^{+\infty}m(x)\mathrm{d}x=a$，$\int_{-\infty}^{+\infty}n(y)\mathrm{d}y=b$，那么 $ab=1$. 再结合边际密度与联合密度函数的关系，可得

$$f_X(x)=\int_{-\infty}^{+\infty}f(x,y)\mathrm{d}y=m(x)\int_{-\infty}^{+\infty}n(y)\mathrm{d}y=bm(x).$$

同理得，$f_Y(y)=an(y)$. 所以

$$f(x,y)=m(x)\cdot n(y)=am(x)\cdot bn(y)=f_X(x)\cdot f_Y(y).$$

那么由(3.4.4)式知 X,Y 相互独立.

例 3.4.2　问在下面两种情况下，X 与 Y 独立吗？

(1)设 (X,Y) 的联合密度为 $f(x,y)=\begin{cases}\mathrm{e}^{-x}/2, & x>0,0<y<2,\\0, & \text{其他}.\end{cases}$

(2)设 (X,Y) 的联合密度为 $f(x,y)=\begin{cases}1/x, & 0<y<x<1,\\0, & \text{其他}.\end{cases}$

解　(1)记 $m(x)=\begin{cases}\mathrm{e}^{-x}, & x>0,\\0, & \text{其他}.\end{cases}$ $n(y)=\begin{cases}1/2, & 0<y<2,\\0, & \text{其他}.\end{cases}$ 则

$$f(x,y)=m(x)\cdot n(y),|x|<+\infty,|y|<+\infty.$$

故 X,Y 独立.

(2)由于 $f(x,y)$ 不能分解成 x 的函数与 y 的函数的乘积，故 X,Y 不独立. 从另一角度来看，我们可以求得 X,Y 的边际密度分别为

$$f_X(x)=\begin{cases}1, & 0<x<1,\\0, & \text{其他}.\end{cases}\qquad f_Y(y)=\begin{cases}-\ln y, & 0<y<1,\\0, & \text{其他}.\end{cases}$$

故当 $0<y<x<1$，$f(x,y)\neq f_X(y)\cdot f_Y(y)$. 那么由(3.4.4)知，也可知 X,Y 不独立.

以上关于二元随机变量的一些概念，容易推广到 n 元随机变量的情形.

例如：联合分布函数的概念，n 元随机变量$(X_1,X_2,\cdots,X_n)$的联合分布函数为

$$F(x_1,x_2,\cdots,x_n)=P\{X_1\leqslant x_1,X_2\leqslant x_2,\cdots,X_n\leqslant x_n\},$$

其中 $x_1,x_2,\cdots,x_n$ 为任意的实数.

关于边际分布函数，以下举例说明，其他情形可举一反三. 例如：

$$F_{X_1}(x_1)=P\{X_1\leqslant x_1\}=F(x_1,+\infty,+\infty,\cdots,+\infty).$$

当 $n>2$ 时，有(X_1,X_2)的联合边际分布函数

$$F_{X_1,X_2}(x_1,x_2)=P\{X_1\leqslant x_1,X_2\leqslant x_2\}=F(x_1,x_2,+\infty,\cdots,+\infty).$$

类似地，也可以定义 n 元离散量与 n 元连续量. 当 $X_1,X_2,\cdots,X_n$ 的取值至多可列时，称$(X_1,X_2,\cdots,X_n)$为 n 元离散量；若对任意 n 维空间的集合 D，存在非负函数 $f(x_1,x_2,\cdots,x_n)$，使得

$$P\{(X_1,X_2,\cdots,X_n)\in D\}=\iint\limits_D\cdots\int f(x_1,x_2,\cdots,x_n)\mathrm{d}x_1\mathrm{d}x_2\cdots\mathrm{d}x_n$$

成立，则称$(X_1,X_2,\cdots,X_n)$为 **n 元的连续型随机变量**，简称 **n 元连续量**，其中的 $f(x_1,x_2,\cdots,x_n)$称之为$(X_1,X_2,\cdots,X_n)$的**联合概率密度**.

关于边际概率密度，类似地有，例如：

$$f_{X_1}(x_1)=\int_{-\infty}^{+\infty}\int_{-\infty}^{+\infty}\cdots\int_{-\infty}^{+\infty}f(x_1,x_2,\cdots,x_n)\mathrm{d}x_2\mathrm{d}x_3\cdots\mathrm{d}x_n,$$

$$f_{X_1,X_2}(x_1,x_2)=\int_{-\infty}^{+\infty}\int_{-\infty}^{+\infty}\cdots\int_{-\infty}^{+\infty}f(x_1,x_2,\cdots,x_n)\mathrm{d}x_3\mathrm{d}x_4\cdots\mathrm{d}x_n,$$

等等.

若对于任意的实数集 $D_1,D_2,\cdots,D_n$，有

$$P\{X_1\in D_1,X_2\in D_2,\cdots,X_n\in D_n\}=\prod_{i=1}^{n}P\{X_i\in D_i\},$$

则称 $X_1,X_2,\cdots,X_n$ **相互独立**.

也即对任意的实数 $x_1,x_2,\cdots,x_n$，有

$$F(x_1,x_2,\cdots,x_n)=F_{X_1}(x_1)F_{X_2}(x_2)\cdots F_{X_n}(x_n),$$

则称 $X_1,X_2,\cdots,X_n$ 相互独立.

当 $X_1,X_2,\cdots,X_n$ 为 n 元离散量时，亦有如(3.4.3)类似的独立的等价定义，当 $X_1,X_2,\cdots,X_n$ 为 n 元连续量时，亦有如(3.4.4)式相类似的独立的等价定义.

定义 3.4.2 设$(X_1,X_2,\cdots,X_m)$与$(Y_1,Y_2,\cdots,Y_n)$分别为 m 元，n 元的随机变量，分别用 $F_X(x_1,x_2,\cdots,x_m)$与 $F_Y(y_1,y_2,\cdots,y_n)$记它们的联合分布函数. 再记 $F(x_1,x_2,\cdots,x_m;y_1,y_2,\cdots,y_n)$为$(X_1,X_2,\cdots,X_m,Y_1,Y_2,\cdots,Y_n)$的联合分布函数.

对任意的实数 $x_i,y_j,i=1,2,\cdots,m,j=1,2,\cdots,n$，若有

$$F(x_1,x_2,\cdots,x_m;y_1,y_2,\cdots,y_n)=F_X(x_1,x_2,\cdots,x_m)\cdot F_Y(y_1,y_2,\cdots,y_n),$$

则称两向量组$(X_1,X_2,\cdots,X_m)$与$(Y_1,Y_2,\cdots,Y_n)$相互独立.

例 3.4.3 在 n 次独立重复的试验中，设每次试验有 4 个结果：A_1,A_2,A_3,A_4. 且每次试验 A_i 发生的概率不变. 设 $P(A_i)=p_i,0<p_i<1,i=1,2,3,4,\sum\limits_{i=1}^{4}p_i=1$. 再设在 n 次试验中 A_i 发生 X_i 次，$i=1,2,3,4$. (1)求 $P\{X_1=n_1,X_2=n_2,X_3=n_3\}$的值；(2)在给定 $X_1=n_1$ 的条件下求(X_2,X_3)的条件分布律；(3)在给定$\{X_1=n_1,X_2=n_2\}$的条件下求 X_3 的条件分布律.

解　(1)与 n 重贝努里试验及二项分布的讨论一样,可知事件

$$\{A_i \text{ 恰好发生 } n_i \text{ 次}, i=1,2,3,4, n_1+n_2+n_3+n_4=n\}$$

共有 $n!/(n_1!\,n_2!\,n_3!\,n_4!)$种方式数.而每个 A_i 在确定的 n_i 次发生的概率为 $p_1^{n_1}p_2^{n_2}p_3^{n_3}p_4^{n_4}$,故有

$$P\{X_1=n_1,X_2=n_2,X_3=n_3\}=\frac{n!}{n_1!n_2!n_3!(n-\sum_{i=1}^{3}n_i)!}p_1^{n_1}p_2^{n_2}p_3^{n_3}(1-\sum_{i=1}^{3}p_i)^{n-\sum_{i=1}^{3}n_i};$$

(2)由题知

$$\begin{aligned}P\{X_1=n_1\}&=\sum_{n_2+n_3=0}^{n-n_1}P\{X_1=n_1,X_2=n_2,X_3=n_3\}\\&=\frac{n!}{n_1!(n-n_1)!}p_1^{n_1}\sum_{n_2+n_3=0}^{n-n_1}\frac{(n-n_1)!}{n_2!n_3![(n-n_1)-n_2-n_3]!}\cdot\\&\quad p_2^{n_2}p_3^{n_3}[(1-p_1)-p_2-p_3]^{(n-n_1)-n_2-n_3}\\&=\frac{n!}{n_1!(n-n_1)!}p_1^{n_1}(1-p_1)^{n-n_1},n_1=0,1,\cdots,n.\end{aligned}$$

上面运算用到等式

$$(a_1+a_2+a_3)^n=\sum_{n_1+n_2=0}^{n}\frac{n!}{n_1!n_2!n_3!}a_1^{n_1}a_2^{n_2}a_3^{n_3},\qquad n_1+n_2+n_3=n$$

所以 $X_1\sim B(n,p_1)$.

故当 $n_1=0,1,\cdots,n$ 时,

$$\begin{aligned}&P\{X_2=n_2,X_3=n_3\mid X_1=n_1\}\\&=P\{X_1=n_1,X_2=n_2,X_3=n_3\}/P\{X_1=n_1\}\\&=\frac{(n-n_1)!}{n_2!n_3![(n-n_1)-n_2-n_3]!}(\frac{p_2}{1-p_1})^{n_2}(\frac{p_3}{1-p_1})^{n_3}\cdot\left(1-\frac{p_2+p_3}{1-p_1}\right)^{(n-n_1)-n_2-n_3},\\&n_2+n_3=0,1,\cdots,n-n_1.\end{aligned}$$

(3)先求(X_1,X_2)的边际分布

$$\begin{aligned}P\{X_1=n_1,X_2=n_2\}&=\sum_{n_3=0}^{n-n_1-n_2}P\{X_1=n_1,X_2=n_2,X_3=n_3\}\\&=\frac{n!p_1^{n_1}p_2^{n_2}}{n_1!n_2!(n-n_1-n_2)!}\sum_{n_3=0}^{n-n_1-n_2}\frac{(n-n_1-n_2)!p_3^{n_3}[(1-p_1-p_2)-p_3]^{(n-n_1-n_2)-n_3}}{n_3![(n-n_1-n_2)-n_3]!}\\&=\frac{n!}{n_1!n_2!(n-n_1-n_2)!}p_1^{n_1}p_2^{n_2}(1-p_1-p_2)^{n-n_1-n_2},n_1+n_2=0,1,\cdots,n.\end{aligned}$$

那么当 $n_1+n_2=0,1,\cdots,n$ 时,

$$\begin{aligned}&P\{X_3=n_3\mid X_1=n_1,X_2=n_2\}\\&=P\{X_1=n_1,X_2=n_2,X_3=n_3\}/P\{X_1=n_1,X_2=n_2\}\\&=\frac{(n-n_1-n_2)!}{n_3![(n-n_1-n_2)-n_3]!}(\frac{p_3}{1-p_1-p_2})^{n_3}\cdot\\&\quad(1-\frac{p_3}{1-p_1-p_2})^{(n-n_1-n_2)-n_3},\qquad n_3=0,1,\cdots,n-n_1-n_2.\end{aligned}$$

即当给定$\{X_1=n_1,X_2=n_2\}$的条件下,X_3 的条件分布为 $B(n-n_1-n_2,p_3/(1-p_1-p_2))$.

例 3.4.4　一咨询台有 A,B 两个窗口,设每个顾客服务时间服从参数为 λ 的指数分布.有一天一开门,A 窗口有一个人要求服务.B 窗口有两人排队要求服务,设每人服务时间相互独立,求 B 窗口两人先于 A 窗口 1 人结束服务的概率.

解　设 A 窗口一人的服务时间为 X_1,B 窗口的两个人的服务时间分别为 X_2,X_3,由题意知,X_1,X_2,X_3 相互独立.所要求的概率即为

$$P\{X_1 > X_2 + X_3\} = \iiint\limits_{x_1 > x_2 + x_3} f(x_1, x_2, x_3)\mathrm{d}x_1\mathrm{d}x_2\mathrm{d}x_3,$$

其中 $f(x_1,x_2,x_3)$为(X_1,X_2,X_3)的联合密度,由题意知,

$$f(x_1,x_2,x_3)=f_{X_1}(x_1)\cdot f_{X_2}(x_2)\cdot f_{X_3}(x_3)$$
$$=\begin{cases}\lambda\mathrm{e}^{-\lambda x_1}\cdot\lambda\mathrm{e}^{-\lambda x_2}\cdot\lambda\mathrm{e}^{-\lambda x_3}, & x_i>0, i=1,2,3,\\ 0, & \text{其他},\end{cases}$$

故

$$P\{X_1 > X_2 + X_3\} = \int_0^{\infty}\lambda\mathrm{e}^{-\lambda x_2}\mathrm{d}x_2\int_0^{+\infty}\lambda\mathrm{e}^{-\lambda x_3}\mathrm{d}x_3\int_{x_2+x_3}^{+\infty}\lambda\mathrm{e}^{-\lambda x_1}\mathrm{d}x_1$$
$$= \int_0^{+\infty}\lambda\mathrm{e}^{-2\lambda x_2}\mathrm{d}x_2\int_0^{+\infty}\lambda\mathrm{e}^{-2\lambda x_3}\mathrm{d}x_3 = \frac{1}{4}.$$

§3.5　二元随机变量函数的分布

在第二章的§2.5 中我们研究了一元随机变量的函数的分布问题,并提到了求一元随机变量函数的分布问题实质是找等价事件.其实求二元随机变量函数的分布问题实质上也是寻找等价事件.当然求二元随机变量函数的分布问题较为复杂,下面我们将对一些特殊的形式进行详细的讨论.

(一)$Z=X+Y$ 的分布

在这一部分中,我们将研究已知二元随机变量(X,Y)的概率分布,求 $Z=X+Y$ 的概率分布问题.

若(X,Y)为二元离散量,设 $P\{X=x_i,Y=y_j\}=p_{ij}$,$i,j=1,2,\cdots$,设 Z 的可能取值为 z_1,z_2,$\cdots$,z_k,$\cdots$,则显然有

$$P\{Z = z_k\} = P\{X + Y = z_k\} = \sum_{i=1}^{+\infty}P\{X = x_i, Y = z_k - x_i\}, k = 1,2,\cdots \quad (3.5.1)$$

或

$$P\{Z = z_k\} = P\{X + Y = z_k\} = \sum_{j=1}^{+\infty}P\{X = z_k - y_j, Y = y_j\}, k = 1,2,\cdots \quad (3.5.2)$$

特别地,当 X 与 Y 相互独立时,(3.5.1)与(3.5.2)式就可写成

$$P\{Z = z_k\} = \sum_{i=1}^{+\infty}P\{X = x_i\}\cdot P\{Y = z_k - x_i\}, k = 1,2,\cdots \quad (3.5.3)$$

或

$$P\{Z = z_k\} = \sum_{j=1}^{+\infty}P\{X = z_k - y_j\}\cdot P\{Y = y_j\}, k = 1,2,\cdots \quad (3.5.4)$$

若(X,Y)为二元连续量,设(X,Y)的联合密度为 $f(x,y)$,则 Z 的概率分布函数为

$$F_Z(z) = P\{Z \leqslant z\} = P\{X + Y \leqslant z\} = \iint\limits_{x+y\leqslant z} f(x,y)\mathrm{d}x\mathrm{d}y = \int_{-\infty}^{+\infty}\mathrm{d}x\int_{-\infty}^{z-x}f(x,y)\mathrm{d}y.$$

作积分变量变换$\begin{cases} u=x, \\ v=x+y, \end{cases}$

这样的变换下可知 $dxdy=dudv$，所以

$$F_Z(z)=\int_{-\infty}^{z}dv\int_{-\infty}^{+\infty}f(u,v-u)du,$$

从而，

图 3.4.2

$$f_Z(z)=F'_Z(z)=\int_{-\infty}^{+\infty}f(u,z-u)du=\int_{-\infty}^{+\infty}f(x,z-x)dx \tag{3.5.5}$$

若作的积分变换为$\begin{cases} u=x+y \\ v=y \end{cases}$，通过同样的计算可得

$$f_Z(z)=\int_{-\infty}^{+\infty}f(z-y,y)dy. \tag{3.5.6}$$

特别地，当 X,Y 相互独立时，(3.5.5)式与(3.5.6)式就可写成

$$f_Z(z)=\int_{-\infty}^{+\infty}f_X(x)\cdot f_Y(z-x)dx, \tag{3.5.7}$$

$$f_Z(z)=\int_{-\infty}^{+\infty}f_X(z-y)\cdot f_Y(y)dy. \tag{3.5.8}$$

例 3.5.1　设 $X\sim\pi(\lambda_1)$，$Y\sim\pi(\lambda_2)$，X,Y 相互独立. 若 $Z=X+Y$，求 Z 的概率分布律.

解　由题意知，

$$P\{X=i\}=e^{-\lambda_1}\lambda_1^i/i!,i=0,1,2,\cdots,\qquad P\{Y=j\}=e^{-\lambda_2}\lambda_2^j/j!,j=0,1,2,\cdots$$

故

$$P\{Z=k\}=P\{X+Y=k\}=\sum_{i=0}^{+\infty}P\{X=i\}\cdot P\{Y=k-i\}$$

$$=\sum_{i=0}^{k}\frac{e^{-\lambda_1}\lambda_1^i}{i!}\cdot\frac{e^{-\lambda_2}\lambda_2^{k-i}}{(k-i)!}=\frac{e^{-(\lambda_1+\lambda_2)}}{k!}\sum_{i=0}^{k}C_k^i\lambda_1^i\lambda_2^{k-i}$$

$$=e^{-(\lambda_1+\lambda_2)}(\lambda_1+\lambda_2)^k/k!,k=0,1,2,\cdots$$

即 $Z\sim\pi(\lambda_1+\lambda_2)$. 也就是说，两个独立的泊松分布的随机变量的和仍服从泊松分布，其参数为两个随机变量的参数之和.

用数学归纳法可以证明：n 个独立的服从泊松分布的随机变量的和仍服从泊松分布，其参数为 n 个变量的参数之和.

例 3.5.2　设 $X\sim N(0,1)$，$Y\sim N(0,\sigma^2)$，X 与 Y 独立，$Z=X+Y$，求 Z 的概率密度.

解　$f_X(x)\cdot f_Y(t-x)=\frac{1}{\sqrt{2\pi}}e^{-x^2/2}\cdot\frac{1}{\sqrt{2\pi}\sigma}e^{-(t-x)^2/(2\sigma^2)}=\frac{1}{2\pi\sigma}e^{-[x^2/2+(t-x)^2/(2\sigma^2)]}$

又因为

$$\frac{x^2}{2}+\frac{(t-x)^2}{2\sigma^2}=\frac{t^2}{2\sigma^2}+\frac{(1+\sigma^2)[x^2-2xt/(1+\sigma^2)]}{2\sigma^2}$$

$$=\frac{t^2}{2(1+\sigma^2)}+\frac{(1+\sigma^2)[x-t/(1+\sigma^2)]^2}{2\sigma^2}$$

所以　$f_Z(t)=\int_{-\infty}^{+\infty}f_X(x)f_Y(t-x)dx=\frac{1}{2\pi\sigma}e^{-t^2/[2(1+\sigma^2)]}\cdot\int_{-\infty}^{+\infty}e^{-(1+\sigma^2)[x-t/(1+\sigma)^2)]^2/(2\sigma^2)]}dx$

对上式积分作积分变量变换，令 $u=x-t/(1+\sigma^2)$，可知 $du=dx$，从而可知，此积分值为与 t 无关的常数，暂且记作 a，

得

$$f_Z(t)=\frac{a}{2\pi\sigma}e^{-t^2/[2(1+\sigma^2)]}$$

由上式可知　$Z\sim N(0,1+\sigma^2)$.

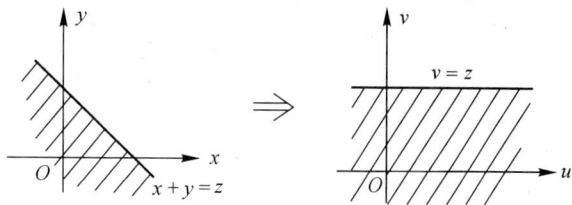

若当 $X\sim N(\mu_1,\sigma_1^2)$，$Y\sim N(\mu_2,\sigma_2^2)$，$X,Y$ 独立时，

$$X+Y=\sigma_1\left(\frac{X-\mu_1}{\sigma_1}+\frac{Y-\mu_2}{\sigma_1}\right)+(\mu_1+\mu_2)$$

由例 2.5.5 知 $$\frac{X-\mu_1}{\sigma_1}\sim N(0,1),\frac{Y-\mu_2}{\sigma_1}\sim N\left(0,\frac{\sigma_2^2}{\sigma_1^2}\right),$$

由例 3.5.2 知 $$\frac{X-\mu_1}{\sigma_1}+\frac{Y-\mu_2}{\sigma_1}\sim N\left(0,1+\frac{\sigma_2^2}{\sigma_1^2}\right)$$

再由例 2.5.5 可得 $$X+Y\sim N(\mu_1+\mu_2,\sigma_1^2+\sigma_2^2).$$

用数学归纳法可证，n 个独立的正态量之和仍为正态量.

即若 $X_1,X_2,\cdots,X_n$ 独立，且 $X_i\sim N(\mu_i,\sigma_i^2)$，则 $\sum\limits_{i=1}^{n}X_i\sim N\left(\sum\limits_{i=1}^{n}\mu_i,\sum\limits_{i=1}^{n}\sigma_i^2\right)$.

进一步可以证明：n 个独立的正态量的线性组合仍为正态量.

例 3.5.3　设某服务台顾客等待时间（以分计）X 服从参数为 λ 的指数分布，接受服务的时间 Y 服从 $(0,20)$ 上的均匀分布，且设 X,Y 独立. 记顾客在服务台的总时间为 Z，即 $Z=X+Y$.（1）求 Z 的概率密度函数 $f_Z(t)$；（2）设 $\lambda=1/20$，求总时间不超过 45 分钟的概率.

解　由题意知，

$$f_X(x)=\begin{cases}\lambda e^{-\lambda x}, & x>0,\\ 0, & x\leqslant 0,\end{cases}\quad f_Y(y)=\begin{cases}1/20, & 0<y<20,\\ 0, & \text{其他}.\end{cases}$$

因为 X,Y 独立，所以 X,Y 的联合概率密度为

$$f(x,y)=f_X(x)\cdot f_Y(y)=\begin{cases}\dfrac{1}{20}\lambda e^{-\lambda x}, & x>0,0<y<20,\\ 0, & \text{其他}.\end{cases}$$

方法一：利用(3.5.5)式，

$$f(x,t-x)=\begin{cases}\dfrac{1}{20}\lambda e^{-\lambda x}, & x>0,0<t-x<20,\\ 0, & (x,t)\text{取其他值}.\end{cases}$$

$$f_Z(t)=\int_{-\infty}^{+\infty}f(x,t-x)\mathrm{d}x=\int_0^{+\infty}f_X(x)\cdot f_Y(t-x)\mathrm{d}x.$$

由图 3.5.1 知，当 $t\leqslant 0$ 时，$f_Z(t)=0$；

当 $0<t<20$ 时，$f_Z(t)=\int_0^t\dfrac{1}{20}\lambda e^{-\lambda x}\mathrm{d}x=\dfrac{1}{20}(1-e^{-\lambda t})$；

当 $t\geqslant 20$ 时，$f_Z(t)=\int_{t-20}^{t}\dfrac{1}{20}\lambda e^{-\lambda x}\mathrm{d}x=\dfrac{1}{20}e^{-\lambda t}(e^{20\lambda}-1)$.

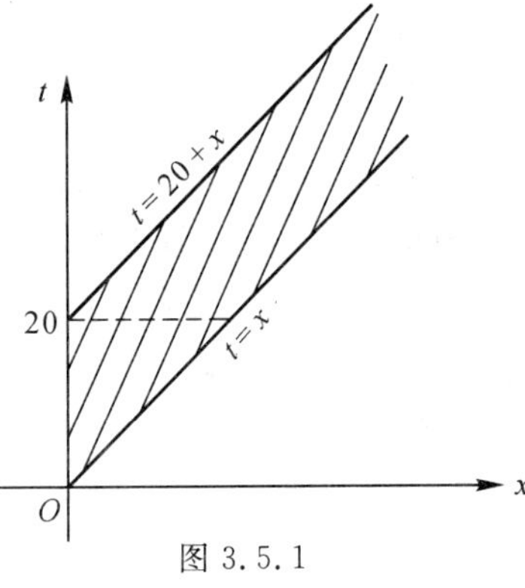

图 3.5.1

方法二：可先求 Z 的分布函数，再求 $f_Z(t)$. 由于 $F_Z(t)=P\{X+Y\leqslant t\}$，由图 3.5.2 知，当 $t\leqslant 0$ 时 $F_Z(t)=0$.

当 $0<t<20$ 时，

$$F_Z(t)=\int_0^t\mathrm{d}y\int_0^{t-y}\frac{1}{20}\lambda e^{-\lambda x}\mathrm{d}x=\frac{t}{20}-\frac{1}{20\lambda}(1-e^{-\lambda t});$$

当 $t\geqslant 20$ 时，

$$F_Z(t)=\int_0^{20}\mathrm{d}y\int_0^{t-y}\frac{1}{20}\lambda e^{-\lambda x}\mathrm{d}x=1-\frac{1}{20\lambda}e^{-\lambda t}(e^{20\lambda}-1).$$

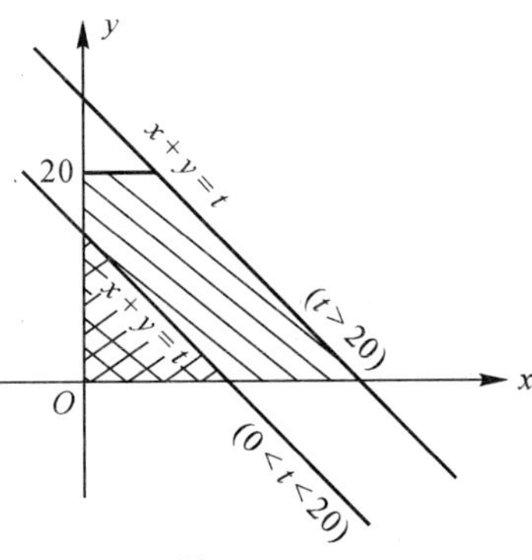

图 3.5.2

从而

$$f_Z(t)=F'_Z(t)=\begin{cases}0, & t\leqslant 0,\\ (1-e^{-\lambda t})/20, & 0<t<20,\\ e^{-\lambda t}(e^{20\lambda}-1)/20, & t\geqslant 20.\end{cases}$$

(2)**方法一**：利用(1)中的方法二求出 $F_Z(t)$ 可知，当 $\lambda=1/20$ 时，

$$P\{Z\leqslant 45\}=F_Z(45)=0.8189.$$

方法二：可由 Z 的密度函数来计算得到：

$$P\{Z\leqslant 45\}=\int_{-\infty}^{45}f_Z(t)\,dt=\int_0^{20}\frac{1-e^{-t/20}}{20}dt+\int_{20}^{45}\frac{(e-1)}{20}e^{-t/20}\,dt=0.8189.$$

例 3.5.4　设二元随机变量 (X,Y) 的联合概率密度为

$$f(x,y)=\begin{cases}3x, & 0<y<x<1,\\ 0, & \text{其他}.\end{cases}$$

记 $Z=X+Y$，求 Z 的概率密度函数 $f_Z(t)$。

解　由(3.5.5)式可知 $f_Z(t)=\int_{-\infty}^{+\infty}f(x,t-x)\,dx$. 而且由 (X,Y) 的联合概率密度及定理 3.4.1 知，X,Y 不独立，且

$$f(x,t-x)=\begin{cases}3x, & 0<t-x<x<1,\\ 0, & \text{其他}.\end{cases}$$

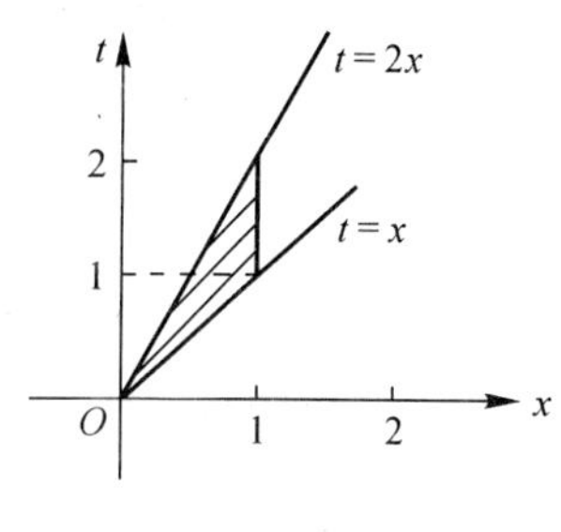

图 3.5.3

显然，当 $t\leqslant 0$ 或 $t\geqslant 2$ 时，$f_Z(t)=0$；

当 $0<t<1$ 时，$f_Z(t)=\int_{t/2}^{t}3x\,dx=\frac{9}{8}t^2$；

当 $1<t<2$ 时，$f_Z(t)=\int_{t/2}^{1}3x\,dx=\frac{3}{2}(1-\frac{t^2}{4})$.

例 3.5.5　某人一天做两份工作，一份工作得到的酬金 X 具有概率分布律

X	10	20	30
p	1/3	1/3	1/3

，另一份工作的酬金 Y 服从 $N(15,4)$. 设 X,Y 独立，记一天酬金总数为 Z，$Z=X+Y$. (1)求 Z 的概率密度；(2)求一天酬金多于 30 的概率.

解　(1)先求 Z 的概率分布函数，利用全概率公式

$$\begin{aligned}F_Z(t)&=P\{Z\leqslant t\}=P\{X+Y\leqslant t\}\\&=P\{X=10\}\cdot P\{X+Y\leqslant t\mid X=10\}+P\{X=20\}\cdot P\{X+Y\leqslant t\mid X=20\}+\\&\quad P\{X=30\}\cdot P\{X+Y\leqslant t\mid X=30\}\\&=\frac{1}{3}[P\{Y\leqslant t-10\mid X=10\}+P\{Y\leqslant t-20\mid X=20\}+P\{Y\leqslant t-30\mid X=30\}].\end{aligned}$$

因为 X 与 Y 独立，故有

$$\begin{aligned}F_Z(t)&=\frac{1}{3}[P\{Y\leqslant t-10\}+P\{Y\leqslant t-20\}+P\{Y\leqslant t-30\}]\\&=\frac{1}{3}[F_Y(t-10)+F_Y(t-20)+F_Y(t-30)].\end{aligned}$$

那么

$$\begin{aligned}f_Z(t)&=F'_Z(t)=\frac{1}{3}[f_Y(t-10)+f_Y(t-20)+f_Y(t-30)]\\&=\frac{1}{6\sqrt{2\pi}}[e^{-(t-25)^2/8}+e^{-(t-35)^2/8}+e^{-(t-45)^2/8}].\end{aligned}$$

(2)我们有

$$P\{Z>30\}=1-F_Z(30)=1-\frac{1}{3}[\Phi(\frac{5}{2})+\Phi(-\frac{5}{2})+\Phi(-\frac{15}{2})]\approx 0.6667.$$

(二)$M=\max(X,Y)$,$N=\min(X,Y)$的分布

记 X,Y 的联合分布函数为 $F(x,y)$,且记 $F_X(t),F_Y(t)$ 分别为 X,Y 的分布函数.

先来讨论 M 的分布函数,由 M 的定义可知

$$F_M(t)=P\{\max(X,Y)\leqslant t\}=P\{X\leqslant t,Y\leqslant t\}=F(t,t),\tag{3.5.9}$$

特别地,当 X 与 Y 独立时,

$$F_M(t)=F_X(t)\cdot F_Y(t),\tag{3.5.10}$$

再讨论 N 的分布函数

$$\begin{aligned}F_N(t)&=P\{\min(X,Y)\leqslant t\}=P\{(X\leqslant t)\cup(Y\leqslant t)\}\\&=F_X(t)+F_Y(t)-F(t,t),\end{aligned}\tag{3.5.11}$$

或者

$$F_N(t)=1-P\{\min(X,Y)>t\}=1-P\{X>t,Y>t\}.\tag{3.5.12}$$

特别地,当 X 与 Y 独立时,

$$F_N(t)=F_X(t)+F_Y(t)-F_X(t)\cdot F_Y(t),\tag{3.5.13}$$

或者

$$F_N(t)=1-[1-F_X(t)]\cdot[1-F_Y(t)].\tag{3.5.14}$$

以上结果容易推广到 n 个变量的情形.特别地,设 $X_1,X_2,\cdots,X_n$ 为 n 个相互独立的随机变量,相应的分布函数分别为 $F_1(x_1),F_2(x_2),\cdots,F_n(x_n)$,记 $M=\max(X_1,X_2,\cdots,X_n)$,$N=\min(X_1,X_2,\cdots,X_n)$,则有

$$F_M(t)=\prod_{i=1}^{n}F_i(t),\tag{3.5.15}$$

$$F_N(t)=1-\prod_{i=1}^{n}[1-F_i(t)].\tag{3.5.16}$$

例 3.5.6 一批元件的寿命服从参数为 λ 的指数分布,从中随机地取 4 件,其寿命记为 X_1,X_2,X_3,X_4,由于是随机抽取,故这 4 个元件的寿命相互独立.记 $N=\min\limits_{1\leqslant i\leqslant 4}X_i$,$M=\max\limits_{1\leqslant i\leqslant 4}X_i$.(1)求 N,M 的概率分布函数及概率密度函数;(2)将 4 个元件如图连接成一系统,求系统寿命大于 $t_0(t_0>0)$ 的概率.

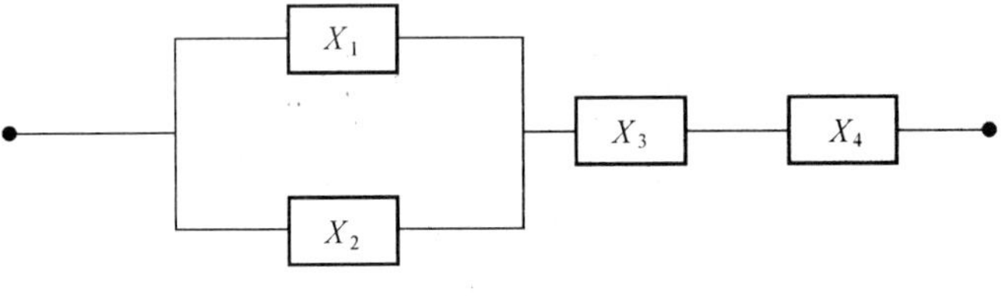

图 3.5.4

解 (1)由于 X_1,X_2,X_3,X_4 相互独立且均服从参数为 λ 的指数分布,故当 $t>0$ 时,

$$F_N(t)=P\{\min_{1\leqslant i\leqslant 4}X_i\leqslant t\}=1-P\{\min_{1\leqslant i\leqslant 4}X_i>t\}=1-\prod_{i=1}^{4}P\{X_i>t\}=1-e^{-4\lambda t},$$

故

$$f_N(t)=\begin{cases}4\lambda e^{-4\lambda t}, & t>0,\\ 0, & t\leqslant 0.\end{cases}$$

当 $t>0$ 时,$F_M(t)=P\{\max\limits_{1\leqslant i\leqslant 4}X_i\leqslant t\}=\prod\limits_{i=1}^{4}P\{X_i\leqslant t\}=(1-e^{-\lambda t})^4$,

故

$$f_M(t)=\begin{cases}4\lambda e^{-\lambda t}(1-e^{-\lambda t})^3, & t>0,\\ 0, & t\leqslant 0.\end{cases}$$

(2)设系统寿命为 T,则 $T=\min[\max(X_1,X_2),X_3,X_4]$,那么对 $t_0>0$ 而言,有

$$
\begin{aligned}
P\{T>t_0\}&=P\{\min[\max(X_1,X_2),X_3,X_4]>t_0\}\\
&=P\{\max(X_1,X_2)>t_0\}\cdot P\{X_3>t_0\}\cdot P\{X_4>t_0\}\\
&=[1-P\{X_1\leqslant t_0,X_2\leqslant t_0\}]\cdot \mathrm{e}^{-2\lambda t_0}\\
&=[1-(1-\mathrm{e}^{-\lambda t_0})^2]\cdot \mathrm{e}^{-2\lambda t_0}=\mathrm{e}^{-3\lambda t_0}(2-\mathrm{e}^{-\lambda t_0}).
\end{aligned}
$$

思考题三

1. 若已知二元随机变量(X,Y)的联合概率分布就决定了 X 及 Y 的边际概率分布；反之，若已知 X 及 Y 的边际概率分布就可决定(X,Y)的联合概率分布，对吗？若不对，请给出正确的说法.

2. 设随机变量 X 与 Y 同分布，则以下说法正确吗？

(1)$P\{X=Y\}=1$；　(2)$P\{X+Y=2X\}=1$；

(3)X 与 Y 有相同的概率分布函数；　(4)X 与 Y 可以有不同的概率分布函数.

3. 设二元连续量(X,Y)的联合概率密度为

$$
f(x,y)=\begin{cases} f_1(x,y), & (x,y)\in D,\\ f_2(x,y), & (x,y)\notin D.\end{cases}
$$

则(X,Y)的联合分布函数为

$$
F(x,y)=\begin{cases} \int_{-\infty}^{x}\mathrm{d}u\int_{-\infty}^{y} f_1(u,v)\mathrm{d}v, & (x,y)\in D,\\ \int_{-\infty}^{x}\mathrm{d}u\int_{-\infty}^{y} f_2(u,v)\mathrm{d}v, & (x,y)\notin D.\end{cases}
$$

对吗？

4. 设(X,Y)为二元连续量，则以下等式正确吗？

(1) $\int_{-\infty}^{+\infty} f_{Y|X}(y|x)\mathrm{d}x=1$；　(2) $\int_{-\infty}^{+\infty} f_{Y|X}(y|x)\mathrm{d}y=1$；

(3)$F_{Y|X}(y|x)=\int_{-\infty}^{x} f_{Y|X}(y|u)\mathrm{d}u$；　(4)$F_{Y|X}(0|2)=\int_{-\infty}^{0} f_{Y|X}(0|2)\mathrm{d}y$.

5. 当(X,Y)为二元离散量时，若存在点(x_0,y_0)使 $P\{X=x_0,Y=y_0\}\neq P\{X=x_0\}\cdot P\{Y=y_0\}$，则 X 与 Y 不独立，对吗？当(X,Y)为二元连续量时，若存在一点(x_0,y_0)使$f(x_0,y_0)\neq f_X(x_0)\cdot f_Y(y_0)$，则 X 与 Y 不独立，对吗？

习题三

1. 有两个口袋均放着 3 个红球，2 个白球，今从两口袋中同时摸出 1 球互换(设每个口袋摸到每个球的概率相等). 记 X,Y 分别为两袋中互换球后的红球数，求(X,Y)的联合分布律及关于 X 的边际分布律.

2. 设二元随机变量(X,Y)的联合概率分布律为

X \ Y	0	1
0	0.4	a
1	b	0.1

且已知事件$\{X=0\}$与事件$\{X+Y=1\}$相互独立，求常数 a,b 的值.

3. 设二元随机变量(X,Y)的联合概率分布律为

X \ Y	−1	0	1
1	a	0.1	b
2	0.1	0.1	c

已知 $P\{Y\leqslant 0\mid X<2\}=0.5$，及 $P\{Y=1\}=0.5$，求 a,b,c 的值及 X,Y 的边际分布律.

4. 设随机变量 X,Y 的概率分布律分别为

X	0	1
p	0.4	0.6

Y	0	1	2
p	0.2	0.5	0.3

且已知 $P\{X=0,Y=0\}=P\{X=1,Y=2\}=0.1$.

(1)试写出(X,Y)的联合概率分布律；

(2)写出在$\{X=0\}$的条件下 Y 的条件分布律.

5. 将一枚均匀的硬币抛 3 次，记 X 为 3 次中正面的次数，Y 为 3 次中正面次数与反面次数之差的绝对值.

(1)求(X,Y)的联合分布律及边际分布律；

(2)写出$\{Y=1\}$的条件下 X 的条件分布律.

6. 某公司出钱为职工订报，每位职工可以从 A,B,C 3 份报中任订一份，已知有 2/3 的女职工决定订 A 报，有 3/5 的男职工决定订 B 报，余下的人在 3 份报中随机选一份. 公司男、女职工各占一半. 从该公司中随机找一职工，记

$$X=\begin{cases}1, & \text{此人为女职工},\\ 0, & \text{此人为男职工},\end{cases}\qquad Y=\begin{cases}1, & \text{此人订 } A \text{ 报},\\ 2, & \text{此人订 } B \text{ 报},\\ 3, & \text{此人订 } C \text{ 报}.\end{cases}$$

(1)试写出(X,Y)的联合概率分布律；　(2)求 Y 的边际分布律；

(3)求$\{Y=1\}$的条件下，X 的条件分布律.

7. 设某路段单位时间内发生的交通事故数 X 服从参数为 λ 的泊松分布，其中因超速引起的占总事故数的 10%. 设因超速引发的事故数为 Y.

(1)求(X,Y)的联合分布律；

(2)求 Y 的边际分布律.

8. 设一大型设备单位时间内发生的故障数 X 具有概率分布律

X	0	1	2
p	0.6	0.3	0.1

每次故障以概率 p 带来损失 a(万元). 设 Y 为该设备在单位时间内的损失(以万元计).

(1)求(X,Y)的联合分布律；

(2)已知发生了 1 次故障，求 Y 的条件分布律.

9. 已知二元随机变量(X,Y)的联合分布函数为

$$F(x,y)=\begin{cases}0, & x<0 \text{ 或 } y<0,\\ 0.1, & 0\leqslant x<1 \text{ 且 } 0\leqslant y<1,\\ 0.3, & 0\leqslant x<1 \text{ 且 } y\geqslant 1,\\ 0.4, & x\geqslant 1 \text{ 且 } 0\leqslant y<1,\\ 1, & x\geqslant 1 \text{ 且 } y\geqslant 1.\end{cases}$$

(1)求(X,Y)的边际分布函数 $F_X(x),F_Y(y)$；　(2)求关于 X,Y 的边际分布律；

(3)求(X,Y)的联合分布律.

10. 设 A,B 为两随机事件，已知 $P(A)=0.3$，$P(B\mid\overline{A})=0.5$，$P(B)=0.4$. 引入随机变量 X,Y，分别为

$$X=\begin{cases}1, & A\text{发生},\\0, & \bar{A}\text{不发生},\end{cases}\qquad Y=\begin{cases}1, & B\text{发生},\\0, & \bar{B}\text{不发生}.\end{cases}$$

(1)求(X,Y)的联合分布律；　(2)求(X,Y)的联合分布函数；

11. 在第10题中，若已知$\{X=1\}$的条件下求Y的条件分布函数.

12. 设(X,Y)为二元随机变量，已知$P\{X=0,Y=0\}=P\{X=1,Y=1\}=0.1$，且知$(X,Y)$落在$D=\{(x,y):0<x<1,0<y<1\}$的任一小区域内的概率与该小区域面积成正比，求$(X,Y)$的联合分布函数.

13. 设二元随机变量(X,Y)的联合概率密度为

$$f(x,y)=\begin{cases}c(y-x), & 0<x<y<1,\\0, & \text{其他}.\end{cases}$$

(1)求常数c；　(2)求$P\{X+Y\leqslant 1\}$的值；　(3)求$P\{X<0.5\}$的值.

14. 二元随机变量(X,Y)的联合概率密度为

$$f(x,y)=\begin{cases}c(x-1), & 1<x<2,x<y<4-x,\\0, & \text{其他}.\end{cases}$$

(1)求常数c的值；　(2)求X,Y的边际概率密度$f_X(x),f_Y(y)$.

15. 二元随机变量(X,Y)的联合概率密度为

$$f(x,y)=\begin{cases}e^{-x}, & 0<y<x,\\0, & \text{其他}.\end{cases}$$

(1)求X,Y的边际概率密度$f_X(x),f_Y(y)$；　(2)求条件概率密度函数$f_{Y|X}(y|x)$；

(3)当已知$\{X=x\}$时，问Y的条件分布是均匀分布吗？为什么？

16. 设(X,Y)为二元随机变量，X的概率密度为$f_X(x)=\begin{cases}\lambda^2 xe^{-\lambda x}, & x>0,\\0, & x\leqslant 0.\end{cases}$

其中$\lambda>0$. 当$x>0$时，Y的条件密度为$f_{Y|X}(y|x)=\begin{cases}\dfrac{1}{x}e^{-y/x}, & y>0,\\0, & y\leqslant 0.\end{cases}$

(1)求(X,Y)的联合概率密度；

(2)求当$x>0$时，在给定$\{X=x\}$的条件下Y的条件分布函数；

(3)求$P\{Y>1|X=1\}$的值.

17. 设二元随机变量(X,Y)的联合概率密度为

$$f(x,y)=\begin{cases}\dfrac{5}{4}x, & y^2<x<1,\\0, & \text{其他}.\end{cases}$$

(1)求Y的边际概率密度$f_Y(y)$；　(2)求条件概率密度函数$f_{X|Y}(x|y)$；

(3)计算$P\{X>\frac{1}{2}|Y=\frac{1}{2}\}$的值.

18. 在区间$(0,1)$上随机取一数X，再在区间$(X,1)$上随机取一数Y.

(1)求(X,Y)的联合概率密度；

(2)求已知$\{Y=y\}(0<y<1)$的条件下X的条件概率密度.

19. 在A地至B地(长为m公里)的公路上，事故发生地在离A地X公里处，事故处理车在离A地Y公里处，X与Y均服从$(0,m)$上均匀分布，且设X与Y独立. 求事故车与处理车的距离Z的概率密度函数.

20. 在半圆$D=\{(x,y):x^2+y^2\leqslant 1,y>0\}$内随机投点$A$，设$A$点的坐标为$(X,Y)$.

(1)求Y的边际密度$f_Y(y)$；　(2)求$P\{Y<1/2\}$的值；　(3)X与Y独立吗？为什么？

21. 设二元随机变量(X,Y)服从$N(\mu_1,\mu_2,\sigma_1^2,\sigma_2^2,\rho)$分布，其中$\mu_1=0,\mu_2=1,\sigma_1^2=1,\sigma_2^2=2,\rho=-\frac{1}{2}$.

(1)试写X,Y的边际概率密度；　(2)写出在$\{X=0\}$的条件下Y的条件概率密度；

(3)求$P\{Y\leqslant 1|X=0\}$的值.

22. 设二元随机变量(X,Y)的联合概率密度为

$$f(x,y)=\frac{1}{2}[f_1(x,y)+f_2(x,y)],$$

其中 $f_1(x,y)$与 $f_2(x,y)$分别为二元正态变量(X_1,Y_1)与(X_2,Y_2)的概率密度，且已知$(X_i,Y_i)(i=1,2)$的边际分布均为标准正态分布.

(1)求 X,Y 的边际概率密度 $f_X(x),f_Y(y)$；

(2)问当(X_i,Y_i)的分布中的参数 $\rho_i=0(i=1,2)$时，X 与 Y 独立吗？

23. 一设备由 3 个独立工作的子系统组成，若其中至少有 2 个子系统正常工作时设备就能正常工作。各系统正常工作时间记为 X_1,X_2,X_3，且均服从参数为 λ 的指数分布. 求该设备正常工作时间的概率分布函数及概率密度函数.

24. (1)设随机变量 $X_1,X_2,\cdots,X_n$ 独立且均服从参数为 $p(0<p<1)$的 0－1 分布，记 $Z=\sum\limits_{i=1}^{n}X_i$，求 Z 的概率分布律.

(2)设 $X\sim B(m,p),Y\sim B(n,p)$，$X$ 与 Y 相互独立. 记 $W=X+Y$，求 W 的概率分布律.

25. 设随机变量 X 在区间$(-a,a)$均匀分布，其中 $a>0,Y\sim N(\mu,\sigma^2)$，$X$ 与 Y 独立，$Z=X+Y$，求 Z 的概率密度.

26. 设二元随机变量(X,Y)的联合概率密度为

$$f(x,y)=\begin{cases}(3-x-y)/3, & 0<x<1,0<y<2,\\ 0, & \text{其他}.\end{cases}$$

若 $Z=X+Y$，求 Z 的概率密度.

27. 设有一煤矿一天的产煤量 X(以万吨计)服从 $N(1.5,0.1^2)$分布. 设每天产量相互独立，一个月按 30 天计，求一月总产量超 46 万吨的概率.

28. 某人连续参加 2 场比赛，第 1,2 场比赛可得的奖金数分别为 X,Y，且已知

X	0	100	500
p	0.5	0.3	0.2

，Y 具有概率密度 $f(y)$，X 与 Y 相互独立. 求此人奖金总数 Z 的概率密度.

29. 设一本书一页的错误个数 X 服从参数为 λ 的泊松分布，且各页错误数相互独立. 现随机选 10 页，其错误数分别记为 $X_1,X_2,\cdots,X_{10}$.

(1)求 $P\{\sum\limits_{i=1}^{10}X_i\geqslant 2\}$的值；　　(2)求 $P\{\max\limits_{1\leqslant i\leqslant 10}X_i\geqslant 2\}$的值；

(3)求 $P\{\max\limits_{1\leqslant i\leqslant 10}X_i\geqslant 2\mid \min\limits_{1\leqslant i\leqslant 10}X_i=0\}$的值；

30. 设随机变量 X,Y 相互独立，且具有以下分布律

X	0	1	2
p	0.2	0.3	0.5

Y	1	2	3
p	0.2	0.4	0.4

记 $Z=X+Y,M=\max(X,Y),N=\min(X,Y)$，分别求 Z,M,N 的概率分布律.

31. 设一系统由 2 个独立的子系统组成，分别以 X,Y 记两个子系统的正常工作时间，且设 X,Y 分别服从参数为 λ_1 与 λ_2 的指数分布. 当这 2 个子系统分别(1)串联，(2)并联，(3)有备份(当一个损坏时另一个接着工作)时，分别求系统正常工作时间 T 的概率密度函数.

32. 设二元随机变量(X,Y)的联合概率密度为

$$f(x,y)=\begin{cases}\frac{1}{4}, & 0<x<2,0<y<2x,\\ 0, & \text{其他}.\end{cases}$$

记 $Z=2X-Y$，求 Z 的概率密度.

33. 设随机变量 X 与 Y 独立同分布，分布律均为

X	0	1
p	$1-p$	p

，$0<p<1$. 定义

$$Z=\begin{cases}1, & X+Y=1,\\ 0, & X+Y\neq 1.\end{cases}$$

(1)对 X 独立观察 n 次，求 n 次观察值之和 W 的概率分布律；

(2)求(X,Z)的联合概率分布律.

34. 在区间$(0,1)$上随机取两数 X,Y，记 $Z=X/Y$，求 Z 的概率分布函数及概率密度函数.

第四章　随机变量的数字特征

在本章的开头，我们先来看一些来自我国官方的数据.

2010 年 7 月 16 日，国家统计局发布的信息中有以下内容：2009 年（我国）城镇非私营单位在岗职工年平均工资为 32736 元（2008 年为 29229 元），城镇私营单位就业人员年均工资为 18199 元（2008 年为 17071 元）；由上海市统计局发布的信息知，2009 年上海城镇居民人均住房建筑面积为 34m^2；由杭州市疾控中心发布的信息知，2009 年杭州市居民（大杭州范围，包括区县市）平均期望寿命为 80.26 岁（即按 2009 年的死亡水平，预测 2009 年出生的孩子. 平均可活 80.26 岁），其中男性平均期望寿命为 77.98 岁，女性为 82.76 岁；国家统计局每个月公布的居民消费价格指数——CPI（Consumer Price Index），工业品出厂价格指数——PPI（Producer Price Index）等等. 从报纸、电视、网络上我们能够不断地得到各种各样的信息数据，这些数据是人们根据需要而定义的. 这些数据会影响政府的决策、投资的策略、股票期货市场的波动等等，甚至引起全世界的关注. 因为这些数据浓缩了许多信息，高度集中地反映了当今社会的某一方面的特性。

从概率统计理论的角度看，职工工资、居民的住房面积、人的寿命、居民的消费量、工业品出厂价格等都是随机变量，看来有时人们常常会忽略其概率分布而重视一些能反映其特性的数据（指标量）. 简单地说，称那些能反映随机变量特性的量为随机变量的**数字特征**或**特征数**. 实际问题中常用样本数据来分析研究特征数（这要到后面的数理统计部分讨论）. 本章将介绍一元随机变量的数学期望、方差、变异系数、分位数，以及多元随机变量的协方差、相关系数等常用数字特征.

§4.1　数学期望

（一）数学期望的定义

随机变量的数学期望又称为平均数，在介绍其定义之前，我们先看一个例子：

设抛一颗骰子所得的点数为 X，独立重复地抛 50 次，若观察到为 1，2，…，6 点的次数分别为 8，9，6，8，9，10 次，则平均点数为

$$\begin{aligned}\overline{x}&=[1\times 8+2\times 9+3\times 6+4\times 8+5\times 9+6\times 10]/50\\&=1\times\frac{8}{50}+2\times\frac{9}{50}+3\times\frac{6}{50}+4\times\frac{8}{50}+5\times\frac{9}{50}+6\times\frac{10}{50}=3.62.\end{aligned}$$

也就是说，平均值 $\overline{x}$ 是 X 的取值与相应事件的频率的乘积之和.

由§1.2 节概率的统计定义知，频率的稳定值定义为概率. 因此对于离散型的随机变量我们有以下定义.

定义 4.1.1　设离散型随机变量 X 的分布律为

$$P(X=x_i)=p_i,\ i=1,2,\cdots,$$

若级数 $\sum\limits_{i=1}^{+\infty}x_ip_i$ 绝对收敛（即 $\sum\limits_{i=1}^{+\infty}|x_i|p_i<\infty$），则称级数 $\sum\limits_{i=1}^{+\infty}x_ip_i$ 为 X 的**数学期望**，记为

$E(X)$，即

$$E(X) = \sum_{i=1}^{+\infty} x_i p_i, \tag{4.1.1}$$

其中 E 是英文 expectation 的第一个字母. 若 $\sum_{i=1}^{+\infty} |x_i| p_i = \infty$，则称随机变量 X(等价地，相应的分布)的**数学期望不存在**.

数学期望的存在需要级数 $\sum_{i=1}^{+\infty} x_i p_i$ 绝对收敛，这是因为若该级数不是绝对收敛，而仅仅是条件收敛，此时级数的和会随着级数各项的排列次序不同而发生改变，从而无法得到唯一的和值. 而从直观意义上来看，离散型随机变量的平均值也应当与分布律中的各项排列次序无关.

例 4.1.1　一种常见的赌博游戏，抛一颗骰子，抛之前让赌客猜结果为几点，凡猜中者以 1：5得奖金，而且规定不管猜中与否押金均归庄家所有，问此规则对谁有利.

解　不妨假设赌客每次押 10 元钱，设所得的奖金数为 X，据规则他得 50 元奖金的概率为 1/6，血本无归的概率为 5/6，因此他赌一次期望能得到的奖金数为

$$E(X) = 50 \times (1/6) + 0 \times (5/6) \approx 8.33(\text{元}),$$

因此这显然对庄家有利.(试想：否则赌场的开销与高额的利润从何而来.)

从例 4.1.1 我们也可体会到“数学期望”这词的含义.

类似地，根据连续型随机变量的定义及积分与级数的关系，对于连续型随机变量的数学期望可以给出如下定义：

定义 4.1.2　设连续型随机变量 X 的密度函数为 $f(x)$. 若 $\int_{-\infty}^{+\infty} |x| f(x)\mathrm{d}x < \infty$，则称积分 $\int_{-\infty}^{+\infty} x f(x)\mathrm{d}x$ 为 X 的**数学期望**，记为 $E(X)$，即

$$E(X) = \int_{-\infty}^{+\infty} x f(x)\mathrm{d}x. \tag{4.1.2}$$

若 $\int_{-\infty}^{+\infty} |x| f(x)\mathrm{d}x = +\infty$，则称随机变量 X(等价地，相应的分布)的**数学期望不存在**.

例 4.1.2　(泊松分布的数学期望)设随机变量 X 服从泊松分布 $\pi(\lambda)(\lambda>0)$，则

$$E(X) = \sum_{k=0}^{+\infty} k \cdot P(X=k) = \sum_{k=0}^{\infty} k \cdot \frac{\lambda^k}{k!}\mathrm{e}^{-\lambda} = \lambda \sum_{k=1}^{+\infty} \cdot \frac{\lambda^{k-1}}{(k-1)!}\mathrm{e}^{-\lambda} = \lambda.$$

这表明泊松分布中的参数 λ 恰好就是此分布的数学期望. 那么若已知泊松分布的期望，则该泊松分布就完全确定了.

例 4.1.3　(指数分布的数学期望)设随机变量 X 服从指数分布 $E(\lambda)(\lambda>0)$，则

$$E(X) = \int_{-\infty}^{+\infty} x f(x)\mathrm{d}x = \int_0^{+\infty} x\lambda \mathrm{e}^{-\lambda x}\mathrm{d}x = -\int_0^{+\infty} x \mathrm{d}\mathrm{e}^{-\lambda x}$$
$$= -(x\mathrm{e}^{-\lambda x})\Big|_0^{+\infty} + \int_0^{+\infty} \mathrm{e}^{-\lambda x}\mathrm{d}x = \frac{1}{\lambda}.$$

即指数分布的数学期望为其参数 λ 的倒数，这也说明指数分布可由其数学期望完全确定.

例 4.1.4　(标准正态分布的数学期望)设随机变量 X 服从标准正态分布 $N(0,1)$，注意到标准正态分布的密度函数

$$\varphi(x) = \frac{1}{\sqrt{2\pi}}\mathrm{e}^{-x^2/2}, x \in \mathbf{R}$$

是一偶函数，那么 $x\varphi(x)$ 是一奇函数，故

$$E(X)=\int_{-\infty}^{+\infty}x\varphi(x)\mathrm{d}x=0.$$

一些重要的随机变量的特征数在书后附表 1 中能查到.

例 4.1.5　某厂生产的电子产品，其寿命(单位:年)服从指数分布，概率密度函数为

$$f(x)=\begin{cases}\dfrac{1}{3}\mathrm{e}^{-x/3}, & x>0,\\ 0, & \text{其他}.\end{cases}$$

若每件产品的生产成本为 350 元，出售价格为 500 元. 厂方向顾客承诺，如果售出 1 年之内发生故障，则免费调换一件，之后厂方不再承担后续责任；如果在 1 年以上 3 年之内发生故障，则予以一次免费维修，维修成本为50 元，超过三年，则不负责维修. 在这样的体系下，请问该厂每售出一件产品，其平均净收入为多少?

解　记某件产品寿命为 X，售出该产品的净收入为 Y，则显然 Y 是 X 的函数，

$$Y=\begin{cases}500-350\times 2, & 0<X\leqslant 1,\\ 500-350-50, & 1<X\leqslant 3,\\ 500-350, & X>3.\end{cases}$$

由于 X 服从指数分布，那么

$$P\{Y=-200\}=P\{0<X\leqslant 1\}=\int_0^1\frac{1}{3}\mathrm{e}^{-x/3}\mathrm{d}x=1-\mathrm{e}^{-1/3},$$

$$P\{Y=100\}=P\{1<X\leqslant 3\}=\int_1^3\frac{1}{3}\mathrm{e}^{-x/3}\mathrm{d}x=\mathrm{e}^{-1/3}-\mathrm{e}^{-1},$$

$$P\{Y=150\}=P\{X>3\}=\int_3^{+\infty}\frac{1}{3}\mathrm{e}^{-x/3}\mathrm{d}x=\mathrm{e}^{-1}.$$

因此售出一件产品的平均净收入为

$$\begin{aligned}E(Y)&=-200\cdot(1-\mathrm{e}^{-1/3})+100\cdot(\mathrm{e}^{-1/3}-\mathrm{e}^{-1})+150\cdot\mathrm{e}^{-1}\\&=-200+300\mathrm{e}^{-1/3}+50\mathrm{e}^{-1}\approx 33.35(\text{元}).\end{aligned}$$

例 4.1.6　从区间[0,1]中随机地抽取 n 个数，记为 X_i，$i=1,2,\cdots,n$，$n\geqslant 1$. 记 $M=\max\limits_{1\leqslant i\leqslant n}\{X_i\}$，$N=\min\limits_{1\leqslant i\leqslant n}\{X_i\}$，求 $E(M)$ 与 $E(N)$.

解　由题意知，X_i，$i=1,2,\cdots,n$ 是相互独立的随机变量，且均服从 $U(0,1)$，其分布函数为

$$F(x)=\begin{cases}0, & x<0,\\ x, & 0\leqslant x<1,\\ 1, & x\geqslant 1.\end{cases}$$

从而 M 的分布函数为

$$F_M(y)=[F(y)]^n=\begin{cases}0, & y<0,\\ y^n, & 0\leqslant y<1,\\ 1, & y\geqslant 1.\end{cases}$$

那么 M 的概率密度函数为

$$f_M(y)=\begin{cases}ny^{n-1}, & 0\leqslant y<1,\\ 0, & \text{其他}.\end{cases}$$

于是

$$E(M)=\int_{-\infty}^{+\infty}yf_M(y)\mathrm{d}y=\int_0^1 y\cdot ny^{n-1}\mathrm{d}y=\frac{n}{n+1}.$$

而 N 的分布函数为

$$F_N(z)=1-[1-F(z)]^n=\begin{cases}0, & z<0,\\ 1-(1-z)^n, & 0\leqslant z<1,\\ 1, & z\geqslant 1.\end{cases}$$

所以 N 的概率密度函数为

$$f_N(z)=\begin{cases}n(1-z)^{n-1}, & 0\leqslant z<1,\\ 0, & \text{其他}.\end{cases}$$

于是 $$E(N)=\int_{-\infty}^{+\infty} z f_N(z)\mathrm{d}z=\int_0^1 z\cdot n(1-z)^{n-1}\mathrm{d}z=nB(2,n)=\frac{1}{n+1},$$

其中 $B(a,b)=\int_0^1 x^{a-1}(1-x)^{b-1}\,\mathrm{d}x$ 为 Beta 函数，$a>0,b>0$.

关于随机变量期望的计算问题，还有以下定理.

定理 4.1.1　若随机变量 X 的分布函数为 $F(x)$，则

$$E(X)=\int_0^{+\infty}(1-F(x))\mathrm{d}x-\int_{-\infty}^0 F(x)\mathrm{d}x. \tag{4.1.3}$$

特别地，当 X 为非负随机变量(即 $P(X\geqslant 0)=1$)时，有

$$E(X)=\int_0^{+\infty}(1-F(x))\mathrm{d}x. \tag{4.1.4}$$

当 X 为取非负整数值的随机变量时，有

$$E(X)=\sum_{k=1}^{+\infty}P(X\geqslant k). \tag{4.1.5}$$

证明略，因为证明需要用到带有斯蒂尔切斯积分的一般随机变量数学期望的定义.

例 4.1.7　设 X 服从 $(-1,2)$ 上的均匀分布. 令 $Y=\max\{X,0\}$，求 $E(Y)$.

解　由 Y 的定义知其分布函数为

$$F_Y(y)=P\{Y\leqslant y\}=P\{\max\{X,0\}\leqslant y\}=\begin{cases}0, & \text{若 } y<0,\\ \dfrac{y}{3}+\dfrac{1}{3}, & \text{若 } 0\leqslant y<2,\\ 1, & \text{若 } y\geqslant 2.\end{cases}$$

可见，Y 既不是离散量，也不是连续量. 由于 $P\{Y\geqslant 0\}=1$，利用(4.1.4)式，可得

$$E(Y)=\int_0^{+\infty}(1-F_Y(y))\mathrm{d}y=\int_0^2\left(1-\frac{y}{3}-\frac{1}{3}\right)\mathrm{d}y=\frac{2}{3}.$$

例 4.1.8　设随机变量 X 的分布律为

$$P\left\{X=(-1)^{k+1}\frac{3^k}{k}\right\}=\frac{2}{3^k},k=1,2,\cdots.$$

因为 $$\sum_{k=1}^{+\infty}|x_k|p_k=\sum_{k=1}^{+\infty}\frac{3^k}{k}\cdot\frac{2}{3^k}=\sum_{k=1}^{+\infty}\frac{2}{k}$$

是发散的，故该分布的数学期望不存在.

下文中，如无特殊说明，总是假设所提到的随机变量的数学期望是存在的.

(二)随机变量函数的数学期望

有时会碰到这样的情形：已知随机变量 $Y=g(X)$，其中随机变量 X 的分布已知，需要得到 Y 的数学期望. 一种自然的思路是先利用两者之间的关系式及 X 的分布来求出 Y 的分布，然后再根据数学期望的定义来得到 Y 的期望. 这样当然是可行的，但是期望仅仅是随机变量的一个数字特征，也就是一局部信息. 为了得到部分信息，而要先得到其全部信息，似乎有点“小

题大作"之嫌.事实上,当两者之间的函数关系满足一定条件时,确实不用这么麻烦.可以根据两个变量的关系表达式及已知随机变量的分布,直接来求另一个随机变量的期望.下面就给出这一简便公式.

定理 4.1.2 当 X 为离散型随机变量时,若 $\sum_{i=1}^{+\infty}|g(x_i)|p_i<+\infty$,则$g(X)$的数学期望 $E(g(X))$存在,且

$$E(g(X))=\sum_{i=1}^{+\infty}g(x_i)p_i, \tag{4.1.6}$$

其中 $P(X=x_i)=p_i,i=1,2,\cdots$为 X 的分布律.

当 X 为连续型随机变量时,若 $\int_{-\infty}^{+\infty}|g(x)|f(x)\mathrm{d}x<+\infty$,则 $g(X)$的数学期望$E(g(X))$存在,且

$$E(g(X))=\int_{-\infty}^{+\infty}g(x)f(x)\mathrm{d}x, \tag{4.1.7}$$

其中 $f(x)$为 X 的概率密度函数.

证明 我们仅就 X 为离散型随机变量时给出证明.类似可证明连续型随机变量情形.

记 $Y=g(X)$,由离散量取值的至多可列的性质可知,Y 仍然是离散量,其可能取值记为 $y_1,y_2,\cdots$,则

$$P(Y=y_k)=\sum_{g(x_i)=y_k}P(X=x_i).$$

由假设知

$$\sum_{k=1}^{+\infty}|y_k|P(Y=y_k)=\sum_{k=1}^{+\infty}|y_k|\cdot\sum_{g(x_i)=y_k}P(X=x_i)$$

$$=\sum_{k=1}^{+\infty}\sum_{g(x_i)=y_k}|g(x_i)|\cdot P(X=x_i)=\sum_{i=1}^{+\infty}|g(x_i)|\cdot P(X=x_i)<+\infty,$$

所以 $E(Y)=E(g(X))$存在,且

$$E(Y)=E(g(X))=\sum_{k=1}^{+\infty}y_kP(Y=y_k)=\sum_{k=1}^{+\infty}y_k\cdot\sum_{g(x_i)=y_k}P(X=x_i)$$

$$=\sum_{k=1}^{+\infty}\sum_{g(x_i)=y_k}g(x_i)\cdot P(X=x_i)=\sum_{i=1}^{+\infty}g(x_i)\cdot p_i,$$

即为(4.1.6)式.

上述定理还可以推广到两个或两个以上随机变量函数的情形.

定理 4.1.3 当(X,Y)为二元离散型随机变量时,若实函数 $h(x,y)$满足

$$\sum_{i=1}^{+\infty}\sum_{j=1}^{+\infty}|h(x_i,y_j)|P(X=x_i,Y=y_j)<+\infty,$$

则 $h(X,Y)$的数学期望 $E(h(X,Y))$存在,且

$$E(h(X,Y))=\sum_{i=1}^{+\infty}\sum_{j=1}^{+\infty}h(x_i,y_j)p_{ij}, \tag{4.1.8}$$

其中 $P(X=x_i,Y=y_j)=p_{ij},i=1,2,\cdots,j=1,2,\cdots$为$(X,Y)$的联合分布律.

当(X,Y)为二元连续型随机变量时,若实函数 $h(x,y)$满足

$$\int_{-\infty}^{+\infty}\int_{-\infty}^{+\infty}|h(x,y)|f(x,y)\mathrm{d}x\mathrm{d}y<+\infty,$$

则 $h(X,Y)$的数学期望 $E(h(X,Y))$存在,且

$$E(h(X,Y))=\int_{-\infty}^{+\infty}\int_{-\infty}^{+\infty}h(x,y)f(x,y)\mathrm{d}x\mathrm{d}y, \tag{4.1.9}$$

其中 $f(x,y)$ 为 (X,Y) 的联合密度函数.

例 4.1.9　某校区的门口设有电瓶校园游览车，每天早上 7:00 开始发车，每隔 15 分钟一班。假设某人在早上 9:00～10:00 之间随机来到校门口乘坐游览车，求此人等候游览车的平均时间.

解　由题意，设该游客在 9 点的第 X 分钟到达校门口乘坐游览车，则 X 服从 $[0,60]$ 上的均匀分布. 用 Y 表示该游客的等候时间，则根据游览车的发车安排，有

$$Y=\begin{cases}0, & X=0,\\ 15-X, & 0<X\leqslant 15,\\ 30-X, & 15<X\leqslant 30,\\ 45-X, & 30<X\leqslant 45,\\ 60-X, & 45<X\leqslant 60.\end{cases}$$

所以

$$E(Y)=\int_0^{15}(15-x)\cdot\frac{1}{60}\mathrm{d}x+\int_{15}^{30}(30-x)\cdot\frac{1}{60}\mathrm{d}x+\int_{30}^{45}(45-x)\cdot\frac{1}{60}\mathrm{d}x$$
$$+\int_{45}^{60}(60-x)\cdot\frac{1}{60}\mathrm{d}x=7.5(\text{分钟}).$$

例 4.1.10　对于例 4.1.7 中的 $Y=\max\{X,0\}$ 的期望，也可以用随机变量函数的期望来求.

解　由于 X 的密度函数为

$$f_X(x)=\begin{cases}\dfrac{1}{3}, & -1\leqslant x<2,\\ 0, & \text{其他},\end{cases}$$

取 $g(x)=\max\{x,0\}$，则 $Y=g(X)$，利用(4.1.7)式，可得

$$E(Y)=E(g(X))=\int_{-\infty}^{+\infty}g(x)f_X(x)\mathrm{d}x=\int_{-1}^{2}\max\{x,0\}\cdot\frac{1}{3}\mathrm{d}x$$
$$=\int_{-1}^{0}0\cdot\frac{1}{3}\mathrm{d}x+\int_0^2 x\cdot\frac{1}{3}\mathrm{d}x=\frac{2}{3}.$$

例 4.1.11　随机变量 X,Y 相互独立，均服从参数为 $\frac{1}{2}$ 的 0－1 分布，求：

$E(\frac{X}{X+Y+1})$，$E(\min\{X,Y\})$ 和 $E(\max\{X,Y\}-\min\{X,Y\})$.

解　由题意知，X 与 Y 的联合分布律为

$$P(X=i,Y=j)=\frac{1}{4},i,j=0,1.$$

利用(4.1.8)，可得

$$E(\frac{X}{X+Y+1})=\frac{0}{0+0+1}\cdot P\{X=0,Y=0\}+\frac{0}{0+1+1}\cdot P\{X=0,Y=1\}$$
$$+\frac{1}{1+0+1}\cdot P\{X=1,Y=0\}+\frac{1}{1+1+1}\cdot P\{X=1,Y=1\}$$
$$=(\frac{1}{2}+\frac{1}{3})\cdot\frac{1}{4}=\frac{5}{24}.$$

同理可得

$$E(\min\{X,Y\})=\min\{0,0\}\cdot P\{X=0,Y=0\}+\min\{0,1\}\cdot P\{X=0,Y=1\}$$

$$+\min\{1,0\}\cdot P\{X=1,Y=0\}+\min\{1,1\}\cdot P\{X=1,Y=1\}=\frac{1}{4}.$$

和
$$\begin{aligned}&E(\max\{X,Y\}-\min\{X,Y\})\\&=(0-0)\cdot P\{X=0,Y=0\}+(1-0)\cdot P\{X=0,Y=1\}\\&\quad+(1-0)\cdot P\{X=1,Y=0\}+(0-0)\cdot P\{X=1,Y=1\}=0.5.\end{aligned}$$

例 4.1.12 设二元随机变量(X,Y)的联合概率密度为

$$f(x,y)=\begin{cases}xe^{-x(1+y)}, & x>0,y>0,\\0, & \text{其他}.\end{cases}$$

求$E(XY)$.

解 利用定理 4.1.3,可知

$$\begin{aligned}E(XY)&=\int_{-\infty}^{+\infty}\int_{-\infty}^{+\infty}xy\cdot f(x,y)\mathrm{d}x\mathrm{d}y=\int_0^{+\infty}\int_0^{+\infty}xy\cdot xe^{-x(1+y)}\mathrm{d}x\mathrm{d}y\\&=\int_0^{+\infty}xe^{-x}\cdot\left[-\int_0^{+\infty}y\mathrm{d}(e^{-xy})\right]\mathrm{d}x=\int_0^{+\infty}e^{-x}\mathrm{d}x=1.\end{aligned}$$

在数学期望的实际应用中,还常常涉及到极值的求解.

例 4.1.13 设按季节出售的某种应时产品的销售量X(单位:吨)是一个服从$[5,10]$上均匀分布的随机变量.若销售出一吨产品可盈利 2 万元;但若在销售季节未能售完,造成积压,则每吨产品将会净亏损 0.5 万元.若该厂家需要提前生产该种产品,为使厂家能获得最大的期望利润,问:应在该季生产多少吨产品最为合适?

解 设该季应生产a吨产品($5\leqslant a\leqslant 10$),利润为Y万元,则Y依赖于销售量X及产量a,

$$Y=g(X,a)=\begin{cases}2a, & X\geqslant a,\\2.5X-0.5a, & X<a.\end{cases}$$

由于X服从$[5,10]$上的均匀分布,所以其概率密度函数为

$$f_X(x)=\begin{cases}\dfrac{1}{5}, & 5\leqslant x\leqslant 10,\\0, & \text{其他}.\end{cases}$$

所以该季平均利润为

$$\begin{aligned}E(Y)&=E(g(X,a))=\int_{-\infty}^{+\infty}g(x,a)f_X(x)\mathrm{d}x\\&=\int_5^a\frac{2.5x-0.5a}{5}\mathrm{d}x+\int_a^{10}\frac{2a}{5}\mathrm{d}x=-\frac{a^2}{4}+\frac{9a}{2}-\frac{25}{4}.\end{aligned}$$

为求使得该季平均利润达到最大的a,令$\dfrac{\mathrm{d}}{\mathrm{d}a}E(Y)=-\dfrac{a}{2}+\dfrac{9}{2}=0$,得$a=9$.又由于$\dfrac{\mathrm{d}^2}{\mathrm{d}a^2}=-\dfrac{1}{2}<0$,所以当$a=9$时,$E(Y)$达到最大值,即从能获得最大的期望利润角度出发,厂家应在该季生产 9 吨产品最为合适.

(三)数学期望的性质

定理 4.1.4 若n个随机变量$X_1,X_2,\cdots,X_n$的期望都存在,则对任意$n+1$个实数$c_0,c_1,c_2,\cdots,c_n$, $c_0+\sum\limits_{i=1}^{n}c_iX_i$的期望也存在,且

$$E(c_0+\sum_{i=1}^{n}c_iX_i)=c_0+\sum_{i=1}^{n}c_iE(X_i).\tag{4.1.10}$$

当 $n=1$ 和 $n=2$ 时可用定理 4.1.2 和 4.1.3 来证明，然后利用归纳法易得上述结论. 这里就不详细证明了.

特别地，当 $c_i=0, i=1,2,\cdots,n$ 时，得 $E(c_0)=c_0$，即对于任意常数 c，有

$$E(c)=c.$$

例 4.1.14 （正态分布的数学期望）随机变量 X 服从正态分布 $N(\mu,\sigma^2)$，$-\infty<\mu<+\infty$，$\sigma>0$. 由于 $Z=\dfrac{X-\mu}{\sigma}\sim N(0,1)$，所以任意正态分布的随机变量都可以写成标准正态分布随机变量的线性组合，即 $X=\sigma\cdot Z+\mu$，据例 4.1.4 知 $E(Z)=0$，那么

$$E(X)=E(\sigma\cdot Z+\mu)=\sigma\cdot E(Z)+\mu=\mu.$$

这表明正态分布中的参数 μ 恰是此分布的数学期望.

例 4.1.15 计算机程序随机地产生 0～9 中的数字. 记 X_i 为第 i 次产生的数字，$i=1,2,\cdots,n$. 将这 n 个数依次排列（第一个产生的数字放在个位，第二个产生的数字放在十位，…，依此类推），得到一数，记为 Y，求 $E(Y)$.

解 由题意知，X_i 独立同分布，$i=1,2,\cdots,n$，其分布律均为

$$P(X_i=k)=\frac{1}{10},k=0,1,\cdots,9.$$

故对任意的 $i=1,2,\cdots,n$，$E(X_i)=\sum\limits_{k=0}^{9}k\cdot\dfrac{1}{10}=4.5$. 又 $Y=\sum\limits_{i=1}^{n}10^{i-1}X_i$，从而

$$E(Y)=E\Big(\sum_{i=1}^{n}10^{i-1}X_i\Big)=\sum_{i=1}^{n}10^{i-1}E(X_i)=4.5\cdot\sum_{i=1}^{n}10^{i-1}=\frac{10^n-1}{2}.$$

例 4.1.16 一民航机场大巴载有 20 位乘客从机场开出，沿途有 10 个车站可以下车，如到达一个车站没有乘客下车就不停车，以 X 表示沿途停车的次数，求该大巴平均停车次数 $E(X)$（假设每位乘客下车与否是相互独立的，并且在每个车站下车是等可能的）.

解 令

$$X_i=\begin{cases}1, & \text{第 } i \text{ 站有人下车},\\ 0, & \text{第 } i \text{ 站无人下车},\end{cases}\quad i=1,2,\cdots,10.$$

则显然 $X=\sum\limits_{i=1}^{10}X_i$，且 X_i 的分布律为

$$P(X_i=0)=0.9^{20},P(X_i=1)=1-0.9^{20},i=1,2,\cdots,10.$$

故 $E(X)=E\Big(\sum\limits_{i=1}^{10}X_i\Big)=\sum\limits_{i=1}^{10}E(X_i)=10\cdot[1\cdot(1-0.9^{20})+0\times0.9^{20}]=8.78$（次）.

此题中将一个复杂的随机变量分解为若干个分布简单的易求数学期望的随机变量之和，再利用期望的线性组合的性质使得问题迎刃而解. 这种处理方法具有一定的代表性.

例 4.1.17 （二项分布的数学期望）设随机变量 X 服从二项分布 $B(n,p)$ $(0<p<1)$，证明 $E(X)=np$.

证明 由于服从二项分布 $B(n,p)$ 的随机变量都可以看成 n 个相互独立且具有相同参数的 0－1 分布随机变量的和，即令 Y_i 表示服从参数同为 p 的 0－1 分布的相互独立的随机变量，$i=1,2,\cdots,n$，则

$$\sum_{i=1}^{n}Y_i\sim B(n,p).$$

于是 $E(X)=E\Big(\sum\limits_{i=1}^{n}Y_i\Big)=\sum\limits_{i=1}^{n}E(Y_i)=n\cdot p=np$.

当然此结果也可以采用数学期望的定义得到(读者不妨自己计算一下).

注意:例 4.1.16 中的 X_i 虽然服从参数相同的 0—1 分布,但是它们之间不是相互独立的,因此 $\sum_{i=1}^{n} X_i$ 不服从二项分布.这一点请读者细细体会,在以后的实际应用中要特别留意,加以区别.但是由定理 4.1.4,可知随机变量之和的期望是不依赖于和项中随机变量之间的关系的.

例 4.1.18 设有 m 个 0 与 n 个 1 随机地排成一个序列,$m\geqslant1,n\geqslant1$,假设每种排列都是等可能的.在排列中,以 0 为界限的一串 1 或以 1 为界限的一串 0,称之为一个游程,即,连在一起的一串 0 构成"0"的一个游程,连在一起的一串 1 构成"1"的一个游程.例如,$m=5,n=4$,形成这样一个排列:0,0,0,1,1,0,1,1,0,则这个序列中有 3 个"0"的游程和 2 个"1"的游程.记 $R(i)$ 为排列中"i"的游程的个数($i=0,1$),求各类游程的平均个数.

解 易知这样的 $m+n$ 个数的排列一共有 $(m+n)!/(m!\,n!)$ 种.令

$$X_i=\begin{cases}1, & \text{一个"1"的游程开始于第 } i \text{ 个位置},\\ 0, & \text{其他},\end{cases}\quad i=1,2,\cdots,m+n.$$

那么 $R(1)=\sum_{i=1}^{m+n}X_i$.由于

$$E(X_1)=1\cdot P\{\text{"1"在序列的第一位}\}=\frac{n}{m+n},$$

当 $2\leqslant i\leqslant m+n$ 时,

$$\begin{aligned}E(X_i)&=1\cdot P\{\text{"0" 在序列的第 } i-1 \text{ 位且"1" 在序列的第 } i \text{ 位}\}\\&=\frac{m}{m+n}\cdot\frac{n}{m+n-1}.\end{aligned}$$

所以

$$E(R(1))=\sum_{i=1}^{m+n}E(X_i)=\frac{n}{m+n}+(m+n-1)\cdot\frac{mn}{(m+n)(m+n-1)}=\frac{n(m+1)}{m+n}.$$

类似可得,$E(R(0))=\dfrac{m(n+1)}{m+n}$.这样序列的总游程的均值为

$$E(R(0)+R(1))=1+\frac{2mn}{m+n}.$$

定理 4.1.5 n 个相互独立随机变量的乘积的期望等于它们期望的乘积.即若随机变量 $X_1,X_2,\cdots,X_n$ 相互独立,期望都存在,则 $\prod_{i=1}^{n}X_i$ 的期望也存在,且

$$E\left(\prod_{i=1}^{n}X_i\right)=\prod_{i=1}^{n}E(X_i) \tag{4.1.11}$$

证明 下面仅就 $n=2$ 且 (X_1,X_2) 是连续型的情形给出证明,其他情形可以类似得到.设 (X_1,X_2) 的联合密度函数是 $f(x,y)$,其边际密度函数为 $f_i(x)$,$i=1,2$.由独立性,知 $f(x,y)=f_1(x)\cdot f_2(y)$.此时利用定理 4.1.3,有

$$\int_{-\infty}^{+\infty}\int_{-\infty}^{+\infty}|xy|f(x,y)\mathrm{d}x\mathrm{d}y=\int_{-\infty}^{+\infty}|x|f_1(x)\mathrm{d}x\int_{-\infty}^{+\infty}|y|f_2(y)\mathrm{d}y<+\infty,$$

故 X_1X_2 的期望存在,且再次利用定理 4.1.3,有

$$E(X_1X_2)=\int_{-\infty}^{+\infty}\int_{-\infty}^{+\infty}xyf(x,y)\mathrm{d}x\mathrm{d}y$$

$$= \int_{-\infty}^{+\infty} x f_1(x)\mathrm{d}x \int_{-\infty}^{+\infty} y f_2(y)\mathrm{d}y = E(X_1)\cdot E(X_2).$$

例 4.1.19　一长方形土地，其边长的测量值（单位：米）X,Y 分别服从 $N(150,3^2)$ 和 $N(165,2^2)$，且 X 与 Y 相互独立，求土地面积 W 的数学期望.

解　由题意知，$W=XY$，且 X 与 Y 相互独立，故

$$E(W)=E(X\cdot Y)=E(X)\cdot E(Y)=150\times 165=24750(\text{平方米}).$$

***(四)条件数学期望**

在§3.1、§3.2与§3.3中曾涉及到离散型和连续型随机变量的条件分布，我们知道条件分布也是一种概率分布，因此也可以关于它求数学期望，称为**条件数学期望(conditional expenctation)**，简称为条件期望，其具体定义如下：

定义 4.1.3　若 (X,Y) 为二维离散型随机变量，且在给定 $X=x$ 下，Y 的条件分布律为 $P\{Y=y_j|X=x\}=p_j(x)$，$j=1,2,\cdots$；或者 (X,Y) 为二维连续型随机变量，在给定 $\{X=x\}$ 下，Y 的条件概率密度函数为 $f_{Y|X}(y|x)$，则在给定了随机变量 X 取值为 x 的条件下，Y 的条件期望为

$$E(Y\mid X=x)=\begin{cases}\sum\limits_{j=1}^{+\infty} y_j p_j(x), & (X,Y)\text{ 为离散型随机变量},\\ \int_{-\infty}^{+\infty} y f_{Y|X}(y\mid x)\mathrm{d}y, & (X,Y)\text{ 为连续型随机变量},\end{cases} \tag{4.1.12}$$

有时也简记为 $E(Y|x)$.

期望所具有的性质，条件期望也同样满足. 不过值得注意的是，条件期望与期望还是有一些区别的. 期望 $E(Y)$ 是一个数值，而条件期望 $E(Y|X=x)$ 是 x 的函数. 因此 $E(Y|X)$ 是个随机变量，当观测到 $X=x$，时，其值为 $E(Y|X=x)$. 对于随机变量 $E(Y|X)$，还有以下一个有趣的性质：

定理 4.1.6　(X,Y) 为二维随机变量，若 $E(Y)$ 存在，则

$$E(Y)=E[E(Y\mid X)]. \tag{4.1.13}$$

上式称为**全(数学)期望公式(total expectation formula)**.

特别地，当 (X,Y) 为二维离散型随机变量时，(4.1.13)就变成了

$$E(Y)=\sum_{i=1}^{+\infty} E(Y\mid X=x_i)\cdot P\{X=x_i\}, \tag{4.1.14}$$

其中 x_i，$i=1,2,\cdots$，为 X 的所有可能取值.

证明　我们就连续型随机变量与离散型随机变量分别进行证明. 先设 (X,Y) 为二维连续型随机变量，若其联合概率密度函数为 $f(x,y)$，记 X 与 Y 的边际概率密度函数分别为 $f_X(x)$ 与 $f_Y(y)$. 由条件期望定义知

$$E(Y\mid X=x)=\int_{-\infty}^{+\infty} y f_{Y|X}(y\mid x)\mathrm{d}y,$$

其中 $f_{Y|X}(y|x)=\dfrac{f(x,y)}{f_X(x)}$ 是在 $\{X=x\}$ 条件下 Y 的条件密度函数. 由此可知 $E(Y|X)$ 是 X 的函数，那么利用随机变量函数的数学期望计算公式(4.1.7)，得

$$E[E(Y\mid X)]=\int_{-\infty}^{+\infty} E(Y\mid X=x)f_X(x)\mathrm{d}x=\int_{-\infty}^{+\infty}\Big[\int_{-\infty}^{+\infty} y f_{Y|X}(y\mid x)\mathrm{d}y\Big]f_X(x)\mathrm{d}x$$

$$=\int_{-\infty}^{+\infty}\int_{-\infty}^{+\infty} y f(x,y)\mathrm{d}y\mathrm{d}x=\int_{-\infty}^{+\infty} y\Big[\int_{-\infty}^{+\infty} f(x,y)\mathrm{d}x\Big]\mathrm{d}y$$

$$= \int_{-\infty}^{+\infty} y f_Y(y)\mathrm{d}y = E(Y).$$

若(X,Y)为二维离散型随机变量，若其联合分布律为 $p_{ij}=P\{X=x_i,Y=y_j\}(i,j=1,2,\cdots)$. 同样利用条件期望的定义，(4.1.6)式以及条件概率定义，得

$$\begin{aligned} E[E(Y \mid X)] &= \sum_{i=1}^{+\infty} E(Y \mid X = x_i) \cdot P\{X = x_i\} \\ &= \sum_{i=1}^{+\infty} \left[\sum_{j=1}^{+\infty} y_j P\{Y = y_j \mid X = x_i\}\right] \cdot P\{X = x_i\} \\ &= \sum_{j=1}^{+\infty} y_j \left[\sum_{i=1}^{+\infty} P\{Y = y_j, X = x_i\}\right] = \sum_{j=1}^{+\infty} y_j P\{Y = y_j\} = E(Y). \end{aligned}$$

例 4.1.20 设进入某超市的顾客购买一件该超市的自创品的概率为 $p(0<p<1)$，已知一天内该超市的顾客流量 X 服从参数为$\lambda(\lambda>0)$的泊松分布，求一天中该超市卖出其自创品的平均件数.

解 设一天中该超市卖出其自创品的数目为 N 件. 由题意知，当顾客流量 $X=i$ 时，N 的条件分布为 $B(i,p)$，因此对任意的 $i=0,1,\cdots$，有 $E(N|X=i)=ip$. 利用全期望公式，可得

$$E(N) = E[E(N \mid X)] = \sum_{i=0}^{+\infty} E(N \mid X = i) P\{X = i\} = \sum_{i=0}^{+\infty} ip \cdot \frac{\lambda^i}{i!}\mathrm{e}^{-\lambda} = p\lambda.$$

此题也可以参照例 3.1.4，先求出 N 的分布律，可以得到 N 服从参数为 $p\lambda$ 的泊松分布，从而得 $E(N)=p\lambda$.

例 4.1.21 在某游戏迷宫的入口处，有编号为 1,2,3,4 的四个门，每位游客可先从装有编号为 1,2,3,4 的 4 个号码中(等可能地)随机取一号码，作为进入的门号，4 个门中其中有一个是自由门(没有固定的编号)，选择此门，则 5 分钟后可以走出迷宫；剩下的三门分别在走了 10 分，20 分，30 分钟后又重回入口处. 重复前面的步骤，求他走出迷宫所需的平均时间.

解 设游客走出迷宫所需时间为 T 分钟，并设他对门的选择情况为 X，用 1,2,3,4 分别表示自由之门及走了 10 分，20 分，30 分钟后重回入口处的门号，那么

$$P\{X = i\} = \frac{1}{4}, i = 1,2,3,4.$$

且

$$T=\begin{cases} 5, & X=1, \\ 10+T_1, & X=2, \\ 20+T_1, & X=3, \\ 30+T_1, & X=4, \end{cases}$$

其中 T_1 为选择非自由之门返回入口处后到走出迷宫所需的时间. 由题意知，此时间的概率分布应该和 T 的分布是一样的，因此

$$E(T_1 \mid X = i) = E(T), i = 2,3,4.$$

利用全数学期望公式(4.1.13)，得

$$\begin{aligned} E(T) = E[E(T \mid X)] &= \sum_{i=1}^{4} E(T \mid X = i) P\{X = i\} \\ &= \frac{1}{4}(5 + 10 + 20 + 30 + 3E(T)), \end{aligned}$$

由此可解得，$E(T)=65$(分钟).

§4.2 方差、变异系数

(一)方差的定义

定义 4.2.1 设随机变量 X 的数学期望存在，若 $E(X-E(X))^2$ 存在，则称 $E(X-E(X))^2$ 为 X(等价地，相应的分布)的**方差**，记为 $D(X)$ 或 $Var(X)$. 其中 D 是英文 deviation 的第一个字母，Var 是 variance 的前三个字母(有时也可为 $V(X)$).

从方差的定义可知，它反映了随机变量 X 的取值与其中心位置——数学期望的平均偏离程度. 这一特征当然也可以用变量对其平均值的绝对偏离的平均值 $E|X-E(X)|$ 来衡量，但由于在数学上绝对值的运算不甚方便，因此改用具有同样效果而又便于运算的方差来代替.

方差的平方根 $\sqrt{D(X)}$ 称为随机变量 X 的**标准差**或**均方差**，记为 $SD(X)$，其中 SD 是英文 standard deviation 的缩写. 它与方差一样反映了随机变量与其中心位置的偏离程度. 其优点是：它与随机变量和数学期望具有相同的量纲.

按方差的定义可知，方差的计算可以看成随机变量的函数 $g(X)=(X-E(X))^2$ 的数学期望. 值得注意的是函数表达式中的 $E(X)$ 是一实数. 那么根据定理 4.1.2 可知：

(1)若离散型随机变量 X 的分布律为 $P(X=x_i)=p_i, i=1,2,\cdots$，则 X 的方差为

$$D(X)=\sum_{i=1}^{+\infty}(x_i-E(X))^2 p_i. \tag{4.2.1}$$

(2)若连续型随机变量 X 的密度函数为 $f(x)$，则 X 的方差为

$$D(X)=\int_{-\infty}^{+\infty}(x-E(X))^2 f(x)\mathrm{d}x. \tag{4.2.2}$$

直接按定义计算方差往往比较麻烦，人们常常用下面的公式来计算方差.

定理 4.2.1 若随机变量 X 的方差存在，则

$$D(X)=E(X^2)-(E(X))^2. \tag{4.2.3}$$

证明 利用方差的定义及定理 4.1.4，得

$$\begin{aligned}D(X)&=E(X-E(X))^2=E(X^2-2XE(X)+(E(X))^2)\\&=E(X^2)-2E(X)\cdot E(X)+(E(X))^2=E(X^2)-(E(X))^2.\end{aligned}$$

由上面的定理，显然可得

$$E(X^2)=D(X)+(E(X))^2.$$

由于上式中的各项都是非负项，所以若 $E(X^2)<+\infty$，可得 $D(X)<+\infty$. 其实反之也成立，即若 $D(X)<+\infty$，也可得出 $E(X^2)<+\infty$. 另外，由于 $|X|\leqslant X^2+1$，所以某一随机变量的方差若存在，则一定保证了其数学期望的存在性.

例 4.2.1 (泊松分布的方差)设随机变量 X 服从泊松分布 $\pi(\lambda)(\lambda>0)$，则

$$\begin{aligned}E(X^2)&=\sum_{k=0}^{+\infty}k^2\cdot P(X=k)=\sum_{k=0}^{+\infty}k^2\cdot\frac{\lambda^k}{k!}\mathrm{e}^{-\lambda}=\lambda\sum_{k=1}^{+\infty}k\cdot\frac{\lambda^{k-1}}{(k-1)!}\mathrm{e}^{-\lambda}\\&=\lambda\sum_{k=1}^{+\infty}((k-1)+1)\cdot\frac{\lambda^{k-1}}{(k-1)!}\mathrm{e}^{-\lambda}=\lambda\left(\lambda\sum_{k=2}^{+\infty}\cdot\frac{\lambda^{k-2}}{(k-2)!}\mathrm{e}^{-\lambda}+\sum_{k=1}^{+\infty}\frac{\lambda^{k-1}}{(k-1)!}\mathrm{e}^{-\lambda}\right)\\&=\lambda^2+\lambda.\end{aligned}$$

又 $E(X)=\lambda$，故 $D(X)=\lambda^2+\lambda-\lambda^2=\lambda$. 这表明泊松分布的数学期望与方差都等于参数 λ.

例 4.2.2 (指数分布的方差)设随机变量 X 服从指数分布 $\mathrm{E}(\lambda)(\lambda>0)$，则

$$E(X^2)=\int_{-\infty}^{+\infty}x^2f(x)\mathrm{d}x=\int_0^{+\infty}x^2\lambda \mathrm{e}^{-\lambda x}\mathrm{d}x=-\int_0^{+\infty}x^2\mathrm{d}\mathrm{e}^{-\lambda x}$$

$$=-(x^2\mathrm{e}^{-\lambda x})\big|_0^{+\infty}+2\int_0^{+\infty}x\mathrm{e}^{-\lambda x}\mathrm{d}x=\frac{2}{\lambda}E(X),$$

而 $E(X)=\frac{1}{\lambda}$，故 $D(X)=\frac{2}{\lambda^2}-\frac{1}{\lambda^2}=\frac{1}{\lambda^2}$. 即，指数分布的方差为其数学期望的平方.

例 4.2.3 （标准正态分布的方差）设随机变量 X 服从标准正态分布 $N(0,1)$，而

$$E(X^2)=\frac{1}{\sqrt{2\pi}}\int_{-\infty}^{+\infty}x^2\cdot \mathrm{e}^{-x^2/2}\mathrm{d}x=-\frac{1}{\sqrt{2\pi}}\int_{-\infty}^{+\infty}x\mathrm{d}(\mathrm{e}^{-x^2/2})$$

$$=-\frac{1}{\sqrt{2\pi}}((x\mathrm{e}^{-x^2/2})\big|_{-\infty}^{+\infty}-\int_{-\infty}^{+\infty}\mathrm{e}^{-x^2/2}\mathrm{d}x)=\frac{1}{\sqrt{2\pi}}\int_{-\infty}^{+\infty}\mathrm{e}^{-x^2/2}\mathrm{d}x=1,$$

故 $D(X)=1-0^2=1$.

例 4.2.4 对于例 4.1.6 中的 M 与 N，分别求出其方差.

解 由 M 与 N 的密度函数，可得

$$E(M^2)=\int_{-\infty}^{+\infty}y^2f_M(y)\mathrm{d}y=\int_0^1y^2\cdot ny^{n-1}\mathrm{d}y=\frac{n}{n+2},$$

$$E(N^2)=\int_{-\infty}^{+\infty}z^2f_N(z)\mathrm{d}z=\int_0^1z^2\cdot n(1-z)^{n-1}\mathrm{d}z=nB(3,n)=\frac{2}{(n+1)(n+2)},$$

因此

$$D(M)=E(M^2)-(E(M))^2=\frac{n}{(n+1)^2(n+2)},$$

$$D(N)=E(N^2)-(E(N))^2=\frac{n}{(n+1)^2(n+2)}.$$

(二)方差的性质

定理 4.2.2 设随机变量 X 的方差存在，c 为某一常数，则

(1) $D(cX)=c^2D(X)$；

(2) $D(X+c)=D(X)$；

(3) $D(X)\leqslant E((X-c)^2)$，其中当且仅当 $E(X)=c$ 时等号成立.

证明 按方差定义及上一节中提及的数学期望的线性性质，知

$$D(cX)=E(cX-E(cX))^2=E(cX-cE(X))^2=c^2E(X-E(X))^2=c^2D(X),$$

(1)得证. 同样利用方差定义，

$$D(X+c)=E((X+c)-E(X+c))^2=E(X-E(X))^2=D(X),$$

即为结论(2). 而

$$E((X-c)^2)-D(X)=E((X-c)^2)-E(X^2)+(E(X))^2$$

$$=(E(X))^2-2cE(X)+c^2=[E(X)-c]^2\geqslant 0,$$

且上式当且仅当 $E(X)=c$ 时等号成立，故得结论(3).

一个常数 c 可以看成一个特殊的随机变量，其数学期望 $E(c)$ 也是 c，因此这一特殊随机变量与其中心位置的偏差为 0，即其方差为 0；反之，某随机变量 X 的方差为 0，可见其取值非常集中，均集中在某一点，此点即为其中心——数学期望. 于是有下面的这一性质：

定理 4.2.3 设随机变量 X 的方差存在，则 $D(X)=0$ 当且仅当 $P(X=c)=1$，其中 $c=E(X)$.

证明 若 $P(X=c)=1$，其中 $c=E(X)$，那么根据方差的定义可得 $D(X)=0$，即定理的充分性得证. 而定理的必要性证明需要用到切比雪夫不等式，此不等式我们将在第五章中介绍，

所以这一部分的证明可以参见例 5.1.2.

定理 4.2.4　对任意的正整数 $n\geqslant 2$,设 $X_1,X_2,\cdots,X_n$ 为两两独立的随机变量,方差都存在.则 $X_1+X_2+\cdots+X_n$ 的方差也存在,且

$$D(\sum_{i=1}^{n}X_i)=\sum_{i=1}^{n}D(X_i). \tag{4.2.4}$$

证明　注意到

$$\begin{aligned}D(\sum_{i=1}^{n}X_i)&=E[\sum_{i=1}^{n}X_i-E(\sum_{i=1}^{n}X_i)]^2=E[\sum_{i=1}^{n}(X_i-E(X_i))]^2\\&=E[\sum_{i=1}^{n}(X_i-E(X_i))^2+2\sum_{1\leqslant i<j\leqslant n}(X_i-E(X_i))(X_j-E(X_j))]\\&=\sum_{i=1}^{n}E(X_i-E(X_i))^2+2\sum_{1\leqslant i<j\leqslant n}E[(X_i-E(X_i))(X_j-E(X_j))],\end{aligned}$$

由于对任意的 $1\leqslant i<j\leqslant n$,$X_i$ 与 X_j 两两独立,故由定理 4.1.5 知,

$$E(X_iX_j)=E(X_i)E(X_j),$$

故对任意 $i\neq j$,有

$$\begin{aligned}&E[(X_i-E(X_i))(X_j-E(X_j))]\\&=E(X_iX_j)-E(X_i)E(X_j)-E(X_i)E(X_j)+E(X_i)E(X_j)=0,\end{aligned}$$

因此

$$D(\sum_{i=1}^{n}X_i)=\sum_{i=1}^{n}E(X_i-E(X_i))^2=\sum_{i=1}^{n}D(X_i).$$

另外,结合定理 4.2.2 中的(1)可得:

推论 4.2.1　对任意的正整数 $n\geqslant 2$,设 $X_1,X_2,\cdots,X_n$ 为两两独立的随机变量,方差都存在.则对任意的有限实数 $c_0,c_1,c_2,\cdots,c_n$,$c_0+\sum_{i=1}^{n}c_iX_i$ 的方差也存在,且

$$D(c_0+\sum_{i=1}^{n}c_iX_i)=\sum_{i=1}^{n}c_i^2D(X_i). \tag{4.2.5}$$

例 4.2.5　(二项分布的方差)设随机变量 X 服从二项分布 $B(n,p)(0<p<1)$.由于服从二项分布 $B(n,p)$的随机变量都可以看成 n 个相互独立且具有相同参数 p 的 0－1 分布随机变量的和,即令 Y_i 表示服从参数同为 p 的 0－1 分布的相互独立的随机变量,$i=1,2,\cdots,n$,则 $\sum_{i=1}^{n}Y_i\sim B(n,p)$.易知,$E(Y_i)=p$,$E(Y_i^2)=p$,$D(Y_i)=p(1-p)$,于是

$$D(X)=D(\sum_{i=1}^{n}Y_i)=\sum_{i=1}^{n}D(Y_i)=n\cdot p(1-p)=np(1-p).$$

例 4.2.6　(正态分布的方差)设随机变量 X 服从正态分布 $N(\mu,\sigma^2)$,$-\infty<\mu<+\infty$,$\sigma>0$.由于 $Z=\dfrac{X-\mu}{\sigma}\sim N(0,1)$,即 $X=\sigma\cdot Z+\mu$,据例 4.2.3,知 $D(Z)=1$,那么利用定理 4.2.2,有

$$D(X)=D(\sigma\cdot Z+\mu)=\sigma^2\cdot D(Z)=\sigma^2.$$

这表明正态分布中的参数 σ^2 表示的是此分布的方差,结合例 4.1.14 的结果,我们知正态分布由其数学期望与方差完全确定.故常称为“期望为 μ,方差为 σ^2(或标准差为 σ)的正态分布”.而方差越小,正态分布的取值就越集中在均值 μ 的附近.

(三)标准化变量与变异系数

定义 4.2.2　若随机变量 X 的方差存在,那么称

$$X^{*}=\frac{X-E(X)}{\sqrt{D(X)}} \tag{4.2.6}$$

为 X 的**标准化随机变量**. 显然 $E(X^{*})=0, D(X^{*})=1$，而且此类变量是无量纲的.

事实上，引入标准化随机变量主要是为了消除由于计量单位的不同而给随机变量带来的一些影响. 例如：进行精密测量时，对于某物长度的考察当然可以用厘米作为单位，得到随机变量 X，也可以用毫米作为单位，得到随机变量 Y. 那么 $Y=10X$，从而 X 与 Y 的分布有所不同. 这显然不太合理. 但通过标准化变换，就可以消除这种不合理性. 之前常用的标准正态变量也是一般正态变量经标准化变换得到的.

类似地，度量分布离散性的数字特征——方差也会由于这种量纲上的不同而不同，如上例中，若 X 的方差为 σ^2，那么 Y 的方差为 $100\sigma^2$，若以此认为 Y 较之 X 更为分散，显然是不合理的. 为了消除量纲及取值大小(包含单位不同)的影响，常用无量纲的

$$Cv=\sqrt{D(X)}/E(X) \tag{4.2.7}$$

来作为衡量指标，称之为**变异系数**(或称为标准离差率或单位风险，在工程上，有时也称为变差系数)，其中 Cv 是 coefficient of variation 的简写. 它反映了随机变量 X 在以它的中心位置为标准时，取值的离散程度. 那么，前一段落中提到的 X 与 Y 的变异系数显然是相同的，这也与实际情况相符.

例 4.2.7　已知甲乙两地居民的月收入分别服从 $N(1500,150^2)$ 与 $N(2800,220^2)$(单位：元)，试比较这两个地区贫富差异的程度.

解　由题意知甲、乙两地居民月收入的方差分别为 $150^2, 220^2$，即从方差的角度看甲地居民的贫富差异比乙地小. 但也有人注意到了甲地平均收入为 1500，乙地的平均收入为 2800 相差较大，应该用变异系数来反映两地区的贫富差异性较合适. 两地的变异系数分别为

$$Cv_1=150/1500=0.1;$$

$$Cv_2=220/2800\approx 0.0786.$$

因此从变异系数角度看甲地居民的月收入的离散程度高于乙地，即甲地居民的贫富差异比乙地大.

相比较方差(或标准差)而言，变异系数在比较两组量纲不同或均值不同的变量时更能体现其优点. 因此变异系数在概率论的许多分支中都有应用，如：更新理论、排队理论、可靠性理论，等等. 但是它也有其缺陷，从它定义可知，如果一个随机变量的均值为 0，那么此变量的变异系数就没有意义. 事实上，当变量的均值接近于 0 的时候，均值的一点小小的变动也会对变异系数产生巨大影响，因此容易造成精确度上的不足.

§4.3　协方差与相关系数

对于多元随机变量，除了考虑每一个分量的中心位置和离散程度，借此来了解各个分量各自的部分特性外，还对于它们之间的关系感兴趣. 本节中我们将介绍反映两个变量间线性关系的两个数字特征——协方差与相关系数.

(一)协方差

回想期望的性质之一——定理 4.1.5，对于相互独立的随机变量 X 和 Y，当其期望都存在时，有 $E(XY)=E(X)E(Y)$，而此式等价于

$$E\{(X-E(X))(Y-E(Y))\}=0.$$

那么当 $E\{(X-E(X))(Y-E(Y))\}\neq 0$ 时，则 X 和 Y 一定不独立，也就是存在某种相依关系，因此我们认为 $E\{(X-E(X))(Y-E(Y))\}$ 可以在一定程度上反映出 X 和 Y 的某种关系，对此给出下面定义.

定义 4.3.1　对于期望都存在的随机变量 X 和 Y，当 $(X-E(X))(Y-E(Y))$ 的期望存在时，称

$$\operatorname{Cov}(X,Y)=E\{(X-E(X))(Y-E(Y))\} \tag{4.3.1}$$

为 X 与 Y 的**协方差**，其中 Cov 是英文 covariance 的前三个字母.

按协方差的定义可知，协方差的计算可以看成二元随机变量的函数

$$h(X,Y)=(X-E(X))(Y-E(Y))$$

的数学期望，那么根据定理 4.1.3 可知：

(1)若二元离散型随机变量 (X,Y) 的联合分布律为 $P(X=x_i,Y=y_j)=p_{ij}$，$i=1,2,\cdots$，$j=1,2,\cdots$，则 X 与 Y 的协方差为

$$\operatorname{Cov}(X,Y)=\sum_{i=1}^{+\infty}\sum_{j=1}^{+\infty}(x_i-E(X))(y_j-E(Y))p_{ij};$$

(2)若二元连续型随机变量 (X,Y) 的联合密度函数为 $f(x,y)$，则 X 与 Y 的协方差为

$$\operatorname{Cov}(X,Y)=\int_{-\infty}^{+\infty}\int_{-\infty}^{+\infty}(x-E(X))(y-E(Y))f(x,y)\mathrm{d}x\mathrm{d}y.$$

直接按定义计算协方差往往比较麻烦，在实际应用中常常用下面给出的计算公式来得到协方差，

$$\operatorname{Cov}(X,Y)=E(XY)-E(X)E(Y). \tag{4.3.2}$$

这一公式利用数学期望的性质很容易就可以得到，因此我们这里就不写出推导过程了.

在引入协方差的定义之后，根据上一节中的方差的性质——定理 4.2.4 及证明可以得到下面的进一步结论.

定理 4.3.1　对任意的正整数 $n\geqslant 2$，设 $X_1,X_2,\cdots,X_n$ 为方差存在的随机变量. 则 $X_1+X_2+\cdots+X_n$ 的方差也存在，且

$$D\left(\sum_{i=1}^{n}X_i\right)=\sum_{i=1}^{n}D(X_i)+2\sum_{1\leqslant i<j\leqslant n}\operatorname{Cov}(X_i,X_j). \tag{4.3.3}$$

例 4.3.1　n 个人把各自的卡片混放在一起 $(n\geqslant 2)$，然后每人从中随机抽取一张，以 X 表示取到自己卡片的人数，求 $E(X)$ 及 $D(X)$.

解　设

$$X_i=\begin{cases}1, & \text{第 } i \text{ 人取到自己的卡片},\\ 0, & \text{第 } i \text{ 人取到别人的卡片},\end{cases}\quad i=1,2,\cdots,n,$$

则 $X=X_1+X_2+\cdots+X_n$，且对任意的 $i=1,2,\cdots,n$，有 $P(X_i=1)=\dfrac{1}{n}$，$P(X_i=0)=1-\dfrac{1}{n}$，那么 $E(X_i)=\dfrac{1}{n}$，$D(X_i)=\dfrac{1}{n}\left(1-\dfrac{1}{n}\right)$. 于是有

$$E(X)=E(X_1+X_2+\cdots+X_n)=E(X_1)+E(X_2)+\cdots+E(X_n)=n\cdot\frac{1}{n}=1.$$

另外，注意到

$$P(X_iX_j=1)=P(X_i=1,X_j=1)=\frac{(n-2)!}{n!}=\frac{1}{n(n-1)},\quad i\neq j,$$

$$P(X_iX_j=0)=1-P(X_iX_j=1)=1-\frac{1}{n(n-1)},\quad i\neq j,$$

那么
$$E(X_iX_j)=\frac{1}{n(n-1)},\quad i\neq j.$$

进而可得

$$\mathrm{Cov}(X_i,X_j)=E(X_iX_j)-E(X_i)E(X_j)=\frac{1}{n(n-1)}-\frac{1}{n^2}=\frac{1}{n^2(n-1)},\quad i\neq j,$$

所以
$$\begin{aligned}D(X)&=D(X_1+X_2+\cdots+X_n)\\&=D(X_1)+D(X_2)+\cdots+D(X_n)+2\sum_{1\leqslant i<j\leqslant n}\mathrm{Cov}(X_i,X_j)\\&=n\cdot\frac{1}{n}(1-\frac{1}{n})+2\cdot\frac{n(n-1)}{2}\cdot\frac{1}{n^2(n-1)}=1.\end{aligned}$$

定理 4.3.2 若随机变量 X 和 Y 的协方差存在,则

(1)$\mathrm{Cov}(X,Y)=\mathrm{Cov}(Y,X)$;

(2)$\mathrm{Cov}(X,X)=D(X)$;

(3)$\mathrm{Cov}(aX,bY)=ab\cdot\mathrm{Cov}(X,Y)$,其中 a,b 为两个实数;

(4)若 $\mathrm{Cov}(X_i,Y)(i=1,2)$的协方差存在,则

$$\mathrm{Cov}(X_1+X_2,Y)=\mathrm{Cov}(X_1,Y)+\mathrm{Cov}(X_2,Y);$$

(5)若 X 和 Y 独立,则 $\mathrm{Cov}(X,Y)=0$,但反之不然;

(6)当 $D(X)\cdot D(Y)\neq 0$ 时,有$(\mathrm{Cov}(X,Y))^2\leqslant D(X)D(Y)$,其中等号成立当且仅当 X 与 Y 之间有严格的线性关系(即,存在常数 c_1,c_2 使得 $P(Y=c_1+c_2X)=1$ 成立).

证明 (1)~(4)及(5)的前半部分根据协方差的定义及§4.1中提及的数学期望的性质很容易可以得到,留给读者自行证明.(5)的后半部分在例4.3.5中说明.

下面我们来证明(6).

对任意 $t\in\mathbf{R}$,有

$$E\{[t(X-E(X))+(Y-E(Y)]^2\}=t^2D(X)+2t\cdot\mathrm{Cov}(X,Y)+D(Y),\tag{4.3.4}$$

将上式的右边看成一个关于 t 的一元二次多项式 $at^2+bt+c(a>0)$,由于(4.3.4)左边对任意的实数 t 恒为非负,故必有 $ac\geqslant b^2/4$,即

$$D(X)\cdot D(Y)\geqslant(\mathrm{Cov}(X,Y))^2.\tag{4.3.5}$$

若此不等式的等号成立,则(4.3.4)的右边等于$(t\sqrt{D(X)}\pm\sqrt{D(Y)})^2$,其中正负号视 $\mathrm{Cov}(X,Y)>0$ 或 <0 而定.不妨设 $\mathrm{Cov}(X,Y)>0$,则(4.3.4)的右边等于

$$(t\sqrt{D(X)}+\sqrt{D(Y)})^2,$$

当取 $t=t_0=-\dfrac{\sqrt{D(Y)}}{\sqrt{D(X)}}$时,上式等于0.结合(4.3.4)式,当 $t=t_0$ 时,

$$E\{[t(X-E(X))+(Y-E(Y))]^2\}=E\left\{\left[-\frac{\sqrt{D(Y)}}{\sqrt{D(X)}}(X-E(X))+(Y-E(Y))\right]^2\right\}=0.\tag{4.3.6}$$

注意到,若某非负随机变量 Z,期望为0,则必有 $P(Z=0)=1$.那么由(4.3.6)式,可知

$$P\{\frac{\sqrt{D(Y)}}{\sqrt{D(X)}}(X-E(X))=Y-E(Y)\}=1,\tag{4.3.7}$$

即 $P\{Y=\frac{\sqrt{D(Y)}}{\sqrt{D(X)}}X-(\frac{\sqrt{D(Y)}}{\sqrt{D(X)}}E(X)-E(Y))\}=1$. 因而，$X$ 与 Y 有严格的线性关系.

反之，若 X 与 Y 有严格的线性关系，即，存在常数 c_1,c_2，使得 $P(Y=c_1+c_2X)=1$ 成立，那么

$$E(Y)=E(c_1+c_2X)=c_1+c_2E(X),D(Y)=D(c_1+c_2X)=D(c_2X)=c_2^2D(X),$$

且　$P\{Y-E(Y)=c_1+c_2X-(c_1+c_2E(X))\}=P\{Y-E(Y)=c_2X-c_2E(X)\}=1$,

所以

$\mathrm{Cov}(X,Y)=E\{(X-E(X))(Y-E(Y))\}=E\{(X-E(X))(c_2X-c_2E(X))\}=c_2D(X)$. 故 $(\mathrm{Cov}(X,Y))^2=c_2^2(D(X))^2=D(X)D(Y)$，即(4.3.5)式等号成立.

例 4.3.2　设 $X_i,i=1,2,\cdots,n$ 为独立同分布的随机变量，若它们的方差存在，记为 σ^2. 令 $\overline{X}=\frac{1}{n}\sum_{i=1}^{n}X_i$. 证明：对任意的 $k=1,2,\cdots,n$，$\mathrm{Cov}(\overline{X},X_k)=\frac{\sigma^2}{n}$.

证明　根据定理 4.3.2，知对任意的 $k=1,2,\cdots,n$，有

$$\mathrm{Cov}(\overline{X},X_k)=\mathrm{Cov}(\frac{1}{n}\sum_{i=1}^{n}X_i,X_k)=\frac{1}{n}\sum_{i=1}^{n}\mathrm{Cov}(X_i,X_k).$$

注意到 X_i 之间是相互独立的，故 $\mathrm{Cov}(X_i,X_k)=0,i\neq k$. 所以

$$\mathrm{Cov}(\overline{X},X_k)=\frac{1}{n}(\sum_{i\neq k}\mathrm{Cov}(X_i,X_k)+\mathrm{Cov}(X_k,X_k))=\frac{1}{n}\mathrm{Cov}(X_k,X_k)=\frac{\sigma^2}{n}.$$

显然，协方差也是有量纲的，而且其取值也依赖于它们的单位。为了克服这一缺点，我们可以用上一节中所提到的，将随机变量标准化后，再来求它们的协方差. 于是有了下面“相关系数”的定义.

(二)相关系数

定义 4.3.2　对于随机变量 X 和 Y，当 $E(X^2)$ 与 $E(Y^2)$ 均存在且 $D(X)$，$D(Y)$ 均为非零实数时，称

$$\rho_{XY}=\frac{\mathrm{Cov}(X,Y)}{\sqrt{D(X)}\sqrt{D(Y)}}\tag{4.3.8}$$

为 X 与 Y 的**相关系数(correlation)**，也简记为 ρ.

注意上述定义中，“$E(X^2)$ 与 $E(Y^2)$ 均存在”的假设也意味着 X,Y 的期望与方差及 XY 的期望均存在. 事实上，

$$0\leqslant|X|\leqslant X^2+1,0\leqslant|Y|\leqslant Y^2+1,0\leqslant|XY|\leqslant(X^2+Y^2)/2.$$

从而保证了 $\mathrm{Cov}(X,Y)$ 的存在.

根据标准化变量的定义(定义 4.2.2)，可知

$$\rho_{XY}=\mathrm{Cov}(X^*,Y^*)\tag{4.3.9}$$

其中 $X^*=\frac{X-E(X)}{\sqrt{D(X)}},Y^*=\frac{Y-E(Y)}{\sqrt{D(Y)}}$. 由此可见，相关系数也是刻画两变量间相依关系的一种数字特征，其作用与协方差一样. 与之不同的是，相关系数是无量纲的指标，可以避免由于度量单位等非本质因素所带来的影响，可视之为“标准尺度下的协方差”.

根据定理 4.3.2，可以得到相关系数的性质：

定理 4.3.3　对于随机变量 X 和 Y，当相关系数 ρ_{XY} 存在时，有

(1)若 X 和 Y 独立,则 $\rho_{XY}=0$,但反之不然;

(2)$|\rho_{XY}|\leqslant 1$,其中等号成立当且仅当 X 与 Y 之间有严格的线性关系(即,存在常数 c_1,c_2 使得 $P(Y=c_1+c_2X)=1$ 成立).

从上面的定理(或定理 4.3.2),可知相关系数和协方差反映的不是 X 与 Y 之间"一般"关系的程度,而只是反映"线性"关系的紧密程度.因为当且仅当 X 与 Y 之间有严格的线性关系(即,两者以概率 1 线性相关)时,才有 $|\rho_{XY}|$ 达到最大值 1.因此相关系数有时也称为"线性相关系数".

上面讲的"线性相关"可从最小二乘法的角度再来加深理解.对随机变量 X 和 Y,考虑用 X 的线性函数 c_1+c_2X 来逼近 Y.该选择怎样的常数 c_1,c_2,使得逼近的程度最好?这种逼近程度,常用"最小二乘"的观点来衡量.即,使得

$$\begin{aligned} e &= E\{(Y-(c_1+c_2X))^2\}=E\{[(Y-E(Y))-c_2(X-E(X))-(c_1-E(Y)+c_2E(X))]^2\} \\ &= D(Y)+c_2^2D(X)-2c_2\mathrm{Cov}(X,Y)+(c_1-E(Y)+c_2E(X))^2 \end{aligned}$$

达到最小.解得,当 $c_1=E(Y)-c_2E(X)$, $c_2=\dfrac{\mathrm{Cov}(X,Y)}{D(X)}$ 时,上式达到最小,且最小值为

$$\min_{c_1,c_2}E\{(Y-(c_1+c_2X))^2\} = D(Y)(1-\rho^2), \tag{4.3.10}$$

其中 $\rho=\rho_{XY}$.那么若 $\rho=\pm 1$,则上式等于 0,从而 $P(Y=c_1+c_2X)=1$,这一点在定理 4.3.3 中也已指出.而且从(4.3.10)可知,若 $0<|\rho|<1$,当 $|\rho|$ 越接近 1,用 c_1+c_2X 来逼近 Y 的偏差就越小,那么 X 与 Y 之间的线性关系的程度就越强;反之,就表明两者的线性关系程度就越弱.

当 $\rho_{XY}>0$ 时,即 $\mathrm{Cov}(X,Y)>0$,则线性表示中的 X 的系数 c_2 也大于 0,那么 Y 的最佳线性逼近 c_1+c_2X 随 X 增加而增加,故称 X 与 Y 为**正相关**;反之,当 $\rho_{XY}<0$ 时,常称 X 与 Y 为**负相关**.

例 4.3.3　某保险公司业务员每月的工资是由两部分所组成的:一为基本工资,每月 c 元($c>0$);二为业绩津贴,每签一笔业务,可以得到 a 元($a>0$).试分析在这样的工资体系下,业务员的月工资 Y 与业务量 X 之间的关系(其中 $D(X)>0$).

解　由题意知,

$$Y=aX+c,$$

由这一关系式可知,Y 与 X 之间是一种严格的线性关系,而且 Y 随着 X 的增加而增加,两者是一种正相关关系.下面我们通过计算它们的协方差和相关系数来验证一下.注意到

$$\mathrm{Cov}(X,Y)=\mathrm{Cov}(X,aX+c)=a\mathrm{Cov}(X,X)+\mathrm{Cov}(X,c)=aD(X)>0.$$

且 $D(Y)=a^2D(X)$,故

$$\rho_{XY}=\frac{\mathrm{Cov}(X,Y)}{\sqrt{D(X)\cdot D(Y)}}=\frac{aD(X)}{\sqrt{D(X)\cdot a^2D(X)}}=1.$$

例 4.3.4　独立地抛一枚均匀的骰子 n 次($n\geqslant 2$),则每次试验具有 6 种可能结果,而且每种结果出现的概率均为 1/6.令 N_i 表示 n 次试验中"i 点朝上"发生的次数,$i=1,2,\cdots,6$.求 N_i 与 N_j($i\neq j$)的相关系数 ρ_{ij}.

解　直观地来看,N_i 与 N_j($i\neq j$)是有关系的.当取定 N_k($k=1,2,\cdots,6$ 且 $k\neq i,k\neq j$),当 N_i 增大时,N_j 应趋于变小.也就是说,N_i 与 N_j 有着此消彼长的关系,即两者是负相关的.事实上,由题意知,$N_i\sim B(n,1/6)$,$i=1,2,\cdots,6$,且(N_i,N_j)($i\neq j$)的联合分布律为

$$P\{N_i=x,N_j=y\}=\frac{n!}{x!\ y!\ (n-x-y)!}\left(\frac{1}{6}\right)^x\left(\frac{1}{6}\right)^y\left(1-\frac{1}{6}-\frac{1}{6}\right)^{n-x-y},$$

其中 $0\leqslant x,y\leqslant n$，且 $x+y\leqslant n$. 因此 $E(N_i)=\dfrac{n}{6}$，$D(N_i)=\dfrac{5n}{36}$，且

$$E(N_iN_j)=\sum_{y=0}^{n}\sum_{x=0}^{n-y}\frac{xy\cdot n!}{x!y!(n-x-y)!}\left(\frac{1}{6}\right)^x\left(\frac{1}{6}\right)^y\left(\frac{2}{3}\right)^{n-x-y},$$

令 $k=x-1,l=y-1$，

$$\text{上式}=\frac{1}{36}\sum_{l=0}^{n-2}\sum_{k=0}^{n-2-l}\frac{n(n-1)\cdot(n-2)!}{k!l!(n-2-k-l)!}\left(\frac{1}{6}\right)^k\left(\frac{1}{6}\right)^l\left(\frac{2}{3}\right)^{n-2-k-l}=\frac{n(n-1)}{36},$$

$$\mathrm{Cov}(N_i,N_j)=E(N_iN_j)-E(N_i)E(N_j)=-n/36.$$

故可得

$$\rho_{ij}=\frac{\mathrm{Cov}(N_i,N_j)}{\sqrt{D(N_i)}\cdot\sqrt{D(N_j)}}=\frac{-n/36}{5n/36}=-\frac{1}{5}<0,\quad i.j=1,2,\cdots,6,i\neq j,$$

即 N_i 与 N_j 是负相关的，这与我们前面的直观分析相符.

(三)不相关的定义

定义 4.3.3　当随机变量 X 和 Y 的相关系数

$$\rho_{XY}=0$$

时，称 X 和 Y **不相关(uncorrelated)**或**零相关**. 由相关系数及协方差定义，可知，“不相关”还可以用下面的任意一条来定义：

(1) $\mathrm{Cov}(X,Y)=0$；

(2) $E(XY)=E(X)E(Y)$；

(3) $D(X+Y)=D(X)+D(Y)$.

为理解这一定义，我们可以先看一个简单的例子：X 为离散型随机变量，其分布律为 $P(X=-1)=P(X=1)=1/4$，$P(X=0)=1/2$. 而 $Y=X^2$. 那么 X 与 Y 具有严格的函数关系，显然是不独立的(当然，读者也可以写出它们的联合分布律，从独立的定义来严格判断). 但 $E(X)=0$ 且 $E(XY)=E(X^3)=0$，所以 $\mathrm{Cov}(X,Y)=0$，即 X 和 Y 不相关. 所以这里的“不相关”实质上指的是“不线性相关”，表示两变量间不存在线性关系，但可以存在非线性的函数关系. 显然如果两变量独立，也就是两变量相互之间没有任何关联，那么它们一定没有线性关系，也就是说一定不相关. 这表明不相关与独立之间有一定的关系，但也存在着明显的差别.

定理 4.3.4　对于两个独立的随机变量，若其方差存在，则一定不相关；但是如果它们不相关，却未必相互独立.

例 4.3.5　假设二维随机变量 (X,Y) 在圆形区域 $D=\{(x,y):x^2+y^2\leqslant r^2\}$ 服从均匀分布 $(r>0)$. 试求 X 与 Y 的协方差，并判断它们的相关性与独立性？

解　(X,Y) 的联合密度函数为

$$f(x,y)=\begin{cases}\dfrac{1}{\pi r^2}, & (x,y)\in D,\\ 0, & \text{其他}.\end{cases}$$

故
$$E(X)=\int_{-\infty}^{+\infty}\int_{-\infty}^{+\infty}xf(x,y)\mathrm{d}x\mathrm{d}y=\iint_D\frac{x}{\pi r^2}\mathrm{d}x\mathrm{d}y=0,$$

且
$$E(XY)=\int_{-\infty}^{+\infty}\int_{-\infty}^{+\infty}xyf(x,y)\mathrm{d}x\mathrm{d}y=\iint_D\frac{xy}{\pi r^2}\mathrm{d}x\mathrm{d}y=0.$$

所以 $\mathrm{Cov}(X,Y)=E(XY)-E(X)E(Y)=0$，故 X 与 Y 不相关. 然而 X 的边际密度函数为

$$f_X(x)=\int_{-\infty}^{+\infty}f(x,y)\mathrm{d}y=\int_{-\sqrt{r^2-x^2}}^{\sqrt{r^2-x^2}}\frac{1}{\pi r^2}\mathrm{d}y=\frac{2\sqrt{r^2-x^2}}{\pi r^2},\text{当 }|x|\leqslant r.$$

同理可得 Y 的边际密度函数为 $f_Y(y)=\frac{2\sqrt{r^2-y^2}}{\pi r^2}$，当 $|y|\leqslant r$. 那么

$$f(x,y)\neq f_X(x)\cdot f_Y(y),\quad (x,y)\in D$$

因此 X 与 Y 不独立. 由此可见由不相关是不能推出 X 与 Y 独立的.

回顾前面的定理 4.2.4 中的条件"$X_1,X_2,\cdots,X_n$ 为两两独立的随机变量"其实太强了，(4.2.4)式的成立事实上只需 $X_1,X_2,\cdots,X_n$ 两两不相关"即可.

但对于一些特定的分布，如：正态分布，不相关与独立是等价的.

例 4.3.6 设二维随机向量(X,Y)服从二维正态分布 $N(\mu_1,\mu_2,\sigma_2^2,\sigma_1^2,\rho)$，试求 X 与 Y 的相关系数.

解 (X,Y)的联合密度函数为

$$f(x,y)=\frac{1}{2\pi\sigma_1\sigma_2\sqrt{1-\rho^2}}\exp\{-\frac{1}{2(1-\rho^2)}[\frac{(x-\mu_1)^2}{\sigma_1^2}-\frac{2\rho(x-\mu_1)(y-\mu_2)}{\sigma_1\sigma_2}+\frac{(y-\mu_2)^2}{\sigma_2^2}]\},$$

且 $E(X)=\mu_1,E(Y)=\mu_2,D(X)=\sigma_1^2,D(Y)=\sigma_2^2$. 由协方差定义知

$$\begin{aligned}&\mathrm{Cov}(X,Y)\\&=\int_{-\infty}^{+\infty}\int_{-\infty}^{+\infty}(x-\mu_1)(y-\mu_2)f(x,y)\mathrm{d}x\mathrm{d}y\\&=\int_{-\infty}^{+\infty}\int_{-\infty}^{+\infty}\exp\{-\frac{(x-\mu_1)^2}{2\sigma_1^2}\}\cdot\frac{(x-\mu_1)(y-\mu_2)}{2\pi\sigma_1\sigma_2\sqrt{1-\rho^2}}\cdot\exp\{-\frac{1}{2(1-\rho^2)}(\frac{y-\mu_2}{\sigma_2}-\frac{\rho(x-\mu_1)}{\sigma_1})^2\}\mathrm{d}x\mathrm{d}y,\end{aligned}$$

作变量替换

$$\begin{cases}u=\frac{1}{\sqrt{1-\rho^2}}(\frac{y-\mu_2}{\sigma_2}-\frac{\rho(x-\mu_1)}{\sigma_1}),\\ v=\frac{x-\mu_1}{\sigma_1},\end{cases}$$

则
$$\mathrm{Cov}(X,Y)=\frac{1}{2\pi}\int_{-\infty}^{+\infty}\int_{-\infty}^{+\infty}(\sigma_1\sigma_2uv\sqrt{1-\rho^2}+\rho\sigma_1\sigma_2v^2)\cdot\exp\{-\frac{u^2+v^2}{2}\}\mathrm{d}u\mathrm{d}v.$$

又

$$\int_{-\infty}^{+\infty}\int_{-\infty}^{+\infty}uv\cdot\exp\{-\frac{u^2+v^2}{2}\}\mathrm{d}u\mathrm{d}v=\int_{-\infty}^{+\infty}u\mathrm{e}^{-\frac{u^2}{2}}\mathrm{d}u\int_{-\infty}^{+\infty}v\mathrm{e}^{-\frac{v^2}{2}}\mathrm{d}v=0,$$

$$\int_{-\infty}^{+\infty}\int_{-\infty}^{+\infty}v^2\cdot\exp\{-\frac{u^2+v^2}{2}\}\mathrm{d}u\mathrm{d}v=\int_{-\infty}^{+\infty}\mathrm{e}^{-\frac{u^2}{2}}\mathrm{d}u\int_{-\infty}^{+\infty}v^2\mathrm{e}^{-\frac{v^2}{2}}\mathrm{d}v=2\pi,$$

故 $\mathrm{Cov}(X,Y)=\rho\sigma_1\sigma_2$，因此

$$\rho_{XY}=\frac{\mathrm{Cov}(X,Y)}{\sqrt{D(X)D(Y)}}=\frac{\rho\sigma_1\sigma_2}{\sigma_1\sigma_2}=\rho.$$

这表明二维正态分布中的 5 个参数的含义均已明确. 前两个参数 μ_1 和 μ_2 分别是两个分量的期望，σ_1^2 和 σ_2^2 分别是两个分量的方差，第 5 个参数 ρ 则是两分量的相关系数. 当 $\rho=0$ 时，即 X 与 Y 不相关时，

$$\begin{aligned}f(x,y)&=\frac{1}{2\pi\sigma_1\sigma_2}\exp\{-\frac{1}{2}[\frac{(x-\mu_1)^2}{\sigma_1^2}+\frac{(y-\mu_2)^2}{\sigma_2^2}]\}\\&=\frac{1}{\sqrt{2\pi}\sigma_1}\exp\{-\frac{(x-\mu_1)^2}{2\sigma_1^2}\}\cdot\frac{1}{\sqrt{2\pi}\sigma_2}\exp\{-\frac{(y-\mu_2)^2}{2\sigma_2^2}\}\end{aligned}$$

$$=f_X(x)f_Y(y),$$

从而 X 和 Y 独立.因此对于二维正态而言,两变量不相关等价于两变量独立.

§4.4　其他数字特征

一个随机变量的数学期望、方差、标准差和两个随机变量的协方差、相关系数是最常见的一些数字特征.下面我们将介绍另外几种数字特征,它们在概率统计中的有些场合也有不少应用和一定的价值.

(一)矩(moment)

定义 4.4.1　设 X,Y 为随机变量,k,l 为正整数,如果以下的数学期望都存在,则称

$$\mu_k=E(X^k) \tag{4.4.1}$$

为 X 的 **k 阶(原点)矩**.称

$$\upsilon_k=E[X-E(X)]^k \tag{4.4.2}$$

为 X 的 **k 阶中心矩**.称

$$E(X^kY^l) \tag{4.4.3}$$

为 X 和 Y 的 **$k+l$ 阶混合(原点)矩**.称

$$E[(X-E(X))^k(Y-E(Y))^l] \tag{4.4.4}$$

为 X 和 Y 的 **$k+l$ 阶混合中心矩**.

显然,随机变量的期望即为其一阶原点矩,而随机变量的一阶中心矩恒为 0,方差即为二阶中心矩.而协方差 $\mathrm{Cov}(X,Y)$ 就是 X 与 Y 的二阶混合中心矩.在数理统计的参数估计中,我们将利用矩进行一些应用.

(二)分位数(quantile)

定义 4.4.2　设连续型随机变量的分布函数和密度函数分别为 $F(x)$ 与 $f(x)$,对任意的 $0<\alpha<1$,称满足条件

$$1-F(x_\alpha)=\int_{x_\alpha}^{+\infty}f(x)\mathrm{d}x=\alpha \tag{4.4.5}$$

的实数 x_α 为随机变量 X(或此分布)的**上(侧)α 分位数(或上侧 α 分位点)**.

从几何角度来看,x_α 是把密度函数以下,x 轴以上的区域分为两块,其右侧部分的面积恰好是 α,见图 4.4.1.

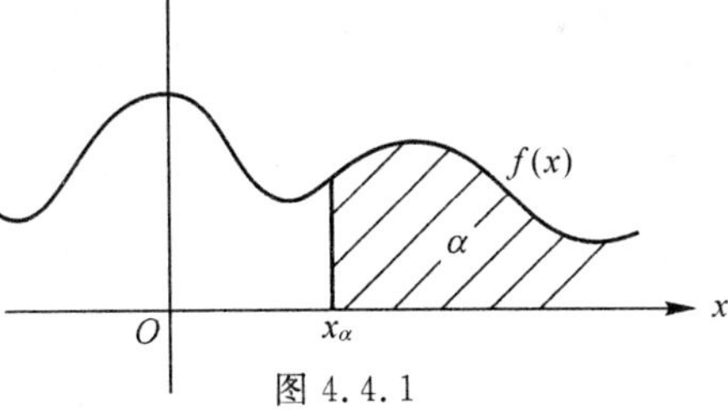

图 4.4.1

特别地,当 $\alpha=1/2$ 时,$x_{1/2}$ 称为 X 的**中位数**;当 $\alpha=1/4$ 时,$x_{1/4}$ 称为 X 的**上 1/4 分位数**;当 $\alpha=3/4$ 时,$x_{3/4}$ 称为 X 的**上 3/4 分位数**.

易见随机变量的上 α 分位数可以表示概率分布的特征.如:中位数的作用与前面介绍过的期望类似,刻画了分布的中心位置;而若想刻画分布的离散情况,也可以用两个不同分位数之差来表示,如:$x_{1/4}-x_{3/4}$.

例 4.4.1　由习题四第 3 题知柯西分布的期望不存在,但是由于其密度函数

$$f(x)=\frac{1}{\pi(1+x^2)},x\in\mathbf{R}$$

是关于 $x=0$ 对称的，且对任意的 $x\in\mathbf{R}$，$f(x)>0$，所以柯西分布的中位数存在且为 0.

例 4.4.2 标准正态的上(侧)α 分位数通常记为 z_α，即 z_α 是满足条件

$$\int_{z_\alpha}^{+\infty}\varphi(x)\mathrm{d}x=\alpha$$

的实数，其中 $\varphi(x)$ 是标准正态的概率密度函数. 根据附表 2，可以得到以下一些常用的 z_α 值：

α	0.001	0.005	0.01	0.025	0.05	0.10
z_α	3.090	2.576	2.327	1.96	1.645	1.28

另外由于 $\varphi(x)$ 关于 $x=0$ 轴的对称性，可知

$$z_{1-\alpha}=-z_\alpha,$$

且 $z_{1/2}=0$.

例 4.4.3 假设 $X\sim N(0,1)$，在 Excel 中求正态分布的分位数 $z_{0.025}$，具体如下：在 Excel 表单的任一单元格输入“=”⇒在主菜单中点击“插入”⇒“函数(F)”⇒在选择类别的下拉式菜单中选择“统计”⇒选择“NORMINV”点击“确定”⇒在函数参数表单中输入 Probability=0.975，Mean=0，Standard_dev=1，然后“确定”⇒即在单元格中出现“1.959963985”. 按上面的分位数的定义，Excel 给出的是 $P(X>1.959963985)=0.025$，即 $Z_{0.025}=1.959963985$.

在实际应用中，中位数是很常用的一个数字特征，特别是在社会统计中，常用之来刻画某种量的代表性数值. 与期望相比较，中位数的一大优点是，它总是存在的，而且受个别特别大或者特别小的值的影响很小，而期望则依赖于所有可能取值. 例如：在一个5 人的团体中，有一个是超过 2 米 10 的高个子，而其他人都是中等身材，那么该团体的身高的平均值就可能比较高，因此这个均值就不具太大的代表性，中位数则几乎不受这些“异常点”的影响，稳健性好. 但是中位数也存在其不足：数学上的处理不够方便，一般都只能从定义出发去寻找，而不如期望有很好的性质可以利用，而且中位数不一定具有唯一性，有时这也会给应用上带来一些困扰.

(三)众数(mode)

除了期望、中位数外，还可以用“众数”来表示随机变量的中心位置.

定义 4.4.3 随机变量 X 最有可能取的数值，称为**众数**，记为 $\mathrm{Mo}(X)$.

易见，众数不一定具有唯一性. 比如，对于离散型随机变量，众数则是其分布律中最大概率所对应的那个变量可能取值.

例 4.4.4 设随机变量 X 服从参数为 (n,p) 的二项分布，求 $\mathrm{Mo}(X)$.

解 记 $a_k=P(X=k)=C_n^k p^k(1-p)^{n-k}$，$k=0,1,\cdots n$. 则

$$\frac{a_{k+1}}{a_k}=\frac{n-k}{k+1}\cdot\frac{p}{1-p}=1+\frac{(n+1)p-(k+1)}{(k+1)(1-p)},$$

故

$$\frac{a_{k+1}}{a_k}\begin{cases}>1, & 当\ k+1<(n+1)p,\\ =1, & 当\ k+1=(n+1)p,\\ <1, & 当\ k+1>(n+1)p.\end{cases}$$

由此可见，随着 k 的增大，$a_k=P(X=k)$ 的值先增后减. 若 $(n+1)p$ 为整数时，$a_{k+1}=a_k$ 达到最大，则 $(n+1)p$ 与 $(n+1)p-1$ 是众数；若 $(n+1)p$ 不为整数时，记其整数部分为 $m=[(n+1)p]$，则当 $k<m$ 和 $k>m$ 时，都有 $a_k<a_m$，因此 $[(n+1)p]$ 是众数. 即

$$\mathrm{Mo}(X)=\begin{cases}(n+1)p\ 和\ (n+1)p-1, & 若\ (n+1)p\ 是整数,\\ [(n+1)p], & 若\ (n+1)p\ 不是整数.\end{cases}$$

一般而言，数学期望、中位数、众数不一定相等，但在一些特殊情形下，三者也有可能完全

一样(如:正态分布).

§4.5　多元随机变量的数字特征

(一)多元随机变量的数学期望与协方差矩阵

定义 4.5.1　记 n 元随机变量为 $\boldsymbol{X}=(X_1,X_2,\cdots,X_n)'$,若其每一分量的数学期望都存在,则称

$$E(\boldsymbol{X})=(E(X_1),E(X_2),\cdots,E(X_n))' \tag{4.5.1}$$

为 n 元随机变量 $\boldsymbol{X}$ 的**数学期望(向量)**.

显然,n 元随机变量的数学期望就是各分量的数学期望组成的向量.

定义 4.5.2　记 n 元随机变量为 $\boldsymbol{X}=(X_1,X_2,\cdots,X_n)'$,若其每一分量的方差都存在,则称

$$\begin{aligned}\mathrm{Cov}(\boldsymbol{X})&=E[(\boldsymbol{X}-E(\boldsymbol{X})(\boldsymbol{X}-E(\boldsymbol{X}))']\\&=\begin{pmatrix}D(X_1)&\mathrm{Cov}(X_1,X_2)&\cdots&\mathrm{Cov}(X_1,X_n)\\\mathrm{Cov}(X_2,X_1)&D(X_2)&\cdots&\mathrm{Cov}(X_2,X_n)\\\vdots&\vdots&&\vdots\\\mathrm{Cov}(X_n,X_1)&\mathrm{Cov}(X_n,X_2)&\cdots&D(X_n)\end{pmatrix}\end{aligned} \tag{4.5.2}$$

为 n 元随机变量 $\boldsymbol{X}$ 的**协方差矩阵(covariance matrix)**,简称**协方差阵**.

从定义可见,n 元随机变量的协方差阵就是由各分量的方差与协方差组成的矩阵,其对角线上的元素就是每个分量的方差,非对角线元素就是协方差,n 元随机变量 $\boldsymbol{X}$ 的协方差阵 $\mathrm{Cov}(\boldsymbol{X})$ 也可写为

$$\mathrm{Cov}(\boldsymbol{X})=\Big(\mathrm{Cov}(X_i,X_j)\Big)_{n\times n}.$$

下面给出 n 元随机变量 $\boldsymbol{X}$ 的协方差阵的一个重要性质.

定理 4.5.1　n 元随机变量 $\boldsymbol{X}$ 的协方差矩阵 $\mathrm{Cov}(\boldsymbol{X})$ 是一个对称的非负定矩阵.

这一定理可由协方差阵的定义出发,通过简单的矩阵运算加以证明,这里就不给出详细步骤了.

(二)多元正态随机变量

多元随机变量中以多元正态最为常用,在多元统计分析中多元正态分布可谓是其立论之本.下面就结合 n 元随机变量 $\boldsymbol{X}$ 的数学期望和协方差阵来给出其定义.

定义 4.5.3　n 元随机变量 $\boldsymbol{X}=(X_1,X_2,\cdots,X_n)'$,它的每一分量的方差都存在.记 $\boldsymbol{X}$ 的协方差矩阵为 $\boldsymbol{B}=\mathrm{Cov}(\boldsymbol{X})$,数学期望向量为 $\boldsymbol{a}=E(\boldsymbol{X})=(E(X_1),E(X_2),\cdots,E(X_n))'$,则由概率密度函数

$$f(\boldsymbol{x})=f(x_1,x_2,\cdots,x_n)=\frac{1}{(2\pi)^{n/2}\,|\boldsymbol{B}|^{1/2}}\exp\left\{-\frac{1}{2}(\boldsymbol{x}-\boldsymbol{a})'\boldsymbol{B}^{-1}(\boldsymbol{x}-\boldsymbol{a})\right\} \tag{4.5.3}$$

定义的分布为 ***n* 元正态分布**,常记为 $\boldsymbol{X}\sim N(\boldsymbol{a},\boldsymbol{B})$,其中 $\boldsymbol{x}=(x_1,x_2,\cdots,x_n)'$,$|\boldsymbol{B}|$ 表示矩阵 $\boldsymbol{B}$ 的行列式,$\boldsymbol{B}^{-1}$ 表示矩阵 $\boldsymbol{B}$ 的逆矩阵,$(\boldsymbol{x}-\boldsymbol{a})'$ 表示向量 $(\boldsymbol{x}-\boldsymbol{a})$ 的转置.

特别地,当 $n=2$ 时,二元正态分布的协方差矩阵为

$$\boldsymbol{B}=\begin{pmatrix}\sigma_1^2&\sigma_1\sigma_2\rho\\\sigma_1\sigma_2\rho&\sigma_2^2\end{pmatrix},$$

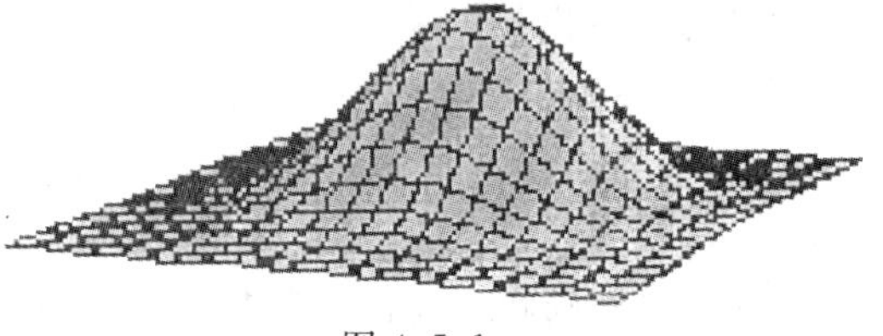
图 4.5.1

其中 $\sigma_i^2(i=1,2)$ 为两个分量的方差，ρ 为两分量的相关系数. 二元正态分布的概率密度函数的图象如图 4.5.1 所示.

n 元正态分布有一些非常好的性质，我们这里不加证明地列出一些：

性质 1：n 元正态变量 $(X_1,X_2,\cdots,X_n)'$ 中的任意 k 元子向量 $(X_{i_1},X_{i_2},\cdots,X_{i_k})'(1\leqslant k\leqslant n)$ 也服从 k 元正态分布. 特别地，n 元正态变量中的每个分量都是服从一元正态分布的. 反之，若 $X_i(i=1,\cdots,n)$ 都是正态变量，且相互独立，则 $(X_1,X_2,\cdots,X_n)'$ 服从 n 元正态分布.

性质 2：$\boldsymbol{X}=(X_1,X_2,\cdots,X_n)'$ 服从 n 元正态分布的充要条件是它的各个分量的任意线性组合均服从一元正态分布，即对任意 n 维实向量 $\boldsymbol{l}=(l_1,l_2,\cdots,l_n)'$ 有

$$\boldsymbol{X}\sim N(\boldsymbol{a},\boldsymbol{B})\Leftrightarrow\boldsymbol{l}'\boldsymbol{X}=\sum_{i=1}^{n}l_iX_i\sim N(\boldsymbol{l}'\boldsymbol{a},\boldsymbol{l}'\boldsymbol{B}\boldsymbol{l}),$$

其中 $l_1,l_2,\cdots,l_n$ 不全为 0.

性质 3：若 $\boldsymbol{X}=(X_1,X_2,\cdots,X_n)'$ 服从 n 元正态分布，设 $Y_1,Y_2,\cdots,Y_k$ 都是 $X_1,X_2,\cdots,X_n$ 的线性函数，则 $\boldsymbol{Y}=(Y_1,Y_2,\cdots,Y_k)'$ 也服从 k 元正态分布. 这一性质也可用矩阵的形式来给出：若 $\boldsymbol{X}\sim N(\boldsymbol{a},\boldsymbol{B})$，$\boldsymbol{C}=(c_{ij})_{k\times n}$ 为 $k\times n$ 实数矩阵，则

$$\boldsymbol{Y}=\boldsymbol{C}\boldsymbol{X}\sim N(\boldsymbol{C}\boldsymbol{a},\boldsymbol{C}\boldsymbol{B}\boldsymbol{C}').$$

一般称此性质为“正态变量的线性变换不变性”.

性质 4：服从 n 元正态分布的随机变量 $\boldsymbol{X}$ 中的分量 $X_1,X_2,\cdots,X_n$ 相互独立的充要条件是它们两两不相关，也等价于“Cov($\boldsymbol{X}$)为对角矩阵”.

思考题四

1. 随机变量 X 的概率密度函数为

$$f(x)=\begin{cases}1+x, & -1\leqslant x<0,\\ 1-x, & 0\leqslant x<1,\\ 0, & \text{其他}.\end{cases}$$

则 X 的期望为

$$E(X)=\begin{cases}\int_{-1}^{0}(1+x)x\mathrm{d}x, & -1\leqslant x<0,\\ \int_{0}^{1}(1-x)x\mathrm{d}x, & 0\leqslant x<1,\\ 0, & \text{其他}.\end{cases}$$

对吗？

2. 随机变量 X 与 Y 同分布，那么它们的任意阶矩(如果存在)是否全部相等？反之，若有 $E(X)=E(Y)$ 且 $D(X)=D(Y)$，能否推出随机变量 X 与 Y 分布一定相同？

3. 某品牌的矿泉水，一瓶净含量记为随机变量 X(单位：ml). 已知 $X\sim N(500,2.5^2)$，从中随机抽取两瓶，则两瓶矿泉水的总重量的方差是 2×2.5^2 还是 $2^2\times2.5^2$ 呢？

4. 试述独立性与不相关性的区别和联系.

5. 对于随机变量序列 $\{X_i,i\geqslant1\}$，判断下面两个结论是否成立：

(1) 对于 $n\geqslant1$，有 $E(\sum_{i=1}^{n}X_i)=\sum_{i=1}^{n}E(X_i)$，且 $D(\sum_{i=1}^{n}X_i)=\sum_{i=1}^{n}D(X_i)$；

(2)若$\{X_i, i\geqslant 1\}$相互独立,那么对于$n\geqslant 1$,有$E(\prod_{i=1}^{n} X_i)=\prod_{i=1}^{n} E(X_i)$,且$D(\prod_{i=1}^{n} X_i)=\prod_{i=1}^{n} D(X_i)$.

6. $D(X)=D(Y)=1$,则$D(X-2Y)=D(X)-2D(Y)=-1$,对吗?

7. 设X服从$U(1,3)$,则$E(1/X)=1/(E(X))=1/2$,对吗?

习题四

1. 某批产品共有M件,其中正品N件($0\leqslant N\leqslant M$). 从整批产品中随机地进行有放回抽样,每次抽取一件,记录产品是正品还是次品后放回,抽取了n次($n\geqslant 1$). 试求这n次中抽到正品的平均次数.

2. 一位即将毕业的浙江大学学生有意向与某企业签订就业合同. 该企业给他两个年薪方案供选择. 方案一:年薪3万;方案二:底薪1.2万,如果业绩达到公司要求,则再可获得业绩津贴3万元,如果达不到,则没有业绩津贴. 一般约有80%的可能性可以达到公司的业绩要求. 问:他应当采用哪种方案? 并说明理由.

3. 设随机变量X的概率密度为

$$f(x)=\frac{1}{\pi(1+x^2)},\quad x\in\mathbf{R}$$

这时称X服从**标准柯西(Cauchy)**分布. 试证X的数学期望不存在.

4. 一袋中有8个球,分别编号为1~8号,现随机从袋中取出2球,记其中最大号码的球号为X,求$E(X)$.

5. 直线上一质点在时刻0从原点出发每经过一个单位时间向左或者向右移动一个单位,若每次移动是相互独立的,并且向右移动的概率为$p(0<p<1)$. η_n表示到时刻n为止质点向右移动的次数,S_n表示在时刻n时质点的位置,$n\geqslant 1$. 求η_n与S_n的期望.

6. 证明(4.1.5)式,并用此式来计算几何分布$P\{X=k\}=p(1-p)^{k-1}(k=1,2,\cdots)(0<p<1)$的数学期望.

7. 某信号时间长短T(以秒计)满足:$P\{T>t\}=\frac{1}{2}e^{-t}(1+e^{-t})$,$t\geqslant 0$. 用两种方法求出$E(T)$.

8. 设二元随机变量(X,Y)的联合概率密度为

$$f(x,y)=\begin{cases}\frac{2}{x}e^{-2x}, & 0<x<+\infty, 0<y<x,\\ 0, & \text{其他}.\end{cases}$$

求(1)$E(X)$;(2)$E(3X-1)$;(3)$E(X\cdot Y)$的值.

9. 已知一根长度为1的棍子上有个标志点Q,现随机地将此棍子截成两段.

(1)求包含Q点的那一段棍子的平均长度(若截点刚好在Q点,则认为Q包含在较短的一截内);

(2)当Q位于棍子何处时,包含Q点的棍子平均长度达到最大?

10. 甲、乙两人约定上午8:00~9:00在某地见面,两人均在该时段随机到达,且到达时间独立. 求两人中先到的人需要等待的平均时间.

11. 为诊断500人是否有人患有某种疾病,抽血化验. 可用两种方法:(Ⅰ)每个人化验一次;(Ⅱ)分成k人一组(共$500/k$组,假设$\frac{500}{k}$为正整数,$k>1$). 将每组k人的血样集中起来一起检验,如果化验结果为阴性,则说明组内的每人都是阴性,就无需分别化验. 若检验结果为阳性,则说明这k人中至少有一人患病,那么就对该组内的k人再单独化验. 如果此病的得病率为30%,试问哪种方法的检验次数相对少些?

12. 某设备无故障运行的时间T(以小时计)服从期望为$1/\lambda(\lambda>0)$的指数分布. 若设备在一天8个小时的工作时间内发生故障就自动停止运行待次日检修,否则就运行8小时后停止。求该设备每天运行的平均时间.

13. 某电子监视器的圆形屏幕半径为$r(r>0)$,若目标出现的位置点A服从均匀分布. 设A的平面直角坐标为(X,Y).

(1)求$E(X)$与$E(Y)$;　　(2)求点A与屏幕中心位置$(0,0)$的平均距离.

14. 一个袋子中有 15 个均匀的球，其中 a 个是白球，其他的是黑球. 不放回地随机抽取 n 次(每次取一球)，记取到的白球数为 ξ_n. 当 $n=2$ 时，已知 $E(\xi_2)=\frac{4}{3}$. (1)求 a；(2)当 $n=9$ 时，求 $E(\xi_9)$.

15. 接第 13 题，求当横坐标为$\frac{\sqrt{3}r}{2}$时，纵坐标 Y 的条件期望.

16. 设进入大型购物中心的顾客有可能去其中的一家冷饮店购买冷饮，购买的概率为 $p(0<p<1)$. 若在一天的营业时间内进入该购物中心的顾客数服从参数为 $\lambda(\lambda>0)$ 的泊松分布，求这一天去该冷饮店购买冷饮的顾客数的分布及期望.

17. 某技术考试，成绩必为 0，1，…，10 这 11 个数之一，而且考生取得每个成绩的可能性相同. 第一次考试，若考生成绩为 X，然后需继续参加下一次考试，直到他获得的成绩 Y 不低于第一次考试为止. 记第一次考试后，又进行了 Z 次才通过第二次考试. 由于每次考题都是在题库中随机抽取的，所以所有考试均相互独立.

(1)求最终的平均成绩 $E(Y)$； (2)求 $E(Z)$.

18. 接第 14 题，当 $n=2$ 时，求 $D(\xi_2)$.

19. 随机变量 X 服从 Gamma 分布，概率密度函数为：

$$f(x)=\frac{\lambda^{\alpha}}{\Gamma(\alpha)}x^{\alpha-1}e^{-\lambda x},x>0,$$

其中，$\alpha>0$ 称为"形状参数"，$\lambda>0$ 称为"尺度参数". 求 $E(X^k)(k\geqslant 1)$ 和 $D(X)$.

20. 随机变量 X 服从拉普拉斯分布，概率密度函数为

$$f(x)=\frac{1}{2}e^{-|x|},-\infty<x<+\infty,$$

分别计算 X 与 $|X|$ 的方差.

21. 机器处于不同状态时制造产品的质量有所差异. 如果机器运作正常，则产品的正品率为 98%；如果机器老化，则产品的正品率为 90%；如果机器处于需要维修的状态，则产品的正品率为 74%. 机器正常运作的概率为 0.7，老化的概率为 0.2，需要维修的概率为 0.1. 现随机抽取了 100 件产品(假设生产这些产品的机器的状态相互独立)，求

(1)产品中非正品数的期望与方差；

(2)在已知这些产品都是正常机器制造出来的条件下，求正品数的期望和方差.

22. 随机变量 X 与 Y 独立同分布，都服从参数为 1/2 的 0—1 分布.

(1)求 $P\{X+Y\geqslant 1\}$； (2)计算 $E(X\cdot(-1)^Y)$ 及 $D(X\cdot(-1)^Y)$.

23. 设随机变量 X 与 Y 独立，且方差存在，证明：

$$D(XY)=D(X)\cdot D(Y)+(E(X))^2\cdot D(Y)+(E(Y))^2\cdot D(X).$$

24. 设系统 L 由两个相互独立的子系统 L_1 和 L_2 构成，L_1 和 L_2 的寿命 X 与 Y 分别服从期望为 1/2，1/4 的指数分布. 试就下列三种连接方式写出系统 L 寿命 Z 的期望和变异系数.

(1)L_1 和 L_2 串联； (2)L_1 和 L_2 并联； (3)L_2 为 L_1 的备用.

25. 接第 20 题，(1)求 X 与 $|X|$ 的相关系数，并判断两者是否相关？

(2)判断 X 与 $|X|$ 是否独立？

26. 设随机变量 (X,Y) 的联合概率密度为

$$f(x,y)=\begin{cases}\frac{1}{4}(1+xy), & \text{若}|x|<1,|y|<1,\\ 0, & \text{其他}.\end{cases}$$

(1)计算 X 与 Y 的相关系数，并判断它们的独立性和相关性；

(2)计算 X^2 与 Y^2 的相关系数，并判断它们的独立性和相关性.

27. 随机三角形 ABC，角 A 与角 B 独立同分布，其分布律均为

A	$\pi/3$	$\pi/4$	$\pi/6$
p	λ	θ	$1-\lambda-\theta$

其中 $\lambda>0,\theta>0$，且满足 $\lambda+\theta<1$. 已知 $E(\sin A)=E(\cos A)=\dfrac{\sqrt{3}+2\sqrt{2}+1}{8}$.

(1)写出 (A,B) 的联合分布律；　(2)求 $E(\sin C)$；

(3)求角 A 与角 C 的相关系数，并由此判断它们的相关性(若相关，要求说明是正相关还是负相关).

28. 设随机变量 $X_1,X_2,\cdots,X_n$ 均服从标准正态分布并且相互独立.

(1)记 $X_{(1)}=\min\limits_{1\leqslant i\leqslant n}X_i$，计算：$E(\Phi(X_{(1)}))$，$D(\Phi(X_{(1)}))$ 及 $\Phi(X_{(1)})$ 的 k 阶原点矩 $\mu_k(k\geqslant 1)$，其中 $\Phi(\cdot)$ 为 $N(0,1)$ 的分布函数.

(2)记 $\overline{X}=\dfrac{1}{n}\sum\limits_{i=1}^{n}X_i$，计算 $\mathrm{Cov}(\overline{X},X_i)$(其中 $i=1,2,\cdots,n$).

(3)记 $S_k=\sum\limits_{i=1}^{k}X_i$，$T_k=\sum\limits_{j=n_0+1}^{n_0+k}X_j$，其中 $1\leqslant n_0<k<n_0+k\leqslant n$，求 S_k 与 T_k 的相关系数.

29. 设 $X\sim N(0,1)$，Y 的可能取值为 ± 1，且 $P(Y=1)=p(0<p<1)$. 若 X 与 Y 相互独立，并记 $\xi=X\cdot Y$.

(1)证明：$\xi\sim N(0,1)$；　(2)计算 $\rho_{X\xi}$，并判断 X 与 ξ 的相关性和独立性.

30. 设甲，乙两个盒子中都装有 2 个白球，3 个黑球. 先从甲盒中任取 1 个球放入乙盒，再从乙盒中随机地取出一球. 用 X 与 Y 分别表示从甲，乙盒中取得的白球数.

(1)求 (X,Y) 的联合分布律，并判断 X 与 Y 是否独立；

(2)求出 $\mathrm{Cov}(X,Y)$，并由此判断 X 与 Y 的相关性.

31. 求参数为 λ 的泊松分布的众数.

32. 设二维随机变量 (X,Y) 服从正态分布 $N(0,1,1,4,\rho)$. 令 $\xi=aX-bY$，$\eta=aY-bX$，其中 a、b 为实数，$a\neq b$ 且 $ab\neq 0$.

(1)当 $\rho=0$ 时，分别写出 ξ 与 η 的分布(要求写出参数)及它们各自的标准化变量，并计算 ξ 与 η 相关系数；

(2)当 $\rho=1/2$ 时，计算 ξ 的变异系数；

(3)当 $\rho=1/2$ 时，计算 η 的中位数和众数；

(4)当 $\rho=-1$ 时，判断 ξ 与 η 的独立性和相关性.

33. 三元正态变量 $\boldsymbol{X}=(X_1,X_2,X_3)'\sim N(\boldsymbol{a},\boldsymbol{B})$，其中 $\boldsymbol{a}=(0,0,1)'$，$\boldsymbol{B}=\begin{pmatrix}1 & 2 & -1\\ 2 & 16 & 0\\ -1 & 0 & 4\end{pmatrix}$.

(1)写出 $\boldsymbol{X}$ 的每个分量的分布；

(2)判别 X_1,X_2,X_3 的相关性与独立性；

(3)若 $Y_1=X_1-X_2$，$Y_2=X_3-X_1$，求 $\boldsymbol{Y}=(Y_1,Y_2)'$ 的分布.

第五章　大数定律及中心极限定理

从前面四章的介绍中，我们知道随机现象的规律性要在大量试验中重复考察才能体现出来，“大量”这一特点就导致了对于极限定理研究的必要性. 极限定理是概率论的重要内容，也是数理统计学的基石之一. 长期以来，对于极限定理的研究所形成的概率论分析方法影响着概率论的发展. 同时，新的极限理论问题也在实际研究和应用中不断产生和解决. 极限定理主要包括随机变量及其分布的极限性质和收敛性的一些结果. 其中，大数定律及中心极限定理这两类定理是极限定理中的基本理论。大数定律主要探讨随机变量序列的平均在一定条件下的稳定性规律；而研究大量的随机变量之和的分布在一定条件下可以用正态分布去逼近，就是所谓的中心极限定理. 我们将在本章中简单介绍一下这两类极限定理.

§5.1　大数定律

在给出大数定律之前，我们先介绍一下用数学语言表述大数定律时所用到的概率意义下的极限定义以及在证明大数定律时所涉及到的一些概率不等式.

(一)依概率收敛

定义 5.1.1　设$\{Y_n,n\geqslant 1\}$为一随机变量序列，Y 为一随机变量. 若对任意的 $\varepsilon>0$，都有

$$\lim_{n\to+\infty} P\{|Y_n-Y|\geqslant\varepsilon\}=0 \tag{5.1.1}$$

成立，则称$\{Y_n,n\geqslant 1\}$**依概率收敛于(convergence in probability)**Y，记为 $Y_n\xrightarrow{P}Y$，当 $n\to+\infty$.

显然，(5.1.1)式可以等价表示为

$$\lim_{n\to+\infty} P\{|Y_n-Y|<\varepsilon\}=1. \tag{5.1.2}$$

一般地，称概率接近于 1 的事件为大概率事件，称概率接近于 0 的事件为小概率事件. 由此可见，$\{Y_n,n\geqslant 1\}$依概率收敛于 Y 意味着：当 n 很大的时候，Y_n 十分接近 Y，两者的偏差小于任意给定的正数 ε 这一事件发生的概率趋近于 1，为一大概率事件. 请注意，这种收敛性是在概率意义下的一种收敛，而不是数学意义上的一般收敛.

特别地，当 $Y=c$ 为一常数时，称$\{Y_n,n\geqslant 1\}$依概率收敛于常数 c.

下面不加证明地给出依概率收敛的一个重要性质：

设 $X_n\xrightarrow{P}a$，$Y_n\xrightarrow{P}b$，当 $n\to+\infty$，其中 a,b 为两个常数，若二元函数 $g(x,y)$在点(a,b)连续，则有

$$g(X_n,Y_n)\xrightarrow{P}g(a,b)，当\ n\to+\infty. \tag{5.1.3}$$

(二)马尔可夫不等式和切比雪夫不等式

定理 5.1.1　(马尔可夫(Markov)不等式)若随机变量 Y 的 k 阶(原点)矩存在$(k\geqslant 1)$，则对任意的 $\varepsilon>0$，有

$$P\{|Y|\geqslant\varepsilon\}\leqslant\frac{E(|Y|^k)}{\varepsilon^k}\quad\left(或\ P\{|Y|<\varepsilon\}\geqslant 1-\frac{E(|Y|^k)}{\varepsilon^k}\right) \tag{5.1.4}$$

成立.

特别地,当 Y 为取非负值的随机变量且它的 k 阶矩存在时,则有

$$P\{Y \geqslant \varepsilon\} \leqslant \frac{E(Y^k)}{\varepsilon^k}. \tag{5.1.5}$$

证明　下仅就 Y 为连续型随机变量时给出证明.设 Y 的概率密度函数为 $f(x)$,那么对任意的 $\varepsilon>0$,有

$$P\{|Y| \geqslant \varepsilon\} = \int_{|x|\geqslant\varepsilon} f(x)\mathrm{d}x \leqslant \int_{|x|\geqslant\varepsilon} \frac{|x|^k}{\varepsilon^k} f(x)\mathrm{d}x \leqslant \frac{1}{\varepsilon^k}\int_{-\infty}^{+\infty} |x|^k f(x)\mathrm{d}x = \frac{E(|Y|^k)}{\varepsilon^k}.$$

例 5.1.1　某城市一周内发生交通事故的次数为一随机变量 X,显然 $P\{X\geqslant 0\}=1$.若已知 $E(X)=75$(起),求一周内发生事故的次数不少于 100 起的概率上界.

解　由于 $P\{X\geqslant 0\}=1$,且 X 的期望存在,取 $k=1$,利用马尔可夫不等式,有

$$P\{X \geqslant 100\} \leqslant \frac{E(X)}{100} = 75\%.$$

即一周内发生事故的次数不少于 100 起的概率上界为 75%.

作为马尔可夫不等式的推论,可得:

定理 5.1.2　(切比雪夫(Chebyshev)不等式)设 X 为一随机变量,期望和方差存在,分别记为 μ,σ^2,则对任意的 $\varepsilon>0$,有

$$P\{|X-\mu| \geqslant \varepsilon\} \leqslant \frac{\sigma^2}{\varepsilon^2} \quad (\text{或 } P\{|X-\mu| < \varepsilon\} \geqslant 1-\frac{\sigma^2}{\varepsilon^2}) \tag{5.1.6}$$

成立.

证明　在定理 5.1.1 中,取 $Y=X-\mu,k=2$,即可.

从(5.1.6)式可以看出,当 X 的方差越小,对于同一个 $\varepsilon>0$,$P\{|X-\mu|\geqslant\varepsilon\}$ 的上界就越小,即 X 落入区域 $(-\infty,\mu-\varepsilon)\cup(\mu+\varepsilon,+\infty)$ 的可能性就越小,落入 $(\mu-\varepsilon,\mu+\varepsilon)$ 这个 μ 附近区域的可能性就越大,这也进一步说明了方差这个数学特征的确是刻画了 X 的概率分布偏离其中心位置(期望)的离散程度.

切比雪夫不等式的重要性在于:不管随机变量的分布类型是什么,只要已知它的期望和方差,就可以对随机变量落入期望附近的区域 $(\mu-\varepsilon,\mu+\varepsilon)$ 内或外的概率给出一个界的估计.

例 5.1.2　证明:设随机变量 X 的方差存在,若 $D(X)=0$,则 $P(X=c)=1$,其中 $c=E(X)$.

证明　由于 X 的方差存在,故其期望也存在.如果 $|X-E(X)|>0$,则必存在某正整数 n,使得 $|X-E(X)|\geqslant 1/n$,反之亦然.故 $\{|X-E(X)|>0\}=\bigcup_{n=1}^{\infty}\{|X-E(X)|\geqslant 1/n\}$,于是,有

$$\begin{aligned} 0 \leqslant P\{|X-E(X)|>0\} &= P\{\bigcup_{n=1}^{\infty}(|X-E(X)|\geqslant 1/n)\} \\ &\leqslant \sum_{n=1}^{+\infty} P\{|X-E(X)|\geqslant 1/n\} \leqslant \sum_{n=1}^{+\infty}\frac{D(X)}{(1/n)^2} = 0, \end{aligned}$$

其中最后一个不等式用了切比雪夫不等式.这样就得到了 $P\{|X-E(X)|>0\}=0$,即 $P\{X=E(X)\}=1$.

例 5.1.3　某天文机构研究宇宙中两颗行星的距离,进行了 n 次独立的观测,第 i 次的测量值为 X_i 光年,$i=1,2,\cdots,n$.若 $E(X_i)=\mu,D(X_i)=5$,其中 μ 是两颗行星的真实距离(未知).现取 n 次观测值的平均作为真实距离的估计.(1)若测量次数 $n=100$,那么估计值与真实值之间的误差在 ± 0.5 光年之内的概率至少有多大?(2)若要以不低于 95% 的把握控制估计

值与真实值之间的误差在±0.5光年之内，那么观测次数至少要多少次？

解 由于对任意的 $i=1,2,\cdots,n$，$E(X_i)=\mu$，$D(X_i)=5$，且每次观测独立，故

$$E(\frac{1}{n}\sum_{i=1}^{n}X_i)=\mu, D(\frac{1}{n}\sum_{i=1}^{n}X_i)=\frac{5}{n}.$$

(1)当 $n=100$，由切比雪夫不等式，知

$$P\{|\frac{1}{100}\sum_{i=1}^{100}X_i-\mu|<0.5\}\geqslant 1-\frac{5/100}{0.5^2}=0.8.$$

(2)同样利用切比雪夫不等式，

$$P\{|\frac{1}{n}\sum_{i=1}^{n}X_i-\mu|<0.5\}\geqslant 1-\frac{5/n}{0.5^2}\geqslant 95\%,$$

于是得 $n\geqslant 400$，即至少要观测400次才能保证以不低于95%的把握控制估计值与真实值之间的误差在±0.5光年之内.

(三)几种大数定律

定义 5.1.2 设$\{Y_i,i\geqslant 1\}$为一随机变量序列，若存在常数序列$\{c_n,n\geqslant 1\}$，使得对任意的 $\varepsilon>0$，有

$$\lim_{n\to+\infty}P\{|\frac{1}{n}\sum_{i=1}^{n}Y_i-c_n|\geqslant\varepsilon\}=0\quad(\text{或}\lim_{n\to+\infty}P\{|\frac{1}{n}\sum_{i=1}^{n}Y_i-c_n|<\varepsilon\}=1)\quad(5.1.7)$$

成立，即当 $n\to+\infty$，有 $\frac{1}{n}\sum_{i=1}^{n}Y_i-c_n\xrightarrow{P}0$，则称**随机变量序列**$\{Y_i,n\geqslant 1\}$**服从弱大数定律(weak law of large numbers)**，简称**服从大数定律**.

下面给出几种常见的大数定律.

定理 5.1.3 (马尔可夫(Markov)大数定律)$\{X_i,i\geqslant 1\}$为一随机变量序列，若对所有 $i\geqslant 1$，方差 $D(X_i)$都存在，并且

$$\lim_{n\to+\infty}\frac{1}{n^2}D(\sum_{i=1}^{n}X_i)=0\tag{5.1.8}$$

则对任意的 $\varepsilon>0$，有

$$\lim_{n\to+\infty}P\{|\frac{1}{n}\sum_{i=1}^{n}X_i-\frac{1}{n}\sum_{i=1}^{n}E(X_i)|\geqslant\varepsilon\}=0\tag{5.1.9}$$

成立，即随机变量序列$\{X_i,i\geqslant 1\}$服从大数定律.

证明 记 $Y_n=\frac{1}{n}\sum_{i=1}^{n}X_i$，则 $E(Y_n)=\frac{1}{n}\sum_{i=1}^{n}E(X_i)$，$D(Y_n)=\frac{1}{n^2}D(\sum_{i=1}^{n}X_i)$. 对 Y_n 应用切比雪夫不等式，并结合条件(5.1.8)，可得

$$0\leqslant P\{|Y_n-E(Y_n)|\geqslant\varepsilon\}\leqslant\frac{D(Y_n)}{\varepsilon^2}=\frac{1}{\varepsilon^2n^2}D(\sum_{i=1}^{n}X_i)\to 0, \text{当 } n\to+\infty.$$

即

$$\lim_{n\to+\infty}P\{|\frac{1}{n}\sum_{i=1}^{n}X_i-\frac{1}{n}\sum_{i=1}^{n}E(X_i)|\geqslant\varepsilon\}=0.$$

例 5.1.4 在多重贝努里试验中，事件 A 在每次试验中发生的概率为 p，$0<p<1$. $n\geqslant 1$，令

$$X_n=\begin{cases}1, & \text{若在第 } n \text{ 次和第 } n+1 \text{ 次试验中事件 } A \text{ 都发生},\\ 0, & \text{其他}.\end{cases}$$

证明：$\{X_n\}$服从大数定律.

解　由于是贝努里试验,因此每次试验的结果是相互独立的.由 $P(A)=p$ 及 X_n 的定义,可知

$$P\{X_n=1\}=P\{\text{事件 } A \text{ 在第 } n \text{ 次发生,且在第 } n+1 \text{ 次试验中也发生}\}=p^2, n\geqslant 1.$$

因此 $\{X_n, n\geqslant 1\}$ 均服从参数为 p^2 的 0—1 分布,$E(X_n)=p^2$,$D(X_n)=p^2(1-p^2)$.而且当 $|i-j|\geqslant 2$ 时,X_i 与 X_j 独立.所以

$$\begin{aligned}\frac{1}{n^2}D(\sum_{i=1}^{n}X_i)&=\frac{1}{n^2}(\sum_{i=1}^{n}D(X_i)+2\sum_{i=1}^{n-1}\mathrm{Cov}(X_i,X_{i+1}))\\&\leqslant\frac{1}{n^2}(\sum_{i=1}^{n}D(X_i)+2\sum_{i=1}^{n-1}\sqrt{D(X_i)D(X_{i+1})})\\&=\frac{1}{n^2}(np^2(1-p^2)+2(n-1)p^2(1-p^2))\\&\to 0,\quad \text{当 } n\to+\infty.\end{aligned}$$

即满足条件(5.1.8),由马尔可夫大数定律知 $\{X_n\}$ 服从大数定律,且

$$\frac{1}{n}\sum_{i=1}^{n}X_i\xrightarrow{P}p^2,\quad \text{当 } n\to+\infty.$$

利用马尔可夫大数定律,我们还可以得到以下的一些推论.

推论 5.1.1　(切比雪夫(Chebyshev)大数定律)设 $\{X_i, i\geqslant 1\}$ 是相互独立的随机变量序列,若存在常数 C,使得

$$D(X_i)\leqslant C, i=1,2,\cdots,$$

即,所有 X_i 的方差都有共同的上界 C,则对任意的 $\varepsilon>0$,有(5.1.9)式成立,即随机变量序列 $\{X_i, i\geqslant 1\}$ 服从大数定律.

证明　注意到

$$\frac{1}{n^2}D(\sum_{i=1}^{n}X_i)=\frac{1}{n^2}\sum_{i=1}^{n}D(X_i)\leqslant\frac{nC}{n^2}\to 0, \text{当 } n\to+\infty,$$

即条件(5.1.8)满足,由定理 5.1.3,推论得证.

推论 5.1.2　设 $\{X_i, i\geqslant 1\}$ 是相互独立的随机变量序列,且对于任意的 $i\geqslant 1$,有 $E(X_i)=\mu$,$D(X_i)=\sigma^2$,此时(5.1.9)式也成立.

证明　因为此时,$D(X_i)=\sigma^2, i=1,2,\cdots$,即满足切比雪夫大数定律的条件,所以(5.1.9)成立.

这一推论告诉我们,一组期望相同,方差也相同的独立随机变量序列 $\{X_i, i\geqslant 1\}$ 的算术平均 $\frac{1}{n}\sum_{i=1}^{n}X_i$ 依概率收敛到它们共同的期望(当 $n\to+\infty$ 时).

例 5.1.5　设 $\{X_i, i\geqslant 1)$ 是相互独立的随机变量序列,且它们的分布律为

$$P\{X_i=\sqrt{i}\}=P\{X_i=-\sqrt{i}\}=\frac{1}{2i}, P\{X_i=0\}=1-\frac{1}{i}, i=1,2,\cdots.$$

试判断 $\{X_i, i\geqslant 1\}$ 是否服从大数定律?

解　由于对任意的 $i\geqslant 1$,有

$$E(X_i)=0\cdot(1-\frac{1}{i})+\sqrt{i}\cdot\frac{1}{2i}+(-\sqrt{i})\cdot\frac{1}{2i}=0;$$

$$D(X_i)=E(X_i^2)-(E(X_i))^2=E(X_i^2)$$

$$= 0^2 \cdot (1-\frac{1}{i}) + (\sqrt{i})^2 \cdot \frac{1}{2i} + (-\sqrt{i})^2 \cdot \frac{1}{2i} = 1.$$

所以$\{X_i, i\geqslant 1\}$相互独立，期望相同，方差也相同，由推论 5.1.2 知满足大数定律，且
$\frac{1}{n}\sum_{i=1}^{n} X_i \xrightarrow{P} 0$，当 $n\to+\infty$.

更有甚者，若在推论 5.1.2 中取 X_i 为服从参数相同的 0—1 分布的随机变量，就得到了下面著名的贝努里大数定律.

推论 5.1.3　(贝努里(Bernoulli)大数定律)设 n_A 为 n 重贝努里试验中事件 A 发生的次数，p 为事件 A 在每次试验中发生的概率$(0<p<1)$，即 $P(A)=p$，则对任意的 $\varepsilon>0$，有

$$\lim_{n\to+\infty} P\{\,|\,\frac{n_A}{n} - p\,|\geqslant \varepsilon\} = 0.$$

证明　引入随机变量

$$X_i=\begin{cases}1, & \text{第 } i \text{ 次试验中事件 } A \text{ 发生；}\\ 0, & \text{第 } i \text{ 次试验中事件 } A \text{ 不发生；}\end{cases}\qquad i=1,2,\cdots,n.$$

易见 $n_A = \sum_{i=1}^{n} X_i$，并且 $X_1, X_2, \cdots, X_n$ 相互独立，都服从参数为 p 的 0—1 分布. 从而

$$E(X_i)=p, D(X_i)=p(1-p), i=1,2,\cdots,n.$$

由推论 5.1.2 知，

$$\lim_{n\to+\infty} P\{\,|\,\frac{1}{n}\sum_{i=1}^{n} X_i - p\,|\geqslant \varepsilon\} = \lim_{n\to+\infty} P\{\,|\,\frac{n_A}{n} - p\,|\geqslant \varepsilon\} = 0.$$

贝努里大数定律提供了用频率的极限值来确定概率的理论依据. 事实上，在本书的第一章就曾提及在重复试验中某一事件发生的频率具有一定的稳定性，即当试验次数增加时，事件发生的频率稳定于某一确定的常数附近. 这一发现启发人们用一个确定的数去表征某事件发生的可能性大小，进而有了“概率”一词的说法. 概率论的研究至今约有 300 多年的历史，作为这门学科的基础，“概率”定义的合理性和严密性这一根本问题在此学科的起始阶段一直困扰着研究者，一直到 1713 年，贝努里在其名著《推测术》中提出了上述这一大数定律，才从数学上严格证明了频率的稳定值即为概率的结论. 因此，贝努里的这篇文章有时也被称为概率论中的第一篇论文，这个结果也为概率论的公理化体系奠定了扎实的理论基础.

例 5.1.6　(用蒙特卡罗方法(也称随机投点法)计算定积分)$f(x)$为定义在$[0,1]$上的连续函数，且 $0\leqslant f(x)\leqslant 1$. 求定积分 $I=\int_0^1 f(x)\mathrm{d}x$ 的近似值.

解　设(X,Y)服从正方形$\{(x,y): 0\leqslant x\leqslant 1, 0\leqslant y\leqslant 1\}$的均匀分布，则 X 与 Y 相互独立，且都服从$[0,1]$上的均匀分布. 令事件 $A=\{Y\leqslant f(X)\}$，则 A 发生的概率为

$$p = P(A) = P\{Y\leqslant f(X)\} = \int_0^1\int_0^{f(x)} 1\mathrm{d}y\mathrm{d}x = \int_0^1 f(x)\mathrm{d}x = I,$$

即定积分 I 的值就是事件 A 发生的概率 p. 那么根据贝努里大数定律，我们可以通过做大量重复独立试验，以试验中事件 A 发生的频率来作为定积分 I 的近似值.

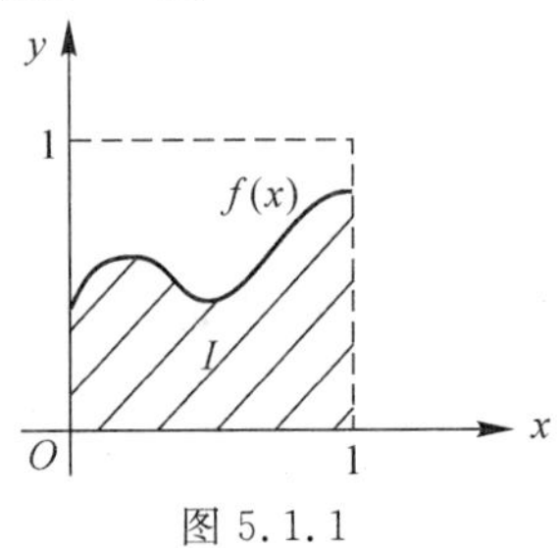

图 5.1.1

下面用蒙特卡罗方法来得到事件 A 发生的频率：

(1)用计算机随机产生$[0,1]$均匀分布的 $2n$ 个随机数 $x_i, y_i, i=1,2,\cdots,n$，一般这里的 n 是比较大的数，如：10^4，10^5 等；

(2)考察这 n 对数据 (x_i, y_i)，$i=1,2,\cdots,n$，记录满足不等式 $y_i \leqslant f(x_i)$ 的次数 μ_n，那么 μ_n/n 即为事件 A 发生的频率，于是 $I \approx \mu_n/n$(见图 5.1.1).

这种做法其实就是将 (X,Y) 看成正方形 $\{(x,y): 0\leqslant x\leqslant 1, 0\leqslant y\leqslant 1\}$ 的随机点，用随机点落在区域 $\{(x,y): y\leqslant f(x)\}$ 中的频率作为定积分 $I=\int_0^1 f(x)\mathrm{d}x$ 的近似值，所以此法也称为随机投点法.

马尔可夫大数定律给出了在方差满足某些条件的情况下，随机变量序列服从大数定律. 但如果随机变量的方差不存在，大数定律是否满足呢？下面的定理给出了回答.

定理 5.1.4　(辛钦(Khintchine)大数定律)设 $\{X_i, i\geqslant 1\}$ 为独立同分布的随机变量序列，且期望存在，记为 μ，则对任意的 $\varepsilon>0$，有

$$\lim_{n\to+\infty} P\{\mid \frac{1}{n}\sum_{i=1}^{n} X_i - \mu \mid \geqslant \varepsilon\} = 0, \tag{5.1.10}$$

即，此时随机变量序列 $\{X_i, i\geqslant 1\}$ 也服从大数定律.

该定理的证明需要用到随机变量的特征函数，这里就不介绍了(可以参见《概率论》，林正炎、苏中根著).

在现实生活中，人们常常用多个观察值的平均来作为某个考察指标的一个估计. 譬如：考察浙大学生的平均身高，一般的作法是：随机地抽取一些学生，比方说 1000 个学生，以这 1000 个学生的平均身高作为浙大学生平均身高的一个近似，这样做的依据其实就是辛钦大数定律. 它为寻求随机变量期望的近似提供了一个理论保证. 因为若对随机变量 X 独立重复地观察 n 次，那么这 n 次的结果 $X_1, X_2, \cdots, X_n$ 应该是相互独立，而且都是与 X 同分布的. 那么不管 X 的分布是什么，只要 X 的期望存在，利用辛钦大数定律，就可以用平均观察结果 $\frac{1}{n}\sum_{i=1}^{n} X_i$ 来近似表示 $E(X)$. 而且辛钦大数定律也为数理统计中的矩法估计提供了一定的理论依据.

注意到，当 $\{X_i, i\geqslant 1\}$ 为独立同分布的随机变量序列，若 $h(x)$ 为一连续函数，则 $\{h(X_i), i\geqslant 1\}$ 也是独立同分布的. 因此由辛钦大数定律可以得到以下这一推论：

推论 5.1.4　设 $\{X_i, i\geqslant 1\}$ 为独立同分布的随机变量序列，若 $h(x)$ 为一连续函数，且 $E(|h(X_1)|)<+\infty$，则对任意的 $\varepsilon>0$，有

$$\lim_{n\to+\infty} P\{\mid \frac{1}{n}\sum_{i=1}^{n} h(X_i) - a \mid \geqslant \varepsilon\} = 0, \tag{5.1.11}$$

其中 $a=E(h(X_1))$.

例 5.1.7　$\{X_i, i\geqslant 1\}$ 为一独立同分布的随机变量序列，$X_1 \sim U(0,1)$，问：(1)对任意的 $k=1,2,\cdots$，$\{X_i^k\}$ 满足大数定律吗？若满足，请求出其极限值，若不满足，则说明理由；(2)对 $n\geqslant 1$，$\sqrt[n]{X_1 X_2 \cdots X_n}$ 依概率收敛吗？若收敛，请给出收敛的极限值，否则说明理由.

解　(1)由于 $X_1, X_2, \cdots$ 独立同分布，故对任意的 $k=1,2,\cdots$，$X_1^k, X_2^k, \cdots$ 也相互独立，而且分布相同. 又 $X_1 \sim U(0,1)$，故 $E(X_1^k)$ 存在，且值为

$$E(X_1^k) = \int_0^1 x^k \cdot 1\mathrm{d}x = \frac{1}{k+1}.$$

根据辛钦大数定律，知对任意的 $\varepsilon>0$，

$$\lim_{n\to+\infty} P\{\mid \frac{1}{n}\sum_{i=1}^{n} X_i^k - \frac{1}{k+1} \mid \geqslant \varepsilon\} = 0,$$

即$\{X_i^k\}$满足大数定律,且

$$\frac{1}{n}\sum_{i=1}^{n}X_i^k \xrightarrow{P} \frac{1}{k+1}, \text{当 } n\to+\infty.$$

事实上,这里取了$h(x)=x^k$,所以直接利用推论 5.1.4 也可得结论.

(2)记$Y_n=\sqrt[n]{X_1X_2\cdots X_n}$,且$Z_n=\ln Y_n=\frac{1}{n}(\ln X_1+\ln X_2+\cdots+\ln X_n)$. 由于$X_1,X_2,\cdots,X_n$独立同分布,则$\ln X_1,\ln X_2,\cdots,\ln X_n$也独立同分布,且

$$E(\ln X_1)=\int_0^1 \ln x\mathrm{d}x=-1.$$

根据辛钦大数定律,得

$$Z_n\xrightarrow{P}-1, \quad \text{当 } n\to+\infty.$$

取$g(x)=\mathrm{e}^x$,利用依概率收敛的性质(5.1.3)式,有

$$Y_n=\mathrm{e}^{Z_n}\xrightarrow{P}\mathrm{e}^{-1}, \quad \text{当 } n\to+\infty.$$

§5.2 中心极限定理

自从高斯在研究测量误差时导出了正态分布,人们在以后的生活和实践中越来越意识到正态分布的常见性和重要性. 这不仅因为很多随机变量的分布是正态分布,还由于现实世界中许多研究对象是受大量的相互独立的随机因素影响着,而其中每一个个别因素在总的影响中所起的作用都是微乎其微,这样的对象往往就近似地服从正态分布,这就是中心极限定理的客观背景. 粗略而言,中心极限定理主要描述了大量的随机变量之和的分布可用正态分布来逼近.

最早的中心极限定理是关于n重贝努里试验的. 早在 18 世纪初期,德莫佛就事件发生的概率$p=1/2$时证明了二项分布的极限分布为正态分布. 此后,拉普拉斯和李雅普诺夫等人改进了他的证明并把二项分布推广到了更为一般的分布. 到了 20 世纪二三十年代,林德伯格条件和费勒条件的提出及特征函数理论的系统化,更是促进了中心极限定理的显著发展.

中心极限定理(central limit theorem,常简写为 CLT)这一名称是 1920 年由波利亚给出的. 至今,学者们已得到了多种情形下的中心极限定理,在本节中我们仅仅列出其中最基本的几个结果.

(一)独立同分布情形

定理 5.2.1 (林德伯格(Lindeberg)—勒维(Lévy)中心极限定理,也称之为独立同分布的中心极限定理)设$\{X_i,i\geqslant 1\}$为独立同分布的随机变量序列,且期望$E(X_i)=\mu$和方差$D(X_i)=\sigma^2$存在($\sigma>0$),则对任意的$x\in\mathbf{R}$,有

$$\lim_{n\to+\infty}P\left\{\frac{\sum_{i=1}^{n}X_i-E(\sum_{i=1}^{n}X_i)}{\sqrt{D(\sum_{i=1}^{n}X_i)}}\leqslant x\right\}=\lim_{n\to+\infty}P\left\{\frac{\sum_{i=1}^{n}X_i-n\mu}{\sigma\sqrt{n}}\leqslant x\right\}$$

$$=\frac{1}{\sqrt{2\pi}}\int_{-\infty}^{x}\mathrm{e}^{-\frac{t^2}{2}}\mathrm{d}t=\Phi(x). \tag{5.2.1}$$

这也就是说,均值为μ,方差为σ^2的独立同分布的随机变量的部分和$\sum_{i=1}^{n}X_i$的标准化变量

$\dfrac{\sum_{i=1}^{n} X_i - n\mu}{\sigma\sqrt{n}}$，当 n 充分大时，近似地服从标准正态分布 $N(0,1)$，即

$$\frac{\sum_{i=1}^{n} X_i - n\mu}{\sigma\sqrt{n}} \overset{\text{近似地}}{\sim} N(0,1), \quad \text{当 } n \text{ 充分大时}. \tag{5.2.2}$$

显然，上式也可以表示为

$$\frac{\frac{1}{n}\sum_{i=1}^{n} X_i - \mu}{\sigma/\sqrt{n}} \overset{\text{近似地}}{\sim} N(0,1), \quad \text{当 } n \text{ 充分大时}. \tag{5.2.3}$$

将定理 5.2.1 应用到 n 重贝努里试验中，可得如下推论.

推论 5.2.1　（德莫弗(De Moivre)—拉普拉斯(Laplace)中心极限定理）设 n_A 为在 n 重贝努里试验中事件 A 发生的次数，p 为事件 A 在每次试验中发生的概率 $(0<p<1)$，即 $P(A)=p$，则对任意的 $x\in\mathbf{R}$，有

$$\lim_{n\to+\infty} P\left\{\frac{n_A - np}{\sqrt{np(1-p)}} \leqslant x\right\} = \frac{1}{\sqrt{2\pi}}\int_{-\infty}^{x} \mathrm{e}^{-\frac{t^2}{2}}\mathrm{d}t = \Phi(x). \tag{5.2.4}$$

证明　引入随机变量

$$X_i = \begin{cases} 1, & \text{第 } i \text{ 次试验中事件 } A \text{ 发生}, \\ 0, & \text{第 } i \text{ 次试验中事件 } A \text{ 不发生}, \end{cases} \quad i=1,2,\cdots,n.$$

易见 $n_A=\sum_{i=1}^{n} X_i$，并且 $X_1,X_2,\cdots,X_n$ 相互独立，都服从参数为 p 的 0—1 分布.从而

$$E(X_i)=p, D(X_i)=p(1-p), i=1,2,\cdots,n.$$

由定理 5.2.1，知结论成立.

注意到 n_A 服从二项分布 $B(n,p)$，所以由德莫弗—拉普拉斯中心极限定理可知，当 n 充分大时，二项分布可用正态分布来逼近.

例 5.2.1　某宴会提供一瓶 6 升(l)的大瓶法国红酒，假定与会者每次所倒红酒的重量服从同一分布，期望值为 100 毫升(ml)，标准差为 32 毫升.若每次所倒红酒都是相互独立的，试问：倒了 55 次后该瓶红酒仍有剩余的概率约为多少？

解　设 X_i 为第 i 次所倒的红酒重量(单位：ml)，$i=1,2,\cdots,55$，则 $X_1,X_2,\cdots,X_{55}$ 相互独立.对任意的 $i=1,2,\cdots,55$，X_i 的分布相同，且 $E(X_i)=100$，$D(X_i)=32^2$.由独立同分布的中心极限定理，知

$$\frac{\sum_{i=1}^{55} X_i - 55\cdot 100}{32\sqrt{55}} \overset{\text{近似地}}{\sim} N(0,1).$$

所以

$$\begin{aligned} &P\{\text{倒了 55 次后该瓶红酒仍有剩余}\} = P\left\{\sum_{i=1}^{55} X_i < 6000\right\} \\ &= P\left\{\frac{\sum_{i=1}^{55} X_i - 55\cdot 100}{32\sqrt{55}} < \frac{6000-55\cdot 100}{32\sqrt{55}}\right\} \\ &\approx \Phi\left(\frac{6000-55\cdot 100}{32\sqrt{55}}\right) = \Phi(2.11) = 0.9826. \end{aligned}$$

例 5.2.2　某校 1500 名学生选修“概率论与数理统计”课程，共有 10 名教师主讲此课，假定每位学生可以随意地选择一位教师(即，选择任意一位教师的可能性均为 1/10)，而且学生之间的选择是相互独立的. 问:每位教师的上课教室应该设有多少座位才能保证该班因没有座位而使学生离开的概率小于 5%.

解　由于每位学生可以随意地选择一位教师，因此我们只需要考虑某个教师甲的上课教室的座位即可. 引入随机变量:

$$X_i=\begin{cases}1, & \text{第 } i \text{ 个学生选择教师甲},\\ 0, & \text{其他},\end{cases}\qquad i=1,2,\cdots,1500.$$

则 X_i 独立同分布，均服从参数为 1/10 的 0－1 分布. 记 $Y=\sum\limits_{i=1}^{1500}X_i$，则 Y 为选择教师甲的学生数，且 $Y\sim B(1500,1/10)$. 利用德莫弗－拉普拉斯中心极限定理知

$$\frac{Y-\frac{1500}{10}}{\sqrt{\frac{9}{100}}\cdot\sqrt{1500}}\overset{\text{近似地}}{\sim}N(0,1).$$

设教室需设 a 个座位，那么为使学生不因没有座位而离开教室，就需 $Y\leqslant a$. 由题意，知需要满足

$$95\%<P\{Y\leqslant a\}\approx\Phi\left(\frac{a-\frac{1500}{10}}{\sqrt{\frac{9}{100}}\cdot\sqrt{1500}}\right).$$

查附表 2，得 $\Phi(1.645)=0.95$，故需 $\frac{a-150}{\sqrt{135}}>1.645$，解得 $a>169.11$. 故每位教师的上课教室应该设有 170 个座位才能保证因没有座位而使学生离开的概率小于 5%.

例 5.2.3　在 2008 年 5 月 1 日，杭州在全国首先推出公共自行车服务，执行至今，杭州市政府想了解一下市民对该服务政策的满意率 p，$0<p<1$. 某调查公司受委托进行调查，随机抽取调查对象，并将调查对象中对此服务满意的频率作为 p 的估计 $\hat{p}$. 现要保证至少有 95% 的把握使得真实满意率 p 与调查所得的满意率估计 $\hat{p}$ 之间的差异小于 10%，问至少需要调查多少对象?

解　设随机调查了 n 个对象，记

$$X_i=\begin{cases}1, & \text{第 } i \text{ 个调查对象对该服务政策满意},\\ 0, & \text{第 } i \text{ 个调查对象对该服务政策不满意},\end{cases}\qquad i=1,2,\cdots,n.$$

则 X_i 独立同分布，均服从参数为 p 的 0－1 分布，$E(X_i)=p$，$D(X_i)=p(1-p)$，$i=1,2,\cdots,n$.

记 Y_n 为 n 个对象中对服务政策满意的人数，则 $Y_n=\sum\limits_{i=1}^{n}X_i$，且 $\hat{p}=Y_n/n=\dfrac{\sum\limits_{i=1}^{n}X_i}{n}$. 而利用(5.2.3)或德莫弗－拉普拉斯中心极限定理，可以得到

$$\frac{\frac{1}{n}\sum\limits_{i=1}^{n}X_i-p}{\sqrt{p(1-p)/n}}\overset{\text{近似地}}{\sim}N(0,1).$$

由题意知需满足

$$95\%\leqslant P\{|\frac{1}{n}\sum_{i=1}^{n}X_i-p|<10\%\}\approx2\Phi(\frac{0.1\sqrt{n}}{\sqrt{p(1-p)}})-1,$$

即

$$\Phi\left(\frac{0.1\sqrt{n}}{\sqrt{p(1-p)}}\right) \geqslant 0.975.$$

查附表 2，得 $\Phi(1.96)=0.975$，从而需

$$n \geqslant p(1-p)\frac{1.96^2}{0.1^2} = 384.16p(1-p).$$

由于对任意的 $0<p<1$，有 $0<p(1-p)\leqslant 1/4$，所以 $n\geqslant 96.04$，即至少需要调查 97 个对象.

事实上，此题也可以用切比雪夫不等式来解答.

由于 $E(\frac{1}{n}\sum_{i=1}^{n}X_i)=p$，$D(\frac{1}{n}\sum_{i=1}^{n}X_i)=p(1-p)/n$，利用切比雪夫不等式，知

$$P\{|\frac{1}{n}\sum_{i=1}^{n}X_i - p| < 10\%\} \geqslant 1-\frac{p(1-p)/n}{0.1^2}.$$

所以若

$$1-\frac{p(1-p)/n}{0.1^2} \geqslant 95\% \tag{5.2.5}$$

成立，则一定可以保证 $P\{|\frac{1}{n}\sum_{i=1}^{n}X_i-p|<10\%\}\geqslant 95\%$. 而(5.2.5)式的成立，即需

$$n\geqslant\frac{p(1-p)}{0.05\cdot 0.1^2}=2000p(1-p).$$

同样由于对任意的 $0<p<1$，有 $0<p(1-p)\leqslant 1/4$，所以 $n\geqslant 500$，即利用切比雪夫不等式，我们得到的解答是：至少需要调查 500 个对象.

(二)独立不同分布情形

定理 5.2.2　(李雅普诺夫(Lyapunov)中心极限定理)设$\{X_i, i\geqslant 1\}$为相互独立的随机变量序列，其期望 $E(X_i)=\mu_i$ 和方差 $D(X_i)=\sigma_i^2$ 存在($\sigma_i>0$)，$i=1,2,\cdots$，若存在 $\varepsilon>0$，使得

$$\lim_{n\to+\infty}\frac{1}{B_n^{2+\varepsilon}}\sum_{i=1}^{n}E|X_i-\mu_i|^{2+\varepsilon}=0, \tag{5.2.6}$$

其中 $B_n^2=\sum_{i=1}^{n}\sigma_i^2$. 那么对于任意的 $x\in\mathbf{R}$，有

$$\lim_{n\to+\infty}P\{\frac{1}{B_n}\sum_{i=1}^{n}(X_i-\mu_i)\leqslant x\}=\frac{1}{\sqrt{2\pi}}\int_{-\infty}^{x}e^{-\frac{t^2}{2}}dt=\Phi(x).$$

思考题五

1. 依概率收敛与高等数学中的收敛含义有何区别？
2. 马尔可夫不等式与切比雪夫不等式分别适用于哪些随机变量？
3. 大数定律与中心极限定理的联系与区别.
4. 对于例 5.2.3 而言，为什么利用中心极限定理与切比雪夫不等式得到的结论有所差异？

习题五

1. 某种类的昆虫每周产卵数为随机变量 X(以个计)，若已知其平均周产卵数为 36 个.

(1)求一周内该昆虫产卵数不少于 50 个的概率至多有多少？

(2)若又已知该昆虫每周产卵数的标准差为 2，那么一周内产卵数在范围(32,40)内的概率至少有多大？

2. 一种遗传病的隔代发病率为 10%，在得病家庭中选取 500 户进行研究，试用切比雪夫不等式估计这 500

户中隔代发病的比例与发病率之差的绝对值小于5%的概率下界.

3. 抛掷一枚均匀的硬币,直至硬币的两面均出现为止,记ξ为抛掷的次数. 利用切比雪夫不等式找一个区间(a,b),使得$P\{a<\xi<b\}\geqslant 75\%$成立.

4. 设随机变量序列$\{X_n,n\geqslant 1\}$独立同分布,都服从$U(0,a)$,其中$a>0$. 令$X_{(n)}=\max\limits_{1\leqslant i\leqslant n}X_i$,证明:$X_{(n)}\xrightarrow{P}a$,$n\to+\infty$.

5. 设随机变量序列$\{X_i,i\geqslant 1\}$相互独立,X_i服从参数为$i^{2/3}$的泊松分布. 问:$\{X_i,i\geqslant 1\}$是否服从大数定律?

6. $\{X_i,i\geqslant 1\}$为独立同分布的正态随机变量序列,若$X_1\sim N(\mu,\sigma^2)$,其中$\sigma>0$. 问以下的随机变量序列当$n\to+\infty$时依概率收敛吗?若收敛,请给出收敛的极限值,否则请说明理由:

(1) $\dfrac{1}{n}\sum\limits_{i=1}^{n}X_i^2$; (2) $\dfrac{1}{n}\sum\limits_{i=1}^{n}(X_i-\mu)^2$;

(3) $\dfrac{X_1+X_2+\cdots+X_n}{X_1^2+X_2^2+\cdots+X_n^2}$; (4) $\dfrac{X_1+X_2+\cdots+X_n}{\sqrt{n(\sum\limits_{i=1}^{n}(X_i-\mu)^2)}}$.

7. 设随机变量序列$\{X_i,i\geqslant 1\}$独立同分布,都服从期望为$1/\lambda$的指数分布,其中$\lambda>0$.

(1)若对任意的$\varepsilon>0$,均有$\lim\limits_{n\to+\infty}P\{|\dfrac{X_1^2+X_2^2+\cdots+X_n^2}{n}-a|<\varepsilon\}=1$成立,求$a$值;

(2)给出$\dfrac{1}{50}\sum\limits_{i=1}^{100}X_i$的近似分布; (3)求$P\{\dfrac{1}{100}\sum\limits_{i=1}^{100}X_i^2\leqslant\dfrac{2}{\lambda^2}\}$的近似值.

8. 已知某瑜珈学习班报名人数服从泊松分布,期望为50,受场地限制,健身教练认为一个班最多可以容纳60名学员,即如果报名人数超过60人时,应采用分班授课的形式. 问该瑜珈学习班采用分班授课的概率大约是多少?

9. 设随机变量X服从辛普森分布(亦称三角分布),概率密度函数为

$$f(x)=\begin{cases}x, & 0\leqslant x<1,\\ 2-x, & 1\leqslant x<2,\\ 0, & \text{其他}.\end{cases}$$

(1)对X进行100次独立观察,事件$\{0.95<X<1.05\}$出现的次数记为Y,试用三种方法(Y的精确分布,用泊松分布来作为Y的近似分布,中心极限定理)分别求出$P\{Y>2\}$;

(2)要保证至少有95%的把握使得事件$\{\dfrac{1}{2}<X<\dfrac{3}{2}\}$出现的次数不少于80次,问至少需要进行多少次观察?

10. 某企业庆祝百年华诞,邀请了一些社会名流及企业的相关人士来参加庆典. 被邀请者独自一人或携伴(一位同伴)出席,也有可能因故缺席,这三种情况的可能性分别为0.3,0.5,0.2. 若此次庆典事先发出了800份邀请函,若每位被邀请人参加庆典的行为相互独立,问有超过千人出席该庆典的可能性大概有多大?

11. 某次"知识竞赛"规则如下:参赛者最多可抽取3个独立的问题一一回答,若答错就被淘汰,进而失去回答下一题的资格. 每答对一题得1分,若3题都对则再加1分(即共得4分). 现有100名参赛选手参赛,每人独立答题.

(1)若每人至少答对一题的概率为0.7,用中心极限定理计算"最多有35人得0分"的概率近似值;

(2)若题目的难易程度类似,每人答对每题的概率均为0.8,求这100名参赛选手的总分超过220分的概率近似值.

第六章　统计量与抽样分布

前面五章我们讨论了概率论中最基本的内容，从本章起，我们将进入数理统计部分的学习.

数理统计是一门以数据为基础的学科，可以定义为收集数据，分析数据和由数据得出结论的一组概念、原则和方法. 数理统计并没有自己的实验或研究对象，但数理统计为其他学科提供了一整套研究问题的方法.

数理统计应用非常的广泛，它几乎渗透到人类活动的一切领域，把数理统计应用到不同的领域就形成了适用于特定领域的统计方法，如生物领域的"生物统计"；教育领域的"教育统计"；经济和金融领域的"金融统计"；保险精算领域的"保险统计"等等. 事实上，在日常生活中每个人每天都在接受大量的统计信息，现代社会的报纸、杂志经常刊登以统计为主题的文章，电视节目中我们也常看到许多节目或广告以数据为主题，所以，只有对统计有所了解才能帮助我们去正确评价某些统计结果，才能用客观的态度去审视某些统计分析.

本章介绍数理统计中的一些基本概念，如总体、随机样本、统计量等，并介绍数理统计中最常见的几个统计量及抽样分布.

§6.1　随机样本与统计量

（一）总体与样本

数理统计中，我们把"研究对象的全体"称为**总体(population)**，而总体中的每个成员被称为**个体(individual)**，因此，个体可能是人，也可能是动物或物体. 总体中所包含个体数称为总体的**容量**. 容量为有限的称为**有限总体(finite population)**，容量为无限的称为**无限总体(infinite population)**. 数理统计学要研究的并不是总体或个体的本身，而是描述总体的某些指标.

例 6.1.1　现要研究某一个公司员工工资水平及其影响工资水平的因素. 这个公司的每个员工就是一个"个体"，而所有员工构成一个"总体". 由于公司的员工总数是有限的，因此，是一个有限总体. 每个员工都附着有年龄、性别、工种、工资、受教育程度等指标(变量)，均为描述总体特征的指标.

为了采用数理统计方法对公司员工工资水平及其影响工资水平的因素进行分析，首先要收集个体的各个指标的数据，并一一列出，即得到数理统计分析、推断所需要的数据集. 数据集是数理统计研究的基础，所以正确收集数据的方法应该是数理统计学习的开始。一般在收集数据前，我们必须明确研究范围，研究对象，并确定需要研究对象的具体特征等等. 数据收集方法一般有两种.

(1)通过调查收集数据. 如上面的例子中，我们要得到公司员工的"年龄、性别、工种、工资、受教育程度"这些资料，只要到公司的人事部门调出公司员工的档案，并一一记录就可以得到所需要的资料. 有时也可以通过问卷调查得到所要的数据资料.

(2)通过实验收集数据. 如为研究某种药物在血液中被吸收的情况，研究人员将这种药物注入 24 个人体内，注射后 30 分钟测量人体血液中的药物浓度. 这种试验的目的是揭示出一些变量在其他变量变化时作出的响应. 根据研究问题的需要，通常会将24 个人分成几组(如三组)，每组人的药物注射量不一样，由此收集到的注射后 30 分钟后人体血液中的药物浓度可以说明注射量对血液中药物浓度的影响.

在数理统计的课程中分别有"抽样方法"和"试验设计"两门课程专门研究如何正确有效地收集数据的方法. 这里不作详细介绍.

总体的某个指标 X，对于不同的个体来说有不同的取值，这些取值可以构成一个分布，因此 X 可以看成一个随机变量. 有时候就把 X 称为总体. 假设 X 的分布函数为$F(\cdot)$，也称 $F(\cdot)$为总体. 如果我们关心总体两个或两个以上的指标，可用随机向量$(X_1,X_2,\cdots,X_d)$来表示. 如上例中，采用 X 表示年龄，Y 表示性别，Z 表示工种，W 表示工资，V 表示受教育程度，即可用(X,Y,Z,W,V)表示总体. 为了方便，今后不再特别区分总体和相应指标，均记为总体 X，或总体$(X_1,X_2,\cdots,X_d)$. 在实际中，总体的分布一般是未知的，或只知道它具有某种形式，但其中包含着未知参数. 数理统计主要任务是从总体中抽取一部分个体，根据部分个体的数据对总体分布给出推断. 被抽取的部分个体叫总体的一个**样本(sample)**，被抽取个体数称为**样本容量**.

假设我们从总体 X 中随机地抽取 n 个个体，随着抽取的个体的不同，指标 X 的取值也不同，分别记为 $X_1,X_2,\cdots,X_n$，称其为**随机样本(random sample)**. 按不同的抽取方法可得到不同的随机样本. 如果在抽取样本时，确保总体中的每个个体均有相同的被抽中的概率，即 X_i 可能是总体中的任意一个个体，从理论上看，X_i 与总体 X 有相同的分布，进一步，假设每个个体独立抽取，则随机样本 $X_1,X_2,\cdots,X_n$ 是**简单随机样本(simple random sample)**. 简单随机样本 $X_1,X_2,\cdots,X_n$ 可以看成是相互独立同分布的随机变量.

对所抽取的样本进行观察，得出一组实数：$x_1,x_2,\cdots,x_n$，我们称 $x_1,x_2,\cdots,x_n$ 为样本 X_1，$X_2,\cdots,X_n$ 的一组观察值(或样本值). 综合上述，我们给出以下的定义.

定义 6.1.1 设总体 X 是具有分布函数 $F(\cdot)$的随机变量，$X_1,\cdots,X_n$ 是来自总体 X 的随机样本. 若满足

(ⅰ)$X_1,\cdots,X_n$ 是相互独立的随机变量；

(ⅱ)每一 X_i 与总体 X 有相同的分布函数；

则称 $X_1,\cdots,X_n$ 为取自总体 X 的简单随机样本. 为方便计，本书以后提到的"样本"均指的是简单随机样本.

如果总体的分布函数为 $F(x)$，则根据上述定义，样本的联合分布函数为：

$$F^*(x_1,x_2,\cdots,x_n)=\prod_{i=1}^{n}F(x_i).$$

如果总体的概率密度为 $f(x)$，则样本的概率密度为：

$$f^*(x_1,x_2,\cdots,x_n)=\prod_{i=1}^{n}f(x_i).$$

注 对于有限总体，采用放回抽样就能得到简单随机样本. 但当总体容量很大的时候，放回抽样有时候很不方便，因此在实际中当总体容量比较大时，通常将不放回抽样所得到的样本近似当作简单随机样本来处理. 对于无限总体，一般采取不放回抽样.

(二)统计量

样本是进行统计推断的依据. 在获得了样本之后，下一步就要对样本进行统计分析和对总

体进行统计推断，即对样本进行加工、整理，从中提取有用信息，并根据这些信息对总体作出推断. 例如，假设流水线上生产的产品的重量服从正态分布 $N(\mu,\sigma^2)$（参数 μ,σ^2 未知），现从生产流水线上抽取样本，其重量为 $X_1,X_2,\cdots,X_n$，我们可以计算它们的平均值 $\overline{X}=\sum\limits_{i=1}^{n}X_i/n$，用 $\overline{X}$ 作为总体均值 μ 的估计. 这里 $\overline{X}$ 是样本 $X_1,X_2,\cdots,X_n$ 的函数，称为**统计量(statistic)**.

定义 6.1.2　设 $X_1,X_2,\cdots,X_n$ 是来自总体 X 的一个样本，$g(X_1,X_2,\cdots,X_n)$ 是样本 $X_1,X_2,\cdots,X_n$ 的函数，若 g 中不含未知参数，则称 $g(X_1,X_2,\cdots,X_n)$ 是一**统计量**.

由于统计量是样本的函数，不包含任何的未知参数，所以一旦有了样本观察值，就可以算出统计量的值. 在统计学中，根据不同的目的可以构造出许多不同的统计量. 下面是几种常用的重要统计量.

1. 样本平均值

$$\overline{X}=\frac{1}{n}\sum_{i=1}^{n}X_i;$$

2. 样本方差

$$S^2=\frac{1}{n-1}\sum_{i=1}^{n}(X_i-\overline{X})^2=\frac{1}{n-1}\left(\sum_{i=1}^{n}X_i^2-n\overline{X}^2\right);$$

3. 样本标准差

$$S=\sqrt{S^2}=\sqrt{\frac{1}{n-1}\sum_{i=1}^{n}(X_i-\overline{X})^2};$$

4. 样本 k 阶(原点)矩

$$A_k=\frac{1}{n}\sum_{i=1}^{n}X_i^k;$$

5. 样本 k 阶中心矩

$$B_k=\frac{1}{n}\sum_{i=1}^{n}(X_i-\overline{X})^k,k=2,3,\cdots.$$

对于上面的几个常用的统计量，作如下的说明：

(1)一般，用样本均值 $\overline{X}$ 作为总体均值 μ 的估计；用样本方差 S^2 作为总体方差 σ^2 的估计；用样本原点矩 A_k(样本中心矩 B_k)作为总体原点矩 μ_k(总体中心矩 V_k)的估计.

(2)总体方差的估计可以用 S^2 也可以用 B_2，主要的区别是 S^2 作为总体方差估计是无偏估计，但 B_2 作为总体方差的估计是有偏的(关于估计的无偏性我们将在下一章讨论).

(3)总体的任一个未知参数可以有多个不同的估计，因此，参数估计不唯一.

(4)假设 $X_1,X_2,\cdots,X_n$ 是一个从总体 X 中抽取的简单随机样本，假设 $\mu_k=E[X^k]$ 存在，由辛钦大数定律可知，

$$A_k=\frac{1}{n}\sum_{i=1}^{n}X_i^k\xrightarrow{P}\mu_k,k=1,2,\cdots$$

进一步，如果 $g(\mu_1,\cdots,\mu_k)$ 是一个连续函数，由依概率收敛的性质，

$$g(A_1,A_2,\cdots,A_k)\xrightarrow{P}g(\mu_1,\mu_2,\cdots,\mu_k).$$

§6.2　χ^2 分布，t 分布，F 分布

统计量的分布称为**抽样分布(sampling distribution)**. 在使用统计量进行统计推断时需要知道抽样分布. 一般来说要给出统计量的精确分布是很困难的，但在某些特殊情形下，如总体是正态分布的情形下，我们可以给出某些统计量的精确分布，这些精确抽样分布为正态总体情形下参数推断提供了理论依据.

在数理统计中，最重要的三个分布分别为：χ^2 分布，t 分布和 F 分布.

(一)χ^2 分布

定义 6.2.1　(χ^2 分布)设 $X_1,X_2,\cdots,X_n$ 为独立同分布的随机变量，且都服从 $N(0,1)$. 记 $Y=X_1^2+X_2^2+\cdots+X_n^2$，则称 Y 服从自由度为 n 的 χ^2 分布，记 $Y\sim\chi^2(n)$. χ^2 分布的概率密度为

$$f_{\chi^2}(x)=\begin{cases}\dfrac{1}{2^{n/2}\Gamma(n/2)}x^{n/2-1}\mathrm{e}^{-x/2}, & x>0,\\ 0, & \text{其他}.\end{cases}\tag{6.2.1}$$

χ^2 分布的概率密度可以由下面的方法导出. 如果 $X\sim N(0,1)$，则 $\chi^2\sim\chi^2(1)$，其分布为 $\Gamma(\frac{1}{2},\frac{1}{2})$. 假设 $X_1,X_2,\cdots,X_n$ 为独立同分布的随机变量，则 $X_1^2,X_2^2,\cdots,X_n^2$ 仍是独立同分布的随机变量，从而由 Γ 分布的可加性知，

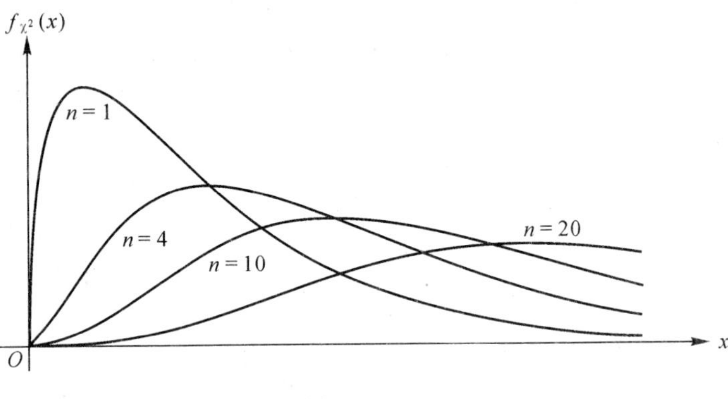

图 6.2.1

$$\chi^2(n)=\sum_{i=1}^{n}X_i^2\sim\Gamma(\frac{n}{2},\frac{1}{2}),$$

由此可得出(6.2.1). χ^2 分布的密度函数 $f_{\chi^2}(x)$ 的图形如图 6.2.1 所示.

χ^2 分布有如下的性质：

(1)χ^2 分布可加性

设 $Y_1\sim\chi^2(m)$，$Y_2\sim\chi^2(n)$，且两者相互独立，则 $Y_1+Y_2\sim\chi^2(m+n)$.

证明　根据 χ^2 分布的定义，我们可以把 Y_1 和 Y_2 分别表示为

$$Y_1=X_1^2+X_2^2+\cdots+X_m^2,\quad Y_2=Z_1^2+Z_2^2+\cdots+Z_n^2,$$

其中 $X_1,X_2,\cdots,X_m$ 和 $Z_1,Z_2,\cdots,Z_n$ 都服从标准正态分布 $N(0,1)$，且相互独立. 所以，根据 χ^2 分布的定义，

$$Y_1+Y_2=X_1^2+X_2^2+\cdots+X_m^2+Z_1^2+Z_2^2+\cdots+Z_n^2\sim\chi^2(m+n).$$

(2)χ^2 分布的数学期望和方差

$E(\chi^2(n))=n$，$D(\chi^2(n))=2n$. 即 χ^2 分布的期望等于自由度，而方差等于自由度的 2 倍.

证明：设 $Y\sim\chi^2(n)$，可以表示为 $Y=X_1^2+X_2^2+\cdots+X_n^2$，其中 $X_i\sim N(0,1)$ 且相互独立，因而，$E(X_i^2)=1$，从而有

$$E(Y)=E(X_1^2+X_2^2+\cdots+X_n^2)=n.$$

由分步积分可以得出 $E(X_i^4)=3$，于是有 $D(X_i^2)=E(X_i^4)-(E(X_i^2))^2=3-1=2$，由 $X_1,X_2,\cdots,X_n$ 的独立性，有

$$D(Y)=D(X_1^2+X_2^2+\cdots+X_n^2)=\sum_{i=1}^{n}D(X_i^2)=2n.$$

(3)χ^2 分布分位点

对于给定的正数 α，$0<\alpha<1$，称满足条件

$$P(\chi^2 > \chi^2_\alpha(n)) = \int_{\chi^2_\alpha(n)}^{+\infty} f_{\chi^2}(x)\mathrm{d}x = \alpha$$

的点 $\chi^2_\alpha(n)$ 为 $\chi^2(n)$ 分布的上(侧)α 分位点，如图 6.2.2 所示. 对于不同的 α, n，上侧 α 分位点的值可见附表 4.

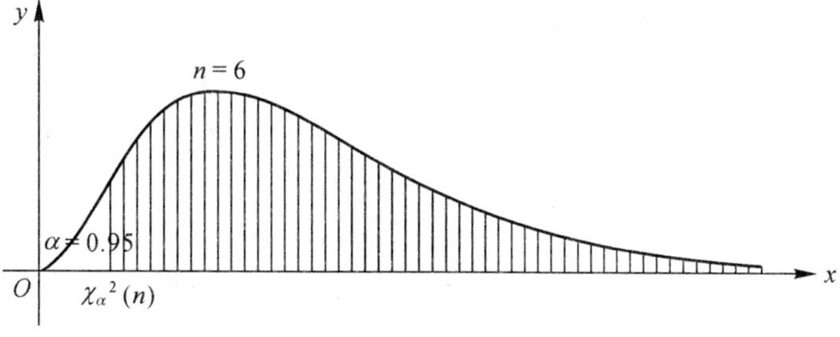

图 6.2.2

例 6.2.1　对于$\alpha=0.1, n=25$，查附表 4 得$\chi^2_{0.1}(25)=34.382$. 也可以通过 Excel 查出 $\chi^2_{0.1}(25)$的值。具体如下：在 Excel 表单的任一单元格输入"＝"⇒在主菜单中点击"插入(I)"⇒"函数(F)"⇒在"选择类别"的下拉式菜单中选择"统计"⇒选择"CHIINV"点击"确定"⇒在函数参数表单中输入 Probability＝0.1，Deg-freedom＝25，点击"确定"⇒即在单元格中出现"34.382".

例 6.2.2　χ^2 分布的概率值也是可以通过 Excel 表单得出. 假设 $X\sim\chi^2(25)$，计算 $P(X>36)$的值，具体如下：在 Excel 表单的任一单元格输入"＝"⇒在主菜单中点击"插入(I)"⇒"函数(F)"⇒在"选择类别"的下拉式菜单中选择"统计"⇒选择"CHIDIST"点击"确定"⇒在函数参数表单中输入"$X=36$，Deg_freedom＝25"，然后点"确定"⇒在单元格中出现"0.0716". 即 $P(X>36)=0.0716$. 注意，Excel 中 χ^2 分布的概率值实际上给出的是尾概率的值. 如果要计算 $P(X\leqslant 36)$，则先要在 Excel 中求出 $P(X>36)$的值，再由 $P(X\leqslant 36)=1-P(X>36)$给出 $P(X\leqslant 36)=0.9284$.

注　费歇(R. A. Fisher)曾证明，当 n 充分大时，χ^2 分布的上侧 α 分位点可以有如下的近似，

$$\chi^2_\alpha(n)\approx\frac{1}{2}(z_\alpha+\sqrt{2n-1})^2,$$

其中 z_α 是标准正态分布的上侧分位点. 利用这个关系式可以求出 $n>40$ 时，$\chi^2(n)$分布的上侧 α 分位点的近似值.

(二)t 分布

定义 6.2.2　(t 分布)设 $X\sim N(0,1)$，$Y\sim\chi^2(n)$，且 X,Y 相互独立，则称随机变量

$$t=\frac{X}{\sqrt{Y/n}}$$

服从自由度为 n 的 t 分布. 记 $t\sim t(n)$. t 分布又称为学生氏(Student)分布. $t(n)$分布的概率密度函数为

$$f_t(x)=\frac{\Gamma[(n+1)/2]}{\sqrt{\pi n}\Gamma(\frac{n}{2})}(1+\frac{x^2}{n})^{-(n+1)/2},$$

$$-\infty<x<\infty.$$

t 分布密度函数如图 6.2.3 所示，其中 $\varphi(x)$为标准正态密度

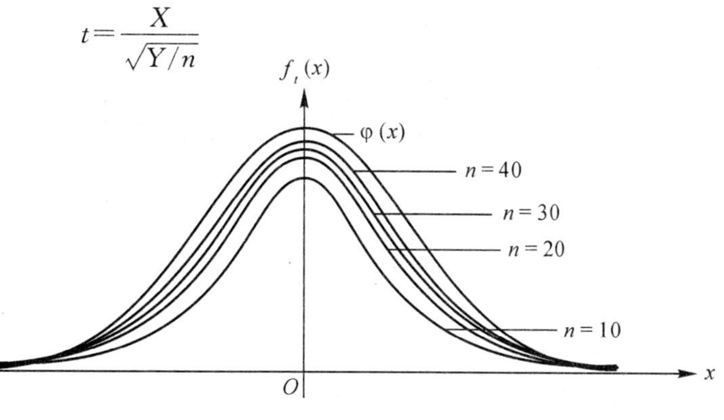

图 6.2.3

函数.

t 分布有如下的性质：

(1)t 分布的密度函数 $f_t(y)$是偶函数，关于 y 轴对称.

(2)由 t 分布的密度函数可以得到，

$$\lim_{n\to\infty} f_t(x)=\frac{1}{\sqrt{2\pi}}e^{-x^2/2}.$$

即当 n 足够大时，t 分布近似于标准正态分布 $N(0,1)$.

(3)t 分布分位点. 对于给定的正数 α，$0<\alpha<1$，称满足条件 $P(t>t_\alpha(n))=\int_{t_\alpha(n)}^{\infty} f_t(x)\mathrm{d}x=\alpha$ 的点 $t_\alpha(n)$ 为 $t(n)$分布的上侧 α 分位点，如图 6.2.4 所示.

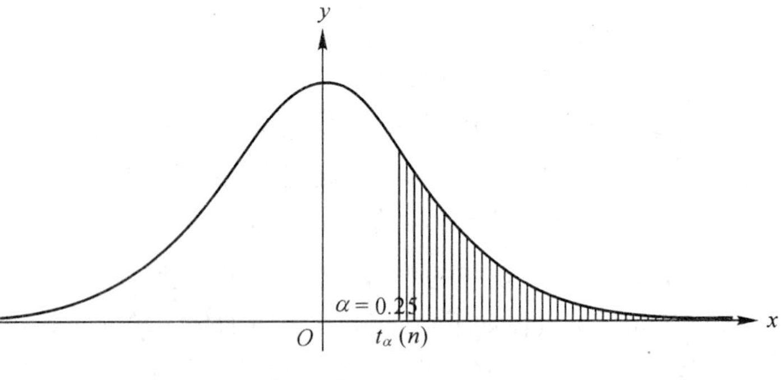

图 6.2.4

由 t 分布密度函数的对称性可知：$t_{1-\alpha}(n)=-t_\alpha(n)$. 对于不同的 α,n，上侧 α 分位点的值可见附表 3.

例 6.2.3 对于$\alpha=0.05$，$n=25$，查附表 3 得 $t_{0.05}(25)=1.708$. 也可以通过 Excel 查出 $t_{0.05}(25)$的值. 具体如下：在 Excel 表单的任一单元格输入“＝”⇒在主菜单中点击“插入(I)”⇒“函数(F)”⇒在“选择类别”的下拉式菜单中选择“统计”⇒选择“TINV”点击“确定”⇒在函数参数表单中输入“Probability＝0.1，Deg_freedom＝25”，点击“确定”⇒即在单元格中出现“1.708”.

例 6.2.4 t 分布的概率值也可以通过 Excel 表单简单得出的. 假设 $X\sim t(5)$，计算 $P(X>2)$的值，具体如下：在 Excel 表单的任一单元格输入“＝”⇒在主菜单中点击“插入(I)”⇒“函数(F)”⇒在“选择类别”的下拉式菜单中选择“统计”⇒选择“TDIST”点击“确定”⇒在函数参数表单中输入“$X=2$，Deg_freedom＝5，Tails＝1”，然后点“确定”⇒即在单元格中出现“0.05097". 注意“Tails＝1”表示所得的概率是单边的，如果“Tails＝2”表示所得的概率是双边的，所求出的是 $P(|X|>2)$的值，即 $P(|X|>2)=0.10194$.

注 数理统计书后的附表中的 t 的分位点的 α 不是很多，而且 n 也只到 45 为止. 一般情形下，当 $n>45$ 时，可以用标准正态分布来近似. 但在 Excel 中可以查到你所想要的任意 α 和 n 取值的上 α 分位点.

(三)*F* 分布

定义 6.2.3 (F 分布)设 $U\sim\chi^2(n_1)$，$V\sim\chi^2(n_2)$，且 U,V 相互独立，则称随机变量

$$F=\frac{U/n_1}{V/n_2}$$

服从自由度为(n_1,n_2)的 F 分布. 记 $F\sim F(n_1,n_2)$. $F(n_1,n_2)$分布的概率密度函数为

$$f_F(x)=\frac{\Gamma[(n_1+n_2)/2](n_1/n_2)^{n_1/2}x^{(n_1/2)-1}}{\Gamma(n_1/2)\Gamma(n_2/2)[1+(n_1x/n_2)]^{(n_1+n_2)/2}},\quad x>0.$$

F 分布密度函数如图 6.2.5 所示.

F 分布有如下的性质：

(1)由 F 分布的定义可知，若 $F\sim F(n_1,n_2)$，则$\dfrac{1}{F}\sim F(n_2,n_1)$.

(2)如果 $X\sim t(n)$,则 $X^2\sim F(1,n)$.

证明:由 t 分布的定义可知,X 可表示为

$$X=\frac{Y}{\sqrt{Z/n}},$$

其中 $Y\sim N(0,1)$,$Z\sim\chi^2(n)$,并且 Y 与 Z 相互独立,所以

$$X^2=\frac{Y^2}{Z/n}.$$

再由 F 分布的定义即可知 $X^2\sim F(1,n)$.

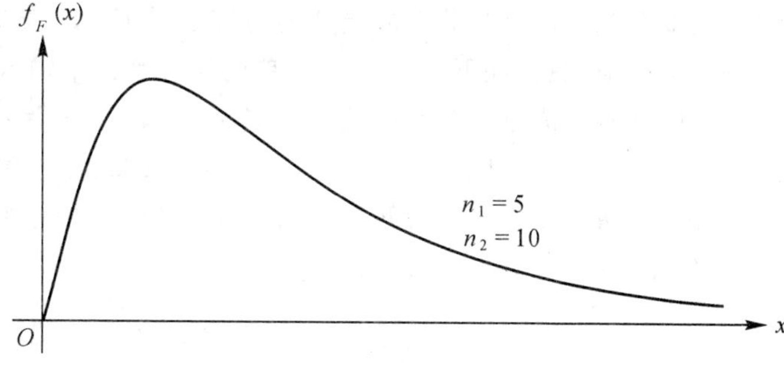

图 6.2.5

(3)F 分布分位点.对于给定的正数 α,$0<\alpha<1$,称满足条件

$$P(F>F_\alpha(n_1,n_2))=\int_{F_\alpha(n_1,n_2)}^{\infty}f_F(x)\mathrm{d}x=\alpha$$

的点 $F_\alpha(n_1,n_2)$ 为 $F(n_1,n_2)$ 分布的上侧 α 分位点,如图 6.2.6 所示.

对于不同的 α,n,上侧 α 分位点的值可见附表 5,由性质(1),我们可以得出 F 分布分位点如下关系式,

$$F_{1-\alpha}(n_1,n_2)=\frac{1}{F_\alpha(n_2,n_1)}.$$

图 6.2.6

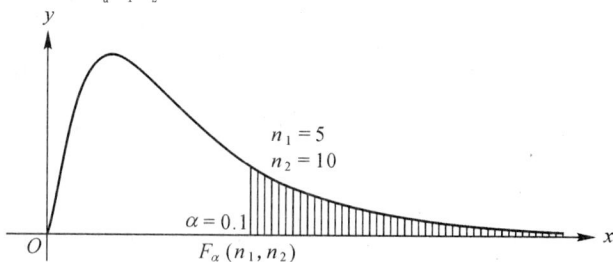

证明:设 $X\sim F(n_1,n_2)$,则有 $\frac{1}{X}\sim F(n_2,n_1)$.

$$1-\alpha=P(X>F_{1-\alpha}(n_1,n_2))=P\left(\frac{1}{X}<\frac{1}{F_{1-\alpha}(n_1,n_2)}\right)=1-P\left(\frac{1}{X}>\frac{1}{F_{1-\alpha}(n_1,n_2)}\right),$$

等价地有

$$\alpha=P\left(\frac{1}{X}>\frac{1}{F_{1-\alpha}(n_1,n_2)}\right),$$

即有 $F_\alpha(n_2,n_1)=\frac{1}{F_{1-\alpha}(n_1,n_2)}$.

例 6.2.5　对于 $\alpha=0.1$,$n_1=9$,$n_2=10$,查附表 5 得 $F_{0.1}(9,10)=2.35$.也可以通过 Excel 查出 $F_{0.1}(9,10)$的值.具体如下:在 Excel 表单的任一单元格输入"="⇒在主菜单中点击"插入(I)"⇒"函数(F)"⇒在"选择类别"的下拉式菜单中选择"统计"⇒选择"FINV"点击"确定"⇒在函数参数表单中输入 Probability=0.1,Deg_freedom1=9,Deg_freedom2=10,然后点击"确定"⇒即在单元格中出现"2.347".

注　一般数理统计书后的附表中的 F 的 α 分位点的 α 是比较小的值,如 $\alpha=0.1,0.05,0.025,0.01,0.005$ 等,对于较大的 α 值的分位点通常可以利用 $F_\alpha(n_1,n_2)=1/F_{1-\alpha}(n_2,n_1)$计算得出.

例 6.2.6　如 F 表中查不到 $F_{0.95}(9,10)$,所以,

$$F_{0.95}(9,10)=\frac{1}{F_{0.05}(10,9)}=1/3.14=0.3185.$$

但在 Excel 中可以查到你所想要的任意 α 和 n_1,n_2 取值的 F 分布的上分位点.

例 6.2.7 对于 F 分布的概率值可以通过 Excel 表单简单得出. 假设 $X\sim F(9,10)$，计算 $P(X>3)$ 的值，具体如下：在 Excel 表单的任一单元格输入"＝"⇒在主菜单中点击"插入(I)"⇒"函数(F)"⇒在"选择类别"的下拉式菜单中选择"统计"⇒选择"FDIST"点击"确定"⇒在函数参数表单中输入"$X=3$，Deg_freedom1＝9，Deg_freedom2＝10"，然后点"确定"⇒即在单元格中出现"0.0510". 注意 Excel 得出的 F 分布的概率值实际上是分布尾部概率的值. 如果要计算 $P(X\leqslant 3)$ 的值，先计算 $P(X>3)$ 的值，然后再由 $P(X\leqslant 3)=1-P(X>3)$ 给出 $P(X\leqslant 3)=0.9490$.

§6.3 正态总体下的抽样分布

对正态总体，样本均值、样本方差以及某些重要的统计量的抽样分布具有很完美的结果，它们为经典数理统计的参数估计和假设检验奠定了坚实的基础.

定理 6.3.1 设 $X_1,X_2,\cdots,X_n$ 为来自正态总体 $N(\mu,\sigma^2)$ 的简单随机样本，$\overline{X}$ 是样本均值，则有

$$\overline{X}\sim N\left(\mu,\frac{\sigma^2}{n}\right).$$

证明：由第四章正态分布的性质即可知.

定理 6.3.2 设 $X_1,X_2,\cdots,X_n$ 为来自正态总体 $N(\mu,\sigma^2)$ 的简单随机样本，$\overline{X}$ 是样本均值，S^2 是样本方差，则有 (1) $\frac{(n-1)S^2}{\sigma^2}\sim\chi^2(n-1)$；(2) $\overline{X}$ 与 S^2 相互独立.

证明：见附录 6.4.

定理 6.3.3 设 $X_1,X_2,\cdots,X_n$ 为来自正态总体 $N(\mu,\sigma^2)$ 的简单随机样本，$\overline{X}$ 是样本均值，S^2 是样本方差，则有

$$\frac{\overline{X}-\mu}{S/\sqrt{n}}\sim t(n-1).$$

证明：由定理 6.3.1 和定理 6.3.2，

$$\frac{\overline{X}-\mu}{\sqrt{\sigma^2/n}}\sim N(0,1),\quad \frac{(n-1)S^2}{\sigma^2}\sim\chi^2(n-1),$$

且两者独立，由 t 分布的定义知

$$\frac{\overline{X}-\mu}{S/\sqrt{n}}=\frac{\overline{X}-\mu}{\sqrt{\sigma^2/n}}\Bigg/\sqrt{\frac{(n-1)S^2}{\sigma^2}/(n-1)}\sim t(n-1).$$

定理 6.3.4 设 $X_1,X_2,\cdots,X_{n_1}$ 和 $Y_1,Y_2,\cdots,Y_{n_2}$ 分别为来自正态总体 $N(\mu_1,\sigma_1^2)$ 和 $N(\mu_2,\sigma_2^2)$ 的简单随机样本，并且两个总体相互独立. 记 $\overline{X},\overline{Y}$ 分别是两个样本的样本均值，S_1^2，S_2^2 分别是样本方差，则有

(1) $\frac{S_1^2/\sigma_1^2}{S_2^2/\sigma_2^2}\sim F(n_1-1,n_2-1)$；

(2) 当 $\sigma_1^2=\sigma_2^2=\sigma^2$ 时，

$$\frac{(\overline{X}-\overline{Y})-(\mu_1-\mu_2)}{S_w\sqrt{\frac{1}{n_1}+\frac{1}{n_2}}}\sim t(n_1+n_2-2),$$

其中

$$S_w^2=\frac{(n_1-1)S_1^2+(n_2-1)S_2^2}{n_1+n_2-2},\quad S_w=\sqrt{S_w^2}.$$

证明：(1) 由定理 6.3.2，

$$\frac{(n_1-1)S_1^2}{\sigma_1^2}\sim\chi^2(n_1-1),\frac{(n_2-1)S_2^2}{\sigma_2^2}\sim\chi^2(n_2-1),$$

由假设知 S_1^2,S_2^2 独立，根据 F 分布的定义知，

$$\frac{(n_1-1)S_1^2}{(n_1-1)\sigma_1^2}\Big/\frac{(n_2-1)S_2^2}{(n_2-1)\sigma_2^2}\sim F(n_1-1,n_2-1),$$

即

$$\frac{S_1^2/S_2^2}{\sigma_1^2/\sigma_2^2}\sim F(n_1-1,n_2-1).$$

(2)由正态随机向量的性质知，

$$\overline{X}-\overline{Y}\sim N(\mu_1-\mu_2,\frac{\sigma^2}{n_1}+\frac{\sigma^2}{n_2}),$$

即有

$$U=\frac{(\overline{X}-\overline{Y})-(\mu_1-\mu_2)}{\sqrt{\frac{\sigma^2}{n_1}+\frac{\sigma^2}{n_2}}}\sim N(0,1).$$

又由 χ^2 分布的可加性，

$$V=\frac{(n_1-1)S_1^2}{\sigma^2}+\frac{(n_2-1)S_2^2}{\sigma^2}\sim\chi^2(n_1+n_2-2).$$

由定理 6.3.2 可知，U 和 V 相互独立，根据 t 分布的定义知，

$$\frac{(\overline{X}-\overline{Y})-(\mu_1-\mu_2)}{S_w\sqrt{\frac{1}{n_1}+\frac{1}{n_2}}}=\frac{U}{\sqrt{V/(n_1+n_2-2)}}\sim t(n_1+n_2-2).$$

§6.4　附　　录

定理 6.3.2 的证明：令 $Z_i=\frac{X_i-\mu}{\sigma}, i=1,2,\cdots,n$，显然，$Z_1,Z_2,\cdots,Z_n$ 相互独立，且都服从 $N(0,1)$分布，记

$$\overline{Z}=\frac{1}{n}\sum_{i=1}^{n}Z_i,$$

$$\frac{(n-1)S^2}{\sigma^2}=\frac{\sum_{i=1}^{n}(X_i-\overline{X})^2}{\sigma^2}=\sum_{i=1}^{n}\left[\frac{(X_i-\mu)-(\overline{X}-\mu)}{\sigma}\right]^2$$

$$=\sum_{i=1}^{n}(Z_i-\overline{Z})^2=\sum_{i=1}^{n}Z_i^2-n(\overline{Z})^2.$$

设 $\boldsymbol{A}$ 为 n 阶正交方阵，且假定它的第一行所有元素均为 $1/\sqrt{n}$，令

$$\boldsymbol{Y}=\begin{pmatrix}Y_1\\Y_2\\\vdots\\Y_n\end{pmatrix}=\boldsymbol{A}\begin{pmatrix}Z_1\\Z_2\\\vdots\\Z_n\end{pmatrix}=\boldsymbol{AZ},$$

$\boldsymbol{A}$ 是正交方阵，$\boldsymbol{A}'\boldsymbol{A}=\boldsymbol{A}\boldsymbol{A}'=\boldsymbol{I}$（$\boldsymbol{I}$ 为单位矩阵.）由此可知

$$\sum_{i=1}^{n}Y_i^2=\boldsymbol{Y}'\boldsymbol{Y}=\boldsymbol{Z}'\boldsymbol{A}'\boldsymbol{A}\boldsymbol{Z}=\sum_{i=1}^{n}Z_i^2.$$

再由 $\boldsymbol{A}$ 的构造，即第一行的所有元素是 $1/\sqrt{n}$，可知

$$Y_1=\frac{1}{\sqrt{n}}\sum_{i=1}^{n}Z_i,\qquad Y_j=\sum_{i=1}^{n}a_{ji}Z_i,j=2,3,\cdots,n.$$

故 $Y_1,Y_2,\cdots,Y_n$ 仍是正态随机变量，由于 $Z_i\sim N(0,1),i=1,2,\cdots,n$. 并且 A 为正交方阵，可得

$$E(Y_j)=E(\sum_{i=1}^{n}a_{ji}Z_i)=\sum_{i=1}^{n}a_{ji}E(Z_i)=0,$$

$$\begin{aligned}\mathrm{Cov}(Y_l,Y_k)&=\mathrm{Cov}(\sum_{i=1}^{n}a_{li}Z_i,\sum_{j=1}^{n}a_{kj}Z_j)\\&=\sum_{i=1}^{n}\sum_{j=1}^{n}a_{li}a_{kj}\mathrm{Cov}(Z_i,Z_j)=\sum_{i=1}^{n}a_{li}a_{ki}=\delta_{lk},\end{aligned}$$

其中 $\delta_{lk}=0$，当 $l\neq k$；$\delta_{lk}=1$，当 $l=k$.

因此，$Y_1,Y_2,\cdots,Y_n$ 仍是相互独立同分布，$Y_i\sim N(0,1),i=1,2,\cdots,n$，并且，

$$Y_1=\sum_{i=1}^{n}a_{1i}Z_i=\sum_{i=1}^{n}\frac{1}{\sqrt{n}}Z_i=\sqrt{n}\cdot\overline{Z},$$

$$\frac{(n-1)S^2}{\sigma^2}=\sum_{i=1}^{n}Z_i^2-n(\overline{Z})^2=\sum_{i=1}^{n}Y_i^2-Y_1^2=\sum_{i=2}^{n}Y_i^2\sim\chi^2(n-1).$$

即 $\frac{(n-1)S^2}{\sigma^2}$ 仅和 $Y_2,Y_3,\cdots,Y_n$ 有关，而 $\overline{X}$ 仅依赖于 Y_1，因此推出 $\overline{X}$ 和 S^2 相互独立.

思考题六

1. 什么是统计量？什么是统计量的值？什么是抽样分布？

2. 简单随机样本有哪两个主要性质？在实际中如何获得简单随机样本？

3. $N(0,1)$，t 分布，χ^2 分布和 F 分布的双侧、下侧、上侧分位点是如何定义的？怎样利用附表查这些分位点的值？如何利用 Excel 查出分位点的值？

4. 从总体 X 中抽取样本 X_1,X_2,X_3，假设 X 服从 $N(0,\sigma^2)$，则下列结果哪些不正确，为什么？

(1) $\frac{X_1+X_2+X_3}{\sigma}\sim N(0,3)$；(2) $\frac{X_1^2+X_2^2+X_3^2}{\sigma^2}\sim\chi^2(3)$；(3) $\frac{X_1}{\sqrt{X_2^2+X_3^2}}\sim t(2)$；

(4) $D(X_1+\overline{X})=\frac{4}{3}\sigma^2$；　(5) $\frac{2X_1^2}{X_2^2+X_3^2}\sim F(1,2)$；　(6) $\mathrm{Cov}(X_1,\overline{X})=\sigma^2$.

5. 设 $X_1,X_2,\cdots,X_n$ 为来自总体 X 的一个简单随机样本，记 $\overline{X},S^2$ 分别是样本均值和样本方差，则 $\overline{X}$ 与 S^2 一定是相互独立的吗？

6. 设 $X\sim N(0,1),Y\sim\chi^2(n)$，则 $t=\frac{\sqrt{n}X}{\sqrt{Y}}\sim t(n)$ 一定成立吗？

习题六

1. 设总体 X 的期望为 μ，方差为 σ^2，从中随机抽取一个容量为 285 的样本，记 $\overline{X}$ 为样本均值，试求 $P(|\overline{X}-\mu|<0.1\sigma)$.

2. 设 $X_1,X_2,\cdots,X_n$ 为来自总体 X 的一个样本，总体 $X\sim N(\mu,\sigma^2)$，记 $\overline{X},S^2$ 分别为样本均值和样本方差.

(1) 求 $E(\overline{X}^2),E(X_1\cdot\overline{X})$；

(2) 写出 $X_1-\overline{X}$，$\sum_{i=1}^{n}\frac{(X_i-\mu)^2}{\sigma^2}$；$\frac{n(\overline{X}-\mu)^2}{\sigma^2}$，$\frac{n(\overline{X}-\mu)^2}{S^2}$ 的分布；

(3)当 n 为偶数时,写出 $\sum_{i=1}^{n/2}(X_i-\mu)^2\Big/\sum_{i=1+n/2}^{n}(X_i-\mu)^2$ 的分布.

3. 设$\overline{X}_n$ 和 S_n^2 分别是样本 $X_1,X_2\cdots,X_n$ 的样本均值和样本方差,现又获得了一个新的样本 X_{n+1},证明:

(1)$\overline{X}_{n+1}=\dfrac{n}{n+1}\overline{X}_n+\dfrac{X_{n+1}}{n+1}$;　　(2)$S_{n+1}^2=\dfrac{n-1}{n}S_n^2+\dfrac{n+1}{n^2}(X_{n+1}-\overline{X}_{n+1})^2$.

假设样本来自正态总体 $N(0,1)$,给出$\overline{X}_{n+1}$和 nS_{n+1}^2的分布.

4. 对一重量为 a 的物体独立重复称 n 次,现准备用这 n 次读数的平均值去估计 a. 假设这批读数来自均值为 a 的正态总体,总体标准差为 2.5. 试问 n 至少多大才能使估计值与 a 之差的绝对值不超过 0.5 的概率大于 95%?

5. 设总体 $X\sim N(0,\sigma^2)$,$X_1,X_2,\cdots,X_n$ 为取自总体的一个简单随机样本.

(1)问 $\dfrac{1}{n}\sum_{i=1}^{n}\left(\dfrac{X_i}{\sigma}\right)^2$ 依概率收敛到什么?

(2)记 $\left(\sum_{i=1}^{n}\left(\dfrac{X_i}{\sigma}\right)^2-n\right)\Big/\sqrt{2n}$的分布函数为 $F_n(x)$,求 $\lim\limits_{n\to\infty}F_n(1)$;

(3)记$\overline{X}$为样本均值,求 $E\left(\sum_{i=1}^{n}(X_i-\overline{X})^2-\overline{X}\right)$ 和 $D\left(\sum_{i=1}^{n}(X_i-\overline{X})^2-\overline{X}\right)$.

6. 总体 $X\sim N(\mu,\sigma^2)$,$X_1,X_2,\cdots,X_{10}$是来自总体 X 的一个样本,求:

(1) $P(0.26\sigma^2\leqslant\dfrac{1}{10}\sum_{i=1}^{10}(X_i-\mu)^2\leqslant 2.3\sigma^2)$;

(2)$P(0.26\sigma^2\leqslant\dfrac{1}{10}\sum_{i=1}^{10}(X_i-\overline{X})^2\leqslant 2.3\sigma^2)$.

7. 设总体 $X\sim N(0,4)$,从中抽取一容量为 9 的简单随机样本 $X_1,X_2,\cdots,X_9$. 设

$$Y=a(X_1+X_2)^2+b(X_3+X_4+X_5)^2+c(X_6+X_7+X_8+X_9)^2,$$

试决定常数 a,b,c,使得随机变量 Y 服从 χ^2 分布,并求其自由度.

8. 假设 $X_1,X_2,\cdots,X_9$ 和 $Y_1,Y_2,\cdots,Y_9$ 分别为来自总体 X 和 Y 的简单随机样本,并设 X,Y 相互独立,都服从正态分布 $N(0,9)$,试问统计量

$$U=\frac{X_1+X_2+\cdots+X_9}{\sqrt{Y_1^2+Y_2^2+\cdots+Y_9^2}}$$

服从什么分布? 为什么?

9. 设 X_1,X_2,X_3,X_4 是来自正态总体 $N(0,\sigma^2)$的样本,记 $Y_1=\dfrac{X_1+X_3}{2}$,$Y_2=\dfrac{X_2+X_4}{2}$,试求:

(1)$Z=\dfrac{(X_1-Y_1)^2+(X_3-Y_1)^2}{(X_2-Y_2)^2+(X_4-Y_2)^2}$的分布;　　(2)$Z=\dfrac{X_1^2+X_3^2}{X_2^2+X_4^2}$的分布.

10. 设总体 $X\sim f(x)=\dfrac{1}{2}e^{-|x|}$,$-\infty<x<\infty$,$X_1,X_2,\cdots,X_{100}$为来自总体 X 的简单随机样本,求:

(1)$\overline{X}$的数学期望和方差;　　(2)S^2 的数学期望;　　(3)$P(|\overline{X}|>0.04)$.

11. 设 $X_1,X_2,\cdots,X_n$是总体 $X\sim N(0,1)$的样本,$\overline{X}$和 S^2 分别为样本均值和样本方差,X_{n+1}是一个新增的样本,试确定 $Y=\dfrac{X_{n+1}-\overline{X}}{S}\sqrt{\dfrac{n}{n+1}}$ 的分布.

12. 给出下列分位点的值:

(1)$\chi^2_{0.05}(5)$,$\chi^2_{0.06}(5)$,$\chi^2_{0.95}(5)$,$\chi^2_{0.94}(5)$;　　(2)$t_{0.05}(8)$,$t_{0.06}(8)$,$t_{0.95}(8)$,$t_{0.94}(8)$;

(3)$F_{0.05}(3,5)$,$F_{0.05}(5,3)$,$F_{0.04}(3,5)$,$F_{0.04}(5,3)$.

13. 设 $X_1,X_2,\cdots,X_n$ 是一个简单随机样本,来自总体 X 服从均值为 $1/\lambda$ 的指数分布,问 $X_{(1)}$和 $nX_{(1)}$是不是统计量? 给出 $X_{(1)}$和 $nX_{(1)}$的分布,其中 $X_{(1)}=\min\limits_{1\leqslant i\leqslant n}X_i$.

14. 在两个等方差的正态总体中,独立地各抽取一个容量为 7 的样本,它们的样本方差分别为 S_1^2 和 S_2^2,问 C 取何值时

$$P\left(\max(\frac{S_1^2}{S_2^2},\frac{S_2^2}{S_1^2})>C\right)=0.05.$$

15. 设总体 $X \sim U(0,\theta)$，$X_1,\cdots,X_5$ 是取自总体 X 的一个样本，$\overline{X}$ 和 S^2 是相应的样本均值和样本方差，求 $E(\overline{X})$，$E(\overline{X}^2)$ 和 $E(S^2)$.

16. 设从正态总体 $N(\mu,\sigma^2)$ 中独立地抽取两个样本，分别为 $X_1,X_2,\cdots,X_6$ 和 $Y_1,Y_2,\cdots,Y_{12}$. $\overline{X}$，S_1^2 和 $\overline{Y}$，S_2^2 分别为两个样本的样本均值和样本方差，试确定

(1) $\sum\limits_{i=1}^{6}\frac{(X_i-\mu)^2}{\sigma^2}$ 和 $\sum\limits_{i=1}^{6}\frac{(X_i-\overline{X})^2}{\sigma^2}$ 的分布；　　(2) $\frac{6(\overline{X}-\mu)^2}{\sigma^2}$ 和 $\frac{6(\overline{X}-\mu)^2}{S_1^2}$ 的分布；

(3) 假设 $a\left(\frac{\overline{X}-\overline{Y}}{\sigma}\right)$ 服从标准正态分布，求 a；　　(4) 假设 $b\frac{\overline{X}-\overline{Y}}{\sqrt{5S_1^2+11S_2^2}} \sim t(16)$，求 b.

17. 设总体 X 服从 $\chi^2(n)$，$X_1,X_2,\cdots,X_{16}$ 为取自该总体的一组简单随机样本，

求 $P\left(\frac{\sum\limits_{i=1}^{8}X_i}{\sum\limits_{i=9}^{16}X_i} \leqslant 1\right)$ 和 $P\left(\frac{\sum\limits_{i=1}^{8}X_i}{\sum\limits_{i=9}^{16}X_i} = 1\right)$ 的值.

第七章　参数估计

统计推断为我们提供了从样本数据中得出有关总体结论的方法，通常分为两大类：参数估计与假设检验. 本章讨论总体参数的估计问题. 在前面已多次使用“参数”这个词，它指的是总体分布函数 $F(x,\theta)$ 中所含的未知参数 θ. 但是，在统计研究中，参数的含义更广泛一些，用来刻画总体某方面性质的量统称为参数. 在实际应用中，参数估计常有两种方案：点估计和区间估计. 简单地说，点估计就是用一个具体的数值去估计一个未知参数. 区间估计就是把未知参数估计在某两个界限之间. 譬如，估计某个城市居民某年的人均消费为 10000 元，这是一个点估计；若估计人均消费在 8000 元到 12000 元之间，这就是一个区间估计. 点估计与区间估计是互为补充的两种参数估计形式.

§7.1　点估计

设总体 X 的分布函数为 $F(x,\theta)$，θ 是待估参数，$X_1,X_2,\cdots,X_n$ 是 X 的一个样本. 点估计问题就是要构造适当的一个统计量 $\hat{\theta}(X_1,X_2,\cdots,X_n)$，用来估计未知参数 θ，我们称 $\hat{\theta}(X_1,X_2,\cdots,X_n)$ 为 θ 的**估计量**. 如果把其中的样本用样本观察值 $x_1,x_2,\cdots,x_n$ 代替，则称 $\hat{\theta}(x_1,x_2,\cdots,x_n)$ 为 θ 的一个**估计值**. 在不致混淆的情况下，统称估计量和估计值为估计，并都简记为 $\hat{\theta}$.

由前一章的内容知，我们可以将统计量 $\overline{X}$（样本均值）作为参数 μ（总体均值）的估计量. 同一个参数可以构造不同的点估计量，例如我们也可以用 $\sum\limits_{i=1}^{n}c_iX_i$ 替代 $\overline{X}$ 作为总体均值 μ 的估计，其中权系数满足 $\sum\limits_{i=1}^{n}c_i=1$. 那么如何比较这些估计量之间的好坏呢？可以根据 7.2 节有关估计量的评价标准进行比较.

下面我们根据不同的统计思想，介绍三种常用的点估计方法：矩法、极大似然法和贝叶斯法.

（一）矩法

矩法是由英国统计学家皮尔逊(Pearson)在 1894 年提出来的.

根据大数定律可证得，当样本容量充分大时，样本矩依概率收敛于相应的总体矩，即有

$$A_k \xrightarrow{P} \mu_k,\ B_k \xrightarrow{P} \upsilon_k,$$

其中 A_k,B_k 分别为样本的 k 阶原点矩和 k 阶中心矩，μ_k,υ_k 分别为总体的 k 阶原点矩和 k 阶中心矩. 因此，我们可以用样本矩作为相应总体矩的估计，用样本矩的函数作为相应总体矩的同一函数的估计，这就是矩法的统计思想.

设 $\theta_1,\theta_2,\cdots,\theta_m$ 是总体 X 的待估参数，并假定 X 的前 m 阶矩存在. 下面我们给出利用矩法求参数估计量的基本步骤.

(1)求总体 X 的前 m 阶矩（不妨设是原点矩）$\mu_1,\mu_2,\cdots,\mu_m$，一般地，这些矩可以写成待估参数 $\theta_1,\theta_2,\cdots,\theta_m$ 的函数形式，记为

$$\begin{cases}\mu_1=E(X)=g_1(\theta_1,\theta_2,\cdots,\theta_m),\\ \mu_2=E(X^2)=g_2(\theta_1,\theta_2,\cdots,\theta_m),\\ \quad\cdots\cdots,\\ \mu_m=E(X^m)=g_m(\theta_1,\theta_2,\cdots,\theta_m).\end{cases}\tag{7.1.1}$$

(2)由方程组(7.1.1),可求出各参数关于前 m 阶矩 $\mu_1,\cdots,\mu_m$ 的函数表达式,设为

$$\theta_k=h_k(\mu_1,\mu_2,\cdots,\mu_m),k=1,2,\cdots,m.$$

(3)根据矩法思想,以 A_i 代替 $\mu_i,i=1,2,\cdots,m$,即可得各参数的点估计量为

$$\hat{\theta}_k=h_k(A_1,A_2,\cdots,A_m),k=1,2,\cdots,m.$$

我们称上述求得的 $\hat{\theta}_k$ 为参数 θ_k 的**矩估计(estimation by moments)**,$k=1,2,\cdots,m$.

注:在上面的(7.1.1)中,也可以用部分总体中心矩 υ_i 代替原点矩 μ_i,此时在步骤(3)中以相应的样本矩 B_i 代替 υ_i 即可.

例 7.1.1　设总体 X 服从指数分布 $E(\lambda)$,有密度函数

$$f(x;\lambda)=\begin{cases}\lambda e^{-\lambda x}, & x\geqslant 0,\\ 0, & x<0.\end{cases}$$

其中 λ 是未知参数,若 $X_1,X_2,\cdots,X_n$ 是来自总体 X 的样本,试求参数 λ 的矩估计.

解　由 $\mu_1=E(X)=1/\lambda$,可得

$$\lambda=1/\mu_1,$$

以 A_1 代替 μ_1,得 λ 的矩估计为

$$\hat{\lambda}=1/A_1=1/\overline{X}=n/\sum_{i=1}^{n}X_i.$$

例 7.1.2　设总体 X 服从区间$[a,b]$上的均匀分布,其中 a,b 是未知参数,若 $X_1,X_2,\cdots,X_n$ 是来自总体 X 的样本,试求参数 a,b 的矩估计.

解　由 $\mu_1=E(X)=\dfrac{a+b}{2},\upsilon_2=D(X)=\dfrac{(b-a)^2}{12}$,可得

$$a=\mu_1-\sqrt{3\upsilon_2},b=\mu_1+\sqrt{3\upsilon_2},$$

以 $A_1=\overline{X}$代替 μ_1,$B_2=\dfrac{1}{n}\sum\limits_{i=1}^{n}(X_i-\overline{X})^2$ 代替 υ_2,得参数 a,b 的矩估计分别为

$$\hat{a}=\overline{X}-\sqrt{3B_2},\hat{b}=\overline{X}+\sqrt{3B_2}.$$

例 7.1.3　设某工厂生产的零件长度 X 服从正态分布 $N(\mu,\sigma^2)$,其中 μ,σ^2 是未知参数.规定当长度落在区间[46,50]时,产品合格,并以 θ 代表该厂生产的零件的合格率.现从中随机抽取了 10 个零件,测得长度分别为

46　51　48　47　50　44　48　49　50　47

试用矩法给出合格率 θ 的估计值.

解　根据正态分布性质,可得

$$\theta=P\{46\leqslant X\leqslant 50\}=\Phi\left(\frac{50-\mu}{\sigma}\right)-\Phi\left(\frac{46-\mu}{\sigma}\right)=\Phi\left(\frac{50-\mu_1}{\sqrt{\upsilon_2}}\right)-\Phi\left(\frac{46-\mu_1}{\sqrt{\upsilon_2}}\right).$$

由实际数据可计算得

$$A_1=\overline{x}=48,B_2=\frac{1}{n}\sum_{i=1}^{n}(x_i-\overline{x})^2=4.$$

因此合格率参数 θ 的矩估计为

$$\hat{\theta}=\Phi(\frac{50-48}{2})-\Phi(\frac{46-48}{2})=\Phi(1)-\Phi(-1)=2\Phi(1)-1=0.6826.$$

由上述例子可以看出，用矩法获得估计量是简便易行的. 一般地，在样本容量充分大时，矩估计量依概率收敛于相应的参数，我们通常称这种估计量为参数的相合估计. 当总体的分布未知，但知道待估参数关于总体各阶矩的函数形式时，便可求出该参数的矩估计. 矩法的缺点是：在参数分布族场合，没有充分利用总体分布所提供的信息，在小样本场合没有突出的性质，而在一般场合下，矩估计量不具有唯一性. 譬如，泊松分布的参数 λ 既是总体的期望，又是总体的方差，那么样本均值 $\overline{X}$ 和二阶中心矩 B_2 都是 λ 的矩估计量.

(二)极大似然法

极大似然法是在参数分布族的场合下使用的一种应用非常广泛的参数估计方法. 它首先是由德国数学家高斯(Gauss)在 1821 年提出的，然而，这个方法常归功于英国统计学家 R. A. Fisher. 因为后者在 1922 年重新发现了这一方法，并且首先研究了该方法的一些优良性质. 为了更好地理解极大似然法的统计思想，先举一个简单的例子.

例 7.1.4　假设在一个罐中放着许多白球和黑球，并假定已经知道两种球的数目之比是 1∶3，但不知道哪种颜色的球多. 如果用放回抽样方法从罐中取 5 个球，观察结果为：黑、白、黑、黑、黑. 试根据上述结果，估计从罐中任取一球，取到黑球的概率.

解　设抽到黑球的概率为 p，则本例中 $p=1/4$ 或 $p=3/4$.

当 $p=1/4$ 时，出现例中观察结果的概率为 $p_1=(1/4)^4\times(3/4)=3/1024$，

当 $p=3/4$ 时，出现例中观察结果的概率为 $p_2=(3/4)^4\times(1/4)=81/1024$.

由于 $p_1<p_2$，因此认为 $p=3/4$ 比 $p=1/4$ 更有可能. 于是取到黑球的概率的估计值为3/4 更合理.

极大似然法的基本思想是：设某事件 A 发生的概率依赖于未知参数 θ，如果观察到 A 已经发生，那么就取 θ 的估计值使得事件 A 发生的概率为最大.

设总体 X 为离散型，其分布律为 $P\{X=x\}=p(x;\theta)$，$\theta\in\Theta$ 是未知的待估参数，Θ 为参数可取值的范围，即参数空间. $X_1,X_2,\cdots,X_n$ 是来自总体 X 的样本，并设 $x_1,x_2,\cdots,x_n$ 是已经得到的样本观察值. 则样本 $X_1,X_2,\cdots,X_n$ 取到观察值 $x_1,x_2,\cdots,x_n$ 的概率为

$$P\{X_1=x_1,X_2=x_2,\cdots,X_n=x_n\}=\prod_{i=1}^{n}P\{X_i=x_i\}=\prod_{i=1}^{n}p(x_i;\theta),$$

它是参数 θ 的函数，对于不同的 θ，这一概率是不相同的. 记

$$L(\theta)=L(\theta;x_1,x_2,\cdots,x_n)=\prod_{i=1}^{n}p(x_i;\theta).$$

我们称 $L(\theta)$ 为**似然函数(likelihood function)**，其形式和样本的联合分布律 $p(x_1,x_2,\cdots,x_n;\theta)$ 相同. 但似然函数 $L(\theta)$ 是在样本观察值给定时有关参数 θ 的函数，而样本的联合分布律 $p(x_1,x_2,\cdots,x_n;\theta)$ 则是在参数给定时有关样本观察值的函数. 基于极大似然法的基本思想，我们应选取 θ 的估计值 $\hat{\theta}$，使得 $L(\theta)$ 取到最大. 于是 θ 需满足：

$$L(\hat{\theta})=L(\hat{\theta};x_1,x_2,\cdots,x_n)=\max_{\theta\in\Theta}L(\theta;x_1,x_2,\cdots,x_n). \tag{7.1.2}$$

由此获得的 $\hat{\theta}=\hat{\theta}(x_1,x_2,\cdots,x_n)$ 称为参数 $\hat{\theta}$ 的极大似然估计值，相应的统计量 $\hat{\theta}(X_1,\cdots,X_n)$ 为 θ 的**极大似然估计量(maximum likelihood estimator)**，简记为 MLE.

当 X 为连续型总体时，设有概率密度 $f(x;\theta)$，$\theta\in\Theta$ 是未知的待估参数，$X_1,X_2,\cdots,X_n$ 来自总体 X 的样本，并设 $x_1,x_2,\cdots,x_n$ 是已经得到的样本观察值. 此时，似然函数可定义为

$$L(\theta)=L(\theta;x_1,x_2,\cdots,x_n)=\prod_{i=1}^{n}f(x_i;\theta)$$

形式与样本的联合密度 $f(x_1,x_2,\cdots,x_n;\theta)$ 相同.而参数 θ 的极大似然估计值 $\hat{\theta}(x_1,x_2,\cdots,x_n)$ 由(7.1.2)确定,极大似然估计量为相应的统计量 $\hat{\theta}(X_1,X_2,\cdots,X_n)$.

寻求极大似然估计常常用微分法,由极值的必要条件,有

$$\frac{\partial L(\theta)}{\partial\theta}=0,\tag{7.1.3}$$

通常称(7.1.3)为**似然方程**.为计算方便,往往对似然函数求对数,记为

$$l(\theta)=\ln L(\theta),$$

称 $l(\theta)$ 为**对数似然函数**.则方程(7.1.3)等价于

$$\frac{\partial l(\theta)}{\partial\theta}=0,\tag{7.1.4}$$

称(7.1.4)为**对数似然方程**.

例 7.1.5　设总体 X 服从泊松分布 $\pi(\lambda)$,其中 λ 是未知参数,若 $X_1,X_2,\cdots,X_n$ 是来自总体 X 的样本,试求参数 λ 的极大似然估计.

解　泊松分布的似然函数为

$$L(\lambda)=\prod_{i=1}^{n}p(x_i;\lambda)=\prod_{i=1}^{n}\frac{\lambda^{x_i}}{x_i!}e^{-\lambda}=\frac{\lambda^{\sum\limits_{i=1}^{n}x_i}}{\prod\limits_{i=1}^{n}x_i!}e^{-n\lambda},$$

相应的对数似然函数为

$$\ln L(\lambda)=(\sum_{i=1}^{n}x_i)\ln\lambda-\sum_{i=1}^{n}\ln x_i!-n\lambda.$$

令

$$\frac{d\ln L(\lambda)}{d\lambda}=0,$$

上述方程有唯一解

$$\hat{\lambda}=\frac{\sum\limits_{i=1}^{n}x_i}{n}=\bar{x},$$

因此参数 λ 的极大似然估计量为

$$\hat{\lambda}=\frac{\sum\limits_{i=1}^{n}X_i}{n}=\bar{X}.$$

例 7.1.6　设总体 X 服从正态分布 $N(\mu,\sigma^2)$,其中 μ,σ^2 是未知参数,若 $X_1,X_2,\cdots,X_n$ 是来自总体 X 的样本,试求参数 μ,σ^2 的极大似然估计.

解　正态分布的似然函数为

$$L(\mu,\sigma^2)=\prod_{i=1}^{n}f(x_i;\mu,\sigma^2)=(2\pi\sigma^2)^{-\frac{n}{2}}\exp[-\frac{1}{2\sigma^2}\sum_{i=1}^{n}(x_i-\mu)^2],$$

相应的对数似然函数为

$$l(\mu,\sigma^2)=\ln L(\mu,\sigma^2)=-\frac{n}{2}\ln(2\pi\sigma^2)-\frac{1}{2\sigma^2}\sum_{i=1}^{n}(x_i-\mu)^2.$$

令
$$\begin{cases}\dfrac{\partial l(\mu,\sigma^2)}{\partial \mu}=\dfrac{1}{\sigma^2}\sum\limits_{i=1}^{n}(x_i-\mu)=0,\\ \dfrac{\partial l(\mu,\sigma^2)}{\partial \sigma^2}=-\dfrac{n}{2\sigma^2}+\dfrac{1}{2\sigma^4}\sum\limits_{i=1}^{n}(x_i-\mu)^2=0,\end{cases}$$

解之得
$$\hat{\mu}=\bar{x},\qquad \hat{\sigma}^2=\frac{1}{n}\sum_{i=1}^{n}(x_i-\bar{x})^2,$$

因此参数 μ,σ^2 的极大似然估计量分别为
$$\hat{\mu}=\overline{X},\qquad \hat{\sigma}^2=B_2=\frac{1}{n}\sum_{i=1}^{n}(X_i-\overline{X})^2.$$

注　根据极值的充分条件，还需验证似然函数（或对数似然函数）关于待估参数的二阶导数是否小于零.利用微分知识，上述两个例子中似然方程的解满足该条件.

当似然方程的解不存在时，我们往往根据似然函数关于待估参数的单调性来求其极大似然估计.

例 7.1.7　设总体 X 服从区间$[a,b]$上的均匀分布，其中 a,b 是未知参数，若 $X_1,\cdots,X_n$ 来自总体 X 的样本，试求参数 a,b 的极大似然估计.

解　样本的似然函数为
$$L(a,b)=\prod_{i=1}^{n}f(x_i;a,b)=\begin{cases}\dfrac{1}{(b-a)^n}, & 若\ a\leqslant x_i\leqslant b,i=1,2,\cdots,n,\\ 0, & 其他.\end{cases}$$

根据极大似然估计的定义，为使 $L(a,b)$ 达到最大，则 $b-a$ 应该尽可能小，而 b 不能小于 $\max\{x_1,x_2,\cdots,x_n\}$，$a$ 不能大于$\min\{x_1,x_2,\cdots,x_n\}$，否则 $L(a,b)=0$.因此 a 和 b 的极大似然估计量分别为
$$\hat{a}=\min\{X_1,X_2,\cdots,X_n\},\quad \hat{b}=\max\{X_1,X_2,\cdots X_n\}.$$

极大似然估计的不变性　设参数 θ 的极大似然估计为 $\hat{\theta}$，$\theta^*=g(\theta)$是 θ 的连续函数，则参数 θ^* 的极大似然估计为 $\hat{\theta}^*=g(\hat{\theta})$.

例 7.1.8　设 $X_1,X_2,\cdots,X_n$ 是来自正态总体 $X\sim N(\mu,\sigma^2)$的样本，求 $P(X>1)$的极大似然估计.

解　记 $p=P(X>1)$，则
$$p=1-\Phi\left(\frac{1-\mu}{\sigma}\right).$$

根据极大似然估计的不变性和例 7.1.6 的结果可得概率 $P(X>1)$的极大似然估计为
$$\hat{p}=1-\Phi\left(\frac{1-\overline{X}}{\sqrt{B_2}}\right).$$

费歇尔（Fisher，1922）证明了，在一定的正则条件下，极大似然估计依概率收敛于相应的参数，且满足渐近正态分布，这里不作详细叙述.

（三）贝叶斯法

英国统计学者贝叶斯（Bayes）在 1763 年发表的著作《论有关机遇问题的求解》中，提出了一种归纳推理的理论，以后被一些统计学者发展为一种系统的统计推断方法，称为贝叶斯方法.采用这种方法所进行的统计推断，称为**贝叶斯统计**.自 20 世纪五六十年代以来，贝叶斯统计得到了广泛的应用.下面我们简单介绍贝叶斯统计的思想以及在参数估计中的应用.

第一章中的贝叶斯公式是用事件的概率形式给出的.而在贝叶斯统计学中应用更多的是贝叶斯公式的概率密度函数(或概率分布律)形式.贝叶斯统计学的基本观点可以归纳为下面三个假设.

假设Ⅰ 总体 X 有概率密度 $f(x;\theta)$,其中 θ 是一个参数,不同的 θ 对应不同的密度函数.所以,从贝叶斯观点看,它是在给定 θ 后的一个条件密度函数,因此记为 $f(x|\theta)$ 更恰当.这个条件密度函数能提供我们的有关 θ 的信息属于**总体信息**.

假设Ⅱ 当给定 θ 后,从总体 $f(x|\theta)$ 中随机抽取一个样本 $X_1,\cdots,X_n$,该样本中包含有关 θ 的信息,这种信息就是**样本信息**.

将上述两种信息归纳起来的最好形式就是在给定 θ 后的样本的联合密度函数

$$f(x_1,x_2,\cdots,x_n\mid\theta)=\prod_{i=1}^{n}f(x_i\mid\theta).$$

假设Ⅲ 根据历史资料,我们获得了有关参数 θ 的一些有用信息.这种信息就是**先验信息**,这些先验信息告诉我们:参数 θ 不是永远固定在一个值上,而是一个不能被准确预知的量.所以,从贝叶斯观点看,未知参数 θ 是一个随机变量.描述这个随机变量 θ 的分布可以从先验信息中归纳出来,这个分布称为**先验分布**,其密度函数常用 $\pi(\theta)$,$\theta\in\Theta$ 表示.

贝叶斯统计学不仅使用总体信息和样本信息,而且特别强调使用先验信息,把这三种信息归纳起来便得到样本 $X_1,\cdots,X_n$ 和参数 θ 的联合密度函数

$$f(x_1,x_2,\cdots,x_n,\theta)=f(x_1,x_2,\cdots,x_n\mid\theta)\pi(\theta)=\prod_{i=1}^{n}f(x_i\mid\theta)\pi(\theta).$$

在这个联合密度函数中,当样本 $X_1,\cdots,X_n$ 抽出以后,未知的仅是参数 θ 了,故人们特别关心的是样本观察值给定后,θ 的条件密度函数

$$\pi(\theta\mid x_1,x_2,\cdots,x_n)=\frac{f(x_1,x_2,\cdots,x_n,\theta)}{f(x_1,x_2,\cdots,x_n)}=\frac{f(x_1,x_2,\cdots,x_n\mid\theta)\pi(\theta)}{\int_{\Theta}f(x_1,x_2,\cdots,x_n\mid\theta)\pi(\theta)\mathrm{d}\theta}.\tag{7.1.5}$$

这就是贝叶斯公式的概率密度函数(或概率分布律)形式,并称 $\pi(\theta|x_1,\cdots,x_n)$ 为 θ 的**后验分布**.

贝叶斯统计学认为,人们根据先验信息对参数已经有一个认识,这个认识就是先验分布 $\pi(\theta)$.而抽样的目的就是利用贝叶斯公式(7.1.5)对先验分布 $\pi(\theta)$ 进行调整,调整结果是获得 θ 的后验分布 $\pi(\theta|x_1,x_2,\cdots,x_n)$.这意味着对参数 θ 有了进一步的认识.所以对 θ 的统计推断应建立在后验分布 $\pi(\theta|x_1,x_2,\cdots,x_n)$ 的基础上.

现在我们给出参数 θ 的估计.在贝叶斯统计学的理论研究和实际应用中,用的最广泛的是期望型贝叶斯估计,即用后验分布的期望

$$\hat{\theta}_B=E(\theta\mid X_1,X_2,\cdots,X_n)=\int_{\Theta}\theta\pi(\theta\mid x_1,x_2,\cdots,x_n)\mathrm{d}\theta\tag{7.1.6}$$

为参数 θ 的估计,并简称为 θ 的**贝叶斯估计**.

例 7.1.9 设总体 X 服从均值为 $\frac{1}{\lambda}$(未知)的指数分布,$X_1,X_2,\cdots,X_n$ 是来自该总体的样本.假定 λ 的先验分布是具有给定的正参数 α 和 β 的 Γ 分布,有概率密度

$$\pi(\lambda)=\frac{\beta^{\alpha}}{\Gamma(\alpha)}\lambda^{\alpha-1}\mathrm{e}^{-\beta\lambda},\qquad\lambda>0.$$

求参数 λ 的贝叶斯估计.

解 由假设知,在给定参数 λ 的取值时总体 X 的条件概率密度为

$$f(x|\lambda)=\lambda\mathrm{e}^{-\lambda x},\qquad x>0,$$

则样本 $X_1,X_2,\cdots,X_n$ 的条件联合概率密度为

$$f(x_1,x_2,\cdots,x_n \mid \lambda)=\prod_{i=1}^{n} f(x_i \mid \lambda)=\lambda^n \mathrm{e}^{-\lambda\sum_{i=1}^{n}x_i},x_i>0,i=1,2,\cdots,n,$$

从而样本 $X_1,X_2,\cdots,X_n$ 与参数 λ 的联合概率密度为

$$f(x_1,x_2,\cdots,x_n,\lambda)=f(x_1,x_2,\cdots,x_n \mid \lambda)\pi(\lambda)=\frac{\beta^{\alpha}}{\Gamma(\alpha)}\lambda^{n+\alpha-1}\mathrm{e}^{-\lambda(\sum_{i=1}^{n}x_i+\beta)},\lambda>0,x_i>0,i=1,2,\cdots,n,$$

样本 $X_1,X_2,\cdots,X_n$ 的边际概率密度为

$$\begin{aligned}f(x_1,x_2,\cdots,x_n)&=\int_0^{\infty} f(x_1,x_2,\cdots,x_n,\lambda)\,\mathrm{d}\lambda=\int_0^{+\infty}\frac{\beta^{\alpha}}{\Gamma(\alpha)}\lambda^{n+\alpha-1}\mathrm{e}^{-\lambda(\sum_{i=1}^{n}x_i+\beta)}\,\mathrm{d}\lambda\\&=\frac{\beta^{\alpha}}{(\sum_{i=1}^{n}x_i+\beta)^{n+\alpha}\Gamma(\alpha)}\int_0^{\infty}\left[(\sum_{i=1}^{n}x_i+\beta)\lambda\right]^{n+\alpha-1}\mathrm{e}^{-\lambda(\sum_{i=1}^{n}x_i+\beta)}\,\mathrm{d}(\lambda(\sum_{i=1}^{n}x_i+\beta))\\&=\frac{\beta^{\alpha}}{(\sum_{i=1}^{n}x_i+\beta)^{n+\alpha}\Gamma(\alpha)}\Gamma(n+\alpha),x_i>0,i=1,2,\cdots,n,\end{aligned}$$

根据贝叶斯公式(7.1.5)求得参数 λ 的后验分布

$$\pi(\lambda \mid x_1,x_2,\cdots,x_n)=\frac{f(x_1,x_2,\cdots,x_n,\lambda)}{f(x_1,x_2,\cdots,x_n)}=\frac{(\sum_{i=1}^{n}x_i+\beta)^{n+\alpha}}{\Gamma(n+\alpha)}\lambda^{n+\alpha-1}\mathrm{e}^{-\lambda(\sum_{i=1}^{n}x_i+\beta)},\lambda>0.$$

因此 λ 的后验分布也是 Γ 分布，参数为 $\alpha+n$ 和 $\sum_{i=1}^{n}x_i+\beta$. 由 Γ 分布的性质知，参数 λ 的贝叶斯估计为

$$\hat{\lambda}_B=E_{\pi}(\lambda \mid x_1,x_2,\cdots,x_n)=\frac{\alpha+n}{\sum_{i=1}^{n}x_i+\beta}.$$

上例中，参数 λ 的先验分布与后验分布属于同一类型的分布，统计中称这类先验分布为**共轭先验分布**. 在贝叶斯分析中，除了上述例子，还有一些著名的共轭先验. 我们不加证明地给出下列结果.

Ⅰ. 设 $X_1,X_2,\cdots,X_n$ 是来自总体 $N(\mu,\sigma^2)$ 的样本，其中 σ^2 已知，μ 未知. 假定 μ 的先验分布是 $N(\mu_0,\sigma_0^2)$. 则在 $X_1=x_1,x_2,\cdots,X_n=x_n$ 下，μ 的后验分布为 $N(\mu_*,\sigma_*^2)$，其中

$$\mu_*=\frac{\sigma^2\mu_0+n\sigma_0^2\,\bar{x}}{\sigma^2+n\sigma_0^2},\quad \sigma_*^2=\frac{\sigma^2\sigma_0^2}{\sigma^2+n\sigma_0^2}.$$

Ⅱ. 设 $X_1,X_2,\cdots,X_n$ 是来自泊松分布 $\pi(\lambda)$ 的样本，假定 λ 的先验分布是参数为 α 和 β 的 Γ 分布，则在 $X_1=x_1,x_2,\cdots,X_n=x_n$ 下，λ 的后验分布是参数为 $\alpha+\sum_{i=1}^{n}x_i$ 和 $\beta+n$ 的 Γ 分布.

§7.2　估计量的评价准则

从上一节的讨论可知，对总体同一参数，采用不同的估计方法得到的估计量可能是不一样的. 在实际中如何选择"较好"的估计量呢？即如何评价估计量的优劣？本节将介绍四个评价准则：无偏性准则、有效性准则、均方误差准则和相合性准则.

(一)无偏性准则

估计量本身是统计量，其取值随着样本观察值的改变而改变. 因此，我们不能根据某次抽

样的结果来衡量估计量的好坏.一个自然评价标准是要求估计量无系统偏差,即要求在大量重复抽样时,所有估计值的平均应与待估参数的真值相同,这就是无偏性准则.具体定义如下.

定义 7.2.1 设$\theta\in\Theta$是总体X的待估参数,$X_1,X_2,\cdots,X_n$是来自总体X的样本.若估计量$\hat{\theta}=\hat{\theta}(X_1,X_2,\cdots,X_n)$的数学期望存在,满足

$$E(\hat{\theta})=\theta,\forall\,\theta\in\Theta\text{ 成立},$$

则称$\hat{\theta}$是θ的**无偏估计量**或**无偏估计(unbiased estimator)**.

若$E(\hat{\theta})\neq\theta$,则称$|E(\hat{\theta})-\theta|$为估计量$\hat{\theta}$的偏差.

若$E(\hat{\theta})\neq\theta$,但满足$\lim\limits_{n\to\infty}E(\hat{\theta})=\theta$,则称$\hat{\theta}$是$\theta$的渐近无偏估计.

例 7.2.1 设总体X的均值μ和方差σ^2存在,$X_1,X_2,\cdots,X_n$是来自总体X的样本,证明:样本均值$\overline{X}$和方差S^2分别为μ和σ^2的无偏估计.

证明 由$X_1,X_2,\cdots,X_n$与X同分布且相互独立,得

$$E(\overline{X})=E(\frac{1}{n}\sum_{i=1}^{n}X_i)=\frac{1}{n}\sum_{i=1}^{n}E(X_i)=E(X)=\mu,$$

$$D(\overline{X})=D(\frac{1}{n}\sum_{i=1}^{n}X_i)=\frac{1}{n^2}\sum_{i=1}^{n}D(X_i)=\frac{\sigma^2}{n},$$

和

$$E(S^2)=E[\frac{1}{n-1}\sum_{i=1}^{n}(X_i-\overline{X})^2]=\frac{1}{n-1}E(\sum_{i=1}^{n}X_i^2-n\overline{X}^2)=\frac{1}{n-1}[\sum_{i=1}^{n}E(X_i^2)-nE(\overline{X}^2)]$$

$$=\frac{1}{n-1}[\sum_{i=1}^{n}(\mu^2+\sigma^2)-n(\mu^2+\sigma^2/n)]=\sigma^2.$$

因此,样本均值$\overline{X}$和方差S^2分别为μ和σ^2的无偏估计.

若取σ^2的估计量为$B_2=\frac{1}{n}\sum\limits_{i=1}^{n}(X_i-\overline{X})^2$,则有$E(B_2)=\frac{n-1}{n}\sigma^2\neq\sigma^2$,但满足

$$\lim_{n\to\infty}E(B_2)=\sigma^2,$$

因此,B_2是σ^2的渐近无偏估计.

若取μ的估计量为$\hat{\mu}^*=\sum\limits_{i=1}^{n}c_iX_i$,其中权系数满足$\sum\limits_{i=1}^{n}c_i=1$.则$\hat{\mu}^*$也是总体均值$\mu$的无偏估计.我们称$\hat{\mu}^*$为参数$\mu$的**线性无偏估计**.

(二)有效性准则

由上面可知,在有些情况下,同一总体参数的无偏估计量是不唯一的.为比较两个无偏估计量的好坏,我们需进一步考察估计量取值的波动性,即估计量的方差.如果无偏估计量的方差越小,说明该估计量的取值越集中在参数真值的附近.

定义 7.2.2 设$\hat{\theta}_1=\hat{\theta}_1(X_1,X_2,\cdots,X_n)$与$\hat{\theta}_2=\hat{\theta}_2(X_1,X_2,\cdots,X_n)$都是参数$\theta$的无偏估计,若$\forall\,\theta\in\Theta$

$$D_\theta(\hat{\theta}_1)\leqslant D_\theta(\hat{\theta}_2),\text{且至少有一个 }\theta\in\Theta\text{ 使不等号成立},$$

则称$\hat{\theta}_1$比$\hat{\theta}_2$**有效**.

例 7.2.2 讨论总体均值μ的线性无偏估计量$\hat{\mu}^*$的有效性.

解 由于

$$D(\hat{\mu}^*)=\sigma^2\sum_{i=1}^{n}c_i^2,$$

且满足$\sum\limits_{i=1}^{n}c_i=1$.根据柯西—许瓦兹不等式知,在有关总体均值$\mu$的所有线性无偏估计

$\sum_{i=1}^{n} c_i X_i$ ($\sum_{i=1}^{n} c_i = 1$) 中，当 $c_1 = \cdots = c_n = \dfrac{1}{n}$ 时，$D(\hat{\mu}^*)$ 达到最小. 即样本均值$\overline{X}$是总体均值μ的最有效线性无偏估计.

例 7.2.3　设总体 X 服从区间$[0,\theta]$上的均匀分布，其中 θ 是未知参数，若 $X_1, X_2, \cdots, X_n$ 是来自总体 X 的样本，试求参数 θ 的矩估计和极大似然估计，并讨论估计量的无偏性和有效性.

解　由 $E(X)=\theta/2$，可得 θ 的矩估计为$\hat{\theta}_1 = 2\overline{X}$，且

$$E(\hat{\theta}_1) = E(2\overline{X}) = 2E(X) = 2 \times \frac{\theta}{2} = \theta,$$

因此 $\hat{\theta}_1$ 是 θ 的无偏估计.

根据例(7.1.7)可知，参数 θ 的极大似然估计为

$$\hat{\theta}_L = X_{(n)} = \max(X_1, X_2, \cdots, X_n).$$

为考察 $\hat{\theta}_L$ 的无偏性，先求 $X_{(n)}$ 的分布. 由第三章第 5 节的知识，可求得 $X_{(n)}$ 的概率密度为

$$f_n(x) = \begin{cases} \dfrac{nx^{n-1}}{\theta^n}, & 0 \leqslant x \leqslant \theta, \\ 0, & \text{其他}, \end{cases}$$

则有

$$E(\hat{\theta}_L) = E(X_{(n)}) = \int_0^{\theta} \frac{nx^n}{\theta^n} \mathrm{d}x = \frac{n}{n+1}\theta \neq \theta,$$

因此 $\hat{\theta}_L$ 不是 θ 的无偏估计. 但我们可以对 $\hat{\theta}_L$ 进行修正，令 $\hat{\theta}_2 = \dfrac{n+1}{n}\hat{\theta}_L = \dfrac{n+1}{n} X_{(n)}$，则 $\hat{\theta}_2$ 也是 θ 的无偏估计.

下面比较 $\hat{\theta}_1$ 与 $\hat{\theta}_2$ 的有效性.

$$D(\hat{\theta}_1) = D(2\overline{X}) = 4D(\overline{X}) = \frac{4D(X)}{n} = \frac{\theta^2}{3n}.$$

由 $X_{(n)}$ 的分布可计算得

$$D(\hat{\theta}_2) = \frac{\theta^2}{n(n+2)}.$$

显然，当 $n \geqslant 2$ 时，$D(\hat{\theta}_2) < D(\hat{\theta}_1)$，因此 $\hat{\theta}_2$ 比 $\hat{\theta}_1$ 有效.

(三)均方误差准则

首先，我们给出均方误差的定义.

定义 7.2.3　设 $\hat{\theta} = \hat{\theta}(X_1, X_2, \cdots, X_n)$ 是总体参数 θ 的估计量，称 $E[(\hat{\theta}-\theta)^2]$ 是估计量 $\hat{\theta}$ 的**均方误差**，记为 $\mathrm{Mse}(\hat{\theta})$.

估计量 $\hat{\theta}$ 的均方误差越小，说明估计参数 θ 时的平均误差越小，因而也就越优. 这就是均方误差准则.

由定义可知，若 $\hat{\theta}$ 是参数 θ 的无偏估计量，则有 $\mathrm{Mse}(\hat{\theta}) = D(\hat{\theta})$. 此时，均方误差准则等价于有效性准则.

例 7.2.4　设 $X_1, X_2, \cdots, X_n$ 是来自正态总体 $X \sim N(\mu, \sigma^2)$ 的样本，由前面讨论知，样本方差 S^2 是参数 σ^2 的无偏估计，而样本二阶中心矩 B_2 是 σ^2 的有偏估计. 现根据均方误差标准对这两个估计量作出评价.

解　根据 S^2 的无偏性和$\dfrac{(n-1)S^2}{\sigma^2} \sim \chi^2(n-1)$，求得 S^2 的均方误差

$$\mathrm{Mse}(S^2) = D(S^2) = \frac{2\sigma^4}{n-1}. \tag{7.2.1}$$

下面计算 B_2 的均方误差.

$$\begin{aligned}\mathrm{Mse}(B_2) &= E[(B_2-\sigma^2)^2] = E(B_2^2) - 2\sigma^2 E(B_2) + \sigma^4 \\ &= \frac{(n-1)^2}{n^2}[D(S^2)+(E(S^2))^2] - \frac{2(n-1)}{n}\sigma^2 E(S^2) + \sigma^4 \\ &= \frac{2n-1}{n^2}\sigma^4.\end{aligned}$$

显然对任何 $n\geqslant 2$，有$\frac{2}{n-1}>\frac{2n-1}{n^2}$，即 $\mathrm{Mse}(B_2)<\mathrm{Mse}(S^2)$. 因此根据均方误差准则，以 B_2 作为 σ^2 的估计量要比 S^2 更优.

在实际应用中，均方误差准则比无偏性准则更重要.

(四)相合性准则

前面三个准则都是在样本容量 n 固定的情况下讨论的. 然而，由于估计量 $\hat{\theta}$ 依赖于样本容量 n，自然会想到，一个好的估计量，当样本容量 n 越大时，该估计理应越精确越可靠，特别是当 $n\to\infty$时，估计量的取值与参数真值应几乎完全一致，这就是估计量的相合性(或一致性). 相合性的严格定义如下.

定义 7.2.4 设 $\hat{\theta}=\hat{\theta}(X_1,X_2,\cdots,X_n)$是总体参数 θ 的估计量，若对任意 $\varepsilon>0$，有

$$\lim_{n\to\infty}P\{|\hat{\theta}_n-\theta|<\varepsilon\}=1,$$

即 $\hat{\theta}_n$ 依概率收敛于 θ，则称 $\hat{\theta}_n$ 是 θ 的相合估计量，并记为 $\hat{\theta}_n\xrightarrow{P}\theta$.

一般地，由矩法求得参数的估计量都满足相合性，对于极大似然估计，则在总体分布满足一定正则的条件下，是待估参数的相合估计.

例 7.2.5 $X_1,X_2,\cdots,X_n$ 是来自均匀分布 $U[0,\theta]$的样本，证明由例 7.2.3 给出的两个估计量 $\hat{\theta}_1$ 和 $\hat{\theta}_2$ 都是参数 θ 的相合估计.

证明 根据例 7.2.3 的结果有

$$E(\hat{\theta}_1)=E(\hat{\theta}_2)=\theta,D(\hat{\theta}_1)=\frac{\theta^2}{3n},D(\hat{\theta}_2)=\frac{\theta^2}{n(n+2)}.$$

根据切比雪夫不等式，对任意 $\varepsilon>0$，有

$$P\{|\hat{\theta}_1-\theta|<\varepsilon\}\geqslant 1-\frac{D(\hat{\theta}_1)}{\varepsilon^2}=1-\frac{\theta^2}{3n\varepsilon^2}\to 1,$$

$$P\{|\hat{\theta}_2-\theta|<\varepsilon\}\geqslant 1-\frac{D(\hat{\theta}_2)}{\varepsilon^2}=1-\frac{\theta^2}{n(n+2)\varepsilon^2}\to 1,$$

因此，$\hat{\theta}_1$ 和 $\hat{\theta}_2$ 是参数 θ 的相合估计.

§7.3 区间估计

人们常常根据点估计对客观事物作出某种判断，但这种判断的把握有多大？可信度有多大？点估计无法回答这些问题. 统计学家为了弥补此种不足，提出了区间估计.

(一)置信区间的定义

定义 7.3.1 设 $\theta\in\Theta$ 是总体 X 的未知参数，$X_1,X_2,\cdots,X_n$ 是来自总体 X 的样本，统计量 $\hat{\theta}_L=\hat{\theta}_L(X_1,X_2,\cdots,X_n)$和 $\hat{\theta}_U=\hat{\theta}_U(X_1,X_2\cdots,X_n)$满足 $\hat{\theta}_L<\hat{\theta}_U$，且对给定的$\alpha\in(0,1)$和任意的$\theta\in\Theta$有

$$P\{\hat{\theta}_L<\theta<\hat{\theta}_U\}\geqslant 1-\alpha, \tag{7.3.1}$$

则称随机区间$(\hat{\theta}_L,\hat{\theta}_U)$是参数$\theta$的置信水平为$1-\alpha$的**置信区间**，$\hat{\theta}_L$和$\hat{\theta}_U$分别称为$\theta$的置信水平是$1-\alpha$的双侧**置信下限**和**置信上限**.

置信区间$(\hat{\theta}_L,\hat{\theta}_U)$是一个随机区间. 对某次具体样本观测来说，有时包含了参数θ，有时不包含θ，但此随机区间包含θ的可能性至少为$1-\alpha$. 我们可以理解为：给定样本容量n，若反复抽样多次，每次样本观察值确定一个区间$(\hat{\theta}_L,\hat{\theta}_U)$，每个区间要么包含$\theta$的真值，要么不包含$\theta$的真值(参见图7.3.1). 那么根据伯努利大数定理，在所有这样的区间中，至少有$100(1-\alpha)\%$的区间包含θ的真值. 在实际应用中，通常取$\alpha=0.1$或0.05.

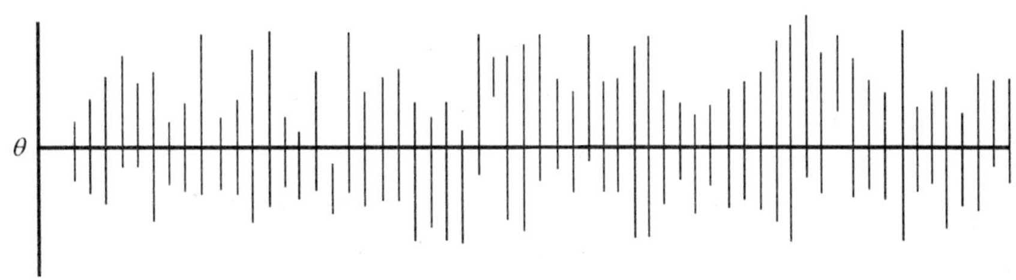

图 7.3.1

我们称区间的平均长度$E(\hat{\theta}_U-\hat{\theta}_L)$为置信区间$(\hat{\theta}_L,\hat{\theta}_U)$的**精确度**. 并称二分之一区间平均长度为置信区间的**误差限**. 由定义可知，当样本容量n给定时，置信水平和精确度是相互制约的. 英国统计学家奈曼(Neyman)建议：在保证置信水平达到一定的前提下，尽可能提高精确度. 人们常称该建议为**奈曼原则**. 如果要同时提高置信水平和精确度，只有增大样本容量才能得以实现.

根据奈曼原则，当总体X是连续型随机变量时，对于给定的α，我们应选择使得(7.3.1)刚好等号成立时，即

$$P\{\hat{\theta}_L<\theta<\hat{\theta}_U\}=1-\alpha \tag{7.3.2}$$

的随机区间$(\hat{\theta}_L,\hat{\theta}_U)$作为参数$\theta$的置信区间. 我们称满足(7.3.2)的随机区间为参数θ的**同等置信区间**. 而当总体X是离散型随机变量时，则应选择使得$P\{\hat{\theta}_L<\theta<\hat{\theta}_U\}\geqslant 1-\alpha$且尽可能接近$1-\alpha$的随机区间$(\hat{\theta}_L,\hat{\theta}_U)$作为参数$\theta$的同等置信区间.

在一些实际问题中，人们感兴趣的仅仅是未知参数的置信下限或置信上限. 譬如，日光灯的平均寿命要越大越好，而药品的毒性则越小越好. 对这些问题，我们只需给出单侧的置信限形式.

定义 7.3.2　对给定的$\alpha\in(0,1)$，如果统计量$\hat{\theta}_L$和$\hat{\theta}_U$满足

$$P\{\hat{\theta}_L<\theta\}\geqslant 1-\alpha,\quad \theta\in\Theta;\quad P\{\theta<\hat{\theta}_U\}\geqslant 1-\alpha,\quad \theta\in\Theta,$$

则分别称$\hat{\theta}_L$和$\hat{\theta}_U$是参数θ的置信水平为$1-\alpha$的**单侧置信下限**和**单侧置信上限**. 当上面两式中等号成立时，则分别称为**(单侧)同等置信下限**和**(单侧)同等置信上限**.

根据定义7.3.1和7.3.2，很容易得到单侧置信限和双侧置信区间有下列关系.

引理 7.3.1　设统计量$\hat{\theta}_L$和$\hat{\theta}_U$分别是参数θ的置信水平为$1-\alpha_1$和$1-\alpha_2$的单侧置信下限、上限，且$\hat{\theta}_L<\hat{\theta}_U$，那么$(\hat{\theta}_L,\hat{\theta}_U)$是$\theta$的置信水平为$1-\alpha_1-\alpha_2$的双侧置信区间.

证明　由引理的假设条件有

$$P\{\hat{\theta}_L<\theta\}\geqslant 1-\alpha_1,\quad P\{\theta<\hat{\theta}_U\}\geqslant 1-\alpha_2.$$

根据事件的关系和概率性质，可得

$$P\{\hat{\theta}_L < \theta < \hat{\theta}_U\} = 1 - P\{\theta \leqslant \hat{\theta}_L\} - P\{\theta \geqslant \hat{\theta}_U\} \geqslant 1 - \alpha_1 - \alpha_2.$$

对于同等置信限和同等置信区间也有类似的关系.

显然,(单侧)同等置信限都是(双侧)同等置信区间的特殊情况.下面我们只介绍同等置信区间的求解方法——枢轴量法.

(二)枢轴量法

首先,我们给出枢轴量的定义.

定义 7.3.3 设总体 X 有概率密度(或概率分布律)$f(x;\theta)$,其中 θ 是待估的未知参数,并设 $X_1,X_2,\cdots,X_n$ 是来自总体 X 的样本,称样本和参数的函数 $G(X_1,X_2,\cdots,X_n;\theta)$ 为**枢轴量**,如果 $G(X_1,X_2,\cdots,X_n;\theta)$ 的分布不依赖于参数 θ 且完全已知.

我们可以根据下列三个步骤来寻求 θ 的同等置信区间.

(1) 构造一个分布已知的枢轴量 $G(X_1,X_2,\cdots,X_n;\theta)$;

(2) 当总体 X 是连续型随机变量时,对给定的置信水平 $1-\alpha$,根据枢轴量 $G(X_1,X_2,\cdots,X_n;\theta)$ 的分布,适当地选择两个常数 a 和 b,使得

$$P_\theta\{a < G(X_1,X_2,\cdots,X_n;\theta) < b\} = 1-\alpha. \tag{7.3.3}$$

(2)′当总体 X 是离散型随机变量时,对给定的置信水平 $1-\alpha$,选取常数 a 和 b 满足

$$P_\theta\{a < G(X_1,X_2,\cdots,X_n;\theta) < b)\} \geqslant 1-\alpha \text{ 且尽可能接近 } 1-\alpha. \tag{7.3.4}$$

(3)假如参数 θ 可以从 $G(X_1,X_2,\cdots,X_n;\theta)$ 中分离出来,由不等式 $a<G(X_1,X_2,\cdots,X_n;\theta)<b$ 可以等价地转化为 $\hat{\theta}_L<\theta<\hat{\theta}_U$,则对连续型总体由(7.3.3)得 $P\{\hat{\theta}_L<\theta<\hat{\theta}_U\}=1-\alpha$;对离散型总体由(7.3.4)得 $P\{\hat{\theta}_L<\theta<\hat{\theta}_U\}\geqslant 1-\alpha$,且尽可能接近 $1-\alpha$.
这表明,$(\hat{\theta}_L,\hat{\theta}_U)$ 是 θ 的置信水平为 $1-\alpha$ 的同等置信区间.

一般地,满足(7.3.3)或(7.3.4)的常数 a 和 b 的解是不唯一的.根据 Neyman 原则,我们应该选择使置信区间 $(\hat{\theta}_L,\hat{\theta}_U)$ 的平均长度达到最短的 a 和 b,但有时要做到这点并非易事,我们经常取 a 和 b 满足

$$P_\theta\{G(X_1,X_2,\cdots,X_n;\theta)\leqslant a\}=P_\theta\{G(X_1,X_2,\cdots,X_n;\theta)\geqslant b\}=\alpha/2. \tag{7.3.5}$$

枢轴量 $G(X_1,X_2,\cdots,X_n;\theta)$ 的构造,通常可以从参数 θ 的点估计出发,根据点估计量的分布进行改造而得.在下一节中,我们将具体介绍利用枢轴量法求解正态总体参数的置信区间.

§7.4 正态总体参数的区间估计

(一)单个正态总体情形

设总体 $X\sim N(\mu,\sigma^2)$,$X_1,X_2,\cdots,X_n$ 是来自总体 X 的样本.$\overline{X}$ 和 S^2 分别是样本均值和样本方差,$1-\alpha$ 是给定的置信水平.

1. 均值 μ 的置信区间

(a)σ^2 已知

我们常取 μ 的点估计为样本均值 $\overline{X}$,根据第六章抽样分布定理 6.3.1 知,$\overline{X}\sim N(\mu,\sigma^2/n)$,即有 $\dfrac{\overline{X}-\mu}{\sigma/\sqrt{n}}\sim N(0,1)$,分布完全已知,因此,我们可取枢轴量为 $G(X_1,\cdots,X_n;\mu)=\dfrac{\overline{X}-\mu}{\sigma/\sqrt{n}}$.

设常数 $a<b$,且满足

$$P\{a<\frac{\overline{X}-\mu}{\sigma/\sqrt{n}}<b\}=1-\alpha,$$

即等价于 $$P\{\overline{X}-b\sigma/\sqrt{n}<\mu<\overline{X}-a\sigma/\sqrt{n}\}=1-\alpha.$$

此时,区间的平均长度为 $L=(b-a)\sigma/\sqrt{n}$,根据正态分布的对称性知取 $a=-b=-z_{\alpha/2}$ 时,区间的长度 L 最短.从而所对应的 μ 的置信水平为 $1-\alpha$ 的置信区间

$$(\overline{X}-\frac{\sigma}{\sqrt{n}}z_{\alpha/2},\quad \overline{X}+\frac{\sigma}{\sqrt{n}}z_{\alpha/2}) \tag{7.4.1}$$

是最优的区间估计,上式常写成

$$(\overline{X}\pm\frac{\sigma}{\sqrt{n}}z_{\alpha/2}). \tag{7.4.2}$$

例 7.4.1　某制药商从每批产品中抽取一个样品进行分析,以确定该产品中活性成分的含量.通常情况下,化学分析并不是完全精确的,对同一个样本进行重复的测量会得到不同结果,重复测量的结果通常近似服从正态分布.根据经验,活性成分含量的标准差为 $\sigma=0.0068$(克/升),假设化学分析过程没有系统偏差,设活性成分的含量的真值为 μ.对样品进行三次重复测量结果如下:0.8403,0.8333,0.8477.求真值 μ 的置信水平为 95%的置信区间.

解　该样品三次测量的平均值为 $\bar{x}=0.8404$.由给定的置信水平 95%,利用 Excel 或查正态分布表得 $z_{0.025}=1.96$.所以,μ 的置信水平为 95%的置信区间为

$$(\bar{x}-z_{0.025}\sigma/\sqrt{n},\quad \bar{x}+z_{0.025}\sigma/\sqrt{n})=(0.8327,\quad 0.8480).$$

注意,区间(0.8327,0.8480)已经不是随机区间了,但我们仍称它为置信水平为 0.95 的置信区间。其含义是:若反复抽样多次(样本容量相同),每个样本值按(7.4.1)确定一个区间.在诸多区间中,包含 μ 真值的约占 95%,不包含 μ 的约占 5%.现在抽样得到区间(0.8327,0.8481),则该区间属于那些包含 μ 的区间的可信程度为 95%.

在第二章,第六章中,已经介绍如何利用 Excel 的功能计算各种分布的概率和分位数.实际上,我们还可以利用 Excel 中的各种统计函数对数据进行统计分析.下面我们给出例 7.4.1 在 Excel 中计算的具体步骤:

(1)先将样本观察值输入 Excel 表格中,设数据区域为 $A1$ 到 $A3$.

(2)利用 AVERAGE 函数计算样本均值,需给出数据区域.

在 Excel 表中选择任一空白单元格(例如:选中 A4 单元格)⇒输入"=AVERAGE(A1:A3)"⇒点击 Enter 键⇒A4 单元格即可显示均值为"0.840433".

(3)利用 CONFIDENCE 函数计算误差限,需给出 α,σ 和 n 三选项的值.

在 Excel 表中选择任一空白单元格(例如:选中 A5 单元格)⇒输入"=CONFIDENCE(0.05,0.0068,3)"⇒点击 Enter 键⇒A5 单元格即可显示误差限为"0.007695".

(4)区间估计.

μ 的置信水平为 95%的置信区间为:(0.840433－0.007695,　0840433＋0.007695)＝(0.8327,　0.8481).

除直接输入函数外,我们也可利用下拉菜单来选择函数.

AVERAGE 函数的选择:

在 Excel 表中选择任一空白单元格(例如:选中 B1 单元格)⇒输入"="⇒下拉菜单"插入"选项卡⇒单击"函数"⇒在类别的下拉式菜单中,选择"统计"选项⇒选择"AVERAG 弹出的对话框的"Number1 文本框中输入"A1:A3"⇒点击 Enter 键⇒B1 单元格即可显示均值为

“0.840433”.

CONFIDENCE 函数的选择：

在 Excel 表中选择任一空白单元格(例如：选中 B2 单元格)⇒输入“＝”⇒下拉菜单“插入”选项卡⇒单击“函数”⇒在类别的下拉式菜单中，选择“统计”选项⇒在选择函数列表中选择“CONFIDENCE”⇒在弹出的对话框的“Alpha"文本框中输入“0.05”，在“Standard-dev”文本框中输入“0.0068”，在“Size”本文框中输入“3”⇒点击 Enter 键⇒B2 单元格即可显示误差限为“0.007695”.

(b)σ^2 未知

此时，我们不能取$\dfrac{\overline{X}-\mu}{\sigma/\sqrt{n}}$为枢轴量，因其中除了含有待估参数 μ 以外，还含有未知参数 σ^2. 考虑将 σ^2 的无偏估计量 S^2 代入，由第六章抽样分布定理 6.3.3 有

$$\frac{\overline{X}-\mu}{S/\sqrt{n}}\sim t(n-1),$$

分布完全已知. 因此，我们可取枢轴量为

$$G(X_1,\cdots,X_n;\mu)=\frac{\overline{X}-\mu}{S/\sqrt{n}},$$

且有
$$P\left\{\left|\frac{\overline{X}-\mu}{S/\sqrt{n}}\right|<t_{\alpha/2}(n-1)\right\}=1-\alpha,$$

即
$$P\left\{\overline{X}-\frac{S}{\sqrt{n}}t_{\alpha/2}(n-1)<\mu<\overline{X}+\frac{S}{\sqrt{n}}t_{\alpha/2}(n-1)\right\}=1-\alpha.$$

于是求得 μ 的置信水平为 $1-\alpha$ 的置信区间为

$$\left(\overline{X}\pm\frac{S}{\sqrt{n}}t_{\alpha/2}(n-1)\right). \tag{7.4.3}$$

根据 t 分布的对称性可知，上述所求得的置信区间是最优的.

在实际问题中，总体方差 σ^2 经常是未知的，故区间(7.4.3)较区间(7.4.2)有更大的实用价值.

例 7.4.2 为了解某高校在校大学生的生活消费情况，随机抽取了 45 名同学，调查得到这些同学的平均月消费 $\bar{x}=1256$ 元，标准差 $s=150$ 元. 假设该校学生的月消费 X 服从正态分布，请以 90%的置信水平给出该校学生的月平均消费 μ 的区间估计.

解 利用 Excel 或查 t 分布表得 $t_{0.05}(44)=1.6802$，并将样本资料$\bar{x}=1256$ 和 $s=150$ 代入(7.4.3)得区间估计为(1218.430, 1293.570)，即我们有 90%的把握认为该校学生的月平均消费在 1218 元至 1294 元范围内.

注 Excel 中的 CONFIDENCE 函数只适用于计算正态分布下总体标准差已知的误差限.

(c)成对数据情形

成对数据问题在医学和生物研究领域中广泛存在. 例如，为了考察某种降血压药的效果，测试了 n 个高血压病人在服药前后的血压分别为$(X_1,Y_1),(X_2,Y_2),\cdots,(X_n,Y_n)$. 显然，对同一个病人，$X_i$ 和 Y_i 是不独立的. 另一方面，由于不同病人体质的差异，$X_1,X_2,\cdots,X_n$ 不能看成来自同一个正态总体的样本，$Y_1,Y_2,\cdots,Y_n$ 也一样. 但差值 $D_i=X_i-Y_i$ 则消除了人的体质差异，仅与降血压药的作用有关. 因此我们可以把 $D_i=X_i-Y_i,i=1,2,\cdots,n$ 看成来自同一个

正态总体 $N(\mu_d,\sigma_d^2)$ 的样本. 所以，求有关成对数据的两均值差 $\mu_1-\mu_2$ 的置信区间问题可以转化为求单个正态总体均值 μ_d 的置信区间. 根据前面的推导可得 μ_d 的置信水平为 $1-\alpha$ 的置信区间为

$$\left(\overline{D}\pm t_{\alpha/2}(n-1)\frac{S_D}{\sqrt{n}}\right),\tag{7.4.4}$$

其中 $\overline{D}=\overline{X}-\overline{Y}$, $S_D^2=\dfrac{1}{n-1}\sum\limits_{i=1}^{n}(D_i-\overline{D})^2$.

例 7.4.3　A,B 两种小麦品种分别播种在 8 块试验田中，每块试验田 A,B 品种各种一半，收获后 8 块试验田的产量如下所示(单位：kg)

品种 A	140	137	136	140	145	148	140	135
品种 B	135	118	115	140	128	131	130	115

假设两品种产量的差服从正态分布，求两品种产量的期望差 $\mu_1-\mu_2$ 的置信区间($\alpha=0.05$).

解　这是成对数据问题. 由已知资料计算得

$$d_i: 5\quad 19\quad 21\quad 0\quad 17\quad 17\quad 10\quad 20,$$

$\overline{d}=13.625$, $s_d=7.745$. 查 t 分布表得 $t_{0.025}(7)=2.365$，并将 $\overline{d}=13.625$, $s_d=7.745$ 代入(7.4.4)，得两品种产量期望差的置信水平为 95%置信区间为(7.149,　20.101).

Excel 计算步骤：

(1)将上述 d_i 数据输入 Excel 表格中，设数据区域为 A1：A8.

(2)在 Excel 表中选择任一空白单元格(例如：选中 A9 单元格)⇒输入"=AVERAGE(A1：A8)"⇒点击 Enter 键⇒A9 单元格即可显示样本均值 $\overline{d}$ 为"13.625".

(3)在 Excel 表中选择任一空白单元格(例如：选中 A10 单元格)⇒输入"=STDEV(A1：A8)"⇒点击 Enter 键⇒A10 单元格即可显示样本标准差 s_d 为"7.744814".

(4)在 Excel 表中选择任一空白单元格(例如：选中 A11 单元格)⇒输入"=TINV(0.05,7)"⇒点击 Enter 键⇒A11 单元格即可显示 $t_{0.025}(7)$ 为"2.364624".

(5)将上述结果代入(7.4.4)中，得区间估计为$(13.625\pm 2.364624\times 7.744814/\sqrt{8})=(7.149,\ 20.101)$.

2. *方差 σ^2 的区间估计*

此处，我们根据实际问题的需要，只介绍 μ 未知的情形.

因 σ^2 的无偏估计量为样本方差 S^2，且由第六章抽样分布定理 6.3.2 知，$\dfrac{(n-1)S^2}{\sigma^2}\sim\chi^2(n-1)$，分布不依赖于任何未知参数. 因此，我们可取枢轴量为

$$G(X_1,\cdots,X_n;\sigma^2)=\frac{(n-1)S^2}{\sigma^2},$$

且有

$$P\left\{\chi^2_{1-\alpha/2}(n-1)<\frac{(n-1)S^2}{\sigma^2}<\chi^2_{\alpha/2}(n-1)\right\}=1-\alpha,$$

即

$$P\left\{\frac{(n-1)S^2}{\chi^2_{\alpha/2}(n-1)}<\sigma^2<\frac{(n-1)S^2}{\chi^2_{1-\alpha/2}(n-1)}\right\}=1-\alpha.$$

这样就求得方差 σ^2 的置信水平为 $1-\alpha$ 的置信区间为

$$\left(\frac{(n-1)S^2}{\chi^2_{\alpha/2}(n-1)},\quad \frac{(n-1)S^2}{\chi^2_{1-\alpha/2}(n-1)}\right).\tag{7.4.5}$$

注意，因 χ^2 分布的密度函数是不对称的，故以上所求得的置信区间并不满足区间平均长

度最短，但这样的解给实际应用带来方便.

例 7.4.4 一个园艺科学家正在培养一个新品种苹果，这种苹果除了口感好和颜色鲜艳外，另一个重要特征是单个重量差异不大，为了评估新苹果，她随机挑选了 25 个苹果测试重量(单位：克). 其样本方差为 $s^2=4.25$. 设苹果的重量服从正态分布，试求其方差 σ^2 的置信水平为 99%的置信区间.

解 利用 Excel 或查 χ^2 分布表得 $\chi^2_{0.005}(24)=45.558$，$\chi^2_{0.995}(24)=9.886$，并将样本资料 $s^2=4.25$代入(7.4.5)得方差 σ^2 的置信水平为 99%的置信区间为(2.24， 10.31).

(二)两个正态总体情形

设有两个正态总体 $X\sim N(\mu_1,\sigma_1^2)$和 $Y\sim N(\mu_2,\sigma_2^2)$，$X_1,X_2,\cdots,X_{n_1}$ 为来自总体 X 的样本，$Y_1,Y_2,\cdots,Y_{n_2}$ 为来自总体 Y 的样本，两样本相互独立，$\overline{X}$，$\overline{Y}$分别为两样本均值，S_1^2，S_2^2 分别为两样本方差.

1. 均值差 $\mu_1-\mu_2$ 的区间估计

分三种情况讨论.

(a)当两总体的方差 σ_1^2 和 σ_2^2 已知

我们取 $\mu_1-\mu_2$ 的无偏估计为$\overline{X}-\overline{Y}$，则由正态分布的性质有

$$\overline{X}-\overline{Y}\sim N(\mu_1-\mu_2,\frac{\sigma_1^2}{n_1}+\frac{\sigma_2^2}{n_2}),$$

类似于单个总体的均值区间估计的推导，可得 $\mu_1-\mu_2$ 的置信水平为 $1-\alpha$ 的置信区间为

$$(\overline{X}-\overline{Y}\pm z_{\alpha/2}\sqrt{\frac{\sigma_1^2}{n_1}+\frac{\sigma_2^2}{n_2}}) \tag{7.4.6}$$

(b)当两总体的方差相同，即 $\sigma_1^2=\sigma_2^2=\sigma^2$，但未知

此时我们可取 σ^2 的无偏估计量为

$$S_\omega^2=\frac{(n_1-1)S_1^2+(n_2-1)S_2^2}{n_1+n_2-2},$$

且由第六章抽样分布定理 6.3.4 知

$$\frac{\overline{X}-\overline{Y}-(\mu_1-\mu_2)}{S_\omega\sqrt{\frac{1}{n_1}+\frac{1}{n_2}}}\sim t(n_1+n_2-2).$$

仿照上述推导，可得 $\mu_1-\mu_2$ 的置信水平为 $1-\alpha$ 的置信区间为

$$(\overline{X}-\overline{Y}\pm t_{\alpha/2}(n_1+n_2-2)S_\omega\sqrt{\frac{1}{n_1}+\frac{1}{n_2}}). \tag{7.4.7}$$

(c)当两总体的方差 σ_1^2 和 σ_2^2 不相同且未知

当样本量 n_1 和 n_2 充分大时(一般要求大于 50)，根据中心极限定理，$\dfrac{\overline{X}-\overline{Y}-(\mu_1-\mu_2)}{\sqrt{\frac{S_1^2}{n_1}+\frac{S_2^2}{n_2}}}$渐近服从标准正态分布 $N(0,1)$，可得 $\mu_1-\mu_2$ 的置信水平为 $1-\alpha$ 的近似置信区间为

$$(\overline{X}-\overline{Y}\pm z_{\alpha/2}\sqrt{\frac{S_1^2}{n_1}+\frac{S_2^2}{n_2}}). \tag{7.4.8}$$

对于有限小样本，可以证明

$$\frac{\overline{X}-\overline{Y}-(\mu_1-\mu_2)}{\sqrt{\frac{S_1^2}{n_1}+\frac{S_2^2}{n_2}}}$$

近似服从自由度为 k 的 t 分布，其中

$$k=\frac{\left(\frac{S_1^2}{n_1}+\frac{S_2^2}{n_2}\right)^2}{\frac{(S_1^2)^2}{n_1^2(n_1-1)}+\frac{(S_2^2)^2}{n_2^2(n_2-1)}},$$

在实际中，也常用 $\min(n_1-1,n_2-1)$ 近似代替上述自由度 k. 此时 $\mu_1-\mu_2$ 的置信水平为 $1-\alpha$ 的近似的置信区间为

$$\left(\overline{X}-\overline{Y}\pm t_{\alpha/2}(k)\sqrt{\frac{S_1^2}{n_1}+\frac{S_2^2}{n_2}}\right) \tag{7.4.9}$$

例 7.4.5　对某学校学生配戴眼镜的价格进行抽样调查，男生 19 人，平均价格 242.793 元，标准差 16.566 元，女生 17 人，平均价格 297.783 元，标准差 19.047 元，假设两组样本独立，都来自正态总体且具有相同方差，试给出男生和女生配戴眼镜平均价格差值的 95%的区间估计.

解　设 μ_1 和 μ_2 分别是男生和女生配戴眼镜的平均价格. 根据已知资料有 $n_1=19$，$n_2=17$，$\bar{x}=242.793$，$\bar{y}=297.783$，$s_1=16.566$，$s_2=19.047$，

$$s_w^2=\frac{(n_1-1)s_1^2+(n_2-1)s_2^2}{n_1+n_2-2}=316.012,$$

利用 Excel 或查 t 分布表得 $t_{0.025}(34)=2.032$. 因两总体的方差相同，将上述结果代入(7.4.7)得 $\mu_1-\mu_2$ 的置信水平为 95%的置信区间为$(-67.05,\ -42.93)$.

例 7.4.6　为了解某城镇居民的收入情况，随机抽查了 115 人，其中受过高等教育的 62 人，调查得其月平均收入为 2516 元，样本标准差为 109 元；未受过高等教育的 53 人，调查得其月平均收入为 1550 元，样本标准差为 87 元. 假设两组样本独立，都来自正态总体，试给出两组居民平均收入差值的 90%的区间估计.

解　设 μ_1 和 μ_2 分别是受过高等教育和未受过高等教育居民的平均收入. 因题中没有假设两总体的方差相等，但两样本容量都大于 50，需根据(7.4.8)来求区间估计.

利用 Excel 或查正态分布表得 $z_{0.05}=1.645$，并将已知资料 $n_1=62$，$n_2=53$，$\bar{x}=2516$，$\bar{y}=1550$，$s_1=109$，$s_2=87$ 代入(7.4.8)，得 $\mu_1-\mu_2$ 的置信水平为 90%的置信区间为$(935.917,\ 996.083)$.

例 7.4.7　已知甲、乙两灯泡厂生产的灯泡寿命分别服从 $N(\mu_1,\sigma_1^2)$和 $N(\mu_2,\sigma_2^2)$. 为比较两个灯泡厂生产的灯泡质量，从甲、乙两厂生产的灯泡中分别抽取了 16 和 21 个灯泡做试验，测得它们的样本均值和样本标准差分别为 $\bar{x}_1=1190$，$s_1=90$，$\bar{x}_2=1230$，$s_2=98$.
请以 90%的置信水平估计两厂生产的灯泡平均寿命的差值范围？

解　这同样是有关两正态总体均值差的区间估计问题. 题中没有假设两总体的方差相等，且两样本容量都小于 50，因此需根据(7.4.9)来计算，其中自由度 $k=\min(n_1-1,n_2-1)=\min(16-1,21-1)=15$. 利用 Excel 或查正态分布表得 $t_{0.05}(15)=1.753$，并将已知资料 $\bar{x}_1=1190$，$\bar{x}_2=1230$，$s_1=90$，$s_2=98$ 代入(7.4.9)，得 $\mu_1-\mu_2$ 的置信水平为 90%的置信区间为$(-94.416,\ 14.416)$.

2. 方差比$\frac{\sigma_1^2}{\sigma_2^2}$的区间估计

取$\frac{\sigma_1^2}{\sigma_2^2}$的点估计为$\frac{S_1^2}{S_2^2}$，由第六章抽样分布定理 6.3.4 知

$$\frac{S_1^2/\sigma_1^2}{S_2^2/\sigma_2^2} \sim F(n_1-1, n_2-1)$$

利用枢轴量法，可求得$\dfrac{\sigma_1^2}{\sigma_2^2}$的置信水平为 $1-\alpha$ 的置信区间为

$$\left(\frac{S_1^2/S_2^2}{F_{\alpha/2}(n_1-1, n_2-1)},\quad \frac{S_1^2/S_2^2}{F_{1-\alpha/2}(n_1-1, n_2-1)}\right). \tag{7.4.10}$$

和 χ^2 分布一样，F 分布的概率密度同样不具有对称性，因此上述求得的置信区间也不是最优的.

例 7.4.8 根据例 7.4.6 中的数据资料，求受过高等教育和未受过高等教育的居民收入的方差之比的置信区间($\alpha=0.05$).

解 利用 Excel 查得 $F_{0.025}(61,52)=1.706$，$F_{0.975}(61,52)=0.593$，将样本资料 $n_1=62$，$n_2=53$，$s_1=109$，$s_2=87$ 代入(7.4.10)得所求置信区间为(0.920，2.647).

表 7.4.1 正态总体均值、方差的置信区间与单侧置信限(置信水平为 1－α)

	待估参数	其他参数	枢轴量的分布	置信区间	单侧置信限
一个正态总体	μ	σ^2 已知	$Z=\dfrac{\overline{X}-\mu}{\sigma/\sqrt{n}} \sim N(0,1)$	$\left(\overline{X} \pm \dfrac{\sigma}{\sqrt{n}} z_{\alpha/2}\right)$	$\hat{\mu}_U=\overline{X}+\dfrac{\sigma}{\sqrt{n}} z_\alpha$ $\hat{\mu}_L=\overline{X}-\dfrac{\sigma}{\sqrt{n}} z_\alpha$
	μ	σ^2 未知	$t=\dfrac{\overline{X}-\mu}{S/\sqrt{n}} \sim t(n-1)$	$\left(\overline{X} \pm \dfrac{S}{\sqrt{n}} t_{\alpha/2}(n-1)\right)$	$\hat{\mu}_U=\overline{X}+\dfrac{S}{\sqrt{n}} t_\alpha(n-1)$ $\hat{\mu}_L=\overline{X}-\dfrac{S}{\sqrt{n}} t_\alpha(n-1)$
	σ^2	μ 未知	$\chi^2=\dfrac{(n-1)S^2}{\sigma^2} \sim \chi^2(n-1)$	$\left(\dfrac{(n-1)S^2}{\chi^2_{\alpha/2}(n-1)}, \dfrac{(n-1)S^2}{\chi^2_{1-\frac{\alpha}{2}}(n-1)}\right)$	$\hat{\sigma}^2_U=\dfrac{(n-1)S^2}{\chi^2_{1-\alpha}(n-1)}$ $\hat{\sigma}^2_L=\dfrac{(n-1)S^2}{\chi^2_{\alpha}(n-1)}$
两个正态总体	$\mu_1-\mu_2$	σ_1^2，σ_1^2 已知	$Z=\dfrac{\overline{X}-\overline{Y}-(\mu_1-\mu_2)}{\sqrt{\dfrac{\sigma_2^2}{n_1}+\dfrac{\sigma_2^2}{n_2}}}$ $\sim N(0,1)$	$\left((\overline{X}-\overline{Y}) \pm z_{\alpha/2}\sqrt{\dfrac{\sigma_1^2}{n_1}+\dfrac{\sigma_2^2}{n_2}}\right)$	$(\widehat{\mu_1-\mu_2})_U=\overline{X}-\overline{Y}+z_\alpha\sqrt{\dfrac{\sigma_1^2}{n_1}+\dfrac{\sigma_2^2}{n_2}}$ $(\widehat{\mu_1-\mu_2})_L=\overline{X}-\overline{Y}-z_\alpha\sqrt{\dfrac{\sigma_1^2}{n_1}+\dfrac{\sigma_2^2}{n_2}}$
	$\mu_1-\mu_2$	$\sigma_1^2=\sigma_2^2=\sigma^2$ 未知	$t=\dfrac{(\overline{X}-\overline{Y})-(\mu_1-\mu_2)}{S_w\sqrt{\dfrac{1}{n_1}+\dfrac{1}{n_2}}}$ $\sim t(n_1+n_2-2)$ $S_w^2=\dfrac{(n_1-1)S_1^2+(n_2-1)S_2^2}{n_1+n_2-2}$	$\left((\overline{X}-\overline{Y}) \pm t_{\alpha/2}(n_1+n_2-2)\right.$ $\left.S_w\sqrt{\dfrac{1}{n_1}+\dfrac{1}{n_2}}\right)$	$(\widehat{\mu_1-\mu_2})_U=\overline{X}-\overline{Y}+t_\alpha(n_1+n_2-2)$ $S_w\sqrt{\dfrac{1}{n_1}+\dfrac{1}{n_2}}$ $(\widehat{\mu_1-\mu_2})_L=\overline{X}-\overline{Y}-t_\alpha(n_1+n_2-2)$ $S_w\sqrt{\dfrac{1}{n_1}+\dfrac{1}{n_2}}$
	$\dfrac{\sigma_1^2}{\sigma_2^2}$	μ_1，μ_2 未知	$F=\dfrac{S_1^2/S_2^2}{\sigma_1^2/\sigma_2^2} \sim F(n_1-1, n_2-1)$	$\left(\dfrac{S_1^2}{S_2^2}\dfrac{1}{F_{\alpha/2}(n_1-1,n_2-1)},\right.$ $\left.\dfrac{S_1^2}{S_2^2}\dfrac{1}{F_{1-\alpha/2}(n_1-1,n_2-1)}\right)$	$\left(\widehat{\dfrac{\sigma_1^2}{\sigma_2^2}}\right)_U=\dfrac{S_1^2}{S_2^2}\dfrac{1}{F_{1-\alpha}(n_1-1,n_2-1)}$ $\left(\widehat{\dfrac{\sigma_1^2}{\sigma_2^2}}\right)_L=\dfrac{S_1^2}{S_2^2}\dfrac{1}{F_{\alpha}(n_1-1,n_2-1)}$

§7.5 非正态总体参数的区间估计

当数据不服从正态分布时，求参数的区间估计的一种有效方法就是所谓的大样本方法，即

要求样本容量比较大，利用中心极限定理进行分析.

(一)0—1 分布参数的区间估计

设 $X_1, X_2, \cdots, X_n$ 是来自 0—1 分布 $B(1,p)$ 的样本，$n>50$. 由 0—1 分布性质和中心极限定理，知

$$\frac{\sum_{i=1}^{n} X_i - np}{\sqrt{np(1-p)}} = \frac{n\overline{X} - np}{\sqrt{np(1-p)}}$$

近似服从 $N(0,1)$ 分布，于是有

$$P\{-z_{\alpha/2} < \frac{n\overline{X} - np}{\sqrt{np(1-p)}} < z_{\alpha/2}\} \approx 1-\alpha,$$

等价于
$$P\{(n+z_{\alpha/2}^2)p^2 - (2n\overline{X} + z_{\alpha/2}^2)p + n\overline{X}^2 < 0\} \approx 1-\alpha,$$

求一元二次方程可得参数 p 的置信水平为 $1-\alpha$ 的近似置信区间为

$$\left(\frac{1}{2a}(-b-\sqrt{b^2-4ac}),\quad \frac{1}{2a}(-b+\sqrt{b^2-4ac})\right) = (\hat{p}_L,\quad \hat{p}_U), \tag{7.5.1}$$

其中 $a=n+z_{\alpha/2}^2, b=-(2n\overline{X}+z_{\alpha/2}^2), c=n\overline{X}^2$.

例 7.5.1 某市随机抽取 1000 个家庭，调查知道其中有 152 家拥有私家汽车. 试根据此调查结果对该市拥有私家汽车比例 p 作出区间估计(取置信水平为 0.95).

解 由已知资料计算得

$$a=n+z_{0.025}^2=1000+1.96^2=1003.8416,$$

$$b=-(2n\overline{x}+z_{0.025}^2)=-(2\times1000\times\frac{152}{1000}+1.96^2)=-307.8416,$$

$$c=n\overline{x}^2=1000\times(\frac{152}{1000})^2=23.104.$$

将上述结果代入(7.5.1)，得所求置信区间为(0.131,　0.176).

(二)其他分布均值 μ 的区间估计

设总体 X 的均值为 μ，方差为 σ^2，$X_1, X_2, \cdots, X_n$ 是来自总体 X 的样本. 根据中心极限定理，当样本容量 n 充分大时(要求 $n>50$)，

$$\frac{\sum_{i=1}^{n} X_i - n\mu}{\sqrt{n}\sigma} \sim N(0,1)$$

近似成立，这样可导出 μ 的置信水平为 $1-\alpha$ 的近似的置信区间为

$$(\overline{X} - \frac{\sigma}{\sqrt{n}} z_{\alpha/2}, \overline{X} + \frac{\sigma}{\sqrt{n}} z_{\alpha/2}) \tag{7.5.2}$$

如果方差 σ^2 未知，可以用估计量 S^2 代替 σ^2，由此得到相应的近似置信区间为

$$(\overline{X} - \frac{S}{\sqrt{n}} z_{\alpha/2}, \overline{X} + \frac{S}{\sqrt{n}} z_{\alpha/2}) \tag{7.5.3}$$

注 当样本容量 $n\leqslant 50$ 时，根据实际经验，t 分布具有良好的统计稳健性，即当总体 X 不服从正态分布，样本数据相对对称时，枢轴量 $\frac{\overline{X}-\mu}{S/\sqrt{n}}$ 仍可以看成近似的 $t(n-1)$ 分布，从而均值 μ 的置信水平为 $1-\alpha$ 的近似置信区间为

$$(\overline{X} \pm \frac{S}{\sqrt{n}} t_{\alpha/2}(n-1)) \tag{7.5.4}$$

例 7.5.2 根据实际经验可以认为，任一路口单位时间内（如一分或一小时或一天等）的车流量服从泊松分布$\pi(\lambda)$，若以分为单位，对某路口进行 2 小时的记录，得平均每分钟车流量为 50 辆，标准差为 10 辆，试求该路口平均每分钟车流量λ的置信水平为 0.95 的置信区间.

解 利用 Excel 或查正态分布表得 $z_{0.005}=1.96$，并将样本资料 $n=120$，$\bar{x}=50$，$s=10$ 代入(7.5.3)得所求置信区间为(48.211, 51.789).

思考题七

1. 未知参数的估计量与估计值有什么区别？

2. 样本均值$\overline{X}$和样本方差 S^2 分别是总体均值 μ 和总体方差 σ^2 的无偏估计，问$\overline{X}=\mu$吗？$P(\overline{X}=\mu)$是多少？$P(S^2=\sigma^2)$又是多少呢？

3. 设 $\hat{\theta}$ 是参数 θ 的无偏估计，且 $D(\hat{\theta})>0$，问 $\hat{\theta}^2$ 是 θ^2 的无偏估计吗？

4. 说明利用矩法和极大似然法求参数点估计量的统计思想.

5. 给出求解参数的矩估计和极大似然估计的主要步骤，并写出 0－1 分布，二项分布 $B(n,p)$，泊松分布$\pi(\lambda)$，均匀分布 $U(a,b)$，指数分布 $E(\lambda)$和正态分布 $N(\mu,\sigma^2)$中各参数的矩估计和极大似然估计.

6. 给出估计量的四个评价标准并说明其统计意义.

7. 如何理解置信水平的含义？置信水平、精确度（区间平均长度）和样本容量的关系怎样？

8. 说明枢轴量和统计量的区别.

9. 利用枢轴量法求解参数置信区间的基本步骤，对正态总体试从有关的统计量出发自行导出几类参数的置信区间.

10. 设总体 $X\sim N(\mu,1)$，μ是未知参数，$X_1,\cdots,X_n$ 为来自 X 的简单随机样本，$\overline{X}$和 S^2 分别是样本均值和样本方差，则 μ 的置信水平为 $1-\alpha$ 的置信区间应选$(\overline{X}\pm\frac{1}{\sqrt{n}}z_{\alpha/2})$，$(\overline{X}\pm\frac{S}{\sqrt{n}}z_{\alpha/2})$还是$(\overline{X}\pm\frac{S}{\sqrt{n}}t_{\alpha/2}(n-1))$？为什么？

习题七

1. 设总体 X 的概率密度为

$$f(x;\theta)=\begin{cases}\frac{6}{\theta^3}(\theta-x)x, & 0<x<\theta,\\ 0, & \text{其他}.\end{cases}$$

有样本 $X_1,X_2,\cdots,X_n$，求参数 θ 的矩估计量 $\hat{\theta}$，并计算 $E(\hat{\theta})$和 $D(\hat{\theta})$.

2. 设湖中有鱼 N 条，现钓出 r 条，作上记号后放回湖中，一段时间后，再钓出 S 条（设 $S\geqslant r$），结果 t 条$(0\leqslant t\leqslant r)$有记号，试用极大似然法的思想估计湖中鱼数 N 的值.

3. 设某厂一天生产的产品中的不合格品数为 X，已知 X 的分布律为

X	0	1	2
p_k	θ^2	$2\theta(1-\theta)$	$(1-\theta)^2$

现随机抽调了该厂 6 天的记录，其中 3 天无不合格品，2 天有 1 件不合格品，1 天有2 件不合格品. 求参数θ的矩估计值和极大似然估计值.

4. 设总体 X 的概率分布律为

X	0	1	2
p_k	θ	λ	$1-\theta-\lambda$

其中 θ,λ 均为未知参数. 已知取到了样本值为 0,2,1,0,0,2,1,2. 试求 θ,λ 的矩估计值和极大似然估计值.

5. 设总体 X 的概率分布律为

X	0	1	2	3
p_k	$\dfrac{p(1-p)}{2}$	p^2	$\dfrac{3p(1-p)}{2}$	$(1-p)^2$

其中 $0<p<1$ 为未知参数. 已知取到了样本值: $x_1,x_2,\cdots,x_n$, 其中有 n_k 个取值为 k, $k=0,1,2,3$, $n_0+n_1+n_2+n_3=n$, 记 $\bar{x}=\dfrac{1}{n}\sum\limits_{i=1}^{n}x_i$, 且已知 $1<\bar{x}<3$. 试求 p 的矩估计和极大似然估计.

6. 设 $X_1,X_2,\cdots,X_n$ 为来自总体 X 的简单随机样本. 求下列总体的概率密度中未知参数 θ 的矩估计量和极大似然估计量.

(1)
$$f(x;\theta)=\begin{cases}(\theta+1)x^{\theta}, & 0<x<1,\\ 0, & \text{其他};\end{cases}\quad \theta>-1,$$

(2)
$$f(x;\theta)=\begin{cases}\dfrac{1}{\sqrt{2\pi\theta}x}\mathrm{e}^{-\frac{(\ln x)^2}{2\theta}}, & x>0,\\ 0, & \text{其他};\end{cases}\quad \theta>0,$$

(3)
$$f(x;\theta)=\begin{cases}\theta 2^{-\theta}x^{\theta-1}, & 0<x<2,\\ 0, & \text{其他};\end{cases}\quad \theta>0,$$

(4)
$$f(x;\theta)=\begin{cases}\dfrac{1}{100-\theta}, & \theta<x<100,\\ 0, & \text{其他};\end{cases}\quad 0<\theta<100,$$

(5)
$$f(x;\theta)=\begin{cases}\dfrac{1}{2\theta}\mathrm{e}^{\frac{-|x|}{\theta}}, & -\infty<x<\infty,\\ 0 & \text{其他}.\end{cases}\quad \theta>0,$$

7. 设 $X_1,X_2,\cdots,X_{25}$ 为来自正态总体 $X\sim N(\mu,\sigma^2)$ 的样本, 已知 $\bar{x}=4$, $s^2=25$, 求

(1) $P(|X|<4)$ 的极大似然估计值;

(2) 使得 $P\{X>A\}=0.05$ 的点 A 的极大似然估计值.

8. 设总体 X, $E(X)=\mu$, $D(X)=\sigma^2$, 有样本 $X_1,X_2,\cdots,X_n$,

(1) 当 μ 已知时, 试证明 $\dfrac{1}{n}\sum\limits_{i=1}^{n}(X_i-\mu)^2$ 是 σ^2 的无偏估计;

(2) k 取什么值时, $k\sum\limits_{i=1}^{n-1}(X_{i+1}-X_i)^2$ 是 σ^2 的无偏估计?

9. 设总体 $X\sim N(\mu,\sigma^2)$, $X_1,X_2,\cdots,X_{15}$ 为来自 X 的简单随机样本, μ 未知, 今用 $\hat{\mu}_1=\sum\limits_{i=1}^{8}X_i-\sum\limits_{i=9}^{15}X_i$ 和 $\hat{\mu}_2=\dfrac{1}{4}\sum\limits_{i=1}^{8}X_i-\dfrac{1}{7}\sum\limits_{i=9}^{15}X_i$ 估计参数 μ, 试问 $\hat{\mu}_1$、$\hat{\mu}_2$ 都是无偏估计吗? 如果是, 哪个更有效? 为什么?

10. 从总体 $X\sim N(\mu,\sigma^2)$ 中抽取三组独立样本 (X_1,X_2), (Y_1,Y_2,Y_3), $(Z_1,\cdots,Z_4)$, S_1^2, S_2^2, S_3^2 分别是对应的样本方差, $\sigma^2>0$ 未知. 设 $T=aS_1^2+bS_2^2+cS_3^2$, 这里 a,b,c 是实数.

(1) 求 T 是 σ^2 无偏估计的充要条件.

(2) 在所有这些无偏估计中 a,b,c 应取何值才是最有效的估计?

11. 设总体 X 的概率密度为

$$f(x;\theta)=\begin{cases}\dfrac{x}{\theta}\mathrm{e}^{-\frac{x^2}{2\theta}}, & x>0,\\ 0 & x\leqslant 0,\end{cases}$$

且 $\theta>0$, $X_1,X_2,\cdots,X_n$ 为来自该总体的样本, 求参数 θ 的极大似然估计量, 并讨论估计量的无偏性.

12. 设总体 X 的分布函数为

$$F(x;\theta)=\begin{cases}0, & x<0,\\ \dfrac{x^2}{\theta^2}, & 0\leqslant x<\theta, \quad \theta>0,\\ 1, & x\geqslant\theta.\end{cases}$$

$X_1,X_2,\cdots,X_n$ 为来自该总体的样本，求参数 θ 的矩估计量和极大似然估计量，并讨论估计量的无偏性.

13. 设总体 X 的概率密度为

$$f(x;\theta)=\begin{cases}\dfrac{3x^2}{\theta^3}, & 0<x<\theta,\\ 0, & 其他.\end{cases} \quad \theta>0,$$

$X_1,X_2,\cdots,X_n$ 为来自该总体的样本.

(1)试求 θ 的矩估计量和极大似然估计量；

(2)当 $n=2$ 时，证明 $T_1=\dfrac{2}{3}(X_1+X_2)\,T_2=\dfrac{7}{6}\max(X_1,X_2)$ 都是 θ 的无偏估计量，并比较 T_1,T_2 的有效性.

14. 设 $X_1,\cdots,X_n$ 为来自指数分布

$$f(x;\mu)=\begin{cases}e^{-(x-\mu)}, & x\geqslant\mu,\\ 0, & 其他.\end{cases} \quad -\infty<\mu<\infty,$$

的样本.

(1)试求参数 μ 的极大似然估计量 $\hat{\mu}_1$，$\hat{\mu}_1$ 是 μ 的无偏估计吗？如果不是，试对它略作修改，以得到 μ 的无偏估计量 $\hat{\mu}_1^*$；

(2)证明 μ 的矩法估计量 $\hat{\mu}_2$ 是 μ 的无偏估计；

(3)比较 $\hat{\mu}_1^*$ 和 $\hat{\mu}_2$ 的有效性；

(4)证明 $\hat{\mu}_1^*$ 和 $\hat{\mu}_2$ 都是 μ 的相合估计.

15. 设 $X_1,\cdots,X_n$ 为来自指数分布

$$f(x;\lambda)=\begin{cases}\lambda^{-1}e^{-x/\lambda}, & x\geqslant 0,\\ 0, & 其他.\end{cases} \quad \lambda>0,$$

的样本.

(1)证明样本均值 $\overline{X}$ 既是参数 λ 的矩估计，又是 λ 的极大似然估计；

(2)考虑形如 $c\cdot\sum\limits_{i=1}^{n}X_i$ 的 λ 的估计量，证明在均方误差准则下，存在着优于 $\overline{X}$ 的估计.

16. 设总体 X 的概率密度为

$$f(x;\theta)=\begin{cases}\dfrac{2x}{\theta^2}, & 0<x<\theta,\\ 0, & x\leqslant 0.\end{cases} \quad \theta>0,$$

$X_1,X_2,\cdots,X_n$ 为来自该总体的样本.

(1)求参数 θ 的矩估计量 $\hat{\theta}_1$，并判定是否为 θ 的无偏估计量，是否为 θ 的相合估计量.

(2)求参数 θ 的极大似然估计量 $\hat{\theta}_2$，并判断它是否为 θ 的无偏估计量，是否为 θ 的相合估计量.

17. 设随机变量 X 服从几何分布，即

$$P(X=k\,|\,\theta)=\theta(1-\theta)^k, k=0,1,\cdots,$$

假如 θ 的先验分布是 $(0,1)$ 上的均匀分布.

(1)若只对 X 作一次观察，其观察值为 $x=2$，试求 θ 的贝叶斯估计；

(2)若对 X 作三次观察，其观察值为 2，3，5，试求 θ 的贝叶斯估计.

18. 在习题 14 的假定下，并记 $X_{(1)}=\min(X_1,X_2,\cdots,X_n)$.

(1)试证明，我们可取 $X_{(1)}-\mu$ 为关于 μ 的区间估计问题的枢轴量；

(2)基于这个枢轴量,试求 μ 的置信水平为 $1-\alpha$ 的同等置信区间.

19.设 $X_1,\cdots,X_7$ 为来自指数分布

$$f(x;\lambda)=\begin{cases}\lambda e^{-\lambda x}, & x\geqslant 0,\\ 0, & \text{其他}.\end{cases}\quad \lambda>0,$$

的样本,求参数 λ 的矩估计量;若已证明 $2\lambda\sum_{i=1}^{7}X_i\sim\chi^2(14)$,利用枢轴量法求参数 λ 的置信水平为80%的双侧置信区间.

20.测得25位老年妇女的平均血压为 $\bar{x}=140$ 毫米汞柱,若将这些数据看作是来自 $\sigma=10$ 毫米汞柱的正态总体的随机样本,求总体均值 μ 的95%的置信区间.

21.抽取10个某种已绝迹鸟类的头骨化石,测得其长度的均值为5.68cm,标准差值为0.29cm,假设其总体是服从正态分布,求该鸟类头骨化石长度的95%的置信区间.

22.为测试某种发动机的汽油耗损情况,共进行16次测量,测得标准差为2.2加仑,假设样本来自正态总体,求 σ^2 的置信水平为99%的置信区间.

23.岩石密度的测量误差服从正态分布,随机抽测12个样品,得 $s=0.2$.求方差 σ^2 的置信区间($\alpha=10\%$).

24.从某品种成熟柑橘中随机选出12个样本测得其平均高度为13.8英尺,标准差为1.2英尺;从另一品种的柑橘中抽出15个样本测得其平均高度为12.9英尺,标准差为1.5英尺,假设两个随机样本来自两个方差相等的正态总体.

(1)构建这两种柑橘实际平均高度之差的95%置信区间.

(2)试问这两种柑橘实际平均高度是否有显著差异?

25.为研究比较两种照相复制器的纠错功能,分别记录下对60个错误的纠错时间,第一种机器是平均80.7分钟,标准差为19.4分钟;第二种机器平均为88.1分钟,标准差为18.8分钟.假设两组样本来自两个方差相等的正态总体.

(1)求这两种照相复制器平均纠错时间实际差异的95%置信区间.

(2)试问这两种照相复制器的纠错功能是否有显著差异?

26.设从两个正态总体中分别抽得容量为16和20的独立样本,算得样本方差分别为55.7和31.4,

(1)求 $\frac{\sigma_1^2}{\sigma_2^2}$ 的置信水平为0.95的置信区间;

(2)这些资料是否足以说明 σ_1^2 不同于 σ_2^2?

27.某超市负责人需要比较郊区 A 和郊区 B 居民的平均收入来确定合适的分店地址.假设两郊区居民的收入服从正态分布,对两个郊区的居民分别进行抽样调查,各抽取52户家庭,计算得到郊区 A 居民的年人均收入为 $\bar{x}_1=5760.35$ 元,标准差为 $s_1=203.52$ 元,郊区 B 居民的年人均收入为 $\bar{x}_2=6570.20$ 元,标准差为 $s_2=358.12$ 元.

(1)求两郊区居民收入方差之比的的置信区间($\alpha=0.05$),并给出合理的解释;

(2)选择合适的方法,求两郊区居民年人均收入差值的的区间估计($\alpha=0.05$),并提出合理的建议.

28.李虹想估计她所在的宿舍区中喜欢宿舍食堂的伙食的学生比例 p.于是,她随机抽取了60人进行调查.她发现其中有20人认为食堂的伙食不错.用本章介绍的方法求关于总体比例 p 的置信区间($\alpha=0.05$).

第八章 假设检验

上一章讨论了关于总体参数的估计问题. 这一章将介绍统计推断的另一类重要问题:假设检验. 所谓假设检验,就是根据以往的经验和已知信息对总体提出假设,然后利用样本信息检验假设是否符合事实,最后作出接受还是拒绝这个假设的判断. 根据检验内容是否涉及总体的分布而分为参数的假设检验和非参数检验.

§8.1 假设检验的基本思想

(一)问题的提出

在介绍假设检验的统计思想前,先看几个例子.

例 8.1.1 设某种清漆的 9 个样品,其干燥时间(以小时计)分别为:

6.9 6.7 5.8 7.0 6.8 5.2 7.1 5.6

根据以往经验,干燥时间的总体服从正态分布 $N(6.0,0.36)$,现根据样本检验平均干燥时间是否与过去有显著差异?

例 8.1.2 一种摄影药品被其制造商声称其贮藏寿命是均值 180 天、标准差不多于 10 天的正态分布. 某位使用者担心标准差可能超过 10 天. 他随机选取 12 个样品并测试,得到样本标准差为 14 天. 根据样本有充分证据证明标准差大于 10 天吗?

例 8.1.3 通常认为男女的脉搏率是没有显著差异的. 现在随机地抽取 16 位男子和 13 位女子,测得他们的脉搏率如下:

男:61 73 58 64 70 64 72 60 65 80 55 72 56 56 74 65

女:83 58 70 56 76 64 80 68 78 108 76 70 97

设男女脉搏率都服从正态分布,问能否根据这些数据接受假设:男女脉搏率的均值相同?

例 8.1.4 孟德尔遗传理论断言,当两个品种的豌豆杂交时,圆的和黄的、起皱的和黄的、圆的和绿的、起皱的和绿的豆的频数将以比例 9∶3∶3∶1 发生. 在检验这个理论时,孟德尔分别得到频数 315,108,101,32,这些数据提供充分证据拒绝该理论吗?

例 8.1.1,例 8.1.2 和例 8.1.3 都是在已知总体是正态分布的前提下,要求对有关总体的均值或标准差的假设给出检验,是属于参数检验,我们将在第 2、3 节中讨论;例8.1.4实际上可以看成对总体的分布提出假设,这就是第 5 节中要讨论的分布拟合检验问题.

统计假设简称为假设,通常用字母 H 表示. 一般我们同时提出两个完全相反的假设,习惯上把其中的一个称为**原假设**或**零假设**,用 H_0 表示,把另一个假设称为**对立假设**或**备择假设**,用 H_1 表示. 如例 8.1.1 中以 μ 代表清漆的平均干燥时间,则原假设和备择假设可以分别写成 $H_0:\mu=6.0$ 和 $H_1:\mu\neq6.0$. 原假设和备择假设的划分并不是绝对的,一般地,在有关参数的假设检验中,备择假设是我们根据样本资料想得到支持的假设. 显然,对于任何一个假设检验问题,结论只能是 H_0 和 H_1 两者中必居其一.

关于总体参数 θ 的假设有三种情况:(1) $H_0:\theta\geqslant\theta_0$, $H_1:\theta<\theta_0$;(2) $H_0:\theta\leqslant\theta_0$, $H_1:\theta>\theta_0$;

(3)$H_0:\theta=\theta_0$，$H_1:\theta\neq\theta_0$. 其中 θ_0 为已知的常数. 以上三种情况中，有关第(1)，(2)种假设的检验称为**单边检验**，第(3)种假设的检验称为**双边检验**，其中第(1)种称为**左边检验**，第(2)种称为**右边检验**.

(二)检验统计量和拒绝域

如何对提出的各种不同假设进行检验呢？下面我们通过对例 8.1.1 来说明假设检验的基本思想.

在例 8.1.1 中，设某种清漆的干燥时间为 X，由已知，$X\sim N(\mu,\sigma^2)$，其中 $\sigma^2=0.36$ 为已知，现在要对参数 μ 提出假设

$$H_0:\mu=6.0,\quad H_1:\mu\neq 6.0.$$

根据第七章参数估计的理论，样本均值$\overline{X}$是参数 μ 的无偏估计. $\overline{X}$的取值大小反映了 μ 的取值大小. 当原假设 H_0 成立时，$|\overline{X}-6.0|$取值应偏小，反之，当$|\overline{X}-6.0|$取值偏大时，我们认为原假设 H_0 成立的可能性很小. 因此，我们可以根据$|\overline{X}-6.0|$的取值大小来制定检验规则. 也就是说，按照规则：

$$当|\overline{X}-6.0|\geqslant C 时，拒绝原假设 H_0，$$
$$当|\overline{X}-6.0|< C 时，接受原假设 H_0，$$

对原假设 H_0 作出判断，其中临界值 C 是一个待定的常数. 不同的 C 值表示不同的检验. 如何确定 C，我们将在后面作介绍.

一般地，在假设检验问题中，若寻找到某个统计量，其取值大小和原假设 H_0 是否成立有密切联系时，我们将之称为该假设检验问题的**检验统计量**，而对应于拒绝原假设 H_0 时，样本值的范围称为**拒绝域**，记为 W，相应的 W 的补集$\overline{W}$称为**接受域**. 根据上面的分析，例 8.1.1 中，我们可取检验统计量为$\overline{X}$(或$\overline{X}-6.0$)，而拒绝域为

$$W=\{(X_1,X_2,\cdots,X_9):|\overline{X}-6.0|\geqslant C\}.$$

因此，对于一个假设检验问题，给出一个检验规则，相当于在样本空间中划分出一个子集，将之作为检验的拒绝域. 反之，给出一个拒绝域也就给出了一个检验规则. 如何选取检验的拒绝域成为假设检验的一个关键问题. 这不仅需要对实际问题的背景有足够的了解和丰富的统计思想，还需要在理论上有评价检验好坏的标准. 为此，我们需要介绍假设检验问题中可能犯的两类错误.

(三)两类错误

根据样本推断总体，由于抽样的随机性，所作的结论不能保证绝对不犯错误，而只能以较大的概率保证其可靠性. 在假设检验推断中可能出现下列四种情形：

(1)拒绝了一个错误的原假设；

(2)接受了一个真实的原假设；

(3)拒绝了一个真实的原假设；

(4)接受了一个错误的原假设.

(1)和(2)两种情形是正确的决定，而(3)和(4)两种情形都是错误的决定，其中情形(3)所犯的错误，我们称为犯**第Ⅰ类错误**，也称为**弃真错误**，情形(4)所犯的错误，我们称为犯**第Ⅱ类错误**，也称为**取伪错误**. 通常，用 α 表示犯第Ⅰ类错误的概率，用 β 表示犯第Ⅱ类错误的概率. 具体地，有

$$\alpha=P(第Ⅰ类错误)=P(拒绝 H_0|H_0 是真实的)；$$
$$\beta=P(第Ⅱ类错误)=P(接受 H_0|H_0 是错误的).$$

现在,我们来计算上述例 8.1.1 中的检验规则所犯两类错误的概率.

犯Ⅰ类错误的概率

$$\alpha(C)=P\{拒绝 H_0 \mid H_0 是真实的\}=P\{|\overline{X}-6.0|\geqslant C \mid \mu=6.0\}$$
$$=P\left\{\frac{|\overline{X}-6.0|}{\sigma/\sqrt{n}}\geqslant\frac{C}{\sigma/\sqrt{n}} \mid \mu=6.0\right\}$$

由于当原假设 H_0 为真时,即 $\mu=6.0$ 时,$\frac{\overline{X}-6.0}{\sigma/\sqrt{n}}\sim N(0,1)$,则有

$$\alpha(C)=2-2\Phi(\frac{C}{\sigma/\sqrt{n}}). \tag{8.1.1}$$

犯Ⅱ类错误的概率

$$\beta(C)=P\{接受 H_0 \mid H_0 是错误的\}=P\{|\overline{X}-6.0|<C \mid \mu\neq 6.0\}$$
$$=P\{6.0-C<\overline{X}<6.0+C \mid \mu\neq 6.0\}$$
$$=P\{\frac{6.0-C-\mu}{\sigma/\sqrt{n}}<\frac{\overline{X}-\mu}{\sigma/\sqrt{n}}<\frac{6.0+C-\mu}{\sigma/\sqrt{n}} \mid \mu\neq 6.0\}$$
$$=\Phi(\frac{6.0+C-\mu}{\sigma/\sqrt{n}})-\Phi(\frac{6.0-C-\mu}{\sigma/\sqrt{n}}),\mu\neq 6.0 \tag{8.1.2}$$

由(8.1.1)知,犯Ⅰ类错误的概率 $\alpha(C)$关于临界值 C 是单调减函数,而由(8.1.2)知,犯第Ⅱ类错误的概率 $\beta(C)$关于临界值 C 是单调增函数.所以在样本容量 n 固定时,犯这两类错误的概率是相互制约的.若要同时使得犯两类错误的概率都很小,就必须有足够大的样本容量.这样随之而来的是我们在人力、物力和时间上付出的代价就增加了.

鉴于上述情况,奈曼和皮尔逊提出:首先控制犯第Ⅰ类错误的概率,即选定一个常数 $\alpha\in(0,1)$,要求检验犯第Ⅰ类错误的概率不超过 α,然后在满足这个约束条件的检验中,再寻找检验,使得犯第Ⅱ类错误的概率尽可能小.这就是假设检验理论中的**奈曼-皮尔逊原则**,其中的常数 α 称为**显著水平**.α 的大小取决于我们对所讨论问题的实际背景的了解.在通常的应用中,常取 α 为 0.01,0.05,0.10 等.

在例 8.1.1 中,若取显著水平 $\alpha=0.05$,即要求犯第Ⅰ类错误的概率不超过 0.05,则由(8.1.1)

$$2-2\Phi(\frac{C}{\sigma/\sqrt{n}})\leqslant 0.05,$$

计算得

$$C\geqslant z_{0.025}\sigma/\sqrt{n}=1.96\times 0.6/3=0.392,$$

根据奈曼-皮尔逊原则,为使得犯第Ⅱ类错误的概率尽可能小,我们应选取$C=0.392$,因此拒绝域为

$$W=\{(X_1,X_2,\cdots,X_9):|\overline{X}-6.0|\geqslant 0.392\}.$$

根据样本实际观测,计算得 $\bar{x}=6.4$,有 $\bar{x}-6.0=0.4>0.392$,即样本落入拒绝域,因此我们有95%的把握拒绝原假设 H_0,即认为油漆干燥时间与以往有显著差异.

(四)P_-值与统计显著性

当原假设 H_0 为真时,检验统计量取比观察到的结果更为极端的数值的概率,称为 **P_-值**.在实际运用中,通过计算 P_-值来衡量拒绝 H_0 的理由是否充分.P_-值较小说明观察到的结果在一次试验中发生的可能性较小,P_-值越小,拒绝 H_0 的理由越充分;P_-值较大说明观察到的结果在一次试验中发生的可能性较大,所以没有足够的理由拒绝 H_0.

在例 8.1.1 中，当 H_0 为真时，检验统计量 $\overline{X}-6.0\sim N(0,0.36/9)$，根据样本实测得 $\bar{x}=6.4$，即有 $\bar{x}-6.0=0.4$，则可计算得

$$P_{-}=P_{H_0}(|\overline{X}-6.0|\geqslant 0.4)=P_{H_0}\left(\left|\frac{\overline{X}-6.0}{0.2}\right|\geqslant 2\right)=2-2\Phi(2)=0.046.$$

P_{-} 值为 0.046，表示 1000 次重复试验中，只有约 46 次允许. 因此，当 H_0 为真时，$|\overline{X}-6.0|\geqslant 0.4$ 可以看成小概率事件. 一般地，我们认为小概率事件在某一次具体的观察中是几乎不发生的，但目前的样本资料表明，该事件确实已经发生，这意味着 H_0 为真的假设是不合理的，所以我们应该作出拒绝原假设 H_0 的判断.

当假设检验的显著性的水平为 α，若 P_{-} 值小于等于 α，则拒绝原假设，此时我们称检验结果在水平 α 下是**统计显著**的.

可以说 P_{-} 值提供了比显著水平 α 更多的信息，根据 P_{-} 值，我们可以判定在任何给定显著性水平下检验结果是否显著. 如 $P_{-}=0.03$，则说明在 $\alpha=0.05$ 水平下是显著的，但在 $\alpha=0.01$水平下却不显著.

(五)处理假设检验问题的基本步骤

通过对例 8.1.1 的介绍，一般的假设检验问题我们可按下列步骤进行：

(1)根据实际问题提出原假设和备择假设；

(2)提出检验统计量和拒绝域的形式；

(3)根据奈曼-皮尔逊原则和给定的显著水平 α，求出拒绝域 W 中的临界值；

(4)根据实际样本观测值作出判断.

其中步骤(3)，(4)也可如下进行：

(3′)计算检验统计量的观测值和 P_{-} 值；

(4′)根据给定的显著水平 α，作出判断.

一般的统计分析软件处理假设检验问题都是通过计算 P_{-} 值而不是给出拒绝域 W 来作出判断的. 在下面的章节中，我们将结合两种思想来介绍假设检验问题.

§8.2　单个正态总体参数的假设检验

设正态总体 $X\sim N(\mu,\sigma^2)$，$X_1,X_2,\cdots,X_n$ 是来自该总体的样本，记

$$\overline{X}=\frac{1}{n}\sum_{i=1}^{n}X_i,\quad S^2=\frac{1}{n-1}\sum_{i=1}^{n}(X_i-\overline{X})^2.$$

(一)有关参数 μ 的假设检验

1. σ^2 已知

先考虑双边假设问题

$$H_0:\mu=\mu_0,\quad H_1:\mu\neq\mu_0,$$

其中 μ_0 是已知的常量. 根据前一节的讨论，此时我们可取检验统计量为

$$Z=\frac{\overline{X}-\mu_0}{\sigma/\sqrt{n}}.$$

当原假设 H_0 成立，即 $\mu=\mu_0$ 时，$Z\sim N(0,1)$. 根据奈曼-皮尔逊原则，在给定的显著水平 α 下，检验的拒绝域为

$$W=\left\{|Z|=\left|\frac{\overline{X}-\mu_0}{\sigma/\sqrt{n}}\right|\geqslant z_{\alpha/2}\right\}\tag{8.2.1}$$

对给定样本观察值 $x_1,x_2,\cdots,x_n$，当检验统计量 Z 的取值的绝对值 $|z_0|=\left|\frac{\bar{x}-\mu_0}{\sigma/\sqrt{n}}\right|\geqslant z_{\alpha/2}$ 时，作出拒绝原假设的判断，即认为根据当前样本资料，我们有 $100(1-\alpha)\%$ 的把握认为 $\mu\neq\mu_0$，否则，接受原假设.

另外，我们也可通过计算 P_- 值来作出判断，其中

$$P_- = P_{H_0}\{|Z|\geqslant|z_0|\} = 2P_{H_0}\{Z\geqslant|z_0|\} = 2(1-\Phi(|z_0|)). \tag{8.2.2}$$

当 P_- 值小于给定的显著水平 α 时，拒绝原假设，否则，接受原假设.

对于左边假设问题

$$H_0:\mu\geqslant\mu_0,\quad H_1:\mu<\mu_0,$$

检验统计量仍为 $Z=\frac{\overline{X}-\mu_0}{\sigma/\sqrt{n}}$. 当原假设 H_0 成立，即 $\mu\geqslant\mu_0$ 时，Z 取值偏大，因此拒绝域的形式为

$$W=\left\{Z=\frac{\overline{X}-\mu_0}{\sigma/\sqrt{n}}\leqslant C\right\},$$

其中临界值 C 满足奈曼-皮尔逊原则. 首先我们来计算犯第Ⅰ类错误的概率.

$$\alpha(\mu,C)=P\{\text{拒绝 } H_0 \mid H_0 \text{ 是真实的}\}=P\left\{\frac{\overline{X}-\mu_0}{\sigma/\sqrt{n}}\leqslant C \mid \mu\geqslant\mu_0\right\}.$$

注意到此时 Z 不服从标准正态分布，而是有

$$Z\sim N\left(\frac{\mu-\mu_0}{\sigma/\sqrt{n}},1\right),\quad \mu\geqslant\mu_0.$$

因此
$$\alpha(\mu,C)=\Phi\left(C-\frac{\mu-\mu_0}{\sigma/\sqrt{n}}\right),\quad \mu\geqslant\mu_0.$$

显然，$\alpha(\mu,C)$ 关于 μ 是严格减函数，为使犯第Ⅰ类错误的概率不超过给定的显著水平 α，需满足

$$\sup_{\mu\geqslant\mu_0}\alpha(\mu,C)=\alpha(\mu_0,C)=\Phi(C)\leqslant\alpha,$$

又根据奈曼-皮尔逊原则，当上式中等号成立时，犯第Ⅱ类错误的概率最小. 因此，应取 $C=z_{1-\alpha}=-z_\alpha$，从而左边假设问题检验的拒绝域为

$$W=\{Z=\frac{\overline{X}-\mu_0}{\sigma/\sqrt{n}}\leqslant -z_\alpha\}.$$

此时，P_- 值可由下式计算得到

$$P_-=\sup_{\mu\geqslant\mu_0}P\{Z\leqslant z_0\}=P\{Z\leqslant z_0\mid\mu=\mu_0\}=\Phi(z_0).$$

类似地，对于右边假设问题

$$H_0:\mu\leqslant\mu_0,\quad H_1:\mu>\mu_0,$$

我们可推得检验的拒绝域为

$$W=\{Z=\frac{\overline{X}-\mu_0}{\sigma/\sqrt{n}}\geqslant z_\alpha\},$$

P_- 值为
$$P_-=\sup_{\mu\leqslant\mu_0}P\{Z\geqslant z_0\}=P\{Z\geqslant z_0\mid\mu=\mu_0\}=1-\Phi(z_0).$$

上述检验，我们通常称为 **Z 检验**.

例 8.2.1　据健康统计中心报告 35 至 44 岁的男子平均心脏收缩压为 128，标准差为 15.

某公司的健康主管观察了该公司在33至44岁年龄段的72位管理人员的体检记录，发现他们的平均心脏收缩压 $\bar{x}$ 为126.07(mm/Hg). 这是否意味着该公司管理人员的心脏收缩压与一般的人群有显著差异？（显著水平 $\alpha=0.05$）现在假设这些管理人员的心脏收缩压服从正态分布，且与一般中年男子的心脏收缩压具有相同的标准差 $\sigma=15$.

解　设随机变量 X 为中年男子的心脏收缩压，由已知条件，$X\sim N(\mu,15^2)$. 下面我们根据假设检验问题的处理步骤来讨论该公司管理人员的心脏收缩压是否与一般的人群有显著差异.

步骤1：提出假设

设原假设为该公司管理人员的平均心脏收缩压与全国中年男子的平均收缩压无差异，即 $\mu=128$. 由于健康主管没有要求比较这两者的大小，故备择假设是双边的，所以提出的假设为

$$H_0:\mu=128,\quad H_1:\mu\neq 128.$$

步骤2：提出检验统计量

由上面讨论可知，检验统计量可取为 $Z=\dfrac{\overline{X}-\mu_0}{\sigma/\sqrt{n}}$，其中 $\mu_0=128$.

步骤3：给出拒绝域

在显著水平 $\alpha=0.05$ 下，由(8.2.1)得检验的拒绝域为

$$W=\left\{|Z|=\left|\frac{\overline{X}-\mu_0}{\sigma/\sqrt{n}}\right|\geqslant z_{0.025}=1.96\right\}.$$

步骤4：判断

由样本资料可计算得检验统计量的观察值 $z_0=\dfrac{126.07-128}{15/\sqrt{72}}=-1.09$，显然，$|z_0|=1.09<1.96$，因此，我们作出接受原假设的判断，即认为该公司管理人员的心脏收缩压与一般的人群没有显著差异.

若要通过计算 P_- 值来作出判断，则步骤3和4转为：

步骤3′：计算检验统计量的观察值和 P_- 值

由样本资料可计算得 $z_0=\dfrac{126.07-128}{15/\sqrt{72}}=-1.09$. 则由(8.2.2)有

$$P_-=P\left(\frac{|\overline{X}-\mu_0|}{\sigma/\sqrt{n}}\geqslant|-1.09|\right)=2(1-\Phi(1.09))=0.2758.$$

步骤4′：判断

由于 $P_->\alpha=0.05$，所以我们认为统计不显著，即认为该公司管理人员的心脏收缩压与一般的人群没有显著差异.

2. σ^2 未知

在实际应用中，参数 σ^2 常常是未知的，此时，我们不能采用 Z 检验，需要用样本方差 S^2 来代替 σ^2，从而得到检验统计量

$$T=\frac{\overline{X}-\mu_0}{S/\sqrt{n}}.$$

类似于前面的讨论，为给出拒绝域或计算 P_- 值，我们只需知道当 $\mu=\mu_0$ 时 T 的分布，根据抽样分布定理6.3.3有

$$T=\frac{\overline{X}-\mu_0}{S/\sqrt{n}}\sim t(n-1).$$

在给定样本观察值 $x_1, x_2, \cdots, x_n$ 时，检验统计量的取值为 $t_0=\frac{\bar{x}-\mu_0}{s/\sqrt{n}}$. 根据 t 分布，我们可给出相应的拒绝域和 P_- 值的计算.

双边假设问题

$$H_0: \mu=\mu_0, \quad H_1: \mu\neq\mu_0,$$

拒绝域为
$$W=\left\{|T|=\left|\frac{\overline{X}-\mu_0}{S/\sqrt{n}}\right|\geqslant t_{\alpha/2}(n-1)\right\},$$

P_- 值为
$$P_-=2P\{t(n-1)\geqslant|t_0|\}.$$

左边假设问题

$$H_0: \mu\geqslant\mu_0, \quad H_1: \mu<\mu_0,$$

拒绝域为
$$W=\left\{T=\frac{\overline{X}-\mu_0}{S/\sqrt{n}}\leqslant -t_{\alpha}(n-1)\right\},$$

P_- 值为
$$P_-=\sup_{\mu\geqslant\mu_0}P\{T\leqslant t_0\}=P\{t(n-1)\leqslant t_0\},$$

右边假设问题

$$H_0: \mu\leqslant\mu_0, H_1: \mu>\mu_0,$$

拒绝域为
$$W=\left\{T=\frac{\overline{X}-\mu_0}{S/\sqrt{n}}\geqslant t_{\alpha}(n-1)\right\},$$

P_- 值为
$$P_-=\sup_{\mu\leqslant\mu_0}P\{T\geqslant t_0\}=P\{t(n-1)\geqslant t_0\},$$

上述检验，我们通常称为 **t 检验**. 在实际应用中，σ^2 通常是未知的，因此，t 检验要比 Z 检验应用更广泛.

例 8.2.2　在某高校某个班级拥有手机的同学中随机抽取 25 名，以了解手机话费支出情况，调查得到月平均话费支出 66.45 元，标准差为 20.32 元. 假设手机话费 X 服从正态分布 $N(\mu,\sigma^2)$，问是否有充分的理由认为该班拥有手机的同学的月平均话费支出大于 60 元?

解　由样本资料 $\bar{x}=66.45>60$，我们需要将希望得到支持的假设"$\mu>60$"作为备择假设，即考虑右边假设问题

$$H_0: \mu\leqslant 60, \quad H_1: \mu>60.$$

因 σ^2 未知，取检验统计量为

$$T=\frac{\overline{X}-\mu_0}{S/\sqrt{n}}.$$

将样本资料 $n=25$，$\bar{x}=66.45$，$s=20.32$ 和 $\mu_0=60$ 代入，得观察值为 $t_0=1.587$.

查 t 分布表，得 $t_{0.05}(24)=1.711$，$t_{0.1}(24)=1.318$. 因此，如果取显著水平 $\alpha=0.05$，我们应作出接受原假设的判断，即认为该班拥有手机的同学的月平均话费支出不超过60 元，但如果取显著水平 $\alpha=0.1$，则我们应拒绝原假设.

利用 Excel 可计算得 $P_-=P\{t(24)\geqslant 1.587\}=0.0628$. 显然，$0.05<P_-<0.1$，可作出同样的判断. 实际上，$P_-$ 值告诉我们，根据目前的资料，有 93,72% 的把握认为该班拥有手机的同学的月平均话费支出超过 60 元.

(二)成对数据的 t 检验

成对数据问题在 7.4 节中已作过介绍. 现在我们用假设检验的思想来考察某种降血压药的效果. 假设 (X_1,Y_1)，(X_2,Y_2)，$\cdots$，(X_n,Y_n) 分别是 n 个高血压病人在服药前后的血压测量

值，差值 $D_i=X_i-Y_i, i=1,2,\cdots,n$ 可以看成来自正态总体 $N(\mu_d,\sigma_d^2)$ 的样本. 为检验降血压是否有效，就归结为检验如下假设问题

$$H_0:\mu_d\leqslant 0,\quad H_1:\mu_d>0.$$

于是问题就变成了有关单个正态总体的均值的假设检验. 记

$$\overline{D}=\frac{1}{n}\sum_{i=1}^{n}D_i,\qquad S_D^2=\frac{1}{n-1}\sum_{i=1}^{n}(D_i-\overline{D})^2,$$

则检验统计量为

$$T=\frac{\sqrt{n}\overline{D}}{S_D},$$

检验的拒绝域为

$$W=\{T\geqslant t_\alpha(n-1)\},$$

P_- 值为

$$P_-=\sup P_{H_0}\{T\geqslant t_0\}=P\{t(n-1)\geqslant t_0\}.$$

对于双边假设和左边假设问题，我们也可以类似讨论.

例 8.2.3　对某品牌矿泉水进行水质分析，随机抽取 500mL 装的 8 瓶，将每瓶各一半的水分别送到两个不同实验室进行检测，下面是两个实验室对 8 瓶水中钾元素含量的测定结果(单位：μg/100mL)：

实验室 A	39	37	36	41	34	38	43	45
实验室 B	35	38	37	39	36	40	41	42

假设两实验室的检测结果之差服从正态分布，试检验这两个实验室的检测结果是否有显著差异?

解　设 μ_d 为两个实验室对水中钾元素含量的测定结果的平均差值，考虑双边假设：

$$H_0:\mu_d=0,\quad H_1:\mu_d\neq 0.$$

由已知资料得两实验室测定结果的差值观察值为

$$d_i:4\quad -1\quad -1\quad 2\quad -2\quad -2\quad 2\quad 3$$

且有 $\overline{d}=0.625, s_d=2.387$.

将上述结果代入检验统计量 $T=\dfrac{\sqrt{n}\ \overline{D}}{S_D}$，得观察值为 $t_0=0.741$. 利用 Excel 计算 P_- 值为

$$P_-=P_{H_0}\{|T|>|t_0|\}=2P\{t(7)>0.741\}=0.483.$$

因此，我们没有充分的理由认为两实验室测量结果有显著差异.

Excel 中 TTEST 函数可以计算成对数据的检验，具体步骤如下：

(1)将实验室 A、B 的数据输入 Excel 表中，设数据区域分别为 A1：A8 和B1：B8；

(2)在 Excel 表中任选一空白单元格(例如:C1 单元格)下拉菜单“插入”选项卡⇒单击“函数”⇒在类别的下拉式菜单中，选择“统计”选项⇒选择“TTEST”⇒在弹出的对话框的“Arrayl”文本框中输入“A1：A8”，“Array2”文本框中输入“B1：B8”，“Tails”文本框中输入“2”(“1”代表单尾概率)，“Type”本框中输入“1”(“2”代表两样本等方差，“3”代表两样本异方差)⇒点击 Enter 键⇒C1 单元格即可显示 P_- 值为“0.482994”.

(三)有关参数 σ^2 的假设检验

这里，我们不妨假设参数 μ 是未知的，其假设问题包括

双边假设：$H_0:\sigma^2=\sigma_0^2,\quad H_1:\sigma^2\neq\sigma_0^2$，

左边假设：$H_0:\sigma^2\geqslant\sigma_0^2,\quad H_1:\sigma^2<\sigma_0^2$，

右边假设：$H_0:\sigma^2\leqslant\sigma_0^2,\quad H_1:\sigma^2>\sigma_0^2$，

其中 σ_0^2 是已知的常量. 此时,σ^2 的无偏估计量

$$S^2 = \frac{1}{n-1}\sum_{i=1}^{n}(X_i - \overline{X})^2,$$

且$\frac{(n-1)S^2}{\sigma^2} \sim \chi^2(n-1)$. 因此,我们可取检验统计量为 $\chi^2 = \frac{(n-1)S^2}{\sigma_0^2}$. 类似于前面的讨论,只需知道当 $\sigma^2 = \sigma_0^2$ 时,检验统计量 χ^2 的分布. 显然,此时有 $\chi^2 \sim \chi^2(n-1)$. 在给定显著水平 α 时,我们有检验拒绝域:

双边检验:$\chi^2 \geqslant \chi^2_{\alpha/2}(n-1)$,或 $\chi^2 \leqslant \chi^2_{1-\alpha/2}(n-1)$;

左边检验:$\chi^2 \leqslant \chi^2_{1-\alpha}(n-1)$;

右边检验:$\chi^2 \geqslant \chi^2_{\alpha}(n-1)$.

与均值检验相同,我们也可通过计算 P_- 值来判断是否拒绝 H_0,当 P_- 值小于给定的显著水平 α 时,拒绝原假设;否则,接受原假设. 关于 P_- 值的计算方法与均值检验的方法类似. 我们通常称上述检验为 **χ^2 检验**.

下面我们来解答例 8.1.2,这是关于正态总体方差 σ^2 的假设检验问题,需检验下列假设

$$H_0:\sigma^2 \leqslant 10, \quad H_1:\sigma^2 > 10,$$

根据已知资料,计算得到检验统计量的取值为

$$\chi_0^2 = \frac{(n-1)s^2}{\sigma_0^2} = \frac{(12-1)14^2}{10^2} = 21.56.$$

查表可得 $\chi^2_{0.05}(11) = 19.675 < 21.56$. 因此,我们拒绝原假设,即至少有 95%的把握认为该种摄影药品的贮藏寿命的标准差大于 10 天.

另,我们也可利用 Excel 计算得 $P_- = P\{\chi^2(11) > 21.56\} = 0.028 < 0.05$,作出同样的判断.

§8.3 两个正态总体参数的假设检验

在实际中,常常会遇到比较两个总体均值或比较两种处理效应的问题,这就需要分别从两个总体中抽取样本,我们称之谓**两样本问题**. 本节在两个正态总体的假定下,考虑两样本问题,包括均值的比较和方差的比较.

(一)比较两个正态总体均值的假设检验

设正态总体 $X \sim N(\mu_1, \sigma_1^2)$,$Y \sim N(\mu_2, \sigma_1^2)$,$X_1, X_2, \cdots, X_{n_1}$ 和 $Y_1, Y_2, \cdots, Y_{n_2}$ 分别是来自这两个总体的独立样本. 记

$$\overline{X} = \frac{1}{n_1}\sum_{i=1}^{n_1} X_i, \quad S_1^2 = \frac{1}{n_1 - 1}\sum_{i=1}^{n_1}(X_i - \overline{X})^2,$$

$$\overline{Y} = \frac{1}{n_2}\sum_{j=1}^{n_2} Y_j, \quad S_2^2 = \frac{1}{n_2 - 1}\sum_{j=1}^{n_2}(Y_j - \overline{Y})^2.$$

考虑双边假设问题:

$$H_0:\mu_1 = \mu_2, \quad H_1:\mu_1 \neq \mu_2. \tag{8.3.1}$$

显然,当原假设 H_0 成立时,两样本均值取值应比较接近,即$|\overline{X} - \overline{Y}|$取值偏小,因此我们可取检验统计量为$\overline{X} - \overline{Y}$,为了确定检验拒绝域或计算 P_- 值,我们分几种情况进行讨论.

1. 当 σ_1^2 和 σ_2^2 已知

由抽样分布定理 6.3.1 和正态分布的性质知，检验统计量 $\overline{X}-\overline{Y}\sim N(\mu_1-\mu_2,\frac{\sigma_1^2}{n_1}+\frac{\sigma_2^2}{n_2})$. 当 H_0 成立时，$\overline{X}-\overline{Y}\sim N(0,\frac{\sigma_1^2}{n_1}+\frac{\sigma_2^2}{n_2})$. 我们采用 Z 检验，可得拒绝域为

$$W=\left\{\frac{|\overline{X}-\overline{Y}|}{\sqrt{\frac{\sigma_1^2}{n_1}+\frac{\sigma_2^2}{n_2}}}\geqslant z_{\alpha/2}\right\},$$

P_- 值为 $$P_-=P_{H_0}\{|Z|\geqslant|z_0|\}=2(1-\Phi(|z_0|)),$$

其中 $Z\sim N(0,1)$，z_0 为给定样本观察值时检验统计量 $\frac{|\overline{X}-\overline{Y}|}{\sqrt{\frac{\sigma_1^2}{n_1}+\frac{\sigma_2^2}{n_2}}}$ 的取值.

在实际应用中 σ_1^2 和 σ_2^2 往往是未知的，我们先考虑比较特殊的情形，即两总体的方差相等时.

2. 当 $\sigma_1^2=\sigma_2^2=\sigma^2$ 但未知

首先，利用合样本对参数 σ^2 给出无偏估计量

$$S_w^2=\frac{(n_1-1)S_1^2+(n_2-1)S_2^2}{n_1+n_2-2},$$

根据第 1 种情形的讨论，我们可取检验统计量为

$$T=\frac{\overline{X}-\overline{Y}}{S_w\sqrt{\frac{1}{n_1}+\frac{1}{n_2}}}. \tag{8.3.2}$$

由抽样分布定理 6.3.4 知，当 H_0 成立时，$T\sim t(n_1+n_2-2)$. 则检验的拒绝域为

$$W=\{|T|\geqslant t_{\alpha/2}(n_1+n_2-2)\},$$

P_- 值为 $$P_-=P_{H_0}\{|T|\geqslant|t_0|\}=2P\{t(n_1+n_2-2)\geqslant|t_0|\},$$

其中 t_0 为给定样本观察值时检验统计量 T 的取值.

我们称上述检验为**两样本精确 t 检验**.

例 8.3.1　在例 7.4.5 的假定下，检验男生和女生配戴眼镜的平均价格是否有显著差异？

解　设 μ_1 和 μ_2 分别是男生和女生配戴眼镜的平均价格. 在两总体的方差相同的假定下，考虑双边假设问题(8.3.1). 将已知资料 $n_1=19$，$n_2=17$，$\bar{x}=242.793$，$\bar{y}=297.783$，$s_w^2=316.012$代入(8.3.2)中，得检验统计量的观察值 $t_0=-9.273$，

$$P_-=2P\{t(34)\geqslant 9.273\}=0.000.$$

因此，我们有充分的理由认为男生和女生配戴眼镜的平均价格是有显著差异的，由 $\bar{x}=242.793<\bar{y}=297.783$，我们认为女生配戴眼镜的平均价格要显著高于男生.

下面考虑更一般的情形，即两总体的方差不等时.

3. 当 $\sigma_1^2\neq\sigma_2^2$ 且未知

此时，我们分别以两样本方差 S_1^2，S_2^2 作为 σ_1^2 和 σ_2^2 的无偏估计，可取检验统计量为

$$T=\frac{\overline{X}-\overline{Y}}{\sqrt{\frac{S_1^2}{n_1}+\frac{S_2^2}{n_2}}}. \tag{8.3.3}$$

当两样本容量都充分大时，由大数定律和中心极限定理可得，原假设 H_0 成立时统计量 T

近似服从标准正态分布 $N(0,1)$. 则检验拒绝域为

$$W=\{|T|\geqslant z_{\alpha/2}\},$$

P_- 值为 $$P_-=P_{H_0}\{|T|\geqslant|t_0|\}=2P\{Z\geqslant|t_0|\},\tag{8.3.4}$$

其中 $Z\sim N(0,1)$, t_0 为给定样本观察值时检验统计量的取值.

对于小样本情形, 当 H_0 成立时,, 统计量 T 近似服从 t 分布, 自由度为

$$k=\min(n_1-1,n_2-1),\tag{8.3.5}$$

或更精确的近似自由度为

$$k=\frac{(S_1^2/n_1+S_2^2/n_2)^2}{\dfrac{(S_1^2/n_1)^2}{n_1-1}+\dfrac{(S_2^2/n_2)^2}{n_2-1}}.\tag{8.3.6}$$

则检验的拒绝域为 $$W=\{|T|\geqslant t_{\alpha/2}(k)\},$$

P_- 值为 $$P_-=P_{H_0}\{|T|\geqslant|t_0|\}=2P\{t(k)\geqslant|t_0|\}.$$

我们称上述的几种检验为**两样本近似 t 检验**.

注 对于比较两正态总体均值的单边假设问题, 类似于前一节的介绍, 我们可以分别给出上述三种情形的检验规则, 这里不作详细阐述.

例 8.3.2 杀虫剂 DDT 的毒性会引起哺乳动物的肌肉痉挛. 研究人员希望了解痉挛产生的原因进行了一项随机对比试验. 其中 6 只中毒的小白鼠为实验组, 6 只没有中毒的小白鼠为对照组. 检验 DDT 毒性的方法是对小白鼠的神经进行电子刺激. 在一般情况下, 当神经受到刺激时, 电子仪器上会显示出一个明显的尖峰信号, 随后的第二个尖峰信号会变得很弱. 而中毒的小白鼠的第二尖峰信号显示则要比正常小白鼠强烈得多. 所以, 研究人员主要观测并测量小白鼠神经受到刺激时, 第二个尖峰信号的强度与第一尖峰信号强度的百分比. 测量结果如下:

试验组的数据	16.869	25.050	22.429	8.456	20.589	12.207
对照组的数据	11.074	9.686	12.064	9.351	8.182	6.642

假设两组数据都来自正态总体, 试检验杀虫剂 DDT 的毒性是否会引起哺乳动物的肌肉痉挛?

解 记 μ_1 和 μ_2 分别为试验组(即中毒组)和对照组白鼠的第二尖峰信号强度相对于第一尖峰信号强度的平均百分比. 要检验杀虫剂 DDT 的毒性是否会引起哺乳动物的肌肉痉挛, 需考虑右边假设问题

$$H_0:\mu_1\leqslant\mu_0,\quad H_1:\mu_1>\mu_2.$$

由数据资料可以看到试验组的数据比对照组的数据更为分散, 不能认为两总体方差相等, 因此需采用近似的 t 检验. 检验统计量为(8.3.3), 并取公式(8.3.6)的自由度. 由样本资料计算得 $\bar{x}=17.6$, $\bar{y}=9.4998$, $s_1=6.3401$, $s_2=1.9501$, t 分布近似自由度为 $k=\dfrac{(s_1^2/n_1+s_2^2/n_2)^2}{\dfrac{(s_1^2/n_1)^2}{n_1-1}+\dfrac{(s_2^2/n_2)^2}{n_2-1}}=5.94$, 检验统计量观察值为 $t_0=\dfrac{\bar{x}-\bar{y}}{\sqrt{\dfrac{s_1^2}{n_1}+\dfrac{s_2^2}{n_2}}}=2.99$, P_- 值为 $P_-=P\{t(5.94)>t_0\}=0.0152$, 因此, 我们有 98.48% 的把握拒绝原假设, 即认为中毒组的白鼠的第二尖峰信号强度是要显著强于对照组(没有中毒组), 从而可以推断, 杀虫剂 DDT 的毒性是会引起哺乳动物的肌肉痉挛.

(二) 比较两个正态总体方差的假设检验

在前面有关两正态总体的均值比较问题中, 当两总体的方差未知时, 我们首先需对两总体

方差是否相等进行检验，即考虑下列假设问题

$$H_0:\sigma_1^2=\sigma_2^2,\quad H_1:\sigma_1^2\neq\sigma_2^2. \tag{8.3.7}$$

取检验统计量为

$$F=\frac{S_1^2}{S_2^2}.$$

当 H_0 成立时，$F\sim F(n_1-1,n_2-1)$，且此时 F 的取值既不能偏大，也不能偏小，因此检验的拒绝域为

$$W=\{F\geqslant F_{\alpha/2}(n_1-1,n_2-1),\text{或 } F\leqslant F_{1-\alpha/2}(n_1-1,n_2-1)\}.$$

注　在实际处理两样本问题时，首先要检验两总体的方差是否相等，再进行两总体的均值比较. 如果在一定的显著水平下，检验结果两总体方差相等，则采用两样本精确 t 检验，否则采用两样本近似 t 检验来比较两总体的均值.

例 8.3.3　研究表明钙的摄入量与血压之间存在某种联系，在黑人身上这种联系尤为显著. 这样的观察性研究并不能明确它们之间的因果关系，因此，研究人员设计了一项随机比较试验. 试验的研究对象是 21 名健康的男性黑人，随机地抽取其中的 10 人为实验组，向他们提供为期 12 周的含钙食物，其余的 11 人接受等量的安慰剂. 试验是各自独立进行的，响应变量为 12 周后对各试验对象测量其收缩压的下降值（单位：毫米汞柱）.

服钙组	7	−2	15	17	0	−3	1	8	9	−2	
服安慰剂组	−1	12	−1	−3	3	−5	5	2	−11	−1	−3

试利用假设检验的思想作出统计推断.

解　设 X 和 Y 分别为服钙组和服安慰剂组的收缩压下降值，并分别服从正态分布 $N(\mu_1,\sigma_1^2)$ 和 $N(\mu_2,\sigma_2^2)$. 根据样本资料计算结果如下：

$n_1=10,\quad n_2=11,\quad \bar{x}=5.000,\quad \bar{y}=-0.273,\quad s_1=7.272,\quad s_2=5.901.$

首先比较两总体的方差是否相等，即考虑假设(8.3.7). 检验统计量的观察值为 $f_0=\frac{s_1^2}{s_2^2}=1.519$，利用 Excel 得 $F_{0.1}(9,10)=2.347$，$F_{0.9}(9,10)=0.41$，即有 $F_{0.9}(9,10)<f_0<F_{0.1}(9,10)$. 同时，由于 $f_0>1$，利用 Excel 可计算得 P_- 值为 $P_-=P\{F(9,10)>1.519\}=0.262$. 因此，我们接受方差相等的假设，下面我们采用精确 t 检验对两组均值进行比较，因 $\bar{x}>\bar{y}$，考虑两总体均值的右边检验

$$H_0:\mu_1\leqslant\mu_2,H_1:\mu_1>\mu_2.$$

两组合样本方差为 $s_w^2=\frac{(n_1-1)s_1^2+(n_2-1)s_2^2}{n_1+n_2-2}=43.377$，检验统计量的观察值为 $t_0=\frac{\bar{x}-\bar{y}}{s_w\sqrt{\frac{1}{n_1}+\frac{1}{n_2}}}=1.832$，$P_-$ 值为 $P_-=P\{t(19)>1.832\}=0.041<0.05$. 因此，我们作出拒绝原假设的判断，从而有充分的理由认为增加食物中钙的含量是会降低血压.

在 Excel 中，先利用 FTEST 函数进行两样本的方差齐性检验，再利用 TTEST 函数进行两样本的均值比较，例 8.3.3 的具体计算步骤如下：

(1)将两组数据输入 Excel 表格中，设数据区域分别为 A1：A10 和 B1：B11；

(2)在 Excel 表中任选一空白单元格（例如：C1 单元格）⇒下拉菜单“插入”选项卡⇒单击“函数”⇒在类别的下拉式菜单中，选择“统计”选项⇒选择“FTEST”⇒在弹出的对话框的“Arrayl”文本框中输入“A1：A10"，“Array2”文本框中输入“B1：B11”⇒点击 Enter 键⇒C1

单元格即可显示 P_- 值为“0.52329"(双侧概率)，因此认为两总体方差相同.

(3)在 Excel 表中任选一空白单元格(例如:C2 单元格)⇒下拉菜单“插入”选项卡⇒单击“函数”⇒在类别的下拉式菜单中，选择“统计”选项⇒选择“TTEST”⇒在弹出的对话框的“Arrayl”文本框中输入“A1∶A10”，“Array2”文本框中输入“B1∶B11”，“Tails”文本框中输入“1”，“Type”文本框中输入“2”⇒点击 Enter 键⇒C1 单元格即可显示 P_- 值为“0.041317”，因此作出拒绝原假设的判断.

例 8.3.4 对 § 8.1 节中的例 8.1.3 作出统计推断.

解 设 X 和 Y 分别为每分钟男、女的脉搏次数，并分别服从正态分布 $N(\mu_1,\sigma_1^2)$ 和 $N(\mu_2,\sigma_2^2)$. 由已知数据计算得

$$n_1=16,\quad n_2=13,\quad \bar{x}=65.31,\bar{y}=75.69,s_1^2=56.36,s_2^2=211.40.$$

样本方差 s_2^2 明显大于 s_1^2，我们先考虑比较两总体方差的假设检验. 检验统计量的观察值为 $f_0=\dfrac{s_1^2}{s_2^2}=0.267<1$，利用 Excel 可计算得 P_- 值为 $P_-=P\{F(15,12)<0.267\}=0.0091$. 因此，我们认为两总体方差显著不相等，我们需采用近似 t 检验对两组均值进行比较. 因 $\bar{x}<\bar{y}$，考虑两总体均值的左边检验

$$H_0:\mu_1\geqslant\mu_2,\quad H_1:\mu_1<\mu_2.$$

检验统计量的观察值为 $t_0=\dfrac{\bar{x}-\bar{y}}{\sqrt{\dfrac{s_1^2}{n_1}+\dfrac{s_2^2}{n_2}}}=-2.334$，$t$ 分布的近似自由度为 $k=\min(n_1-1,n_2-1)=12$，P_- 值为 $P_-=P\{t(12)<-2.334\}=0.019$. 因此，我们作出拒绝原假设的判断，即有充分的理由认为女性平均每分钟脉搏次数要多于男性.

Excel 中例 8.3.4 的具体计算步骤如下：

(1)将两组数据输入 Excel 表格中，设数据区域分别为 A1∶A16 和 B1∶B13；

(2)在 Excel 表中任选一空白单元格(例如:C1 单元格)⇒下拉菜单“插入”选项卡⇒单击“函数”⇒在类别的下拉式菜单中，选择“统计”选项⇒选择“FTEST”⇒在弹出的对话框的“Arrayl”文本框中输入“A1∶A16”，“Array2”文本框中输入“B1∶B13”，⇒点击 Enter 键⇒C2 单元格即可显示 P_- 值为“0.018026”(双侧概率)，因此认为两总体方差不相同.

(3)在 Excel 表中任选一空白单元格(例如:C2 单元格)⇒下拉菜单“插入”选项卡⇒单击“函数”⇒在类别的下拉式菜单中，选择“统计”选项⇒选择“TTEST”⇒在弹出的对话框的“Arrayl”文本框中输入“A1∶A16”，“Array2”文本框中输入“B1∶B13”，“Tails”文本框中输入“1”，“Type”文本框中输入“3”⇒点击 Enter 键⇒C2 单元格即可显示 P_- 值为“0.016028”(采用较精确的自由度的 t 检验)，因此作出拒绝原假设的判断.

表 8.3.1 正态总体均值、方差的检验法(显著性水平为 α)

	原假设 H_0	检验统计量	备择假设 H_1	拒绝域
1.	$\mu\leqslant\mu_0$ $\mu\geqslant\mu_0$ $\mu=\mu_0$ (σ^2 已知)	$Z=\dfrac{\overline{X}-\mu_0}{\sigma/\sqrt{n}}$	$\mu>\mu_0$ $\mu<\mu_0$ $\mu\neq\mu_0$	$z\geqslant z_\alpha$ $z\leqslant -z_\alpha$ $\lvert z\rvert\geqslant z_{\alpha/2}$

续表

	原假设 H_0	检验统计量	备择假设 H_1	拒绝域
2.	$\mu\leqslant\mu_0$ $\mu\geqslant\mu_0$ $\mu=\mu_0$ (σ^2 未知)	$t=\dfrac{\overline{X}-\mu_0}{S/\sqrt{n}}$	$\mu>\mu_0$ $\mu<\mu_0$ $\mu\neq\mu_0$	$t\geqslant t_\alpha(n-1)$ $t\leqslant -t_\alpha(n-1)$ $\|t\|\geqslant t_{\alpha/2}(n-1)$
3.	$\mu_1-\mu_2\leqslant\delta$ $\mu_1-\mu_2\geqslant\delta$ $\mu_1-\mu_2=\delta$ (σ_1^2,σ_2^2 已知)	$Z=\dfrac{\overline{X}-\overline{Y}-\delta}{\sqrt{\dfrac{\sigma_1^2}{n_1}+\dfrac{\sigma_2^2}{n_2}}}$	$\mu_1-\mu_2>\delta$ $\mu_1-\mu_2<\delta$ $\mu_1-\mu_2\neq\delta$	$z\geqslant z_\alpha$ $z\leqslant -z_\alpha$ $\|z\|\geqslant z_{\alpha/2}$
4.	$\mu_1-\mu_2\leqslant\delta$ $\mu_1-\mu_2\geqslant\delta$ $\mu_1-\mu_2=\delta$ ($\sigma_1^2=\sigma_2^2=\sigma^2$ 未知)	$t=\dfrac{\overline{X}-\overline{Y}-\delta}{S_w\sqrt{\dfrac{1}{n_1}+\dfrac{1}{n_2}}}$ $S_w^2=\dfrac{(n_1-1)S_1^2+(n_2-1)S_2^2}{n_1+n_2-2}$	$\mu_1-\mu_2>\delta$ $\mu_1-\mu_2<\delta$ $\mu_1-\mu_2\neq\delta$	$t\geqslant t_\alpha(n_1+n_2-2)$ $t\leqslant -t_\alpha(n_1+n_2-2)$ $\|t\|\geqslant t_{\alpha/2}(n_1+n_2-2)$
5.	$\sigma^2\leqslant\sigma_0^2$ $\sigma^2\geqslant\sigma_0^2$ $\sigma^2=\sigma_0^2$ (μ 未知)	$\chi^2=\dfrac{(n-1)S^2}{\sigma_0^2}$	$\sigma^2>\sigma_0^2$ $\sigma^2<\sigma_0^2$ $\sigma^2\neq\sigma_0^2$	$\chi^2\geqslant\chi_\alpha^2(n-1)$ $\chi^2\leqslant\chi_{1-\alpha}^2(n-1)$ $\chi^2\geqslant\chi_{\alpha/2}^2(n-1)$或 $\chi^2\leqslant\chi_{1-\alpha/2}^2(n-1)$
6.	$\sigma_1^2\leqslant\sigma_2^2$ $\sigma_1^2\geqslant\sigma_2^2$ $\sigma_1^2=\sigma_2^2$ (μ_1,μ_2 未知)	$F=\dfrac{S_1^2}{S_2^2}$	$\sigma_1^2>\sigma_2^2$ $\sigma_1^2<\sigma_2^2$ $\sigma_1^2\neq\sigma_2^2$	$F\geqslant F_\alpha(n_1-1,n_2-1)$ $F\leqslant F_{1-\alpha}(n_1-1,n_2-1)$ $F\geqslant F_{\alpha/2}(n_1-1,n_2-1)$或 $F\leqslant F_{1-\alpha/2}(n_1-1,n_2-1)$
7.	$\mu_D\leqslant 0$ $\mu_D\geqslant 0$ $\mu_D=0$ (成对数据)	$t=\dfrac{\overline{D}}{S_D/\sqrt{n}}$	$\mu_D>0$ $\mu_D<0$ $\mu_D\neq 0$	$t\geqslant t_\alpha(n-1)$ $t\leqslant -t_\alpha(n-1)$ $\|t\|\geqslant t_{\alpha/2}(n-1)$

§8.4　假设检验与区间估计

回顾第七章介绍的有关参数的区间估计和本章前面介绍的假设检验内容，我们可以发现，这两者之间有着非常密切的联系. 首先，我们来看方差已知时单个正态总体均值的统计推断问题.

设 $X_1,X_2,\cdots,X_n$ 是来自正态总体 $N(\mu,\sigma^2)$ 的样本，其中方差 σ^2 已知. 由第七章的知识可知，μ 的置信水平为 $1-\alpha$ 的置信区间为

$$\overline{X}-\frac{\sigma}{\sqrt{n}}z_{\alpha/2}<\mu<\overline{X}+\frac{\sigma}{\sqrt{n}}z_{\alpha/2}.$$

而有关均值 μ 的双边假设检验问题

$$H_0:\mu=\mu_0,\quad H_1:\mu\neq\mu_0$$

的显著水平为 α 的检验的拒绝域为

$$W=\{\left|\frac{\overline{X}-\mu_0}{\sigma/\sqrt{n}}\right|\geqslant z_{\alpha/2}\},$$

从而检验的接受域为

$$\overline{W}=\{|\frac{\overline{X}-\mu_0}{\sigma/\sqrt{n}}|<z_{\alpha/2}\}=\{\overline{X}-\frac{\sigma}{\sqrt{n}}z_{\alpha/2}<\mu_0<\overline{X}+\frac{\sigma}{\sqrt{n}}z_{\alpha/2}\}.$$

如果把接受域中的 μ_0 改写成 μ,所得结果正好是 μ 的置信水平为 $1-\alpha$ 的置信区间.反过来,我们也可由 μ 的置信水平为 $1-\alpha$ 的置信区间的结果推得 μ 的假设检验问题显著水平为 α 的检验的接受域.

一般来说,设 $X_1,X_2,\cdots,X_n$ 为来自总体 $X\sim F(x;\theta)$的样本.若双边假设问题 $H_0:\theta=\theta_0$,$H_1:\theta\neq\theta_0$ 的水平为 α 的检验的接受域 $\overline{W}$ 能等价地写成 $\hat{\theta}_L<\theta_0<\hat{\theta}_U$ 的形式,那么$(\hat{\theta}_L,\hat{\theta}_U)$是 θ 的置信水平为 $1-\alpha$ 的置信区间.反之,若$(\hat{\theta}_L,\hat{\theta}_U)$是 θ 的置信水平为 $1-\alpha$ 的置信区间,则当 $\theta_0\in(\hat{\theta}_L,\hat{\theta}_U)$时,我们没有充分的把握认为 $\theta\neq\theta_0$,因此我们接受原假设 $H_0:\theta=\theta_0$.显然,这个检验的拒绝域为

$$W=\{\theta_0\leqslant\hat{\theta}_L \text{ 或 } \theta_0\geqslant\hat{\theta}_U\}.$$

若左边假设问题 $H_0:\theta\geqslant\theta_0$,$H_1:\theta<\theta_0$ 的水平为 α 的检验的接受域 $\overline{W}$ 能等价地写成$\theta_0<\hat{\theta}_U$ 的形式,那么 $\hat{\theta}_U$ 是 θ 的置信水平为 $1-\alpha$ 的单侧置信上限.反之,若 $\hat{\theta}_U$ 是 θ 的置信水平为 $1-\alpha$ 的单侧置信上限,当 $\theta_0\leqslant\hat{\theta}_U$ 时,接受原假设 $H_0:\theta\geqslant\theta_0$.

若右边假设问题 $H_0:\theta\leqslant\theta_0$,$H_1:\theta>\theta_0$ 的水平为 α 的检验的接受域 $\overline{W}$ 能等价地写成$\theta_0>\hat{\theta}_L$ 的形式,那么 θ_L 是 θ 的置信水平为 $1-\alpha$ 的单侧置信下限.反之,若 $\hat{\theta}_L$ 是 θ 的置信水平为 $1-\alpha$ 的单侧置信下限,则当 $\theta_0\geqslant\hat{\theta}_L$ 时,接受原假设 $H_0:\theta\leqslant\theta_0$.

例 8.4.1 某种元件的寿命 X(以小时记)服从正态分布 $N(\mu,\sigma^2)$,μ 和 σ^2 均未知.现测得 16 只元件的寿命如下:

280 101 212 224 379 179 264 222 362 168 250 149 260 485 170 159

试给出 μ 的置信水平为 95%的下侧置信限,并推断是否有充分的理由认为元件的平均寿命大于 225 小时?

解 根据第七章的知识可得 μ 的置信水平为 95%的下侧置信限

$$\hat{\mu}_L=\overline{X}-t_{0.05}(n-1)S/\sqrt{n}.$$

查 t 分布表 $t_{0.05}(15)=1.7531$,并将样本资料 $n=16$,$\bar{x}=241.5$,$s=98.726$ 代入得 μ 的置信水平为 95%的下侧置信限为 198.230.由于 $\mu_0=225>198.230$,因此,没有充分的理由认为元件的平均寿命大于 225 小时.

例 8.4.2 为了研究某种止痛药的副作用,调查了服用止痛药的 440 名患者,发现有 23 名出现了"反症状".那么,是否有足够的理由说明在服用止痛药的病人中,出现"反症状"的比例低于 10%?($\alpha=0.05$)

解 这是有关二点分布 $B(1,p)$中参数 p 的假设检验问题.由题意知,可以考虑左边假设

$$H_0:p\geqslant0.1,\quad H_1:p<0.1.$$

根据§7.5 节中有关二点分布 $B(1,p)$中参数 p 的区间估计的结果可得,p 的置信水平为 $1-\alpha$的单侧置信上限为

$$\hat{p}_U=\frac{1}{2a}(-b+\sqrt{b^2-4ac}),$$

其中 $a=n+z_\alpha^2$,$b=-(2n\overline{X}+z_\alpha^2)$,$c=n\overline{X}^2$.将已知资料 $n=440$,$\bar{x}=23/440=0.0523$,并取 $\alpha=0.05$,代入上式计算得 $\hat{p}_U=0.0726$.

根据假设检验与区间估计的关系知，此时有关 p 的左边假设检验问题的检验规则为：当 $p_0>\hat{p}_U$ 时拒绝原假设 $H_0:p\geqslant p_0$. 由于 $p_0=0.1>0.0726$，因此，我们作出拒绝原假设的判断，即认为在服用止痛药的病人中，出现"反症状"的比例明显低于 10%.

§8.5　拟合优度检验

在前面两节的讨论中，假设了总体是服从正态分布的前提下，对分布的参数进行了假设检验. 但在实际问题中，有时不能预知总体服从什么类型的分布，这时就需要先根据样本检验关于总体分布的假设. 设 $F(x)$ 是总体的未知的分布函数，又设 $F_0(x)$ 是具有某种已知类型的分布函数，但可能含有若干个未知参数，需检验假设

$$H_0:F(x)=F_0(x). \tag{8.5.1}$$

统计中有关这类分布的假设检验称为**拟合优度检验**. 有关拟合优度检验的研究始于 1900 年英国统计学家皮尔逊提出的 χ^2 检验，后来发展了许多方法. 本节主要介绍皮尔逊拟合优度 χ^2 检验、柯尔莫哥洛夫检验和针对正态分布的 W 检验（D 检验）.

（一）皮尔逊拟合优度 χ^2 检验

皮尔逊 χ^2 检验的基本思想是：对总体 X 的取值分成互不相容的 k 类，记为 $A_1,A_2,\cdots,A_k$. 设 $X_1,X_2,\cdots,X_n$ 是来自该总体的样本，并记 n_i 为样本观察值落在 A_i 类的个数. 当 H_0 中的 $F_0(x)$ 完全已知时，我们可以计算 $p_i=P_{F_0}(A_i)$，$i=1,2,\cdots,k$. 而当假设 H_0 中的 $F_0(x)$ 含有 r 个未知参数时，要先在 $F_0(x)$ 的形式下利用极大似然法估计 r 个未知的参数，然后求得 p_i 的估计 $\hat{p}_i$. H_0 为真时，n 个个体中属于 A_i 类的"期望个数"应为 np_i（或 $n\hat{p}_i$）. 在统计中，n_i 与 np_i（或 $n\hat{p}_i$）分别被称为**实际频数与理论频数**. 皮尔逊提出用统计量

$$\chi^2=\sum_{i=1}^{k}\frac{(n_i-np_i)^2}{np_i}\left(\text{或 }\chi^2=\sum_{i=1}^{k}\frac{(n_i-n\hat{p}_i)^2}{n\hat{p}_i}\right)$$

作为衡量实际频数与理论频数偏差的综合指标. 当 H_0 为真时，χ^2 的值偏小. 故检验的拒绝域为 $W=\{\chi^2\geqslant C\}$. 皮尔逊证明了以下极限定理.

定理 8.5.1　若 n 充分大，则当 H_0 为真时，统计量 χ^2 近似服从 $\chi^2(k-r-1)$ 分布，其中 k 为分类数，r 为 $F_0(x)$ 中含有的未知参数个数，当 $F_0(x)$ 完全已知时，记 $r=0$.

由上述定理知，有关分布假设问题(8.5.1)的水平近似等于 α 的检验的拒绝域为 $W=\{\chi^2\geqslant\chi^2_\alpha(k-r-1)\}$，或者可以计算 P_- 值对原假设作出判断，$P_-=P\{\chi^2(k-r-1)\geqslant\chi^2_0\}$，其中 χ^2_0 为检验统计量 χ^2 的观察值. 我们称 P_- 值为所得数据原假设的**拟合优度**. P_- 值越大，支持原假设的证据就越强. 给定显著水平 α，当 $P_-<\alpha$ 时，就拒绝原假设.

注　在实际应用皮尔逊拟合优度 χ^2 检验时，要求样本容量 $n>50$，且每一类的理论频数 np_i（或 $n\hat{p}_i$）$\geqslant 5$，如果某类的理论频数小于 5，则应与相邻类进行合并.

例 8.5.1　根据 §8.1 节中例 8.1.4 的数据，利用皮尔逊拟合优度 χ^2 检验，说明孟德尔豌豆遗传理论的合理性.

解　这是有关分类数据的假设检验，我们可定义随机变量

$$X=\begin{cases}1, & \text{圆而黄的豌豆}\\ 2, & \text{皱而黄的豌豆}\\ 3, & \text{圆而绿的豌豆}\\ 4, & \text{皱而绿的豌豆}\end{cases}$$

并记事件 $A_i=\{X=i\}$，概率 $P(A_i)=p_i, i=1,\cdots,4$. 为检验孟德尔理论是否合理，需考虑假设问题：

$$H_0: p_1=9/16, p_2=3/16, p_3=3/16, p_4=1/16.$$

由已知资料可得每一类 A_i 的实际频数 n_i 和理论频数 np_i，列表如下：

表 8.5.1 χ^2 检验计算表

i	n_i	np_i	$\frac{n_i^2}{np_i}$
1	315	312.75	317.27
2	108	104.25	111.88
3	101	104.25	97.85
4	32	34.75	29.47

则检验统计量的取值为

$$\chi^2=\sum_{i=1}^{4}\frac{(n_i-np_i)^2}{np_i}=\sum_{i=1}^{4}\frac{n_i^2}{np_i}-n=556.47-556=0.47.$$

查 χ^2 分布表得 $\chi^2_{0.05}(3)=7.815>0.47$，因此我们没有充分的理由否定该理论.

我们也可由 Excel 计算得 $P_-=P\{\chi^2(3)>0.47\}=0.925>0.05$，作出同样的判断. 但此时 P_- 值提供更多的信息，告诉我们有充分的证据支持孟德尔理论.

例 8.5.2 从 1500 年到 1931 年的 432 年间，每年爆发战争的次数可以看作一个随机变量. 据统计，这 432 年间共爆发了 299 次战争，具体数据如下：

战争次数 X	0	1	2	3	4
发生 X 次战争的年数	223	142	48	15	4

通常假设每年爆发战争的次数服从泊松分布. 那么上面的数据是否有充分的理由推翻每年爆发战争的次数服从泊松分布假设？（$\alpha=0.05$）

解 考虑假设问题

$$H_0: X\sim\pi(\lambda).$$

因在 H_0 中参数 λ 是未知的，所以首先利用极大似然法求得参数 λ 的估计为 $\hat{\lambda}=\bar{x}=299/432=0.69$，则有

$$\hat{p}_i=\hat{P}\{X=i\}=\frac{\hat{\lambda}^i}{i\,!}e^{-\hat{\lambda}},\quad i=0,1,2,3,\quad \hat{p}_4=\hat{P}\{X\geqslant 4\}=\sum_{j=4}^{\infty}\frac{\hat{\lambda}^j}{j\,!}e^{-\hat{\lambda}}.$$

为计算检验统计量的值，列表如下：

表 8.5.2 χ^2 检验计算表

i	n_i	$\hat{p}_i$	$n\hat{p}_i$	$\frac{n_i^2}{n\hat{p}_i}$
0	223	0.502	217	229.166
1	142	0.346	149	135.329
2	48	0.119	51	45.176
3	15	0.027	12	
4	4	0.006	3	24.067

则检验统计量的取值为

$$\chi^2 = \sum_{i=0}^{3} \frac{(n_i - n\hat{p}_i)^2}{n\hat{p}_i} = \sum_{i=0}^{3} \frac{n_i^2}{n\hat{p}_i} - n = 433.74 - 432 = 1.74,$$

查 χ^2 分布表得 $\chi^2_{0.05}(4-1-1)=\chi^2_{0.05}(2)=5.991>1.74$，因此我们没有充分的理由拒绝原假设，即可以认为每年爆发战争的次数服从泊松分布.

利用 Excel 计算得 $P_{-}=P\{\chi^2(2)>1.74\}=0.419>0.05$，作出同样的判断.

例 8.5.3　从某医院收集到 168 名新生女婴儿的体重数据（单位：克），试检验这些数据是否来自正态总体（取 $\alpha=0.1$）？

2880	2440	2700	3500	3500	3600	3080	3860	3200	3100	3180	3200
3300	3020	3040	3420	2900	3440	3000	2620	2720	3480	3320	3000
3120	3180	3220	3160	3940	2620	3120	2520	3060	2620	3400	2160
2960	2980	3000	3020	3760	3500	3060	3160	2700	3500	3080	3100
2860	3500	3000	2520	3660	3200	3140	3100	3520	3640	3500	2940
3620	2860	3300	3800	2140	3080	3420	2900	3650	3400	2900	2980
3000	2880	3400	3400	3380	3820	3240	2640	3020	2520	2400	3420
3640	2700	2700	3500	3440	3240	3120	2800	3300	2920	2900	3400
3300	3260	2540	3200	3200	3300	4000	3400	3400	2700	2700	2920
3300	3140	2300	2200	3160	2700	2900	3180	3400	3160	2440	3640
2620	3100	2980	3200	3100	3260	3100	3160	3540	3100	2840	3660
2820	3140	3800	3000	2800	2660	3600	3760	2540	2780	2760	2380
3500	3300	3200	3400	3460	3220	3100	3120	3280	2560	2940	2840
3400	3420	3400	3500	3740	2820	3100	2820	3880	2500	3400	3540

解　为检验以上数据是否来自正态总体，我们先通过绘制直方图来粗略地了解这些数据的分布情况. 步骤如下：

（1）找出数据的最小值和最大值为 2150 和 4058，取区间[2100.5,4100.5]，它能覆盖[2150,4058]；

（2）将区间[2100.5,4100.5]等分为 10 个小区间，小区间长度 $\Delta=(4100.5-2100.5)/10=200$，$\Delta$ 称为**组距**，小区间的端点称为**组限**，建立下表：

组　限	频　数 n_i	频　率 n_i/n	累积频率
2100.5—2300.5	3	0.0179	0.0179
2300.5—2500.5	5	0.0298	0.0476
2500.5—2700.5	13	0.0774	0.1250
2700.5—2900.5	22	0.1310	0.2560
2900.5—3100.5	28	0.1667	0.4226
3100.5—3300.5	39	0.2321	0.6548
3300.5—3500.5	28	0.1667	0.8214
3500.5—3700.5	21	0.1250	0.9464
3700.5—3900.5	7	0.0417	0.9881
3900.5—4100.5	2	0.0119	1.0000

（3）自左向右在各小区间上作以 $\frac{n_i}{n}\times\frac{1}{\Delta}$ 为高的小矩形，如图 8.5.1 所示.

这样的图形叫**直方图**. 显然，每个小矩形的面积等于数据落在该小区间上的频率 n_i/n，由

于当 n 充分大时，频率接近于概率，因而一般来说，每个小区间上的小矩形的面积接近于概率密度曲线之下该小区间之上的曲边梯形的面积，从而直方图的轮廓曲线接近于总体的概率密度曲线.从本例的直方图看，它有一个峰，中间高，两头低，比较对称.和正态分布的样子很相似.下面我们作皮尔逊拟合优度 χ^2 检验.设随机变量 X 为新生女婴儿的体重，需检验假设

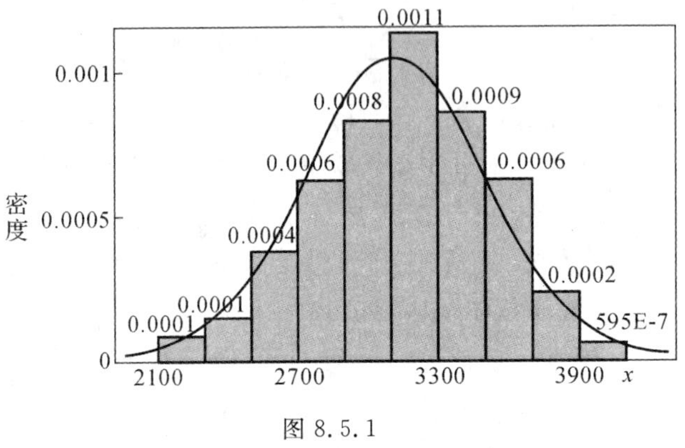

图 8.5.1

$$H_0: X \sim N(\mu, \sigma^2).$$

因 H_0 中的参数 μ 和 σ^2 未知，先利用极大似然法得 μ, σ^2 的估计值分别为 $\hat{\mu} = \bar{x} = 3127.56$，$\hat{\sigma}^2 = \frac{1}{n}\sum_{i=1}^{n}(x_i - \bar{x})^2 = 143207.7309 = 378.428^2$.我们将 X 的可能取值分成 10 个小区间，并取事件 A_i 如下表中第一列所示.当 H_0 成立时，$X \sim N(3127.56, 378.428^2)$，利用正态分布表或 Excel 可计算得每一事件 A_i 的概率估计值为 $\hat{p}_i = \hat{P}(A_i)$，例如

$$\hat{p}_1 = \hat{P}(A_1) = \hat{P}\{X \leqslant 2300.5\} = \Phi\left(\frac{2300.5 - 3127.56}{378.428}\right) = \Phi(-2.1855) = 0.0144,$$

$$\hat{p}_2 = \hat{P}(A_2) = \hat{P}\{2300.5 < X \leqslant 2500.5\} = \Phi\left(\frac{2500.5 - 3127.56}{378.428}\right) - \Phi\left(\frac{2300.5 - 3127.56}{378.428}\right)$$

$$= \Phi(-1.6570) - \Phi(-2.1855) = 0.0343.$$

计算结果列表如下：

表 8.5.3　χ^2 检验计算表

A_i	n_i	$\hat{p}_i$	$n\hat{p}_i$	$n_i^2/n\hat{p}_i$
$A_1: -\infty < x \leqslant 2300.5$	3	0.0144	2.419 }	7.8224
$A_2: 2300.5 < x \leqslant 2500.5$	5	0.0343	5.762 }	
$A_3: 2500.5 < x \leqslant 2700.5$	13	0.0809	13.591	12.435
$A_4: 2700.5 < x \leqslant 2900.5$	22	0.1447	24.310	19.910
$A_5: 2900.5 < x \leqslant 3100.5$	28	0.1972	33.130	23.665
$A_6: 3100.5 < x \leqslant 3300.5$	39	0.2047	34.390	44.228
$A_7: 3300.5 < x \leqslant 3500.5$	28	0.1616	27.149	28.878
$A_8: 3500.5 < x \leqslant 3700.5$	21	0.0972	16.330	27.006
$A_9: 3700.5 < x \leqslant 3900.5$	7	0.0445	7.470 }	10.922
$A_{10}: 3900.5 < x < \infty$	2	0.0205	3.453 }	
合　计				$\sum = 174.866$

则检验统计量的观察值为 $\chi_0^2 = 174.866 - 168 = 6.866$，而查 χ^2 分布表得 $\chi_{0.1}^2(k-r-1) = \chi_{0.1}^2(8-2-1) = \chi_{0.1}^2(5) = 9.236 > 6.866$，因此在显著水平 0.1 下接受 H_0，即认为数据来自正态分布总体.

(二)柯尔莫哥洛夫(Kolmogrov)检验

由于 χ^2 拟合优度检验是分组处理样本观察值的，因此即使原假设 $H_0: F(x) = F_0(x)$ 不成

立，但在对连续型随机变量 X 通过各分点 $a_0<a_1<a_2<\cdots<a_r$ 进行分组时，还是有可能

$$F(a_i)-F(a_{i-1})=F_0(a_i)-F_0(a_{i-1})=p_i.$$

这样就很可能认为原假设为真，导致犯第Ⅱ类错误，影响检验的功效. 因此 χ^2 检验主要用于离散型分布的检验. 下面介绍的柯尔莫哥洛夫检验是在每一点上考察样本经验分布函数与总体分布函数之间的偏差. 这就克服了 χ^2 检验依赖于区间划分的缺点.

设 $X_1,\cdots,X_n$ 为取自总体 $X\sim F(x)$ 的样本. 样本经验分布函数为阶梯形函数

$$F_n(x)=\begin{cases}0, & x<X_{(1)},\\ \dfrac{i}{n}, & X_{(i)}\leqslant x<X_{(i+1)}, i=1,2,\cdots,n-1,\\ 1, & x\geqslant X_{(n)}.\end{cases}$$

其中 $X_{(1)}\leqslant\cdots\leqslant X_{(n)}$ 是样本次序统计量. 根据格里汶科定理有，

$$P\{\lim_{n\to\infty}\sup_{x\in R}|F_n(x)-F(x)|=0\}=1.$$

该结果告诉我们，对分布检验问题

$$H_0:F(x)=F_0(x),$$

其中 $F_0(x)$ 是一个完全已知的理论分布，我们可取检验统计量为

$$D_n=\sup_{-\infty<x<+\infty}|F_n(x)-F_0(x)|, \tag{8.5.2}$$

当 D_n 取值偏大时拒绝原假设 H_0.

上述这一检验方法是1933年由前苏联数学家柯尔莫哥洛夫提出的，我们称这种检验为**柯尔莫哥洛夫检验**.

根据 $F_0(x)$ 的单调非降性以及 $F_n(x)$ 的定义，我们可以很方便地计算统计量 D_n 的值：

$$D_n=\max_i\{|F_0(X_{(i)})-\frac{i-1}{n}|,|F_0(X_{(i)})-\frac{i}{n}|,i=1,2,\cdots,n\}.$$

柯尔莫哥洛夫给出了统计量 D_n 的精确分布和极限分布，其结果比较复杂，在此省略. 当样本量 $n\leqslant100$ 时，D_n 的精确分位数参见附表6，当样本量 $n>100$ 时，D_n 的近似分位数参见附表7.

下面我们给出柯尔莫哥洛夫检验的具体步骤.

(1)将样本观察值 $x_1,\cdots,x_n$ 从小到大进行排列得 $x_{(1)}\leqslant\cdots\leqslant x_{(n)}$；

(2)计算统计量 D_n 的观察值

$$D_n=\max_i\{\delta_i,i=1,2,\cdots,n\},$$

其中，$\delta_i=\max\{|F_0(x_{(i)})-\frac{i-1}{n}|,|F_0(x_{(i)})-\frac{i}{n}|\}$；

(3)对给定的显著水平 α，当 $n\leqslant100$ 时，查附表6，当 $n>100$ 时，查附表7，得检验的临界值 $D_{n,\alpha}$；

(4)若 $D_n>D_{n,\alpha}$，则拒绝原假设 $H_0:F(x)=F_0(x)$，认为数据与理论分布 $F_0(x)$ 不相符合；否则接受 H_0，认为数据与理论分布 $F_0(x)$ 是拟合得好的.

例 8.5.4　问在水平0.10下，是否可以认为下列10个数：

0.034，0.437，0.863，0.964，0.366，0.469，0.637，0.623，0.804，0.261

是来自于(0,1)区间上均匀分布的随机数？

解　利用柯尔莫哥洛夫检验法，计算如下表：

表 8.5.4 柯尔莫哥洛夫检验计算表

i	$x_{(i)}$	$F_0(x_{(i)})$	$(i-1)/n$	i/n	δ_i
1	0.034	0.034	0	0.1	0.066
2	0.261	0.261	0.1	0.2	0.161
3	0.366	0.366	0.2	0.3	0.166
4	0.437	0.437	0.3	0.4	0.137
5	0.469	0.469	0.4	0.5	0.069
6	0.623	0.623	0.5	0.6	0.123
7	0.637	0.637	0.6	0.7	0.063
8	0.804	0.804	0.7	0.8	0.104
9	0.863	0.863	0.8	0.9	0.063
10	0.964	0.964	0.9	1.0	0.064

因此，$D_n=\max_i\{\delta_i\}=0.166$. 由 $n=10$，$\alpha=0.1$，查附表 6 得临界值 $D_{10,0.10}=0.37>0.166$. 所以接受原假设，即可以认为数据是来自于(0,1)区间上的均匀分布.

(三)正态 *W* 检验(*D* 检验)

统计中许多方法依赖于正态分布的假设，所以有关正态性检验在理论、方法和应用上，很长一段时间来都是统计中重要的研究课题. 尽管前面介绍的两种检验方法也适用于正态分布的检验，但都没有充分利用原假设成立时的信息，故检验的功效不是很高. 下面介绍的基于样本次序统计量 $X_{(1)},\cdots,X_{(n)}$ 的正态性检验：小样本(样本个数 3～50)的 W 检验和大样本(样本个数 50～1000)的 D 检验，是实际中最常用的正态性检验方法，已被列入我国统计方法的国家标准 GB 4882－85 之中. 有关这两种检验的统计思想和理论，感兴趣的读者可参考茆诗松和王静龙(1989)编著的《数理统计》中的详细介绍，我们仅给出这两种方法的检验规则.

W 检验的检验统计量为

$$W=\frac{\left\{\sum_{i=1}^{[n/2]}a_i\cdot[X_{(n+i-1)}-X_{(i)}]\right\}^2}{\sum_{i=1}^{n}(X_i-\overline{X})^2};$$

当 $W\leqslant W_{1-\alpha}(n)$ 时，拒绝样本来自正态分布总体的假设，其中 $\{a_i:i\leqslant[n/2],n\leqslant 50\}$ 的值见附表 8，$W_{1-\alpha}$ 为统计量 W 的上 $1-\alpha$ 分位数，详见附表 9.

D 检验的检验统计量为

$$D=\frac{\sum_{i=1}^{n}\left(i-\frac{n+1}{2}\right)\cdot X_{(i)}}{n^{\frac{3}{2}}\sum_{i=1}^{n}(X_i-\overline{X})^2}.$$

在正态性假设成立时，D 的分布仅与样本容量有关，且有

$$E(D)\approx 0.28209479,\ \sqrt{Var(D)}\approx 0.02998598/\sqrt{n}.$$

令

$$Y=\frac{\sqrt{n}(D-0.28209479)}{0.02998598},$$

当 $Y\leqslant Y_{1-\alpha/2}$ 或 $Y\geqslant Y_{\alpha/2}$ 时，拒绝样本来自正态分布总体的假设，其中统计量 Y 的分位数见附表 10.

例 8.5.5　下表是某城市气象台测定的 1999 年降雨量的 99 个数据(单位:mm)

1184.4	1113.4	1203.9	1170.7	975.4	1462.3	947.8	1416.0	709.2
1147.5	935.0	1016.3	1031.6	1105.7	849.9	1233.4	1008.6	1063.8
1004.9	1086.2	1022.5	1330.9	1439.4	1236.5	1088.1	1288.7	1115.8
1217.5	1320.7	1078.1	1203.4	1480.0	1269.9	1049.2	1318.4	1192.0
1016.0	1508.2	1159.6	1021.3	986.1	794.7	1318.3	1171.2	1161.7
791.2	1143.8	1602.0	951.4	1003.2	540.4	1061.4	958.0	1025.2
1265.0	1196.5	1120.7	1659.3	942.7	1123.3	910.2	1398.5	1208.6
1305.5	1242.3	1572.3	1416.9	1256.1	1285.9	984.8	1390.3	1062.2
1287.3	1477.0	1017.9	1217.7	1197.1	1143.0	1018.8	1243.7	909.3
1030.3	1124.4	811.4	820.9	1184.1	1107.5	991.4	901.7	1176.5
1113.5	1272.9	1200.3	1508.7	772.3	813.0	1392.3	1006.2	1108.8

检验这些数据是否与正态分布相符.

解　经计算得

$$D=0.2816, Y=-0.1524226.$$

虽然附表 10 中没有给出 $n=99$ 时统计量 Y 的分位数,但从 $n=90$ 及 $n=100$ 时 Y 的分位数的值容易看出 $Y_{0.975}<Y<Y_{0.025}$,因此不拒绝正态性的假设,认为数据与正态分布相符.

思考题八

1. 如何理解小概率原理在假设检验中的应用?
2. 分别利用 P_{-}值和显著水平 α 说明检验的统计显著性.
3. 有关参数的假设检验和分布的假设检验中,如何根据样本资料合理地设置原假设?
4. 将假设检验的原假设和备择假设互换,如将 $H_0:\theta\leqslant\theta_0, H_1:\theta>\theta_0$ 换成 $H_0:\theta>\theta_0, H_1:\theta\leqslant\theta_0$,检验结果有什么区别?
5. 对于一个假设检验问题,设 $\alpha_1>\alpha_2$,如果出现“在显著水平 α_1 下拒绝原假设,而在显著水平 α_2 下接受原假设”,这矛盾吗? 如何理解判断结果?
6. 假设检验问题中的两类错误是什么? 它们之间有什么关系? 它们和样本容量之间又有什么联系? 如何理解奈曼-皮尔逊原则?
7. 假设检验和区间估计有什么联系?
8. 说明皮尔逊分布拟合的 χ^2 检验和柯尔莫哥洛夫检验的基本思想,并说明这两种检验的优缺点.
9. 如果要检验一批数据是否来自正态总体,你会选择什么检验方法?

习题八

1. 从标准差为 0.29 的正态总体中获得容量为 $n=35$ 的随机样本,其样本均值 $\bar{x}=2.4$,假定我们的目的是想知道总体的均值 μ 是否超过 2.3.

(1)给出检验的原假设和备择假设;

(2)求 P_{-}值;

(3)求犯第Ⅰ类错误的概率;

(4)如果 $\alpha=0.05$,指出检验的拒绝区域;

(5)样本观察值是否提供了充分理由来说明 $\mu>2.3$.

2. 某汽车厂商宣称他们生产的汽车平均每公升的汽油可行驶 15km 以上，若怀疑该广告的真实性，随机抽样 10 辆，并且记录下每部车每公升汽油行驶的千米数，得到如下的观察值：

14.8　15.1　16.9　14.8　13.7　12.9　13.5　14.9　15.4　13.5

假设数据来自正态分布，请检验该广告的真实性($\alpha=0.05$).

3. 设总体 $X\sim N(\mu,\sigma^2)$，从总体中抽取容量为 25 的简单随机样本，样本均值和样本方差为$\overline{X}$和 S^2，

(1)当 $\sigma^2=4$ 已知时，求检验问题 $H_0:\mu\leqslant 1, H_1:\mu>1$ 的显著性水平为 0.05 的拒绝域，并计算当 $\mu=2$ 时，检验犯第Ⅱ类错误的概率；

(2)设 σ^2 未知，求检验问题 $H_0:\sigma^2\geqslant 1, H_1:\sigma^2<1$ 的显著性水平为 0.05 的拒绝域，并计算当 $\sigma^2=1.25$ 时，检验犯第Ⅰ类错误的概率.

4. 火药生产厂家设计出一种新的火药生产方案，要求使子弹发射的枪口速度达到 3000 尺/秒. 现做了 8 次试验，其速度分别为

3005　2925　2935　2965　2995　3005　2935　2905

(1)试问这些数据是否足以说明其枪口平均速度 μ 和 3000 尺/秒有明显差异？($\alpha=0.05$)

(2)求均值 μ 的 95%的置信区间；

(3)如果你计划把上述结果写成报告，统计检验结果的 P_- 值等于多少？

5. 根据某报上信息知，我国男性公民身高(一生中最大值)的平均值为 169.7cm. 今从我国某西南地区随机找 100 个青年男子测身高，得平均值为 167.2cm，样本标准差为 4.1cm. 设样本来自正态总体 $N(\mu,\sigma^2)$，

(1)求参数 μ 的双侧 95%的置信区间；

(2)问该地区男子身高是否明显低于全国水平($\alpha=0.05$)？

6. 为调查某减肥药的成效，随机抽取 10 位使用者，记录其服用减肥药前后的体重(单位：kg).

编号	1	2	3	4	5	6	7	8	9	10
服用前	66	70	56	58	49	75	63	56	48	75
服用后	68	65	54	59	45	70	60	50	47	68

试用假设检验方法分析该减肥药的效果.($\alpha=0.05$)

7. 某经销代理商在和某牛奶生产厂的合约里，要求生产的 225ml 的牛奶中，容量标准差不可超过 8ml，若抽查出的标准差远大于 8mL 就予以退货. 现随机抽取 15 盒牛奶，测量得分别为(单位：ml)

230　223　228　229　220　215　217　231　220　223　230　224　226　228　227

请你根据这批数据给经销商提出建议，是否需要退货？说明理由.($\alpha=0.05$)

8. 为测试某种发动机的汽油耗损情况，共进行 16 次测量，测得标准差为 2.2 加仑. 假设汽油耗损服从正态分布 $N(\mu,\sigma^2)$，

(1)求 σ^2 的置信水平为 95%的置信区间；

(2)检验 $H_0:\sigma^2=4.5, H_1:\sigma^2\neq 4.5$，用 $\alpha=0.05$ 说明你的结论.

9. 现对某论坛的日发贴量进行为期 10 日的调查，测得各日的日发帖为 x_i 贴，$i=1,2,\cdots,10$，并算得 $\sum_{i=1}^{10} x_i = 5052, \sum_{i=1}^{10} x_i^2 = 2552630$. 若假定该论坛的日发帖量 $X\sim N(\mu,\sigma^2)$.

(1)通过计算 P_- 值说明是否有充分的理由认为 $\mu>500$？

(2)求 σ^2 的置信水平为 95%的置信区间.

10. 下列为两个煤矿每吨产量产生热能的记录(单位：百分比每吨).

矿 A	8500	8330	8480	7960	8030
矿 B	7710	7890	7920	8270	7860

假设这些数据是来自两个方差相等且独立的正态总体，你是否认为煤矿 A 每吨产量产生热能要显著地大于煤矿 B？($\alpha=0.05$)

11. 为比较甲、乙两位电脑打字员的出错情况，抽查甲输入的文件 8 页，各页出错字数为 5,3,2,0,1,2,2,4；抽查乙输入的文件 9 页，各页出现错字数为 5,1,3,2,4,6,4,2,5.

假设甲、乙两人页出错字数都服从正态分布，试检验：

(1)甲、乙两人页出错的方差是否相同($\alpha=0.05$)？

(2)甲页均出错是否显著少于乙($\alpha=0.05$)？

12. 进行一项实验来比较 A,B 两种药物在肌肉组织中的平均吸收情况. 现将62 个组织样品随机分成相等的两组，其中一组用 A 药物测试，另一组用 B 药物测试，样本结果为 $\bar{x}_A=7.9$，$\bar{x}_B=8.5$，$s_A=0.11$，$s_B=0.10$. 假定两总体都是正态分布，记为 $N(\mu_A,\sigma_A^2)$，$N(\mu_B,\sigma_B^2)$.

(1)检验假设 $H_0:\sigma_A^2=\sigma_B^2$，$H_1:\sigma_A^2\neq\sigma_B^2$，($\alpha=0.05$)；

(2)求 $\mu_A-\mu_B$ 的置信水平为 95%的置信区间.

13. 盖洛普民意测验机构调查了 1785 位居民"在最近 7 天内，你是否亲自去过教堂?"，在受访者中，有 750 人回答"是". 假设盖洛普所抽取的样本可以看成是一个简单随机样本.

(1)求在 95%置信水平下，请给出"一周内去过教堂"的人的比例的置信区间.

(2)是否有足够的理由说明不足一半的人去过教堂？($\alpha=0.05$)

14. 一家旅行社管理人员研究 90 天的时间内预定和注销房间的情况，研究人员所观察到的结果如下：

注销房间数	0	1	2	3	4	5	6	7	8
天　数	9	17	25	15	11	7	2	2	2

问这些数据是否符合"每日注销房间数服从泊松分布"这一假设？($\alpha=0.05$)

15. 一正八面体的各面上，分别以数字 1,2,3,4,5,6,7,8 在各个面上标出，为检验它是否匀称，作 600 次投掷试验，各个数字朝上方的次数如下：

数字	1	2	3	4	5	6	7	8
频数	72	83	78	90	70	71	64	72

用拟合优度检验假设 H_0：该八面体是匀称的($\alpha=0.05$).

16. 一袋中有红球和白球若干，采用放回抽样，直到取到红球为止，设 X 表示取球的次数. 对 X 独立重复观察了 162 次，其中 $X=1$ 有 100 次，$X=2$ 有 42 次，$X=3$ 有16 次，$X\geqslant 4$ 有 4 次. 请在显著水平 $\alpha=0.05$ 下，检验 H_0：X 服从几何分布，分布律为

$$P(X=k)=\frac{2}{3}\left(\frac{1}{3}\right)^{k-1},k=1,2,\cdots.$$

17. 设某电话交换台等候一个呼叫来到的时间为 X 分钟，现观察了 100 次，其结果如下：

等候时间 x	$0\leqslant x\leqslant 1$	$1<x\leqslant 2$	$2<x\leqslant 3$	$3<x\leqslant 4$	$x>4$
频　数	35	25	20	10	10

试在显著性水平 $\alpha=0.05$ 下，检验 H_0：等候时间 X 服从均值为 2 的指数分布.

18. 为研究某种新药对抗凝血酶活力的影响，随机安排新药组病人 12 例，对照组病人 10 例，分别测定其抗凝血酶活力(单位：mm^3)，结果如下：

新药组：136　127　128　128　133　138　142　116　110　108　115　140

对照组：163　165　177　170　175　152　157　159　160　164

试作如下分析($\alpha=0.05$)：

(1)用 W 检验法检验两组数据是否服从正态分布？

(2)检验两样本是否来自方差相同的总体？

(3)选择最合理的方法检验新药组和对照组病人的平均抗凝血酶活力有无差别？

19. 利用 D 检验法推断例 8.5.3 中新生女婴的体重数据是否服从正态分布？

第九章　方差分析与回归分析

在前一章假设检验中,我们已经介绍了比较两个总体均值差异的 t 检验,但在实际问题中,往往会涉及到两个以上总体均值大小的比较.方差分析(Analysis of variance,简称:ANOVA),是由英国统计学家费歇尔(Fisher)在 20 世纪 20 年代提出的,可用于推断两个或两个以上总体均值是否有差异的显著性检验.

在实际中,往往有很多变量之间具有相关性,但其关系没有密切到能用函数的形式来表达.如:儿童的年龄与身高之间的关系.从平均意义上说,儿童随着年龄的增长,身高增高,但对具体的个体来说,存在着年龄小的儿童的身高超过年龄大的儿童的可能.这种关系,我们称"相关关系".回归分析是研究具有相关关系的变量之间的统计规律性.回归分析目前是所有统计分支中应用最广泛的,它被用于几乎所有的研究领域及工农业生产,包括产品的统计质量管理、市场预测、自动控制中数学模型的建立、气象预报、地质勘探、医学卫生等等。

§9.1　单因素方差分析

(一)单因素方差分析

我们从下面一个实例来看方差分析的基本思想.

例 9.1.1　为了比较三种不同类型日光灯管的寿命(小时),现从每种类型日光灯管中抽取 8 个,总共 24 个日光灯管进行老化试验,下面是经老化试验后测算得出的各个日光灯管的寿命(小时):

表 9.1.1　日光灯管的寿命(小时)

类型	使用寿命							
类型Ⅰ	5290	6210	5740	5000	5930	6120	6080	5310
类型Ⅱ	5840	5500	5980	6250	6470	5990	5470	5840
类型Ⅲ	7130	6660	6340	6470	7580	6560	7290	6730

试判断三种不同类型日光灯管的寿命是不是存在差异?

从表 9.1.1 中我们可以看到,不仅不同类型日光灯的寿命不同,即使是同一类型的日光灯管的寿命也不尽相同.引起日光灯管寿命不同的原因有两个方面:其一,由于日光灯类型不同,而引起寿命不同.其二,同一种类型日光灯管,由于其他随机因素的影响,也使其寿命不同.即从理论上来看,如果没有其他因素的影响,相同类型的日光灯管的寿命应该是相同的(理论均值),实际所得到的日光灯管的寿命与理论均值的偏差即为随机误差,通常假设其服从正态分布.方差分析的目的就是推断引起日光灯管寿命差异的原因究竟是来自随机误差还是确实是由于日光灯类型的不同而引起的.

在方差分析中,通常把研究对象的特征值,即所考察的试验(或调查)结果(如例 9.1.1 中的日光灯管的寿命)称为**试验指标**.对试验指标产生影响的原因称为**因素(factor)**,因素中各个不同状态称为**水平**，如例 9.1.1 中，"日光灯管类型"即为因素，日光灯管三个不同的类型，即为三个水平．单因素方差分析仅考虑有一个因素 A 对试验指标的影响．假如因素 A 有 r 个水平，分别为 $A_1,A_2,\cdots,A_r$，在第 A_i 水平下进行了 n_i 次独立观测，所得到的试验指标的数据集如表 9.1.2 所示．

表 9.1.2　单因素方差分析数据

水平	试验数据						
A_1	X_{11}	$X_{12}\cdots$	$\cdots$	$\cdots$	$\cdots$	$\cdots$	X_{1n_1}
A_2	X_{21}	$X_{22}\cdots$	$\cdots$	$\cdots$	$\cdots$	$\cdots$	X_{2n_2}
$\vdots$	$\vdots$	$\vdots$	$\vdots$	$\vdots$	$\vdots$	$\vdots$	$\vdots$
A_r	X_{r1}	$X_{r2}\cdots$	$\cdots$	$\cdots$	$\cdots$	$\cdots$	X_{rn_r}

由于我们通常假设随机误差是正态的，水平 A_i 下的试验结果 $X_{i1},X_{i2},\cdots,X_{in_i}$，可以看成是来自第 i 个正态总体 $X_i\sim N(\mu_i,\sigma^2)$ 的样本观测值，其中 μ_i,σ^2 均为未知参数，且每个总体 X_i 相互独立．因此，可写成如下的数学模型：

$$\begin{cases} X_{ij}=\mu_i+\varepsilon_{ij}, \\ \varepsilon_{ij}\sim N(0,\sigma^2)\text{ 且相互独立}, \end{cases} \quad j=1,2,\cdots,n_i,i=1,2,\cdots,r, \tag{9.1.1}$$

其中 μ_i 是第 i 个总体的均值（理论均值），ε_{ij} 是相应的随机误差．

方差分析就是要比较因素 A 的 r 个水平下试验指标理论均值的差异，问题可归结为比较这 r 个总体的均值差异．即检验假设：

$$H_0:\mu_1=\mu_2=\cdots=\mu_r,\quad H_1:\mu_1,\mu_2,\cdots,\mu_r\text{ 不全相等}. \tag{9.1.2}$$

为了便于讨论，我们将模型(9.1.1)改写成如下的模型：

$$\begin{cases} X_{ij}=\mu+\alpha_i+\varepsilon_{ij}, \\ \varepsilon_{ij}\sim N(0,\sigma^2)\text{ 且相互独立}, \\ \sum\limits_{i=1}^{r}n_i\alpha_i=0, \end{cases} \quad j=1,2,\cdots,n_i,i=1,2,\cdots,r, \tag{9.1.3}$$

其中 $\mu=\dfrac{1}{n}\sum\limits_{i=1}^{n}n_i\mu_i$ 称为总平均；$\alpha_i=\mu_i-\mu$ 表示水平 A_i 下的试验指标的平均值与总平均的差异，习惯上将其称为水平 A_i 的**效应**．

显然，当且仅当 $\mu_1=\mu_2=\cdots=\mu_r=\mu$ 时，$\alpha_1=\alpha_2=\cdots=\alpha_r=0$，因此假设(9.1.2)可改写为

$$H_0:\alpha_1=\alpha_2=\cdots=\alpha_r=0,H_1:\alpha_1,\alpha_2,\cdots,\alpha_r\text{ 不全为零}. \tag{9.1.4}$$

如果(9.1.4)中的 H_0 被拒绝，则说明因素 A 的各水平的效应之间有显著的差异，即认为因素 A 的变化对试验指标有影响；否则，认为因素 A 的变化对试验指标并没有影响，数据的差异来自于随机误差．

假设 H_0 的检验统计量是在平方和分解的基础上导出的．我们先给出如下的记号：

$$S_T=\sum_{i=1}^{r}\sum_{j=1}^{n_i}(X_{ij}-\overline{X})^2,\quad \overline{X}=\frac{1}{n}\sum_{i=1}^{r}\sum_{j=1}^{n_i}X_{ij},\quad \overline{X}_{i\cdot}=\frac{1}{n_i}\sum_{j=1}^{n_i}X_{ij}. \tag{9.1.5}$$

平方和分解的主要思想是把数据总的差异（用总离差平方和 S_T 来表示），分解为两个部分：一部分是由于因素 A 引起的差异，即效应平方和 S_A，

$$S_A=\sum_{i=1}^{r}\sum_{j=1}^{n_i}(\overline{X}_{i\cdot}-\overline{X})^2=\sum_{i=1}^{r}n_i(\overline{X}_{i\cdot}-\overline{X})^2, \tag{9.1.6}$$

另一部分则由随机误差所引起的差异，即误差平方和 S_E，

$$S_E = \sum_{i=1}^{r}\sum_{j=1}^{n_i}(X_{ij} - \overline{X}_{i\cdot})^2, \tag{9.1.7}$$

经计算可以得平方和分解公式：

$$S_T = S_E + S_A.$$

由于$\overline{X}_{i\cdot}$是来自第i个总体(A_i水平下)的样本均值,可以作为第i个总体(A_i水平下)均值μ_i的点估计.显然,如果$\mu_1,\mu_2,\cdots,\mu_r$之间的差异越大,那么,这些样本均值$\bar{x}_{1\cdot},\bar{x}_{2\cdot},\cdots,\bar{x}_{r\cdot}$之间的差异也就越大.平方和$S_A$恰好表示了这种差异的大小,因此,$S_A$也称为因素$A$的**组间平方和.**

对于固定的i,观测值是来自同一个正态总体$N(\mu_i,\sigma^2)$的样本,因此这些观测值之间的差异是来自随机误差,$\sum\limits_{j=1}^{n_i}(X_{ij}-\overline{X}_{i\cdot})^2$描述了第$i$个总体($A_i$水平下)由于随机误差而导致的差异的大小,将$r$组这样的差异相加就得到$S_E$,因此,也称$S_E$为**组内平方和.**

由下面定理可以给出假设H_0的检验统计量及其分布(证明参见附录9.7).

定理 9.1.1　S_E,S_A如上述定义,在模型(9.1.3)的假设下,我们有,

(1)$\dfrac{S_E}{\sigma^2}\sim\chi^2(n-r)$.

(2)$E(S_A)=(r-1)\sigma^2+\sum\limits_{i=1}^{r}n_i\alpha_i^2$.进一步,假设$H_0$为真,那么$\dfrac{S_A}{\sigma^2}\sim\chi^2(r-1)$.

(3)假设H_0为真,则S_E和S_A独立,并且,

$$F=\frac{S_A/(r-1)}{S_E/(n-r)}\sim F(r-1,n-r).$$

从上面的定理可以看出,无论假设H_0是不是真,$E[S_E/\sigma^2(n-r)]=1$,而对于S_A,只有当假设H_0为真的时候$E[S_A/\sigma^2(r-1)]=1$.如果假设H_0不真,则显然$E[S_A/\sigma^2(r-1)]>1$,因此,如果由样本计算得出的F值比较大的话,即落在$\{F\geqslant c\}$的区间内,那么判定假设H_0不成立.对于给定的显著水平α,用$F_\alpha(r-1,n-r)$表示F分布的上侧α分位数,这个假设检验的拒绝域为$\{F\geqslant F_\alpha(r-1,n-r)\}$,即当由观测值得到的$F$值落在拒绝域内,则意味着应该拒绝原假设$H_0$,认为各总体均值(各个水平下)有差异,或称为因素$A$显著.通常将上述的计算归纳成表9.1.3,称为**方差分析表.**

表 9.1.3　单因素方差分析表

方差来源	自由度	平方和	均方	F 比
因素 A	$r-1$	S_A	$MS_A=S_A/(r-1)$	$F=MS_A/MS_E$
误差	$n-r$	S_E	$MS_E=S_E/(n-r)$	
总和	$n-1$	S_T		

作为一个副产品,我们从定理9.1.1可以得出模型中参数σ^2的无偏估计为MS_E,

$$MS_E = \frac{S_E}{n-r} = \frac{1}{n-r}\sum_{i=1}^{r}\sum_{j=1}^{n_i}(X_{ij}-\overline{X}_{i\cdot})^2. \tag{9.1.8}$$

(二)单因素方差分析的 Excel 处理

如果要在 Excel 上进行统计分析(如t检验,相关系数计算,回归分析,方差分析等等),要先加载“数据分析”模块,方法如下：

在 Excel 工作表中点击主菜单中“工具”⇒点击下拉式菜单中“加载宏”就会出现一个“加载宏”的框⇒在“分析工具库”前的框内打勾⇒点击“确定”.这时候再点击下拉式菜单“工具

(T)”会新出现“数据分析”，然后就可以进行统计分析了.

以下面的例子来说明用 Excel 进行方差分析的步骤.

例 9.1.2　保险公司某一险种在四个不同地区一年的索赔的情况记录如表 9.1.4 所示. 试判断在四个不同地区索赔额有无显著差异?

表 9.1.4　保险索赔记录

地区	索赔额(万元)							
A_1	1.60	1.61	1.65	1.68	1.70	1.70	1.78	
A_2	1.50	1.64	1.40	1.70	1.75			
A_3	1.64	1.55	1.60	1.62	1.64	1.60	1.74	1.80
A_4	1.51	1.52	1.53	1.57	1.64	1.60		

(1)在 Excel 工作表中输入上面的数据⇒点击主菜单中“工具”⇒点击下拉式菜单中“数据分析”就会出现一个“数据分析”的框⇒点击菜单中“方差分析:单因素方差分析”⇒点击“确定”,出现“方差分析:单因素方差分析”框.

(2)在“输入区域”中标定你已经输入的数据的位置⇒根据你输入数据分组情况(是按行分或按列分)确定分组⇒选定方差分析中 F 检验的显著水平⇒选定输出结果的位置⇒点击“确定”.

(3)在你指定的区域中出现如下方差分析表:

差异源	df	SS	MS	F	P-value	Fcrit
组间	3	0.0492	0.0164	2.1658	0.1208	3.0491
组内	22	0.1666	0.0076			
总计	25	0.2158				

根据 Excel 给出的方差分析表,假设 H_0 是否显著的判别有两种方法.

(1)根据前面所给出的 F 检验查出 $F_\alpha(r-1,n-r)$ 的值,给出拒绝域 $W=\{F\geqslant F_\alpha(r-1,n-r)\}$,然后根据观测值计算得出的 F 值,判断 F 的值是不是落在拒绝域内,给出拒绝或接受假设 H_0 的结论. Excel 计算结果的方差分析表中在 Fcrit 这列下面给出了 $F_\alpha(r-1,n-r)$ 这个值。在这个例子中,$F_{0.05}(3,22)=3.0491$,因此拒绝域为 $W=\{F\geqslant 3.0491\}$. 由观测值计算得 $F=2.1658$,所以没有落在拒绝域内,因此接受假设 H_0,即各地区索赔额无显著差异.

(2)根据方差分析表中给出的 P-value(P_-值)来判断. 如果 P_-值小于给定的显著水平,那么拒绝假设 H_0. 本例中,在给定的显著水平 $\alpha=0.05$ 的情况下,由于 $P_-=0.1208>0.05$,所以接受假设 H_0.

(三)均值的多重比较

如果 F 检验的结论是拒绝 H_0,则说明因素 A 的 r 个水平效应有显著差异,也就是说 r 个均值之间有显著差异. 但是这并不意味着所有均值间都存在差异,这时我们还需要对每一对 μ_i 和 μ_j 作一对一的比较,即多重比较. 基本假设为

$$H_0:\mu_i=\mu_j,i\neq j,i,j=1,2,\cdots,r.$$

类似上一节两个正态总体均值 t 检验,但有一点区别,即估计方差时采用全部数据. 给出检验统计量为

$$t_{ij}=\frac{\overline{X}_{i\cdot}-\overline{X}_{j\cdot}}{\sqrt{MS_E\left(\frac{1}{n_i}+\frac{1}{n_j}\right)}},\quad i\neq j,i,j=1,2,\cdots,r. \tag{9.1.9}$$

当 H_0 为真时，$t_{ij}\sim t(n-r)$，因此，这个检验的拒绝域 $W=\{|t_{ij}|\geqslant t_{\alpha/2}(n-r)\}$，如果观测值得到的 t_{ij} 落在拒绝域内，则拒绝假设 H_0，反之则接受假设 H_0.

例 9.1.3 例 9.1.1(续) 判断三种不同类型日光灯管寿命是不是存在差异，即检验假设

$$H_0:\mu_1=\mu_2=\mu_3,H_1:\mu_1,\mu_2,\mu_3\text{ 不全相等}.$$

如果拒绝上面的零假设，给出各组均值的两两比较.

解 由例 9.1.1 给出的数据，利用公式(9.1.6)和(9.1.7)，计算得出如下方差分析表(或直接利用 Excel 中的单因素方差分析)：

$$S_A=\sum_{i=1}^{r}n_i(\bar{x}_{i\cdot}-\bar{x})^2=5844100,\qquad S_E=\sum_{i=1}^{r}\sum_{j=1}^{n_i}(x_{ij}-\bar{x}_{i\cdot})^2=3600150,$$

$$S_T=S_A+S_E=9444250.$$

差异源	df	SS	MS	F	P-value	Fcrit
组间	2	5844100	2922050	17.045	4.00E-05	3.467
组内	21	3600150	171436			
总计	23	9444250				

如果给定的显著水平为 $\alpha=0.05$，由于 $P_-=4.00\times10^{-5}<<0.05$，所以拒绝假设 H_0，认为三种不同类型日光灯管寿命之间存在差异. 接下来我们要分析，是 μ_1 与 μ_2 之间有差异呢？还是 μ_1 和 μ_3 或者 μ_2 与 μ_3 之间有差异？这就需要均值的多重比较.

(1)检验假设 $\qquad H_0:\mu_1=\mu_2,\quad H_1:\mu_1\neq\mu_2,$

$$t_{12}=\frac{\bar{x}_{1\cdot}-\bar{x}_{2\cdot}}{\sqrt{MS_E(\frac{1}{n_1}+\frac{1}{n_2})}}=\frac{5710-5917.5}{\sqrt{171436(\frac{1}{8}+\frac{1}{8})}}=-1.002.$$

由于 $|t_{12}|=1.002<t_{0.025}(21)=2.0796$，因此接受 H_0，认为 μ_1 和 μ_2 无差异.

(2)检验假设 $\qquad H_0:\mu_1=\mu_3,\quad H_1:\mu_1\neq\mu_3,$

$$t_{13}=\frac{\bar{x}_{1\cdot}-\bar{x}_{3\cdot}}{\sqrt{MS_E(\frac{1}{n_1}+\frac{1}{n_3})}}=\frac{5710-6845}{\sqrt{171436(\frac{1}{8}+\frac{1}{8})}}=-5.482.$$

由于 $|t_{13}|=5.482>t_{0.025}(21)=2.0796$，因此拒绝 H_0，认为 μ_1 和 μ_3 差异显著.

(3)检验假设 $\qquad H_0:\mu_2=\mu_3,\quad H_2:\mu_2\neq\mu_3,$

$$t_{23}=\frac{\bar{x}_{2\cdot}-\bar{x}_{3\cdot}}{\sqrt{MS_E(\frac{1}{n_2}+\frac{1}{n_3})}}=\frac{5917.5-6845}{\sqrt{171436(\frac{1}{8}+\frac{1}{8})}}=-4.480$$

由于 $|t_{23}|=4.480>t_{0.025}(21)=2.0796$，因此拒绝 H_0，认为 μ_2 和 μ_3 差异显著.

(四)方差分析的前提

从前面给出的方差分析模型可以看出，要进行方差分析必须具备三个基本的条件：

(1)独立性. 数据是来自 r 个独立总体的简单随机样本.

(2)正态性. r 个独立总体均为正态总体.

(3)方差齐性. r 个正态总体的方差是相同的，即满足假设

$$H_0:\sigma_1^2=\sigma_2^2=\cdots=\sigma_r^2,H_1:\sigma_1^2,\sigma_2^2,\cdots,\sigma_r^2\text{ 不全相等}.\tag{9.1.10}$$

因此，在进行方差分析之前，必须判别模型的三个前提条件是不是满足.

方差分析和其他统计推断一样，样本的独立性对方差分析是非常重要的，在实际应用中会

经常遇到非随机样本的情况，这时使用方差分析得出的结论不可靠. 因此，在安排试验或采集数据的过程中，一定要注意样本的独立性问题.

方差齐性对于方差分析是非常重要的，因此在方差分析之前往往要进行方差齐性的诊断，即检验假设(9.1.10)，通常可采用 Barlett 检验.

记
$$S_i^2 = \frac{1}{n_i - 1}\sum_{j=1}^{n_i}(X_{ij} - \overline{X}_{i\cdot})^2;$$

$$S^2 = \frac{1}{n-r}\sum_{i=1}^{r}(n_i - 1)S_i^2 = MS_E;$$

$$c = 1 + \frac{1}{3(r-1)}\left[\sum_{i=1}^{r}(n_i - 1)^{-1} - (n-r)^{-1}\right];$$

$$n = n_1 + n_2 + \cdots + n_r.$$

当假设(9.1.10)成立时，统计量
$$K^2 = \frac{2.306}{c}\left[(n-r)\ln S^2 - \sum_{i=1}^{r}(n_i - 1)\ln S_i^2\right]$$
近似服从自由度为 $r-1$ 的 χ^2 分布，拒绝域为 $W=\{K^2>\chi_\alpha^2(r-1)\}$，如果由观测值计算得到的统计量 K^2 的值落在拒绝域内，则认为至少有两个水平下的方差不相等.

方差齐性检验也可采用如下的**经验准则**：当最大样本标准差不超过最小样本标准差的两倍时，即 $\max S_i < 2\min S_i$，方差分析 F 检验结果近似正确.

§9.2 多因素方差分析

在实际中对某一事物的影响往往不止一个因素，如在化工生产中，影响产品质量的可能会有原料的成分，反应温度，压力，催化剂，反应时间等因素，每一因素的改变都有可能对产品的质量产生很大影响. 我们也可以用类似于单因素方差分析的方法对这些因素的显著性进行检验，称为**多因素方差分析**. 本节仅讨论两个因素的影响，即双因素方差分析的情形.

双因素方差分析模型有两种类型：

(1)无交互作用的双因素方差分析，假定两个因素的效应之间是相互独立的；

(2)有交互作用的双因素方差分析，假设两种因素的结合会产生另一种新的效应.

(一)没有交互作用的双因素方差分析

1. 数学模型

假设有两个因素，分别为因素 A 和因素 B，因素 A 有 r 个水平，因素 B 有 s 个水平. 在每个因素的各个不同水平下均进行了一次试验，数据如表 9.2.1 所示.

表 9.2.1 双因素方差分析数据(无重复数据)

	B_1	B_2	$\cdots$	$\cdots$	$\cdots$	B_s
A_1	X_{11}	X_{12}	$\cdots$	$\cdots$	$\cdots$	X_{1s}
A_2	X_{21}	X_{22}	$\cdots$	$\cdots$	$\cdots$	X_{2s}
$\vdots$	$\vdots$	$\vdots$	$\vdots$	$\vdots$	$\vdots$	$\vdots$
A_r	X_{r1}	X_{r2}	$\cdots$	$\cdots$	$\cdots$	X_{rs}

假设 $X_{ij} \sim N(\mu_{ij}, \sigma^2)$，$i=1,2,\cdots,r$，$j=1,2,\cdots,s$ 且各 X_{ij} 相互独立，不考虑因素的交互作用，可写成如下的数学模型：

$$\begin{cases} X_{ij} = \mu + \alpha_i + \beta_j + \varepsilon_{ij}, i = 1,2,\cdots,r, j = 1,2,\cdots,s, \\ \varepsilon_{ij} \sim N(0,\sigma^2)\text{ 且相互独立}, \\ \sum_{i=1}^{r}\alpha_i = 0, \sum_{j=1}^{s}\beta_j = 0, \end{cases} \tag{9.2.1}$$

其中 $\mu = \frac{1}{rs}\sum_{i=1}^{r}\sum_{j=1}^{s}\mu_{ij}$ 为总平均，α_i 为因素 A 的第 i 个水平的效应，β_j 为因素 B 的第 j 个水平的效应.

双因素方差分析的主要任务是系统分析因素 A 和因素 B 对试验指标的影响，即在给定的显著水平 α 下，对下面的假设进行检验：

对于因素 A，

$$H_{01}:\alpha_1 = \alpha_2 = \cdots = \alpha_r = 0, H_{11}:\alpha_1,\alpha_2,\cdots,\alpha_r \text{ 不全为零}. \tag{9.2.2}$$

对于因素 B，

$$H_{02}:\beta_1 = \beta_2 = \cdots = \beta_s = 0, H_{12}:\beta_1,\beta_2,\cdots,\beta_s \text{ 不全为零}. \tag{9.2.3}$$

双因素方差分析与单因素方差分析的基本原理相同，基于平方和的分解，总的平方和 S_T 可以分解为因素 A 不同水平所引起的离差平方和 S_A，因素 B 不同水平所引起的离差平方和 S_B，以及由随机性引起的误差平方和 S_E. 即：

$$S_T = S_A + S_B + S_E,$$

其中，

$$S_T = \sum_{i=1}^{r}\sum_{j=1}^{s}(X_{ij} - \overline{X})^2, \quad \overline{X} = \frac{1}{rs}\sum_{i=1}^{r}\sum_{j=1}^{s}X_{ij};$$

$$S_A = s\sum_{i=1}^{r}(\overline{X}_{i\cdot} - \overline{X})^2, \quad \overline{X}_{i\cdot} = \frac{1}{s}\sum_{j=1}^{s}X_{ij};$$

$$S_B = r\sum_{j=1}^{s}(\overline{X}_{\cdot j} - \overline{X})^2, \quad \overline{X}_{\cdot j} = \frac{1}{r}\sum_{i=1}^{r}X_{ij};$$

$$S_E = \sum_{i=1}^{r}\sum_{j=1}^{s}(X_{ij} - \overline{X}_{i\cdot} - \overline{X}_{\cdot j} + \overline{X})^2.$$

类似于单因素方差分析，可以证明在模型的条件下，

$$S_E/\sigma^2 \sim \chi^2[(r-1)(s-1)],$$

当 H_{01} 成立时，
$$S_A/\sigma^2 \sim \chi^2(r-1),$$

当 H_{02} 成立时，
$$S_B/\sigma^2 \sim \chi^2(s-1).$$

并且 S_A, S_B 和 S_E 独立. 记 F_A 和 F_B 为 H_{01} 和 H_{02} 的检验统计量，当 H_{01} 成立时，

$$F_A \triangleq \frac{S_A/(r-1)}{S_E/((r-1)(s-1))} \sim F((r-1),(r-1)(s-1));$$

当 H_{02} 成立时，
$$F_B \triangleq \frac{S_B/(s-1)}{S_E/((r-1)(s-1))} \sim F((s-1),(r-1)(s-1)).$$

检验拒绝域分别为

$$W_A = \{F_A \geqslant F_\alpha((r-1),(r-1)(s-1))\};$$

$$W_B = \{F_B \geqslant F_\alpha((s-1),(r-1)(s-1))\}.$$

由观测样本计算得到 F_A 和 F_B 的值，根据这些值是否落在拒绝域内，判断是拒绝还是接受 H_{01} 和 H_{02}. 计算结果可归纳成下面的方差分析表 9.2.2.

表 9.2.2　无重复双因素方差分析表

方差来源	自由度	平方和	均方	F 比
因素 A	$r-1$	S_A	$MS_A=S_A/(r-1)$	$F_A=MS_A/MS_E$
因素 B	$s-1$	S_B	$MS_B=S_B/(s-1)$	$F_B=MS_B/MS_E$
误差	$(r-1)(s-1)$	S_E	$MS_E=S_E/((r-1)(s-1))$	
总和	$rs-1$	S_T		

2. 无重复双因素方差分析的 Excel 处理

我们以下面的例子来说明 Excel 的处理方法.

例 9.2.1　研究树种与地理位置对松树生长的影响,对 4 个地区的 3 种同龄树的直径进行测量得到数据如表 9.2.3,A_1,A_2,A_3 表示 3 个不同树种,B_1,B_2,B_3,B_4 表示 4 个不同地区,对每一种水平组合进行了测量,据此来说明树种与地理位置对松树生长影响是不是显著?($\alpha=0.05$)

表 9.2.3　三种同龄松树的直径测量数据

	B_1	B_2	B_3	B_4
A_1	23	20	16	20
A_2	28	26	19	26
A_3	18	21	19	22

(1)在 Excel 工作表中输入上面的数据⇒点击主菜单中“工具”⇒点击下拉式菜单中“数据分析”就会出现一个“数据分析”框⇒点击菜单中“方差分析:无重复双因素方差分析”⇒点击“确定”,出现“方差分析:无重复双因素方差分析”框.

(2)在“输入区域”中标定你已经输入的数据的位置⇒选定方差分析中 F 检验的显著水平⇒选定输出结果的位置⇒点击“确定”.

(3)在你指定的区域中出现如下方差分析表:

差异源	df	SS	MS	F	P-value	Fcrit
行	2	63.5	31.75	5.98	0.04	5.14
列	3	49.67	16.56	3.12	0.11	4.76
误差	6	31.83	5.31			
总计	11	145				

根据 Excel 给出的结果,对于因素 A,$F_A=5.98>5.14=F_{0.05}(2,6)$,所以因素 A 差异显著,即树种对松树的生长有影响. 对于因素 B,$F_B=3.12<4.76=F_{0.05}(3,6)$,所以因素 B 差异不显著,即地理位置影响不明显.

(二)有交互作用的双因素方差分析

1. 数学模型

假设有两个因素,分别为因素 A 和因素 B,因素 A 有 r 个水平,因素 B 有 s 个水平. 在每个因素的各个不同水平下均进行了重复 t 次试验,数据如表 9.2.4 所示:

表 9.2.4　双因素方差分析数据(有重复数据)

	B_1	B_2	… …	B_s
A_1	$X_{111},X_{112},\cdots,X_{11t}$	$X_{121},X_{122},\cdots,X_{12t}$	… …	$X_{1s1},X_{1s2},\cdots,X_{1st}$
A_2	$X_{211},X_{212},\cdots,X_{21t}$	$X_{221},X_{222},\cdots,X_{22t}$	… …	$X_{2s1},X_{2s2},\cdots,X_{2st}$
⋮	⋮	⋮	⋮ ⋮	⋮
A_r	$X_{r11},X_{r12},\cdots,X_{r1t}$	$X_{r21},X_{r22},\cdots,X_{r2t}$	… …	$X_{rs1},X_{rs2},\cdots,X_{rst}$

假设 $X_{ijk} \sim N(\mu_{ij},\sigma^2)$，$i=1,2,\cdots,r$，$j=1,2,\cdots,s$，$k=1,2,\cdots,t$ 且各 X_{ijk} 相互独立，可写成如下的数学模型：

$$\begin{cases} X_{ijk} = \mu + \alpha_i + \beta_j + \delta_{ij} + \varepsilon_{ijk}, i = 1,2,\cdots,r, j = 1,2,\cdots,s, k = 1,2,\cdots,t, \\ \varepsilon_{ijk} \sim N(0,\sigma^2) \text{ 且相互独立}, \\ \sum_{i=1}^{r}\alpha_i = 0, \sum_{j=1}^{s}\beta_j = 0, \sum_{j=1}^{s}\delta_{ij} = \sum_{i=1}^{r}\delta_{ij} = 0. \end{cases} \tag{9.2.4}$$

其中 $\mu = \frac{1}{rs}\sum_{i=1}^{r}\sum_{j=1}^{s}\mu_{ij}$ 为总平均，α_i 为因素 A 的第 i 个水平的效应，β_j 为因素 B 的第 j 个水平的效应，δ_{ij} 表示因素 A_i 和因素 B_j 的交互效应.

有交互作用的双因素方差分析的主要任务是系统分析因素 A，因素 B 以及因素 A 和因素 B 的交互效应对试验指标的影响，即在给定的显著水平 α 下，对下面的假设进行检验：

对于因素 A，

$$H_{01}: \alpha_1 = \alpha_2 = \cdots = \alpha_r = 0, H_{11}: \alpha_1, \alpha_2, \cdots, \alpha_r \text{ 不全为零}. \tag{9.2.5}$$

对于因素 B，

$$H_{02}: \beta_1 = \beta_2 = \cdots = \beta_s = 0, H_{12}: \beta_1, \beta_2, \cdots, \beta_s \text{ 不全为零}. \tag{9.2.6}$$

对于交互效应，

$$H_{03}: \delta_{ij} = 0, i = 1,2,\cdots,r, j = 1,2,\cdots,s, H_{13}: \delta_{ij} \text{ 不全为零}. \tag{9.2.7}$$

有重复的双因素方差分析与单因素方差分析和无重复的双因素方差分析的基本原理相同，检验统计量基于平方和分解. 总的平方和 S_T 可以分解为因素 A 不同水平所引起的离差平方和 S_A，因素 B 不同水平所引起的离差平方和 S_B，因素 A 和因素 B 的交互效应所引起的离差平方和 S_{AB} 以及由随机性引起的误差平方和 S_E. 即，

$$S_T = S_A + S_B + S_{AB} + S_E,$$

其中 $S_T = \sum_{i=1}^{r}\sum_{j=1}^{s}\sum_{k=1}^{t}(X_{ijk} - \overline{X})^2$，$\overline{X} = \frac{1}{rst}\sum_{i=1}^{r}\sum_{j=1}^{s}\sum_{k=1}^{t}X_{ijk}$；

$$S_A = st\sum_{i=1}^{r}(\overline{X}_{i\cdot\cdot} - \overline{X})^2, \quad \overline{X}_{i\cdot\cdot} = \frac{1}{st}\sum_{j=1}^{s}\sum_{k=1}^{t}X_{ijk}, \quad i = 1,2,\cdots,r;$$

$$S_B = rt\sum_{j=1}^{s}(\overline{X}_{\cdot j\cdot} - \overline{X})^2, \quad \overline{X}_{\cdot j\cdot} = \frac{1}{rt}\sum_{i=1}^{r}\sum_{k=1}^{t}X_{ijk}, \quad j = 1,2,\cdots,s;$$

$$S_{AB} = t\sum_{i=1}^{r}\sum_{j=1}^{s}(\overline{X}_{ij\cdot} - \overline{X}_{i\cdot\cdot} - \overline{X}_{\cdot j\cdot} + \overline{X})^2;$$

$$S_E = \sum_{i=1}^{r}\sum_{j=1}^{s}\sum_{k=1}^{t}(X_{ijk} - \overline{X}_{ij\cdot})^2, \quad \overline{X}_{ij\cdot} = \frac{1}{t}\sum_{k=1}^{t}X_{ijk}, \quad i = 1,2,\cdots,r, j = 1,2,\cdots,s.$$

可以证明在模型的条件下， $S_E/\sigma^2 \sim \chi^2(rs(t-1))$；

当 H_{01} 成立时， $S_A/\sigma^2 \sim \chi^2(r-1)$；

当 H_{02} 成立时， $S_B/\sigma^2 \sim \chi^2(s-1)$；

当 H_{03} 成立时， $S_{AB}/\sigma^2 \sim \chi^2((r-1)(s-1))$；

并且 S_A, S_B, S_{AB} 均与 S_E 相互独立. 记 F_A, F_B 和 F_{AB} 为 H_{01}, H_{02} 和 H_{03} 的检验统计量.

当 H_{01} 成立时，$F_A = \frac{S_A/(r-1)}{S_E/(rs(t-1))} \sim F((r-1), rs(t-1))$；

当 H_{02} 成立时，$F_B=\dfrac{S_B/(s-1)}{S_E/(rs(t-1))}\sim F((s-1),rs(t-1))$；

当 H_{03} 成立时，　$F_{AB}=\dfrac{S_{AB}/((r-1)(s-1))}{S_E/(rs(t-1))}\sim F((r-1)(s-1),rs(t-1))$.

拒绝域分别为　$W_A=\{F_A\geqslant F_\alpha((r-1),rs(t-1))\}$；

$W_B=\{F_B\geqslant F_\alpha((s-1),rs(t-1))\}$；

$W_{AB}=\{F_{AB}\geqslant F_\alpha((r-1)(s-1),rs(t-1))\}$.

由观测样本计算得到 F_A，F_B 和 F_{AB} 的值，根据这些值是不是落在拒绝域内，判断是拒绝还是接受 H_{01}，H_{02} 和 H_{03}. 计算结果可归纳成下面的方差分析表 9.2.5.

表 9.2.5　有重复双因素方差分析表

方差来源	自由度	平方和	均方	F 比
因素 A	$r-1$	S_A	$MS_A=S_A/(r-1)$	$F_A=MS_A/MS_E$
因素 B	$s-1$	S_B	$MS_B=S_B/(s-1)$	$F_B=MS_B/MS_E$
交互效应 AB	$(r-1)(s-1)$	S_{AB}	$MS_{AB}=S_{AB}/(r-1)(s-1)$	$F_{AB}=MS_{AB}/MS_E$
误差	$rs(t-1)$	S_E	$MS_E=S_E/rs(t-1)$	
总和	$rst-1$	S_T		

2. 有重复双因素方差分析的 Excel 处理

我们以下面的例子来说明 Excel 的处理方法.

例 9.2.2　例 9.2.1(续)研究树种与地理位置对松树生长的影响，对 4 个地区的 3 种松树的直径进行测量得到数据如表 9.2.6，A_1，A_2，A_3 表示 3 个不同树种，B_1，B_2，B_3，B_4 表示 4 个不同地区，对每一种水平组合，选择了 5 颗同龄树进行了测量，据此来说明树种与地理位置对松树生长影响是不是显著？

表 9.2.6　三种同龄松树的直径测量数据

	B_1	B_2	B_3	B_4
A_1	23	20	16	20
A_1	25	17	19	21
A_1	21	11	13	18
A_1	14	26	16	27
A_1	15	21	24	24
A_2	28	26	19	26
A_2	30	24	18	26
A_2	19	21	19	28
A_2	17	25	20	29
A_2	22	26	25	23
A_3	18	21	19	22
A_3	15	25	23	13
A_3	23	12	22	12
A_3	18	12	14	22
A_3	10	22	13	19

(1)在 Excel 工作表中输入上面的数据(完全按表 9.2.6 输入数据，包括 A_i 和 B_j 行和列)⇒点击主菜单中“工具”⇒点击下拉式菜单中“数据分析”就会出现一个“数据分析”的框⇒点击菜单中“方差分析：可重复双因素方差分析”⇒点击“确定”，出现“方差分析：可重复双因素方差分析”框.

(2)在“输入区域”中标定你已经输入的数据的位置，包括 A_i 和 B_j 行和列⇒在“每一样本的行数”后面的空格中输入样本重复数，本例为“5”⇒选定方差分析中 F 检验的显著水平⇒选定输出结果的位置⇒点击“确定”.

(3)在你指定的区域中出现如下方差分析表：

差异源	df	SS	MS	F	P-value	Fcrit
样本	2	352.5333	176.2667	8.9589	0.0005	3.19
列	3	87.5167	29.1722	1.4827	0.2311	2.80
交互	6	71.7333	11.9556	0.6076	0.7229	2.29
内部	48	944.4	19.675			
总计	59	1456.1833				

这里"样本"指的是因素 A,"列"指的是因素 B,"交互"指的是 A 与 B 的交互作用,"内部"则指的是误差.

根据 Excel 给出的结果,对于因素 A,$F_A=8.9589>3.19=F_{0.05}(2,48)$,所以因素 A 差异显著,即树种对松树的生长有影响.对于因素 B,$F_B=1.4827<2.80=F_{0.05}(3,48)$,所以因素 B 差异不显著,即地理位置的影响差异不明显.对于交互效应,$F_{AB}=0.6076<2.29=F_{0.05}(6,48)$,所以交互效应不显著,即树种与地区位置两个因素的交互效应对树的生长没有显著影响.

§9.3　相关系数

(一)相关系数与皮尔逊检验

在第四章中,我们定义了"相关系数"作为两个随机变量之间线性相关程度的描述,

$$\rho=\frac{\mathrm{Cov}(X,Y)}{\sqrt{D(X)D(Y)}}=\frac{E[(X-E(X))(Y-E(Y))]}{\sqrt{D(X)D(Y)}}.$$

现收集到(X,Y)的 n 组独立样本$\{(x_i,y_i),i=1,2,\cdots,n\}$,如何去估计 ρ 的大小?最常用的是皮尔逊相关系数估计,即用如下定义的 r 作为相关系数 ρ 的估计,

$$r=\frac{s_{xy}}{\sqrt{s_{xx}s_{yy}}},$$

其中

$$s_{xx}=\sum_{i=1}^{n}(x_i-\overline{x})^2,\quad \overline{x}=\frac{1}{n}\sum_{i=1}^{n}x_i;\tag{9.3.1}$$

$$s_{yy}=\sum_{i=1}^{n}(y_i-\overline{y})^2,\quad \overline{y}=\frac{1}{n}\sum_{i=1}^{n}y_i;\tag{9.3.2}$$

$$s_{xy}=\sum_{i=1}^{n}(x_i-\overline{x})(y_i-\overline{y}).\tag{9.3.3}$$

r 的大小描述了 X 与 Y 之间的线性相关程度.$r>0$ 为正相关,$r<0$ 为负相关.如果$|r|$越大,那么 X 与 Y 之间的线性相关程度就越高.如果$|r|$的值很小,说明 X 与 Y 之间相关程度很低.但由于所得到数据具有随机性,由样本观察值计算得到的 r 几乎不可能为 0.因此,要判断 ρ 是不是为 0,要采用假设检验.一般采用皮尔逊相关系数检验,即检验假设 $H_0:\rho=0$,　$H_1:\rho\neq 0$ 的检验统计量为

$$t=\frac{r\sqrt{n-2}}{\sqrt{1-r^2}}.\tag{9.3.4}$$

在假设 H_0 为真时,统计量服从自由度为 $n-2$ 的 t 分布.检验的拒绝域为 $W=\{|t|\geqslant t_{\alpha/2}(n-2)\}$.$t$ 统计量(9.3.4)也称为**皮尔逊统计量**.

(二)相关系数计算的 Excel 实现

下面我们用一个例子来说明相关系数计算在 Excel 中的实现.

例 9.3.1　在美国我们可以听到许多关于离婚数目不断上升的报导.分析这种现象的一种方法是比较离婚的人数和结婚的人数,因为人们必须先结婚然后才能离婚.下面是从 1890 年每隔 5 年直到 1980 年的结婚和离婚的数据,现分析两者之间的相关性.

年份	结婚	离婚	年份	结婚	离婚	年份	结婚	离婚	年份	结婚	离婚
1890	570	33	1915	1008	104	1940	1596	264	1965	1800	479
1895	620	40	1920	1274	170	1945	1613	485	1970	2159	708
1900	709	56	1925	1188	175	1950	1667	385	1975	2153	1036
1905	842	68	1930	1127	196	1955	1531	377	1980	2413	1182
1910	948	83	1935	1327	218	1960	1523	393			

注:资料来自于《统计学——基本概念和方法》.

(1) 在 Excel 工作表中输入上面的数据⇒点击主菜单中“工具”⇒点击下拉式菜单中“数据分析”就会出现一个“数据分析”的框⇒点击菜单中“相关系数”⇒点击“确定”,出现“相关系数”框.

(2) 在“输入区域”中标定你已经输入数据的位置⇒确定数据输入是行或列⇒选定输出结果的位置⇒点击“确定”.

(3) 在指定位置输出相应的相关系数的表. 例 9.3.1,结婚和离婚的相关系数为 0.9251. 在 Excel 里没有关于相关系数的皮尔逊检验,但很多的软件包中都有,如 SAS,Splus,R 等. 因此,如果要检验两个变量的相关性,可采用这些软件进行,也可以根据公式(9.3.4)直接进行计算. 例 9.3.1,已经计算得到 $r=0.9251$,$n=19$,得皮尔逊统计量

$$t=\frac{r\sqrt{n-2}}{\sqrt{1-r^2}}=\frac{0.9251\sqrt{17}}{\sqrt{1-(0.9251)^2}}=10.0449.$$

由于 $t=10.0449>t_{0.025}(17)=2.1098$,因此拒绝原假设,即认为结婚和离婚是相关的.

§9.4 一元线性回归

当自变量给定一个值时,就有一个确定的应变量的值与之相对应. 这时,自变量与应变量之间的关系为确定性关系,如:在自由落体中,物体下落的高度 h 与下落时间 t 之间有函数关系:$h=\frac{1}{2}gt^2$,其中 g 为重力加速度. 变量之间的另一种关系为相关关系. 即变量之间关系不完全确定,但表现为具有随机性的“趋势”. 对自变量 X 的同一值,因变量 Y 可以取不同的值,而且取值是随机的,但对应 X 在一定范围变化时,因变量 Y 随 X 的变化而呈现有一定趋势. 如儿童的年龄 X 与儿童的身高 Y,从平均意义上来说,随着儿童年龄的增加,儿童的身高 Y 也增加. 但对于个体而言,存在着年龄小的儿童的身高高于年龄较大的儿童的可能性. 因此,儿童的年龄 X 与儿童的身高 Y 不存在确定的函数关系,但确实存在着相关关系. 用前一节相关系数的概念来说,具有相关关系的变量是指相关系数满足 $0<|\rho|<1$ 的变量.

回归分析是研究具有“相关关系”的自变量与应变量之间的统计规律性. 为了研究方便,本节假设自变量为确定性变量,记为 X,是一个可观测到的,可控的变量.

(一)数学模型

回归分析由许多步骤组成,如:模型确定、数据收集、模型修正等等,我们这里主要研究回归模型参数估计,模型检验等等. 现在先看一个例子:

例 9.4.1 某户人家打算安装太阳能热水器. 为了了解加热温度与燃气消耗的关系,记录了 16 个月燃气的消耗量,数据见下表.

月份	平均加热温度(℉)	燃气用量(100cu ft)	月份	平均加热温度(℉)	燃气用量(100cu ft)
Nov.	24	6.3	Jul.	0	1.2
Dec.	51	10.9	Aug.	1	1.2
Jan.	43	8.9	Sep.	6	2.1
Feb.	33	7.5	Oct.	12	3.1
Mar.	26	5.3	Nov.	30	6.4
Apr.	13	4	Dec.	32	7.2
May.	4	1.7	Jan.	52	11
Jun.	0	1.2	Feb.	30	6.9

在回归分析时,我们称"燃气消耗量"为响应变量,记为 Y,"加热温度"为解释变量,记为 X,由数据计算相关系数得 $r=0.995$,表明加热温度与燃气消耗量之间有非常好的线性相关性.如果以加热温度作为横轴,以消耗燃气量作为纵轴,得到散点图(见图 9.4.1)的形状大致呈线形.

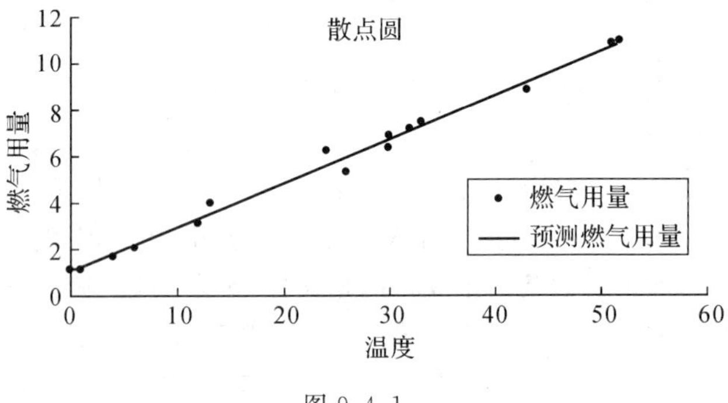

图 9.4.1

从散点图(图 9.4.1)看到,我们若从这些点的"中间"画一条直线,这些点均匀地分布在直线两侧,但不完全落在直线上.于是,我们这样考虑,加热温度 X 的变化是引起燃气消耗量 Y 变化的主要因素,还有其他一些因素对燃气消耗量 Y 也起着影响,但这些因素是次要的.从数学角度来考虑,由于加热温度 X 的变化而引起燃气消耗量 Y 变化的主要部分记为 $\alpha+\beta X$,其中 α,β 是未知参数;另一部分是由其他随机因素引起的记为 ε,即,

$$Y=\alpha+\beta X+\varepsilon, \tag{9.4.1}$$

其中,变量 X 是确定性变量,是可观测到的,而 ε 是不可观测的随机误差.如果已经收集到 (X,Y) 的 n 组独立的样本 (x_i,y_i),$i=1,2,\cdots,n$,可得到如下的一元线性数学模型:

$$\begin{cases} y_i=\alpha+\beta x_i+\varepsilon_i, i=1,2,\cdots,n, \\ \varepsilon_i \sim N(0,\sigma^2)\text{ 且相互独立}. \end{cases} \tag{9.4.2}$$

其中 α,β 和 σ 为未知参数.

称 $E(Y|X=x)=\alpha+\beta x$ 为 Y 关于 X 的**回归函数**,它在平均意义下表明了 Y 随 X 变化的一种统计规律性.

通常我们假定随机误差 ε_i 是相互独立的,且服从正态分布 $N(0,\sigma^2)$.显然,在这样的假定下 y_i 也是相互独立,服从正态分布 $N(\alpha+\beta x_i,\sigma^2)$.从而由所得样本可给出未知参数 α 和 β 的点估计,分别记为 $\hat{\alpha}$ 和 $\hat{\beta}$,称 $\hat{y}=\hat{\alpha}+\hat{\beta}x$ 为 y 关于 x 的一元线性回归方程.

注　随机误差部分可由多种原因引起.有时并不一定服从正态分布,因此,对随机误差也可采用更一般的假定 $E(\varepsilon_i)=0$,$D(\varepsilon_i)=\sigma^2$,并且 ε_i 相互独立.这样假定称**高斯—马尔可夫假定**(简称 GM 假定).

(二)参数估计及参数的性质

有很多的方法可以对模型参数进行估计,这里只介绍最小二乘法.采用极大似然估计也可以给出模型的参数估计,请读者自行完成.

最小二乘法的主要想法是找一条回归直线，使每个样本点(x_i, y_i)到直线上相应x_i所对应的y值$\alpha+\beta x_i$的距离的平方和达到极小. 基于这种想法，记

$$Q(\alpha,\beta)=\sum_{i=1}^{n}(y_i-\alpha-\beta x_i)^2.$$

我们把使$Q(\alpha,\beta)$达到极小的α和β的值$\hat{\alpha}$和$\hat{\beta}$称为最小二乘估计. 利用微积分中求极值的方法，对$Q(\alpha,\beta)$求偏导，并令其为零，得如下方程

$$\begin{cases}\sum_{i=1}^{n}(y_i-\hat{\alpha}-\hat{\beta}x_i)=0,\\ \sum_{i=1}^{n}(y_i-\hat{\alpha}-\hat{\beta}x_i)x_i=0.\end{cases}\tag{9.4.3}$$

计算可得

$$\begin{cases}\hat{\alpha}=\bar{y}-\hat{\beta}\bar{x},\\ \hat{\beta}=s_{xy}/s_{xx},\end{cases}\tag{9.4.4}$$

其中s_{xx}和s_{xy}如(9.3.1)和(9.3.3)所定义.

如果把$\hat{\alpha}=\bar{y}-\hat{\beta}\bar{x}$代入回归方程，可得

$$\hat{y}=\bar{y}+\hat{\beta}(x-\bar{x}),$$

因此，只要在平面上确定$(0,\hat{\alpha})$和$(\bar{x},\bar{y})$这两个点，就可以画出由最小二乘法得出的回归直线.

在模型(9.4.2)的假设下，由最小二乘法得出的参数点估计α,β具有如下的一些性质(证明参见附录9.7).

定理 9.4.1　在模型(9.4.2)的假设下，

(1)$\hat{\beta}\sim N(\beta,\sigma^2/s_{xx})$；

(2)$\hat{\alpha}\sim N\left(\alpha,(\frac{1}{n}+\frac{\bar{x}^2}{s_{xx}})\sigma^2\right)$.

由上面的性质可以知道，$\hat{\beta}$和$\hat{\alpha}$分别是β和α的无偏估计. 模型的另一个未知参数是标准差σ，它描述了响应变量y偏离真实回归直线的程度.

为了给出标准差σ的估计，我们先来定义残差. 记$e_i=y_i-\hat{y}_i$，e_i称为残差. 显然，残差可以看成是不可观测的误差ε_i的估计. 残差是诊断回归模型拟合是不是好的一种直观的工具，我们将在回归诊断一节中作详细介绍. 通常我们用s^2作为σ^2的估计，s^2定义为：

$$s^2=\frac{1}{n-2}\sum_{i=1}^{n}e_i^2=\frac{1}{n-2}\sum_{i=1}^{n}(y_i-\hat{y}_i)^2,$$

可以证明s^2为σ^2的无偏估计(证明参见定理9.4.2).

(三)回归方程的显著性检验

从参数估计公式(9.4.4)可以知道，只要有数据，无论响应变量与解释变量之间有没有线性关系，我们都能得出回归方程，但有可能这种回归方程是没有意义的. 因此，我们必须对回归方程进行检验. 从统计意义上讲，回归参数β是$E(Y)$随变量X变化的变化率，如果$\beta=0$，那么说明$E(Y)$不随变量X变化，此时回归方程就没有意义. 因此要对回归方程进行显著性检验，即要对假设

$$H_0:\beta=0,H_1:\beta\neq 0\tag{9.4.5}$$

进行检验. 对于假设H_0，仍可采用平方和分解方法导出检验统计量. 记

$$\text{SST}=\sum_{i=1}^{n}(y_i-\bar{y})^2,\text{SSE}=\sum_{i=1}^{n}(y_i-\hat{y}_i)^2,\text{SSR}=\sum_{i=1}^{n}(\hat{y}_i-\bar{y})^2,$$

其中SST称为总的平方和，SSE称为残差平方和，SSR称为回归平方和.

容易验证：$\mathrm{SST}=s_{yy}$，$\mathrm{SSE}=(n-2)s^2=s_{yy}-\hat{\beta}s_{xy}$，$\mathrm{SSR}=\hat{\beta}s_{xy}=\hat{\beta}^2 s_{xx}$.

由于 $\hat{y}_i=\bar{y}+\hat{\beta}(x_i-\bar{x})$，并由方程(9.4.3)，我们有

$$\sum_{i=1}^{n}(y_i-\hat{y}_i)(\hat{y}_i-\bar{y})=\hat{\beta}\sum_{i=1}^{n}(y_i-\hat{y}_i)(x_i-\bar{x})$$

$$=\hat{\beta}\sum_{i=1}^{n}(y_i-\hat{\alpha}-\hat{\beta}x_i)x_i-\hat{\beta}\sum_{i=1}^{n}(y_i-\hat{\alpha}-\hat{\beta}x_i)\bar{x}=0.$$

因此可得

$$\mathrm{SST}=\mathrm{SSE}+\mathrm{SSR}.$$

定理 9.4.2 在模型(9.4.2)的假设下，

(1)
$$E(s^2)=E\left(\frac{\mathrm{SSE}}{n-2}\right)=\sigma^2,$$

即 s^2 是 σ^2 的无偏估计.

(2)当 H_0 为真时，$\dfrac{\hat{\beta}^2 s_{xx}}{s^2}\sim F(1,n-2)$，或$\dfrac{\hat{\beta}\sqrt{s_{xx}}}{s}\sim t(n-2)$.

并且，$\hat{\beta}$ 与 s^2 独立.

定理的证明见附录 9.7. 事实上，在模型(9.4.2)的假设下，$\dfrac{\mathrm{SSE}}{\sigma^2}\sim\chi^2(n-2)$.

由定理 9.4.2(2)知，对于假设(9.4.5)常用的检验方法有两种：

(1)t 检验法：统计量

$$t=\frac{\hat{\beta}\sqrt{s_{xx}}}{s},$$

当 H_0 为真时，$t\sim t(n-2)$. 对于给定的显著水平 α，检验的拒绝域为 $W=\{|t|\geqslant t_{\alpha/2}(n-2)\}$.

(2)F 检验法：统计量

$$F=\frac{\hat{\beta}^2 s_{xx}}{s^2}$$

当 H_0 为真时，$F\sim F(1,n-2)$.

对于给定的显著水平 α，检验的拒绝域为 $W=\{F\geqslant F_\alpha(1,n-2)\}$.

采用 F 检验时，类似于方差分析的方法，给出如下的方差分析表见表 9.4.1.

表 9.4.1 方差分析表

方差来源	自由度	平方和	均方	F 比
回归	1	SSR	SSR/1	$F=\dfrac{\mathrm{SSR}}{\mathrm{SSE}/(n-2)}$
误差	$n-2$	SSE	SSE/$(n-2)$	
总和	$n-1$	SST		

(四)回归系数的区间估计

如果经检验回归方程是显著的，可以给出参数 β 的区间估计. 结合定理 9.4.2 和定理 9.4.1知，

$$t=\frac{\hat{\beta}-\beta}{s/\sqrt{s_{xx}}}\sim t(n-2),$$

对于给定的置信水平 $1-\alpha$，则有

$$P\left(\left|\frac{\hat{\beta}-\beta}{s/\sqrt{s_{xx}}}\right|<t_{\alpha/2}(n-2)\right)=1-\alpha,$$

于是给出参数β的区间估计为$(\hat{\beta}-t_{\alpha/2}(n-2)s/\sqrt{s_{xx}},\ \ \hat{\beta}+t_{\alpha/2}(n-2)s/\sqrt{s_{xx}})$.

类似,我们可以采用F分布给出参数β的区间估计(请读者自己给出结果).

(五)回归系数的计算及显著性检验的Excel实现

下面我们用一个例子来说明回归系数计算及显著性检验在Excel中的实现.

例9.4.2　例9.4.1(续)前面我们已经分析了加热温度与燃气消耗量之间的关系,认为两者具有较好的线性关系,下面我们进一步建立燃气消耗量(响应变量)与加热温度(解释变量)之间的回归方程.采用Excel中的“数据分析”模块.

(1)在Excel工作表中输入上面的数据⇒点击主菜单中“工具”⇒点击下拉式菜单中“数据分析”就会出现一个“数据分析”的框⇒点击菜单中“回归”⇒点击“确定”,出现“回归”框.

(2)在“Y值输入区域”中标定你已经输入的响应变量数据的位置,在“X值输入区域”中标定你已经输入的解释变量数据的位置(注意:数据按“列”输入)⇒“置信度”中输入你已经确定置信度的值⇒选定输出结果的位置⇒点击“确定”.

(3)在指定位置输出相应的方差分析表和回归系数输出结果,例9.4.1的输出结果如表9.4.2所示.

表9.4.2　方差分析表

	df	SS	MS	F	Significance F
回归	1	168.581	168.581	1467.551	1.415E−15
误差	14	1.608	0.115		
总的	15	170.189			

	Coef.	标准误差	t Stat	P-value	Lower 95%	Upper 95%
Intercept	1.089	0.139	7.841	1.729E−06	0.791	1.387
X	0.189	0.005	38.309	1.415E−15	0.178	0.200

对Excel输出结果解释如下:

(1)方差分析中,给出了假设$H_0:\beta=0$的F检验.方差分析表中各项也与前一节方差分析表中的意义类似.值得注意的是,方差分析表中“MS”列对应于“误差”行的值即为模型参数σ^2的估计,即$s^2=0.115$.

(2)这里“Coef.”列中,对应于“Intercept”行给出参数α的估计,即$\hat{\alpha}=1.089$,对应于X行的值为β的估计,即$\hat{\beta}=0.189$.“t Stat”列中,对应于“X”行的值为假设$H_0:\beta=0$的t统计量的值,即$\frac{\hat{\beta}\sqrt{s_{xx}}}{s}=38.309$,查表可得,$t_{0.025}(14)=2.1448$,因此,拒绝假设$H_0$,认为“加热温度”对“燃料消耗量”有显著影响.

(3)“Lower 95%”和“Upper 95%”列中,对应于“Intercept”行的值0.791和1.387分别是由t分布所构造的参数α区间估计的下限和上限,对应于“X”行的值0.178和0.200分别是由t分布所构造的参数β区间估计的下限和上限.

(六)预测

一般求回归方程的目的是找出响应变量与解释变量之间的关系,如果得出的回归方程经检验有意义后,最常见的应用就是在已知解释变量的情形下,希望通过已得出的回归方程,预测响应变量相应的值.这种预测一般有两种意义:

(1)当给定$X=x_0$时,求相应响应变量平均值即$E(y_0)$的点估计和区间估计,在例9.4.2

中的意义是:求某个加热温度下,燃气消耗量的平均值,如加热温度为 10℃时这种月份燃气消耗量的平均值;

(2)当给定 $X=x_0$ 时,求 y_0 的预测值和预测区间,在例 9.4.2 中的意义是:求指定某个月的燃气消耗量,如假设某个月的加热温度为 10℃,预测这个月的燃气消耗量.

当给定 $X=x_0$ 时,作为 $E(y_0)$ 和 y_0 的点估计是一样的,均为 $\hat{y}_0$,但两者的区间估计是有较大的差别的. 为了给出 $E(y_0)$ 的置信区间和 y_0 的预测区间,我们先给出 $\hat{y}_0$ 的分布(证明见附录 9.7).

定理 9.4.3　在模型(9.4.2)的假设下,

$$\hat{y}_0=\hat{\alpha}+\hat{\beta}x_0\sim N\left(\alpha+\beta x_0,\left(\frac{1}{n}+\frac{(x_0-\bar{x})^2}{s_{xx}}\right)\sigma^2\right).$$

由定理 9.4.3,我们可以给出 $E(y_0)$ 区间估计和 y_0 的预测区间.

(1)$E(y_0)$ 的区间估计

由定理 9.4.3 及 s^2 的性质知,

$$T=\frac{\hat{y}_0-E(y_0)}{s\sqrt{\dfrac{1}{n}+\dfrac{(x_0-\bar{x})^2}{s_{xx}}}}\sim t(n-2),$$

由此知 $E(y_0)$ 的置信区间为

$$\left(\hat{y}_0-t_{\alpha/2}(n-2)s\sqrt{\frac{1}{n}+\frac{(x_0-\bar{x})^2}{s_{xx}}},\hat{y}_0+t_{\alpha/2}(n-2)s\sqrt{\frac{1}{n}+\frac{(x_0-\bar{x})^2}{s_{xx}}}\right).$$

(2)y_0 的预测区间

显然,y_0 与 $\hat{y}_0$ 独立,由定理 9.4.3 及 s^2 的性质知,

$$T=\frac{\hat{y}_0-y_0}{s\sqrt{1+\dfrac{1}{n}+\dfrac{(x_0-\bar{x})^2}{s_{xx}}}}\sim t(n-2),$$

由此知 y_0 的预测区间为

$$\left(\hat{y}_0-t_{\alpha/2}(n-2)s\sqrt{1+\frac{1}{n}+\frac{(x_0-\bar{x})^2}{s_{xx}}},\hat{y}_0+t_{\alpha/2}(n-2)s\sqrt{1+\frac{1}{n}+\frac{(x_0-\bar{x})^2}{s_{xx}}}\right).$$

例 9.4.3　例 9.4.1(续)由前面的 Excel 的输出结果,我们可以分别计算出 $E(y_0)$ 的区间估计和 y_0 的预测区间. 设 $x_0=5$,则

$$\hat{y}_0=1.089+0.189\times5=2.034;\quad \bar{x}=22.313;$$
$$(x_0-\bar{x})^2=299.723;\quad t_{\alpha/2}(14)=2.1448;$$
$$s_{xx}=4719.438;\quad s=0.115.$$

计算得出:$E(y_0)$ 的区间估计为(1.946,2.122);y_0 的预测区间为(1.772,2.296).

当 $|x_0-\bar{x}|$ 很小,即要预测的 x_0 值比较靠近 x_i 的中心位置,并且 n 充分大时,则 $1+\dfrac{1}{n}+\dfrac{(x_0-\bar{x})^2}{s_{xx}}\approx1$. 由于 n 很大,$t_{\alpha/2}(n-2)\approx z_{\alpha/2}$,如果 $\alpha=0.05$,则 $z_{\alpha/2}=1.96\approx2$. 此时,可得近似预测区间为 $(\hat{y}_0-2s,\hat{y}_0+2s)$.

§9.5　多元回归分析

在许多实际问题中,响应变量 Y 并不仅仅随着一个解释变量的变化而变化,有时候往往

会同时有两个或两个以上的变量对 Y 有影响，所以，要研究响应变量 Y 与多个解释变量 X_1，X_2，…，X_p 的相关关系，这便是多元线性回归问题。

(一)数学模型

和一元线性回归类似，认为解释变量 $X_1,X_2,\cdots,X_p$ 是确定性变量，是可观测到或可控制的. 并且还存在观测不到的随机误差对响应变量 Y 产生的影响，从数学角度来考虑，由于解释变量 $X_1,X_2,\cdots,X_p$ 变化而引起响应变量 Y 的变化的部分记为 $\beta_0+\beta_1X_1+\cdots+\beta_pX_p$，其中 β_j，$j=0,1,\cdots,p$ 是未知参数；另一部分是由其他随机因素引起的，记为 ε，即

$$Y=\beta_0+\beta_1X_1+\cdots+\beta_pX_p+\varepsilon. \tag{9.5.1}$$

为了研究响应变量与解释变量之间的关系，我们收集$(Y,X_1,X_2,\cdots,X_p)$的 n 组独立的样本$(y_i,x_{i1},x_{i2},\cdots,x_{ip})$，$i=1,2,\cdots,n$，可将上述模型写成如下形式：

$$\begin{cases} y_i=\beta_0+\beta_1x_{i1}+\cdots+\beta_px_{ip}+\varepsilon_i, i=1,2,\cdots,n, \\ \varepsilon_i\sim N(0,\sigma^2)\text{ 且相互独立.} \end{cases} \tag{9.5.2}$$

其中 $\beta_j,j=0,1,\cdots,p$ 和 σ 为未知参数.

称 $E(Y|X_1=x_1,\cdots,X_p=x_p)=\beta_0+\beta_1x_1+\cdots+\beta_px_p$ 为 Y 关于 $X_1,X_2,\cdots,X_p$ 的回归函数，它在平均意义下表明了 Y 随 $X_1,X_2,\cdots,X_p$ 变化而变化的一种统计规律性.

和一元线性回归模型一样，通常我们假定随机误差 ε_i 是相互独立的，且服从正态分布 $N(0,\sigma^2)$. 显然，在这样的假定下 y_i 也是相互独立，服从正态分布. 由样本求出未知参数 $\beta_j,j=0,1,\cdots,p$ 的点估计，分别记为 $\hat{\beta}_i,i=0,1,\cdots,p$，称

$$\hat{y}=\hat{\beta}_0+\hat{\beta}_1x_1+\cdots+\hat{\beta}_px_p$$

为 p 元线性回归方程.

为了方便起见，多元回归分析常采用矩阵形式来表示，并通过矩阵的性质来研究参数及其性质。记：

$$\boldsymbol{Y}=\begin{pmatrix} y_1 \\ y_2 \\ \vdots \\ y_n \end{pmatrix},\boldsymbol{\beta}=\begin{pmatrix} \beta_0 \\ \beta_1 \\ \vdots \\ \beta_p \end{pmatrix},\boldsymbol{X}=\begin{pmatrix} 1 & x_{11} & \cdots & x_{1p} \\ 1 & x_{21} & \cdots & x_{2p} \\ \vdots & \vdots & \vdots & \vdots \\ 1 & x_{n1} & \cdots & x_{np} \end{pmatrix},\boldsymbol{\varepsilon}=\begin{pmatrix} \varepsilon_1 \\ \varepsilon_2 \\ \vdots \\ \varepsilon_n \end{pmatrix},$$

则模型(9.5.2)可以改写为

$$\begin{cases} \boldsymbol{Y}=\boldsymbol{X\beta}+\boldsymbol{\varepsilon}, \\ \boldsymbol{\varepsilon}\sim N(\boldsymbol{0},\sigma^2\boldsymbol{I}_n) \end{cases} \tag{9.5.3}$$

其中 $\boldsymbol{Y}$ 为观测值向量，$\boldsymbol{\beta}$ 为未知参数向量，$\boldsymbol{\varepsilon}$ 为随机误差向量，$\boldsymbol{X}$ 为结构矩阵，$\boldsymbol{I}_n$ 为单位矩阵. 显然，由假设知，

$$\boldsymbol{Y}\sim N(\boldsymbol{X\beta},\sigma^2\boldsymbol{I}_n). \tag{9.5.4}$$

(二)参数估计及参数的性质

仍采用最小二乘法对模型参数进行估计. 记，

$$Q(\beta_0,\beta_1,\cdots,\beta_p)=\sum_{i=1}^{n}\varepsilon_i^2=\sum_{i=1}^{n}(y_i-\beta_0-\beta_1x_{i1}-\cdots-\beta_px_{ip})^2,$$

使 $Q(\beta_0,\beta_1,\cdots,\beta_p)$达到极小的 $\hat{\beta}_0,\hat{\beta}_1,\cdots,\hat{\beta}_p$ 为模型参数的最小二乘估计. 根据微积分原理，$\hat{\beta}_0$，$\hat{\beta}_1,\cdots,\hat{\beta}_p$ 为满足下面方程的解，

$$\begin{cases} \dfrac{\partial Q}{\partial \beta_0}\Big|_{\beta_0=\hat{\beta}_0,\beta_1=\hat{\beta}_1,\cdots,\beta_p=\hat{\beta}_p}=0, \\ \dfrac{\partial Q}{\partial \beta_1}\Big|_{\beta_0=\hat{\beta}_0,\beta_1=\hat{\beta}_1,\cdots,\beta_p=\hat{\beta}_p}=0, \\ \qquad\vdots \\ \dfrac{\partial Q}{\partial \beta_p}\Big|_{\beta_0=\hat{\beta}_0,\beta_1=\hat{\beta}_1,\cdots,\beta_p=\hat{\beta}_p}=0. \end{cases}$$

整理后，得如下的正规方程组，

$$\begin{cases} n\beta_0+\sum_{i=1}^{n}x_{i1}\hat{\beta}_1+\cdots+\sum_{i=1}^{n}x_{ip}\hat{\beta}_p = \sum_{i=1}^{n}y_i, \\ \sum_{i=1}^{n}x_{i1}\beta_0+\sum_{i=1}^{n}x_{i1}x_{i1}\hat{\beta}_1+\cdots+\sum_{i=1}^{n}x_{i1}x_{ip}\hat{\beta}_p = \sum_{i=1}^{n}x_{i1}y_i, \\ \vdots \qquad\qquad \vdots \\ \sum_{i=1}^{n}x_{ip}\beta_0+\sum_{i=1}^{n}x_{ip}x_{i1}\hat{\beta}_1+\cdots+\sum_{i=1}^{n}x_{ip}x_{ip}\hat{\beta}_p = \sum_{i=1}^{n}x_{ip}y_i. \end{cases} \tag{9.5.5}$$

由矩阵表示正规方程组(9.5.5)得，

$$\boldsymbol{X}'\boldsymbol{X}\hat{\boldsymbol{\beta}}=\boldsymbol{X}'\boldsymbol{Y}. \tag{9.5.6}$$

当$(\boldsymbol{X}'\boldsymbol{X})^{-1}$存在时，$\beta$的最小二乘估计为

$$\hat{\boldsymbol{\beta}}=(\boldsymbol{X}'\boldsymbol{X})^{-1}\boldsymbol{X}'\boldsymbol{Y}. \tag{9.5.7}$$

记：$\hat{\boldsymbol{Y}}=\boldsymbol{X}\hat{\boldsymbol{\beta}}=\boldsymbol{X}(\boldsymbol{X}'\boldsymbol{X})^{-1}\boldsymbol{X}'\boldsymbol{Y}\triangleq\boldsymbol{H}\boldsymbol{Y}$，称为拟合值向量，其中，$\boldsymbol{H}=\boldsymbol{X}(\boldsymbol{X}'\boldsymbol{X})^{-1}\boldsymbol{X}'$是幂等对称矩阵. 记 $\boldsymbol{e}=\boldsymbol{Y}-\hat{\boldsymbol{Y}}=(\boldsymbol{I}_n-\boldsymbol{H})\boldsymbol{Y}$ 为残差向量，

$$\mathrm{SSE}=(\boldsymbol{Y}-\hat{\boldsymbol{Y}})'(\boldsymbol{Y}-\hat{\boldsymbol{Y}})=\sum_{i=1}^{n}(y_i-\hat{y}_i)^2 \tag{9.5.8}$$

为残差平方和.

定理 9.5.1 在模型(9.5.3)的假设下，

(1)$\hat{\boldsymbol{\beta}}$ 是 $\boldsymbol{\beta}$ 的无偏估计，并且 $\hat{\boldsymbol{\beta}}\sim N(\boldsymbol{\beta},\sigma^2(\boldsymbol{X}'\boldsymbol{X})^{-1})$；

(2)SSE 与 $\hat{\boldsymbol{\beta}}$ 独立；

(3)$\dfrac{\mathrm{SSE}}{\sigma^2}\sim\chi^2(n-p-1)$.

证明见附录 9.7. 这个定理也给出了参数 σ^2 的无偏估计 s^2，即

$$s^2=\frac{\mathrm{SSE}}{n-p-1}=\frac{1}{n-p-1}\sum_{i=1}^{n}(y_i-\hat{y}_i)^2.$$

(三)回归方程的显著性检验

由观测值计算而得出的回归方程是不是有意义？即响应变量是不是随解释变量的变化而变化，对于这个问题我们可以通过假设检验来回答.

$$H_0: \beta_1=\cdots=\beta_p=0, \quad H_1: \beta_1,\cdots,\beta_p \text{ 不全等于零}.$$

如果拒绝假设 H_0，说明至少有一个 $\beta_j\neq0$，或者说，至少有一个 x_j 与 y 存在着线性相关关系. 对于上述问题的检验统计量，仍采用平方和分解的方法给出. 记：

$$\mathrm{SST}=\sum_{i=1}^{n}(y_i-\bar{y})^2\text{，称为总平方和；}$$

$$SSR=\sum_{i=1}^{n}(\hat{y}_i-\bar{y})^2,\text{称为回归平方和；}$$

$$SSE=\sum_{i=1}^{n}(y_i-\hat{y}_i)^2,\text{称为残差平方和；}$$

由最小二乘估计的正规方程组(9.5.5)知：SST＝SSR＋SSE.

定理 9.5.2　在模型(9.5.3)的假设下，当假设 H_0 为真时，

$$F=\frac{SSR/p}{SSE/(n-p-1)}\sim F(p,n-p-1).$$

证明见附录 9.7.

对于给定的显著水平 α，假设检验 H_0 的拒绝域为：$W=\{F\geqslant F_\alpha(p,n-p-1)\}$. 检验可归纳为表 9.5.1 所示的方差分析表.

表 9.5.1　方差分析表

方差来源	自由度(df)	平方和(SS)	均方(MS)	F 比
回归	p	SSR	SSR/p	$F=\frac{SSR/p}{SSE/(n-p-1)}$
误差	$n-p-1$	SSE	$SSE/(n-p-1)$	
总和	$n-1$	SST		

(四)回归系数的显著性检验

经显著性检验得出回归方程有意义后，我们只能说明其中至少有一个解释变量 x_j 与响应变量 y 有线性关系，但究竟是哪些解释变量 x_j 与响应变量 y 有线性关系？本节通过对回归系数的显著性检验来说明. 即要检验

$$H_{0j}:\beta_j=0,H_{1j}:\beta_j\neq 0,j=1,2,\cdots,p.$$

根据定理 9.5.1，记 c_{ij} 为矩阵 $(\boldsymbol{X}'\boldsymbol{X})^{-1}$ 的第 i 行，第 j 列的元素，$i,j=0,1,\cdots,p$. 则 $\hat{\beta}_j\sim N(\beta_j,c_{jj}\sigma^2)$.

对于上面的假设，检验统计量为

$$t_j=\frac{\hat{\beta}_j/\sigma\sqrt{c_{jj}}}{\sqrt{\frac{SSE}{\sigma^2}/(n-p-1)}}=\frac{\hat{\beta}_j}{\sqrt{c_{jj}}\,s},j=1,2,\cdots,p,\tag{9.5.9}$$

其中：$s=\sqrt{\frac{SSE}{(n-p-1)}}$.

当 H_{0j} 为真时，统计量(9.5.9)服从 t 分布，$t_j\sim t(n-p-1)$. 对于给定的显著水平 α，假设检验的拒绝域为

$$W=\{|t_j|\geqslant t_{\alpha/2}(n-p-1)\}.$$

(五)多元线性回归的 Excel 实现

例 9.5.1　硝基蒽醌中某物质的含量 y 与三个变量有关，X_1 为亚硫酸的量(克)，X_2 为大苏打的量(克)，X_3 为反应时间(小时)，为提高某物质的含量 y，需建立 Y 关于 X_1,X_2,X_3 的三元线性回归方程，为此进行了八个条件下各两次试验. 记录资料如表 9.5.2 所示.

表 9.5.2 硝基蒽醌试验数据

i	x_1	x_2	x_3	y_1	y_2	i	x_1	x_2	x_3	y_1	y_2
1	9	4.5	3	90.98	93.73	5	5	4.5	3	85.40	86.01
2	9	4.5	1	84.54	87.67	6	5	4.5	1	82.63	83.88
3	9	2.5	3	87.70	91.46	7	5	2.5	3	85.50	82.40
4	9	2.5	1	85.60	88.50	8	5	2.5	1	83.20	83.55

注:资料来自《回归分析》(周纪芗编著).

(1)在 Excel 工作表中输入上面的数据⇒点击主菜单中“工具”⇒点击下拉式菜单中“数据分析”就会出现一个“数据分析”的框⇒点击菜单中“回归”⇒点击“确定”,出现“回归”框.

(2)在“Y 值输入区域”中标定已经输入的响应变量数据的位置,在“X 值输入区域”中标定已经输入的解释变量数据的位置(注意:数据按“列”输入,第一行为 X_1,X_2,X_3,Y,标定数据时,连带第一行一起标定)⇒“置信度”中输入置信度的值⇒在“标志”框内打勾⇒选定输出结果的位置⇒点击“确定”.

(3)在指定位置输出相应的方差分析表和回归系数输出结果,例 9.5.1 的输出结果如表 9.5.3 所示.

表 9.5.3 方差分析表

	df	SS	MS	F	Significance F
回归分析	3	126.248	42.083	11.812	0.00068
误差	12	42.754	3.563		
总的	15	169.002			

	Coef.	标准误差	t Stat	P-value	Lower 95%	Upper 95%
Intercept	73.728	2.563	28.766	$1.94E-12$	68.143	79.312
$X1$	1.175	0.236	4.981	0.00032	0.661	1.689
$X2$	0.433	0.472	0.918	0.37677	−0.595	1.461
$X3$	1.476	0.472	3.127	0.00874	0.447	2.504

Excel 输出结果的意义解释如下,

(1)方差分析表中,给出了假设 $H_0:\beta_1=\beta_2=\beta_3=0$ 的 F 检验.方差分析表中“MS”列中,相应于“误差”的值即为模型参数 σ^2 的估计,即 $s^2=3.563$.

(2)这里“Coef.”列中,对应于 X_1 行出现的值为 β_1 的估计,即 $\hat{\beta}_1=1.175$;对应于 X_2 行出现的值为 β_2 的估计,即 $\hat{\beta}_2=0.433$;对应于 X_3 行出现的值为 β_3 的估计,即 $\hat{\beta}_3=1.476$.

(3)“t Stat”列中,对应于 X_1 行出现的值为假设检验 $H_{01}:\beta_1=0$ 的 t 统计量的值,即 $t_1=4.981$,查表可得,$t_{0.025}(12)=2.1788$,因此,拒绝假设 H_{01};对应于 X_2 行出现的值为假设检验 $H_{02}:\beta_2=0$ 的 t 统计量的值,即 $t_2=0.918<t_{0.025}(12)=2.1788$,因此,接受假设 H_{02};对应于 X_3 行出现的值为假设检验 $H_{03}:\beta_3=0$ 的 t 统计量的值,即 $t_3=3.127>t_{0.025}(12)=2.1788$,因此,拒绝假设 H_{03}.

(4)“Lower 95%”和“Upper 95%”列中,对应于“Intercept”行所输出的 68.143 和 79.312 分别是由 t 分布所构造的参数 β_0 区间估计的下限和上限;对应于 X_1 行所输出的 0.661 和 1.689 分别是由 t 分布所构造的参数 β_1 区间估计的下限和上限;对应于 X_2 行所输出的 −0.595和 1.461 分别是由 t 分布所构造的参数 β_2 区间估计的下限和上限;对应于 X_3 行所输出的 0.447 和 2.504 分别是由 t 分布所构造的参数 β_3 区间估计的下限和上限.

从对回归方程的显著性检验可以看出，回归方程是显著的. 从回归系数的显著性检验来看，接受假设 $H_{02}:\beta_2=0$，即认为 X_2 对 Y 没有影响. 因此，要删除 X_2，重新建立回归方程，结果如表 9.5.4 所示。

请读者自己写出回归方程，以及对回归模型的显著性检验的结论.

表 9.5.4 方差分析表

	df	SS	MS	F	Significance F
回归分析	2	123.247	61.623	17.508	0.00020
误差	13	45.755	3.520		
总的	15	169.002			

	Coef.	标准误差	t Stat	P-value	Lower 95%	Upper 95%
Intercept	75.213	1.948	38.627	$8.41E-15$	71.035	79.452
X_1	1.175	0.235	5.012	0.00024	0.669	1.682
X_3	1.476	0.469	3.146	0.00773	0.162	2.489

§9.6 回归诊断

在前面几节讨论一元线性和多元线性回归问题中，我们作了如下一些假定：

(1)响应变量的均值 $E(Y)$ 是 $X_1,X_2,\cdots,X_p$ 的线性函数；

(2)随机误差 $\varepsilon_1,\varepsilon_2,\cdots,\varepsilon_n$ 相互独立，并且满足 $E(\varepsilon_i)=0, D(\varepsilon_i)=\sigma^2$；

(3)随机误差 $\varepsilon_1,\varepsilon_2,\cdots,\varepsilon_n$ 服从正态分布.

在实际中这些假定是否合理? 如果实际数据与这些假设偏离比较大，那么前面讨论参数的区间估计和假设检验就不再成立. 因此，如果经过分析，已经确认上面的假设不再成立，那么就要修改模型使其满足这些基本的假设. 残差图是对回归模型诊断的直观的工具. 它是以残差为纵坐标，以其他的量为横坐标的散点图，有三种形式：

(1)以拟合值 y_i 为横坐标；

(2)以解释变量 x_i 为横坐标；

(3)以观测时间或序号为横坐标；

一般来说，如果模型的假设是合适的，那么所得的任何一种残差图中点的分布是无任何规律的. 如果残差图出现某种规律，那么就要怀疑我们所拟合的模型是否合适.

(一)模型线性假设的诊断

我们不能观测到真实的回归直线，而且在实际中变量之间也几乎不可能有完全的直线关系. 但从变量之间的散点图，我们可以大致看出变量之间是否呈线性关系. 以拟合值 y_i 为横坐标的残差图，能较好地考察变量之间线性关系的假设是否合适. 下面用一个例子来说明.

例 9.6.1 为了研究变量 Y 与 X 之间的相关关系，现收集了 8 组数据，见下表.

I	x	y	$\hat{y}$	e	I	x	y	$\hat{y}$	e
1	80	0.6	1.6625	−1.0625	5	180	6.55	6.0107	0.5393
2	220	6.7	7.75	−1.05	6	100	2.15	2.5321	−0.3821
3	140	5.3	4.2714	1.0286	7	200	6.6	6.8804	−0.2804
4	120	4	3.4018	0.5982	8	160	5.75	5.1411	0.6089

由上面的 x 和 y 的数据，可以计算得出一元线性回归方程，

$$\hat{y}=-1.82+0.0435x.$$

回归方程的显著性检验 $F=42.0388>F_{0.05}(1,6)=5.9873$，因此，回归方程是显著的. 但这个回归方程是不是合适的回归方程呢？由以上数据作如下的散点图和残差图(见图 9.6.1).

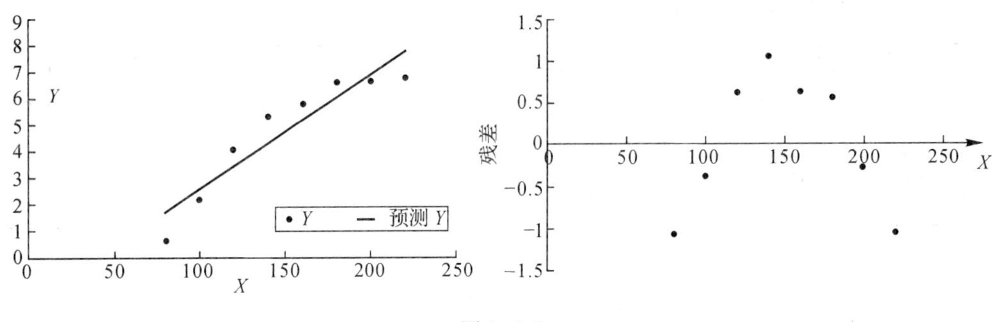

图 9.6.1

(1)从散点图(见图 9.6.1 左)可以看出，x 与 y 之间的关系用线性关系去描述不太合适，最好把 y 看成是 x 的二次函数；

(2)从残差图(见图 9.6.1 右)发现，点的散布有规律，即 x 小的和 x 大的样本所对应的残差为负的，而 x 介于中间所对应样本的残差是正的.

从上述分析，我们有理由怀疑回归函数线性这一假定是不成立的.

修改模型，建立 y 关于 x 和 x^2 的回归方程(可以看成是二元线性回归)，基本的模型为

$$y_i=\beta_0+\beta_1 x_i+\beta_2 x_i^2+\varepsilon_i,\quad i=1,2,\cdots,n,$$

由样本观测值计算可得如下的回归方程(可采用 Excel 中的数据分析计算)，

$\hat{y}=-10.028+0.16424x-0.0004x^2$，回归方程显著性检验的 $F=506.9768>F_{0.05}(2,5)=5.7861$，所以回归方程显著. 并且作为解释变量 x 和 x^2 的 t 值分别为 14.9070 和 −11.0574，查表得 $t_{0.025}(5)=2.5706$，因此回归系数均为显著. 计算出残差，画残差图，如图 9.6.2 所示.

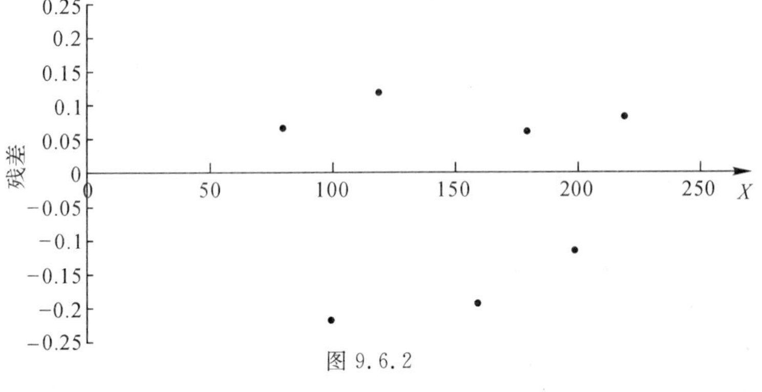

图 9.6.2

本节的数据资料来源于《回归分析》(周纪芗编著).

残差图中的点已经基本没有规律，因此，我们认为上面的回归方程是合适的. 对于回归模型线性假设是否为真的分析，总结如下：

(1)从散点图判断 x 与 y 之间的关系用线性关系去描述是否合适，如果是多元线性回归模型，那么可以逐个作出 x_i 与 y 的散点图.

(2)求出线性回归方程，然后求出残差，并画出以拟合值 $\hat{y}_i$(或 x_i)为横坐标的残差图，如果发现点的散布无规律，则说明线性假设是合适的；但如果残差图中的点有规律，如本例中出现"x 小的及 x 大的残差为负的，而 x 介于中间的点的残差是正的"的情形，说明线性假设是不合适的.

(3)如果发现线性假设是不合适的，就需要修改模型.

注 关于线性假设检验和模型的修改的进一步知识，有兴趣的读者可参见有关的《回归分析》教材.

(二)随机误差方差齐性的诊断

在回归模型中，一个重要的假设是随机误差的方差相等(即随机误差方差齐性)，但在实际中究竟误差方差是不是相等是没有办法直接观测到的问题. 如果这个假设不成立的话，那么前面对模型的一些统计推断都将失效. 对于随机误差方差相等的推断也可采用残差图去判断. 下面的例子说明了如何使用残差图判断随机误差的方差是否相等.

例 9.6.2 为了研究用电高峰每小时的用电量 y 与每月总用量 x 之间的关系，现收集了 53 户用户的资料，见下表所示. 试建立用电高峰每小时的用电量 y 关于总用电量 x 的一元线性回归方程.

I	x	y	I	x	y	I	x	y	I	x	y
1	679	0.79	15	1643	3.16	29	1381	3.48	43	1242	3.24
2	292	0.44	16	414	0.5	30	1428	7.58	44	658	2.14
3	1012	0.56	17	354	0.17	31	1255	2.63	45	1746	5.71
4	493	0.79	18	1276	1.88	32	1777	4.99	46	468	0.64
5	582	2.7	19	745	0.77	33	370	0.59	47	1114	1.9
6	1156	3.64	20	435	1.39	34	2316	8.19	48	413	0.51
7	997	4.73	21	540	0.56	35	1130	4.79	49	1787	8.33
8	2189	9.5	22	874	1.56	36	463	0.51	50	3560	14.94
9	1097	5.34	23	1543	5.28	37	770	1.74	51	1495	5.11
10	2078	6.85	24	1029	0.64	38	724	4.1	52	2221	3.85
11	1818	5.84	25	710	4	39	808	3.94	53	1526	3.93
12	1700	5.21	26	1434	0.31	40	790	0.96			
13	747	3.25	27	837	4.2	41	783	3.29			
14	2030	4.43	28	1748	4.88	42	406	0.44			

采用一元线性回归模型的参数估计的计算公式，或用 Excel 中的"数据分析"模块进行计算，可得出回归方程 $\hat{y}=-0.8313+0.003683x$，计算各点的残差，画出残差图(见图 9.6.3).

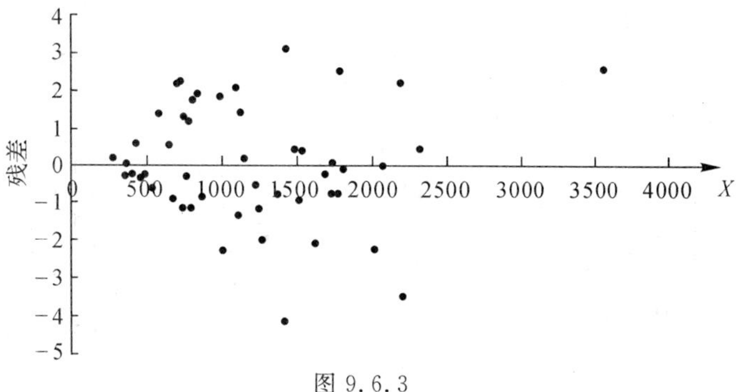

图 9.6.3

从残差图(见图 9.6.3)可以看出，残差随着 x 的增加，很快向两边扩展，即残差图有明显的喇叭型，这是典型的误差方差不相等的残差图. 在某些情形下，我们对 y 作一些变换就可以消除误差方差不相等的情形. 常用的变换有：$z=\sqrt{y}$，$z=\arcsin\sqrt{y}$，$z=\ln y$，$z=1/\sqrt{y}$，$z=y^{-1}$ 等等. 上例中，如果我们令 $z=\sqrt{y}$，然后建立 z 关于 x 的回归方程：$\hat{z}=0.5822+0.000953x$，计算各点的残差，并画出残差图(见图 9.6.4).

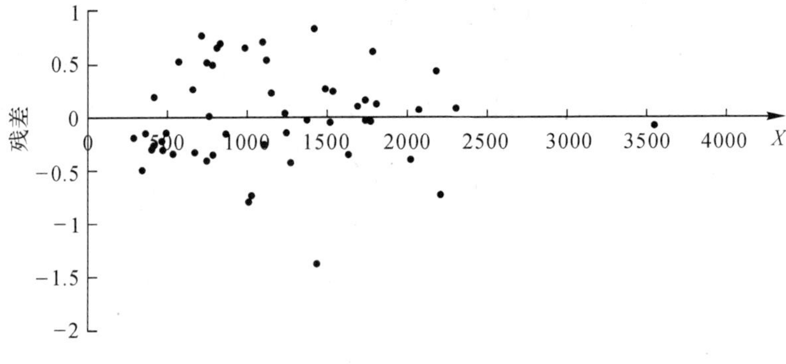

图 9.6.4

可以发现残差图已经有了明显的改善，基本没有明显的规律，因此这个变换是合适的. 最后得到的回归方程为

$$\hat{y}=(0.5822+0.000953x)^2=0.33390+0.0011x+0.00000091x^2.$$

关于回归模型误差方差是否相等的诊断总结如下：

(1)求出线性回归方程，然后求出残差，并画出以拟合值 $\hat{y}_i$ 或 x_i 为横坐标的残差图，如果残差图有明显的喇叭型，即随着 $\hat{y}_i$ 或 x_i 的增加，残差很快向两边扩展，或倒喇叭型，那么说明误差方差相等的假设是不合适的.

(2)如果发现等方差假设是不合适的，就需要修改模型. 本书没有给出修改误差方差不相等这类模型的方法，但可以尝试响应变量的数据变换，如：$z=\sqrt{y}$，$z=\arcsin\sqrt{y}$，$z=\ln y$，$z=1/\sqrt{y}$，$z=y^{-1}$ 等等，也可参见相关的回归分析教材. 上例中，采用 $z=\sqrt{y}$ 变换后，得出了较合适的模型.

(3)用变换后的数据，求出线性回归方程，计算残差，并画出以拟合值 $\hat{y}_i$ 或 x_i 为横坐标的残差图，如果这时残差图已经没有任何规律，那么说明这种变换是合适的.

(三)随机误差独立性的诊断

在不少有关时间序列的问题中，观测值往往呈现相关的趋势. 如河流的水位总有一个变化过程，当一场暴雨使河流水位上涨后往往需要几天才能使水位降低，因此当我们逐日测定河流最高水位时，相邻几天的观测值就不一定是独立的样本. 判断模型独立性时，常用的残差图是以“时间”或“序号”为横坐标的残差图. 相关性有两类，一类是正相关，随机误差之间具有正相关的话，那么残差图中残差“符号”会出现“集团性”的趋势，即连续有一段时间内残差均为“正号”，然后又一段时间内残差均为“负号”，如图 9.6.5 左所示. 另一类是负相关，此时，残差的符号改变非常频繁，大致有正负相间的趋势，如图9.6.5右所示.

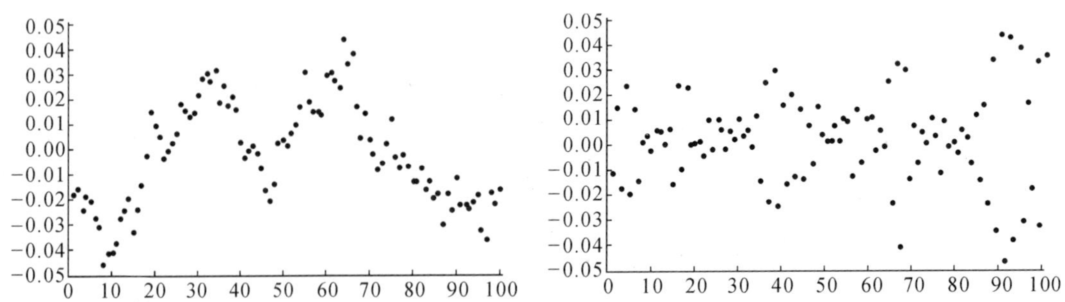

图 9.6.5

当发现模型误差相关时，改进模型的方法通常是差分法.

例 9.6.3　为了研究某地居民对农产品的消费量 y 与居民收入 x 之间的关系，现收集了16组数据，见下表.

I	x	y	I	x	y	I	x	y	I	x	y
1	255.7	116.5	5	296.7	131.7	9	330	146.8	13	381.3	163.2
2	263.3	120.8	6	309.3	136.2	10	340.2	149.6	14	406.5	170.5
3	275.4	124.4	7	315.8	138.7	11	350.7	153	15	430.8	178.2
4	278.3	125.5	8	318.8	140.2	12	367.3	158.2	16	451.5	185.9

根据上面的数据，建立消费量 y 与居民收入 x 之间的一元线性回归方程：$\hat{y}=27.912+0.3524x$，计算各点的残差，并画出如下的残差图(见图 9.6.6).

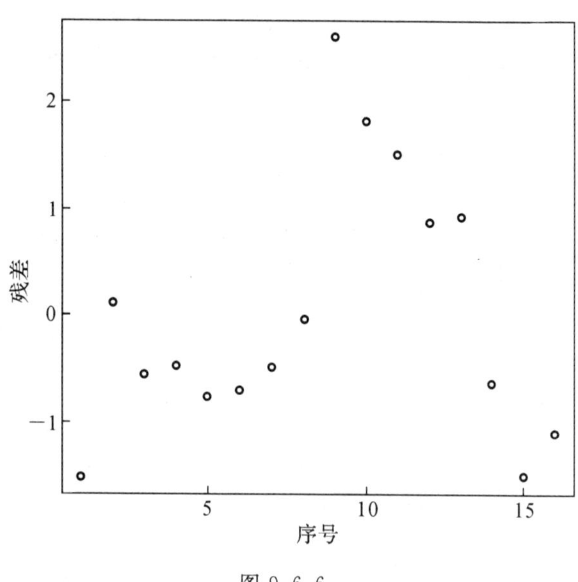

图 9.6.6

从图中可以看出，残差的符号具有明显的“集团性”的趋势. 因此可以认为误差之间具有正相关. 为了修改模型，计算残差 $(e_2,e_3,\cdots,e_{16})$ 与 $(e_1,e_2,\cdots,e_{15})$ 的相关系数，得 $r=0.6289$，令

$$x_i^*=x_{i+1}-0.6289x_i,$$
$$y_i^*=y_{i+1}-0.6289y_i,$$
$$i=1,2,\cdots,15.$$

得到新的数据 (x_i^*,y_i^*)，$i=1,2,\cdots,15$，重新计算 x_i^* 与 y_i^* 之间的回归方程：$y_i^*=12.157+0.3394x_i^*$，计算各点的残差，并画出如下的残差图(见图 9.6.7).

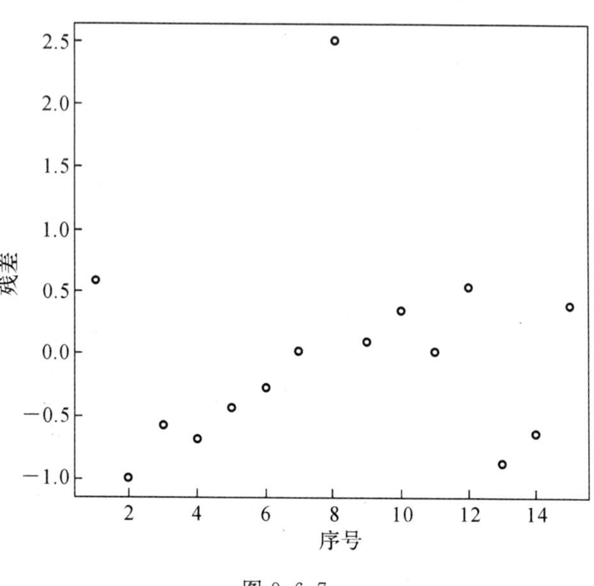

图 9.6.7

可以发现残差图有改善，因此最后得到如下的回归方程，

$$\hat{y}_{i+1}=0.6289y_i+12.157+0.3394(x_{i+1}-0.6289x_i).$$

关于回归模型随机误差独立性的诊断，总结如下：

(1)求出线性回归方程，然后求出残差，并画出以“时间”或“序号”为横坐标的残差图，如果残差图中残差“符号”会出现“集团性”的趋势，或残差的符号改变非常频繁，大致有正负相间的趋势，那么说明误差独立性的假设是不合适的.

(2)如果发现独立性假设不合适，就需要修改模型. 常用的方法是差分法.

(3)计算残差$(e_2,e_3,\cdots,e_n)$与$(e_1,e_2,\cdots,e_{n-1})$的相关系数r,作差分,令

$$x_i^*=x_{i+1}-rx_i,y_i^*=y_{i+1}-ry_i,i=1,2,\cdots,n-1.$$

重新计算x_i^*与y_i^*之间的回归方程,并再次画出残差图,判断误差是不是相关,如果不相关,我们就得到回归方程为

$$\hat{y}_{i+1}=ry_i+\hat{\beta}_0+\hat{\beta}_1(x_{i+1}-rx_i).$$

如果判断误差仍具有相关性,对新的数据继续作如上的差分方法.

(四)随机误差的正态性的诊断

我们可以采用χ^2拟合检验对残差进行正态性检验,也可以用残差画直方图直观地判断残差是不是具有正态性.如果模型的误差不满足正态性时,一般可以作Box-Cox变换,这部分的内容这里不详细介绍,有兴趣的读者可以参考有关回归分析的教材.

§9.7 附 录

为了证明下面的定理,先给出如下的引理.

引理9.7.1 (柯赫伦定理)设$X_1,X_2,\cdots,X_n$为n个相互独立的$N(0,1)$随机变量,令$Q=\sum\limits_{i=1}^{n}X_i^2$.若$Q=Q_1+Q_2+\cdots+Q_k$,其中$Q_i,i=1,2,\cdots,k$是秩为$f_i$的$X_1,X_2,\cdots,X_n$的非负二次型,则各个$Q_i$相互独立,且服从自由度为$f_i$的$\chi^2$分布的充要条件是$\sum\limits_{i=1}^{k}f_i=n$.

(一)定理9.1.1的证明

(1)由S_E的定义(9.1.7),

$$S_E=\sum_{j=1}^{n_1}(X_{1j}-\overline{X}_{1\cdot})^2+\cdots+\sum_{j=1}^{n_r}(X_{rj}-\overline{X}_{r\cdot})^2,$$

对于固定的$i,X_{ij}\sim N(\mu_i,\sigma^2)$,由第六章定理6.3.2,

$$\frac{\sum\limits_{j=1}^{n_i}(X_{ij}-\overline{X}_{i\cdot})^2}{\sigma^2}\sim\chi^2(n_i-1),i=1,2,\cdots,r.$$

再由χ^2分布的可加性,有

$$\frac{S_E}{\sigma^2}\sim\chi^2\Big(\sum_{i=1}^{r}(n_i-1)\Big),$$

这里$\sum\limits_{j=1}^{r}n_i=n$.所以

$$\frac{S_E}{\sigma^2}\sim\chi^2(n-r),$$

由χ^2的性质可知,$E(S_E)=(n-r)\sigma^2$.

(2)由S_A的定义(9.1.6)以及$\sum\limits_{i=1}^{r}n_i\alpha_i=0$,有

$$E(S_A)=E\Big(\sum_{i=1}^{r}n_i(\overline{X}_{i\cdot}-\overline{X})^2\Big)=\sum_{i=1}^{r}n_iE((\overline{X}_{i\cdot})^2)-nE((\overline{X})^2),$$

$$=\sum_{i=1}^{r}n_i\Big(\frac{\sigma^2}{n_i}+(\mu+\alpha_i)^2\Big)-n\Big(\frac{\sigma^2}{n}+\mu^2\Big)=(r-1)\sigma^2+\sum_{i=1}^{r}n_i\alpha_i^2.$$

当假设 H_0 为真时，$X_{ij}\sim N(\mu,\sigma^2)$，因此，$X_{ij}$ 可以看成是来自同一个总体的独立同分布的随机变量，由第六章定理 6.3.2，

$$\frac{S_T}{\sigma^2}=\frac{\sum_{i=1}^{r}\sum_{j=1}^{n_i}(X_{ij}-\overline{X})^2}{\sigma^2}\sim\chi^2(n-1).$$

由于 $S_T=S_A+S_E$，再由柯赫伦定理知 $\frac{S_A}{\sigma^2}\sim\chi^2(r-1)$，并且 S_A 与 S_E 相互独立.

(3)由(1)和(2)及 F 分布的定义即可得.

(二)定理 9.4.1 的证明

(1)由 $\sum_{i=1}^{n}(x_i-\overline{x})=0$ 可知，$\sum_{i=1}^{n}(x_i-\overline{x})\,\overline{y}=0$，

$$\hat{\beta}=\frac{s_{xy}}{s_{xx}}=\frac{\sum_{i=1}^{n}(x_i-\overline{x})y_i}{s_{xx}}=\sum_{i=1}^{n}\frac{(x_i-\overline{x})}{s_{xx}}y_i,$$

由于 $y_i\sim N(\alpha+\beta x_i,\sigma^2)$，并且相互独立，因此，$\hat{\beta}$ 是正态分布的线性组合，仍是正态分布. 并且，

$$E(\hat{\beta})=E\left(\sum_{i=1}^{n}\frac{(x_i-\overline{x})}{s_{xx}}y_i\right)=\sum_{i=1}^{n}\frac{(x_i-\overline{x})}{s_{xx}}(\alpha+\beta x_i)=\beta;$$

$$D(\hat{\beta})=D\left(\sum_{i=1}^{n}\frac{(x_i-\overline{x})}{s_{xx}}y_i\right)=\sum_{i=1}^{n}\frac{(x_i-\overline{x})^2}{s_{xx}^2}\sigma^2=\sigma^2/s_{xx};$$

(2)
$$\hat{\alpha}=\overline{y}-\hat{\beta}\overline{x}=\frac{1}{n}\sum_{i=1}^{n}y_i-\sum_{i=1}^{n}\frac{(x_i-\overline{x})\,\overline{x}}{s_{xx}}y_i=\sum_{i=1}^{n}\left(\frac{1}{n}-\frac{(x_i-\overline{x})\,\overline{x}}{s_{xx}}\right)y_i,$$

由此可知，$\hat{\alpha}$ 也是正态变量，并且，

$$E(\hat{\alpha})=E\left(\sum_{i=1}^{n}\left(\frac{1}{n}-\frac{(x_i-\overline{x})\,\overline{x}}{s_{xx}}\right)y_i\right)=\sum_{i=1}^{n}\left(\frac{1}{n}-\frac{(x_i-\overline{x})\,\overline{x}}{s_{xx}}\right)(\alpha+\beta x_i)=\alpha,$$

$$D(\hat{\alpha})=D\left(\sum_{i=1}^{n}\left(\frac{1}{n}-\frac{(x_i-\overline{x})\,\overline{x}}{s_{xx}}\right)y_i\right)=\sum_{i=1}^{n}\left(\frac{1}{n}-\frac{(x_i-\overline{x})\,\overline{x}}{s_{xx}}\right)^2\sigma^2=\left(\frac{1}{n}+\frac{\overline{x}^2}{s_{xx}}\right)\sigma^2,$$

定理得证.

(三)定理 9.4.2 的证明

(1)由 $\hat{y}_i=\overline{y}+\hat{\beta}(x_i-\overline{x})$，

$$E(\mathrm{SSR})=E\left(\sum_{i=1}^{n}(\hat{y}_i-\overline{y})^2\right)=E(\hat{\beta})^2\left(\sum_{i=1}^{n}(x_i-\overline{x})^2\right)$$
$$=\left(\frac{\sigma^2}{s_{xx}}+\beta^2\right)s_{xx}=\sigma^2+\beta^2 s_{xx},$$

由假设 ε_i 独立同分布，并且服从 $N(0,\sigma^2)$，所以 $E(\varepsilon_i-\overline{\varepsilon})=0$，$\sum_{i=1}^{n}(\varepsilon_i-\overline{\varepsilon})^2/\sigma^2\sim\chi^2(n-1)$，

$$E(\mathrm{SST})=E\left(\sum_{i=1}^{n}(y_i-\overline{y})^2\right)=E\left(\sum_{i=1}^{n}(\beta(x_i-\overline{x})+(\varepsilon_i-\overline{\varepsilon}))^2\right)$$
$$=\sum_{i=1}^{n}(\beta(x_i-\overline{x}))^2+E\left(\sum_{i=1}^{n}(\varepsilon_i-\overline{\varepsilon})^2\right)$$
$$=\beta^2\left(\sum_{i=1}^{n}(x_i-\overline{x})^2\right)+(n-1)\sigma^2.$$

所以，

$$E[\mathrm{SSE}]=E[\mathrm{SST}]-E[\mathrm{SSR}]=(n-2)\sigma^2.$$

(2)当 H_0 为真时，即 $\beta=0$，y_i 独立同分布，服从 $N(\alpha,\sigma^2)$，则有

$$\frac{\mathrm{SST}}{\sigma^2}=\frac{\sum_{i=1}^{n}(y_i-\bar{y})^2}{\sigma^2}\sim\chi^2(n-1),$$

并且 $\hat{\beta}\sim N(0,\frac{\sigma^2}{s_{xx}})$，所以，

$$\frac{\mathrm{SSR}}{\sigma^2}=\frac{\sum_{i=1}^{n}(y_i-\bar{y})^2}{\sigma^2}=\frac{\hat{\beta}^2 s_{xx}}{\sigma^2}\sim\chi^2(1).$$

由引理 9.7.1(柯赫伦定理)可知，$\mathrm{SSE}/\sigma^2\sim\chi^2(n-2)$，并且，SSE 与 SSR 独立，即 $\hat{\beta}$ 与 s^2 独立.

由此可知
$$\frac{\mathrm{SSR}}{\mathrm{SSE}/(n-2)}=\frac{\hat{\beta}^2 s_{xx}}{s^2}\sim F(1,n-2).$$

或者
$$\frac{\hat{\beta}\sqrt{s_{xx}}}{s}\sim t(n-2).$$

(四)定理 9.4.3 的证明

$$\begin{aligned}\hat{y}_0&=\hat{\alpha}+\hat{\beta}x_0\\&=\sum_{i=1}^{n}\left(\frac{1}{n}-\frac{(x_i-\bar{x})\,\bar{x}}{s_{xx}}+\frac{(x_i-\bar{x})}{s_{xx}}x_0\right)y_i\\&=\sum_{i=1}^{n}\left(\frac{1}{n}-\frac{(x_i-\bar{x})(\bar{x}-x_0)}{s_{xx}}\right)y_i,\end{aligned}$$

由此可知 $\hat{y}_0$ 服从正态分布. 由 $\hat{\alpha}$ 和 $\hat{\beta}$ 均是 α 和 β 的无偏估计可知，

$$E(\hat{y}_0)=\alpha+\beta x_0,$$

并且 $D(y_i)=\sigma^2$，

$$\begin{aligned}D(\hat{y}_0)&=\sum_{i=1}^{n}\left(\frac{1}{n}-\frac{(x_i-\bar{x})(\bar{x}-x_0)}{s_{xx}}\right)^2\sigma^2\\&=\frac{1}{n}+\sum_{i=1}^{n}\frac{(x_i-\bar{x})^2}{s_{xx}^2}(\bar{x}-x_0)^2\sigma^2=\frac{1}{n}+\frac{(\bar{x}-x_0)^2}{s_{xx}}\sigma^2.\end{aligned}$$

(五)定理 9.5.1 的证明

(1)由 $\boldsymbol{Y}$ 的正态性可知，$\hat{\boldsymbol{\beta}}$ 为正态分布，并且

$$E[\hat{\boldsymbol{\beta}}]=E[(\boldsymbol{X}'\boldsymbol{X})^{-1}\boldsymbol{X}'\boldsymbol{Y}]=(\boldsymbol{X}'\boldsymbol{X})^{-1}\boldsymbol{X}'E[\boldsymbol{Y}]=(\boldsymbol{X}'\boldsymbol{X})^{-1}\boldsymbol{X}'\boldsymbol{X}\boldsymbol{\beta}=\boldsymbol{\beta},$$
$$D(\hat{\boldsymbol{\beta}})=\boldsymbol{D}[(\boldsymbol{X}'\boldsymbol{X})^{-1}\boldsymbol{X}'\boldsymbol{Y}]=(\boldsymbol{X}'\boldsymbol{X})^{-1}\boldsymbol{X}'D(\boldsymbol{Y})\boldsymbol{X}(\boldsymbol{X}'\boldsymbol{X})^{-1}=(\boldsymbol{X}'\boldsymbol{X})^{-1}\boldsymbol{\sigma}^2.$$

(2)
$$\begin{aligned}\mathrm{Cov}(\boldsymbol{e},\hat{\boldsymbol{\beta}})&=\mathrm{Cov}((\boldsymbol{I}_n-\boldsymbol{H})\boldsymbol{Y},(\boldsymbol{X}'\boldsymbol{X})^{-1}\boldsymbol{X}'\boldsymbol{Y})=(\boldsymbol{I}_n-\boldsymbol{H})D(\boldsymbol{Y})(\boldsymbol{X}'\boldsymbol{X})^{-1}\boldsymbol{X}'\\&=\sigma^2(\boldsymbol{I}_n-\boldsymbol{H})(\boldsymbol{X}'\boldsymbol{X})^{-1}\boldsymbol{X}'=0.\end{aligned}$$

即可推出 $\boldsymbol{e}$ 和 $\hat{\boldsymbol{\beta}}$ 独立，并由此可得 SSE 与 $\hat{\boldsymbol{\beta}}$ 独立.

(3)$\boldsymbol{H}$ 是对称、幂等矩阵，所以是非负定的. 如果结构矩阵 $\boldsymbol{X}$ 的秩为 $p+1$，由线性代数知识可知，存在正交矩阵 $\boldsymbol{C}$，使得

$$\boldsymbol{CHC}'=\begin{pmatrix}\boldsymbol{J}_{p+1}&\boldsymbol{0}\\\boldsymbol{0}&\boldsymbol{0}\end{pmatrix},\quad\text{其中：}\boldsymbol{J}_{p+1}=\begin{pmatrix}\lambda_1&&&\\&\lambda_2&&\\&&\ddots&\\&&&\lambda_{p+1}\end{pmatrix},$$

$\lambda_i > 0, j=1,2,\cdots,p+1$. 由 H 是幂等矩阵知：

$$\boldsymbol{CHC}' = \boldsymbol{CH}^2\boldsymbol{C}' = \boldsymbol{CHC}'\boldsymbol{CHC}',$$

所以，$\boldsymbol{J}_{p+1} = \boldsymbol{J}_{p+1} \cdot \boldsymbol{J}_{p+1}$，由此可得，$\lambda_i = 1, i=1,2,\cdots,p+1$. 令：$\boldsymbol{Z} = \boldsymbol{C}(\boldsymbol{Y} - \boldsymbol{X\beta})$，则有

$$E(\boldsymbol{Z}) = \boldsymbol{C}(E(\boldsymbol{Y}) - \boldsymbol{X\beta}) = \boldsymbol{0},$$

$$D(\boldsymbol{Z}) = \boldsymbol{C}D(\boldsymbol{Y} - \boldsymbol{X\beta})\boldsymbol{C}' = \sigma^2\boldsymbol{I}_n.$$

由 $\boldsymbol{Y} \sim N(\boldsymbol{X\beta}, \sigma^2\boldsymbol{I}_n)$ 的假设知，$\boldsymbol{Z} \sim N(\boldsymbol{0}, \sigma^2\boldsymbol{I}_n)$.

$$\mathrm{SSE} = \boldsymbol{Z}'\boldsymbol{C}(\boldsymbol{I}_n - \boldsymbol{H})\boldsymbol{C}'\boldsymbol{Z} = \boldsymbol{Z}'\boldsymbol{Z} - \boldsymbol{Z}'\begin{pmatrix} \boldsymbol{J}_{p+1} & \boldsymbol{0} \\ \boldsymbol{0} & \boldsymbol{0} \end{pmatrix}\boldsymbol{Z} = \sum_{i=1}^{n} z_i^2 - \sum_{i=1}^{p+1} z_i^2 = \sum_{i=p+2}^{n} z_i^2,$$

由 z_i 为 $N(0,\sigma^2)$ 分布，可知(3)成立.

(六)定理 9.5.2 的证明

当 H_0 为真时，即 $\beta_j = 0, j=1,2,\cdots,p, y_i \sim N(\beta_0, \sigma^2)$，并且相互独立，有

$$\frac{\mathrm{SST}}{\sigma^2} = \frac{\sum_{i=1}^{n}(y_i - \bar{y})^2}{\sigma^2} \sim \chi^2(n-1),$$

所以，结合定理 9.5.1，我们有

$$\frac{\mathrm{SSR}}{\sigma^2} \sim \chi^2(p).$$

由此可知

$$F = \frac{\mathrm{SSR}/p}{\mathrm{SSE}/(n-p-1)} \sim F(p, n-p-1).$$

思考题九

1. 什么样的数据适合使用方差分析方法？方差分析有哪些基本假设？

2. 写出单因素方差分析模型和方差分析的一般步骤.

3. 在作均值的多重比较时，可不可以采用第八章的两样本的 t 检验？为什么？

4. 现已经收集到各省一年内男，女交通事故发生率的资料，目的是研究各省份和不同性别交通事故发生率是否有差异

(1)请问哪些是自变量，哪些是应变量？

(2)分析变量的类型.

(3)应采用什么数据分析方法？

5. 写出一元线性回归的数学模型.

6. 对于任意的试验数据$(x_i, y_i), i=1,2,\cdots,n$，是不是均可采用一元线性回归模型进行建模？为什么？

7. 回归方程的显著性检验有哪几种检验方法？

习题九

1. 采用极大似然估计给出一元线性模型(9.4.2)的参数 α, β, σ^2 的估计. 比较最小二乘估计与极大似然估计的差异.

2. 三个单位的职工年薪(单位:万元)为随机变量 X_1, X_2, X_3，假设 $X_i \sim N(\mu_i, \sigma^2), i=1,2,3$，并且 X_1, X_2, X_3 相互独立. 现从三个单位中分别抽取样本容量为 $n_1=10, n_2=12, n_3=8$ 的样本，得出各单位的平均年薪分别为 $\bar{x}_{1.}=2.64, \bar{x}_{2.}=2.35, \bar{x}_{3.}=2.70$，记三个单位总的平均年薪为 $\bar{x}$，已知 $\sum_{i=1}^{3}\sum_{j=1}^{n_i}(x_{ij}-\bar{x})^2=5.534$.

(1)试在水平 $\alpha=0.05$ 下，检验 $H_0:\mu_1=\mu_2=\mu_3$，$H_1:\mu_1,\mu_2,\mu_3$ 不全相等，并给出方差分析表；

(2)求方差 σ^2 的无偏估计值.

3. 在某一高校，随机抽取了四个年级共 61 名学生，对他们的生活费用支出作问卷调查. 要考察不同年级同学月生活费水平之间是否有显著差异. 假设数据符合单因素方差分析模型的条件. 经计算得 $S_A=626.835$，$S_T=3968.381$.

(1)给出方差分析表；

(2)并在水平 $\alpha=0.05$ 下，检验不同年级学生的月生活费水平是否有显著差异？

4. 某乳制品公司有三个车间生产低脂奶，设第 i 个车间生产的低脂奶脂肪含量近似为 $N(\mu_i,\sigma^2)$，$i=1,2,3$. 为了考察三个车间生产的低脂奶脂肪含量是否一致，在每个车间生产的产品中各抽取 5 个样本进行测定，结果如下：

车间	脂肪含量%				
第一车间	7.3	8.3	7.6	8.4	8.3
第二车间	5.4	7.4	7.1	6.8	5.3
第三车间	7.9	9.5	10.0	9.8	8.4

(1)试在 $\alpha=0.05$ 水平下，比较三个车间生产的低脂肪奶的脂肪含量是否有显著的差异？

(2)求方差 σ^2 的无偏估计；

(3)求 μ_2 的置信水平为 0.95 的双侧置信区间；

(4)求 $\mu_2-\mu_3$ 的置信水平为 0.95 的双侧置信区间.

5. 某手机公司对一款新手机设计了四种外观造型(分别用 A_1,A_2,A_3,A_4 表示). 设每款手机在每一卖场的销量近似为正态分布(方差均为 σ^2)，为了考察哪种造型最受欢迎，选了编号为 1,2,3 的三个相同卖场作试销，销售量(按个数计算)如下表所示，其中"/"表示这款手机没有在这个卖场销售. 给出方差分析表，说明在 $\alpha=0.05$ 水平下，下面这四种新外观对其销售量有无显著差异？

造型类型	卖场		
	1	2	3
A_1	50	36	/
A_2	35	43	42
A_3	45	41	40
A_4	58	60	/

6.(接习题 5)试销后，这四款不同外观手机在三个卖场三个月的销售记录如右表：

在 $\alpha=0.05$ 水平下，说明不同外观和不同卖场对其销售量有无显著性差异？并说明外观和卖场有没有交互作用.

造型类型	卖场		
	1	2	3
A_1	50,43,53	56,36,34	45,32,34
A_2	35,56,23	33,32,43	44,42,31
A_3	35,45,57	56,41,45	47,40,33
A_4	68,58,57	60,77,34	73,44,67

7. 下表数据是某餐馆中人们消费食品的脂肪含量和卡路里(热量单位). 我们的目的是分析脂肪含量与卡路里的关系.($\alpha=0.05$)

脂肪含量 X	23	33	34	39	56	68	76	82
卡路里 Y	350	510	735	1155	835	1530	1620	1100

(1)计算变量 X 与 Y 的相关系数，并检验相关系数是否为零？

(2)给出 Y 关于 X 的一元线性回归方程；

(3)给出 σ^2 的无偏估计；

(4)检验回归方程的显著性以及回归系数的显著性；

(5)求在 $x=60$ 时，$E(y)$的估计值和置信区间；

(6)求当 $x=60$ 时，y 的预测值和预测区间.

8*. 以下数据是从一项关于被溶解的硫对液态铜的表面张力的影响的研究中取得的.

(1)画散点图,观测 Y 与 X 是不是线性关系?

(2)假设 X 已被变换为 $\ln(X)$,问是采用 Y 还是 $\ln(Y)$ 将给出更好的结果?

X 硫的重量(%)	Y 表面张力的下降(dyens/cm)两次重复试验
0.034	301,316
0.093	430,422
0.300	593,586
0.400	630,618
0.610	656,642
0.830	740,714

9. 为了研究人们对某种品牌食品的喜欢程度 Y 和该食品的水分含量 X_1,甜度 X_2 的关系,进行一个完全随机化设计的小规模试验,得到如下数据.

i	1	2	3	4	5	6	7	8	9	10	11	12	13	14	15	16
X_{i1}	4	4	4	4	6	6	6	6	8	8	8	8	9	9	9	9
X_{i2}	2	4	2	4	2	4	2	4	2	4	2	4	2	4	2	4
Y_i	64	73	61	76	72	80	71	83	83	89	86	93	88	95	94	100

(1)写出以 Y 为响应变量,以 X_1,X_2 为自变量的线性回归模型,写出回归方程;

(2)在显著水平 $\alpha=0.05$ 下,给出回归方程的显著性模型和检验回归系数的显著性;

(3)求出残差向量,并给三种常见的残差图,根据残差图分析给出你的回归诊断的结论.

* 资料来自《应用线性回归》(王静龙等译,原版:*Applied Linear Regression*,Weisberg,1985. John Wiley & Sons,Inc.)

第十章　随机过程基本概念

在自然界和现实生活中，存在着一些随时间演变的随机现象，比如降雨量的变化，股票价格的波动，保险公司理赔人数的变化，人的一生中身高的变化. 等等. 随机过程就是研究这些随时间演化的随机现象. 例如考虑某大学食堂一天中就餐人数的变化，假设食堂每天早上 6:00 开门，晚上 10:00 关门，在任何 $6\leqslant t\leqslant 22$，以 $X(t)$ 表示 t 时刻食堂就餐人数，则 $X(t)$ 是一个随机变量. 而就餐人数随时间变化而变化，一般在早上 7:00－8:00，中午 11:00－12:30，晚上 5:00－7:00 是就餐高峰时期. 所以不同的 t，随机变量 $X(t)$ 也可能不同. 于是 $\{X(t);6\leqslant t\leqslant 22\}$ 就是一个随机过程. 它牵涉到无穷多个随机变量. 任取一天，观察这一天就餐人数的变化，对所有的 $6\leqslant t\leqslant 22$，把 t 时刻就餐的人数记录下来，就是对随机过程 $\{X(t);6\leqslant t\leqslant 22\}$ 进行了一次随机试验. 根据观察到的结果可得到 t 的某个函数 $x(t)$，$6\leqslant t\leqslant 22$，这个函数被称为随机过程的一个样本函数（或样本轨道），或说是对随机过程的一次实现.

随机过程是概率论的"动力学"部分（J. Neyman，1960）. 这一学科最早源于对物理学的研究，如吉布斯、玻尔兹曼、庞加莱等人对统计力学的研究. 1907 年，马尔可夫在研究相依随机变量序列时，提出了现今称之为马尔可夫链的概念；1931 年，柯尔莫哥洛夫发表了《概率论的解析方法》，奠定了马尔可夫过程的理论基础；1934 年，辛钦发表了《平稳过程的相关理论》；从 1938 年开始，勒维系统深入地研究了布朗运动；1948 年，他出版了著作《随机过程与布朗运动》. 现代随机过程论的另外两个代表人物是杜布和伊藤清，前者创立了鞅论，后者创立了布朗运动的随机积分理论.

随机过程可以按照它本身的统计特性分成很多类，比如马尔可夫过程、更新过程、高斯过程、平稳过程、鞅等等. 随机过程在现实生活中被广泛应用，泊松过程、布朗运动、马尔可夫链等都是重要的随机过程，它们常被用来作为排队论，保险，金融和经济的模型. 经典的 Black-Scholes 模型就是假设股票价格服从几何布朗运动的. 在天气预报、统计物理、天体物理、运筹决策、安全科学、人口理论、可靠性及计算机科学等很多领域都要经常用到随机过程的理论来建立数学模型.

§10.1　定义和例子

定义 10.1.1　设 S 是样本空间，P 是概率，$T\subset \mathbf{R}$. 如果对任何 $t\in T$，$X(t)$ 是 S 上的随机变量，则称 $\{X(t);t\in T\}$ 是 S 上的**随机过程(stochastic process)**，T 称为参数集.

用映射来表示：

$$X(t,e):T\times S\to \mathbf{R}$$

即 $X(\cdot,\cdot)$ 是定义在 $T\times S$ 上的二元单值函数. 固定 t，$X(t,\cdot)$ 是 S 上的随机变量；固定 e，$X(\cdot,e)$ 是 T 的函数，称为随机过程的**样本函数或样本轨道(sample path)**，或随机过程的一个实现. 取遍 $t\in T$，$X(t)$ 的所有可能取值全体称为**状态空间(state space)**，记为 I.

以后 $X(t,e)$ 也记为 $X_t(e)$. 很多情况下，T 可以理解为时间参数，如果 T 至多可列，则称为离散时间，否则为连续时间. 常用的 T 有：(1) $T=\{0,1,2,\cdots\}$；(2) $T=\{\cdots,-2,-1,0,1,$

$\cdots\}$；(3) $T=(a,b)$；(4) $T=[0,\infty)$；(5) $T=(-\infty,+\infty)$. 其中(1)，(2)属于离散时间，(3)，(4)，(5)属于连续时间.

状态空间如果至多可列，则称$\{X_t;t\in T\}$为离散状态随机过程，否则称为连续状态随机过程.这样按照时间参数和状态空间，随机过程可分成四类：(1)离散时间离散状态；(2)离散时间连续状态；(3)连续时间离散状态；(4)连续时间连续状态.

例 10.1.1　(二项过程)某人在打靶，每次命中率是 p，且设各次的结果相互独立.用 S_n 表示前 n 次命中的次数，则$\{S_n;n=1,2,\cdots\}$是一个离散时间离散状态的随机过程，它的状态空间 $I=\{0,1,2,\cdots\}$.

例 10.1.2　(**Z** 上的随机游动)甲乙两人在玩一种游戏，每次甲赢一元的概率是 p，输一元的概率为 $1-p$，且设各次的输赢结果相互独立.用 S_n 表示前 n 次甲赢的钱数，则$\{S_n;n=0,1,2,\cdots\}$是一个离散时间离散状态的随机过程，它的状态空间 $I=\{\cdots,-2,-1,0,1,2,\cdots\}$.这样的过程称为 **Z** 上的随机游动.

特别地，当 $p=\frac{1}{2}$ 时，称$\{S_n\}$为 **Z** 上的对称随机游动.

例 10.1.3　考虑到某商场消费的情况，第 i 人消费的钱数记为 X_i.设 $X_1,\cdots,X_n,\cdots$独立同分布，令 S_n 表示前 n 人消费的总钱数，则$\{S_n;n=0,1,2,\cdots\}$是一个离散时间的随机过程，且 $S_n=\sum\limits_{i=1}^{n}X_i$.这样的过程称为 **R** 上的随机游动.

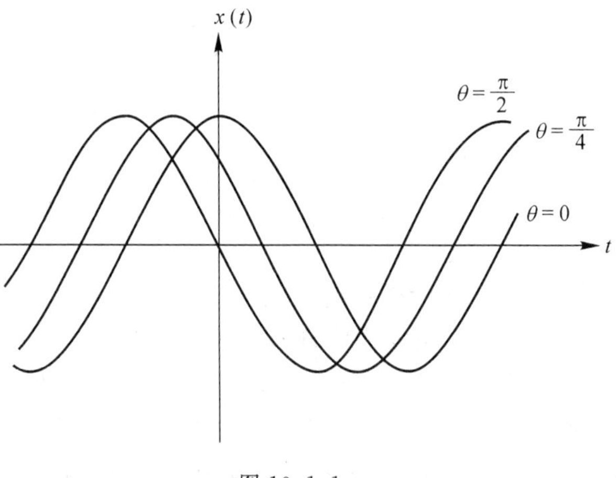

图 10.1.1

例 10.1.4　(随机相位正弦波)考虑 $X(t)=a\cos(\omega t+\Theta),t\in(-\infty,+\infty)$，这里 a,ω 是正常数，$\Theta\sim U[0,2\pi]$.

则$\{X(t)\}$是连续时间连续状态的随机过程，状态空间 $I=[-a,a]$.这里 Θ 可理解为初始相位，它服从$[0,2\pi]$上的均匀分布.一旦初始相位确定，则整个过程就完全确定.所有的样本函数是

$$\{x(t)=a\cos(\omega t+\theta),t\in(-\infty,+\infty):\theta\in[0,2\pi]\}.$$

这族样本函数的不同就在于初始相位 θ 的不同.

图 10.1.1 给出了当 $\theta=0,\frac{\pi}{4},\frac{\pi}{2}$ 时对应的 3 条样本函数.

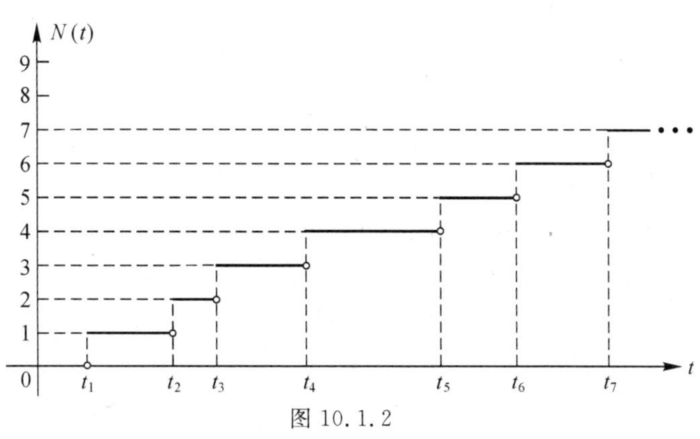

图 10.1.2

例 10.1.5　考虑$(0,t]$内到某保险公司进行索赔的人数，记为 $N(t)$，则$\{N(t);t\geqslant 0\}$是一个连续时间离散状态的随机过程，状态空间 $I=\{0,1,2,\cdots\}$.假设不会有两人或两人以上同时索赔，设第 i 人索赔的时刻为 t_i，则 $0<t_1<t_2<\cdots$，对

应的样本函数如图 10.1.2 所示.

例 10.1.6 考虑

$$X(t)=V\cos(\omega t),t\in(-\infty,+\infty),$$

这里 ω 是正常数,$V\sim U[0,1]$.

则$\{X(t)\}$是连续时间连续状态的随机过程,状态空间 $I=[-1,1]$.一旦振幅 V 确定,则整个过程就完全确定.所有的样本函数是

$$\{x(t)=v\cos(\omega t),t\in(-\infty,+\infty):v\in[0,1]\}.$$

这族样本函数的不同就在于振幅 v 的不同.图 10.1.3 给出了当 $v=\dfrac{1}{2}$,1 时对应的 2 条样本函数.

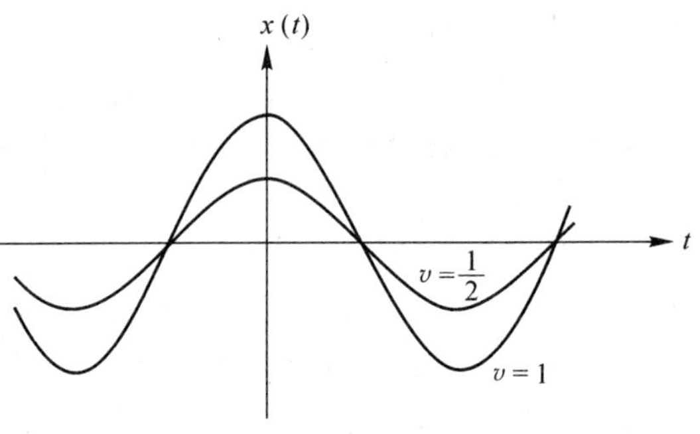

图 10.1.3

随机过程在任一时刻的状态是随机变量,因此可以利用随机变量的描述方法即分布函数和数字特征等方法来描述随机过程的统计特性.

§10.2 有限维分布

对任意的 n,任何 $t_1,t_2,\cdots,t_n\in T$,n 维随机变量$(X_{t_1},X_{t_2}\cdots,X_{t_n})$的分布函数

$$F_X(x_1,\cdots,x_n;t_1,\cdots,t_n)=P\{X(t_1)\leqslant x_1,\cdots,X(t_n)\leqslant x_n\},$$

称为随机过程$\{X(t);t\in T\}$的 ***n* 维分布函数**.所有 n 维分布函数组成的集合称为随机过程$\{X(t)\}$的 ***n* 维分布函数族**.集合$\{F_X(x_1,\cdots,x_n;t_1,\cdots,t_n):n=1,2,\cdots,t_1,\cdots,t_n\in T\}$,称为随机过程$\{X(t)\}$的**有限维分布函数族**.

让我们回忆一下一族随机变量$\{X_t;t\in T\}$相互独立的概念.如果对任何 $n\geqslant 2$,任何不同的 $t_1,t_2,\cdots,t_n\in T$,有 $X_{t_1},\cdots,X_{t_n}$ 相互独立,则称这族随机变量$\{X_t;t\in T\}$相互独立.在例 10.1.3 中,随机过程$\{X_n\}$中各随机变量是相互独立的.但在很多情况下,随机过程在不同参数点的随机变量是不独立的,它们的联合分布需要根据具体过程的性质加以计算,而不能直接作为独立处理.

例 10.2.1 有 10 把步枪,其中有两把已校正,命中率为 p_1,其余未校正,命中率为 p_2,这里 $p_1>p_2$.某人任取一把枪开始打靶,以 X_n 表示第 n 次命中的次数,即 $X_n=\begin{cases}1,\text{第 } n \text{ 次命中};\\0,\text{第 } n \text{ 次未命中},\end{cases}$ S_n 表示前 n 次命中的次数.则 $S_n=X_1+X_2+\cdots+X_n$.

(1)求 X_n 的分布律和 S_n 的分布律;

(2)对任何 $m<n$,X_m 和 X_n 独立吗?为什么?

(3)若 $p_1=1,p_2=0$,求出随机过程$\{S_n;n=1,2,\cdots\}$的所有样本函数,并求$(X_1,\cdots,X_n)$的分布律和$(S_1,\cdots,S_n)$的分布律.

解 令 A 为事件"此人取到的是已校正的枪".于是由全概率公式:

(1)$P(X_n=1)=P(X_n=1|A)P(A)+P(X_n=1|\overline{A})P(\overline{A})=0.2p_1+0.8p_2$;

$P(X_n=0)=1-P(X_n=1)=0.2(1-p_1)+0.8(1-p_2)$;

$P(S_n=k)=P(S_n=k\mid A)P(A)+P(S_n=k\mid\overline{A})P(\overline{A})$

$$= C_n^k[0.2p_1^k(1-p_1)^{n-k} + 0.8p_2^k(1-p_2)^{n-k}], k = 0,1,\cdots,n.$$

(2) 对任何 $m < n$，由全概率公式：

$$P(X_m = 1, X_n = 1) = P(X_m = 1, X_n = 1 \mid A)P(A) + P(X_m = 1, X_n = 1 \mid \overline{A})P(\overline{A})$$
$$= 0.2p_1^2 + 0.8p_2^2 > (0.2p_1 + 0.8p_2)^2 = P(X_m = 1)P(X_n = 1).$$

所以 X_m 和 X_n 不独立.

(3) 若 $p_1 = 1, p_2 = 0$，则当 A 发生时，就百发百中；当 A 不发生时，就永不命中. 所以 $\{S_n\}$ 只有两条样本函数：$\{1,2,3,\cdots\}$ 和 $\{0,0,0,\cdots\}$. 并且

$$P(X_1 = 1,\cdots,X_n = 1) = P(A) = 0.2, P(X_1 = 0,\cdots,X_n = 0) = P(\overline{A}) = 0.8.$$
$$P(S_1 = 1,\cdots,S_n = n) = P(A) = 0.2, P(S_1 = 0,\cdots,S_n = 0) = P(\overline{A}) = 0.8.$$

例 10.2.2　设 $X(t) = V\cos t, t \in (-\infty, +\infty), V \sim U[0,1]$. 求

(1) $X(\frac{\pi}{3}), X(\frac{2\pi}{3})$ 的概率密度；

(2) $P\{X(\frac{\pi}{3}) > \frac{1}{4}, X(\frac{2\pi}{3}) > -\frac{3}{8}\}$.

解　令 $a = \cos t$. 若 $a \neq 0$，则 $X(t)$ 的概率密度为：

$$f_{X(t)}(y) = f_V(\frac{y}{a})\frac{1}{|a|} = \begin{cases} \frac{1}{|a|}, & \frac{y}{a} \in [0,1], \\ 0, & \text{其他}. \end{cases}$$

即若 $\cos t > 0$，则 $X(t) \sim U[0,\cos t]$；若 $\cos t < 0$，则 $X(t) \sim U[\cos t, 0]$；若 $\cos t = 0$，则 $P[X(t) = 0] = 1$. 于是

(1)
$$f_{X(\frac{\pi}{3})}(y) = \begin{cases} 2, & y \in [0,\frac{1}{2}], \\ 0, & \text{其他}, \end{cases} \qquad f_{X(\frac{2\pi}{3})}(y) = \begin{cases} 2, & y \in [-\frac{1}{2},0], \\ 0, & \text{其他}. \end{cases}$$

(2)
$$P\{X(\frac{\pi}{3}) > \frac{1}{4}, X(\frac{2\pi}{3}) > -\frac{3}{8}\} = P(\frac{V}{2} > \frac{1}{4}, -\frac{V}{2} > -\frac{3}{8})$$
$$= P(\frac{1}{2} < V < \frac{3}{4}) = \frac{1}{4}.$$

在上例中，各 $X(t)$ 不是相互独立的. 事实上，若 $\cos t_1 \neq 0, \cos t_2 \neq 0$，则 X_{t_1} 和 X_{t_2} 是完全线性相关的.

例 10.2.3　甲乙两人在玩一种游戏，每次甲赢一元的概率是 p，输一元的概率为 $q=1-p$，这里 $0<p<1$. 且设各次的输赢结果相互独立，用 S_n 表示前 n 次甲赢的钱数.

(1) 计算 S_n 的分布律；

(2) 计算 $P\{S_1=1, S_3=1, S_6=2\}$；

(3) 若 $p=0.36$，游戏一直到甲恰好赢 50 次为止，则游戏需进行 100 次以上的概率为多少？

解　令 X_i 表示第 i 次甲赢的钱数，则 $X_1,\cdots,X_n,\cdots$ 独立同分布，且 $P(X_i=1)=p$，$P(X_i=-1)=q$. 于是 $S_n=X_1+\cdots+X_n$.

(1) 假设在前 n 次中，甲赢 i 次，则输 $n-i$ 次，于是 $S_n=i-(n-i)=2i-n$. 由于 $0\leqslant i\leqslant n$，所以 S_n 的取值范围是 $-n\leqslant S_n\leqslant n$ 且与 n 有相同的奇偶性. 由 $2i-n=k$ 解得 $i=(n+k)/2$，所以

$$P(S_n = k) = \binom{n}{\frac{n+k}{2}} p^{\frac{n+k}{2}} q^{\frac{n-k}{2}}$$

这里 k 与 n 奇偶性相同且 $-n \leqslant k \leqslant n$.

(2)
$$\begin{aligned} & P\{S_1 = 1, S_3 = 1, S_6 = 2\} \\ = & P\{S_1 = 1, S_3 - S_1 = 0, S_6 - S_3 = 1\} \\ = & P\{X_1 = 1, X_2 + X_3 = 0, X_4 + X_5 + X_6 = 1\} \\ = & P\{X_1 = 1\} P\{X_2 + X_3 = 0\} P\{X_4 + X_5 + X_6 = 1\} \\ = & P\{S_1 = 1\} P\{S_2 = 0\} P\{S_3 = 1\} = p(2pq)(3p^2 q) = 6p^4 q^2. \end{aligned}$$

(3)令 V_n 表示前 n 次甲赢的次数,则 $V_n \sim B(n,p)$. 以 W_n 表示甲恰好赢 n 次的时刻,则题目所求为

$$P(W_{50} > 100) = P\{V_{100} < 50\}.$$

又由中心极限定理,V_{100} 近似服从 $N(100p, 100pq)$. 所以所求为

$$\begin{aligned} P(W_{50} > 100) &= P\{V_{100} < 50\} = P\{V_{100} \leqslant 49\} \\ &\approx \Phi\left(\frac{49 - 100p}{10\sqrt{pq}}\right) = \Phi(2.71) = 0.9966. \end{aligned}$$

§10.3　均值函数和协方差函数

对于随机过程 $\{X(t); t \in T\}$,除了研究它的有限维分布族外,我们也可以研究它的一些数字特征,如均值函数,协方差函数,等等. 以下定义都是假设它们存在的条件下给出的.

定义 10.3.1　对任何 $t \in T$,定义

$$\mu_X(t) = E(X(t)), \Psi_X^2(t) = E(X^2(t)), \sigma_X^2(t) = D(X(t)), \sigma_X(t) = \sqrt{D(X(t))},$$

它们都是参数 t 的函数,分别称为随机过程 $\{X(t); t \in T\}$ 的**均值函数**,**均方值函数**,**方差函数**和**标准差函数**.

对任何 $t, s \in T$,定义

$$R_X(t,s) = E(X(t)X(s)), C_X(t,s) = \mathrm{Cov}(X(t), X(s)).$$

则 R_X 和 C_X 是定义在 $T \times T$ 上的函数,分别称为随机过程 $\{X(t); t \in T\}$ 的**(自)相关函数**和**(自)协方差函数**.

显然 $\Psi_X^2(t) = R_X(t,t)$,$\sigma_X^2(t) = C_X(t,t)$,$C_X(t,s) = R_X(t,s) - \mu_X(t)\mu_X(s)$. 另外 R_X 和 C_X 都是对称函数,即 $R_X(t,s) = R_X(s,t)$,$C_X(t,s) = C_X(s,t)$.

现在来考虑一些特殊的过程. 如果对任何 $t \in T$,$E(X^2(t))$ 存在,则称随机过程 $\{X(t); t \in T\}$ 是**二阶矩过程**. 由 Cauchy-Schwarz 不等式($E(XY) \leqslant \sqrt{E(X^2)}\sqrt{E(Y^2)}$)知,二阶矩过程的均值函数,相关函数,协方差函数都是存在的.

例 10.3.1　计算随机相位正弦波

$$X(t) = a\cos(\omega t + \Theta), t \in (-\infty, \infty), \Theta \sim U[0, 2\pi], a, \omega \text{ 是正常数}$$

的均值函数,方差函数,自相关函数和自协方差函数.

解
$$\mu_X(t) = E(X(t)) = \int_0^{2\pi} a\cos(\omega t + \theta) \frac{1}{2\pi} \mathrm{d}\theta = 0;$$

$$R_X(t,s) = E(X(t)X(s))$$

$$= \int_0^{2\pi} a^2 \cos(\omega t + \theta)\cos(\omega s + \theta)\,\frac{1}{2\pi}\mathrm{d}\theta = \frac{a^2}{2}\cos(\omega(s-t));$$

$$C_X(t,s) = R_X(t,s) - \mu_X(t)\mu_X(s) = \frac{a^2}{2}\cos(\omega(s-t));$$

$$\sigma_X^2(t) = C_X(t,t) = \frac{a^2}{2}.$$

例 10.3.2　设 $X(t)=\frac{1}{U^t}, t\geqslant 0$，这里 $U\sim U(0,1)$. 请问 $\{X(t);t\geqslant 0\}$ 是否是二阶矩过程？

解　对任何 $t\geqslant 0$，

$$E(X^2(t)) = \int_0^1 \frac{1}{u^{2t}}\mathrm{d}u = \begin{cases} \frac{1}{1-2t}, & t < \frac{1}{2}; \\ +\infty, & t \geqslant \frac{1}{2}. \end{cases}$$

所以 $\{X(t);t\geqslant 0\}$ 不是二阶矩过程.

设 $\{X(t);t\in T\}$ 是一随机过程，如果对任意 n，任何 $t_1,\cdots,t_n\in T$，$(X(t_1),\cdots,X(t_n))$ 服从正态分布，则称 $\{X(t);t\in T\}$ 是**正态过程**(**或高斯过程**)(**Gaussian process**). 正态过程是二阶矩过程，它的有限维分布完全由它的均值函数和自协方差函数确定.

例 10.3.3　设 $\{X(t);t\geqslant 0\}$ 是正态过程，$\mu_X(t)=t$，$C_X(t,s)=ts+1$. 求 $X(1)$，$X(2)$，$X(1)+X(2)$ 的分布.

解　因为 $\{X(t);t\geqslant 0\}$ 是正态过程，$\mu_X(t)=t$，$D_X(t)=C_X(t,t)=t^2+1$，所以 $X(t)\sim N(t,t^2+1)$. 特别地 $X(1)\sim N(1,2)$，$X(2)\sim N(2,5)$.

因为 $\{X(t);t\geqslant 0\}$ 是正态过程，所以 $(X(1),X(2))$ 服从正态分布，因此 $X(1)+X(2)$ 服从正态分布. 而 $D(X(1)+X(2))=C_X(1,1)+C_X(2,2)+2C_X(1,2)=2+5+6=13$，$E(X(1)+X(2))=3$，所以 $X(1)+X(2)\sim N(3,13)$.

例 10.3.4　设 $X(t)=A\cos t+B\sin t$，$t\in(-\infty,\infty)$，这里随机变量 A 和 B 相互独立，且 $E(A)=E(B)=0$，$D(A)=D(B)=\sigma^2>0$.

(1)计算 $\{X(t)\}$ 的均值函数，自相关函数和自协方差函数.

(2)若 $P(A=\pm\sigma)=P(B=\pm\sigma)=\frac{1}{2}$，计算 $X(0)$ 和 $X(\frac{\pi}{4})$ 的分布律.

(3)若 $A,B\sim N(0,\sigma^2)$，证明 $\{X(t)\}$ 是正态过程，并分别求出 $X(0)$，$X(\frac{\pi}{4})$，$X(0)+X(\frac{\pi}{4})$ 的分布.

解　(1)

$$\mu_X(t) = E(A\cos t + B\sin t) = \cos t E(A) + \sin t E(B) = 0;$$

$$C_X(t,s) = \mathrm{Cov}(A\cos t + B\sin t, A\cos s + B\sin s)$$

$$= \cos t\cos s D(A) + \sin t\sin s D(B) = \sigma^2\cos(s-t);$$

$$R_X(t,s) = C_X(t,s) + \mu_X(t)\mu_X(s) = \sigma^2\cos(s-t).$$

(2)因为 $X(0)=A$，$X(\frac{\pi}{4})=\frac{\sqrt{2}}{2}(A+B)$，所以 $P(X(0)=\pm\sigma)=P(A=\pm\sigma)=\frac{1}{2}$，而

$$P(X(\frac{\pi}{4}) = \sqrt{2}\sigma) = P(A=\sigma, B=\sigma) = \frac{1}{4};$$

$$P(X(\frac{\pi}{4}) = 0) = P(A=\sigma, B=-\sigma) + P(A=-\sigma, B=\sigma) = \frac{1}{2};$$

$$P(X(\frac{\pi}{4}) = -\sqrt{2}\sigma) = P(A = -\sigma, B = -\sigma) = \frac{1}{4}.$$

(3)若 $A,B \sim N(0,\sigma^2)$，因为 A 和 B 独立，所以二维随机变量(A,B)服从正态分布. 对任意 n，任何 $t_1,\cdots,t_n \in T$，由于对任何 i，$X_{t_i} = A\cos t_i + B\sin t_i$ 是(A,B)的线性组合，根据正态分布的线性变换不变性，n 维随机变量$(X_{t_1},\cdots,X_{t_n})$也服从正态分布. 所以$\{X(t)\}$是正态过程.

因为 $\mu_X(t)=0$，$D_X(t)=\sigma^2$，且$\{X_t\}$是正态过程，所以对任何 t，$X_t \sim N(0,\sigma^2)$. 特别地，$X(0)\sim N(0,\sigma^2)$，$X(\frac{\pi}{4})\sim N(0,\sigma^2)$.

而 $X(0)+X(\frac{\pi}{4})=(\frac{\sqrt{2}}{2}+1)A+\frac{\sqrt{2}}{2}B\sim N(0,(2+\sqrt{2})\sigma^2)$.

下面考虑两个随机过程之间的关系.

定义 10.3.2 设$\{X(t);t\in T\}$和$\{Y(t);t\in T\}$是两个随机过程，定义

$$R_{XY}(t,s)=E(X(t)Y(s)),\quad C_{XY}(t,s)=\mathrm{Cov}(X(t),Y(s)),$$

它们是 $T\times T$ 上的函数，分别称为$\{X(t);t\in T\}$和$\{Y(t);t\in T\}$的**互相关函数**和**互协方差函数**.

如果对任何 $t,s\in T$，$C_{XY}(t,s)=0$，则称过程$\{X(t)\}$和$\{Y(t)\}$**不相关**.

如果对任何 m,n，任何 $t_1,\cdots,t_m\in T$，$s_1,\cdots,s_n\in T$，$(X(t_1),\cdots,X(t_m))$与$(Y(s_1),\cdots,Y(s_n))$独立，则称过程$\{X(t)\}$和$\{Y(t)\}$**相互独立**.

一般地，过程$\{X(t);t\in T\}$和$\{Y(t);t\in T\}$不相关，不能推出它们相互独立. 但如果它们相互独立，且都是二阶矩过程，则它们一定不相关.

例 10.3.5 设某保险公司的收入由老人寿险收入和儿童平安保险收入组成. 设到时刻 t 为止，老人寿险收入为 $X(t)$，儿童平安保险收入为 $Y(t)$，保险公司总收入为 $Z(t)$. 已知 $\mu_X(t)$，$\mu_Y(t)$，$C_X(t,s)$，$C_Y(t,s)$，$\{X(t);t>0\}$和$\{Y(t);t>0\}$不相关，求$\{Z(t);t>0\}$的均值函数和协方差函数.

解 由题可知 $Z(t)=X(t)+Y(t)$，所以

$$\mu_Z(t)= E(X(t)+Y(t)) = \mu_X(t)+\mu_Y(t);$$
$$C_Z(t,s)= \mathrm{Cov}(X(t)+Y(t),X(s)+Y(s)) = C_X(t,s)+C_Y(t,s).$$

思考题十

1. 设$\{X(t);t\in T\}$是一随机过程，则对任何 $t\neq s$，$X(t)$和 $X(s)$相互独立，对吗？
2. 随机过程的均值函数和自相关函数是否一定是存在的？
3. 如果两个过程对应的有限维分布族相同，则对应的均值函数和协方差函数(如果存在的话)相同，对吗？
4. 如果两个过程的均值函数和协方差函数相同，则它们对应的有限维分布相同，对吗？
5. 如果两个正态过程的均值函数和协方差函数相同，则它们对应的有限维分布相同，对吗？
6. 两个过程独立和不相关的关系是怎样的？
7. 如果对任何 $t\in T$，$X(t)$都服从正态分布，则$\{X(t);t\in T\}$一定是正态过程，对吗？

习题十

1. 独立重复地掷一颗均匀的骰子，用 Y_n 表示前 n 次中掷出的最大点数.

(1)计算 Y_n 的分布律，这里 $n\geqslant 1$；(2)计算 $P(Y_1=2,Y_3=2,Y_4=6,Y_6=6)$.

2. 设 $X(t)=At+B,t\geqslant 0$，这里 A 和 B 独立同分布，$P(A=\pm 1)=\frac{1}{2}$，

(1)写出并画出$\{X(t)\}$的所有样本函数；

(2)计算$(X(1),X(2))$的联合分布律和边际分布律.

3. 设 $X(t)=At+(1-|A|)B,t\geqslant 0$，这里 A 和 B 独立同分布，$P(A=0)=P(A=1)=P(A=-1)=\frac{1}{3}$.

(1)写出$\{X(t)\}$的所有样本函数；

(2)计算 $P(X(1)=1)$，$P(X(2)=1)$和 $P(X(1)=1,X(2)=1)$.

4. 设 $Z(t)=AXt+1-A,t\geqslant 0$，这里 A 和 X 相互独立，$P(A=0)=P(A=1)=\frac{1}{2}$，$X\sim N(1,1)$.

(1)计算 $P(Z(1)<1)$，$P(Z(2)<2)$，$P(Z(1)<1,Z(2)<2)$；

(2)计算 $\mu_Z(t)$，$R_Z(s,t)$.

5. 独立重复地掷一颗均匀的骰子，用 Z_n 表示前 n 次中掷出 6 点的次数.

(1)计算 $P(Z_2=1,Z_5=3,Z_7=5)$；

(2)求 $P(Z_{18000}>2900)$的近似值；

(3)若掷骰子一直到恰好出现 20 次 6 点为止，问需掷多于 180 次的概率大概为多少？

6. 设股票价格过程$\{S_n;n=0,1,\cdots\}$满足 $S_0=100$，$S_n=S_{n-1}+X_n$，$\forall n\geqslant 1$. 这里 $X_1,X_2,\cdots$独立同分布，$P(X_i=-1)=P(X_i=3)=0.5$. 计算 $P(S_1>100,S_2>100,S_3>100,S_4>100)$和 $P(S_{20}=116\mid S_{10}=110,S_{16}=112)$.

7. 甲乙两人在玩一种游戏，用 V_n 表示前 n 次甲赢的总次数，W_n 表示甲恰好赢 n 次的时刻. 则对任何 k，$n\geqslant 1$，事件$\{W_k>n\}$，$\{W_k\geqslant n\}$，$\{W_k<n\}$，$\{W_k\leqslant n\}$分别与下列哪个事件相等：

(A)$\{V_n\leqslant k\}$，　(B)$\{V_n<k\}$，　(C)$\{V_n>k\}$，　(D)$\{V_n\geqslant k\}$，

(E)$\{V_{n-1}\leqslant k\}$，　(F)$\{V_{n-1}<k\}$，　(G)$\{V_{n-1}>k\}$，(H)$\{V_{n-1}\geqslant k\}$.

8. 设$\{X(t);t\geqslant 0\}$是正态过程，$\mu_X(t)=0$，$C_X(t,s)=\cos(t-s)$. 问 $X(t)$，$X(t)+X(s)$分别服从什么分布？

9. 设 $X(t)=At+B,t\geqslant 0$，这里 A 和 B 独立同分布，$E(A)=\mu$，$D(A)=\sigma^2>0$.

(1)计算 $\mu_X(t)$，$R_X(s,t)$和 $C_X(s,t)$；

(2)若 $A\sim N(0,1)$，证明$\{X(t)\}$是正态过程；并求出 $X(t)$，$X(t)-X(s)$，$X(t)+X(s)$的分布.

10. 一台接收机接受信号，报机在时刻 t 发出的信号是 $X(t)$，但来自附近的其他通信噪声影响了接收机的信号. 假设现有 n 台其他的发报机，第 i 台发报机的强度为 a_i，在时刻 t 发出的信号是 $X_i(t)$. 则接收机在时刻 t 收到的信号为：

$$Z(t)=X(t)+\sum_{i=1}^{n}a_iX_i(t).$$

假设随机过程$\{X(t);t\geqslant 0\}$，$\{X_i(t);t\geqslant 0\}(i=1,2,\cdots,n)$两两不相关. 已知 $\mu_X(t)$，$\mu_{X_i}(t)$，$C_X(t,s)$，$C_{X_i}(t,s)$，计算 $\mu_Z(t)$，$C_Z(t,s)$，$C_{ZX}(t,s)$.

11. 设随机过程$\{X(t);t\in T\}$和$\{Y(t);t\in T\}$不相关，

$$Z(t)=a(t)X(t)+b(t)Y(t)+c(t),t\in T,$$

这里 $a(t)$，$b(t)$，$c(t)$都是通常的函数. 已知 $\mu_X(t)$，$\mu_Y(t)$，$C_X(s,t)$，$C_Y(s,t)$，求 $\mu_Z(t)$和$C_Z(s,t)$.

12. 已知随机过程$\{X(t);t\in(-\infty,+\infty)\}$的均值函数和自相关函数，求过程$\{Y(t);t\in(-\infty,+\infty)\}$的均值函数和自相关函数，并求 $R_{XY}(s,t)$. 这里

$$Y(t)=X(t)+X(t+1);t\in(-\infty,+\infty).$$

13. 设随机过程$\{X(t);t\in(-\infty,+\infty)\}$和$\{Y(t);t\in(-\infty,+\infty)\}$相互独立，已知它们的均值函数和自相关函数. 令 $Z(t)=X(t)Y(t)$，$t\in(-\infty,+\infty)$，求 $\mu_Z(t)$，$R_Z(s,t)$，$R_{XZ}(s,t)$.

第十一章　马尔可夫链

§11.1　马尔可夫链的定义

本章中牵涉到的条件概率 $P(A|B)$都是在 $P(B)>0$ 的条件下.

定义 11.1.1　设随机过程$\{X_n;n=0,1,\cdots\}$的状态空间 I 有限或可列,如果它具有马尔可夫(Markov)性,即对任何 $n\geqslant 1$,任何 $i_0,\cdots,i_{n-1},i,j\in I$ 有

$$P\{X_{n+1}=j \mid X_0=i_0,\cdots,X_{n-1}=i_{n-1},X_n=i\}=P\{X_{n+1}=j \mid X_n=i\},\tag{11.1.1}$$

则称$\{X_n;n=0,1,\cdots\}$是**马尔可夫(Markov chain)链**.

状态空间有限的 Markov 链称为有限 Markov 链.

若以 n 代表现在的时刻,记 $A=\{X_0=i_0,\cdots,X_{n-1}=i_{n-1}\}$,$B=\{X_n=i\}$,$C=\{X_{n+1}=j\}$. 则 A 代表过去,B 代表现在,C 代表将来,(11.1.1)式为 $P(C|AB)=P(C|B)$. 因此 Markov 性的直观含义是当知道到现在为止的所有状态,则将来的分布只与现在有关,而与过去无关,就好像忘记了它过去的轨迹,所以 Markov 性也称为无记忆性. 因为 $P(AC|B)=\dfrac{P(ABC)}{P(B)}=\dfrac{P(C|AB)P(AB)}{P(B)}=P(C|AB)P(A|B)$,所以(11.1.1)式等价于

$$P(AC|B)=P(C|B)P(A|B).$$

因此 Markov 性也可以理解为在知道现在状态的条件下,过去与将来相互独立.

另外 Markov 性也等价于对任何 $k\geqslant 1$,$n_0<n_1<\cdots n_{k+1}$和任何 $i_0,\cdots,i_{k-1},i,j\in I$ 有

$$P\{X_{n_{k+1}}=j|X_{n_0}=i_0,\cdots,X_{n_{k-1}}=i_{k-1},X_{n_k}=i\}=P\{X_{n_{k+1}}=j|X_{n_k}=i\}.$$

记 $p_{ij}(m,m+n)=P\{X_{m+n}=j|X_m=i\}$为 m 时处于状态 i 的条件下,经过 n 步后转移到状态 j 的转移概率,则 $p_{ij}(m,m+n)\geqslant 0$ 且$\sum\limits_j p_{ij}(m,m+n)=P\{X_{m+n}\in I|X_m=i\}=1$. 记 $P(m,m+n)=(p_{ij}(m,m+n))_{I\times I}$为对应的 n 步转移矩阵,则它所有元素非负,且每一行的元素之和为 1.

如果 $p_{ij}=P(X_{n+1}=j|X_n=i)$不依赖于 n,则称$\{X_n\}$是**时间齐次**(**或时齐**)的 Markov 链,p_{ij}称为从 i 到 j 的**一步转移概率(one-step transition probability)**. 显然 $p_{ij}\geqslant 0$ 且$\sum\limits_j p_{ij}=1$. 令 $P=(p_{ij})_{I\times I}$为一步转移矩阵. 对于时齐 Markov 链,也可用状态转移图来表示一步转移概率,用ⓘ来表示状态 i,如果 $p_{ij}>0$,则用箭头从 i 连到 j,并在箭头上标上 p_{ij}. 状态转移图可以让我们对过程的演化有一个直观的认识.

例 11.1.1(0—1 传输系统)(见图 11.1.1)

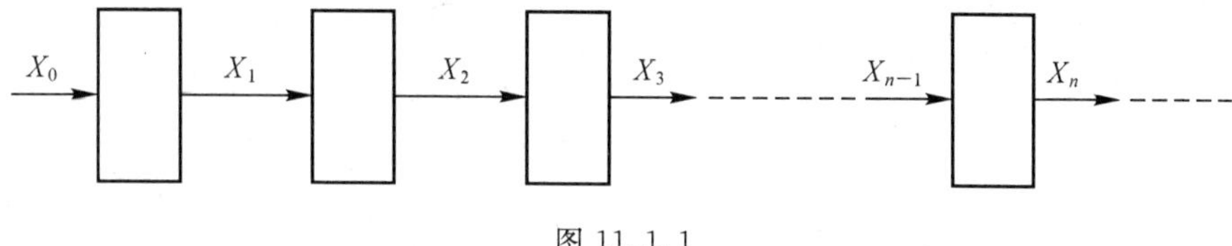

图 11.1.1

如上图只传输 0 和 1 的串联传输系统中，设每一级的传真率(输入输出一致的概率)为 p，误码率(输入输出不同的概率)为 $q=1-p$. 以 X_0 表示第一级的输入，X_n 表示第 n 级的输出($n\geqslant 1$). 则$\{X_n\}$是一时间齐次的 Markov 链，状态空间是 $I=\{0,1\}$，一步转移矩阵为

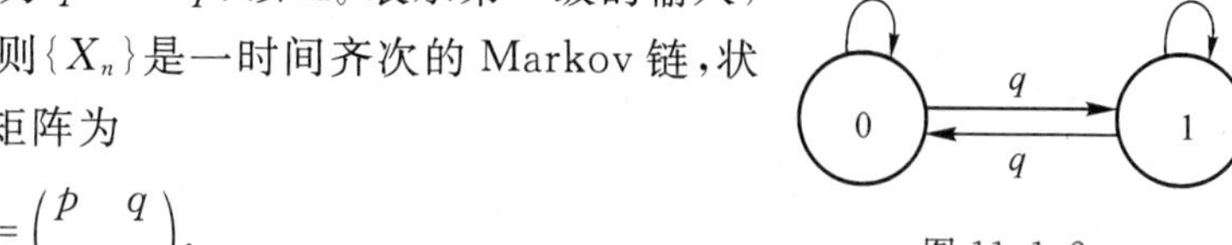

图 11.1.2

$$P=\begin{pmatrix} p & q \\ q & p \end{pmatrix}.$$

对应的状态转移图见图 11.1.2.

例 11.1.2　(Ehrenfest 模型)(见图 11.1.3)

如图 11.1.3 所示容器 A,B 共有 $m\,(m\geqslant 1)$ 个跳蚤，假设每次随机地有一个跳蚤从一个容器跳到另一个容器，令 X_n 表示 n 次后容器 A 内的跳蚤数，则$\{X_n\}$是时齐的 Markov 链，状态空间是 $I=\{0,1,\cdots,m\}$，

$$p_{i,i+1}=\frac{m-i}{m},\ p_{i,i-1}=\frac{i}{m},\ 0\leqslant i\leqslant m.$$

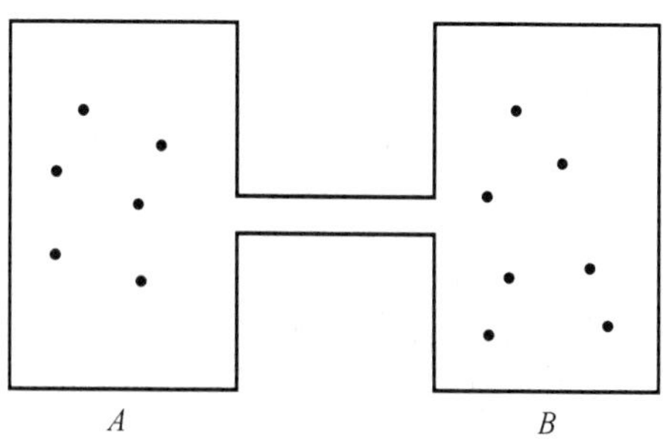

图 11.1.3

例 11.1.3　(一维随机游动)甲乙两人玩游戏，每一局甲赢一元的概率为 p，输一元的概率为 $q=1-p$，$0<p<1$. 假设一开始甲带了 0 元钱. 令 S_n 表示 n 局后甲所拥有的总钱数. 则$\{S_n\}$是时齐的 Markov 链，状态空间 $I=\{\cdots,-2,-1,0,1,2\cdots\}$，

$$p_{i,i+1}=p,\ p_{i,i-1}=q,\ \forall\, i.$$

状态转移图见图 11.1.4.

图 11.1.4

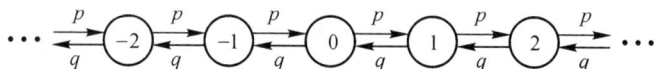

例 11.1.4　(图上的简单随机游动)设 V 是一个简单图的顶点集合，对任何 $i,j\in V$，如果 ij 有边相连，则称 j 是 i 的邻居. 假设每个顶点至少有一个邻居. 现在有一个粒子在 V 上跳动，如果第 n 步在顶点 i 的话，则下一步等可能地到达 i 的邻居. 以 X_n 表示 n 步后粒子所在的顶点，则$\{X_n\}$是时齐的 Markov 链，状态空间 $I=V$，若 j 不是 i 的邻居，则 $p_{ij}=0$，若 j 是 i 的邻居，则 $p_{ij}=\dfrac{1}{d_i}$，这里 d_i 表示 i 的邻居数.

图 11.1.5 上的简单随机游动对应的状态空间 $I=\{0,1,2,3\}$，

$$P=\begin{pmatrix} 0 & \frac{1}{3} & \frac{1}{3} & \frac{1}{3} \\ \frac{1}{2} & 0 & \frac{1}{2} & 0 \\ \frac{1}{2} & \frac{1}{2} & 0 & 0 \\ 1 & 0 & 0 & 0 \end{pmatrix}$$

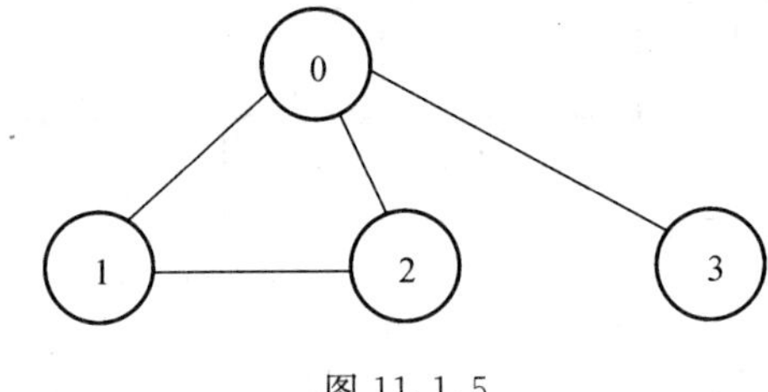

图 11.1.5

例 11.1.5 如图 11.1.6 所示，由两块相同设备平行组成的系统. 两设备独立工作，每天的可靠性为$\alpha\in[0,1]$(即在一天里坏掉的概率为$1-\alpha$). 一开始两块设备正常工作，以 X_n 表示第 n 天结束时正常工作的块数，则$\{X_n;n\geqslant 0\}$是时齐 Markov 链，$I=\{0,1,2\}$，

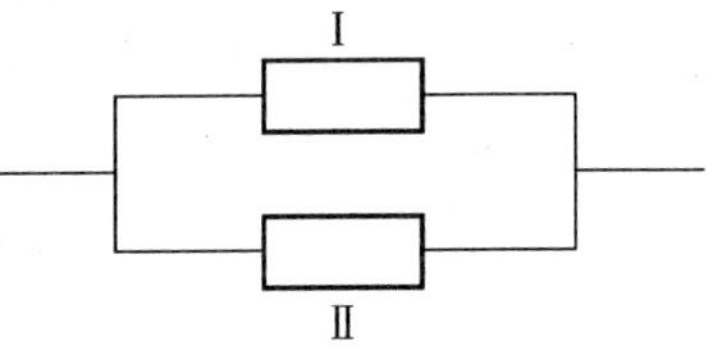

图 11.1.6

$$p_{ij}=\begin{cases}\dbinom{i}{j}\alpha^j(1-\alpha)^{i-j}, & j\leqslant i,\\ 0, & \text{其他}.\end{cases}$$

图 11.1.7

状态转移图如图 11.1.7 所示.

例 11.1.6 某商店为保证商品的连续供应，在时刻 t_n($n\geqslant 0$)检查，如货存小于等于 a，则补充到 b($a<b$)，否则不补充. 这里 a，b 都是正整数. 用 X_n 表示在时刻 t_n 检查前的货存，用 Y_n 表示在时间区间$[t_{n-1},t_n)$内的需求量. 则

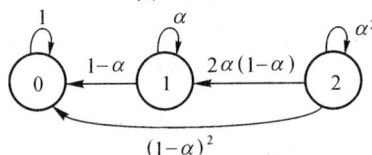

$$X_{n+1}=\begin{cases}X_n-Y_{n+1}, & a<X_n, Y_{n+1}\leqslant X_n,\\ b-Y_{n+1}, & X_n\leqslant a, Y_{n+1}\leqslant b,\\ 0, & \text{其他}.\end{cases}$$

设 $X_0\in\{0,1,\cdots,b\}$，Y_1，Y_2，$\cdots$独立同分布，Y_1 的分布律为 $P(Y_1=i)=p_i$；$i=0,1,2,\cdots$. 则$\{X_n\}$是一时齐 Markov 链，状态空间 $I=\{0,1,\cdots,b\}$，一步转移概率

$$p_{ij}=\begin{cases}p_{b-j}, & i\leqslant a, j>0,\\ \sum\limits_{k\geqslant b}p_k, & i\leqslant a, j=0,\\ p_{i-j}, & a<i\leqslant b, 0<j\leqslant i,\\ \sum\limits_{k\geqslant i}p_k, & a<i\leqslant b, j=0,\\ 0, & \text{其他}.\end{cases}$$

设$\{X_n\}$是一时齐 Markov 链，i 是一状态，如果 $p_{ii}=1$，则称状态 i 是一吸收态. Markov 链一旦进入吸收态 i，则它将永远呆在状态 i. 当 Markov 链有好几个吸收态时，我们有时会关心被其中某个吸收态吸收的概率，比如经典的赌徒输光问题(见例 11.1.7)和迷宫中的老鼠问题(见习题 6).

例 11.1.7 (赌徒输光问题)甲乙两人玩抛硬币游戏，一开始甲带有 a 元钱，乙带有 $m-a$ 元钱，a，$m-a$ 都是非负整数，$m>0$. 甲独立重复地扔一枚均匀的硬币，如果第 n 次硬币出现正面，则第 n 次甲赢一元，否则甲输一元. 游戏一直到某人输光为止. 计算最后甲输光的概率.

解 令 S_n 表示扔 n 次硬币后甲所拥有的钱数，则$\{S_n\}$是一个时齐 Markov 链，状态空间是$\{0,1,\cdots,m\}$，一步转移概率为 $p_{i,i+1}=p_{i,i-1}=\dfrac{1}{2}$，$0<i<m$，$p_{00}=p_{mm}=1$. 对应的状态转移图

如图 11.1.8 所示.

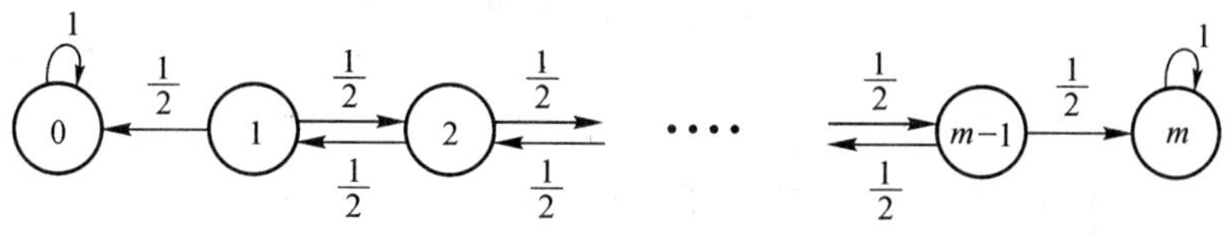

图 11.1.8

此 Markov 链有两个吸收态 0 和 m. 令 $T_0=\inf\{n\geqslant 0:S_n=0\}$,即首次访问状态 0 的时刻. 记 $h_a=P(T_0<\infty|S_0=a)$. 则所求的输光概率为 $P(\text{甲输光}|S_0=a)=h_a$,即最终被 0 吸收的概率. 显然,$h_0=1,h_m=0$.

对 $0<a<m$,游戏至少需进行一次,这一次之后甲的钱数有$\frac{1}{2}$的概率变成 $a+1$,有$\frac{1}{2}$的概率变成 $a-1$. 如果一次之后甲的钱数变为 j 的话,则由于 Markov 性,最终输光的概率就好像一开始甲带 j 元钱而最终输光的概率(见图 11.1.9).

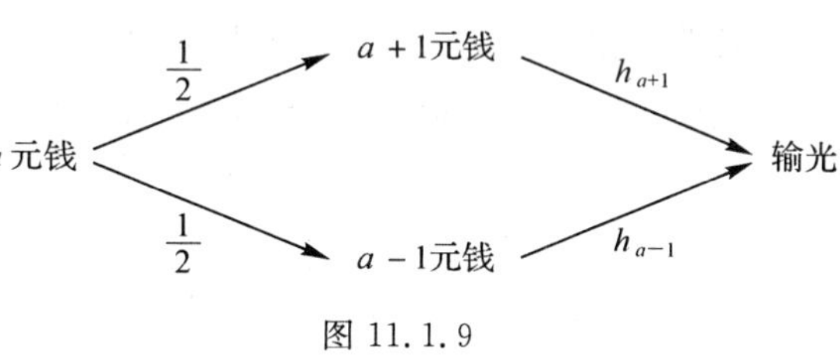

图 11.1.9

所以由全概率公式和 Markov 性,得

$$\begin{aligned} h_a &= P(T_0<\infty \mid S_0=a) \\ &= \sum_j P(T_0<\infty \mid S_1=j,S_0=a)P(S_1=j \mid S_0=a) \\ &= \sum_j P(T_0<\infty \mid S_0=j)p_{aj} = \frac{1}{2}(h_{a+1}+h_{a-1}), \end{aligned}$$

即 $h_{a+1}-h_a=h_a-h_{a-1}$, $\forall\, 0<a<m$. 由此推出 $h_a=\dfrac{m-a}{m}$. 这也说明带的钱越少,输光的概率就越大,这与人们的直观是吻合的.

例 11.1.8　设$\{X_n\}$是时齐的 Markov 链,状态空间 $\boldsymbol{I}=\{1,2,3,4\}$,一步转移矩阵

$\boldsymbol{P}=\begin{pmatrix} 0 & 1/2 & 1/2 & 0 \\ 1/3 & 1/3 & 0 & 1/3 \\ 0 & 0 & 1 & 0 \\ 0 & 0 & 0 & 1 \end{pmatrix}$. 令 $T_3=\min\{n\geqslant 0:X_n=3\}$, $h_i=P(T_3<\infty|X_0=i)$,即 h_i 表示从 i 出发在有限时间内能访问状态 3 的概率. 求 h_1 和 h_2.

解　显然 $h_3=1,h_4=0$. 对 $i=1,2$,

$$\begin{aligned} h_i &= P(T_3<\infty \mid X_0=i) = \sum_j P(X_1=j \mid X_0=i)P(T_3<\infty \mid X_1=j,X_0=i) \\ &= \sum_j p_{ij}P(T_3<\infty \mid X_0=j) = \sum_j p_{ij}h_j, \end{aligned}$$

所以
$$h_1=\frac{1}{2}h_2+\frac{1}{2}h_3,\qquad h_2=\frac{1}{3}h_1+\frac{1}{3}h_2+\frac{1}{3}h_4.$$

解得
$$h_1=\frac{2}{3},h_2=\frac{1}{3}.$$

§11.2 有限维分布

从这一节开始我们都只考虑时齐 Markov 链.

设$\{X_n\}$是时齐 Markov 链，本节要研究它的有限维分布. 首先介绍它的多步转移概率所满足的基本方程，也就是著名的切普曼—柯尔莫哥洛夫(Chapman-Kolmogorov)方程，简称 C-K 方程.

引理 11.2.1 (C-K 方程)对任何 $n,m,l\geqslant 0,i,j\in I$，

$$p_{ij}(n,n+m+l)=\sum_k p_{ik}(n,n+m)p_{kj}(n+m,n+m+l). \tag{11.2.1}$$

证明 由全概率公式和 Markov 性，

$$\begin{aligned}p_{ij}(n,n+m+l)&=P(X_{n+m+l}=j\mid X_n=i)\\&=\sum_k P(X_{n+m+l}=j\mid X_{n+m}=k,X_n=i)P(X_{n+m}=k\mid X_n=i)\\&=\sum_k p_{ik}(n,n+m)p_{kj}(n+m,n+m+l).\end{aligned}$$

C-K 方程基于这样的事实："在时刻 n 从状态 i 出发，经过 $m+l$ 步到达状态 j"这个事件可分解成"在时刻 n 从状态 i 出发，先经 m 步到达某个中间状态 $k(k\in I)$，再从状态 k 出发经过 l 步到达状态 j"这些事件的和(见图 11.2.1).

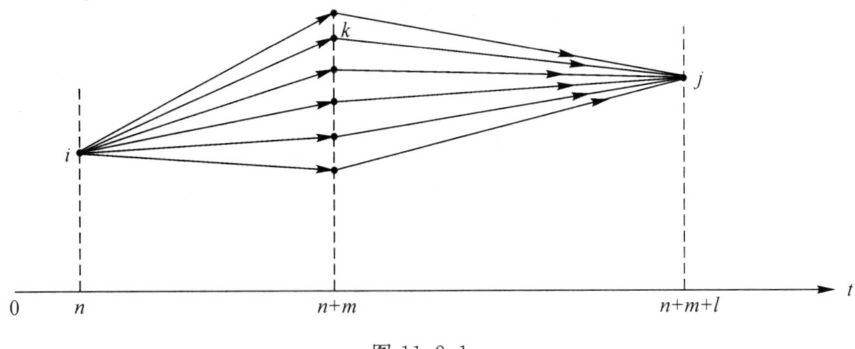

图 11.2.1

由 C-K 方程知，$P(n,n+m+l)=P(n,n+m)P(n+m,n+m+l)$. 由此推出$P(n,n+m)=P^m$ 不依赖于 n，简记为 $P^{(m)}$，称为 m 步转移矩阵. 对应地，$p_{ij}(n,n+m)$不依赖于 n，简记为 $p_{ij}^{(m)}$.

现在我们来计算$\{X_n\}$的有限维分布.

命题 11.2.1 (1)对任何 $n\geqslant 1$，$P(X_n=j)=\sum\limits_i P(X_0=i)\,p_{ij}^{(n)}$.

(2)对任何 $n_1<n_2<\cdots<n_k$，

$$P(X_{n_1}=i_1,\cdots,X_{n_k}=i_k)=P(X_{n_1}=i_1)p_{i_1i_2}^{(n_2-n_1)}\cdots p_{i_{k-1}i_k}^{(n_k-n_{k-1})}.$$

证明 (1)由全概率公式，

$$P(X_n=j)=\sum_i P(X_n=j\mid X_0=i)P(X_0=i)=\sum_i P(X_0=i)p_{ij}^{(n)}.$$

(2)由乘法公式，

$$\begin{aligned}&P(X_{n_1}=i_1,\cdots,X_{n_k}=i_k)\\&=P(X_{n_1}=i_1)P(X_{n_2}=i_2\mid X_{n_1}=i_1)\cdots P(X_{n_k}=i_k\mid X_{n_1}=i_1,\cdots,X_{n_{k-1}}=i_{k-1})\\&=P(X_{n_1}=i_1)P(X_{n_2}=i_2\mid X_{n_1}=i_1)\cdots P(X_{n_k}=i_k\mid X_{n_{k-1}}=i_{k-1})\end{aligned}$$

$$= P(X_{n_1} = i_1) p_{i_1 i_2}^{(n_2-n_1)} \cdots p_{i_{k-1} i_k}^{(n_k-n_{k-1})}.$$

倒数第二个等式是由 Markov 性得到的.

这个命题和 C-K 方程告诉我们,时齐 Markov 链的有限维分布完全由初始分布和一步转移矩阵决定.若记初始分布为 $\mu^{(0)}$,第 n 步的分布为 $\mu^{(n)}$,把 $\mu^{(0)}$ 和 $\mu^{(n)}$ 都写成行向量,对应的第 i 个元素分别为 $P(X_0=i)$和 $P(X_n=i)$,则由(1)知 $\mu^{(n)}=\mu^{(0)}P^n$.

例 11.2.1　设$\{X_n\}$是一时齐 Markov 链,状态空间 $I=\{0,1,2\}$,$P(X_0=0)=P(X_0=1)=\frac{1}{2}$,一步转移矩阵是

$$\boldsymbol{P}=\begin{pmatrix} 0 & 1 & 0 \\ \frac{1}{2} & 0 & \frac{1}{2} \\ 0 & \frac{3}{4} & \frac{1}{4} \end{pmatrix}$$

计算:(1)$P(X_0=0,X_1=1,X_3=1)$;(2)$P(X_3=1,X_1=1|X_0=0)$;

(3)$P(X_3=1)$;(4)$P(X_0=0|X_3=1)$.

解

$$\boldsymbol{P}^2=\begin{pmatrix} \frac{1}{2} & 0 & \frac{1}{2} \\ 0 & \frac{7}{8} & \frac{1}{8} \\ \frac{3}{8} & \frac{3}{16} & \frac{7}{16} \end{pmatrix},\quad \boldsymbol{P}^3=\begin{pmatrix} 0 & \frac{7}{8} & \frac{1}{8} \\ \frac{7}{16} & \frac{3}{32} & \frac{15}{32} \\ \frac{3}{32} & \frac{45}{64} & \frac{13}{64} \end{pmatrix}.$$

(1)$P(X_0=0,X_1=1,X_3=1)=P(X_0=0)p_{01}p_{11}^{(2)}=\frac{1}{2}\times 1\times\frac{7}{8}=\frac{7}{16}$;

(2)$P(X_3=1,X_1=1|X_0=0)=p_{01}p_{11}^{(2)}=1\times\frac{7}{8}=\frac{7}{8}$;

(3)$P(X_3=1)=P(X_0=0)p_{01}^{(3)}+P(X_0=1)p_{11}^{(3)}=\frac{1}{2}\times\frac{7}{8}+\frac{1}{2}\times\frac{3}{32}=\frac{31}{64}$;

(4)$P(X_0=0|X_3=1)=\dfrac{P(X_3=1|X_0=0)P(X_0=0)}{P(X_3=1)}=\dfrac{\frac{1}{2}p_{01}^{(3)}}{\frac{31}{64}}=\dfrac{\frac{1}{2}\times\frac{7}{8}}{\frac{31}{64}}=\frac{28}{31}$.

也可不计算 P^2,P^3,根据状态转移图

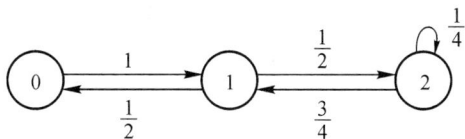

和 C-K 方程得

$$p_{11}^{(2)}=p_{10}p_{01}+p_{12}p_{21}=\frac{7}{8},\quad p_{01}^{(3)}=p_{01}p_{11}^{(2)}=\frac{7}{8},\quad p_{11}^{(3)}=p_{12}p_{22}p_{21}=\frac{3}{32}.$$

§11.3　常返和暂留

设$\{X_n\}$是一时齐 Markov 链,i 是某一状态.定义

$$\tau_i=\inf\{n\geqslant 1: X_n=i\}$$

为 i 的首中时(约定 $\inf\phi=\infty$). 如果 $P(\tau_i<\infty\mid X_0=i)=1$,则称 i **常返(recurrent)**,否则称 i **暂留(transient)**. 如果 i 常返,则令 $\mu_i=E(\tau_i\mid X_0=i)$,称为状态 i 的平均回转时. 如果 $\mu_i<\infty$ 则称 i **正常返(positive recurrent)**,否则称 i **零常返(null recurrent)**. 如果所有状态都是常返(暂留,零常返,正常返)的,则称此 Markov 链常返(暂留,零常返,正常返).

令 $f_{ij}^{(n)}=P\{X_n=j,X_{n-1}\neq j,\cdots,X_1\neq j\mid X_0=i\}$,表示从 i 出发第 n 步首次击中 j 的概率. 令 $f_{ij}=P(\tau_j<\infty\mid X_0=i)$,表示从 i 出发在有限步能击中 j 的概率,则 $f_{ij}=\sum\limits_{n=1}^{\infty}f_{ij}^{(n)}$. 所以状态 i 常返当且仅当 $f_{ii}=1$. 若 i 常返,则 $\mu_i=\sum\limits_{n=1}^{\infty}nf_{ii}^{(n)}$.

例 11.3.1　假设 $\{X_n\}$ 是时齐 Markov 链,状态空间为 $I=\{0,1,2,3\}$,一步转移矩阵为

$$P=\begin{pmatrix} 0 & \frac{1}{2} & 0 & \frac{1}{2} \\ 0 & 0 & 1 & 0 \\ 0 & 0 & 0 & 1 \\ \frac{1}{2} & 0 & 0 & \frac{1}{2} \end{pmatrix}$$

. 状态转移图为

讨论状态 0 和状态 3 的常返性.

解　对于状态 0, $f_{00}^{(1)}=0$, $f_{00}^{(2)}=p_{03}p_{30}=\frac{1}{4}$, $f_{00}^{(3)}=p_{03}p_{33}p_{30}=\frac{1}{8}$.

当 $n\geqslant 4$ 时, $f_{00}^{(n)}=p_{03}p_{33}^{n-2}p_{30}+p_{01}p_{12}p_{23}p_{33}^{n-4}p_{30}=\frac{1}{2^n}+\frac{1}{2^{n-2}}$. 所以 $f_{00}=\sum\limits_{n=1}^{\infty}f_{00}^{(n)}=\sum\limits_{n=2}^{\infty}\frac{1}{2^n}+\sum\limits_{n=4}^{\infty}\frac{1}{2^{n-2}}=1$. 这说明 0 是一个常返态. 进一步地, $\mu_0=\sum\limits_{n=2}^{\infty}n\frac{1}{2^n}+\sum\limits_{n=4}^{\infty}n\frac{1}{2^{n-2}}=4$, 所以 0 是正常返态.

对于状态 3, $f_{33}^{(1)}=p_{33}=\frac{1}{2}$, $f_{33}^{(2)}=p_{30}p_{03}=\frac{1}{4}$, $f_{33}^{(4)}=p_{30}p_{01}p_{12}p_{23}=\frac{1}{4}$. 所以 $f_{33}=1$, $\mu_3=2$. 因此 3 也是正常返态.

例 11.3.2　(爬梯子模型)假设 $\{X_n\}$ 是时齐 Markov 链,状态空间为 $I=\{0,1,2,\cdots\}$, $p_{i,i+1}=p_i$, $p_{i,0}=q_i=1-p_i$, $0<p_i<1$, $i\geqslant 0$. 讨论状态 0 的常返性.

解:状态转移图为

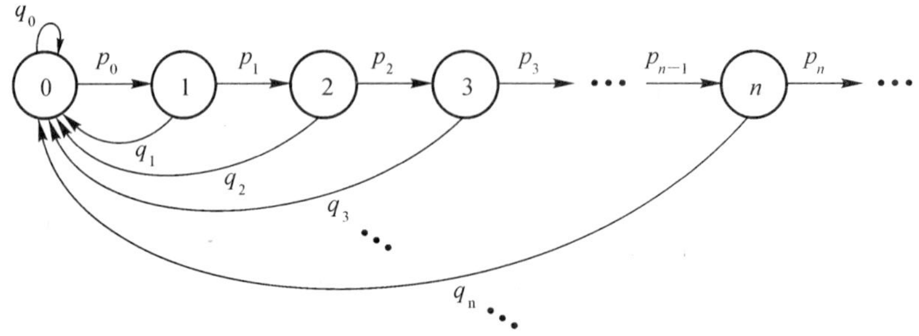

$f_{00}^{(1)}=p_{00}=1-p_0$, $f_{00}^{(2)}=p_{01}p_{10}=p_0(1-p_1)=p_0-p_0p_1$, 对 $n\geqslant 2$,
$f_{00}^{(n)}=p_{01}p_{12}\cdots p_{n-2,n-1}p_{n-1,0}=p_0p_1\cdots p_{n-2}(1-p_{n-1})$.
记 $u_0=1$, $u_n=p_0p_1\cdots p_{n-1}$, $\forall n\geqslant 1$. 则对任何 $n\geqslant 1$, $f_{00}^{(n)}=u_{n-1}-u_n$, 因此

$$f_{00}=(1-u_1)+(u_1-u_2)+(u_2-u_3)+\cdots=1-\lim_{n\to\infty}u_n.$$

所以 0 是常返态当且仅当$\lim\limits_{n\to\infty}u_n=0$.

进一步地，如果 0 是常返态，则

$$\mu_0=(1-u_1)+2(u_1-u_2)+3(u_2-u_3)+\cdots=\sum_{n=0}^{\infty}u_n.$$

所以 0 是正常返态当且仅当 $\sum\limits_{n=0}^{\infty}u_n<\infty$.

例如，如果 $p_i=\mathrm{e}^{-\frac{1}{(i+1)^2}}$，则 $u_n=\mathrm{e}^{-(1+\frac{1}{2^2}+\cdots+\frac{1}{n^2})}\to\mathrm{e}^{-\sum\limits_{i=1}^{\infty}\frac{1}{i^2}}>0$，此时 0 是暂留态.

如果 $p_i=\dfrac{i+1}{i+2}$，则 $u_n=\dfrac{1}{n+1}$，所以 $\lim\limits_{n\to\infty}u_n=0$ 但 $\sum\limits_{n=0}^{\infty}u_n=\infty$，所以 0 是零常返态.

如果 $p_i=\dfrac{(i+1)^2}{(i+2)^2}$，则 $u_n=\dfrac{1}{(n+1)^2}$，所以$\lim\limits_{n\to\infty}u_n=0$ 且 $\sum\limits_{n=0}^{\infty}u_n<\infty$，所以 0 是正常返态.

下面讨论常返性的一些等价描述. 设 i 是某状态，令 $N_i=\#\{n\geqslant 0: X_n=i\}$表示访问 i 的次数.

定理 11.3.1　(1)i 常返当且仅当$P(N_i=\infty|X_0=i)=1$，当且仅当 $\sum\limits_{n=0}^{\infty}p_{ii}^{(n)}=\infty$.

(2)i 暂留当且仅当$P(N_i<\infty|X_0=i)=1$，当且仅当 $\sum\limits_{n=0}^{\infty}p_{ii}^{(n)}<\infty$.

证明　首先 $P(N_i\geqslant 1|X_0=i)=1$，$P(N_i\geqslant 2|X_0=i)=P(\tau_i<\infty|X_0=i)=f_{ii}$. 其次，令 $A_{lm}=\{X_1\neq i,\cdots,X_{l-1}\neq i,X_l=i,X_{l+1}\neq i,\cdots,X_{l+m-1}\neq i,X_{l+m}=i\}$，表示事件"第 l 步首次击中 i，第 $m+l$ 步第二次击中 i"，则

$$P(N_i\geqslant 3\mid X_0=i)=\sum_{l,m\geqslant 1}P(A_{lm}\mid X_0=i).$$

对任何 $l,m\geqslant 1$，由乘法公式，Markov 性和时齐性，

$$\begin{aligned}P(A_{lm}\mid X_0=i)&=P(X_1\neq i,\cdots,X_{l-1}\neq i,X_l=i\mid X_0=i)\\&\quad P(X_{l+1}\neq i,\cdots,X_{l+m-1}\neq i,X_{l+m}=i\mid X_0=i,X_1\neq i,\cdots,X_{l-1}\neq i,X_l=i)\\&=P(X_1\neq i,\cdots,X_{l-1}\neq i,X_l=i\mid X_0=i)\\&\quad P(X_{l+1}\neq i,\cdots,X_{l+m-1}\neq i,X_{l+m}=i\mid X_l=i)\\&=P(X_1\neq i,\cdots,X_{l-1}\neq i,X_l=i\mid X_0=i)\\&\quad P(X_1\neq i,\cdots,X_{m-1}\neq i,X_m=i\mid X_0=i)\\&=f_{ii}^{(l)}f_{ii}^{(m)}.\end{aligned}$$

所以

$$P(N_i\geqslant 3\mid X_0=i)=\sum_{l,m\geqslant 1}f_{ii}^{(l)}f_{ii}^{(m)}=f_{ii}^2.$$

同理可证，对任何 $n\geqslant 4$，$P(N_i\geqslant n|X_0=i)=f_{ii}^{n-1}$. 如果 $f_{ii}=1$，则 $P(N_i=\infty|X_0=i)=\lim\limits_{n\to\infty}P(N_i\geqslant n|X_0=i)=1$；如果 $f_{ii}<1$，则 $P(N_i=\infty|X_0=i)=\lim\limits_{n\to\infty}P(N_i\geqslant n|X_0=i)=0$.

另一方面如果 $f_{ii}<1$，则对任何 $n\geqslant 1$，

$P(N_i=n|X_0=i)=P(N_i\geqslant n|X_0=i)-P(N_i\geqslant n+1|X_0=i)=f_{ii}^{n-1}(1-f_{ii})$.

即如果 Markov 链从 i 出发，则访问 i 的次数服从参数为 $1-f_{ii}$的几何分布，从而 $E(N_i|X_0=i)=\dfrac{1}{1-f_{ii}}<\infty$. 令

$$Y_n=\begin{cases}1, & \text{如果 } X_n=i;\\0, & \text{如果 } X_n\neq i.\end{cases}$$

则 $N_i = \sum_{n=0}^{\infty} Y_n$，所以 $E(N_i \mid X_0 = i) = \sum_{n=0}^{\infty} E(Y_n \mid X_0 = i) = \sum_{n=0}^{\infty} p_{ii}^{(n)}$. 即 $\sum_{n=0}^{\infty} p_{ii}^{(n)}$ 表示 Markov 链从 i 出发访问状态 i 的平均次数. 所以如果 i 常返，则 $\sum_{n=0}^{\infty} p_{ii}^{(n)} = \infty$，如果 i 暂留，则 $\sum_{n=0}^{\infty} p_{ii}^{(n)} = \frac{1}{1-f_{ii}} < \infty$.

上面定理说明 i 常返当且仅当从 i 出发以概率 1 无穷多次返回状态 i，即"经常返回"；而 i 暂留则意味着以概率 1 返回 i 次数有限，即在 i 处"短暂逗留"后将永不再返回 i.

在例 11.3.1 中，我们已讨论了状态 0 和状态 3 的常返性，那么状态 1 和 2 的常返性又是如何呢？让我们一起来计算一下 $f_{11}^{(n)}$ 和 $f_{22}^{(n)}$，可是你会发现这个计算很复杂. 那么还有什么好方法来判断呢？有，这就是接下来要讲的利用互达的关系来判断.

设 i,j 是两状态，称 i **可达** j，记为 $i \curvearrowright j$，如果 $i=j$，或存在 $n \geqslant 1$，使得 $p_{ij}^{(n)} > 0$. 如果 $i \curvearrowright j$ 且 $j \curvearrowright i$，则称 i,j **互达(communicate)**，记为 $i \leftrightarrow j$. 可证明 $\leftrightarrow$ 满足以下三条：(1) 自反性：$i \leftrightarrow i$；(2) 对称性：如 $i \leftrightarrow j$，则 $j \leftrightarrow i$；(3) 传递性：如 $i \leftrightarrow j, j \leftrightarrow k$，则 $i \leftrightarrow k$.

所以互达是一个等价关系. 于是状态空间可表示成互不相交的互达等价类的并. 如果状态空间中任何两个状态互达，则称此 Markov 链**不可约**.

定义状态 i 的**周期(period)** $d(i)$ 为集合 $\{n: n \geqslant 1, p_{ii}^{(n)} > 0\}$ 中的最大公约数(若该集合为空集，则定义 $d(i)=0$). 显然，如果 $p_{ii}^{(n)} > 0$，则 n 一定是 $d(i)$ 的整数倍. 也就是说从 i 出发只有在 $d(i)$ 的整数倍步数后，才有可能以正概率返回 i. 如果 $d(i)=1$，则称 i 非周期. 如果所有 i **非周期(aperiodic)**，则称此 Markov 链非周期. 若状态 i 正常返且非周期，则称 i 为遍历状态. 不可约非周期正常返的 Markov 链称为**遍历的 Markov 链(ergodic Markov chain)**.

例 11.3.3 设 $\{X_n\}$ 是时齐 Markov 链，状态空间 $I=\{0,1,2,3,4,5\}$，一步转移矩阵

$$P = \begin{pmatrix} 1 & 0 & 0 & 0 & 0 & 0 \\ 0 & 0 & 1 & 0 & 0 & 0 \\ 0 & 0.5 & 0.5 & 0 & 0 & 0 \\ 0 & 0 & 0 & 0 & 1 & 0 \\ 0 & 0 & 0 & 1 & 0 & 0 \\ 0.1 & 0.1 & 0.1 & 0.1 & 0.1 & 0.5 \end{pmatrix}.$$

求出所有互达等价类，各状态的周期和常返性.

解 状态转移图为

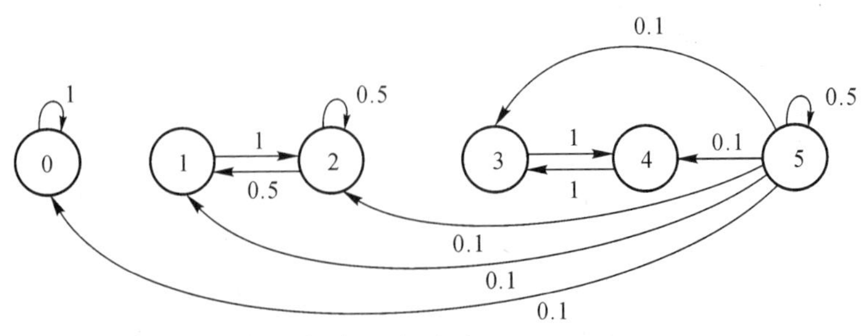

共有四个互达等价类：$\{0\},\{1,2\},\{3,4\},\{5\}$.

状态 0 是吸收态. 因为 $p_{00}=1$，所以 $d(0)=1$，且 $f_{00}^{(1)}=1$，从而 $\mu_0=1$，所以 0 也是正常返态.

因为 $p_{11}^{(2)}=p_{12}p_{21}=0.5>0$，$p_{11}^{(3)}=p_{12}p_{22}p_{21}=0.25>0$，所以 $d(1)=1$. 又 $f_{11}^{(1)}=0$，$f_{11}^{(n)}=p_{12}p_{22}^{n-2}p_{21}=(0.5)^{n-1}$，$\forall n\geq 2$，所以 $f_{11}=\sum_{n=1}^{\infty}f_{11}^{(n)}=1$，$\mu_1=\sum_{n=1}^{\infty}nf_{11}^{(n)}=3<\infty$. 因此 1 是正常返态.

因为 $p_{22}>0$，所以 $d(2)=1$. 又 $f_{22}^{(1)}=0.5$，$f_{22}^{(2)}=0.5$，所以 $f_{22}=1$，$\mu_2=\sum_{n=1}^{\infty}nf_{22}^{(n)}=1.5<\infty$. 因此 2 是正常返态.

因为 $p_{33}^{(n)}>0$ 当且仅当 n 是偶数，所以 $d(3)=2$. 又 $f_{33}^{(2)}=1$，所以 $f_{33}=1$ 且 $\mu_3=2$. 因此 3 是正常返态. 同理 $d(4)=2$，4 是正常返态，且 $\mu_4=2$.

因为 $p_{55}>0$，所以 $d(5)=1$. 又 $f_{55}^{(1)}=0.5$，$f_{55}^{(n)}=0$，$\forall n\geq 2$，所以 $f_{55}=0.5<1$. 因此 5 是暂留态.

定理 11.3.2　如果 $i\leftrightarrow j$，则：(1) $d(i)=d(j)$；(2) i 常返当且仅当 j 常返；(3) i 正常返当且仅当 j 正常返.

这个定理告诉我们在同一个互达等价类中，各状态具有相同的周期和常返性. 例如在上例中，1,2 互达，所以它们具有相同的周期和常返性. 同样 3,4 互达，所以它们具有相同的周期和常返性. 因此在判断一个状态的性质时，我们可以从它的等价类中找到一个容易判断的状态来进行判断. 特别地，不可约 Markov 链中各状态性质相同，所以此 Markov 链或者为暂留，或者为零常返，或者为正常返. 现在就可以利用这个定理来讨论例 11.3.1 中状态 1 和 2 的常返性了.

例 11.3.4　讨论例 11.3.1 中和例 11.3.2 中各状态的周期和常返性.

解　例 11.3.1 中，各状态互达，因为状态 0 是正常返的，所以所有的状态都是正常返的；因为 $p_{33}>0$，所以 $d(3)=1$，所以 $d(0)=d(1)=d(2)=d(3)=1$. 这是一个不可约非周期正常返的 Markov 链.

例 11.3.2 中，各状态互达，因为 $p_{00}>0$，所以 $d(0)=1$，所以各状态周期为 1. 这是一个不可约非周期的 Markov 链. 各状态的常返性与状态 0 的常返性相同. 所以

(1) 当 $\lim\limits_{n\to\infty}u_n>0$ 时，各状态暂留；

(2) 当 $\lim\limits_{n\to\infty}u_n=0$ 但 $\sum_{n=0}^{\infty}u_n=\infty$ 时，各状态零常返；

(3) 当 $\sum_{n=0}^{\infty}u_n<\infty$ 时，各状态正常返.

§11.4　平稳分布

定义 11.4.1　设 $\{\pi_j;j\in I\}$ 满足：

(1) $\pi_j\geq 0$，$\sum_j \pi_j=1$；

(2) $\boldsymbol{\pi P}=\boldsymbol{\pi}$，即 $\pi_k=\sum_i \pi_i p_{ik}$，$\forall k$.

则称 $\{\pi_j\}$ 是 $\{X_n\}$ 的平稳分布.

从定义可知，如果初始分布为平稳分布 π，则对任何 $n\geq 1$，X_n 的分布为

$$\boldsymbol{\pi P}^n=(\boldsymbol{\pi P})\boldsymbol{P}^{n-1}=\boldsymbol{\pi P}^{n-1}=\cdots=\boldsymbol{\pi P}=\boldsymbol{\pi}.$$

而且此时$\{X_n;n=0,1,\cdots\}$是严平稳过程(定义见第十三章).

我们也可以把Markov链看成是水的流动:每个状态看成一个节点,每过一个单位时间,节点i中就有p_{ij}比例的水流到节点j,一开始,节点i的水量是$P(X_0=i)$,即初始水量分布与Markov链初始分布相同. 则经过一个单位时间之后节点k的水量为$\sum_i P(X_0=i)p_{ik}=P(X_1=k)$,即经过一个单位时间后水量的分布与Markov链的一步分布相同. 同样地,经过n个单位时间后水量的分布与Markov链的n步分布相同. 如果想保持各节点的水量永远不变,则当且仅当初始水量分布为Markov链的平稳分布,只有这时才能保证各节点流进水量与流出水量相同而达到“收支平衡”.

例 11.4.1 求例11.1.4中$\{X_n\}$的所有平稳分布.

解 设平稳分布为$\boldsymbol{\pi}=(\pi_0,\pi_1,\pi_2,\pi_3)$,则

$$\begin{cases}\pi_0+\pi_1+\pi_2+\pi_3=1\\ \pi_1=\dfrac{1}{3}\pi_0+\dfrac{1}{2}\pi_2\\ \pi_2=\dfrac{1}{3}\pi_0+\dfrac{1}{2}\pi_1\\ \pi_3=\dfrac{1}{3}\pi_0\end{cases}$$

有唯一解$\boldsymbol{\pi}=(\frac{3}{8},\frac{1}{4},\frac{1}{4},\frac{1}{8})$.

有趣的是,平稳分布与平均回转时和极限分布有着密切的联系. 直观地想象一下,如果状态i的平均回转时越小,即访问状态i的平均时间间隔越小,则访问状态i越频繁,从而访问i的极限概率(如存在的话)越大. 下面定理说明当$\{X_n\}$是遍历时,平稳分布唯一,$\pi_i=\dfrac{1}{\mu_i}$,而且此时$\lim\limits_{n\to\infty}p_{ij}^{(n)}$存在,恰好是$\pi_j$,而与出发点$i$无关.

定理 11.4.1 设$\{X_n\}$不可约,则

(1)存在平稳分布当且仅当$\{X_n\}$正常返,此时平稳分布π唯一且$\pi_i=\dfrac{1}{\mu_i}$.

(2)如果$\{X_n\}$非周期正常返,则对任何i,j,$\lim\limits_{n\to\infty}p_{ij}^{(n)}=\pi_j$.

(3)如果状态I有限,则$\{X_n\}$一定是正常返.

例 11.4.2 在例11.1.1中,请问对$0\leqslant i,j\leqslant 1$,$\lim\limits_{n\to\infty}p_{ij}^{(n)}$存在吗? 如存在,计算之.

解

$$\begin{aligned}p_{00}^{(n)}&=P(X_n=0\mid X_0=0)\\&=P(\text{前 }n\text{ 次传输中误码偶数次})=\sum_{k\text{偶数},k\leqslant n}\binom{n}{k}(1-p)^k p^{n-k}\\&=\frac{1}{2}\Big[\sum_{k\leqslant n}\binom{n}{k}(1-p)^k p^{n-k}+\sum_{k\leqslant n}\binom{n}{k}(p-1)^k p^{n-k}\Big]\\&=\frac{1}{2}[(p+(1-p))^n+(p+(p-1))^n]=\frac{1}{2}[1+(2p-1)^n]\end{aligned}$$

如果$p=0$,则$\lim\limits_{n\to\infty}p_{00}^{(n)}$不存在,从而$\lim\limits_{n\to\infty}p_{ij}^{(n)}$对所有$i,j$都不存在.

如果$0<p<1$,则$\lim\limits_{n\to\infty}p_{00}^{(n)}=\dfrac{1}{2}$,所以$\lim\limits_{n\to\infty}p_{ij}^{(n)}=\dfrac{1}{2}$,$\forall\, i,j$,极限存在且与出发点无关.

如果 $p=1$，则 $\lim\limits_{n\to\infty}p_{00}^{(n)}=\lim\limits_{n\to\infty}p_{11}^{(n)}=1$，$\lim\limits_{n\to\infty}p_{01}^{(n)}=\lim\limits_{n\to\infty}p_{10}^{(n)}=0$，极限存在但与出发点有关.

当 $0<p<1$ 时，也可用定理 11.4.1 来算. 此时 Markov 链不可约非周期正常返(因为 I 有限). 现在计算它的平稳分布 $\boldsymbol{\pi}=(\pi_0,\pi_1)$. 则 $p\pi_0+(1-p)\pi_1=\pi_0$ 且 $\pi_0+\pi_1=1$，推出 $\pi_0=\pi_1=\frac{1}{2}$，所以 $\lim\limits_{n\to\infty}p_{ij}^{(n)}=\frac{1}{2}$，$\forall\, i,j$，且 $\mu_0=\mu_1=2$.

例 11.4.3　在例 11.3.1 中，易见 $\{X_n\}$ 不可约非周期. 因为 I 有限，所以 $\{X_n\}$ 正常返. 现在计算它的平稳分布 $\boldsymbol{\pi}$，由

$$\begin{cases}\pi_0+\pi_1+\pi_2+\pi_3=1\\ \pi_0=\dfrac{1}{2}\pi_3\\ \pi_1=\dfrac{1}{2}\pi_0\\ \pi_2=\pi_1\end{cases}$$

解得 $\boldsymbol{\pi}=(\frac{1}{4},\frac{1}{8},\frac{1}{8},\frac{1}{2})$，所以 $\mu=(4,8,8,2)$. 而在例 11.3.1 中我们已算得 $\mu_0=4$，$\mu_3=2$，两者计算结果一致.

例 11.4.4　在例 11.3.2 中，易见 $\{X_n\}$ 不可约非周期. 现在计算它的平稳分布 $\boldsymbol{\pi}$，由 $\pi_1=p_0\pi_0$，$\pi_2=p_1\pi_1$，$\cdots$，$\pi_n=p_{n-1}\pi_{n-1}$ 得到 $\pi_n=p_0p_1\cdots p_{n-1}\pi_0=u_n\pi_0$. 又 $\sum\limits_{n=0}^{\infty}\pi_n=1$，所以平稳分布存在当且仅当 $\sum\limits_{n=0}^{\infty}u_n<\infty$. 也就是说 $\{X_n\}$ 正常返当且仅当 $\sum\limits_{n=0}^{\infty}u_n<\infty$. 而当 $\{X_n\}$ 正常返时，它有唯一的平稳分布 $\pi_i=\dfrac{u_i}{\sum\limits_{n=0}^{\infty}u_n}$. 所以 $\mu_i=\dfrac{\sum\limits_{n=0}^{\infty}u_n}{u_i}$. 显然 i 越小，π_i 越大，这就说明访问状态 i 越频繁. 特别地，访问状态 0 最频繁. 事实上若 $j>i\geqslant 0$，则从 0 出发要访问 j 必须先访问 i，而再次访问 j 则必须先回到状态 0，然后再从 0 出发访问 j. 所以从 0 出发每一次访问 j，都必须先访问 i，但每次访问 i 却不一定会访问 j，所以访问 i 更频繁.

当 $\{X_n\}$ 是可约时，为了考虑状态的常返性，我们可以先考虑状态的互达等价类. I 中的一个子集 C 称为是闭的，如果 $p_{ij}=0$，$\forall\, i\in C, j\notin C$. 即 C 是封闭的，从 C 中出发将永远呆在 C 中.

定理 11.4.2　(1)如果 i 常返，则 i 的互达等价类是闭的.

(2)如果 I 有限，则 i 常返当且仅当 i 的互达等价类是闭的，并且这时 i 一定是正常返.

(3)如果 j 暂留或零常返，则对所有 i，$\lim\limits_{n\to\infty}p_{ij}^{(n)}=0$.

对有限 Markov 链的状态进行如下分解：

$$I=T\cup C_1\cup C_2\cup\cdots\cup C_k,$$

这里 $C_1,C_2,\cdots,C_k$ 是所有闭的互达等价类，T 是余下的状态. 则根据上面定理，$C_1,C_2,\cdots,C_k$ 中各状态正常返，而 T 中各状态暂留. 这个分解定理可以帮助我们认识很多问题. 一方面，如果 X_0 在某个 C_i 中，则此 Markov 链永远不离开 C_i，这样就可以把 C_i 看成整个状态空间，把 $\{X_n\}$ 限制在 C_i 上就得到一个不可约正常返的 Markov 链. 另一方面，如果 $X_0\in T$，则由于 T 有限且各状态暂留，所以最终会进入某个 C_i 并将不再离开.

在例 11.3.3 中,我们通过计算 $f_{ii}^{(n)}$ 来讨论各状态的常返性,并计算了正常返态的平均回转时.现在我们换一种方法,这是个有限 Markov 链,有 4 个互达等价类:{0},{1,2},{3,4},{5}.其中{0},{1,2},{3,4}是闭的,而{5}不闭,所以状态 0,1,2,3,4 都是正常返态,而 5 是暂留态.因为 0 是吸收态,所以 $\mu_0=1$.

把$\{X_n\}$限制在闭集{1,2}上得到一个不可约的 Markov 链,状态空间为{1,2},转移矩阵为 $\begin{pmatrix}0 & 1\\0.5 & 0.5\end{pmatrix}$.设它的平稳分布为$(\pi_1,\pi_2)$,则 $\pi_1+\pi_2=1$ 且 $\pi_1=0.5\pi_2$,解得 $\pi_1=\dfrac{1}{3}$,$\pi_2=\dfrac{2}{3}$,所以 $\mu_1=3$,$\mu_2=\dfrac{3}{2}$.

同样,把$\{X_n\}$限制在闭集{3,4}上也得到一个不可约的 Markov 链,状态空间为{3,4},转移矩阵为$\begin{pmatrix}0 & 1\\1 & 0\end{pmatrix}$.设它的平稳分布为$(\pi_3,\pi_4)$,则 $\pi_3+\pi_4=1$ 且 $\pi_3=\pi_4$,解得 $\pi_3=\pi_4=\dfrac{1}{2}$,所以 $\mu_3=\mu_4=2$.

最后,我们讲一下 Markov 链的应用——PageRank. PageRank,就是网页排名,又称网页级别,是一种由搜索引擎根据网页之间相互的超链接计算的网页排名技术. Google 用它来体现网页的重要性,是 Google 的创始人拉里·佩奇和谢尔盖·布林在斯坦福大学发明了这项技术,并最终以拉里·佩奇(Larry Page)之姓来命名.

PageRank 是基于“从许多优质网页链接过来的网页,必定还是优质网页”的思想来判断网页的重要性.提高 PageRank 主要因素有 3 个:

(1)反向链接数,即链接到这个网页的数目,反向链接数越多,这个网页越重要;

(2)反向链接是否来源于推荐度高的页面,重要网页链接的网页也重要;

(3)反向链接页面的链接数.一个网页的链接数越多,它对它所链接的网页的重要性影响就越小.如果一个网页有 k 个链接,则它的影响就被等分成 k 份而平均地影响到它所链接的每一个页面.

因此我们先把所有的网页看成一个有向图 V,每个网页是一个顶点,如果网页 i 有超链接到网页 j,就认为从 i 到 j 有一条边相连,j 就称为 i 的邻居.现在记 π_i 为网页 i 的重要性,规定所有网页重要性之和为 1,即 $\sum\limits_i \pi_i=1$.则由上面 3 条得到对任何网页 k:

$$\pi_k=\sum_{i:i\text{超链接到}k}\pi_i\frac{1}{d_i},\tag{11.4.1}$$

这里 d_i 表示 i 的邻居数,即网页 i 的超链接数目.

让我们想象一下这样的网页访问方式:如果现在访问网页 i 的话,则下一步等可能地访问 i 的邻居.这样就定义了有向图 V 上的随机游动,它是一个时齐的 Markov 链,状态空间为顶点集 V,一步转移概率

$$p_{ij}=\begin{cases}\dfrac{1}{d_i}, & j\text{ 是 } i\text{ 的邻居;}\\0, & \text{其他.}\end{cases}$$

于是(11.4.1)式就可写成 $\pi_k=\sum\limits_i \pi_i p_{ik}$.这样就得到了一个有趣的事实:$\{\pi_i\}$恰好就是刚才定义的有向图 V 上随机游动的平稳分布.特别地,当这个随机游动遍历时,$\lim\limits_{n\to\infty}P(X_n=i)=\pi_i$,即访问网页 i 的极限概率为 π_i,因此 π_i 越大,则访问网页 i 越频繁,从而网页 i 越重要.

例如在下图这样的网络链接中，对应的随机游动的状态空间是$\{0,1,2,3,4\}$，一步转移矩阵为

$$\boldsymbol{P}=\begin{pmatrix} 0 & \frac{1}{4} & \frac{1}{4} & \frac{1}{4} & \frac{1}{4} \\ \frac{1}{3} & 0 & \frac{1}{3} & \frac{1}{3} & 0 \\ 0 & \frac{1}{3} & 0 & \frac{1}{3} & \frac{1}{3} \\ 0 & 0 & \frac{1}{2} & 0 & \frac{1}{2} \\ 1 & 0 & 0 & 0 & 0 \end{pmatrix}$$

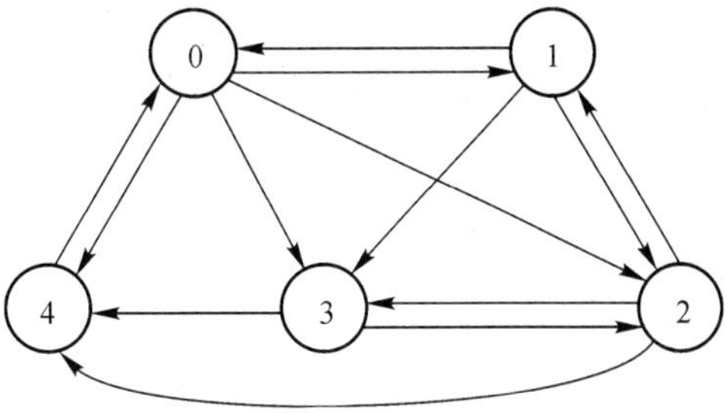

这是一个不可约非周期的 Markov 链，有唯一的平稳分布 $\boldsymbol{\pi}=(\frac{12}{45},\frac{6}{45},\frac{9}{45},\frac{8}{45},\frac{10}{45})$，所以这 5 个网页的 PageRank 评价排名为：

(1)$\pi_0=\frac{12}{45}$;(2)$\pi_4=\frac{10}{45}$;(3)$\pi_2=\frac{9}{45}$;(4)$\pi_3=\frac{8}{45}$;(5)$\pi_1=\frac{6}{45}$.

从排名可以看出，尽管只有两个网页链接到网页 0(它的反向链接数最少)，但是它却是被访问最频繁，重要度最高的，主要的原因是重要的网页 4 唯一地链接向它.

思考题十一

1. Markov 性是指过去与将来独立，即对任何 $n\geqslant 1$，$(X_0,X_1,\cdots,X_{n-1})$与 X_{n+1} 独立，对吗？
2. 如果知道时齐 Markov 链的一步转移矩阵，怎么计算它的多步转移矩阵？
3. 如果知道时齐 Markov 链的初始分布和一步转移矩阵，怎么计算它的有限维分布？
4. 判断一个状态常返还是暂留，你能想出几种方法？
5. 判断一个状态是不是正常返，你能想出几种方法？
6. 计算正常返态的平均回转时，你能想出几种方法？
7. 如果一个状态的互达等价类是闭的，则它一定是正常返态，对吗？
8. 对于不可约非周期的 Markov 链，$\lim\limits_{n\to\infty}p_{ij}^{(n)}$ 存在且与 i 无关对吗？
9. 对于不可约非周期的 Markov 链，$\lim\limits_{n\to\infty}p_{ij}^{(n)}>0$，对吗？
10. 如果状态 i 的周期为 d，则 $p_{ii}^{(n)}>0$ 当且仅当 n 是 d 的整数倍，对吗？

习题十一

1. (Bernoulli-Laplace 扩散模型)设 A，B 两箱中各有 m 个球，其中共 m 个白球，m 个黑球. 记 X_0 是开始时 A 箱中的白球个数. 然后每次各任取一球交换，X_n 表示 n 次交换后 A 箱中白球个数. 说明$\{X_n\}$是一个时齐 Markov 链，写出状态空间和一步转移概率. 这也是一个关于两种液体混合的概率模型.

2. 用 X_n 表示第 n 个到某保险公司进行理赔的钱数，设 X_1，X_2，$\cdots$ 独立同分布，且 X_i 取非负整数，$P(X_i=k)=p_k$，$k=0,1,2,\cdots$. 记 $S_0=0$，S_n 为前 n 个理赔的总钱数. 说明$\{S_n\}$是一个时齐 Markov 链，写出状态空间和一步转移概率.

3. (成功游程)独立重复做实验，每次只有两个结果成功(S)和失败(F)，并且在每一次实验中成功的概率为 p，失败的概率为 $q=1-p$，$0<p<1$. 如果在第 n 次实验时，前$r+1$次实验(含第 n 次)结果分别是：F，S，S，$\cdots$，S，则说第 n 次实验出现的成功游程的长度是 r. 特别地，如果第 n 次实验结果是 F，则第 n 次实验出现的成

功游程的长度是 0. 以 X_n 表示第 n 次实验出现的成功游程的长度. 则 $\{X_n\}$ 是一时齐 Markov 链，写出它的状态空间和一步转移概率.

4.（传染模型）有 N 个人及某种传染病. 假设：

（1）患病者不会康复，健康者如果不与患病者接触，则不会得病；

（2）当健康者与患病者接触时，被传染上病的概率为 p；

（3）在每个单位时间内此 N 人中恰好有两人互相接触，且一切成对的接触是等可能的.

以 X_n 表示在时刻 n 患病的人数. 说明 $\{X_n\}$ 是一个时齐 Markov 链，写出状态空间和一步转移概率.

5. 设 $\{X_n; n=0,1,2,\cdots\}$ 是时齐的 Markov 链，状态空间 $\boldsymbol{I}=\{1,2,3,4\}$，一步转移矩阵

$$\boldsymbol{P}=\begin{pmatrix} 1 & 0 & 0 & 0 \\ 0 & 1 & 0 & 0 \\ \frac{1}{4} & \frac{1}{4} & \frac{1}{4} & \frac{1}{4} \\ \frac{1}{8} & \frac{3}{8} & \frac{3}{8} & \frac{1}{8} \end{pmatrix}$$

. 令 $T_1=\inf\{n\geqslant 0: X_n=1\}$. 计算 $P(T_1<\infty \mid X_0=3)$.

6.（迷宫中的老鼠）如下图所示，迷宫中有九个房间，老鼠呆在 1 号房间，猫呆在 7 号房间，奶酪放在 9 号房间. 现在假设猫不动，老鼠开始移动，由于无记忆性，如果 n 时老鼠呆在 i 号房间，则 $n+1$ 时老鼠等可能地移到 i 号房间相邻的房间（即有门与 i 号房间相连的房间）. 并且假设一旦到 7 号房，猫就吃掉老鼠，从而认为老鼠此后就永远呆在 7 号房；一旦到 9 号房，老鼠就吃掉奶酪而将永远留在 9 号房. 用 X_n 表示 n 时老鼠所在的房间，则 $\{X_n\}$ 是一个时间齐次的 Markov 链，写出状态空间和一步转移矩阵，并计算老鼠被猫吃掉的概率.

7. 蜘蛛和苍蝇在 0 和 1 两个位置上独立地依循 Markov 链移动一直到它们相遇时，蜘蛛吃掉苍蝇. 它们的初始位置分别是 0 和 1，转移矩阵分别为 $\begin{pmatrix} 0.5 & 0.5 \\ 0.5 & 0.5 \end{pmatrix}$ 和 $\begin{pmatrix} 0.4 & 0.6 \\ 0.2 & 0.8 \end{pmatrix}$. 如果假定它们相遇后将永远呆在相遇的位置，令 X_n 和 Y_n 分别表示 n 时蜘蛛和苍蝇的位置，令 $Z_n=(X_n, Y_n)$.

（1）说明 $\{Z_n\}$ 是一个时齐 Markov 链，写出状态空间和一步转移矩阵；

（2）计算蜘蛛在位置 0 吃掉苍蝇的概率.

8. 独立重复掷骰子，令 X_n 表示第 n 次得到的点数，令 $Y_n=\max(X_{n+1}, X_{n+2})$，$Z_n=X_{n+1}+X_{n+2}$，$\forall\, n\geqslant 0$.

（1）计算 $P(Y_2=1 \mid Y_0=1, Y_1=6)$，$P(Y_2=1 \mid Y_1=6)$；

（2）计算 $P(Z_2=12 \mid Z_0=2, Z_1=7)$，$P(Z_2=12 \mid Z_1=7)$；

（3）判断 $\{Y_n\}$ 和 $\{Z_n\}$ 是否具有 Markov 性？说明理由.

9. 设 X_n 是一维随机游动，一步转移概率为 $p_{i,i+1}=p$，$p_{i,i-1}=q=1-p$，$0<p<1$，$i=\cdots,-1,0,1,\cdots$. 设 $P(X_0=0)=P(X_0=2)=\frac{1}{2}$，

（1）计算 $P(X_2=4)$ 和 $P(X_2=4 \mid X_0=0)$，将来 X_2 与过去 X_0 独立吗？

（2）计算 $P\left(|X_2|=2 \,\middle|\, |X_0|=2, |X_1|=1\right)$ 和 $P\left(|X_2|=2 \,\middle|\, |X_0|=0, |X_1|=1\right)$.

（3）若 $p\neq\frac{1}{2}$，判断 $\{|X_n|\}$ 是否具有 Markov 性？

10. 在单位圆上等距取 3 个点，按顺时针方向记为 0，1，2. 当一质点位于状态 $i(i=0,1,2)$ 时，下一时刻以 $\frac{2}{3}$ 概率顺时针走一格，以 $\frac{1}{3}$ 概率逆时针走一格. 以 X_0 表示初始时刻的位置，设 $P(X_0=0)=\frac{1}{2}$，$P(X_0=1)=P(X_0=2)=\frac{1}{4}$. 令 $\{X_n\}$ 表示第 n 时刻质点所处的位置. 则 $\{X_n; n=0,1,\cdots\}$ 是一时齐 Markov 链.

（1）计算一步转移矩阵；

（2）计算 $P(X_0=0, X_2=0, X_4=1)$ 和 $P(X_2=1)$.

11. 设$\{X_n\}$是一时齐 Markov 链，状态空间为$\{0,1,2\}$，一步转移矩阵为

$$\boldsymbol{P}=\begin{pmatrix}\frac{1}{3} & \frac{2}{3} & 0\\ \frac{2}{3} & 0 & \frac{1}{3}\\ 0 & 1 & 0\end{pmatrix}.$$

设$P(X_0=0)=P(X_0=1)=P(X_0=2)=\frac{1}{3}$.

(1)计算$P(X_2=0|X_0=0)$和$P(X_0=0|X_2=0)$；

(2)计算$P(X_1=0)$和$P(X_1=0,X_3=0,X_4=1,X_6=1)$；

(3)计算$f_{11}^{(n)}$，f_{11}和μ_1.

12. 设$\{X_n\}$是一时齐 Markov 链，状态空间为$\{0,1,2,3\}$，一步转移矩阵为

$$\boldsymbol{P}=\begin{pmatrix}\frac{1}{2} & \frac{1}{2} & 0 & 0\\ 0 & \frac{1}{2} & \frac{1}{2} & 0\\ 0 & \frac{1}{3} & \frac{2}{3} & 0\\ 0 & 0 & 0 & 1\end{pmatrix}.$$

设$P(X_0=0)=P(X_0=1)=P(X_0=3)=\frac{1}{3}$.

(1)计算$P(X_1=1,X_3=2)$，$P(X_2=1)$和$P(X_{10}=0)$；

(2)求出各状态的常返性，并计算正常返态的平均回转时.

13. 设$\{X_n\}$是时间齐次的 Markov 链，状态空间是$\{0,1\}$，$p_{00}=p_{11}=\alpha$，$0<\alpha<1$. 计算$f_{00}^{(n)}$，$f_{01}^{(n)}$.

14. 求 11 题中$\{X_n\}$的平稳分布.

15. 独立重复掷骰子，用S_n表示前n次点数之和，用Z_n表示S_n除以 4 的余数. 则Z_n是一时齐的 Markov 链.

(1)写出$\{Z_n\}$的状态空间和一步转移矩阵，并求它的平稳分布；

(2)求$\lim\limits_{n\to\infty}P(S_n$是 4 的倍数$)$.

16. 罐 A 和 B 共装有 N 个球，每次从这 N 个球中等可能地取出一球，然后选一个罐子(选中 A 罐的概率为 p，选中 B 罐的概率为 $1-p$，$0<p<1$)，再把取出的球放到这个罐子中，用 X_n 表示 n 次选取后 A 罐中的球数. 则$\{X_n\}$是一时齐的 Markov 链.

(1)写出状态空间和一步转移概率.

(2)若 $N=3$，$p=0.5$，求平稳分布，求 A 罐变空的平均时间间隔(即求 μ_0).

17. 某人有 3 把伞放在家或办公室用于来往于家和办公室之间，当且仅当天下雨且手边有伞时，带一把伞走，到达后放下，下雨的概率为 p，$0<p<1$. 用 X_n 表示他第 n 次出(家或办公室)门时手边的伞的数目，则$\{X_n\}$是一时齐 Markov 链.

(1)写出$\{X_n\}$的状态空间和一步转移矩阵，并求它的平稳分布.

(2)计算此人被雨淋的概率的极限，并证明不管 p 取何值，此极限小于$\frac{1}{12}$.

18. 在 12 题中，对 $i=0,1,2,3$，计算$\lim\limits_{n\to\infty}P(X_n=i)$.

19. 设$\{X_n\}$是一时齐 Markov 链，状态空间为$\{0,1,2,3,4,5,6,7\}$，一步转移概率为 $p_{01}=p_{32}=p_{67}=1$，$p_{10}=p_{12}=p_{21}=p_{23}=p_{54}=p_{56}=p_{76}=p_{77}=0.5$，$p_{43}=p_{44}=p_{45}=\frac{1}{3}$.

(1)写出所有互达等价类，并判断哪些是闭的？

(2)求出各状态的周期和常返性，并计算正常返态的平均回转时.

(3)计算 $\lim\limits_{n\to\infty} p_{45}^{(n)}$ 和 $\mathop{\mathrm{lin}}\limits_{n\to\infty} p_{67}^{(n)}$.

20. 设$\{X_n\}$是一时齐 Markov 链,状态空间为$\{0,1,2\}$,一步转移概率为 $p_{01}=p_{21}=1$, $p_{10}=\dfrac{1}{3}$, $p_{12}=\dfrac{2}{3}$.

(1)求所有互达等价类,并判断哪些是闭的?求出各状态的周期和常返性,并计算正常返态的平均回转时.

(2)令 $Y_n=X_{2n}$,写出$\{Y_n\}$的一步转移矩阵,求它的所有互达等价类,并判断哪些是闭的?求此过程各状态的周期和常返性,并计算正常返态的平均回转时.

第十二章　泊松过程与布朗运动

在现实生活中，人们会发现这样的例子：在某个时间段热线电话接到的呼叫次数与前个时间段接到的呼叫次数没有关系；这个时间段有多少顾客进商场购物与之前该商场已有多少顾客无关；股票的股价在这个时段的涨幅也可以认为与下个时段的涨幅独立，等等. 如果考虑$(0,t]$时间内的电话呼叫次数，进商场的顾客数，股价的涨幅等随机过程，它们有一个共同的特点：在不相重叠的区间上增量是相互独立的，这就是我们下面要介绍的独立增量过程.

§12.1　独立增量过程

定义 12.1.1　设$\{X(t);t\geqslant 0\}$为一随机过程，若对任意正整数 n 和 $0\leqslant t_0<t_1<\cdots<t_n$，增量 $X(t_1)-X(t_0),X(t_2)-X(t_1),\cdots,X(t_n)-X(t_{n-1})$相互独立，则称$\{X(t);t\geqslant 0\}$为**独立增量过程(process with independent increments)**. 其中 $X(t_i)-X(t_{i-1})$称为$(t_{i-1},t_i]$上的增量. 若对一切 $0\leqslant s<t$，增量 $X(t)-X(s)$的分布只依赖于 $t-s$，则称随机过程$\{X(t);t\geqslant 0\}$有**平稳增量(stationary increments)**. 具有平稳增量的独立增量过程称为**平稳独立增量过程**.

性质　设$\{X(t);t\geqslant 0\}$是独立增量过程，$X(0)=0$，且 $D_X(t)$存在，则
$C_X(s,t)=D_X(\min(s,t))$.

事实上，不妨设 $s\leqslant t$，则

$$\begin{aligned}C_X(s,t)&=\operatorname{Cov}\{X(s),X(t)\}\\&=\operatorname{Cov}\{X(s)-X(0),[X(t)-X(s)]+[X(s)-X(0)]\}\\&=\operatorname{Cov}\{X(s)-X(0),X(t)-X(s)\}+D\{X(s)-X(0)\}\\&=D_X(s)\end{aligned}$$

下面将要介绍的泊松过程和布朗运动就是两个重要的独立增量过程.

§12.2　泊松过程

(一) 泊松过程定义与例子

设 $N(t)$表示$(0,t]$内发生的“事件”数，称随机过程$\{N(t);t\geqslant 0\}$为计数过程. $N(t)$的状态空间为 $I=\{0,1,2,\cdots\}$，当 $0\leqslant s\leqslant t$ 时，$N(s)\leqslant N(t)$，而 $N(t)-N(s)$表示区间$(s,t]$内发生的“事件”数.

定义 12.2.1　计数过程$\{N(t);t\geqslant 0\}$称为强度为 λ 的**齐次泊松过程(Poisson process)**，若满足以下三条：

(1)$\{N(t);t\geqslant 0\}$是独立增量过程；

(2)对任意的 $t\geqslant 0$ 和充分小的 $\Delta t>0$，有

$$P\{N(t+\Delta t)-N(t)=1\}=\lambda\Delta t+o(\Delta t),$$
$$P\{N(t+\Delta t)-N(t)\geqslant 2\}=o(\Delta t);$$

(3) $N(0)=0$.

定理 12.2.1 若 $\{N(t);t\geqslant 0\}$ 是强度为 λ 的齐次泊松过程，则对于 $0\leqslant s<t$，

$$P\{N(t)-N(s)=k\}=\frac{[\lambda(t-s)]^k \mathrm{e}^{-\lambda(t-s)}}{k!},k=0,1,2,\cdots$$

证明 记 $P\{N(t)-N(s)=k\}=P_k(s,t)$. 对于 $\Delta t>0$，

$$\begin{aligned}P_0(s,t+\Delta t)&=P\{N(t+\Delta t)-N(s)=0\}\\&=P\{[N(t+\Delta t)-N(t)]+[N(t)-N(s)]=0\}\\&=P\{N(t+\Delta t)-N(t)=0,N(t)-N(s)=0\}\\&=P\{N(t+\Delta t)-N(t)=0\}P\{N(t)-N(s)=0\}\quad(\text{独立增量性})\\&=P\{N(t)-N(s)=0\}(1-\lambda\Delta t)+o(\Delta t)\quad(\text{条件}(2))\\&=P_0(s,t)-\lambda P_0(s,t)\Delta t+o(\Delta t).\end{aligned}$$

将 $P_0(s,t)$ 移到等式左边，等式两边同除以 Δt，并令 $\Delta t\to 0$，得

$$\frac{\mathrm{d}P_0(s,t)}{\mathrm{d}t}=-\lambda P_0(s,t)$$

注意到初始条件为 $P_0(s,s)=1$，于是得 $P_0(s,t)=\mathrm{e}^{-\lambda(t-s)}$，$t\geqslant s$.

对于 $k\geqslant 1$，$P_k(s,t+\Delta t)$

$$\begin{aligned}&=P\{N(t+\Delta t)-N(s)=k\}\\&=P\{[N(t+\Delta t)-N(t)]+[N(t)-N(s)]=k\}\\&=\sum_{j=0}^{k}P\{N(t+\Delta t)-N(t)=j,N(t)-N(s)=k-j\}\\&=\sum_{j=0}^{k}P\{N(t+\Delta t)-N(t)=j\}P\{N(t)-N(s)=k-j\}\quad(\text{独立增量性})\\&=P_0(t,t+\Delta t)P_k(s,t)+P_1(t,t+\Delta t)P_{k-1}(s,t)+o(\Delta t)\\&=(1-\lambda\Delta t)P_k(s,t)+\lambda\Delta tP_{k-1}(s,t)+o(\Delta t)\quad(\text{条件}(2))\\&=P_k(s,t)+\lambda[P_{k-1}(s,t)-P_k(s,t)]\Delta t+o(\Delta t).\end{aligned}$$

将 $P_k(s,t)$ 移到等式左边，等式两边同除以 Δt，并令 $\Delta t\to 0$，得

$$\frac{\mathrm{d}P_k(s,t)}{\mathrm{d}t}=\lambda[P_{k-1}(s,t)-P_k(s,t)]$$

两边同乘以 $\mathrm{e}^{\lambda t}$，整理为 $\mathrm{e}^{\lambda t}\cdot\dfrac{\mathrm{d}P_k(s,t)}{\mathrm{d}t}+\lambda\mathrm{e}^{\lambda t}P_k(s,t)=\lambda\mathrm{e}^{\lambda t}P_{k-1}(s,t)$.

即 $\dfrac{\mathrm{d}[\mathrm{e}^{\lambda t}P_k(s,t)]}{\mathrm{d}t}=\lambda\mathrm{e}^{\lambda t}P_{k-1}(s,t)$.

当 $k=1$ 时，有 $\dfrac{\mathrm{d}[\mathrm{e}^{\lambda t}P_1(s,t)]}{\mathrm{d}t}=\lambda\mathrm{e}^{\lambda t}P_0(s,t)=\lambda\mathrm{e}^{\lambda s}$，初始条件为 $P_k(s,s)=0,k\geqslant 1$，所以有 $P_1(s,t)=\lambda(t-s)\mathrm{e}^{-\lambda(t-s)}$.

对于 $k>1$ 的情形，用归纳法就可以得到结论.

于是，泊松过程还有另外一个定义：

定义 12.2.2 计数过程 $\{N(t);t\geqslant 0\}$ 称为强度为 λ 的齐次泊松过程，若满足以下三条：

(1) $\{N(t);t\geqslant 0\}$ 是独立增量过程；

(2) 对 $0\leqslant s<t$，

$$P(N(t)-N(s)=k)=\frac{(\lambda(t-s))^k \mathrm{e}^{-\lambda(t-s)}}{k!},k=0,1,2,\cdots$$

即 $N(t)-N(s)\sim\pi(\lambda(t-s))$；

(3) $N(0)=0$.

这两个定义是等价的，证明留给读者.

泊松过程的数字特征　设 $\{N(t);t\geqslant0\}$ 是强度为 λ 的泊松过程，则

均值函数　$\mu_N(t)=E[N(t)]=\lambda t$,

方差函数　$D_N(t)=E\{[N(t)-\mu_N(t)]^2\}=\lambda t$,

(自)协方差函数　$C_N(s,t)=D_N[\min(s,t)]=\lambda\min(s,t)$,

(自)相关函数　$R_N(s,t)=E[N(s)N(t)]=\lambda\min(s,t)+\lambda^2st$.

强度 λ 的含义是指单位时间内平均出现的"事件"数.

泊松过程的背景　ATM 机服务的顾客数，通过路口的车辆数，售货员接待的顾客数，96315 接到的消费者投诉电话数，某地区地质灾害数，手机短信数，邮箱收到的电子邮件数；等等，它们有共同的特点，就是随着时间的推移，相应的事件会不断重复出现，而且有独立增量性. 如果能满足单位时间内平均出现的事件数即强度是常数的话，就符合齐次泊松过程的模型；如果强度会随着事件的推移而变化，就是非齐次泊松过程. 非齐次泊松过程的内容已超出本教材的范围.

例 12.2.1　设 $N(t)$ 表示某热线电话在 $(0,t]$ 小时内接到的呼叫次数，平均每小时呼叫 3 次. 将 $\{N(t);t\geqslant0\}$ 看作强度为 3 的泊松过程. 求 (1) $P\{N(4)-N(1)=6\}$；(2) $P\{N(4)=7\mid N(1)=1\}$；(3) $P\{N(1)=1\mid N(4)=7\}$.

解　对于强度为 3 的泊松过程，当 $0\leqslant s<t$ 时，

$$P\{N(t)-N(s)=k\}=\frac{[\lambda(t-s)]^k\mathrm{e}^{-\lambda(t-s)}}{k!},k=0,1,2,\cdots$$

于是，(1) $P\{N(4)-N(1)=6\}=\dfrac{[3(4-1)]^6\mathrm{e}^{-3(4-1)}}{6!}=0.091$；

$$(2)P\{N(4)=7\mid N(1)=1\}=\frac{P\{N(4)=7,N(1)=1\}}{P\{N(1)=1\}}$$

$$=\frac{P\{N(1)=1\}P\{N(4)-N(1)=6\}}{P\{N(1)=1\}}=P\{N(4)-N(1)=6\}=0.091;$$

$$(3)P\{N(1)=1\mid N(4)=7\}=\frac{P\{N(4)=7,N(1)=1\}}{P\{N(4)=7\}}$$

$$=\frac{P\{N(1)=1\}P\{N(4)-N(1)=6\}}{P\{N(4)=7\}}=\frac{3\mathrm{e}^{-3}\dfrac{[3(4-1)]^6\mathrm{e}^{-3(4-1)}}{6!}}{\dfrac{12^7\mathrm{e}^{-12}}{7!}}$$

$$=C_7^1\left(\frac{1}{4}\right)^1\left(\frac{3}{4}\right)^6=0.311.$$

例 12.2.2　设 $\{N(t);t\geqslant0\}$ 是强度为 λ 的泊松过程. 求 (1) $D\{N(3)-N(1)\}$；(2) $D\{N(3)+N(1)\}$；(3) $\mathrm{Cov}\{N(2),N(5)-N(1)\}$

解　(1) $D\{N(3)-N(1)\}=D_N(2)=2\lambda$；

(2) $D\{N(3)+N(1)\}=D_N(3)+D_N(1)+2C_N(3,1)=3\lambda+\lambda+2\lambda=6\lambda$；

或者，$D\{N(3)+N(1)\}=D\{[N(3)-N(1)]+2N(1)\}=D[N(3)-N(1)]+4D_N(1)=6\lambda$；

(3) $\mathrm{Cov}\{N(2),N(5)-N(1)\}=C_N(2,5)-C_N(2,1)=2\lambda-\lambda=\lambda$.

(二)泊松过程的合成与分解

设 $X(t)$ 和 $Y(t)(t\geqslant 0)$ 是两个相互独立的、分别具有强度 λ 和 μ 的泊松过程，$N(t)=X(t)+Y(t)$，则 $\{N(t);t\geqslant 0\}$ 是强度为 $\lambda+\mu$ 的泊松过程.

证明 首先 $\{N(t);t\geqslant 0\}$ 是计数过程，因此只要证明其满足定义 12.2.1 的三个条件即可.

(1)因为 $X(t)$ 和 $Y(t)(t\geqslant 0)$ 是两个独立增量过程，所以 $N(t)=X(t)+Y(t)$ 也是独立增量过程；

(2)对任意的 $t>0$ 和充分小的 $\Delta t>0$，有

$$\begin{aligned}P(N(t+\Delta t)-N(t)=1)&=P\{[X(t+\Delta t)-X(t)]+[Y(t+\Delta t)-Y(t)]=1\}\\&=P(X(t+\Delta t)-X(t)=1)P(Y(t+\Delta t)-Y(t)=0)\\&\quad+P(X(t+\Delta t)-X(t)=0)P(Y(t+\Delta t)-Y(t)=1)\\&=\lambda\Delta t(1-\mu\Delta t)+(1-\lambda\Delta t)\mu\Delta t+o(\Delta t)=(\lambda+\mu)\Delta t+o(\Delta t).\end{aligned}$$

$$\begin{aligned}P(N(t+\Delta t)-N(t)\geqslant 2)&=P\{[X(t+\Delta t)-X(t)]+[Y(t+\Delta t)-Y(t)]\geqslant 2\}\\&\leqslant P(X(t+\Delta t)-X(t)=0)P(Y(t+\Delta t)-Y(t)\geqslant 2)\\&\quad+P(X(t+\Delta t)-X(t)=1)P(Y(t+\Delta t)-Y(t)\geqslant 1)\\&\quad+P((X(t+\Delta t)-X(t)\geqslant 2)=o(\Delta t).\end{aligned}$$

(3)$N(0)=X(0)+Y(0)=0$.

下面讨论泊松过程的分解. 设 $N(t)(t\geqslant 0)$ 表示 $(0,t]$ 内出现的“事件”数，而每次“事件”的发生又分为情形 A 或 B. 如进商场的人可能购物，可能不购物；收到的短信可能是有用的，可能是垃圾短信，等等. 设情形 A 发生的概率为 p，情形 B 发生的概率为 $1-p$，且各“事件”属于 A 或 B 相互独立. $X(t)$ 表示 $(0,t]$ 内出现情形 A 的次数，$Y(t)$ 表示 $(0,t]$ 内出现情形 B 的次数. 若 $\{N(t);t\geqslant 0\}$ 是强度为 λ 的泊松过程，则 $\{X(t);t\geqslant 0\}$ 是强度为 λp 的泊松过程，$\{Y(t);t\geqslant 0\}$ 是强度为 $\lambda(1-p)$ 的泊松过程，且过程 $\{X(t);t\geqslant 0\}$ 与 $\{Y(t);t\geqslant 0\}$ 相互独立.

证明 显然 $\{X(t);t\geqslant 0\}$ 和 $\{Y(t);t\geqslant 0\}$ 均是计数过程，因为 $N(t)$ 是独立增量过程，所以 $X(t)$ 和 $Y(t)$ 也都是独立增量过程，且 $X(0)=0,Y(0)=0$.

接下来只要证明，$X(t)$ 和 $Y(t)$ 相互独立，服从泊松分布即可.

对于任意的非负整数 m,n，

$$\begin{aligned}P\{X(t)=m,Y(t)=n\}&=P\{X(t)=m,N(t)=m+n\}\\&=P\{X(t)=m\mid N(t)=m+n\}P\{N(t)=m+n\}\\&=C_{m+n}^{n}p^{m}(1-p)^{n}\mathrm{e}^{-\lambda t}\frac{(\lambda t)^{m+n}}{(m+n)!}.\\&=\left[\mathrm{e}^{-\lambda pt}\frac{(\lambda pt)^{m}}{m!}\right]\left[\mathrm{e}^{-\lambda(1-p)t}\frac{(\lambda(1-p)t)^{n}}{n!}\right],\end{aligned}$$

$$\begin{aligned}P\{X(t)=m\}&=\sum_{n=0}^{\infty}P\{X(t)=m,Y(t)=n\}\\&=\sum_{n=0}^{\infty}\left[\mathrm{e}^{-\lambda pt}\frac{(\lambda pt)^{m}}{m!}\right]\cdot\left[\mathrm{e}^{-\lambda(1-p)t}\frac{(\lambda(1-p)t)^{n}}{n!}\right]\\&=\mathrm{e}^{-\lambda pt}\frac{(\lambda pt)^{m}}{m!},m=0,1,2,\cdots\end{aligned}$$

即 $X(t)\sim\pi(\lambda pt)$. 同理 $Y(t)\sim\pi(\lambda(1-p)t)$，且 $X(t)$ 与 $Y(t)$ 相互独立.

例 12.2.3 设 $N(t)$ 表示手机在 $(0,t]$ 天内收到的短信数，假设 $\{N(t);t\geqslant 0\}$ 是强度为 10 条的泊松过程，其中垃圾短信占 0.2. 求：

(1)两天内收到至少 10 条短信的概率；(2)一天内没有收到垃圾短信的概率.

解　(1)$P\{N(2)\geqslant 10\}=1-\sum\limits_{k=0}^{9}\dfrac{20^k \mathrm{e}^{-20}}{k!}=0.995.$

(2)设 $X(t)$ 表示手机在 $(0,t]$ 天内收到的垃圾短信数，则 $\{X(t);t\geqslant 0\}$ 是强度为 2 条的泊松过程，$P\{X(1)=0\}=\mathrm{e}^{-2}=0.135.$

(三)时间间隔与等待时间

设 $\{N(t);t\geqslant 0\}$ 是强度为 λ 的泊松过程，相应的"事件"出现的随机时刻 $t_1,t_2,\cdots$ 称为强度为 λ 的**泊松流**，以 W_n 表示第 n 次"事件"发生的时刻，即 $W_n=t_n$，也称为第 n 次"事件"发生的**等待时间**，特别地 $W_0=0$. 令 T_n 表示从第 $n-1$ 次"事件"发生到第 n 次"事件"发生的时间间隔，也称为**点间间距**，$n=1,2,\cdots$. 图 12.2.1 是泊松过程的一条样本函数，图 12.2.2 是相应的时间间隔和等待时间示意图.

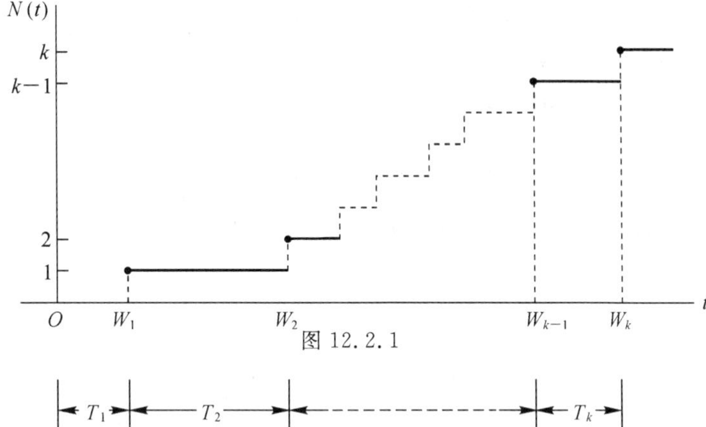

图 12.2.1

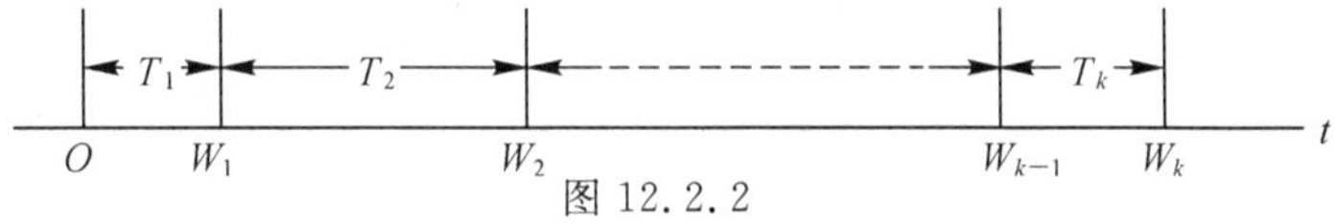

图 12.2.2

即 $W_n=T_1+\cdots+T_n$，$T_n=W_n-W_{n-1}$.

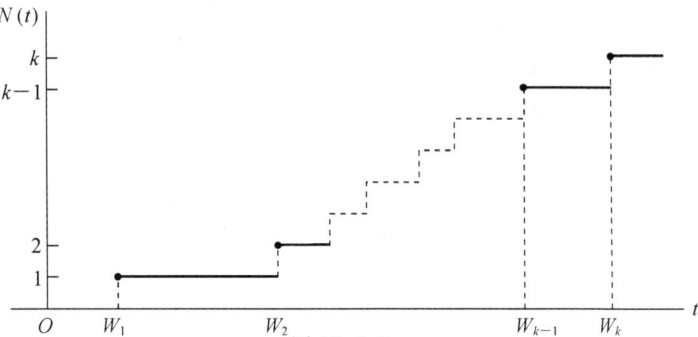

下面讨论 T_n 和 W_n 的分布.

$$F_{T_1}(t)=P(T_1\leqslant t)=1-P(T_1>t)=1-P(N(t)=0)=1-\mathrm{e}^{-\lambda t},$$

即 T_1 服从均值为 $\dfrac{1}{\lambda}$ 的指数分布.

$$\begin{aligned}F_{T_2|T_1}(t\mid s)&=P\{T_2\leqslant t\mid T_1=s\}=1-P\{T_2>t\mid T_1=s\}\\&=1-P\{在(s,s+t]内没有“事件”发生\mid T_1=s\}\\&=1-P\{在(s,s+t]内没有“事件”发生\}\qquad(独立增量性)\\&=1-P\{N(s+t)-N(s)=0\}=1-\mathrm{e}^{-\lambda t},\end{aligned}$$

这说明 T_2 与 T_1 相互独立，且服从相同的分布. 重复同样的推导可得：

$T_1,T_2,T_3,\cdots$ 为相互独立，同服从均值为 $\dfrac{1}{\lambda}$ 的指数分布. 反之，可以证明，如果任意相继出现的两个"事件"的点间间距相互独立，同服从均值为 $\dfrac{1}{\lambda}$ 的指数分布，则"事件"流构成强度为 λ 的泊松过程. 因此要确定一个计数过程是否为泊松过程，只要用统计方法检验点间间距是否独立并服从同一个指数分布即可. 而指数分布均值的倒数就是泊松过程的强度，注意到 λ 代表单位时间发生的平均"事件"数，因此 λ 越大，"事件"发生就越频繁，从而平均时间间隔越短.

$$F_{W_n}(t)=P(W_n\leqslant t)=1-P(W_n>t)=1-P[N(t)<n]=\sum_{k=n}^{\infty}\frac{(\lambda t)^k}{k!}\mathrm{e}^{-\lambda t},t\geqslant 0,$$

$$F_{W_n}(t)=0,t<0.$$

因此 W_n 的概率密度为

$$f_{W_n}(t)=\begin{cases}\sum\limits_{k=n}^{\infty}\dfrac{\lambda(\lambda t)^{k-1}}{(k-1)!}e^{-\lambda t}-\sum\limits_{k=n}^{\infty}\dfrac{\lambda(\lambda t)^{k}}{k!}e^{-\lambda t}, & t>0,\\ 0, & t\leqslant 0.\end{cases}$$

$$=\begin{cases}\dfrac{\lambda(\lambda t)^{n-1}}{(n-1)!}e^{-\lambda t}, & t>0,\\ 0, & t\leqslant 0.\end{cases}$$

即 $W_n\sim\Gamma(n,\lambda)$.

例 12.2.4 设 $N(t)$是强度为 λ 的泊松过程，$0\leqslant s<t$，求(1)$P(T_1\leqslant s|N(t)=1)$；(2)$P(T_1\leqslant s|N(t)=2)$；(3)$P(W_2\leqslant s|N(t)=2)$；(4)$P(W_1\leqslant s,W_2\leqslant t)$.

解 (1)$P(T_1\leqslant s|N(t)=1)=P(N(s)\geqslant 1|N(t)=1)=P(N(s)=1|N(t)=1)$

$$=\frac{P(N(s)=1,N(t)-N(s)=0)}{P(N(t)=1)}=\frac{\lambda s e^{-\lambda s}e^{-\lambda(t-s)}}{\lambda t e^{-\lambda t}}=\frac{s}{t},$$

即若在$(0,t]$内有一个事件发生，则该事件在$(0,t]$内出现的时刻是均匀分布的.

(2)$P(T_1\leqslant s|N(t)=2)=P(N(s)\geqslant 1|N(t)=2)$

$$=P(N(s)=1|N(t)=2)+P(N(s)=2|N(t)=2)$$

$$=\frac{P(N(s)=1,N(t)-N(s)=1)+P(N(s)=2,N(t)-N(s)=0)}{P(N(t)=2)}$$

$$=\frac{\lambda s e^{-\lambda s}\lambda(t-s)e^{-\lambda(t-s)}+(\lambda s)^2e^{-\lambda s}e^{-\lambda(t-s)}/2}{(\lambda t)^2e^{-\lambda t}/2}=\frac{s(2t-s)}{t^2}.$$

(3)$P(W_2\leqslant s|N(t)=2)=P(N(s)\geqslant 2|N(t)=2)=P(N(s)=2|N(t)=2)=\dfrac{s^2}{t^2}$.

(4)注意到 T_1,T_2 相互独立，同服从均值为$\dfrac{1}{\lambda}$的指数分布，因此(T_1,T_2)的概率密度为

$$f(x,y)=\begin{cases}\lambda^2e^{-\lambda(x+y)}, & x>0,y>0,\\ 0, & \text{其他}.\end{cases}$$

$$P(W_1\leqslant s,W_2\leqslant t)=P(T_1\leqslant s,T_1+T_2\leqslant t)=\int_0^s dx\int_0^{t-x}\lambda^2e^{-\lambda(x+y)}dy$$

$$=\int_0^s\lambda e^{-\lambda x}(1-e^{-\lambda(t-x)})dx=\int_0^s\lambda e^{-\lambda x}dx-\int_0^s\lambda e^{-\lambda t}dx=1-e^{-\lambda s}-\lambda s e^{-\lambda t}.$$

另解：$P(W_1\leqslant s,W_2\leqslant t)=P(N(s)\geqslant 1,N(t)\geqslant 2)$

$$=P(N(s)=1,N(t)-N(s)\geqslant 1)+P(N(s)\geqslant 2)=1-e^{-\lambda s}-\lambda s e^{-\lambda t}.$$

例 12.2.5 设顾客依泊松过程到达某银行，速率(强度)$\lambda=2$ 人/小时，求(1)“早晨9 点到 11 点之间恰有 1 个顾客到来”的概率；(2)“早晨 9 点到 10 点之间恰有 1 个顾客到来，10 点到 11 点之间没有顾客到来”的概率；(3)早晨 9 点之后第 2 个顾客到来时刻的均值.

解 设 $N(t)$表示$(0,t]$时间内到来的顾客数，$t\geqslant 0$.

(1)“早晨 9 点到 11 点之间恰有 1 个顾客到来”的概率$=P\{N(11)-N(9)=1\}=4e^{-4}$；

(2)“早晨 9 点到 10 点之间恰有 1 个顾客到来，10 点到 11 点之间没有顾客到来”的概率$=P\{N(10)-N(9)=1,N(11)-N(10)=0\}=2e^{-4}$；

(3)早晨 9 点之后第 2 个顾客到来时刻的均值为

$$9+E(W_2)=9+E(T_1+T_2)=9+\frac{1}{2}+\frac{1}{2}=10.$$

§12.3　布朗运动

(一)布朗运动的定义与背景

考虑一直线上的简单对称的随机游动,设质点每隔 Δt 时间等概率地向左或向右移动距离 Δx,且每次移动相互独立,记 $X_i=\begin{cases}1, & 第\ i\ 次质点右移,\\ -1, & 第\ i\ 次质点左移.\end{cases}\quad i=1,2,\cdots$

$X(t)$表示 t 时刻质点的位置,则有

$$X(t)=\Delta x(X_1+X_2+\cdots+X_{[\frac{t}{\Delta t}]})$$

其中$[\frac{t}{\Delta t}]$为不超过$\frac{t}{\Delta t}$的最大整数.

显然,$E(X_i)=0,D(X_i)=1$,因此,$E[X(t)]=0,D[X(t)]=(\Delta x)^2[\frac{t}{\Delta t}]$,

以上简单随机游动可作为微小粒子在 X 轴上作不规则运动的近似.实际上粒子的不规则运动是连续进行的,即考虑 $\Delta t\to 0$ 的极限情形.当 $\Delta t\to 0$ 时,则需要 $\Delta x\to 0$,通常假设 $\Delta x=\sigma\sqrt{\Delta t}$.此时,当 $\Delta t\to 0$ 时,

(Ⅰ)$E[X(t)]=0,D[X(t)]=\sigma^2 t$,且由中心极限定理知,$X(t)\sim N(0,\sigma^2 t)$.

(Ⅱ)$\{X(t);t\geqslant 0\}$有独立增量,这是由于随机游动的值在不相重叠时间区间中的变化是独立的.

(Ⅲ)$\{X(t);t\geqslant 0\}$有平稳增量,因为随机游动在任一时间区间中的位置变化的分布只依赖于区间长度,即对于 $0\leqslant s<t,X(t)-X(s)\sim N(0,\sigma^2(t-s))$.

从而引出以下定义:

定义 12.3.1　随机过程$\{X(t);t\geqslant 0\}$称为**布朗运动(Brownian motion)**,若满足以下三条:

(1)$\{X(t);t\geqslant 0\}$是独立增量过程;

(2)对于 $0\leqslant s<t,X(t)-X(s)\sim N(0,\sigma^2(t-s))$;

(3)$X(0)=0$.

布朗运动的样本函数是连续的.图 12.3.1 是布朗运动的一条样本轨道.

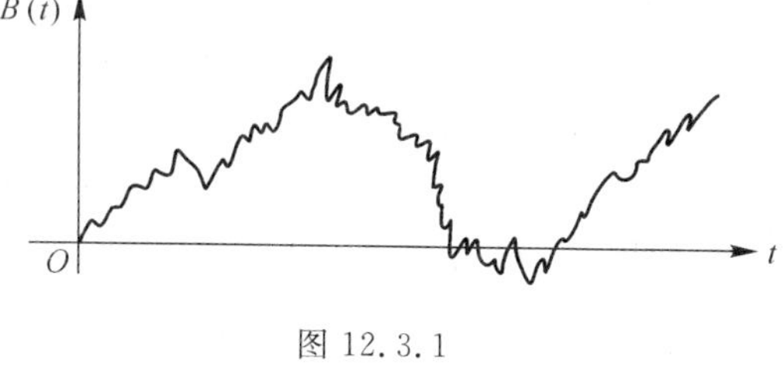

图 12.3.1

布朗运动也称为维纳过程(Wiener process),是最有用的随机过程之一.布朗运动最初由英国植物学家布朗于 1827 年根据观察花粉微粒在液面上作“无规则运动”的物理现象提出的.布朗运动现象首次解释是爱因斯坦于 1905 年给出的,而简洁地用以描述布朗运动的随机过程定义是维纳在起于 1918 年的一系列论文中给出的.如今,布朗运动及其推广已广泛出现在许多科学领域,如物理、经济、通信理论、生物、管理科学,等等.

当 $\sigma=1$ 时称$\{X(t);t\geqslant 0\}$为标准布朗运动.由于对任一布朗运动 $X(t)$,$\frac{X(t)}{\sigma}$就是标准布朗运动,故今后如不特别指明,讨论的都是标准布朗运动,并记为$\{B(t);t\geqslant 0\}$.

布朗运动的数字特征　设$\{B(t);t\geqslant 0\}$是标准布朗运动过程,则

均值函数 $\mu_B(t)=E(B(t))=0$,

方差函数 $D_B(t)=E\{(B(t))^2\}=t$,

(自)协方差函数 $C_B(s,t)=D_B(\min(s,t))=\min(s,t)$.

(自)相关函数 $R_B(s,t)=C_B(s,t)=\min(s,t)$.

例 12.3.1 设$\{B(t);t\geqslant 0\}$是标准布朗运动过程,求(1)$B(1)+2B(2)$的分布,(2)$P\{B(2)\leqslant 1|B(1)=1,B(0.5)=2\}$.

解 (1)$B(1)+2B(2)$是正态变量的线性函数,所以服从正态分布;$E(B(1)+2B(2))=0$,$D(B(1)+2B(2))=D(B(1))+4D(B(2))+4\mathrm{Cov}(B(1),B(2))=13$,

于是 $B(1)+2B(2)\sim N(0,13)$.

(2)由独立增量性,$P\{B(2)\leqslant 1|B(1)=1,B(0.5)=2\}=P\{B(2)-B(1)\leqslant 0\}=0.5$.

(二)布朗运动的概率密度

引理 12.3.1 设$(X_1,\cdots,X_n)$为n维连续型随机变量,其概率密度记为$f(x_1,\cdots,x_n)$. 现有$Y_i=g_i(X_1,\cdots,X_n)$,$i=1,\cdots,n$且存在唯一反函数$X_i=h_i(Y_1,\cdots,Y_n)$,$i=1,\cdots,n$. 如果g_i,h_i,$i=1,\cdots,n$有连续偏导数,则$(Y_1,\cdots,Y_n)$的概率密度函数为

$$g(y_1,\cdots,y_n)=f(h_1(y_1,\cdots,y_n),\cdots,h_n(y_1,\cdots,y_n))|J|$$

其中 $J=\begin{vmatrix}\dfrac{\partial h_1}{\partial y_1} & \cdots & \dfrac{\partial h_1}{\partial y_n}\\ \cdots & \cdots & \cdots\\ \dfrac{\partial h_n}{\partial y_1} & \cdots & \dfrac{\partial h_n}{\partial y_n}\end{vmatrix}$.

定理 12.3.1 设$\{B(t);t\geqslant 0\}$为标准布朗运动,

(1) 任给$t>0$,$B(t)$的概率密度为$f(x;t)=\dfrac{1}{\sqrt{2\pi t}}\mathrm{e}^{-\frac{x^2}{2t}}$,$-\infty<x<\infty$;

(2) 任给$0\leqslant s<t$,$B(t)-B(s)$的概率密度为

$$f(x;t-s)=\frac{1}{\sqrt{2\pi(t-s)}}\mathrm{e}^{-\frac{x^2}{2(t-s)}},-\infty<x<\infty;$$

(3) 任给$0<s<t$,$(B(s),B(t))$的联合概率密度为

$$g(x,y;s,t)=f(x;s)f(y-x;t-s);$$

(4) 任给$0<t_1<\cdots<t_n$,$(B(t_1),\cdots,B(t_n))$的联合概率密度为

$$g(x_1,\cdots,x_n;t_1,\cdots,t_n)=f(x_1;t_1)f(x_2-x_1;t_2-t_1)\cdots f(x_n-x_{n-1};t_n-t_{n-1}).$$

证明 注意到$B(t)\sim N(0,t)$和$B(t)-B(s)\sim N(0,t-s)$,(1)和(2)即得;

(3) 令$X_1=B(s)$,$X_2=B(t)-B(s)\Rightarrow B(s)=X_1$,$B(t)=X_1+X_2$,则$J=\begin{vmatrix}1 & 0\\ -1 & 1\end{vmatrix}=1$,又因为$B(s)\sim N(0,s)$,和$B(t)-B(s)\sim N(0,t-s)$,于是,由引理 12.3.1 和(1)、(2)便得到结果.

(4) 与(3)的证明完全一样,请读者自己完成.

例 12.3.2 以$f_{t|s}(y|x)$表示给定$B(s)=x$条件下,$B(t)$的条件概率密度. 设$\{B(t),t\geqslant 0\}$为标准布朗运动,求$f_{2|1}(y|x)$,$f_{1|2}(x|y)$.

解 由第三章条件概率密度的定义得,

$$f_{2|1}(y\mid x)=\frac{g(x,y;1,2)}{g(x;1)}=\frac{f(x;1)f(y-x;1)}{f(x;1)}$$

$$= f(y-x;1) = \frac{1}{\sqrt{2\pi}} e^{-\frac{(y-x)^2}{2}}, -\infty < y < \infty;$$

$$f_{1|2}(x \mid y) = \frac{g(x,y;1,2)}{g(y;2)} = \frac{f(x;1)f(y-x;1)}{f(y;2)}$$

$$= \frac{\frac{1}{\sqrt{2\pi}} e^{-\frac{x^2}{2}} \times \frac{1}{\sqrt{2\pi}} e^{-\frac{(y-x)^2}{2}}}{\frac{1}{\sqrt{2\pi \times 2}} e^{-\frac{y^2}{2\times 2}}} = \frac{1}{\sqrt{\pi}} e^{-(x-\frac{y}{2})^2}, -\infty < x < \infty.$$

（三）布朗运动的性质

性质 1　设$\{B(t);t\geqslant 0\}$是正态过程，样本函数（轨道）连续，$B(0)=0$，且对任给的 $s,t>0$，$\mu_B(t)=0, R_B(s,t)=\min(s,t)$，则$\{B(t);t\geqslant 0\}$是布朗运动. 反之亦然.

证明　必要性：$E(B(t)-B(s))=\mu_B(t)-\mu_B(s)=0$，

$$E\{(B(t)-B(s))^2\}=E\{(B(t))^2\}+E\{(B(s))^2\}-2E(B(t)B(s))$$
$$=R_B(t,t)+R_B(s,s)-2R_B(t,s)=t+s-2\min(t,s)=|t-s|;$$

因此，对于 $0\leqslant s<t$，$B(t)-B(s)\sim N(0,t-s)$.

又对于任给的 $s_1<t_1\leqslant s_2<t_2$，有

$$E\{(B(t_1)-B(s_1))(B(t_2)-B(s_2))\}$$
$$=R_B(t_1,t_2)-R_B(s_1,t_2)-R_B(t_1,s_2)+R_B(s_1,s_2)=t_1-s_1-t_1+s_1=0.$$

即 $B(t_1)-B(s_1)$与 $B(t_2)-B(s_2)$联合分布是正态分布，且不相关，从而知相互独立，这说明 $B(t)$是独立增量过程；由条件知 $B(0)=0$，根据定义，$\{B(t);t\geqslant 0\}$是布朗运动.

充分性：只要证明$\{B(t);t\geqslant 0\}$是正态过程即可. 事实上，对任给的 n 及 $0\leqslant t_1<t_2<\cdots<t_n$，$(B(t_1),B(t_2),\cdots,B(t_n))$

$$=(B(t_1)-B(0),(B(t_2)-B(t_1))+(B(t_1)-B(0)),\cdots,\sum_{i=1}^{n}(B(t_i)-B(t_{i-1})))$$

是$(B(t_1)-B(0),B(t_2)-B(t_1),\cdots,B(t_n)-B(t_{n-1}))$的线性函数，根据正态分布的性质知，$(B(t_1),B(t_2),\cdots,B(t_n))$服从正态分布，从而$\{B(t);t\geqslant 0\}$是正态过程.

上述性质给出了判断一个正态过程是否为布朗运动的充分必要条件，由此可以得到下面有用的结论.

性质 2　设$\{B(t);t\geqslant 0\}$是布朗运动，则以下三个随机过程均为布朗运动：

(1)对于任给的 $\tau>0$，$\{B(t+\tau)-B(\tau);t\geqslant 0\}$；

(2)对于常数 $\lambda\neq 0$，$\{\lambda B(\frac{1}{\lambda^2}t);t\geqslant 0\}$；

(3)$\{tB(\frac{1}{t});t\geqslant 0\}$，其中$[tB(\frac{1}{t})]|_{t=0}$记为 0.

证明　只证(1)，其余留作习题.

因为$\{B(t);t\geqslant 0\}$是布朗运动，所以$\{B(t);t\geqslant 0\}$是正态过程. 由正态分布性质知，对于任给的 $\tau>0$，$\{B(t+\tau)-B(\tau);t\geqslant 0\}$仍是正态过程，且 $B(0+\tau)-B(\tau)=0$.

对于任一 $s,t>0$，$E(B(t+\tau)-B(\tau))=0$，

$$E\{(B(t+\tau)-B(\tau))(B(s+\tau)-B(\tau))\}$$
$$=E(B(t+\tau)B(s+\tau))-\tau-\tau+\tau$$
$$=\min(t+\tau,s+\tau)-\tau=\min(t,s)+\tau-\tau=\min(t,s).$$

由性质 1 知,对于任给的 $\tau>0$,$\{B(t+\tau)-B(\tau);t\geqslant 0\}$是布朗运动.

在许多实际问题中,往往要讨论随机过程起点和终点状况给定的条件下,中间过程的性质,即考虑$\{X(t);t_1\leqslant t\leqslant t_2\mid X(t_1)=x_1,X(t_2)=x_2\}$的性质.

对于布朗运动,若记 $X(t)=B(t-t_1)+x_1+\dfrac{t-t_1}{t_2-t_1}[x_2-x_1-B(t_2-t_1)]$,则$X(t_1)=x_1$,$X(t_2)=x_2$,即随机过程$\{X(t);t_1\leqslant t\leqslant t_2\}$的任何路径必经过$(t_1,x_1)$,$(t_2,x_2)$两点,仿佛两端固定的桥梁.简单地,对布朗运动$\{B(t);t\geqslant 0\}$,通常称条件随机过程$\{B(t);0\leqslant t\leqslant 1\mid B(1)=0\}$为**布朗桥过程**.

布朗桥过程的数字特征:均值函数 $E(B(t)\mid B(1)=0)=0$,

方差函数 $D(B(t)\mid B(1)=0)=t(1-t)$,

协方差函数 对 $0\leqslant s\leqslant t\leqslant 1$,$\mathrm{Cov}(B(s),B(t)\mid B(1)=0)=s(1-t)$.

例 12.3.3 设$\{B(t);t\geqslant 0\}$是标准布朗运动,则 $X(t)=B(t)-tB(1)$,$0\leqslant t\leqslant 1$ 是布朗桥.

证明 显然,$\{X(t);0\leqslant t\leqslant 1\}$是正态过程;于是只要验证:

$0\leqslant t\leqslant 1,E(X(t))=0,0\leqslant s\leqslant t\leqslant 1,\mathrm{Cov}(X(t),X(s))=s(1-t)$ 即可.

事实上,$0\leqslant t\leqslant 1,E(X(t))=E(B(t)-tB(1))=0$,

$$
\begin{aligned}
&0\leqslant s\leqslant t\leqslant 1,\mathrm{Cov}(X(t),X(s))=\mathrm{Cov}(B(t)-tB(1),B(s)-sB(1))\\
&=\mathrm{Cov}(B(t),B(s))-t\mathrm{Cov}(B(1),B(s))-s\mathrm{Cov}(B(t),B(1))+st\mathrm{Cov}(B(1),B(1))\\
&=s-ts-st+st=s(1-t).
\end{aligned}
$$

例 12.3.4 设$\{B(t);t\geqslant 0\}$是标准布朗运动,$a\neq 0$,令 $T_a=\inf\{t:t>0,B(t)=a\}$,T_a 表示首次击中 a 的时间,求 T_a 的分布函数.

解 先考虑 $a>0$ 的情形.对于 $t>0$,由全概率公式

$$P\{B(t)\geqslant a\}=P\{B(t)\geqslant a\mid T_a\leqslant t\}P(T_a\leqslant t)+P\{B(t)\geqslant a\mid T_a>t\}P(T_a>t),$$

而 $P\{B(t)\geqslant a\mid T_a>t\}=0$.

又由布朗运动的对称性,在$\{T_a\leqslant t\}$(此时 $B(T_a)=a$)条件下,$\{B(t)\geqslant a\}$与$\{B(t)<a\}$是等可能的(见图 12.3.1),即 $P\{B(t)\geqslant a\mid T_a\leqslant t\}=P\{B(t)<a\mid T_a\leqslant t\}=0.5$,所以 $P(T_a\leqslant t)=2P\{B(t)\geqslant a\}$.

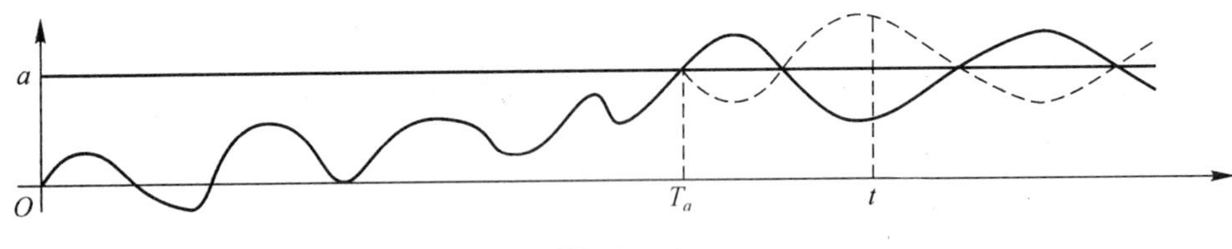

图 12.3.1

于是,当 $a>0$ 时,$F_{T_a}(t)=P(T_a\leqslant t)=2P\{B(t)\geqslant a\}=2(1-\Phi(\dfrac{a}{\sqrt{t}}))$.

当 $a<0$ 时,由于布朗运动的对称性,有 $P(T_{-a}\leqslant t)=P(T_a\leqslant t)$,因此,对于 $t>0$,

$$F_{T_a}(t)=P(T_a\leqslant t)=P(T_{-a}\leqslant t)=2P\{B(t)\geqslant -a\}=2(1-\Phi(\frac{-a}{\sqrt{t}}))$$

综合得,T_a 的分布函数为 $F_{T_a}(t)=\begin{cases}2\left(1-\Phi(\dfrac{|a|}{\sqrt{t}})\right), & t>0,\\ 0, & t\leqslant 0.\end{cases}$

例 12.3.5　设$\{B(t);t\geqslant 0\}$是标准布朗运动，对于任给的$t>0$，令$X(t)=|\min\limits_{0\leqslant s\leqslant t}B(s)|$，求$X(t)$的分布函数.

解　当$y\leqslant 0$时，$F_X(y;t)=0$；当$y>0$时，

$$\begin{aligned}F_X(y;t)&=P\{X(t)\leqslant y\}=P\{|\min_{0\leqslant s\leqslant t}B(s)|\leqslant y\}=P\{-y\leqslant\min_{0\leqslant s\leqslant t}B(s)\leqslant y\}\\&=P\{\min_{0\leqslant s\leqslant t}B(s)\leqslant y\}-P\{\min_{0\leqslant s\leqslant t}B(s)\leqslant -y\}\\&=1-P\{\min_{0\leqslant s\leqslant t}B(s)\leqslant -y\}\qquad(\because B(0)=0)\\&=1-P\{\max_{0\leqslant s\leqslant t}B(s)\geqslant y\}\qquad(\because B(s)\text{与}-B(s)\text{同分布})\\&=1-P(T_y\leqslant t)=1-2P\{B(t)\geqslant y\}\\&=1-2(1-\Phi(\frac{y}{\sqrt{t}}))=2\Phi(\frac{y}{\sqrt{t}})-1.\end{aligned}$$

思考题十二

1. 设$\{N(t);t\geqslant 0\}$是强度为λ的 Poisson 过程. 则不正确的有：

(A)$P\{N(1)=1,N(2)=1,N(3)=3\}=P\{N(1)=1\}P\{N(2)=1\}P\{N(3)=3\}$；

(B)$R_N(1,2)=\lambda(1+2\lambda)$；(C)$P(N(2)=2,N(3)=3|N(1)=1)=\lambda^2e^{-3\lambda}$.

2. 设$\{N(t);t\geqslant 0\}$是强度为λ的泊松过程，$\mathrm{Cov}\{N(2),N(5)-N(1)\}=\mathrm{Cov}\{N(2),N(4)\}=2\lambda$. 哪里错了？

3. 设$\{N(t);t\geqslant 0\}$是强度为λ的泊松过程，W_n表示第n个“事件”发生的时刻. 下列事件有什么关系？(1)$\{N(t)<n\}$与$\{W_n>t\}$；(2)$\{N(t)>n\}$与$\{W_n<t\}$；(3)$\{N(t)\leqslant n\}$与$\{W_n\geqslant t\}$；(4)$\{N(t)\geqslant n\}$与$\{W_n\leqslant t\}$.

4. 设$\{B(t);t\geqslant 0\}$是布朗运动，则以下描述正确吗？

(A)$\{B(t);t\geqslant 0\}$是二阶矩过程；(B)$\{B(t);t\geqslant 0\}$ 是独立增量过程；

(C)$C_B(s,t)$是$t-s$的函数；

(D)$P\{B(t+2)\leqslant x|B(t)=3,B(t+1)=1\}=P\{B(1)\leqslant x-1\}$.

5. 设$\{B(t);t\geqslant 0\}$是布朗运动，则$\{B(t);t\geqslant 0\}$是正态过程吗？反之也一定成立吗？

6. 设$\{B(t);t\geqslant 0\}$是布朗运动，$\mathrm{Cov}\{B(3),B(5)-B(2)\}=D_B(3)$成立吗？

7. 设$\{B(t);t\geqslant 0\}$是布朗运动，$B(1)$与$B(2)$相互独立吗？

习题十二

1. 设$\{N(t);t\geqslant 0\}$是强度为λ的泊松过程，求(1)$P\{N(3)-N(1)\geqslant 2\}$；(2)$P\{N(3)\geqslant 2|N(1)=1\}$；(3)$P\{N(1)=1|N(3)\geqslant 2\}$.

2. 设$\{N(t);t\geqslant 0\}$是强度为λ的泊松过程，设$X(t)=N(t+1)-N(t)$，求$X(t)$的均值函数与自相关函数.

3. 设$\{N(t);t\geqslant 0\}$是强度为λ的泊松过程，设$X(t)=N(t)-tN(1)$，$0\leqslant t\leqslant 1$，求$X(t)$的均值函数与自相关函数.

4. 根据某高速公路观察点的记录数据分析，小车、客车、货车的到达率分别为$\lambda_1,\lambda_2,\lambda_3$，且设在$(0,t]$内小车、客车、货车的到达数(分别记为$X(t),Y(t),Z(t)$)均服从泊松分布，相互独立. 求：(1)在$(0,3]$内小车与客车到达数之和至少为 3 辆的概率；(2)在$(5,7]$内小车、客车与货车到达数之和至少为 2 辆的概率.

5. 在某东西向的公路上设置了一个车辆记录器，记录东行，西行车辆的总数. 设$X(t)$代表在$(0,t]$内东行的车辆数，$Y(t)$代表在$(0,t]$内西行的车辆数，$X(t),Y(t)$均服从泊松分布，且相互独立. 设λ,μ分别表示东行，西行车辆的通过率. 若到t时已记录的车辆数为n，求其中k辆属于东行车的概率.

6. 设有一信息串依泊松流送入计数器，在$(0,t]$内出现的信息数$N(t)$服从强度为λ的泊松分布，. 信息到达计数器可能被记录，可能不被记录，每个信息能被记录的概率为p，不同信息是否被记录是相互独立的. 设$X(t)$代表$(0,t]$内记录的信息数，求(1)$P\{X(t)=k\},k=0,1,\cdots$；(2)$C_{XN}(s,t)$.

7. 设$N(t)$是强度为λ的泊松过程，$0\leqslant s<t,k\leqslant n$，其中$W_k$表示第$k$个质点到达的等待时间，求(1)$P(N(s)=k\mid N(t)=n)$；(2)$P(W_2\leqslant 3\mid W_1=1)$；(3) $P(W_k\leqslant s\mid N(t)=n)$.

8. 设电话总机在$(0,t]$内接到的呼叫数$N(t)$服从强度（每分钟）为λ的泊松过程. 求(1)两分钟内接到3次呼叫的概率；(2)第2分钟内接到第3次呼叫的概率.

9. 上午8点某银行开始上班，该银行有两个服务柜台，有十人排成一队等待服务，设每人服务时间相互独立都服从均值为10分钟的指数分布. (1)若只有一个服务台工作，求到8点半为止至少3人完成服务的概率；(2)若两个服务台同时工作，求到8点半为止至少6人完成服务的概率.

10. 设$\{B(t);t\geqslant 0\}$是布朗运动，求$B(1)+B(2)$的概率密度.

11. 设$\{B(t);t\geqslant 0\}$是布朗运动，求(1)$P\{B(3.6)\leqslant 1\mid B(1.6)=0.8,B(2.39)=-0.1\}$；(2)$\mathrm{Cov}(B(8)-B(4),B(6))$；(3)$D(2B(1)+B(2))$.

12. 设$\{B(t);t\geqslant 0\}$是布朗运动，令$X(t)=B(t+3)-B(t)$，求$\mu_X(t)$，$R_X(1,2)$和$F_X(3;t)$的值.

13. 设$\{N(t);t\geqslant 0\}$是参数为$\lambda=1$的泊松过程，$\{B(t);t\geqslant 0\}$是布朗运动，设这两个过程相互独立. 令$X(t)=t+2N(t)+3B(t)$，求$\mu_X(t)$，$C_X(s,t)$及$C_{XN}(s,t)$的值.

14. 设$\{B(t);t\geqslant 0\}$是布朗运动，记$W(t)=\mathrm{e}^{B(t)}$，称$\{W(t);t\geqslant 0\}$为几何布朗运动. 求$W(t)$的均值函数和方差函数.

15. 设$\{B(t);t\geqslant 0\}$是布朗运动，记$S(t)=\int_0^t B(u)\mathrm{d}u$，称$\{S(t);t\geqslant 0\}$为布朗运动的积分. 求$S(t)$的均值函数和方差函数.

16. 设$\{B(t);t\geqslant 0\}$是布朗运动，证明以下两个随机过程均为布朗运动：

(1)对于常数$\lambda\neq 0$，$\{\lambda B(\frac{1}{\lambda^2}t);t\geqslant 0\}$；

(2)$\{tB(\frac{1}{t});t\geqslant 0\}$，其中$[tB(\frac{1}{t})]|_{t=0}$记为0.

17. 设$\{X(t);0\leqslant t\leqslant 1\}$是布朗桥过程，令$B(t)=(t+1)X(\frac{t}{t+1})$，证明$\{B(t);t\geqslant 0\}$是布朗运动.

18. 设$\{B(t);t\geqslant 0\}$是布朗运动，对任给的$t>0,x>0$，求(1)$P\{|B(t)|\leqslant x\}$；(2)$P\{\max\limits_{0\leqslant s\leqslant t}B(s)-B(t)\leqslant x\}$.

第十三章　平稳过程

§13.1　平稳过程的定义

在自然科学和工程技术中经常遇到这样一类过程，它们的统计特性是当过程随时间的推移而变化时，其前后状态间是相互联系的，这种联系不随时间的推移而改变. 如纺织过程中棉纱截面积的变化，通讯过程中噪声干扰，飞机在空中平稳飞行时的随机波动，等等，这类过程称为平稳过程.

定义 13.1.1　设$\{X(t);t\in T\}$是随机过程，若对任意常数 h 和正整数 n，$t_1,t_2,\cdots,t_n\in T$，$t_1+h,t_2+h,\cdots,t_n+h\in T$，$\{X(t_1),X(t_2),\cdots,X(t_n)\}$与$\{X(t_1+h),X(t_2+h),\cdots,X(t_n+h)\}$有相同的联合分布，即 $F(x_1,x_2,\cdots,x_n;t_1,t_2,\cdots,t_n)=F(x_1,x_2,\cdots,x_n;t_1+h,t_2+h,\cdots,t_n+h)$，则称$\{X(t);t\in T\}$为**严平稳过程(strictly stationany process)**.

严平稳过程的任意有限维分布不随时间的推移而改变，从而严平稳过程的所有一维分布都相同，即对一切 h，$F(x;t)=F(x;t+h)$. 而二维分布只与时间差有关，因为，由$F(x_1,x_2;t_1,t_2)=F(x_1,x_2;t_1+h,t_2+h)$，取 $h=-t_1$，则 $F(x_1,x_2;t_1,t_2)=F(x_1,x_2;0,t_2-t_1)$. 因此，若严平稳过程$\{X(t);t\in T\}$是二阶矩过程，则 $X(t)$的均值函数和方差函数是常数，相关函数和协方差函数是时间差的函数.

然而实际中随机过程的有限维分布往往是很难确定的，而一、二阶矩的确定要容易得多，这就引出了在应用上和理论上更为重要的另一种平稳过程.

定义 13.1.2　设$\{X(t);t\in T\}$是二阶矩过程，如果

(1) 对任意 $t\in T$，$\mu_X(t)=E(X(t))=$常数；

(2) 对任意 $s,t\in T$，$R_X(s,t)=E(X(s)X(t))=R_X(t-s)$.

则称$\{X(t);t\in T\}$为**宽平稳过程(wide sense stationary process)**.

以后提到的平稳过程除非特别指明，都指的是宽平稳过程. 显然，若严平稳过程是二阶矩过程的话，则一定是宽平稳过程，而宽平稳过程不一定是严平稳过程. 对于正态过程而言，宽平稳过程一定是严平稳过程.

定义 13.1.3　对于二维随机过程$\{(X(t),Y(t));t\in T\}$，设$\{X(t);t\in T\}$和$\{Y(t);t\in T\}$都是平稳过程，若互相关函数 $R_{XY}(t,t+\tau)$与 t 无关，称 $X(t)$和 $Y(t)$是**联合平稳**的.

例 13.1.1　设$\{X_n;n=0,\pm1,\pm2,\cdots\}$是随机变量序列，$E(X_n)=0$，$D(X_n)=\sigma^2$.

(1)若 $X_n,n=0,\pm1,\pm2,\cdots$两两不相关，问$\{X_n;n=0,\pm1,\pm2,\cdots\}$是否为宽平稳序列？

(2)若 $X_n,n=0,\pm1,\pm2,\cdots$相互独立同分布，问$\{X_n;n=0,\pm1,\pm2,\cdots\}$是否为严平稳序列？

解　(1)当$\{X_n;n=0,\pm1,\pm2,\cdots\}$是两两不相关随机变量序列时，由条件知，$E(X_n)=0$，$R_X(n,m)=\begin{cases}\sigma^2,n=m,\\0,n\neq m.\end{cases}$ $n,m=0,\pm1,\pm2,\cdots$即均值函数是常数，自相关函数只与 $n-m$ 有关，

因此$\{X_n;n=0,\pm1,\pm2,\cdots\}$是宽平稳序列.

(2)当$\{X_n;n=0,\pm1,\pm2,\cdots\}$是相互独立随机变量序列时,设$X_n$的分布函数为$F(x)$,则$(X_{n_1},X_{n_2},\cdots,X_{n_k})$在$(x_1,x_2,\cdots,x_k)$点的分布函数

$$F(x_1,x_2,\cdots,x_k;n_1,n_2,\cdots,n_k)=F(x_1)F(x_2)\cdots F(x_k),$$

而$(X_{n_1+m},X_{n_2+m},\cdots,X_{n_k+m})$在$(x_1,x_2,\cdots,x_k)$点的分布函数

$$F(x_1,x_2,\cdots,x_k;n_1+m,n_2+m,\cdots,n_k+m)=F(x_1)F(x_2)\cdots F(x_k),$$

由定义知,$\{X_n;n=0,\pm1,\pm2,\cdots\}$是严平稳序列.

例 13.1.2 设$\{X_n;n=0,\pm1,\pm2,\cdots\}$是两两不相关随机变量序列,$E(X_n)=0$,$D(X_n)=\sigma^2$,令$Y_n=\sum\limits_{k=0}^{l}X_{n-k}$,问$\{Y_n;n=0,\pm1,\pm2,\cdots\}$是否为宽平稳序列?

解 $E(Y_n)=\sum\limits_{k=0}^{l}E(X_{n-k})=0$,

$$R_Y(n,m)=E(Y_nY_m)=\sum_{k=0}^{l}\sum_{j=0}^{l}E(X_{n-k}X_{m-j})=\begin{cases}(l+1-|n-m|)\sigma^2, & |n-m|\leqslant l,\\ 0, & |n-m|>l.\end{cases}$$

所以,$\{Y_n;n=0,\pm1,\pm2,\cdots\}$是宽平稳序列.

例 13.1.3 设随机过程$X(t)=A\cos\omega t+B\sin\omega t$,$-\infty<t<\infty$,其中$\omega$是正常数,$A,B$是不相关的随机变量.$E(A)=E(B)=0$,$D(A)=D(B)=1$.证明$\{X(t);-\infty<t<\infty\}$是平稳过程;若$(A,B)$服从正态分布,则$\{X(t);-\infty<t<\infty\}$是严平稳过程.

证明 $\mu_X(t)=E(A)\cos\omega t+E(B)\sin\omega t=0$,

$$\begin{aligned}R_X(s,t)&=E((A\cos\omega s+B\sin\omega s)(A\cos\omega t+B\sin\omega t))\\&=E(A^2)\cos\omega s\cos\omega t+E(B^2)\sin\omega s\sin\omega t=\cos(\omega(t-s)).\end{aligned}$$

由定义$\{X(t);-\infty<t<\infty\}$是平稳过程.

若(A,B)服从正态分布,则$\{X(t);-\infty<t<\infty\}$是正态过程.事实上,任给$t_1,t_2,\cdots,t_n$,随机变量$A\cos\omega t_1+B\sin\omega t_1$,$A\cos\omega t_2+B\sin\omega t_2$,$\cdots$,$A\cos\omega t_n+B\sin\omega t_n$是正态变量$(A,B)$的$n$个线性组合,根据正态分布的性质知,服从正态分布,即$\{X(t);-\infty<t<\infty\}$是正态过程,又$\{X(t);-\infty<t<\infty\}$是宽平稳过程,从而$\{X(t);-\infty<t<\infty\}$是严平稳过程.

例 13.1.4 考虑随机电报信号,信号$X(t)$取值只有1或-1,$P\{X(t)=1\}=P\{X(t)=-1\}=\dfrac{1}{2}$,而正负号在区间$(t,t+\tau]$内变化的次数$N(t,t+\tau)$是随机的,且假设$N(t,t+\tau)$服从泊松分布,$P\{N(t,t+\tau)=k\}=\dfrac{(\lambda\tau)^k}{k!}e^{-\lambda\tau}$,$k=0,1,2,\cdots$其中$\lambda>0$是单位时间内变号次数的数学期望.问$\{X(t);t\geqslant0\}$是否为平稳过程?

解 $E(X(t))=P\{X(t)=1\}-P\{X(t)=-1\}=0$,

考虑$\tau>0$,$E(X(t)X(t+\tau))=P\{X(t)X(t+\tau)=1\}-P\{X(t)X(t+\tau)=-1\}$

$=P\{(t,t+\tau]$内变号偶数次$\}-P\{(t,t+\tau]$内变号奇数次$\}$

$$=\sum_{k=0}^{\infty}\frac{(\lambda\tau)^{2k}}{(2k)!}e^{-\lambda\tau}-\sum_{k=0}^{\infty}\frac{(\lambda\tau)^{2k+1}}{(2k+1)!}e^{-\lambda\tau}=e^{-\lambda\tau}\sum_{k=0}^{\infty}\frac{(-\lambda\tau)^k}{k!}=e^{-2\lambda\tau},$$

当$\tau=0$时,$E[X(t)X(t+\tau)]=1=e^{-2\lambda|\tau|}$.

当$\tau<0$时,令$\tau'=-\tau>0$,记$t+\tau=t'$,则$t=t'+(-\tau)$,

$E(X(t)X(t+\tau))=E(X(t')X(t'+\tau'))=e^{-2\lambda\tau'}=e^{2\lambda\tau}$.

综上所得,$R_X(t,t+\tau)=E(X(t)X(t+\tau))=e^{-2\lambda|\tau|}$,所以$\{X(t);t\geqslant0\}$是平稳过程.

平稳过程的基本特征是均值函数是常数，自相关函数是时间差的函数，因此了解自相关函数与协方差函数(只相差常数)的性质就显得非常重要.

性质 13.1.1 设$\{X(t);t\in T\}$是随机过程，$C_X(s,t)=\mathrm{Cov}\{X(s),X(t)\}$，$R_X(s,t)=E(X(s)X(t))$分别是协方差函数和相关函数，则$C_X(s,t)=C_X(t,s)$，$R_X(s,t)=R_X(t,s)$，即对称性；且对于任给的$t_1,t_2,\cdots,t_n\in T$及不全为零的实数$\lambda_1,\lambda_2,\cdots,\lambda_n$，$\sum_{k=1}^{n}\sum_{j=1}^{n}C_X(t_k,t_j)\lambda_k\lambda_j\geqslant 0$，$\sum_{k=1}^{n}\sum_{j=1}^{n}R_X(t_k,t_j)\lambda_k\lambda_j\geqslant 0$，即非负定性.

证明 对称性显然.下面只证明相关函数的非负定性，协方差函数的非负定性证明类似.

事实上，$\sum_{k=1}^{n}\sum_{j=1}^{n}R_X(t_k,t_j)\lambda_k\lambda_j=\sum_{k=1}^{n}\sum_{j=1}^{n}E(X(t_k)X(t_j))\lambda_k\lambda_j$

$$=E\{\sum_{k=1}^{n}\sum_{j=1}^{n}[X(t_k)X(t_j)\lambda_k\lambda_j]\}=E\{[\sum_{k=1}^{n}\lambda_kX(t_k)]^2\}\geqslant 0.$$

性质 13.1.2 设$\{X(t);t\in T\}$是平稳过程，$C_X(t-s)=C_X(s,t)$，$R_X(t-s)=R_X(s,t)$分别是协方差函数和相关函数，则

(1)$C_X(0)\geqslant 0$，$R_X(0)\geqslant 0$；

(2)$C_X(\tau)$，$R_X(\tau)$均为偶函数；

(3)$|C_X(\tau)|\leqslant C_X(0)$，$|R_X(\tau)|\leqslant R_X(0)$，即0点是最大值点；

(4)$C_X(\tau)$，$R_X(\tau)$均为非负定的.

证明请读者自行完成.

性质 13.1.3 设$\{(X(t),Y(t));t\in T\}$是联合平稳过程，$C_{XY}(s,t)=\mathrm{Cov}(X(s),Y(t))=C_{XY}(t-s)$，$R_{XY}(s,t)=E(X(s)Y(t))=R_{XY}(t-s)$.则

(1)$C_{XY}(\tau)=C_{YX}(-\tau)$，$R_{XY}(\tau)=R_{YX}(-\tau)$；

(2)$|C_{XY}(\tau)|^2\leqslant C_X(0)C_Y(0)$，$|R_{XY}(\tau)|^2\leqslant R_X(0)R_Y(0)$.

证明请读者自行完成.

§13.2 各态历经性

对于平稳随机过程而言，最重要的两个特征指标是均值函数和相关函数(协方差函数)，如何根据实验记录确定均值函数和相关函数呢?

首先注意到，若重复大量观察一个平稳过程，就可以获得足够多条样本函数$x_k(t)$，$k=1,2,\cdots,N$，再用数理统计中矩估计法，就可以估计均值函数和相关函数.即

$\hat{\mu}_X=\frac{1}{N}\sum_{k=1}^{N}x_k(t_1)$，$\hat{R}_X(\tau)=\frac{1}{N}\sum_{k=1}^{N}x_k(t_1)x_k(t_1+\tau)$，其中$t_1$，$t_1+\tau$均在已观察的范围内.

这样的估计有两个问题值得注意，首先，根据大数定律，对于任给的$\varepsilon>0$，有

$$\lim_{N\to\infty}P\left\{\left|\frac{1}{N}\sum_{k=1}^{N}x_k(t_1)-\mu_X\right|<\varepsilon\right\}=1,$$

并且对于任给的实数τ，$\lim_{N\to\infty}P\{|\frac{1}{N}\sum_{k=1}^{N}x_k(t_1)x_k(t_1+\tau)-R_X(\tau)|<\varepsilon\}=1$，这就要求观察足够多条样本函数，而这在实际情况中几乎是难以办到的；其次，对于获得的样本函数，估计时只用到一两个点，很“浪费”.因此考虑有没有可能通过一次足够长时间的观察，用一条样本函数关于时间的平均来估计均值函数和相关函数呢？答案是对于平稳过程，如果满足一定的条件，

就可以用一条样本函数关于时间的平均来估计均值函数和相关函数. 这就是本节要讨论的各态历经性. 为此先给出随机积分的概念.

定义 13.2.1 设$\{X(t);a\leqslant t\leqslant b\}$为二阶矩过程，$f(t)$为$[a,b]$上确定性函数，若对$X(t)$的任一样本函数$x(t)$，$f(t)x(t)$在$[a,b]$上可积，记$y=\int_a^b f(t)x(t)\mathrm{d}t$. 由于随机过程的样本函数不同，因此积分值是一个随机变量.

但有时候不能保证对于所有的样本函数，$f(x)x(t)$在$[a,b]$上都是可积的，这就需要引入均方可积的概念.

定义 13.2.2 设$\{X(t);a\leqslant t\leqslant b\}$为二阶矩过程，$f(t)$为$[a,b]$上确定性函数，将$[a,b]$分割，$a=t_0<t_1<\cdots<t_n=b$，令$\Delta t_i=t_i-t_{i-1}$，$t_i'\in[t_{i-1},t_i]$，$i=1,2,\cdots,n$. 若存在随机变量$Y$，使得$\lim\limits_{\max\Delta t_i\to 0}E[\sum\limits_{i=1}^{n}f(t'_i)X(t'_i)\Delta t_i-Y]^2=0$，称$f(x)X(t)$在$[a,b]$上均方可积.

注 当两种定义的积分都存在时，它们相等的概率为1，故今后不再加以区别，记为$Y=\int_a^b f(t)X(t)\mathrm{d}t$.

均方可积准则 $f(t)X(t)$ 在$[a,b]$上均方可积的充要条件是

$$\int_a^b\int_a^b f(t_1)f(t_2)R_X(t_1,t_2)\mathrm{d}t_1\mathrm{d}t_2$$

存在. 特别地，$X(t)$在$[a,b]$上均方可积的充要条件是$R_X(t_1,t_2)$在$[a,b]\times[a,b]$上可积.

均方积分性质 设$f(t)X(t)$在$[a,b]$上均方可积，则有

(1) $E(\int_a^b f(t)X(t)\mathrm{d}t)=\int_a^b f(t)E(X(t))\mathrm{d}t$，特别地，$E(\int_a^b X(t)\mathrm{d}t)=\int_a^b E(X(t))\mathrm{d}t$；

(2) $E\{\int_a^b f(t_1)X(t_1)\mathrm{d}t_1\int_a^b f(t_2)X(t_2)\mathrm{d}t_2\}=\int_a^b\int_a^b f(t_1)f(t_2)R_X(t_1,t_2)\mathrm{d}t_1\mathrm{d}t_2$，特别地，$E\{[\int_a^b X(t)\mathrm{d}t]^2\}=\int_a^b\int_a^b R_X(t_1,t_2)\mathrm{d}t_1\mathrm{d}t_2$.

证略.

定义 13.2.3 设$\{X(t);-\infty<t<\infty\}$为平稳过程，

$$<X(t)>=\lim_{T\to\infty}\frac{1}{2T}\int_{-T}^{T}X(t)\mathrm{d}t$$

称为过程的**时间均值**；对于任给的τ，

$$<X(t)X(t+\tau)>=\lim_{T\to\infty}\frac{1}{2T}\int_{-T}^{T}X(t)X(t+\tau)\mathrm{d}t$$

称为过程的**时间相关函数**.

定义 13.2.4 设$\{X(t);-\infty<t<\infty\}$为平稳过程，

(1)若

$$<X(t)>=E\{X(t)\}=\mu_X$$

以概率1成立，则称过程的**均值具有各态历经性**；

(2)若对于任给的实数τ，

$$<X(t)X(t+\tau)>=E\{X(t)X(t+\tau)\}=R_X(\tau)$$

以概率1成立，则称过程的**自相关函数具有各态历经性**；

(3)若$X(t)$的均值函数和自相关函数都具有各态历经性，则称$X(t)$是(宽)**各态历经过程**(**ergodic process**).

例 13.2.1　设 $X(t)=a\cos(\omega t+\Theta)$，$-\infty<t<\infty$，其中 a,ω 是正常数，Θ 为随机变量，$\Theta\sim U[0,2\pi]$. 证明 $\{X(t);-\infty<t<\infty\}$ 是各态历经过程.

证明　由第十章例 10.3.1 知，$\{X(t);-\infty<t<\infty\}$ 是平稳过程，$\mu_X=0$，$R_X(\tau)=\frac{a^2}{2}\cos\omega\tau$；

而
$$<X(t)>=\lim_{T\to\infty}\frac{1}{2T}\int_{-T}^{T}X(t)\mathrm{d}t=\lim_{T\to\infty}\frac{1}{2T}\int_{-T}^{T}a\cos(\omega t+\Theta)\mathrm{d}t$$
$$=\lim_{T\to\infty}\frac{a[\sin(\omega T+\Theta)-\sin(-\omega T+\Theta)]}{2T\omega}=\lim_{T\to\infty}\frac{a\cos\Theta\sin\omega T}{T\omega}=0=\mu_X.$$

对于任给的实数 τ，$<X(t)X(t+\tau)>=\lim_{T\to\infty}\frac{1}{2T}\int_{-T}^{T}X(t)X(t+\tau)\mathrm{d}t$
$$=\lim_{T\to\infty}\frac{1}{2T}\int_{-T}^{T}a^2\cos(\omega t+\Theta)\cos[\omega(t+\tau)+\Theta]\mathrm{d}t$$
$$=\lim_{T\to\infty}\frac{a^2}{4T}\int_{-T}^{T}\{\cos[\omega(2t+\tau)+2\Theta]+\cos\omega\tau\}\mathrm{d}t=\frac{a^2\cos\omega\tau}{2}=R_X(\tau).$$

根据各态历经过程的定义知，随机相位正弦波过程是各态历经过程.

对于随机相位正弦波来说，所有样本函数的差异只是相位的不同，而每一条样本函数都"历经"了状态空间 $[-a,a]$ 间的各个状态，从而是各态历经过程. 它的每一条样本函数关于时间的平均都是一样的.

例 13.2.2　设 $X(t)=A\cos(\omega t+\Theta)$，$-\infty<t<\infty$，其中 ω 是正常数，A,Θ 为相互独立的随机变量，$A\sim U[0,1]$，$\Theta\sim U[0,2\pi]$. 证明 $\{X(t);-\infty<t<\infty\}$ 是平稳过程，判断 $\{X(t);-\infty<t<\infty\}$ 是否为各态历经过程.

解　$\mu_X(t)=E(A)E(\cos(\omega t+\Theta))=0$，

$R_X(t,t+\tau)=E(A^2)E(\cos(\omega t+\Theta)\cos(\omega t+\omega\tau+\Theta))=\frac{\cos\omega\tau}{6}$，

由定义知，$\{X(t);-\infty<t<\infty\}$ 是平稳过程.

$$<X(t)>=\lim_{T\to\infty}\frac{1}{2T}\int_{-T}^{T}A\cos(\omega t+\Theta)\mathrm{d}t=A\lim_{T\to\infty}\frac{1}{2T}\int_{-T}^{T}\cos(\omega t+\Theta)\mathrm{d}t=0=\mu_X,$$

即 $\{X(t);-\infty<t<\infty\}$ 的均值具有各态历经性.

$$<X(t)X(t+\tau)>=\lim_{T\to\infty}\frac{1}{2T}\int_{-T}^{T}A^2\cos(\omega t+\Theta)\cos[\omega(t+\tau)+\Theta]\mathrm{d}t$$
$$=A^2\lim_{T\to\infty}\frac{1}{2T}\int_{-T}^{T}\cos(\omega t+\Theta)\cos[\omega(t+\tau)+\Theta]\mathrm{d}t=\frac{A^2\cos\omega\tau}{2}.$$

当 $\tau\neq\frac{(k+1/2)\pi}{\omega}$，即 $\cos\omega\tau\neq0$ 时，

$$P\{<X(t)X(t+\tau)>=R_X(\tau)\}=P\{\frac{A^2\cos\omega\tau}{2}=\frac{\cos\omega\tau}{6}\}=P(A=\frac{\sqrt{3}}{3})=0\neq1.$$

因此 $\{X(t);-\infty<t<\infty\}$ 的自相关函数不具有各态历经性，从而 $\{X(t);-\infty<t<\infty\}$ 不是各态历经过程.

思考一下这个正弦波的样本函数有什么差异，每一条样本函数的时间均值是一样的吗？样本函数的时间相关函数为什么不一样呢？

例 13.2.3　设 $X(t)=X$，$-\infty<t<\infty$，X 是随机变量，$P(X=1)=P(X=-1)=\frac{1}{2}$. 证明 $\{X(t);-\infty<t<\infty\}$ 是平稳过程，$\{X(t);-\infty<t<\infty\}$ 的均值不具有各态历经性.

证明 $\mu_X(t)=E(X)=0, R_X(t,t+\tau)=E(X^2)=1$,由定义知$\{X(t);-\infty<t<\infty\}$是平稳过程.

$$<X(t)>=\lim_{T\to\infty}\frac{1}{2T}\int_{-T}^{T}X(t)\mathrm{d}t=X,$$

$$P(<X(t)>=\mu_X)=P(X=0)=0\neq 1.$$

所以$\{X(t);-\infty<t<\infty\}$的均值不具有各态历经性.

注意到此过程只有两条样本函数,$x_1(t)=1, x_2(t)=-1$.状态空间只有两个值$\{1,-1\}$,但每条样本函数只取一个状态,所以均值也不具有各态历经性了.

下面讨论一个平稳过程均值和自相关函数各态历经性的充分必要条件.

定理 13.2.1 设$\{X(t);-\infty<t<\infty\}$是平稳过程,则$X(t)$的均值具有各态历经性的充要条件是

$$\lim_{T\to\infty}\frac{1}{T}\int_{0}^{2T}\left(1-\frac{\tau}{2T}\right)(R_X(\tau)-\mu_X^2)\mathrm{d}\tau=0,$$

或等价地

$$\lim_{T\to\infty}\frac{1}{T}\int_{0}^{T}\left(1-\frac{\tau}{T}\right)(R_X(\tau)-\mu_X^2)\mathrm{d}\tau=0.$$

证明 $X(t)$的均值具有各态历经性的定义是$P\{<X(t)>=\mu_X\}=1$,这等价于

$$E\{<X(t)>\}=\mu_X, D\{<X(t)>\}=0.$$

计算得 $E\{<X(t)>\}=E\{\lim\limits_{T\to\infty}\frac{1}{2T}\int_{-T}^{T}X(t)\mathrm{d}t\}=\lim\limits_{T\to\infty}\frac{1}{2T}\int_{-T}^{T}E[X(t)]\mathrm{d}t=\mu_X$;

$$\begin{aligned}D\{<X(t)>\}&=E\{<X(t)>^2\}-\{E[<X(t)>]\}^2\\&=E\{[\lim_{T\to\infty}\frac{1}{2T}\int_{-T}^{T}X(t)\mathrm{d}t]^2\}-\mu_X^2\\&=E\{\lim_{T\to\infty}\frac{1}{4T^2}\int_{-T}^{T}X(t_1)\mathrm{d}t_1\int_{-T}^{T}X(t_2)\mathrm{d}t_2\}-\mu_X^2\\&=\lim_{T\to\infty}\frac{1}{4T^2}\int_{-T}^{T}\int_{-T}^{T}R_X(t_2-t_1)\mathrm{d}t_1\mathrm{d}t_2-\mu_X^2.\end{aligned}$$

其中,由平稳性,$E(X(t_1)X(t_2))=R_X(t_2-t_1)$.

令$\tau_1=t_1+t_2, \tau_2=-t_1+t_2$,则$\left|\frac{\partial(t_1,t_2)}{\partial(\tau_1,\tau_2)}\right|=\frac{1}{2}$,

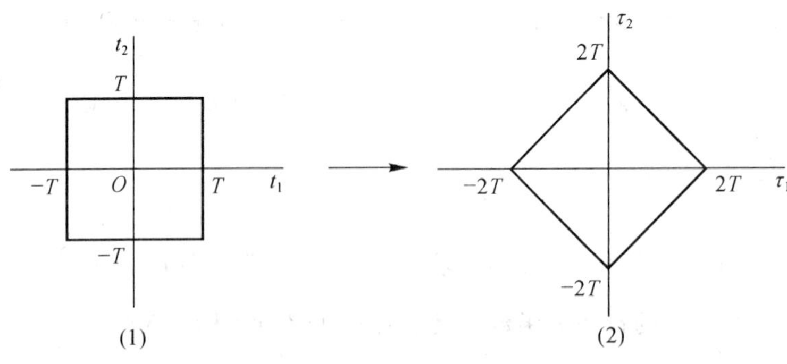

于是,

$$D\{<X(t)>\}=\lim_{T\to\infty}\frac{1}{4T^2}\int_{-2T}^{2T}\int_{-2T+|\tau_2|}^{2T-|\tau_2|}\frac{1}{2}R_X(\tau_2)\mathrm{d}\tau_1\mathrm{d}\tau_2-\mu_X^2$$

$$=\lim_{T\to\infty}\frac{1}{2T}\int_{-2T}^{2T}R_X(\tau_2)\left(1-\frac{|\tau_2|}{2T}\right)\mathrm{d}\tau_2-\mu_X^2$$

$$= \lim_{T\to\infty} \frac{1}{2T}\int_{-2T}^{2T} \left(1 - \frac{|\tau|}{2T}\right)(R_X(\tau) - \mu_X^2)\mathrm{d}\tau \qquad \left(\text{因为} \frac{1}{2T}\int_{-2T}^{2T}\left(1 - \frac{|\tau|}{2T}\right)\mathrm{d}\tau = 1\right)$$

$$= \lim_{T\to\infty} \frac{1}{T}\int_{0}^{2T} \left(1 - \frac{\tau}{2T}\right)(R_X(\tau) - \mu_X^2)\mathrm{d}\tau \qquad (\text{因为 } R_X(\tau) \text{ 是偶函数})$$

得到 $D\{< X(t) >\} = 0 \Leftrightarrow \lim\limits_{T\to\infty} \frac{1}{T}\int_{0}^{2T}\left(1 - \frac{\tau}{2T}\right)[R_X(\tau) - \mu_X^2]\mathrm{d}\tau = 0.$

推论 13.2.1 对于平稳过程$\{X(t);-\infty<t<\infty\}$,在$\lim\limits_{\tau\to\infty}R_X(\tau)$存在的条件下,若$\lim\limits_{\tau\to\infty}R_X(\tau)=\mu_X^2$,则 $X(t)$的均值具有各态历经性;若$\lim\limits_{\tau\to\infty}R_X(\tau)\neq\mu_X^2$,则 $X(t)$的均值不具有各态历经性.

证明略.

该推论是平稳过程均值具有各态历经性的充分条件,它说明当时间间隔充分大时,若状态呈现不相关性,则均值具有各态历经性.

定理 13.2.2 设$\{X(t);-\infty<t<\infty\}$是平稳过程,对任意给定的 τ,$\{X(t)X(t+\tau);-\infty<t<\infty\}$也是平稳过程,则 $X(t)$的自相关函数具有各态历经性的充要条件是

$$\lim_{T\to\infty} \frac{1}{T}\int_{0}^{2T}\left(1 - \frac{\tau_1}{2T}\right)(B_\tau(\tau_1) - R_X^2(\tau))\mathrm{d}\tau_1 = 0$$

其中 $B_\tau(\tau_1)=E(X(t)X(t+\tau)X(t+\tau_1)X(t+\tau+\tau_1))$.

证明:对固定的 τ,记 $Y(t)=X(t)X(t+\tau)$,则 $\mu_Y=R_X(\tau)$,

故 $R_X(\tau)$的各态历经性相当于 μ_Y 的各态历经性,由于

$R_Y(\tau_1)=E(Y(t)Y(t+\tau_1))=E(X(t)X(t+\tau)X(t+\tau_1)X(t+\tau+\tau_1))=B_\tau(\tau_1)$,

由定理 13.2.1 即得.

实际中讨论的平稳过程为$\{X(t);t\geqslant0\}$,此时,过程的时间均值为

$$< X(t) >= \lim_{T\to\infty} \frac{1}{T}\int_{0}^{T} X(t)\mathrm{d}t$$

对于任给的 τ,过程的时间相关函数为

$$< X(t)X(t+\tau) >= \lim_{T\to\infty} \frac{1}{T}\int_{0}^{T} X(t)X(t+\tau)\mathrm{d}t,$$

相应的各态历经定理与定理 13.2.1 和定理 13.2.2 相同.

实际问题中要严格验证平稳过程是否满足各态历经条件是比较困难的,但各态历经定理的条件较宽,工程中所遇到的平稳过程大多数都能满足.

各态历经定理的重要价值在于从理论上保证一个平稳过程如果是各态历经的,则"以概率 1 成立"用一条样本函数的时间平均确定出过程的均值和自相关函数.

设试验记录了在时间区间$[0,T]$上的样本函数 $x(t)$,则均值 $\mu_X=E(X(t))$的估计为

$$\hat{\mu}_X = \frac{1}{T}\int_{0}^{T} x(t)\mathrm{d}t.$$

自相关函数 $R_X(\tau)=E(X(t)X(t+\tau))$的估计为

$$\hat{R}_X(\tau) = \frac{1}{T-\tau}\int_{0}^{T-\tau} x(t)x(t+\tau)\mathrm{d}t = \frac{1}{T-\tau}\int_{\tau}^{T} x(t)x(t-\tau)\mathrm{d}t, 0 \leqslant \tau < T.$$

§13.3 平稳过程的功率谱密度

对于平稳过程,前面主要在时间域上对自相关函数的性质展开讨论.除了时间域描述外,

还有等价的频率域描述. 它们之间的联系就是傅立叶变换与逆变换.

若平稳过程$\{X(t);-\infty<t<\infty\}$表示随机信号,则$E(\lim\limits_{T\to\infty}\dfrac{1}{2T}\int_{-T}^{T}X^2(t)\mathrm{d}t)$的物理意义为平均功率. 计算得$E(\lim\limits_{T\to\infty}\dfrac{1}{2T}\int_{-T}^{T}X^2(t)\mathrm{d}t)=\lim\limits_{T\to\infty}\dfrac{1}{2T}\int_{-T}^{T}E(X^2(t))\mathrm{d}t=R_X(0)$,即$X(t)$的平均功率为$R_X(0)$.

下面讨论平均功率的谱表示.

设$x(t)$是平稳过程$\{X(t);-\infty<t<\infty\}$的样本函数,作截尾函数

$$x_T(t)=\begin{cases}x(t), & |t|\leqslant T,\\ 0, & |t|>T.\end{cases}$$

则$x_T(t)$的傅立叶变换存在,记为$F_x(\omega,T)$,即

$$F_x(\omega,T)=\int_{-\infty}^{\infty}x_T(t)\mathrm{e}^{-\mathrm{i}\omega t}\mathrm{d}t=\int_{-T}^{T}x(t)\mathrm{e}^{-\mathrm{i}\omega t}\mathrm{d}t,$$

其傅立叶逆变换为$x_T(t)=\dfrac{1}{2\pi}\int_{-\infty}^{\infty}F_x(\omega,T)\mathrm{e}^{\mathrm{i}\omega t}\mathrm{d}\omega$,

且有帕塞伐等式成立$\int_{-T}^{T}x^2(t)\mathrm{d}t=\int_{-\infty}^{\infty}x_T^2(t)\mathrm{d}t=\dfrac{1}{2\pi}\int_{-\infty}^{\infty}|F_x(\omega,T)|^2\mathrm{d}\omega$.

事实上

$$\begin{aligned}\int_{-\infty}^{\infty}x_T^2(t)\mathrm{d}t&=\int_{-\infty}^{\infty}x_T(t)\Big[\frac{1}{2\pi}\int_{-\infty}^{\infty}F_x(\omega,T)\mathrm{e}^{\mathrm{i}\omega t}\mathrm{d}\omega\Big]\mathrm{d}t\\&=\frac{1}{2\pi}\int_{-\infty}^{\infty}F_x(\omega,T)\Big[\int_{-\infty}^{\infty}x_T(t)\mathrm{e}^{\mathrm{i}\omega t}\mathrm{d}t\Big]\mathrm{d}\omega\\&=\frac{1}{2\pi}\int_{-\infty}^{\infty}F_x(\omega,T)\overline{F_x(\omega,T)}\mathrm{d}\omega=\frac{1}{2\pi}\int_{-\infty}^{\infty}|F_x(\omega,T)|^2\mathrm{d}\omega\end{aligned}$$

因此对于平稳过程$X(t)$,有

$$\lim_{T\to\infty}\frac{1}{2T}\int_{-T}^{T}X^2(t)\mathrm{d}t=\frac{1}{2\pi}\int_{-\infty}^{\infty}\lim_{T\to\infty}\frac{1}{2T}|F_X(\omega,T)|^2\mathrm{d}\omega,$$

等式两边都是随机变量,故同时取数学期望,此时左边就是平稳过程的平均功率,即

$$R_X(0)=E(\lim_{T\to\infty}\frac{1}{2T}\int_{-T}^{T}X^2(t)\mathrm{d}t)=\frac{1}{2\pi}\int_{-\infty}^{\infty}E(\lim_{T\to\infty}\frac{1}{2T}|F_X(\omega,T)|^2)\mathrm{d}\omega.$$

记$S_X(\omega)=E(\lim\limits_{T\to\infty}\dfrac{1}{2T}|F_X(\omega,T)|^2)$称为**功率谱密度**,简称**谱密度**. 于是

$$R_X(0)=\frac{1}{2\pi}\int_{-\infty}^{\infty}S_X(\omega)\mathrm{d}\omega,$$

就是平稳过程的平均功率谱表示式.

功率谱密度$S_X(\omega)$是从频率域描述$X(t)$的统计规律的最重要的数字特征. 上式的物理意义表示$X(t)$的平均功率关于频率的分布.

功率谱密度的性质

(1)$S_X(\omega)$是ω的实的、非负的、偶函数.

这是因为$|F_X(\omega,T)|^2$是ω的实的、非负的偶函数,故对其取期望,极限后仍是ω的实的、非负的偶函数.

(2)若$\int_{-\infty}^{\infty}|R_X(\tau)|\mathrm{d}\tau<\infty$,则$S_X(\omega)$和$R_X(\tau)$是傅立叶变换对,即

$$S_X(\omega)=\int_{-\infty}^{\infty}R_X(\tau)\mathrm{e}^{-\mathrm{i}\omega\tau}\mathrm{d}\tau,$$

$$R_X(\tau)=\frac{1}{2\pi}\int_{-\infty}^{\infty}S_X(\omega)\mathrm{e}^{\mathrm{i}\omega\tau}\mathrm{d}\omega,$$

它们被称为**维纳一辛钦(Wiener-Khintchine)**公式.

证明　$S_X(\omega)=\lim\limits_{T\to\infty}\frac{1}{2T}E(|F_X(\omega,T)|^2)=\lim\limits_{T\to\infty}\frac{1}{2T}E(|\int_{-T}^{T}X(t)\mathrm{e}^{-\mathrm{i}\omega t}\mathrm{d}t|^2)$

$$=\lim_{T\to\infty}\frac{1}{2T}E(\int_{-T}^{T}X(t)\mathrm{e}^{-\mathrm{i}\omega t}\mathrm{d}t\,\overline{\int_{-T}^{T}X(s)\mathrm{e}^{-\mathrm{i}\omega s}\mathrm{d}s})$$

$$=\lim_{T\to\infty}\frac{1}{2T}E(\int_{-T}^{T}\int_{-T}^{T}X(t)X(s)\mathrm{e}^{-\mathrm{i}\omega(t-s)}\mathrm{d}t\mathrm{d}s)$$

$$=\lim_{T\to\infty}\frac{1}{2T}\int_{-T}^{T}\int_{-T}^{T}R_X(t-s)\mathrm{e}^{-\mathrm{i}\omega(t-s)}\mathrm{d}t\mathrm{d}s\quad(\text{作变换}\begin{cases}\tau=t-s\\ \tau_1=t+s\end{cases})$$

$$=\lim_{T\to\infty}\int_{-2T}^{2T}(1-\frac{|\tau|}{2T})R_X(\tau)\mathrm{e}^{-\mathrm{i}\omega\tau}\mathrm{d}\tau.$$

令　$R_X(\tau,T)=\begin{cases}(1-\frac{|\tau|}{2T})R_X(\tau), & |\tau|\leqslant 2T,\\ 0, & |\tau|>2T.\end{cases}$

则　$\lim\limits_{T\to\infty}R_X(\tau,T)=R_X(\tau)$,故当$\int_{-\infty}^{\infty}|R_X(\tau)|\mathrm{d}\tau<\infty$时,

$$S_X(\omega)=\lim_{T\to\infty}\int_{-\infty}^{\infty}R_X(\tau,T)\mathrm{e}^{-\mathrm{i}\omega\tau}\mathrm{d}\tau=\int_{-\infty}^{\infty}\lim_{T\to\infty}R_X(\tau,T)\mathrm{e}^{-\mathrm{i}\omega\tau}\mathrm{d}\tau=\int_{-\infty}^{\infty}R_X(\tau)\mathrm{e}^{-\mathrm{i}\omega\tau}\mathrm{d}\tau.$$

作傅立叶逆变换得,$R_X(\tau)=\frac{1}{2\pi}\int_{-\infty}^{\infty}S_X(\omega)\mathrm{e}^{\mathrm{i}\omega\tau}\mathrm{d}\omega$.

此外,由于$R_X(\tau)$和$S_X(\omega)$都是偶函数,所以利用欧拉(Euler)公式,维纳一辛钦公式还可以写成如下的形式:$\begin{cases}S_X(\omega)=2\int_0^{\infty}R_X(\tau)\cos\omega\tau\mathrm{d}\tau\\ R_X(\tau)=\frac{1}{\pi}\int_0^{\infty}S_X(\omega)\cos\omega\tau\mathrm{d}\omega\end{cases}$.

维纳一辛钦公式也称为平稳过程自相关函数的谱表示式,它揭示了从时间域描述平稳过程$X(t)$的统计规律和从频率域描述$X(t)$的统计规律之间的联系.

表13.3.1列出了若干个自相关函数及其对应的谱密度.

表13.3.1　自相关函数与谱密度对照表

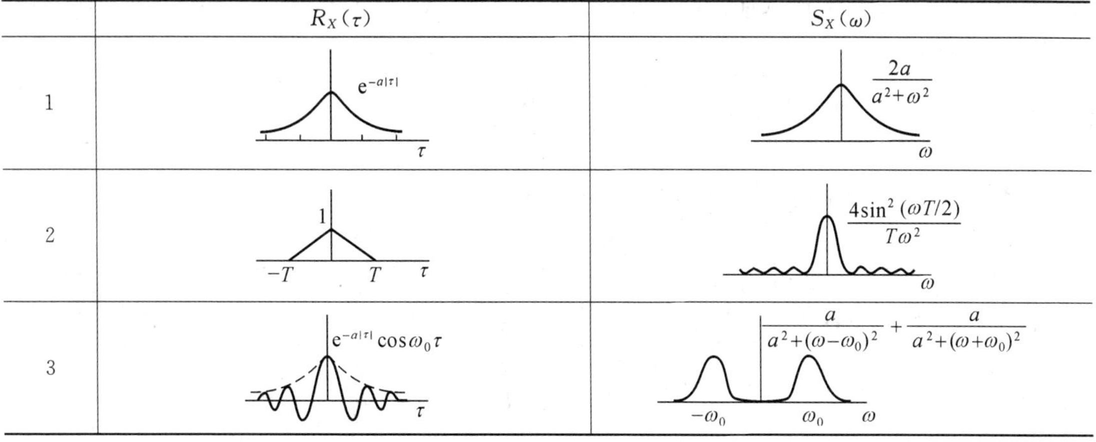

$R_X(\tau)$
$S_X(\omega)$
1
$\mathrm{e}^{-a|\tau|}$
τ
$\frac{2a}{a^2+\omega^2}$
ω
2
1
$-T$
T
τ
$\frac{4\sin^2(\omega T/2)}{T\omega^2}$
ω
3
$\mathrm{e}^{-a|\tau|}\cos\omega_0\tau$
τ
$\frac{a}{a^2+(\omega-\omega_0)^2}+\frac{a}{a^2+(\omega+\omega_0)^2}$
$-\omega_0$
ω_0
ω

续表

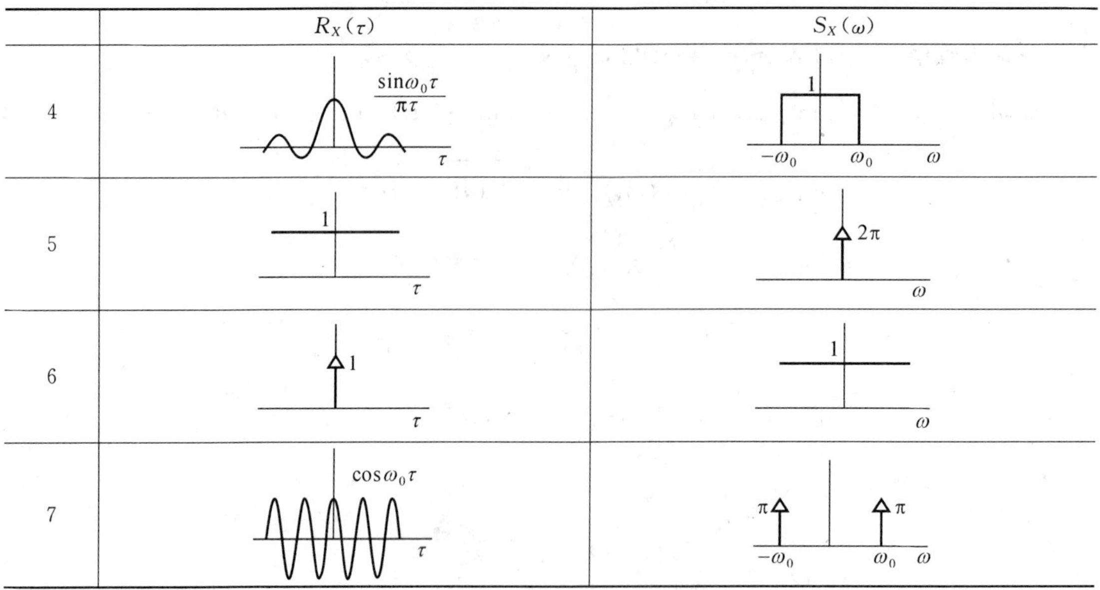

若平稳过程为 $\{X(t);t\geqslant 0\}$，谱密度为 $S_X(\omega)=\lim\limits_{T\to\infty}\frac{1}{T}E[|\int_0^T X(t)e^{-i\omega t}dt|^2]$，而在工程中，由于只在正的频率范围内进行测量，根据谱密度的偶函数性质，可将负的频率范围内的值折算到正频率范围内，得到“单边功率谱”，记为 $G_X(\omega)$. 即

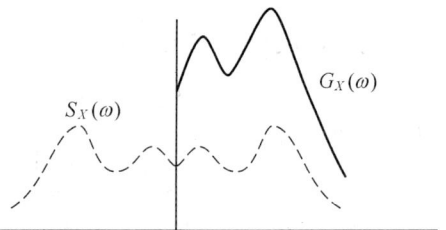

$$G_X(\omega)=\begin{cases}2\lim\limits_{T\to\infty}\frac{1}{T}E(|\int_0^T X(t)e^{-i\omega t}dt|^2), & \omega\geqslant 0,\\ 0, & \omega<0.\end{cases}$$

$$=\begin{cases}2S_X(\omega), & \omega\geqslant 0,\\ 0, & \omega<0.\end{cases}$$

例 13.3.1　已知平稳过程 $\{X(t);-\infty<t<\infty\}$ 的自相关函数为 $R_X(\tau)=e^{-a|\tau|}$，$a>0$，求 $X(t)$ 的谱密度 $S_X(\omega)$.

解　$S_X(\omega)=\int_{-\infty}^{\infty}e^{-a|\tau|}e^{-i\omega\tau}d\tau=\frac{1}{a+i\omega}+\frac{1}{a-i\omega}=\frac{2a}{a^2+\omega^2}.$

例 13.3.2　已知平稳过程 $\{X(t);-\infty<t<\infty\}$ 的谱密度为 $S_X(\omega)=\frac{5\omega^2+14}{\omega^4+5\omega^2+4}$，求 $X(t)$ 的自相关函数 $R_X(\tau)$.

解　$S_X(\omega)=\frac{5\omega^2+14}{\omega^4+5\omega^2+4}=\frac{3}{2}\frac{2}{\omega^2+1}+\frac{1}{2}\frac{4}{\omega^2+4}.$

根据例 13.3.1 及傅立叶变换的性质知，自相关函数 $R_X(\tau)=\frac{3}{2}e^{-|\tau|}+\frac{1}{2}e^{-2|\tau|}$.

也可以由 $R_X(\tau)=\frac{1}{2\pi}\int_{-\infty}^{\infty}\frac{5\omega^2+14}{\omega^4+5\omega^2+4}e^{i\omega\tau}d\omega$，利用留数定理计算得到.

以上两例中的谱密度属于有理谱密度. 有理谱密度的一般形式为

$$S_X(\omega)=S_0\frac{\omega^{2n}+a_{2n-2}\omega^{2n-2}+\cdots+a_0}{\omega^{2m}+b_{2m-2}\omega^{2m-2}+\cdots+b_0},$$

其中 $S_0>0,m>n\geqslant 0$，且分母无实根.

例 13.3.3　已知平稳过程$\{X(t);-\infty<t<\infty\}$的自相关函数为 $R_X(\tau)=e^{-a|\tau|}\cos\omega_0\tau$，其中 a,ω_0 为正常数，求 $X(t)$的谱密度 $S_X(\omega)$.

解　$$S_X(\omega)=\int_{-\infty}^{\infty}e^{-a|\tau|}\cos\omega_0\tau\cdot e^{-i\omega\tau}d\tau=\int_{-\infty}^{\infty}e^{-a|\tau|}\frac{e^{i\omega_0\tau}+e^{-i\omega_0\tau}}{2}e^{-i\omega\tau}d\tau$$

$$=\frac{1}{2}\left[\int_{-\infty}^{\infty}e^{-a|\tau|}e^{-i(\omega-\omega_0)\tau}d\tau+\int_{-\infty}^{\infty}e^{-a|\tau|}e^{-i(\omega+\omega_0)\tau}d\tau\right]$$

$$\overset{\text{表13.3.1第一栏}}{=}\frac{1}{2}\left[\frac{2a}{a^2+(\omega-\omega_0)^2}+\frac{2a}{a^2+(\omega+\omega_0)^2}\right],$$

即为表 13.3.1 第三栏.

设$\{X(t);-\infty<t<\infty\}$为平稳过程，均值为零，谱密度为正常数，即 $S_X(\omega)=S_0$，$-\infty<\omega<\infty$，称 $X(t)$为**白噪声过程.**

由于白噪声过程有类似于白光的性质，其能量谱在各种频率上均匀分布，故而得名. 又由于它的统计特性不随时间推移而改变，因此是平稳过程. 但其相关函数在通常意义下的傅立叶逆变换不存在，于是，为了对白噪声过程进行频谱分析，引进 δ 函数的傅立叶变换.

δ 函数是单位冲激函数 $\delta(t)$的简称，它是一种广义函数. 狄拉克最早给出了 $\delta(t)$的定义：

$$\begin{cases}\delta(t)=0,t\neq 0,\\ \int_{-\infty}^{\infty}\delta(t)dt=1.\end{cases}$$

δ 函数的基本性质：对任一在 $\tau=0$ 连续的函数 $f(\tau)$，有 $\int_{-\infty}^{\infty}\delta(\tau)f(\tau)d\tau=f(0)$.

一般地，若函数 $f(\tau)$在 $\tau=\tau_0$ 连续，就有 $\int_{-\infty}^{\infty}\delta(\tau-\tau_0)f(\tau)d\tau=f(\tau_0)$.

于是，可以得到以下傅立叶变换对：

$$\int_{-\infty}^{\infty}\delta(\tau)e^{-i\omega\tau}d\tau=1\leftrightarrow\delta(\tau)=\frac{1}{2\pi}\int_{-\infty}^{\infty}1\times e^{i\omega\tau}d\omega,$$

$$\int_{-\infty}^{\infty}1\times e^{-i\omega\tau}d\tau=2\pi\delta(\omega)\leftrightarrow 1=\frac{1}{2\pi}\int_{-\infty}^{\infty}2\pi\delta(\omega)e^{i\omega\tau}d\omega.$$

即当自相关函数 $R_X(\tau)=1$ 时，谱密度 $S_X(\omega)=2\pi\delta(\omega)$；当自相关函数 $R_X(\tau)=\delta(\tau)$时，对应谱密度 $S_X(\omega)=1$. 这说明白噪声过程的自相关函数为 $R_X(\tau)=S_0\delta(\tau)$，即过程在 $t_1\neq t_2$ 时，$X(t_1)$与 $X(t_2)$是不相关的.

白噪声过程是一种理想化的数学模型，它的平均功率 $R_X(0)$是无限的. 实际中，当噪声在比实际考虑的有用频带宽得多的范围内具有比较"平坦"的谱密度时，就将它近似当作白噪声来处理.

与白噪声相关的另一类称为带限白噪声，其谱密度的特点是仅在某些有限频率范围内取正常数. 如低通白噪声，其谱密度定义为 $S_X(\omega)=\begin{cases}S_0, & |\omega|\leqslant\omega_1\\ 0, & |\omega|>\omega_1\end{cases}$，相应的自相关函数为

$$R_X(\tau)=\frac{1}{2\pi}\int_{-\infty}^{\infty}S_X(\omega)e^{i\omega\tau}d\omega=\frac{1}{2\pi}\int_{-\omega_1}^{\omega_1}S_0e^{i\omega\tau}d\omega=\frac{S_0}{\pi\tau}\sin\omega_1\tau.$$

当 $\tau=\frac{k\pi}{\omega_1}$，$k=\pm1,\pm2,\cdots$时，$R_X(\tau)=0$. 这说明低通白噪声 $X(t)$在 $t_2-t_1=\frac{k\pi}{\omega_1}$时，$X(t_1)$与 $X(t_2)$是不相关的.

例 13.3.4 已知平稳过程$\{X(t);-\infty<t<\infty\}$的自相关函数为$R_X(\tau)=a\cos\omega_0\tau$，其中$a,\omega_0$为正常数，求$X(t)$的谱密度$S_X(\omega)$.

解
$$S_X(\omega)=\int_{-\infty}^{\infty}a\cos\omega_0\tau e^{-i\omega\tau}d\tau=\int_{-\infty}^{\infty}\frac{a}{2}(e^{i\omega_0\tau}+e^{-i\omega_0\tau})e^{-i\omega\tau}d\tau$$
$$=\frac{a}{2}\left[\int_{-\infty}^{\infty}e^{-i(\omega-\omega_0)\tau}d\tau+\int_{-\infty}^{\infty}e^{-i(\omega+\omega_0)\tau}d\tau\right]$$
$$\overset{\text{表13.3.1第五栏}}{=}a\pi[\delta(\omega-\omega_0)+\delta(\omega+\omega_0)].$$

例 13.3.5 已知平稳过程$\{X(t);-\infty<t<\infty\}$的自相关函数为
$$R_X(\tau)=\begin{cases}1-\dfrac{|\tau|}{T}, & |\tau|\leqslant T,\\ 0, & |\tau|>T.\end{cases}$$
求$X(t)$的谱密度$S_X(\omega)$.

解
$$S_X(\omega)=\int_{-\infty}^{\infty}R_X(\tau)e^{-i\omega\tau}d\tau$$
$$=\int_{-T}^{T}(1-\frac{|\tau|}{T})e^{-i\omega\tau}d\tau=2\int_0^T(1-\frac{\tau}{T})\cos\omega\tau d\tau=\frac{4\sin^2(\omega T/2)}{T\omega^2}.$$

设$X(t)$和$Y(t)$是两个平稳相关的随机过程，定义
$$S_{XY}(\omega)=\lim_{T\to\infty}\frac{1}{2T}E(F_X(-\omega,T)F_Y(\omega,T))$$
为平稳过程$X(t)$和$Y(t)$的**互谱密度**.

互谱密度不再是ω的实的、非负的偶函数，其性质如下：

(1) $S_{XY}(\omega)=\overline{S_{YX}(\omega)}$. 即$S_{XY}(\omega)$和$S_{YX}(\omega)$互为共轭函数.

(2) 在互相关函数$R_{XY}(\tau)$绝对可积的条件下，有
$$S_{XY}(\omega)=\int_{-\infty}^{\infty}R_{XY}(\tau)e^{-i\omega\tau}d\tau,\quad R_{XY}(\tau)=\frac{1}{2\pi}\int_{-\infty}^{\infty}S_{XY}(\omega)e^{i\omega\tau}d\omega.$$

(3) $S_{XY}(\omega)$和$S_{YX}(\omega)$的实部是ω的偶函数，虚部是ω的奇函数.

(4) 互谱密度与自谱密度之间成立不等式
$$|S_{XY}(\omega)|^2\leqslant S_X(\omega)S_Y(\omega).$$
证明略.

互谱密度不像自谱密度那样有明显的物理意义，引进这个概念主要是为了能在频率域上描述两个平稳过程的相关性（比如，对具有零均值的平稳过程$X(t)$和$Y(t)$来说，$S_{XY}(\omega)\equiv 0$等价于$X(t)$和$Y(t)$不相关）. 在实际应用中，常常利用测定线性系统输入、输出的互谱密度来确定该系统的统计特性.

§13.4 线性系统中的平稳过程

线性系统是工程应用中最常见的一类系统. 在一个线性系统中如果输入一个平稳过程，那么输出的随机过程平稳吗？输入过程与输出过程的相关性又是怎样的呢？这些就是本节要考虑的问题.

系统的输入输出间关系可以如图 13.4.1 所示.

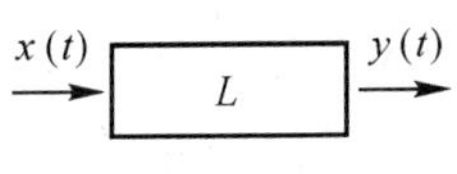

$x(t)\rightarrow$ [L] $\rightarrow y(t)$

图 13.4.1

其中$x(t)$代表输入，$y(t)$代表输出，算子L代表系统的作用，它们的关

系为

$$y(t)=L[x(t)].$$

(一)线性时不变系统

定义 13.4.1　对于系统 L,设 $y_1(t)=L[x_1(t)]$,$y_2(t)=L[x_2(t)]$.

若对于任意常数 α,β,有

$$L[\alpha x_1(t)+\beta x_2(t)]=\alpha L[x_1(t)]+\beta L[x_2(t)]=\alpha y_1(t)+\beta y_2(t),$$

则称 L 为**线性系统**.

定义 13.4.2　对于系统 L,设 $y(t)=L[x(t)]$.若对于任一时间平移 τ,有

$$y(t+\tau)=L[x(t+\tau)],$$

则称 L 为**时不变系统**或**定常系统**.

例 13.4.1　微分算子 $L=\dfrac{\mathrm{d}}{\mathrm{d}t}$是线性时不变的.

解　设 $y(t)=L[x(t)]=\dfrac{\mathrm{d}}{\mathrm{d}t}[x(t)]$,显然,对于任意常数 α,β,

有
$$\frac{\mathrm{d}}{\mathrm{d}t}[\alpha x_1(t)+\beta x_2(t)]=\alpha\frac{\mathrm{d}}{\mathrm{d}t}[x_1(t)]+\beta\frac{\mathrm{d}}{\mathrm{d}t}[x_2(t)],$$

即
$$L[\alpha x_1(t)+\beta x_2(t)]=\alpha L[x_1(t)]+\beta L[x_2(t)]=\alpha y_1(t)+\beta y_2(t).$$

同时
$$\frac{\mathrm{d}}{\mathrm{d}t}[x(t+\tau)]=\frac{\mathrm{d}}{\mathrm{d}(t+\tau)}[x(t+\tau)]=y(t+\tau),$$

即
$$y(t+\tau)=L[x(t+\tau)],$$

所以,微分算子是线性时不变系统.

例 13.4.2　积分算子 $L=\int_{-\infty}^{t}(\ )\mathrm{d}u$ 是线性时不变的.

解　设 $y(t)=L[x(t)]=\int_{-\infty}^{t}[x(u)]\mathrm{d}u$,显然,对于任意常数 α,β,

有
$$\int_{-\infty}^{t}[\alpha x_1(u)+\beta x_2(u)]\mathrm{d}u=\alpha\int_{-\infty}^{t}[x_1(u)]\mathrm{d}u+\beta\int_{-\infty}^{t}[x_2(u)]\mathrm{d}u,$$

即
$$L[\alpha x_1(t)+\beta x_2(t)]=\alpha L[x_1(t)]+\beta L[x_2(t)]=\alpha y_1(t)+\beta y_2(t).$$

同时

$$L[x(t+\tau)]=\int_{-\infty}^{t}x(u+\tau)\mathrm{d}u=\int_{-\infty}^{t}x(u+\tau)\mathrm{d}(u+\tau)=\int_{-\infty}^{t+\tau}x(u)\mathrm{d}u=y(t+\tau),$$

所以,积分算子是线性时不变系统.

由定义可知,系统的线性性质表现在该系统满足叠加原理,系统的时不变性质表现在输出对输入的关系不随时间的推移而改变.在工程应用中,属于这类较简单而又十分重要的系统是输入与输出之间可以用常系数线性微分方程来描述的系统:

$$b_n\frac{\mathrm{d}^n y}{\mathrm{d}t^n}+b_{n-1}\frac{\mathrm{d}^{n-1}y}{\mathrm{d}t^{n-1}}+\cdots+b_0 y=a_m\frac{\mathrm{d}^m x}{\mathrm{d}t^m}+a_{m-1}\frac{\mathrm{d}^{m-1}x}{\mathrm{d}t^{m-1}}+\cdots+a_0 x,$$

其中 $n>m\geqslant 0$,$-\infty<t<\infty$.

(二)频率响应与脉冲响应

定理 13.4.1　设 L 为线性时不变系统,若输入一个谐波信号 $x(t)=\mathrm{e}^{\mathrm{i}\omega t}$,则输出为 $y(t)=L[\mathrm{e}^{\mathrm{i}\omega t}]=H(\omega)\mathrm{e}^{\mathrm{i}\omega t}$,其中 $H(\omega)=L[\mathrm{e}^{\mathrm{i}\omega t}]|_{t=0}$.

证明　令 $y(t)=L[\mathrm{e}^{\mathrm{i}\omega t}]$,由系统的线性时不变性,对固定的 τ 和任意的 t,有

$$y(t+\tau)=L[e^{i\omega(t+\tau)}]=e^{i\omega\tau}L[e^{i\omega t}],$$

令 $t=0$，得 $y(\tau)=e^{i\omega\tau}L[e^{i\omega t}]|_{t=0}=H(\omega)e^{i\omega\tau}$.

定理表明，对线性时不变系统输入谐波信号时，其输出也是同频率的谐波，只是振幅和相位有变化，而 $H(\omega)$ 表示了这一变化，将 $H(\omega)$ 称为系统的**频率响应函数**.

例如，对于微分算子 $L=\frac{d}{dt}$，系统的频率响应函数 $H(\omega)=L[e^{i\omega t}]|_{t=0}=i\omega$.

一般地，对于输入 $x(t)$，根据 δ 函数的性质，$x(t)=\int_{-\infty}^{\infty}x(\tau)\delta(t-\tau)d\tau$，于是，输出

$$\begin{aligned}y(t)&=L[x(t)]=L[\int_{-\infty}^{\infty}x(\tau)\delta(t-\tau)d\tau]\\&=\int_{-\infty}^{\infty}x(\tau)L[\delta(t-\tau)]d\tau=\int_{-\infty}^{\infty}x(\tau)h(t-\tau)d\tau,\end{aligned}$$

其中 $h(t-\tau)=L[\delta(t-\tau)]$.

若输入 $x(t)$ 为表示脉冲的 δ 函数，即 $x(t)=\delta(t)$，则输出为

$$y(t)=\int_{-\infty}^{\infty}\delta(\tau)h(t-\tau)d\tau=h(t),$$

因此将 $h(t)$ 称为系统的**脉冲响应函数**.

注意到，经过变量替换有

$$y(t)=\int_{-\infty}^{\infty}x(\tau)h(t-\tau)d\tau=\int_{-\infty}^{\infty}x(t-u)h(u)du.$$

这表明，从时间域分析，线性时不变系统的输出 $y(t)$ 是输入 $x(t)$ 与脉冲响应 $h(t)$ 的卷积. 若设输入 $x(t)$，输出 $y(t)$ 和脉冲响应 $h(t)$ 都满足傅立叶变换条件，且相应的傅立叶变换分别为，$X(\omega)$，$Y(\omega)$，$\widetilde{H}(\omega)$，即

$$X(\omega)=\int_{-\infty}^{\infty}x(t)e^{-i\omega t}dt,x(t)=\frac{1}{2\pi}\int_{-\infty}^{\infty}X(\omega)e^{i\omega t}d\omega,$$

$$Y(\omega)=\int_{-\infty}^{\infty}y(t)e^{-i\omega t}dt,y(t)=\frac{1}{2\pi}\int_{-\infty}^{\infty}Y(\omega)e^{i\omega t}d\omega,$$

$$\widetilde{H}(\omega)=\int_{-\infty}^{\infty}h(t)e^{-i\omega t}dt,h(t)=\frac{1}{2\pi}\int_{-\infty}^{\infty}\widetilde{H}(\omega)e^{i\omega t}d\omega.$$

则 $Y(\omega)=X(\omega)\widetilde{H}(\omega)$.

可以证明：$\widetilde{H}(\omega)=H(\omega)$，也就是频率响应函数 $H(\omega)$ 即为脉冲响应 $h(t)$ 的傅立叶变换.

事实上，一方面，
$$y(t)=\frac{1}{2\pi}\int_{-\infty}^{\infty}Y(\omega)e^{i\omega t}d\omega,$$

另一方面，

$$\begin{aligned}y(t)&=L[x(t)]=L[\frac{1}{2\pi}\int_{-\infty}^{\infty}X(\omega)e^{i\omega t}d\omega]=\frac{1}{2\pi}\int_{-\infty}^{\infty}X(\omega)L(e^{i\omega t})d\omega\\&=\frac{1}{2\pi}\int_{-\infty}^{\infty}X(\omega)H(\omega)e^{i\omega t}d\omega,\end{aligned}$$

于是有
$$Y(\omega)=X(\omega)H(\omega).$$

从而
$$\widetilde{H}(\omega)=H(\omega).$$

这表明，从频率域分析，线性时不变系统输出响应的傅立叶变换 $Y(\omega)$ 是输入的傅立叶变换 $X(\omega)$ 与系统脉冲响应的傅立叶变换即频率响应函数 $H(\omega)$ 的乘积.

实际应用中常假定当 $t<0$ 时，$h(t)=0$. 相应地，

$$y(t)=\int_0^{\infty}h(\tau)x(t-\tau)\mathrm{d}\tau,H(\omega)=\int_0^{\infty}h(t)\mathrm{e}^{-\mathrm{i}\omega t}\mathrm{d}t.$$

(三)线性系统输出过程的均值和相关函数

设系统输入的平稳过程为 $X(t)$，且对于 $X(t)$ 的任一样本函数 $x(t)$，有

$$y(t)=\int_{-\infty}^{\infty}h(t-\tau)x(\tau)\mathrm{d}\tau=\int_{-\infty}^{\infty}h(\tau)x(t-\tau)\mathrm{d}\tau,$$

则其输出
$$Y(t)=\int_{-\infty}^{\infty}h(t-\tau)X(\tau)\mathrm{d}\tau=\int_{-\infty}^{\infty}h(\tau)X(t-\tau)\mathrm{d}\tau$$
也是随机过程.下面讨论输入过程 $X(t)$ 的均值和相关函数与输出过程的均值和相关函数的关系.

定理 13.4.2　设输入平稳过程 $X(t)$ 的均值为 μ_X，自相关函数为 $R_X(\tau)$，则输出过程 $Y(t)$ 也是平稳过程，且 $X(t)$，$Y(t)$ 是联合平稳的.其数字特征有

$$\mu_Y=\mu_X\int_{-\infty}^{\infty}h(u)\mathrm{d}u,$$

$$R_{XY}(t,t+\tau)=E(X(t)Y(t+\tau))=\int_{-\infty}^{\infty}h(u)R_X(\tau-u)\mathrm{d}u\triangleq R_{XY}(\tau),$$

$$R_Y(t,t+\tau)=\int_{-\infty}^{\infty}h(v)R_{XY}(\tau+v)\mathrm{d}v=\int_{-\infty}^{\infty}\int_{-\infty}^{\infty}h(u)h(v)R_X(\tau-u+v)\mathrm{d}u\mathrm{d}v\triangleq R_Y(\tau).$$

证明　
$$\mu_Y=E(Y(t))=E(\int_{-\infty}^{\infty}h(u)X(t-u)\mathrm{d}u)$$
$$=\int_{-\infty}^{\infty}h(u)E(X(t-u))\mathrm{d}u=\mu_X\int_{-\infty}^{\infty}h(u)\mathrm{d}u,$$

$$R_{XY}(t,t+\tau)=E(X(t)Y(t+\tau))=E(X(t)\int_{-\infty}^{\infty}h(u)X(t+\tau-u)\mathrm{d}u)$$
$$=\int_{-\infty}^{\infty}h(u)E(X(t)X(t+\tau-u))\mathrm{d}u=\int_{-\infty}^{\infty}h(u)R_X(\tau-u)\mathrm{d}u\triangleq R_{XY}(\tau),$$

$$R_Y(t,t+\tau)=E(Y(t)Y(t+\tau))=E\int_{-\infty}^{\infty}h(v)X(t-v)Y(t+\tau)\mathrm{d}v$$
$$=\int_{-\infty}^{\infty}h(v)R_{XY}(\tau+v)\mathrm{d}v=\int_{-\infty}^{\infty}\int_{-\infty}^{\infty}h(u)h(v)R_X(\tau-u+v)\mathrm{d}u\mathrm{d}v=R_Y(\tau)$$

从中可以看出，$Y(t)$ 是平稳过程，且 $X(t)$，$Y(t)$ 是联合平稳的.

例 13.4.3　设线性系统输入一个白噪声过程 $X(t)$，即均值为 $\mu_X=0$，自相关函数为

$$R_X(\tau)=S_0\delta(\tau),Y(t)=\int_{-\infty}^{\infty}h(\tau)X(t-\tau)\mathrm{d}\tau.\text{求 }R_{XY}(\tau).$$

解　由定理 13.4.2，$R_{XY}(\tau)=\int_{-\infty}^{\infty}h(u)R_X(\tau-u)\mathrm{d}u=\int_{-\infty}^{\infty}h(u)S_0\delta(\tau-u)\mathrm{d}u=S_0h(\tau)$.

由此可得，$h(\tau)=R_{XY}(\tau)/S_0$，即可以从实测的互相关函数资料估计线性系统未知的脉冲响应.

(四)线性系统的功率谱密度

定理 13.4.3　设系统输入过程为 $X(t)$，输出过程 $Y(t)=\int_{-\infty}^{\infty}h(\tau)X(t-\tau)\mathrm{d}\tau$，$X(t)$，$Y(t)$ 是联合平稳的.其中 $X(t)$ 具有谱密度 $S_X(\omega)$，系统的频率响应函数为 $H(\omega)$.则 $Y(t)$ 的谱密度为 $S_Y(\omega)=|H(\omega)|^2S_X(\omega)$，$X(t)$ 与 $Y(t)$ 的互谱密度为 $S_{XY}(\omega)=H(\omega)S_X(\omega)$，
称 $|H(\omega)|^2$ 为系统的频率增益因子或频率传输函数.

证明 $S_Y(\omega)=\int_{-\infty}^{\infty}R_Y(\tau)e^{-i\omega\tau}d\tau=\int_{-\infty}^{\infty}\left[\int_{-\infty}^{\infty}\int_{-\infty}^{\infty}h(u)h(v)R_X(\tau-u+v)dudv\right]e^{-i\omega\tau}d\tau$

$$\overset{令 s=\tau-u+v}{=}\int_{-\infty}^{\infty}\left[\int_{-\infty}^{\infty}\int_{-\infty}^{\infty}h(u)h(v)R_X(s)dudv\right]e^{-i\omega(s+u-v)}ds$$

$$=\int_{-\infty}^{\infty}h(u)e^{-i\omega u}du\int_{-\infty}^{\infty}h(v)e^{i\omega v}dv\int_{-\infty}^{\infty}R_X(s)e^{-i\omega s}ds$$

$$=H(\omega)\overline{H(\omega)}S_X(\omega)=|H(\omega)|^2S_X(\omega).$$

$$S_{XY}(\omega)=\int_{-\infty}^{\infty}R_{XY}(\tau)e^{-i\omega\tau}d\tau=\int_{-\infty}^{\infty}\int_{-\infty}^{\infty}h(u)R_X(\tau-u)e^{-i\omega\tau}dud\tau$$

$$\overset{令 v=\tau-u}{=}\int_{-\infty}^{\infty}h(u)e^{-i\omega u}du\int_{-\infty}^{\infty}R_X(v)e^{-i\omega v}dv=H(\omega)S_X(\omega).$$

例 13.4.4 设线性时不变系统的输入 $x(t)$与输出 $y(t)$满足微分方程

$$y'(t)+\alpha y(t)=\alpha x(t),$$

其中 α 为已知正常数.

今输入过程是白噪声电压 $X(t)$,其自相关函数为 $R_X(\tau)=S_0\delta(\tau)$. 求

(1) 输出电压过程 $Y(t)$的自相关函数,以及 $X(t)$与 $Y(t)$的互相关函数.

(2) 输出电压过程 $Y(t)$的谱密度,以及 $X(t)$与 $Y(t)$的互谱密度.

解 先求系统的频率响应函数 $H(\omega)$和脉冲响应函数 $h(t)$.

取 $x(t)=e^{i\omega t}$,则有 $y(t)=H(\omega)e^{i\omega t}$,代入微分方程得

$$\frac{d[H(\omega)e^{i\omega t}]}{dt}+\alpha H(\omega)e^{i\omega t}=\alpha e^{i\omega t},$$

计算得 $H(\omega)=\frac{\alpha}{i\omega+\alpha}$,

于是 $h(t)=\frac{1}{2\pi}\int_{-\infty}^{\infty}H(\omega)e^{i\omega t}d\omega=\frac{1}{2\pi}\int_{-\infty}^{\infty}\frac{\alpha}{i\omega+\alpha}e^{i\omega t}d\omega=\frac{1}{2\pi}\int_{-\infty}^{\infty}\frac{\alpha}{i(\omega-i\alpha)}e^{i\omega t}d\omega$. 因为$\frac{\alpha}{i(\omega-i\alpha)}$在上半平面有一阶极点,故当 $t\geqslant0$ 时,$h(t)=\frac{1}{2\pi}\mathrm{Res}\ i\alpha=\alpha e^{-\alpha t}$,即

$$h(t)=\begin{cases}\alpha e^{-\alpha t}, & t\geqslant0,\\ 0, & t<0.\end{cases}$$

$$(1)R_Y(\tau)=\int_{-\infty}^{\infty}\int_{-\infty}^{\infty}h(u)h(v)R_X(\tau-u+v)dudv$$

$$=\int_{-\infty}^{\infty}\int_{-\infty}^{\infty}h(u)h(v)S_0\delta(\tau-u+v)dudv$$

$$=S_0\int_{-\infty}^{\infty}h(u)du\int_{-\infty}^{\infty}h(v)\delta(\tau-u+v)dv=S_0\int_{-\infty}^{\infty}h(u)h(-\tau+u)du$$

$$=\begin{cases}S_0\int_{\tau}^{\infty}\alpha^2e^{-\alpha u}e^{-\alpha(u-\tau)}du, & \tau\geqslant0\\ S_0\int_{0}^{\infty}\alpha^2e^{-\alpha u}e^{-\alpha(u-\tau)}du, & \tau<0\end{cases}$$

$$=\frac{\alpha S_0}{2}e^{-\alpha|\tau|}.$$

$$R_{XY}(\tau)=\int_{-\infty}^{\infty}h(u)R_X(\tau-u)du=\int_{-\infty}^{\infty}h(u)S_0\delta(\tau-u)du$$

$$=S_0h(\tau)=\begin{cases}\alpha S_0e^{-\alpha\tau}, & \tau\geqslant0,\\ 0, & \tau<0.\end{cases}$$

(2)已知 $S_X(\omega)=S_0$,因此,由公式得,

$$S_Y(\omega)=|H(\omega)|^2S_X(\omega)=\frac{\alpha}{\mathrm{i}\omega+\alpha}\cdot\frac{\alpha}{-\mathrm{i}\omega+\alpha}S_0=\frac{\alpha^2S_0}{\omega^2+\alpha^2},$$

$$S_{XY}(\omega)=H(\omega)S_X(\omega)=\frac{\alpha S_0}{\mathrm{i}\omega+\alpha}.$$

思考题十三

1. 严平稳过程一定是宽平稳过程吗?

2. 设 $X(t)$ 与 $Y(t)$ 是相互独立的平稳过程,a,b 为常数,则 $Z(t)=aX(t)+bY(t)$ 是平稳过程吗?若 $X(t)$ 与 $Y(t)$ 是联合平稳过程,则 $Z(t)=aX(t)+bY(t)$ 还是平稳过程吗?

3. 若 $\{X(t);-\infty<t<\infty\}$ 是平稳过程,$a\neq0$ 是常数,则 $Y(t)=X(t+a)-X(t)$ 是平稳过程吗?$Z(t)=X(t+a)-X(a)$ 是平稳过程吗?

4. $\{X(t);-\infty<t<\infty\}$ 是齐次独立增量过程,二阶矩存在.设 $Y(t)=X(t+L)-X(t)$,其中 $L>0$ 是常数,则 $\{Y(t);-\infty<t<\infty\}$ 是否为平稳过程.

5. 什么是平稳过程的各态历经性,为什么要讨论各态历经性?

6. 若平稳过程 $\{X(t);-\infty<t<\infty\}$ 的均值具有各态历经性,自协方差函数为 $C_X(\tau)$,则 $\lim\limits_{\tau\to\infty}C_X(\tau)$ 一定存在吗?

7. 平稳过程的谱密度与相关函数的关系怎样?

8. 什么是线性时不变系统的输入与输出?

9. 频率响应函数有什么意义?

习题十三

1. (1) $X_n=X\cos n\omega+Y\sin n\omega,n=0,\pm1,\pm2,\cdots,\omega>0$ 已知.设 $E(X)=E(Y)=0,E(X^2)=E(Y^2)=\sigma^2$,且 X 与 Y 不相关,称 X_n 为随机简谐运动.求 $E(X_n),E(X_nX_{n+m}),n,m=0,\pm1,\pm2,\cdots$ 证明 $\{X_n;n=0,\pm1,\pm2,\cdots\}$ 是平稳过程.

(2) $Y_n=\sum\limits_{k=0}^{m}(\xi_k\cos n\omega_k+\eta_k\sin n\omega_k),n=0,\pm1,\pm2,\cdots$ 其中 $\omega_k>0$ 已知,对于 $0\leqslant k,l\leqslant m,E(\xi_k)=E(\eta_k)=0,D(\xi_k)=D(\eta_k)=\sigma_k^2,E(\xi_k\xi_l)=E(\eta_k\eta_l)=0(k\neq l),E(\xi_k\eta_l)=0$.求 $E(Y_n),E(Y_nY_{n+j}),n,j=0,\pm1,\pm2,\cdots$ 证明 $\{Y_n;n=0,\pm1,\pm2,\cdots\}$ 是平稳过程.

2. 设随机过程 $X(t)=A\sin(t+\theta),-\infty<t<\infty$,其中 A 与 θ 是相互独立的随机变量,$P(\theta=\pm\frac{\pi}{4})=\frac{1}{2}$,$A$ 在 $(-1,1)$ 上均匀分布,判断 $\{X(t);-\infty<t<\infty\}$ 是否为平稳过程.

3. 设 $\{X(t);-\infty<t<\infty\}$ 是平稳过程,$\mu_X=0,R_X(\tau)=\mathrm{e}^{-|\tau|}$,随机变量 $A\sim U(1,2)$,且 A 与 $\{X(t)\}$ 相互独立.(1) $Y(t)=X(t)-X(0)$,求 $Y(t)$ 的均值函数和自相关函数;
(2) $Z(t)=X(t)/A$,求 $Z(t)$ 的均值函数和自相关函数;判断以上两个过程是否为平稳过程.

4. $X(t)=A\sin t-B\cos t,-\infty<t<\infty$,其中随机变量 A,B 独立同分布,且 $EA=\mu,EA^2=\sigma^2$.(1)求 $\mu_X(t),R_X(t,s)$;(2)若 $\{X(t);-\infty<t<\infty\}$ 是宽平稳过程,求 μ 的值;(3)若 $P(A=1)=P(A=-1)=0.5$,分别求 $X(0)$ 和 $X(\frac{\pi}{4})$ 的分布律,问 $\{X(t);-\infty<t<\infty\}$ 是严平稳过程吗?说明理由.

5. 设平稳过程 $\{X(t);-\infty<t<\infty\}$ 的自协方差函数为 $C_X(\tau)$,证明:对于给定的 $\varepsilon>0$,

$$P\{|X(t+\tau)-X(t)|\geqslant\varepsilon\}\leqslant\frac{2}{\varepsilon^2}[C_X(0)-C_X(\tau)].$$

6. 设 $X(t)=X\cos t,-\infty<t<\infty$,其中 $X\sim N(1,3)$. 令 $Y(t)=\int_0^t X(u)\mathrm{d}u$,求$\mu_Y(t)$和 $R_{XY}(s,t)$.

7. 设平稳过程$\{X(t);-\infty<t<\infty\}$的自相关函数 $R_X(\tau)=\mathrm{e}^{-a|\tau|}(1+a|\tau|)+1$,其中 $a>0$,若 $X(t)$的均值具有各态历经性,求均值 μ_X.

8. 对于第 2 题和第 3 题中的平稳过程,判断它们的均值是否为各态历经的.

9. 设随机过程 $X(t)=\sqrt{2}X\cos t+Y\sin t,-\infty<t<\infty$,其中 X,Y 相互独立,X 具有密度函数 $f(x)=\begin{cases}1-|x|, & -1<x<1,\\ 0, & \text{其他}.\end{cases}$ Y 在$(-1,1)$上均匀分布.

(1)求 $X(t)$的均值函数 $\mu_X(t)$,自相关函数 $R_X(t,t+\tau)$,并证明$\{X(t);-\infty<t<\infty\}$是平稳过程;

(2)求 $X(t)$的时间均值$<X(t)>$,并判断$\{X(t);-\infty<t<\infty\}$的均值是否具有各态历经性;

(3) 判断$\{X(t);-\infty<t<\infty\}$是否为各态历经过程.

10. 设 $s(t)$是一周期为 T 的函数,Θ 是在$(0,T)$上均匀分布的随机变量,称 $X(t)=s(t+\Theta)$为随机相位周期过程,证明$\{X(t);-\infty<t<\infty\}$为平稳过程. 现有一随机相位周期过程$\{X(t);-\infty<t<\infty\}$,它的一条样本函数 $x(t)$如图 13.4 所示. (1)求 μ_X,$R_X(\frac{T}{8})$;(2)求$<x(t)>$.

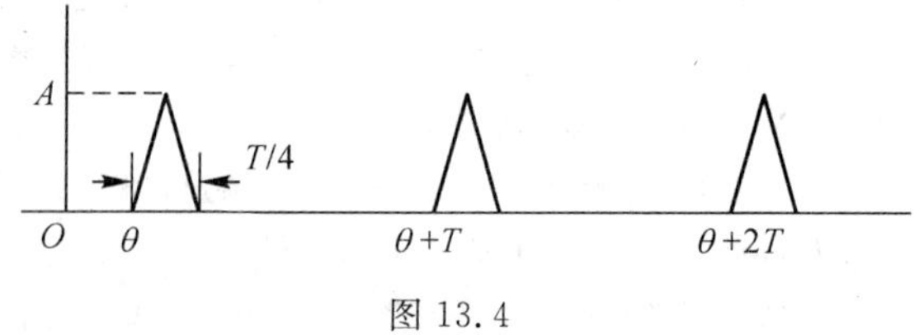

图 13.4

11. 如果平稳过程$\{X(t);-\infty<t<\infty\}$满足条件 $P\{X(t+T_0)=X(t)\}=1$,则称它为周期是 T_0 的平稳过程. 证明$\{X(t);-\infty<t<\infty\}$是周期平稳过程的充分必要条件是其自相关函数是周期函数,且周期也为 T_0.

12. 设 $X(t)$是雷达的发射信号,遇到目标后返回接收机的微弱信号是 $aX(t-\tau_1)$,$a\leqslant 1$,τ_1 是信号返回时间,由于接收到的信号总是伴有噪声的,记噪声为 $N(t)$,于是接收到的全信号为 $Y(t)=aX(t-\tau_1)+N(t)$. (1)若 $X(t)$和 $N(t)$是联合平稳过程,求互相关函数 $R_{XY}(\tau)$;(2)在(1)的条件下,假设 $N(t)$的均值为零,且与 $X(t)$是相互独立的,求$R_{XY}(\tau)$(这是利用互相关函数从全信号中检测小信号的相关接收法).

13. 设平稳过程$\{X(t);-\infty<t<\infty\}$的谱密度为 $S_X(\omega)=\dfrac{1}{\omega^4+5\omega^2+6}$,求 $X(t)$的自相关函数.

14. 设平稳过程$\{X(t);-\infty<t<\infty\}$的自相关函数为 $R_X(\tau)=\mathrm{e}^{-|\tau|}(1+\cos\pi\tau)$,求 $X(t)$的谱密度.

15. 设 $X(t)=A\cos t+B\sin t+C,-\infty<t<\infty$,其中 A,B,C 相互独立同服从区间$[-1,1]$上的均匀分布.

(1)证明$\{X(t);-\infty<t<\infty\}$是平稳过程;

(2)计算$<X(t)>$,判定 $X(t)$的均值是否具有各态历经性,说明理由;

(3)求 $X(t)$的功率谱密度 $S_X(\omega)$.

16. 已知平稳过程$\{X(t);-\infty<t<\infty\}$的谱密度为 $S_X(\omega)=\begin{cases}2\delta(\omega)+1-|\omega|, & |\omega|<1\\ 0, & \text{其他}\end{cases}$,求 $X(t)$的自相关函数.

17. 设$\{X(t);-\infty<t<\infty\}$是宽平稳过程,谱密度 $S_X(\omega)=\begin{cases}1, & |\omega|\leqslant 1\\ 0, & |\omega|>1\end{cases}$,求自相关函数 $R_X(\tau)$;问当均值函数 μ_X 为何值时$\{X(t)\}$的均值具有各态历经性.

18. 设$\{X(t);-\infty<t<\infty\}$是均值为零的平稳过程,$Y(t)=X(t)\cos(t+\Theta)$,其中$P(\Theta=\pm\frac{\pi}{4})=0.5$,且 $X(t)$与 Θ 相互独立. 记 $X(t)$的自相关函数为 $R_X(\tau)$,谱密度为 $S_X(\omega)$. 证明:

(1)$\{Y(t);-\infty<t<\infty\}$是平稳过程,其自相关函数 $R_Y(\tau)=\dfrac{1}{2}R_X(\tau)\cos\tau$;

(2)$Y(t)$的谱密度为 $S_Y(\omega)=\dfrac{1}{4}[S_X(\omega-1)+S_X(\omega+1)]$.

19. 设平稳过程$\{X(t);-\infty<t<\infty\}$的谱密度为 $S_X(\omega)$,令 $Y(t)=X(t+L)-X(t)$,证明 $Y(t)$的谱密度为 $S_Y(\omega)=2S_X(\omega)(1-\cos\omega L)$.

20. 设平稳过程 $X(t)=\alpha\cos(t+\Theta)$，$Y(t)=\beta\cos(t+\Theta)$，$-\infty<t<\infty$，其中 α,β 均为正常数，Θ 是 $(0,2\pi)$ 上均匀分布的随机变量，求互相关函数 $R_{XY}(\tau)$ 和互谱密度 $S_{XY}(\omega)$.

21. 设 $X(t)$ 和 $Y(t)$ 是两个不相关的平稳过程，均值 μ_X 和 μ_Y 都不为零，且 $S_X(\omega)$ 已知，定义 $Z(t)=X(t)+Y(t)$，求互谱密度 $S_{XY}(\omega)$ 和 $S_{XZ}(\omega)$.

22. 验证下列系统是否为线性时不变系统：

(1) $y(t)=L[x(t)]=\dfrac{\mathrm{d}x(t)}{\mathrm{d}t}+2x(t)$；(2) $y(t)=L[x(t)]=[x(t)]^2$.

23. 设系统的输出 $y(t)$ 与输入 $x(t)$ 有以下关系：$a\dfrac{\mathrm{d}^2y(t)}{\mathrm{d}t^2}+by(t)=\dfrac{\mathrm{d}x(t)}{\mathrm{d}t}$，$(a,b\neq0)$，求系统的频率响应函数.

24. 设线性时不变系统的输入是平稳过程 $X(t)$，其谱密度为 $S_X(\omega)$，系统响应频率函数为 $H(\omega)$，输出为 $Y(t)$. 求误差过程 $E(t)=Y(t)-X(t)$ 的谱密度 $S_E(\omega)$.

25. 设线性时不变系统输入一个均值为零的平稳过程 $\{X(t);t\geqslant0\}$，其相关函数为 $R_X(\tau)=\delta(\tau)$. 若系统的脉冲响应为 $h(t)=\begin{cases}1, & 0<t<T,\\ 0, & \text{其他}.\end{cases}$ 求：

(1) 系统的频率响应函数；(2) 系统输出过程 $Y(t)$ 的谱密度和自相关函数；(3) $X(t)$ 和 $Y(t)$ 的互谱密度.

26. 设一个线性时不变系统由微分方程 $\dfrac{\mathrm{d}y(t)}{\mathrm{d}t}+by(t)=ax(t)$ 确定，其中 a,b 是正常数，$x(t)$，$y(t)$ 分别为输入平稳过程 $X(t)$ 和输出平稳过程 $Y(t)$ 的样本函数，设输入过程均值为零，初始条件为零，$R_X(\tau)=\sigma^2\mathrm{e}^{-\beta|\tau|}$，$\beta\neq b$. 求 (1) 系统的频率响应函数 $H(\omega)$；(2) 输出过程 $Y(t)$ 的谱密度 $S_Y(\omega)$ 和相关函数 $R_Y(\tau)$.

附　　表

附表1　几种常用的概率分布表

分布	参数	分布律或概率密度	数学期望	方差
(0−1)分布	$0<p<1$	$P\{X=k\}=p^k(1-p)^{1-k},k=0,1$	p	$p(1-p)$
二项分布	$n\geqslant 1$ $0<p<1$	$P\{X=k\}=\binom{n}{k}p^k(1-p)^{n-k}$ $k=0,1,\cdots,n$	np	$np(1-p)$
几何分布	$0<p<1$	$P\{X=k\}=(1-p)^{k-1}p$ $k=1,2,\cdots$	$\frac{1}{p}$	$\frac{1-p}{p^2}$
负二项分布（巴斯卡分布）	$r\geqslant 1$ $0<p<1$	$P\{X=k\}=\binom{k-1}{r-1}p^r(1-p)^{k-r}$ $k=r,r+1,\cdots$	$\frac{r}{p}$	$\frac{r(1-p)}{p^2}$
超几何分布	N,M,n $(M\leqslant N)$ $(n\leqslant N)$	$P\{X=k\}=\frac{\binom{M}{k}\binom{N-M}{n-k}}{\binom{N}{k}}$ k 为整数， $\max\{0,n-N+M\}\leqslant k\leqslant\min\{n,M\}$	$\frac{nM}{N}$	$\frac{nM}{N}(1-\frac{M}{N})(\frac{N-n}{N-1})$
泊松分布	$\lambda>0$	$P\{X=k\}=\frac{\lambda^k e^{-\lambda}}{k!}$ $k=0,1,2,\cdots$	λ	λ
均匀分布	$a<b$	$f(x)=\begin{cases}\frac{1}{b-a}, & a<x<b\\ 0, & \text{其他}\end{cases}$	$\frac{a+b}{2}$	$\frac{(b-a)^2}{12}$
正态分布	μ $\sigma>0$	$f(x)=\frac{1}{\sqrt{2\pi}\sigma}e^{-(x-\mu)^2/2\sigma^2}$	μ	σ^2
指数分布（负指数分布）	$\lambda>0$	$f(x)=\begin{cases}\lambda e^{-\lambda x}, & x>0\\ 0, & \text{其他}\end{cases}$	$\frac{1}{\lambda}$	$\frac{1}{\lambda^2}$
Γ分布	$\alpha>0$ $\beta>0$	$f(x)=\begin{cases}\frac{\beta^\alpha}{\Gamma(\alpha)}x^{\alpha-1}e^{-\beta x}, & x>0\\ 0, & \text{其他}\end{cases}$	$\frac{\alpha}{\beta}$	$\frac{\alpha}{\beta^2}$

续表

分布	参数	分布律或概率密度	数学期望	方差
χ^2 分布	$n\geqslant 1$	$f(x)=\begin{cases}\dfrac{1}{2^{n/2}\Gamma(n/2)}x^{n/2-1}\mathrm{e}^{-x/2}, & x>0\\ 0, & \text{其他}\end{cases}$	n	$2n$
威布尔分布	$\eta>0$ $\beta>0$	$f(x)=\begin{cases}\dfrac{\beta}{\eta}(\dfrac{x}{\eta})^{\beta-1}\mathrm{e}^{-(\frac{x}{\eta})^{\beta}}, & x>0\\ 0, & \text{其他}\end{cases}$	$\eta\Gamma(\dfrac{1}{\beta}+1)$	$\eta^2\{\Gamma(\dfrac{2}{\beta}+1)-[\Gamma(\dfrac{1}{\beta}+1)]^2\}$
瑞利分布	$\sigma>0$	$f(x)=\begin{cases}\dfrac{x}{\sigma^2}\mathrm{e}^{-x^2/(2\sigma^2)}, & x>0\\ 0, & \text{其他}\end{cases}$	$\sqrt{\dfrac{\pi}{2}}\sigma$	$\dfrac{4-\pi}{2}\sigma^2$
β 分布	$\alpha>0$ $\beta>0$	$f(x)=\begin{cases}\dfrac{\Gamma(\alpha+\beta)}{\Gamma(\alpha)\Gamma(\beta)}x^{\alpha-1}(1-x)^{\beta-1}, & 0<x<1\\ 0, & \text{其他}\end{cases}$	$\dfrac{\alpha}{\alpha+\beta}$	$\dfrac{\alpha\beta}{(\alpha+\beta)^2(\alpha+\beta+1)}$
对数正态分布	μ $\sigma>0$	$f(x)=\begin{cases}\dfrac{1}{\sqrt{2\pi}\sigma x}\mathrm{e}^{-(\ln x-\mu)^2/(2\sigma^2)}, & x>0\\ 0, & \text{其他}\end{cases}$	$\mathrm{e}^{\mu+\frac{\sigma^2}{2}}$	$\mathrm{e}^{2\mu+\sigma^2}(\mathrm{e}^{\sigma^2}-1)$
柯西分布	a $\lambda>0$	$f(x)=\dfrac{1}{\pi}\dfrac{1}{\lambda^2+(x-a)^2}$	不存在	不存在
t 分布	$n\geqslant 1$	$f(x)=\dfrac{\Gamma(\frac{n+1}{2})}{\sqrt{n\pi}\Gamma(n/2)}(1+\dfrac{x^2}{n})^{-(n+1)/2}$	$0, n>1$	$\dfrac{n}{n-2}, n>2$
F 分布	n_1, n_2	$f(x)=\begin{cases}\dfrac{\Gamma[(n_1+n_2)/2]}{\Gamma(n_1/2)\Gamma(n_2/2)}(\dfrac{n_1}{n_2})(\dfrac{n_1}{n_2}x)^{n_1/2-1}\\ \times(1+\dfrac{n_1}{n_2}x)^{-(n_1+n_2)/2}, & x>0\\ 0, & \text{其他}\end{cases}$	$\dfrac{n_2}{n_2-2}$ $n_2>2$	$\dfrac{2n_2^2(n_1+n_2-2)}{n_1(n_2-2)^2(n_2-4)}$ $n_2>4$

附表 2 标准正态分布表

$$\Phi(x)=\int_{-\infty}^{x}\frac{1}{\sqrt{2\pi}}e^{-t^2/2}\,dt$$

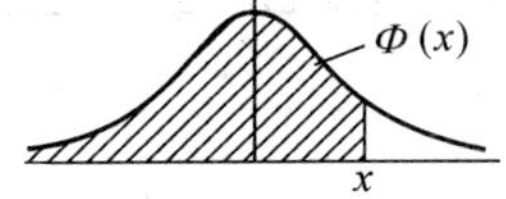

x	0.00	0.01	0.02	0.03	0.04	0.05	0.06	0.07	0.08	0.09
0.0	0.5000	0.5040	0.5080	0.5120	0.5160	0.5199	0.5239	0.5279	0.5319	0.5359
0.1	0.5398	0.5438	0.5478	0.5517	0.5557	0.5596	0.5636	0.5675	0.5714	0.5753
0.2	0.5793	0.5832	0.5871	0.5910	0.5948	0.5987	0.6026	0.6064	0.6103	0.6141
0.3	0.6179	0.6217	0.6255	0.6293	0.6331	0.6368	0.6406	0.6443	0.6480	0.6517
0.4	0.6554	0.6591	0.6628	0.6664	0.6700	0.6736	0.6772	0.6808	0.6844	0.6879
0.5	0.6915	0.6950	0.6985	0.7019	0.7054	0.7088	0.7123	0.7157	0.7190	0.7224
0.6	0.7257	0.7291	0.7324	0.7357	0.7389	0.7422	0.7454	0.7486	0.7517	0.7549
0.7	0.7580	0.7611	0.7642	0.7673	0.7704	0.7734	0.7764	0.7794	0.7823	0.7852
0.8	0.7881	0.7910	0.7939	0.7967	0.7995	0.8023	0.8051	0.8078	0.8106	0.8133
0.9	0.8159	0.8186	0.8212	0.8238	0.8264	0.8289	0.8315	0.8340	0.8365	0.8389
1.0	0.8413	0.8438	0.8461	0.8485	0.8508	0.8531	0.8554	0.8577	0.8599	0.8621
1.1	0.8643	0.8665	0.8686	0.8708	0.8729	0.8749	0.8770	0.8790	0.8810	0.8830
1.2	0.8849	0.8869	0.8888	0.8907	0.8925	0.8944	0.8962	0.8980	0.8997	0.9015
1.3	0.9032	0.9049	0.9066	0.9082	0.9099	0.9115	0.9131	0.9147	0.9162	0.9177
1.4	0.9192	0.9207	0.9222	0.9236	0.9251	0.9265	0.9278	0.9292	0.9306	0.9319
1.5	0.9332	0.9345	0.9357	0.9370	0.9382	0.9394	0.9406	0.9418	0.9429	0.9441
1.6	0.9452	0.9463	0.9474	0.9484	0.9495	0.9505	0.9515	0.9525	0.9535	0.9545
1.7	0.9554	0.9564	0.9573	0.9582	0.9591	0.9599	0.9608	0.9616	0.9625	0.9633
1.8	0.9641	0.9649	0.9656	0.9664	0.9671	0.9678	0.9686	0.9693	0.9699	0.9706
1.9	0.9713	0.9719	0.9726	0.9732	0.9738	0.9744	0.9750	0.9756	0.9761	0.9767
2.0	0.9772	0.9778	0.9783	0.9788	0.9793	0.9798	0.9803	0.9808	0.9812	0.9817
2.1	0.9821	0.9826	0.9830	0.9834	0.9838	0.9842	0.9846	0.9850	0.9854	0.9857
2.2	0.9861	0.9864	0.9868	0.9871	0.9875	0.9878	0.9881	0.9884	0.9887	0.9890
2.3	0.9893	0.9896	0.9898	0.9901	0.9904	0.9906	0.9909	0.9911	0.9913	0.9916
2.4	0.9918	0.9920	0.9922	0.9925	0.9927	0.9929	0.9931	0.9932	0.9934	0.9936
2.5	0.9938	0.9940	0.9941	0.9943	0.9945	0.9946	0.9948	0.9949	0.9951	0.9952
2.6	0.9953	0.9955	0.9956	0.9957	0.9959	0.9960	0.9961	0.9962	0.9963	0.9964
2.7	0.9965	0.9966	0.9967	0.9968	0.9969	0.9970	0.9971	0.9972	0.9973	0.9974
2.8	0.9974	0.9975	0.9976	0.9977	0.9977	0.9978	0.9979	0.9979	0.9980	0.9981
2.9	0.9981	0.9982	0.9982	0.9983	0.9984	0.9984	0.9985	0.9985	0.9986	0.9986
3.0	0.9987	0.9987	0.9987	0.9988	0.9988	0.9989	0.9989	0.9989	0.9990	0.9990
3.1	0.9990	0.9991	0.9991	0.9991	0.9992	0.9992	0.9992	0.9992	0.9993	0.9993
3.2	0.9993	0.9993	0.9994	0.9994	0.9994	0.9994	0.9994	0.9995	0.9995	0.9995
3.3	0.9995	0.9995	0.9995	0.9996	0.9996	0.9996	0.9996	0.9996	0.9996	0.9997
3.4	0.9997	0.9997	0.9997	0.9997	0.9997	0.9997	0.9997	0.9997	0.9997	0.9998

附表 3　t 分布表

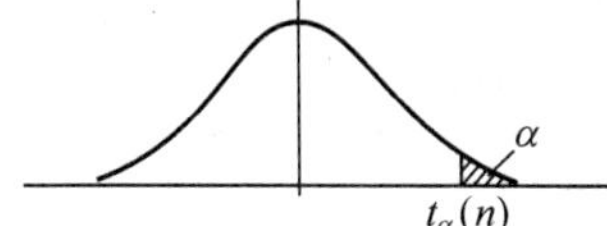

$P\{t(n)>t_\alpha(n)\}=\alpha$

n \ α	0.20	0.15	0.10	0.05	0.025	0.01	0.005
1	1.376	1.963	3.0777	6.3138	12.7062	31.8207	63.6574
2	1.061	1.386	1.8856	2.9200	4.3027	6.9646	9.9248
3	0.978	1.250	1.6377	2.3534	3.1824	4.5407	5.8409
4	0.941	1.190	1.5332	2.1318	2.7764	3.7469	4.6041
5	0.920	1.156	1.4759	2.0150	2.5706	3.3649	4.0322
6	0.906	1.134	1.4398	1.9432	2.4469	3.1427	3.7074
7	0.896	1.119	1.4149	1.8946	2.3646	2.9980	3.4995
8	0.889	1.108	1.3968	1.8595	2.3060	2.8965	3.3554
9	0.883	1.100	1.3830	1.8331	2.2622	2.8214	3.2498
10	0.879	1.093	1.3722	1.8125	2.2281	2.7638	3.1693
11	0.876	1.088	1.3634	1.7959	2.2010	2.7181	3.1058
12	0.873	1.083	1.3562	1.7823	2.1788	2.6810	3.0545
13	0.870	1.079	1.3502	1.7709	2.1604	2.6503	3.0123
14	0.868	1.076	1.3450	1.7613	2.1448	2.6245	2.9768
15	0.866	1.074	1.3406	1.7531	2.1315	2.6025	2.9467
16	0.865	1.071	1.3368	1.7459	2.1199	2.5835	2.9208
17	0.863	1.069	1.3334	1.7396	2.1098	2.5669	2.8982
18	0.862	1.067	1.3304	1.7341	2.1009	2.5524	2.8784
19	0.861	1.066	1.3277	1.7291	2.0930	2.5395	2.8609
20	0.860	1.064	1.3253	1.7247	2.0860	2.5280	2.8453
21	0.859	1.063	1.3232	1.7207	2.0796	2.5177	2.8314
22	0.858	1.061	1.3212	1.7171	2.0739	2.5083	2.8188
23	0.858	1.060	1.3195	1.7139	2.0687	2.4999	2.8073
24	0.857	1.059	1.3178	1.7109	2.0639	2.4922	2.7969
25	0.856	1.058	1.3163	1.7081	2.0595	2.4851	2.7874
26	0.856	1.058	1.3150	1.7056	2.0555	2.4786	2.7787
27	0.855	1.057	1.3137	1.7033	2.0518	2.4727	2.7707
28	0.855	1.056	1.3125	1.7011	2.0484	2.4671	2.7633
29	0.854	1.055	1.3114	1.6991	2.0452	2.4620	2.7564
30	0.854	1.055	1.3104	1.6973	2.0423	2.4573	2.7500
31	0.8535	1.0541	1.3095	1.6955	2.0395	2.4528	2.7440
32	0.8531	1.0536	1.3086	1.6939	2.0369	2.4487	2.7385
33	0.8527	1.0531	1.3077	1.6924	2.0345	2.4448	2.7333
34	0.8524	1.0526	1.3070	1.6909	2.0322	2.4411	2.7284
35	0.8521	1.0521	1.3062	1.6896	2.0301	2.4377	2.7238
36	0.8518	1.0516	1.3055	1.6883	2.0281	2.4345	2.7195
37	0.8515	1.0512	1.3049	1.6871	2.0262	2.4314	2.7154
38	0.8512	1.0508	1.3042	1.6860	2.0244	2.4286	2.7116
39	0.8510	1.0504	1.3036	1.6849	2.0227	2.4258	2.7079
40	0.8507	1.0501	1.3031	1.6839	2.0211	2.4233	2.7045
41	0.8505	1.0498	1.3025	1.6829	2.0195	2.4208	2.7012
42	0.8503	1.0494	1.3020	1.6820	2.0181	2.4185	2.6981
43	0.8501	1.0491	1.3016	1.6811	2.0167	2.4163	2.6951
44	0.8499	1.0488	1.3011	1.6802	2.0154	2.4141	2.6923
45	0.8497	1.0485	1.3006	1.6794	2.0141	2.4121	2.6896

附表 4 χ^2 分布表

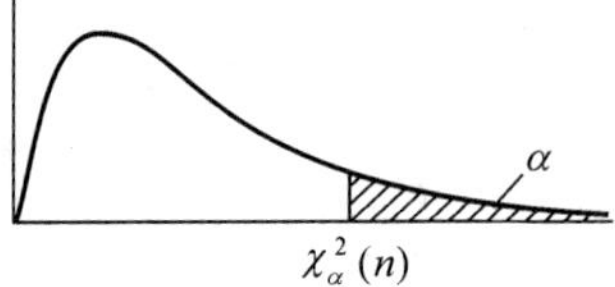

$P\{\chi^2(n)>\chi_\alpha^2(n)\}=\alpha$

n \ α	0.995	0.99	0.975	0.95	0.90	0.10	0.05	0.025	0.01	0.005
1	0.000	0.000	0.001	0.004	0.016	2.706	3.841	5.024	6.635	7.879
2	0.010	0.020	0.051	0.103	0.211	4.605	5.991	7.378	9.210	10.597
3	0.072	0.115	0.216	0.352	0.584	6.251	7.815	9.348	11.345	12.838
4	0.207	0.297	0.484	0.711	1.064	7.779	9.488	11.143	13.277	14.860
5	0.412	0.554	0.831	1.145	1.610	9.236	11.070	12.832	15.086	16.750
6	0.676	0.872	1.237	1.635	2.204	10.645	12.592	14.449	16.812	18.548
7	0.989	1.239	1.690	2.167	2.833	12.017	14.067	16.013	18.475	20.278
8	1.344	1.646	2.180	2.733	3.490	13.362	15.507	17.535	20.090	21.955
9	1.735	2.088	2.700	3.325	4.168	14.684	16.919	19.023	21.666	23.589
10	2.156	2.558	3.247	3.940	4.865	15.987	18.307	20.483	23.209	25.188
11	2.603	3.053	3.816	4.575	5.578	17.275	19.675	21.920	24.725	26.757
12	3.074	3.571	4.404	5.226	6.304	18.549	21.026	23.337	26.217	28.300
13	3.565	4.107	5.009	5.892	7.041	19.812	22.362	24.736	27.688	29.819
14	4.075	4.660	5.629	6.571	7.790	21.064	23.685	26.119	29.141	31.319
15	4.601	5.229	6.262	7.261	8.547	22.307	24.996	27.488	30.578	32.801
16	5.142	5.812	6.908	7.962	9.312	23.542	26.296	28.845	32.000	34.267
17	5.697	6.408	7.564	8.672	10.085	24.769	27.587	30.191	33.409	35.718
18	6.265	7.015	8.231	9.390	10.865	25.989	28.869	31.526	34.805	37.156
19	6.844	7.633	8.907	10.117	11.651	27.203	30.144	32.852	36.191	38.582
20	7.434	8.260	9.591	10.851	12.443	28.412	31.410	34.170	37.566	39.997
21	8.033	8.897	10.283	11.591	13.240	29.615	32.671	35.479	38.932	41.401
22	8.643	9.542	10.982	12.338	14.042	30.813	33.924	36.781	40.289	42.796
23	9.260	10.196	11.689	13.090	14.848	32.007	35.172	38.076	41.638	44.181
24	9.886	10.856	12.401	13.848	15.659	33.196	36.415	39.364	42.980	45.558
25	10.520	11.524	13.120	14.611	16.473	34.382	37.652	40.646	44.314	46.928
26	11.160	12.198	13.844	15.379	17.292	35.563	38.885	41.923	45.642	48.290
27	11.808	12.878	14.573	16.151	18.114	36.741	40.113	43.194	46.963	49.645
28	12.461	13.565	15.308	16.928	18.939	37.916	41.337	44.461	48.278	50.993
29	13.121	14.256	16.047	17.708	19.768	39.087	42.557	45.772	49.588	52.335
30	13.787	14.954	16.791	18.493	20.599	40.256	43.773	46.979	50.892	53.672
31	14.458	15.655	17.539	19.281	21.434	41.422	44.985	48.232	52.191	55.002
32	15.134	16.362	18.291	20.072	22.271	42.585	46.194	49.480	53.486	56.328
33	15.815	17.073	19.047	20.867	23.110	43.745	47.400	50.725	54.775	57.648
34	16.501	17.789	19.806	21.664	23.952	44.903	48.602	51.966	56.061	58.964
35	17.192	18.509	20.569	22.465	24.797	46.059	49.802	53.203	57.342	60.275
36	17.887	19.233	21.336	23.269	25.643	47.212	50.998	54.437	58.619	61.581
37	18.586	19.960	22.106	24.075	26.492	48.363	52.192	55.668	59.893	62.883
38	19.289	20.691	22.878	24.884	27.343	49.513	53.384	56.896	61.162	64.181
39	19.996	21.426	23.654	25.695	28.196	50.660	54.572	58.120	62.428	65.475
40	20.707	22.164	24.433	26.509	29.051	51.805	55.758	59.342	63.691	66.766

当 $n>40$ 时，$\chi_\alpha^2(n)\approx\frac{1}{2}(z_\alpha+\sqrt{2n-1})^2$.

附表 5　F 分布表

$P\{F(n_1,n_2)>F_\alpha(n_1,n_2)\}=\alpha \quad (\alpha=0.10)$

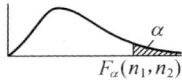

n_2 \ n_1	1	2	3	4	5	6	7	8	9	10	12	15	20	24	30	40	60	120	∞
1	39.86	49.50	53.59	55.83	57.24	58.20	58.91	59.44	59.86	60.19	60.71	61.22	61.74	62.00	62.26	62.53	62.79	63.06	63.33
2	8.53	9.00	9.16	9.24	9.29	9.33	9.35	9.37	9.38	9.39	9.41	9.42	9.44	9.45	9.46	9.47	9.47	9.48	9.49
3	5.54	5.46	5.39	5.34	5.31	5.28	5.27	5.25	5.24	5.23	5.22	5.20	5.18	5.18	5.17	5.16	5.15	5.14	5.13
4	4.54	4.32	4.19	4.11	4.05	4.01	3.98	3.95	3.94	3.92	3.90	3.87	3.84	3.83	3.82	3.80	3.79	3.78	3.76
5	4.06	3.78	3.62	3.52	3.45	3.40	3.37	3.34	3.32	3.30	3.27	3.24	3.21	3.19	3.17	3.16	3.14	3.12	3.10
6	3.78	3.46	3.29	3.18	3.11	3.05	3.01	2.98	2.96	2.94	2.90	2.87	2.84	2.82	2.80	2.78	2.76	2.74	2.72
7	3.59	3.26	3.07	2.96	2.88	2.83	2.78	2.75	2.72	2.70	2.67	2.63	2.59	2.58	2.56	2.54	2.51	2.49	2.47
8	3.46	3.11	2.92	2.81	2.73	2.67	2.62	2.59	2.56	2.54	2.50	2.46	2.42	2.40	2.38	2.36	2.34	2.32	2.29
9	3.36	3.01	2.81	2.69	2.61	2.55	2.51	2.47	2.44	2.42	2.38	2.34	2.30	2.28	2.25	2.23	2.21	2.18	2.16
10	3.29	2.92	2.73	2.61	2.52	2.46	2.41	2.38	2.35	2.32	2.28	2.24	2.20	2.18	2.16	2.13	2.11	2.08	2.06
11	3.23	2.86	2.66	2.54	2.45	2.39	2.34	2.30	2.27	2.25	2.21	2.17	2.12	2.10	2.08	2.05	2.03	2.00	1.97
12	3.18	2.81	2.61	2.48	2.39	2.33	2.28	2.24	2.21	2.19	2.15	2.10	2.06	2.04	2.01	1.99	1.96	1.93	1.90
13	3.14	2.76	2.56	2.43	2.35	2.28	2.23	2.20	2.16	2.14	2.10	2.05	2.01	1.98	1.96	1.93	1.90	1.88	1.85
14	3.10	2.73	2.52	2.39	2.31	2.24	2.19	2.15	2.12	2.10	2.05	2.01	1.96	1.94	1.91	1.89	1.86	1.83	1.80
15	3.07	2.70	2.49	2.36	2.27	2.21	2.16	2.12	2.09	2.06	2.02	1.97	1.92	1.90	1.87	1.85	1.82	1.79	1.76
16	3.05	2.67	2.46	2.33	2.24	2.18	2.13	2.09	2.06	2.03	1.99	1.94	1.89	1.87	1.84	1.81	1.78	1.75	1.72
17	3.03	2.64	2.44	2.31	2.22	2.15	2.10	2.06	2.03	2.00	1.96	1.91	1.86	1.84	1.81	1.78	1.75	1.72	1.69
18	3.01	2.62	2.42	2.29	2.20	2.13	2.08	2.04	2.00	1.98	1.93	1.89	1.84	1.81	1.78	1.75	1.72	1.69	1.66
19	2.99	2.61	2.40	2.27	2.18	2.11	2.06	2.02	1.98	1.96	1.91	1.86	1.81	1.79	1.76	1.73	1.70	1.67	1.63
20	2.97	2.59	2.38	2.25	2.16	2.09	2.04	2.00	1.96	1.94	1.89	1.84	1.79	1.77	1.74	1.71	1.68	1.64	1.61
21	2.96	2.57	2.36	2.23	2.14	2.08	2.02	1.98	1.95	1.92	1.87	1.83	1.78	1.75	1.72	1.69	1.66	1.62	1.59
22	2.95	2.56	2.35	2.22	2.13	2.06	2.01	1.97	1.93	1.90	1.86	1.81	1.76	1.73	1.70	1.67	1.64	1.60	1.57
23	2.94	2.55	2.34	2.21	2.11	2.05	1.99	1.95	1.92	1.89	1.84	1.80	1.74	1.72	1.69	1.66	1.62	1.59	1.55
24	2.93	2.54	2.33	2.19	2.10	2.04	1.98	1.94	1.91	1.88	1.83	1.78	1.73	1.70	1.67	1.64	1.61	1.57	1.53
25	2.92	2.53	2.32	2.18	2.09	2.02	1.97	1.93	1.89	1.87	1.82	1.77	1.72	1.69	1.66	1.63	1.59	1.56	1.52
26	2.91	2.52	2.31	2.17	2.08	2.01	1.96	1.92	1.88	1.86	1.81	1.76	1.71	1.68	1.65	1.61	1.58	1.54	1.50
27	2.90	2.51	2.30	2.17	2.07	2.00	1.95	1.91	1.87	1.85	1.80	1.75	1.70	1.67	1.64	1.60	1.57	1.53	1.49
28	2.89	2.50	2.29	2.16	2.06	2.00	1.94	1.90	1.87	1.84	1.79	1.74	1.69	1.66	1.63	1.59	1.56	1.52	1.48
29	2.89	2.50	2.28	2.15	2.06	1.99	1.93	1.89	1.86	1.83	1.78	1.73	1.68	1.65	1.62	1.58	1.55	1.51	1.47
30	2.88	2.49	2.28	2.14	2.05	1.98	1.93	1.88	1.85	1.82	1.77	1.72	1.67	1.64	1.61	1.57	1.54	1.50	1.46
40	2.84	2.44	2.23	2.09	2.00	1.93	1.87	1.83	1.79	1.76	1.71	1.66	1.61	1.57	1.54	1.51	1.47	1.42	1.38
60	2.79	2.39	2.18	2.04	1.95	1.87	1.82	1.77	1.74	1.71	1.66	1.60	1.54	1.51	1.48	1.44	1.40	1.35	1.29
120	2.75	2.35	2.13	1.99	1.90	1.82	1.77	1.72	1.68	1.65	1.60	1.55	1.48	1.45	1.41	1.37	1.32	1.26	1.19
∞	2.71	2.30	2.08	1.94	1.85	1.77	1.72	1.67	1.63	1.60	1.55	1.49	1.42	1.38	1.34	1.30	1.24	1.17	1.00

续表

(α=0.05)

n_2 \ n_1	1	2	3	4	5	6	7	8	9	10	12	15	20	24	30	40	60	120	∞
1	161	200	216	225	230	234	237	239	241	242	244	246	248	249	250	251	252	253	254
2	18.5	19.0	19.2	19.2	19.3	19.3	19.4	19.4	19.4	19.4	19.4	19.4	19.4	19.5	19.5	19.5	19.5	19.5	19.5
3	10.1	9.55	9.28	9.12	9.01	8.94	8.89	8.85	8.81	8.79	8.74	8.70	8.66	8.64	8.62	8.59	8.57	8.55	8.53
4	7.71	6.94	6.59	6.39	6.26	6.16	6.09	6.04	6.00	5.96	5.91	5.86	5.80	5.77	5.75	5.72	5.69	5.66	5.63
5	6.61	5.79	5.41	5.19	5.05	4.95	4.88	4.82	4.77	4.74	4.68	4.62	4.56	4.53	4.50	4.46	4.43	4.40	4.36
6	5.99	5.14	4.76	4.53	4.39	4.28	4.21	4.15	4.10	4.06	4.00	3.94	3.87	3.84	3.81	3.77	3.74	3.70	3.67
7	5.59	4.74	4.35	4.12	3.97	3.87	3.79	3.73	3.68	3.64	3.57	3.51	3.44	3.41	3.38	3.34	3.30	3.27	3.23
8	5.32	4.46	4.07	3.84	3.69	3.58	3.50	3.44	3.39	3.35	3.28	3.22	3.15	3.12	3.08	3.04	3.01	2.97	2.93
9	5.12	4.26	3.86	3.63	3.48	3.37	3.29	3.23	3.18	3.14	3.07	3.01	2.94	2.90	2.86	2.83	2.79	2.75	2.71
10	4.96	4.10	3.71	3.48	3.33	3.22	3.14	3.07	3.02	2.98	2.91	2.85	2.77	2.74	2.70	2.66	2.62	2.58	2.54
11	4.84	3.98	3.59	3.36	3.20	3.09	3.01	2.95	2.90	2.85	2.79	2.72	2.65	2.61	2.57	2.53	2.49	2.45	2.40
12	4.75	3.89	3.49	3.26	3.11	3.00	2.91	2.85	2.80	2.75	2.69	2.62	2.54	2.51	2.47	2.43	2.38	2.34	2.30
13	4.67	3.81	3.41	3.18	3.03	2.92	2.83	2.77	2.71	2.67	2.60	2.53	2.46	2.42	2.38	2.34	2.30	2.25	2.21
14	4.60	3.74	3.34	3.11	2.96	2.85	2.76	2.70	2.65	2.60	2.53	2.46	2.39	2.35	2.31	2.27	2.22	2.18	2.13
15	4.54	3.68	3.29	3.06	2.90	2.79	2.71	2.64	2.59	2.54	2.48	2.40	2.33	2.29	2.25	2.20	2.16	2.11	2.07
16	4.49	3.63	3.24	3.01	2.85	2.74	2.66	2.59	2.54	2.49	2.42	2.35	2.28	2.24	2.19	2.15	2.11	2.06	2.01
17	4.45	3.59	3.20	2.96	2.81	2.70	2.61	2.55	2.49	2.45	2.38	2.31	2.23	2.19	2.15	2.10	2.06	2.01	1.96
18	4.41	3.55	3.16	2.93	2.77	2.66	2.58	2.51	2.46	2.41	2.34	2.27	2.19	2.15	2.11	2.06	2.02	1.97	1.92
19	4.38	3.52	3.13	2.90	2.74	2.63	2.54	2.48	2.42	2.38	2.31	2.23	2.16	2.11	2.07	2.03	1.98	1.93	1.88
20	4.35	3.49	3.10	2.87	2.71	2.60	2.51	2.45	2.39	2.35	2.28	2.20	2.12	2.08	2.04	1.99	1.95	1.90	1.84
21	4.32	3.47	3.07	2.84	2.68	2.57	2.49	2.42	2.37	2.32	2.25	2.18	2.10	2.05	2.01	1.96	1.92	1.87	1.81
22	4.30	3.44	3.05	2.82	2.66	2.55	2.46	2.40	2.34	2.30	2.23	2.15	2.07	2.03	1.98	1.94	1.89	1.84	1.78
23	4.28	3.42	3.03	2.80	2.64	2.53	2.44	2.37	2.32	2.27	2.20	2.13	2.05	2.01	1.96	1.91	1.86	1.81	1.76
24	4.26	3.40	3.01	2.78	2.62	2.51	2.42	2.36	2.30	2.25	2.18	2.11	2.03	1.98	1.94	1.89	1.84	1.79	1.73
25	4.24	3.39	2.99	2.76	2.60	2.49	2.40	2.34	2.28	2.24	2.16	2.09	2.01	1.96	1.92	1.87	1.82	1.77	1.71
26	4.23	3.37	2.98	2.74	2.59	2.47	2.39	2.32	2.27	2.22	2.15	2.07	1.99	1.95	1.90	1.85	1.80	1.75	1.69
27	4.21	3.35	2.96	2.73	2.57	2.46	2.37	2.31	2.25	2.20	2.13	2.06	1.97	1.93	1.88	1.84	1.79	1.73	1.67
28	4.20	3.34	2.95	2.71	2.56	2.45	2.36	2.29	2.24	2.19	2.12	2.04	1.96	1.91	1.87	1.82	1.77	1.71	1.65
29	4.18	3.33	2.93	2.70	2.55	2.43	2.35	2.28	2.22	2.18	2.10	2.03	1.94	1.90	1.85	1.81	1.75	1.70	1.64
30	4.17	3.32	2.92	2.69	2.53	2.42	2.33	2.27	2.21	2.16	2.09	2.01	1.93	1.89	1.84	1.79	1.74	1.68	1.62
40	4.08	3.23	2.84	2.61	2.45	2.34	2.25	2.18	2.12	2.08	2.00	1.92	1.84	1.79	1.74	1.69	1.64	1.58	1.51
60	4.00	3.15	2.76	2.53	2.37	2.25	2.17	2.10	2.04	1.99	1.92	1.84	1.75	1.70	1.65	1.59	1.53	1.47	1.39
120	3.92	3.07	2.68	2.45	2.29	2.17	2.09	2.02	1.96	1.91	1.83	1.75	1.66	1.61	1.55	1.50	1.43	1.35	1.25
∞	3.84	3.00	2.60	2.37	2.21	2.10	2.01	1.94	1.88	1.83	1.75	1.67	1.57	1.52	1.46	1.39	1.32	1.22	1.00

续表

（$\alpha=0.025$）

n_2 \ n_1	1	2	3	4	5	6	7	8	9	10	12	15	20	24	30	40	60	120	∞
1	648	800	864	900	922	937	948	957	963	969	977	985	993	997	1001	1006	1010	1014	1020
2	38.5	39.0	39.2	39.2	39.3	39.3	39.4	39.4	39.4	39.4	39.4	39.4	39.4	39.5	39.5	39.5	39.5	39.5	39.5
3	17.4	16.0	15.4	15.1	14.9	14.7	14.6	14.5	14.5	14.4	14.3	14.3	14.2	14.1	14.1	14.0	14.0	13.9	13.9
4	12.2	10.6	9.98	9.60	9.36	9.20	9.07	8.98	8.90	8.84	8.75	8.66	8.56	8.51	8.46	8.41	8.36	8.31	8.26
5	10.0	8.43	7.76	7.39	7.15	6.98	6.85	6.76	6.68	6.62	6.52	6.43	6.33	6.28	6.23	6.18	6.12	6.07	6.02
6	8.81	7.26	6.60	6.23	5.99	5.82	5.70	5.60	5.52	5.46	5.37	5.27	5.17	5.12	5.07	5.01	4.96	4.90	4.85
7	8.07	6.54	5.89	5.52	5.29	5.12	4.99	4.90	4.82	4.76	4.67	4.57	4.47	4.42	4.36	4.31	4.25	4.20	4.14
8	7.57	6.06	5.42	5.05	4.82	4.65	4.53	4.43	4.36	4.30	4.20	4.10	4.00	3.95	3.89	3.84	3.78	3.73	3.67
9	7.21	5.71	5.08	4.72	4.48	4.32	4.20	4.10	4.03	3.96	3.87	3.77	3.67	3.61	3.56	3.51	3.45	3.39	3.33
10	6.94	5.46	4.83	4.47	4.24	4.07	3.95	3.85	3.78	3.72	3.62	3.52	3.42	3.37	3.31	3.26	3.20	3.14	3.08
11	6.72	5.26	4.63	4.28	4.04	3.88	3.76	3.66	3.59	3.53	3.43	3.33	3.23	3.17	3.12	3.06	3.00	2.94	2.88
12	6.55	5.10	4.47	4.12	3.89	3.73	3.61	3.51	3.44	3.37	3.28	3.18	3.07	3.02	2.96	2.91	2.85	2.79	2.72
13	6.41	4.97	4.35	4.00	3.77	3.60	3.48	3.39	3.31	3.25	3.15	3.05	2.95	2.89	2.84	2.78	2.72	2.66	2.60
14	6.30	4.86	4.24	3.89	3.66	3.50	3.38	3.29	3.21	3.15	3.05	2.95	2.84	2.79	2.73	2.67	2.61	2.55	2.49
15	6.20	4.77	4.15	3.80	3.58	3.41	3.29	3.20	3.12	3.06	2.96	2.86	2.76	2.70	2.64	2.59	2.52	2.46	2.40
16	6.12	4.69	4.08	3.73	3.50	3.34	3.22	3.12	3.05	2.99	2.89	2.79	2.68	2.63	2.57	2.51	2.45	2.38	2.32
17	6.04	4.62	4.01	3.66	3.44	3.28	3.16	3.06	2.98	2.92	2.82	2.72	2.62	2.56	2.50	2.44	2.38	2.32	2.25
18	5.98	4.56	3.95	3.61	3.38	3.22	3.10	3.01	2.93	2.87	2.77	2.67	2.56	2.50	2.44	2.38	2.32	2.26	2.19
19	5.92	4.51	3.90	3.56	3.33	3.17	3.05	2.96	2.88	2.82	2.72	2.62	2.51	2.45	2.39	2.33	2.27	2.20	2.13
20	5.87	4.46	3.86	3.51	3.29	3.13	3.01	2.91	2.84	2.77	2.68	2.57	2.46	2.41	2.35	2.29	2.22	2.16	2.09
21	5.83	4.42	3.82	3.48	3.25	3.09	2.97	2.87	2.80	2.73	2.64	2.53	2.42	2.37	2.31	2.25	2.18	2.11	2.04
22	5.79	4.38	3.78	3.44	3.22	3.05	2.93	2.84	2.76	2.70	2.60	2.50	2.39	2.33	2.27	2.21	2.14	2.08	2.00
23	5.75	4.35	3.75	3.41	3.18	3.02	2.90	2.81	2.73	2.67	2.57	2.47	2.36	2.30	2.24	2.18	2.11	2.04	1.97
24	5.72	4.32	3.72	3.38	3.15	2.99	2.87	2.78	2.70	2.64	2.54	2.44	2.33	2.27	2.21	2.15	2.08	2.01	1.94
25	5.69	4.29	3.69	3.35	3.13	2.97	2.85	2.75	2.68	2.61	2.51	2.41	2.30	2.24	2.18	2.12	2.05	1.98	1.91
26	5.66	4.27	3.67	3.33	3.10	2.94	2.82	2.73	2.65	2.59	2.49	2.39	2.28	2.22	2.16	2.09	2.03	1.95	1.88
27	5.63	4.24	3.65	3.31	3.08	2.92	2.80	2.71	2.63	2.57	2.47	2.36	2.25	2.19	2.13	2.07	2.00	1.93	1.85
28	5.61	4.22	3.63	3.29	3.06	2.90	2.78	2.69	2.61	2.55	2.45	2.34	2.23	2.17	2.11	2.05	1.98	1.91	1.83
29	5.59	4.20	3.61	3.27	3.04	2.88	2.76	2.67	2.59	2.53	2.43	2.32	2.21	2.15	2.09	2.03	1.96	1.89	1.81
30	5.57	4.18	3.59	3.25	3.03	2.87	2.75	2.65	2.57	2.51	2.41	2.31	2.20	2.14	2.07	2.01	1.94	1.87	1.79
40	5.42	4.05	3.46	3.13	2.90	2.74	2.62	2.53	2.45	2.39	2.29	2.18	2.07	2.01	1.94	1.88	1.80	1.72	1.64
60	5.29	3.93	3.34	3.01	2.79	2.63	2.51	2.41	2.33	2.27	2.17	2.06	1.94	1.88	1.82	1.74	1.67	1.58	1.48
120	5.15	3.80	3.23	2.89	2.67	2.52	2.39	2.30	2.22	2.16	2.05	1.94	1.82	1.76	1.69	1.61	1.53	1.43	1.31
∞	5.02	3.69	3.12	2.79	2.57	2.41	2.29	2.19	2.11	2.05	1.94	1.83	1.71	1.64	1.57	1.48	1.39	1.27	1.00

续表

($\alpha=0.01$)

n_2 \ n_1	1	2	3	4	5	6	7	8	9	10	12	15	20	24	30	40	60	120	∞
1	4052	5000	5404	5624	5764	5859	5928	5981	6022	6056	6106	6157	6209	6234	6260	6286	6313	6340	6370
2	98.5	99.0	99.2	99.2	99.3	99.3	99.4	99.4	99.4	99.4	99.4	99.4	99.4	99.5	99.5	99.5	99.5	99.5	99.5
3	34.1	30.8	29.5	28.7	28.2	27.9	27.7	27.5	27.3	27.2	27.1	26.9	26.7	26.6	26.5	26.4	26.3	26.2	26.1
4	21.2	18.0	16.7	16.0	15.5	15.2	15.0	14.8	14.7	14.5	14.4	14.2	14.0	13.9	13.8	13.7	13.7	13.6	13.5
5	16.3	13.3	12.1	11.4	11.0	10.7	10.5	10.3	10.2	10.1	9.89	9.72	9.55	9.47	9.38	9.29	9.20	9.11	9.02
6	13.7	10.9	9.78	9.15	8.75	8.47	8.26	8.10	7.98	7.87	7.72	7.56	7.40	7.31	7.23	7.14	7.06	6.97	6.88
7	12.2	9.55	8.45	7.85	7.46	7.19	6.99	6.84	6.72	6.62	6.47	6.31	6.16	6.07	5.99	5.91	5.82	5.74	5.65
8	11.3	8.65	7.59	7.01	6.63	6.37	6.18	6.03	5.91	5.81	5.67	5.52	5.36	5.28	5.20	5.12	5.03	4.95	4.86
9	10.6	8.02	6.99	6.42	6.06	5.80	5.61	5.47	5.35	5.26	5.11	4.96	4.81	4.73	4.65	4.57	4.48	4.40	4.31
10	10.0	7.56	6.55	5.99	5.64	5.39	5.20	5.06	4.94	4.85	4.71	4.56	4.41	4.33	4.25	4.17	4.08	4.00	3.91
11	9.65	7.21	6.22	5.67	5.32	5.07	4.89	4.74	4.63	4.54	4.40	4.25	4.10	4.02	3.94	3.86	3.78	3.69	3.60
12	9.33	6.93	5.95	5.41	5.06	4.82	4.64	4.50	4.39	4.30	4.16	4.01	3.86	3.78	3.70	3.62	3.54	3.45	3.36
13	9.07	6.70	5.74	5.21	4.86	4.62	4.44	4.30	4.19	4.10	3.96	3.82	3.66	3.59	3.51	3.43	3.34	3.25	3.17
14	8.86	6.51	5.56	5.04	4.69	4.46	4.28	4.14	4.03	3.94	3.80	3.66	3.51	3.43	3.35	3.27	3.18	3.09	3.00
15	8.68	6.36	5.42	4.89	4.56	4.32	4.14	4.00	3.89	3.80	3.67	3.52	3.37	3.29	3.21	3.13	3.05	2.96	2.87
16	8.53	6.23	5.29	4.77	4.44	4.20	4.03	3.89	3.78	3.69	3.55	3.41	3.26	3.18	3.10	3.02	2.93	2.84	2.75
17	8.40	6.11	5.18	4.67	4.34	4.10	3.93	3.79	3.68	3.59	3.46	3.31	3.16	3.08	3.00	2.92	2.83	2.75	2.65
18	8.29	6.01	5.09	4.58	4.25	4.01	3.84	3.71	3.60	3.51	3.37	3.23	3.08	3.00	2.92	2.84	2.75	2.66	2.57
19	8.18	5.93	5.01	4.50	4.17	3.94	3.77	3.63	3.52	3.43	3.30	3.15	3.00	2.92	2.84	2.76	2.67	2.58	2.49
20	8.10	5.85	4.94	4.43	4.10	3.87	3.70	3.56	3.46	3.37	3.23	3.09	2.94	2.86	2.78	2.69	2.61	2.52	2.42
21	8.02	5.78	4.87	4.37	4.04	3.81	3.64	3.51	3.40	3.31	3.17	3.03	2.88	2.80	2.72	2.64	2.55	2.46	2.36
22	7.95	5.72	4.82	4.31	3.99	3.76	3.59	3.45	3.35	3.26	3.12	2.98	2.83	2.75	2.67	2.58	2.50	2.40	2.31
23	7.88	5.66	4.76	4.26	3.94	3.71	3.54	3.41	3.30	3.21	3.07	2.93	2.78	2.70	2.62	2.54	2.45	2.35	2.26
24	7.82	5.61	4.72	4.22	3.90	3.67	3.50	3.36	3.26	3.17	3.03	2.89	2.74	2.66	2.58	2.49	2.40	2.31	2.21
25	7.77	5.57	4.68	4.18	3.85	3.63	3.46	3.32	3.22	3.13	2.99	2.85	2.70	2.62	2.54	2.45	2.36	2.27	2.17
26	7.72	5.53	4.64	4.14	3.82	3.59	3.42	3.29	3.18	3.09	2.96	2.81	2.66	2.58	2.50	2.42	2.33	2.23	2.13
27	7.68	5.49	4.60	4.11	3.78	3.56	3.39	3.26	3.15	3.06	2.93	2.78	2.63	2.55	2.47	2.38	2.29	2.20	2.10
28	7.64	5.45	4.57	4.07	3.75	3.53	3.36	3.23	3.12	3.03	2.90	2.75	2.60	2.52	2.44	2.35	2.26	2.17	2.06
29	7.60	5.42	4.54	4.04	3.73	3.50	3.33	3.20	3.09	3.00	2.87	2.73	2.57	2.49	2.41	2.33	2.23	2.14	2.03
30	7.56	5.39	4.51	4.02	3.70	3.47	3.30	3.17	3.07	2.98	2.84	2.70	2.55	2.47	2.39	2.30	2.21	2.11	2.01
40	7.31	5.18	4.31	3.83	3.51	3.29	3.12	2.99	2.89	2.80	2.66	2.52	2.37	2.29	2.20	2.11	2.02	1.92	1.80
60	7.08	4.98	4.13	3.65	3.34	3.12	2.95	2.82	2.72	2.63	2.50	2.35	2.20	2.12	2.03	1.94	1.84	1.73	1.60
120	6.85	4.79	3.95	3.48	3.17	2.96	2.79	2.66	2.56	2.47	2.34	2.19	2.03	1.95	1.86	1.76	1.66	1.53	1.38
∞	6.63	4.61	3.78	3.32	3.02	2.80	2.64	2.51	2.41	2.32	2.18	2.04	1.88	1.79	1.70	1.59	1.47	1.32	1.00

续表

($\alpha=0.005$)

n_2 \ n_1	1	2	3	4	5	6	7	8	9	10	12	15	20	24	30	40	60	120	∞
1	16212	19997	21614	22501	23056	23440	23715	23924	24091	24221	24427	24632	24837	24937	25041	25146	25254	25358	25500
2	199	199	199	199	199	199	199	199	199	199	199	199	199	199	199	199	199	199	200
3	55.6	49.8	47.5	46.2	45.4	44.8	44.4	44.1	43.9	43.7	43.4	43.1	42.8	42.6	42.5	42.3	42.1	42.0	41.8
4	31.3	26.3	24.3	23.2	22.5	22.0	21.6	21.4	21.1	21.0	20.7	20.4	20.2	20.0	19.9	19.8	19.6	19.5	19.3
5	22.8	18.3	16.5	15.6	14.9	14.5	14.2	14.0	13.8	13.6	13.4	13.1	12.9	12.8	12.7	12.5	12.4	12.3	12.1
6	18.6	14.5	12.9	12.0	11.5	11.1	10.8	10.6	10.4	10.3	10.0	9.81	9.59	9.47	9.36	9.24	9.12	9.00	8.88
7	16.2	12.4	10.9	10.1	9.52	9.16	8.89	8.68	8.51	8.38	8.18	7.97	7.75	7.65	7.53	7.42	7.31	7.19	7.08
8	14.7	11.0	9.60	8.81	8.30	7.95	7.69	7.50	7.34	7.21	7.01	6.81	6.61	6.50	6.40	6.29	6.18	6.06	5.95
9	13.6	10.1	8.72	7.96	7.47	7.13	6.88	6.69	6.54	6.42	6.23	6.03	5.83	5.73	5.62	5.52	5.41	5.30	5.19
10	12.8	9.43	8.08	7.34	6.87	6.54	6.30	6.12	5.97	5.85	5.66	5.47	5.27	5.17	5.07	4.97	4.86	4.75	4.64
11	12.2	8.91	7.60	6.88	6.42	6.10	5.86	5.68	5.54	5.42	5.24	5.05	4.86	4.76	4.65	4.55	4.44	4.34	4.23
12	11.8	8.51	7.23	6.52	6.07	5.76	5.52	5.35	5.20	5.09	4.91	4.72	4.53	4.43	4.33	4.23	4.12	4.01	3.90
13	11.4	8.19	6.93	6.23	5.79	5.48	5.25	5.08	4.94	4.82	4.64	4.46	4.27	4.17	4.07	3.97	3.87	3.76	3.65
14	11.1	7.92	6.68	6.00	5.56	5.26	5.03	4.86	4.72	4.60	4.43	4.25	4.06	3.96	3.86	3.76	3.66	3.55	3.44
15	10.8	7.70	6.48	5.80	5.37	5.07	4.85	4.67	4.54	4.42	4.25	4.07	3.88	3.79	3.69	3.58	3.48	3.37	3.26
16	10.6	7.51	6.30	5.64	5.21	4.91	4.69	4.52	4.38	4.27	4.10	3.92	3.73	3.64	3.54	3.44	3.33	3.22	3.11
17	10.4	7.35	6.16	5.50	5.07	4.78	4.56	4.39	4.25	4.14	3.97	3.79	3.61	3.51	3.41	3.31	3.21	3.10	2.98
18	10.2	7.21	6.03	5.37	4.96	4.66	4.44	4.28	4.14	4.03	3.86	3.68	3.50	3.40	3.30	3.20	3.10	2.99	2.87
19	10.1	7.09	5.92	5.27	4.85	4.56	4.34	4.18	4.04	3.93	3.76	3.59	3.40	3.31	3.21	3.11	3.00	2.89	2.78
20	9.94	6.99	5.82	5.17	4.76	4.47	4.26	4.09	3.96	3.85	3.68	3.50	3.32	3.22	3.12	3.02	2.92	2.81	2.69
21	9.83	6.89	5.73	5.09	4.68	4.39	4.18	4.01	3.88	3.77	3.60	3.43	3.24	3.15	3.05	2.95	2.84	2.73	2.61
22	9.73	6.81	5.65	5.02	4.61	4.32	4.11	3.94	3.81	3.70	3.54	3.36	3.18	3.08	2.98	2.88	2.77	2.66	2.55
23	9.63	6.73	5.58	4.95	4.54	4.26	4.05	3.88	3.75	3.64	3.47	3.30	3.12	3.02	2.92	2.82	2.71	2.60	2.48
24	9.55	6.66	5.52	4.89	4.49	4.20	3.99	3.83	3.69	3.59	3.42	3.25	3.06	2.97	2.87	2.77	2.66	2.55	2.43
25	9.48	6.60	5.46	4.84	4.43	4.15	3.94	3.78	3.64	3.54	3.37	3.20	3.01	2.92	2.82	2.72	2.61	2.50	2.38
26	9.41	6.54	5.41	4.79	4.38	4.10	3.89	3.73	3.60	3.49	3.33	3.15	2.97	2.87	2.77	2.67	2.56	2.45	2.33
27	9.34	6.49	5.36	4.74	4.34	4.06	3.85	3.69	3.56	3.45	3.28	3.11	2.93	2.83	2.73	2.63	2.52	2.41	2.29
28	9.28	6.44	5.32	4.70	4.30	4.02	3.81	3.65	3.52	3.41	3.25	3.07	2.89	2.79	2.69	2.59	2.48	2.37	2.25
29	9.23	6.40	5.28	4.66	4.26	3.98	3.77	3.61	3.48	3.38	3.21	3.04	2.86	2.76	2.66	2.56	2.45	2.33	2.21
30	9.18	6.35	5.24	4.62	4.23	3.95	3.74	3.58	3.45	3.34	3.18	3.01	2.82	2.73	2.63	2.52	2.42	2.30	2.18
40	8.83	6.07	4.98	4.37	3.99	3.71	3.51	3.35	3.22	3.12	2.95	2.78	2.60	2.50	2.40	2.30	2.18	2.06	1.93
60	8.49	5.79	4.73	4.14	3.76	3.49	3.29	3.13	3.01	2.90	2.74	2.57	2.39	2.29	2.19	2.08	1.96	1.83	1.69
120	8.18	5.54	4.50	3.92	3.55	3.28	3.09	2.93	2.81	2.71	2.54	2.37	2.19	2.09	1.98	1.87	1.75	1.61	1.43
∞	7.88	5.30	4.28	3.72	3.35	3.09	2.90	2.74	2.62	2.52	2.36	2.19	2.00	1.90	1.79	1.67	1.53	1.36	1.00

附表 6 柯尔莫哥洛夫检验临界值 $D_{n,\alpha}$

$$P(D_n \geqslant D_{n,\alpha}) = \alpha$$

n \ α	0.20	0.10	0.05	0.02	0.01
1	0.90000	0.95000	0.97500	0.99000	0.99500
2	0.68377	0.77639	0.84189	0.90000	0.92929
3	0.56481	0.63604	0.70760	0.78456	0.82900
4	0.49265	0.56522	0.62394	0.68887	0.73424
5	0.44698	0.50945	0.56328	0.62718	0.66853
6	0.41037	0.46799	0.51926	0.57741	0.61661
7	0.38148	0.43607	0.48342	0.53844	0.57581
8	0.35831	0.40962	0.45427	0.50654	0.54179
9	0.33910	0.38746	0.43001	0.47960	0.51332
10	0.32260	0.36866	0.40925	0.45662	0.48893
11	0.30829	0.35242	0.39122	0.43670	0.46770
12	0.29577	0.33815	0.37543	0.41918	0.44905
13	0.28470	0.32549	0.36143	0.40362	0.43247
14	0.27481	0.31417	0.34890	0.38970	0.41762
15	0.26588	0.30397	0.33760	0.37713	0.40420
16	0.25778	0.29472	0.32733	0.36571	0.39201
17	0.25039	0.28627	0.31796	0.35528	0.38086
18	0.24360	0.27851	0.30936	0.34569	0.37062
19	0.23735	0.27136	0.30143	0.33685	0.36117
20	0.23156	0.26473	0.29408	0.32866	0.35241
21	0.22617	0.25858	0.28724	0.32104	0.34427
22	0.22115	0.25283	0.28087	0.31394	0.33666
23	0.21645	0.24746	0.27490	0.30728	0.32954
24	0.21205	0.24242	0.26931	0.30104	0.32286
25	0.20790	0.23768	0.26404	0.29516	0.31657
26	0.20399	0.23320	0.25907	0.28962	0.31064
27	0.20030	0.22898	0.25438	0.28438	0.30502
28	0.19680	0.22497	0.24993	0.27942	0.29971
29	0.19348	0.22117	0.24571	0.27471	0.29466
30	0.19032	0.21756	0.24170	0.27023	0.28987
31	0.18732	0.21412	0.23788	0.26596	0.28530
32	0.18445	0.21085	0.23424	0.26189	0.28094
33	0.18171	0.20771	0.23076	0.25801	0.27677
34	0.17909	0.20472	0.22743	0.25429	0.27279
35	0.17659	0.20185	0.22425	0.25073	0.26897
36	0.17418	0.19910	0.22119	0.24732	0.26532
37	0.17188	0.19646	0.21826	0.24401	0.26180
38	0.16966	0.19392	0.21544	0.24089	0.25843
39	0.16753	0.19148	0.21273	0.23786	0.25518
40	0.16547	0.18913	0.21012	0.23494	0.25205
41	0.16349	0.18687	0.20760	0.23213	0.24904
42	0.16158	0.18468	0.20517	0.22941	0.24613
43	0.15974	0.18257	0.20283	0.22679	0.24332
44	0.15796	0.18053	0.20056	0.22426	0.24060
45	0.15623	0.17856	0.19837	0.22181	0.23798
46	0.15457	0.17665	0.19625	0.21944	0.23544
47	0.15295	0.17481	0.19420	0.21715	0.23298
48	0.15139	0.17302	0.19221	0.21493	0.23059
49	0.14987	0.17128	0.19028	0.21277	0.22828
50	0.14840	0.16959	0.18841	0.21068	0.22604
55	0.14164	0.16186	0.17981	0.20107	0.21574
60	0.13573	0.15511	0.17231	0.19267	0.20673
65	0.13052	0.14913	0.16567	0.18525	0.19877
70	0.12586	0.14381	0.15975	0.17863	0.19167
75	0.12167	0.13901	0.15442	0.17268	0.18528
80	0.11787	0.13467	0.14960	0.16728	0.17949
85	0.11442	0.13072	0.14520	0.16236	0.17421
90	0.11125	0.12709	0.14117	0.15786	0.16938
95	0.10833	0.12375	0.13746	0.15371	0.16493
100	0.10563	0.12067	0.13403	0.14987	0.16081

附表 7　柯尔莫哥洛夫检验统计量 D_n 的极限分布

$$K(\lambda)=\lim_{n\to\infty}P(D_n\leqslant\lambda/\sqrt{n})=\sum_{j=-\infty}^{\infty}(-1)^j\cdot\exp(-2j^2\lambda^2)$$

λ	0.00	0.01	0.02	0.03	0.04	0.05	0.06	0.07	0.08	0.09	λ
0.2	0.000000	0.000000	0.000000	0.000000	0.000000	0.000000	0.000000	0.000000	0.000001	0.000004	0.2
0.3	0.000009	0.000021	0.000046	0.000091	0.000171	0.000303	0.000511	0.000826	0.001285	0.001929	0.3
0.4	0.002808	0.003972	0.005476	0.007377	0.009730	0.012590	0.016005	0.020022	0.024682	0.030017	0.4
0.5	0.036055	0.042814	0.050306	0.058534	0.067497	0.077183	0.087577	0.098656	0.110395	0.122760	0.5
0.6	0.135718	0.149229	0.163225	0.177153	0.192677	0.207987	0.223637	0.239582	0.255780	0.272189	0.6
0.7	0.288765	0.305471	0.322265	0.339113	0.355981	0.372833	0.389640	0.406372	0.423002	0.439505	0.7
0.8	0.455857	0.472041	0.488030	0.503808	0.519366	0.534682	0.549744	0.564546	0.579070	0.593316	0.8
0.9	0.607270	0.620928	0.634286	0.647338	0.660082	0.672516	0.684630	0.696444	0.707940	0.719126	0.9
1.0	0.7630000	0.740566	0.750826	0.760780	0.770434	0.779794	0.788860	0.797636	0.806128	0.814342	1.0
1.1	0.822282	0.829950	0.837356	0.844502	0.851394	0.858038	0.864442	0.870612	0.876548	0.882258	1.1
1.2	0.887750	0.893030	0.898104	0.902972	0.907648	0.912132	0.916432	0.920556	0.924505	0.928288	1.2
1.3	0.931908	0.935370	0.938682	0.941848	0.944872	0.946656	0.950512	0.953142	0.955650	0.958040	1.3
1.4	0.960318	0.962486	0.964552	0.966516	0.968382	0.970158	0.971846	0.973448	0.974970	0.976412	1.4
1.5	0.977782	0.979080	0.980310	0.981476	0.982578	0.983622	0.984610	0.985544	0.986426	0.987260	1.5
1.6	0.988048	0.988791	0.989492	0.990154	0.990777	0.991364	0.991917	0.992438	0.992928	0.993389	1.6
1.7	0.993823	0.994230	0.994612	0.994972	0.995309	0.995625	0.995922	0.996200	0.996460	0.996704	1.7
1.8	0.996932	0.997146	0.997346	0.997533	0.979707	0.997870	0.998023	0.998145	0.998297	0.998421	1.8
1.9	0.998536	0.998644	0.998744	0.998837	0.998924	0.999004	0.999079	0.999149	0.999123	0.999273	1.9
2.0	0.999329	0.999380	0.999428	0.999474	0.999516	0.999552	0.999588	0.999620	0.999650	0.999680	2.0
2.1	0.999705	0.999728	0.999750	0.999770	0.999790	0.999806	0.999822	0.999838	0.999852	0.999864	2.1
2.2	0.999874	0.999886	0.999896	0.999904	0.999912	0.999920	0.999926	0.999934	0.999940	0.999944	2.2
2.3	0.999949	0.999954	0.999958	0.999962	0.999965	0.999968	0.999970	0.999973	0.999976	0.999978	2.3
2.4	0.999980	0.999982	0.999984	0.999986	0.999987	0.999988	0.999988	0.999990	0.999991	0.999992	2.4

附表 8 W 检验 统计量 W 的系统 $\alpha_i(n)$ 的值

i \ n		3	4	5	6	7	8	9	10	
1		0.7071	0.6872	0.6646	0.6431	0.6233	0.6052	0.5888	0.5739	
2		—	0.1677	0.2413	0.2806	0.3031	0.3164	0.3244	0.3291	
3		—	—	—	0.0875	0.1401	0.1743	0.1976	0.2141	
4		—	—	—	—	—	0.0561	0.0947	0.1224	
5		—	—	—	—	—	—	—	0.0399	
	11	12	13	14	15	16	17	18	19	20
1	0.5601	0.5475	0.5359	0.5251	0.5150	0.5056	0.4968	0.4886	04808	0.4734
2	0.3315	0.3325	0.3325	0.3318	0.3306	0.3290	0.3273	0.3253	0.3232	0.3211
3	0.2260	0.2347	0.2412	0.2460	0.2495	0.2521	0.2540	0.2553	0.2561	0.2565
4	0.1429	0.1586	0.1707	0.1802	0.1878	0.1939	0.1988	0.2027	0.2059	0.2085
5	0.0695	0.0922	0.1099	0.1240	0.1353	0.1447	0.1524	0.1587	0.1641	0.1686
6	—	0.0303	0.0539	0.0727	0.0880	0.1005	0.1109	0.1197	0.1271	0.1334
7	—	—	—	0.0240	0.0433	0.0593	0.0725	0.0837	0.0932	0.1013
8	—	—	—	—	—	0.0196	0.0359	0.0496	0.0612	0.0711
9	—	—	—	—	—	—	—	0.0163	0.0303	0.0422
10	—	—	—	—	—	—	—	—	—	0.0140
	21	22	23	24	25	26	27	28	29	30
1	0.4643	0.4590	0.4542	0.4493	0.4450	0.4407	0.4366	0.4328	0.4291	0.4254
2	0.3185	0.3156	0.3126	0.3098	0.3069	0.3043	0.3018	0.2992	0.2968	0.2944
3	0.2578	0.2571	0.2563	0.2554	0.2543	0.2533	0.2522	0.2510	0.2499	0.2487
4	0.2119	0.2131	0.2139	0.2145	0.2148	0.2151	0.2152	0.2151	0.2150	0.2148
5	0.1736	0.1764	0.1787	0.1807	0.1822	0.1836	0.1848	0.1857	0.1864	0.1870
6	0.1399	0.1443	0.1480	0.1512	0.1539	0.1563	0.1584	0.1601	0.1616	0.1630
7	0.1092	0.1150	0.1201	0.1245	0.1283	0.1316	0.1346	0.1372	0.1395	0.1415
8	0.0804	0.0878	0.0941	0.0997	0.1046	0.1089	0.1128	0.1162	0.1192	0.1219
9	0.0530	0.0618	0.0696	0.0764	0.0823	0.0876	0.0923	0.0965	0.1002	0.1036
10	0.0263	0.0368	0.0459	0.0539	0.0610	0.0672	0.0728	0.0778	0.0822	0.0862
11	—	0.0122	0.0228	0.0321	0.0403	0.0476	0.0540	0.0598	0.0650	0.0667
12	—	—	—	0.0107	0.0200	0.0284	0.0358	0.0424	0.0483	0.0537
13	—	—	—	—	—	0.0094	0.0178	0.0253	0.0320	0.0381
14	—	—	—	—	—	—	—	0.0084	0.0159	0.0227
15	—	—	—	—	—	—	—	—	—	0.0076
	31	32	33	34	35	36	37	38	39	40
1	0.4220	0.4188	0.4156	0.4127	0.4096	0.4068	0.4040	0.4015	0.3989	0.3964
2	0.2921	0.2898	0.2876	0.2854	0.2834	0.2813	0.2794	0.2774	0.2755	0.2737
3	0.2475	0.2463	0.2451	0.2439	0.2427	0.2415	0.2403	0.2391	0.2380	0.2368
4	0.2145	0.2141	0.2137	0.2132	0.2127	0.2121	0.2116	0.2110	0.2104	0.2098
5	0.1874	0.1878	0.1880	0.1882	0.1883	0.1883	0.1883	0.1881	0.1880	0.1878

续表

n / i	31	32	33	34	35	36	37	38	39	40
6	0.1641	0.1651	0.1660	0.1667	0.1673	0.1678	0.1683	0.1686	0.1689	0.1691
7	0.1433	0.1449	0.1463	0.1475	0.1487	0.1496	0.1505	0.1513	0.1520	0.1526
8	0.1243	0.1265	0.1284	0.1305	0.1317	0.1331	0.1344	0.1356	0.1366	0.1376
9	0.1066	0.1093	0.1118	0.1140	0.1160	0.1179	0.1196	0.1211	0.1225	0.1237
10	0.0899	0.0931	0.0961	0.0988	0.1013	0.1036	0.1056	0.1075	0.1092	0.1108
11	0.0739	0.0777	0.0812	0.0844	0.0873	0.0900	0.0924	0.0947	0.0969	0.0986
12	0.0585	0.0629	0.0669	0.0706	0.0739	0.0770	0.0798	0.0824	0.0848	0.0870
13	0.0435	0.0485	0.0530	0.0572	0.0610	0.0645	0.0677	0.0706	0.0733	0.0759
14	0.0289	0.0344	0.0395	0.0441	0.0484	0.0523	0.0559	0.0592	0.0622	0.0651
15	0.0144	0.0206	0.0262	0.0314	0.0361	0.0404	0.0444	0.0481	0.0515	0.0546
16	—	0.0068	0.0131	0.0187	0.0239	0.0287	0.0331	0.0372	0.0409	0.0444
17	—	—	—	0.0062	0.0119	0.0172	0.0220	0.0264	0.0305	0.0343
18	—	—	—	—	—	0.0057	0.0110	0.0158	0.0203	0.0244
19	—	—	—	—	—	—	—	0.0053	0.0101	0.0146
20	—	—	—	—	—	—	—	—	—	0.0049
	41	42	43	44	45	46	47	48	49	50
1	0.3940	0.3917	0.3894	0.3872	0.3850	0.3830	0.3808	0.3789	0.3770	0.3751
2	0.2719	0.2701	0.2684	0.2667	0.2651	0.2635	0.2620	0.2604	0.2589	0.2574
3	0.2357	0.2345	0.2334	0.2323	0.2313	0.2302	0.2291	0.2281	0.2271	0.2260
4	0.2091	0.2085	0.2078	0.2072	0.2065	0.2058	0.2052	0.2045	0.2038	0.2032
5	0.1876	0.1874	0.1871	0.1868	0.1865	0.1862	0.1859	0.1855	0.1851	0.1847
6	0.1693	0.1694	0.1695	0.1695	0.1695	0.1695	0.1695	0.1693	0.1692	0.1691
7	0.1531	0.1532	0.1539	0.1542	0.1545	0.1548	0.1550	0.1551	0.1553	0.1554
8	0.1384	0.1392	0.1398	0.1405	0.1410	0.1415	0.1420	0.1423	0.1427	0.1430
9	0.1249	0.1259	0.1269	0.1278	0.1286	0.1293	0.1300	0.1306	0.1312	0.1317
10	0.1123	0.1136	0.1149	0.1160	0.1170	0.1180	0.1189	0.1197	0.1205	0.1212
11	0.1004	0.1020	0.1035	0.1049	0.1062	0.1073	0.1085	0.1095	0.1105	0.1113
12	0.0891	0.0909	0.0927	0.0943	0.0959	0.0972	0.0986	0.0998	0.1010	0.1020
13	0.0782	0.0804	0.0824	0.0842	0.0860	0.0876	0.0892	0.0906	0.0919	0.0932
14	0.0677	0.0701	0.0724	0.0745	0.0765	0.0783	0.0801	0.0817	0.0832	0.0846
15	0.0575	0.0602	0.0628	0.0651	0.0673	0.0694	0.0713	0.0731	0.0748	0.0764
16	0.0476	0.0506	0.0534	0.0560	0.0584	0.0607	0.0628	0.0648	0.0667	0.0685
17	0.0379	0.0411	0.0442	0.0471	0.0497	0.0522	0.0546	0.0568	0.0588	0.0608
18	0.0283	0.0318	0.0352	0.0383	0.0412	0.0439	0.0465	0.0489	0.0511	0.0532
19	0.0188	0.0227	0.0263	0.0296	0.0328	0.0357	0.0385	0.0411	0.0436	0.0459
20	0.0094	0.0136	0.0175	0.0211	0.0245	0.0277	0.0307	0.0335	0.0361	0.0386
21	—	0.0045	0.0087	0.0126	0.0163	0.0197	0.0229	0.0259	0.0288	0.0314
22	—	—	—	0.0042	0.0081	0.0118	0.0153	0.0185	0.0215	0.0244
23	—	—	—	—	—	0.0039	0.0076	0.0111	0.0143	0.0174
24	—	—	—	—	—	—	—	0.0037	0.0071	0.0104
25	—	—	—	—	—	—	—	—	—	0.0035

附表 9 W 检验 统计量 W 的 α 分位数 $W_\alpha(n)$

n \ α	0.01	0.05	0.10	n \ α	0.01	0.05	0.10
3	0.753	0.767	0.789	27	0.894	0.923	0.935
4	0.687	0.748	0.792	28	0.896	0.924	0.936
5	0.686	0.762	0.806	29	0.898	0.926	0.937
6	0.713	0.788	0.826	30	0.900	0.927	0.939
7	0.730	0.803	0.838	31	0.902	0.929	0.940
8	0.749	0.818	0.851	32	0.904	0.930	0.941
9	0.764	0.829	0.859	33	0.906	0.931	0.942
10	0.781	0.842	0.869	34	0.908	0.933	0.943
11	0.792	0.850	0.876	35	0.910	0.934	0.944
12	0.805	0.859	0.883	36	0.912	0.935	0.945
13	0.814	0.866	0.889	37	0.914	0.936	0.946
14	0.825	0.874	0.895	38	0.916	0.938	0.947
15	0.835	0.881	0.901	39	0.917	0.939	0.948
16	0.844	0.887	0.906	40	0.919	0.940	0.949
17	0.851	0.892	0.910	41	0.920	0.941	0.950
18	0.858	0.897	0.914	42	0.922	0.942	0.951
19	0.863	0.901	0.917	43	0.923	0.943	0.951
20	0.868	0.905	0.920	44	0.924	0.944	0.952
21	0.873	0.908	0.923	45	0.926	0.945	0.953
22	0.878	0.911	0.926	46	0.927	0.945	0.953
23	0.881	0.914	0.928	47	0.928	0.946	0.954
24	0.884	0.916	0.930	48	0.929	0.947	0.954
25	0.888	0.918	0.931	49	0.929	0.947	0.955
26	0.891	0.920	0.933	50	0.930	0.947	0.955

附表 10 D 检验 统计量 Y 的 α 分位数 Y_α

n \ α	0.005	0.025	0.05	0.95	0.975	0.995
50	−3.91	−2.74	−2.21	0.937	1.06	1.24
60	−3.81	−2.68	−2.17	0.997	1.13	1.34
70	−3.73	−2.64	−2.14	1.05	1.19	1.42
80	−3.67	−2.60	−2.11	1.08	1.24	1.48
90	−3.61	−2.57	−2.09	1.12	1.28	1.54
100	−3.57	−2.54	−2.07	1.14	1.31	1.59
150	−3.41	−2.45	−2.00	1.23	1.42	1.75
200	−3.30	−2.39	−1.96	1.29	1.50	1.85
250	−3.23	−2.35	−1.93	1.33	1.55	1.93
300	−3.17	−2.32	−1.91	1.36	1.53	1.98
350	−3.13	−2.29	−1.89	1.38	1.61	2.03
400	−3.09	−2.27	−1.87	1.40	1.63	2.06
450	−3.06	−2.25	−1.86	1.41	1.65	2.09
500	−3.04	−2.24	−1.85	1.42	1.67	2.11
550	−3.02	−2.23	−1.84	1.43	1.68	2.14
600	−3.00	−2.22	−1.83	1.44	1.69	2.15
650	−2.98	−2.21	−1.83	1.45	1.70	2.17
700	−2.97	−2.20	−1.82	1.46	1.71	2.18
750	−2.96	−2.19	−1.81	1.47	1.72	2.20
800	−2.94	−2.18	−1.81	1.47	1.73	2.21
850	−2.93	−2.18	−1.80	1.48	1.74	2.22
900	−2.92	−2.17	−1.80	1.48	1.74	2.23
950	−2.91	−2.16	−1.80	1.49	1.75	2.24
1000	−2.91	−2.16	−1.79	1.49	1.75	2.25

思考题、习题参考答案

思考题一

1. 不对.

2. $f_n(A)$是一个变化着的量(其实就是第二章中的随机变量),$P(A)$是个实数,当 n 充分大时,$f_n(A)\approx P(A)$(严格表述见第五章).

3. (略)

4. $P(A|A\cup B)$一般不等于 1.

5. 当 $P(A)>0,P(B)>0$ 时,A,B 独立与不相容不能同时成立,A,B 独立一般不能用 Venn 图表示.

6. 不一定.

习题一

1. (1)9; (2)$A=\{(0,a),(1,a),(2,a)\}$; (3)$B=\{(0,a),(0,b),(0,c)\}$.

2. (1)$AB\cup AC\cup BC$ 或 $AB\overline{C}\cup A\overline{B}C\cup\overline{A}BC\cup ABC$; (2)$\overline{A}\,\overline{B}\cup\overline{B}\overline{C}\cup\overline{A}\,\overline{C}$; (3)$\overline{A}BC\cup A\overline{B}C\cup AB\overline{C}$; (4)$\overline{A}\cup\overline{B}\cup\overline{C}$或$\overline{ABC}$.

3. (1)错; (2)错; (3)错; (4)对.　　4. (1)0.9; (2)0.1; (3)0.6.　　5. 0.15.

6. 当不放回抽样时:(1)$\frac{28}{45}$; (2)$\frac{16}{45}$; (3)$\frac{4}{5}$; 当放回抽样时:(1)0.64; (2)0.32; (3)0.8.

7. (1)$\frac{1}{15}$; (2)$\frac{1}{435}$.　　8. (1)$\frac{12}{35}$; (2)$\frac{1}{35}$; (3)$\frac{2}{35}$.

9. (1)$\frac{1}{9}$; (2)$\frac{7}{72}$; (3)$\frac{1}{72}\sum_{k=0}^{7}\frac{(-1)^k}{k!}$.　　10. (1)$\frac{7}{9}$; (2)$\frac{2}{5}$; (3)$\frac{2}{9}$.　　11. 0.86.

12. (1)$\frac{1}{9}$; (2)$\frac{1}{2}$.　　13. $\frac{77}{300}$.　　14. (1)$\frac{37}{80}$; (2)$\frac{1}{37}$.　　15. (1)0.22; (2)0.538.

16. (1)0.5417; (2)0.3944

17. (1)$p_1=\alpha_1\alpha_2+\alpha_2\beta_1+\alpha_3\gamma_3$; (2)$p_2=2\alpha_3r_1\alpha_1+\alpha_1^2\alpha_3$.

18. (略)　　19. (1)对; (2)可能对; (3)可能对; (4)对.

20. (1)$\alpha=p_1p_2p_3+p_1p_2p_4+p_2p_3p_4+p_1p_3p_4-3p_1p_2p_3p_4$; (2)$\beta=\frac{p_1p_2p_3p_4}{\alpha}$; (3)$\gamma=C_3^2\alpha^2(1-\alpha)$.

21. (1)$P(A_i)=p(1-p)^{i-1},i=1,2,\cdots,P(B_4)=p^2(1-p)$; (2)$p^2(1-p)$; (3)$p$.

22. (1)$\frac{1}{19}$; (2)0.9984.　　23. (1)0.7251; (2)0.7074.

思考题二

1. (略)　　2. 不一定.　　3. 不对.　　4. D.　　5. B.　　6. 仅与 σ 有关.　　7. 不可以认为这元件永远不会损坏.

习题二

1. $p\{X=k\}=\frac{C_{k-1}^1\cdot C_{7-k}^1}{C_7^3},k=2,3,\cdots,6$.

2. (1)

X	0	1	2	4
p	0.80	0.16	0.032	0.008

; (2)0.008; (3)0.2.

3. (1)$(1-10^{-7})^n$; (2)$(1-10^{-6})^n$.　　4. (1)0.882; (2)0.367; (3)0.127; (4)0.260.

5. (1) $P\{X=0\}=\prod_{i=1}^{3}(1-p_i)$, $P\{X=1\}=p_1(1-p_2)(1-p_3)+(1-p_1)p_2(1-p_3)+(1-p_1)(1-p_2)p_3$, $P\{X=2\}=p_1p_2(1-p_3)+p_1(1-p_2)p_3+(1-p_1)p_2p_3$, $P\{X=3\}=p_1p_2p_3$；

(2)

Y	0	1	2	3
p	p_1	$(1-p_1)p_2$	$(1-p_1)(1-p_2)p_3$	$(1-p_1)(1-p_2)(1-p_3)$

.

6. (1) $P\{X=k\}=p(1-p)^{k-1}$, $k=1,2,3,4$, $P\{X=5\}=(1-p)^4$； (2) $p(2-p)$.

7. (1) $\alpha=0.991$, $\beta=0.942$； (2) 0.977； (3) 0.711. 8. 0.842.

9. (1) $1-5.5\mathrm{e}^{-4.5}$； (2) $\frac{3.2}{\mathrm{e}^{3.2}-1}$. 10. (1) $\frac{324}{5}\mathrm{e}^{-6}$； (2) $\frac{324}{5(\mathrm{e}^{6}-115)}$. 11. 0.801.

12. (1) $F(x)=\begin{cases}0, & x<0,\\ \frac{x}{2}, & 0\leqslant x<1,\\ \frac{1}{2}, & 1\leqslant x<2,\\ \frac{x-1}{2}, & 2<x<3,\\ 1, & x\geqslant 3.\end{cases}$ (2) $\frac{3}{4}$

13. (1) $\frac{3}{16}$； (2) $F(x)=\begin{cases}0, & x\leqslant 0,\\ \frac{(12x-x^3)}{16}, & 0<x<2,\\ 1, & x\geqslant 2.\end{cases}$ (3) $\frac{11}{16}$； (4) 0.1442.

14. (1) $\frac{3}{5}$； (2) $\frac{3}{5}$； (3) $\frac{1}{4}$.

15. $f_X(x)=\begin{cases}\frac{1}{4}, & -1<x<3,\\ 0, & \text{其他}.\end{cases}$ $P\{Y=k\}=C_n^k\left(\frac{3}{4}\right)^k\left(\frac{1}{4}\right)^{n-k}$, $k=0,1,2,\cdots,n$.

16. (1) 0.9938； (2) 0.0694； (3) 0.6826. 17. 0.0808.

18. (1) 0.5； (2) 0.6826； (3) 0.6554. 19. (1) 0.064； (2) 0.662； (3) 0.972.

20. $a=z_{(1-\alpha)/2}$, $b=z_{\alpha/2}$, $c=z_{1-\alpha}$. 21. $x_1=15$, $x_2=17$. 22. (1) $\frac{1}{\sqrt{\pi}}$；(2) 0.239.

23. (1) $f(x)=\begin{cases}\frac{1}{8}\mathrm{e}^{-x/8}, & x>0,\\ 0, & x\leqslant 0.\end{cases}$ (2) $\mathrm{e}^{-1.25}$； (3) $\mathrm{e}^{-1}-\mathrm{e}^{-2}$.

24. (1) 0.275； (2) 0.677.

25. (1) $f(x)=\begin{cases}0.2\mathrm{e}^{-0.2x}, & x>0,\\ 0, & x\leqslant 0.\end{cases}$ (2) $\mathrm{e}^{-1}-\mathrm{e}^{-2}$； (3) $(1-\mathrm{e}^{-1})^6(6\mathrm{e}^{-1}+1)$.

26. (1) 0.116； (2) 0.127. 27.

Y	2	8	10
p	0.216	0.294	0.490

.

28. (1) $c=\frac{1}{9}$； (2) $f_Y(y)=\begin{cases}\frac{1}{27}\left[4-\left(\frac{y}{3}\right)^2\right], & -3<y<6,\\ 0, & \text{其他}.\end{cases}$

(3) $F_Z(t)=\begin{cases}0, & t\leqslant 0,\\ 2\left(4t-\frac{t^3}{3}\right)/9, & 0<t\leqslant 1,\\ \left(4t-\frac{t^3}{3}+\frac{11}{3}\right)/9, & 1<t<2,\\ 1, & t\geqslant 2.\end{cases}$ $f_Z(t)=\begin{cases}2(4-t^2)/9, & 0<t\leqslant 1,\\ (4-t^2)/9, & 1<t<2,\\ 0, & \text{其他}.\end{cases}$

29. (1) $F_T(t)=\begin{cases}1-e^{-\lambda t}, & t>0,\\ 0, & t\leqslant 0.\end{cases}$ (2) $e^{-\lambda t}$.　　30. $f_Y(y)=\begin{cases}\frac{1}{n}y^{\frac{1}{n}-1}, & 0<y<1,\\ 0, & \text{其他}.\end{cases}$

31. $F_Y(y)=\begin{cases}0, & y<-1,\\ \frac{4(\pi-\arccos y)}{3\pi}, & -1\leqslant y<0,\\ 1-\frac{2\arccos y}{3\pi}, & 0\leqslant y<1,\\ 1, & y\geqslant 1.\end{cases}$

32. $f_Y(y)=\begin{cases}\frac{1}{2\sqrt{2\pi y}\sigma}\left[e^{-(\sqrt{y}-\mu)^2/(2\sigma^2)}+e^{-(\sqrt{y}+\mu)^2/(2\sigma^2)}\right], & y>0,\\ 0, & \text{其他}.\end{cases}$

33. (1) $a=\frac{1}{3}, b=\frac{1}{6}$; (2) $f_Y(y)=\begin{cases}y(2y^2+1)/3, & 0<y<\sqrt{2},\\ 0, & \text{其他}.\end{cases}$

34. (1) $f_Y(y)=\begin{cases}\frac{1}{\sqrt{2\pi}y}e^{-(\ln y)^2/2}, & y>0,\\ 0, & y\leqslant 0.\end{cases}$ (2) $f_Z(y)=\sqrt{\frac{2}{\pi}}e^{y-\frac{e^{2y}}{2}}, |y|<\infty$

思考题三

1. 联合分布可以决定边际分布，而边际分布不能决定联合分布.

2. (3)正确.　　3. 不对.　　4. (2)正确.

5. 第一个说法正确，第二个说法不对.

习题三

1. $P\{X=2,Y=4\}=P\{X=4,Y=2\}=\frac{6}{25}$, $P\{X=3,Y=3\}=\frac{13}{25}$; $P\{X=2\}=P\{X=4\}=\frac{6}{25}$, $P\{X=3\}=\frac{13}{25}$.

2. $a=0.4, b=0.1$.

3. $a=c=0.2, b=0.3$,

X	0	1
p	0.6	0.4

,

Y	−1	0	1
p	0.3	0.2	0.5

.

4. (1)

X \ Y	0	1	2
0	0.1	0.1	0.2
1	0.1	0.4	0.1

; (2) $P\{Y=k|X=0\}=\begin{cases}1/4, & k=0,\\ 1/4, & k=1,\\ 1/2, & k=2.\end{cases}$

5. (1)

Y \ X	0	1	2	3	$P\{Y=j\}$
1	0	3/8	3/8	0	3/4
3	1/8	0	0	1/8	1/4
$P\{X=i\}$	1/8	3/8	3/8	1/8	1

; (2)

X	0	1	2	3
$P\{X=k\|Y=1\}$	0	0.5	0.5	0

.

6. (1)

X \ Y	1	2	3
0	2/30	11/30	2/30
1	7/18	1/18	1/18

; (2)

Y	1	2	3
p	41/90	38/90	11/90

;

(3)$P\{X=k|Y=1\}=\begin{cases}6/41, & k=0,\\ 35/41, & k=1.\end{cases}$

7.(1)$P\{X=i,Y=j\}=\dfrac{e^{-\lambda}\lambda^i}{i!}\cdot C_i^j(0.1)^j(0.9)^{i-j},\ \begin{matrix}i=0,1,2,\cdots\\ j=0,1,2,\cdots,i\end{matrix}$;

(2)$P\{Y=j\}=\dfrac{e^{-0.1\lambda}(0.1\lambda)^j}{j!},j=0,1,2,\cdots$.

8.(1)

X \ Y	0	a	$2a$
0	0.6	0	0
1	$0.3(1-p)$	$0.3p$	0
2	$0.1(1-p)^2$	$0.2p(1-p)$	$0.1p^2$

;

(2)$P\{Y=t|X=1\}=\begin{cases}1-p, & t=0,\\ p, & t=a.\end{cases}$

9.(1)$F_X(x)=\begin{cases}0, & x<0,\\ 0.3, & 0\leqslant x<1,\\ 1, & x\geqslant 1.\end{cases}$ $F_Y(y)=\begin{cases}0, & y<0,\\ 0.4, & 0\leqslant y<1,\\ 1, & y\geqslant 1.\end{cases}$

(2)

X	0	1
p	0.3	0.7

,

Y	0	1
p	0.4	0.6

; (3)

X \ Y	0	1
0	0.1	0.2
1	0.3	0.4

.

10.(1)

X \ Y	0	1
0	0.35	0.35
1	0.25	0.05

; (2)$F(x,y)=\begin{cases}0, & x<0\text{ 或 }y<0,\\ 0.35, & 0\leqslant x<1,0\leqslant y<1,\\ 0.70, & 0\leqslant x<1,y\geqslant 1,\\ 0.60, & x\geqslant 1,0\leqslant y<1,\\ 1, & x\geqslant 1,y\geqslant 1.\end{cases}$

11. $F_{Y|X}(y|1)=\begin{cases}0, & y<0,\\ \dfrac{5}{6}, & 0\leqslant y<1,\\ 1, & y\geqslant 1.\end{cases}$ 12. $F(x,y)=\begin{cases}0, & x<0\text{ 或 }y<0,\\ 0.1+0.8xy, & 0\leqslant x<1,0\leqslant y<1,\\ 0.1+0.8x, & 0\leqslant x<1,y\geqslant 1,\\ 0.1+0.8y, & x\geqslant 1,0\leqslant y<1,\\ 1, & x\geqslant 1,y\geqslant 1.\end{cases}$

13.(1)$c=6$； (2)0.5； (3)$\dfrac{7}{8}$.

14.(1)$c=3$； (2)$f_X(x)=\begin{cases}6(x-1)(2-x), & 1<x<2,\\ 0, & \text{其他}.\end{cases}$ $f_Y(y)=\begin{cases}3(y-1)^2/2, & 1<y\leqslant 2,\\ 3(3-y)^2/2, & 2<y<3,\\ 0, & \text{其他}.\end{cases}$

15.(1)$f_X(x)=\begin{cases}xe^{-x}, & x>0,\\ 0, & x\leqslant 0.\end{cases}$ $f_Y(y)=\begin{cases}e^{-y}, & y>0,\\ 0, & y\leqslant 0.\end{cases}$

(2)当 $x>0$ 时，$f_{Y|X}(y|x)=\begin{cases}\dfrac{1}{x}, & 0<y<x,\\ 0, & y\text{ 取其他值}.\end{cases}$

(3)当$\{X=x\}$时，Y 的条件分布为区间$(0,x)$上均匀分布.

16.(1)$f(x,y)=\begin{cases}\lambda^2e^{-\lambda x}e^{-y/x}, & x>0,y>0,\\ 0, & \text{其他}.\end{cases}$

(2)当 $x>0$ 时，$F_{Y|X}(y|x)=\begin{cases}1-e^{-y/x}, & y>0,\\ 0, & y\leqslant 0.\end{cases}$ (3)e^{-1}.

17.(1)$f_Y(y)=\begin{cases}5(1-y^4)/8, & |y|<1,\\ 0, & \text{其他}.\end{cases}$

(2)当 $|y|<1$ 时，$f_{X|Y}(x|y)=\begin{cases}2x/(1-y^4), & y^2\leqslant x<1,\\ 0, & x\text{ 取其他值}.\end{cases}$ (3)0.8

18.(1)$f(x,y)=\begin{cases}1/(1-x), & 0<x<y<1,\\ 0, & \text{其他}.\end{cases}$

(2)当 $0<y<1$ 时，$f_{X|Y}(x|y)=\begin{cases}-1/[(1-x)\ln(1-y)], & 0<x<y,\\ 0, & x\text{ 取其他值}.\end{cases}$

19. $f_Z(t)=\begin{cases}2(m-t)/m^2, & 0<t<m,\\ 0, & \text{其他}.\end{cases}$

20.(1)$f_Y(y)=\begin{cases}\dfrac{4\sqrt{1-y^2}}{\pi}, & 0<y<1,\\ 0, & \text{其他}.\end{cases}$ (2)$\dfrac{1}{3}+\dfrac{\sqrt{3}}{2\pi}$;

(3)X 与 Y 不独立，因为 $f(x,y)\neq f_X(x)\cdot f_Y(y),(x,y)\in D$.

21.(1)$f_X(x)=\dfrac{1}{\sqrt{2\pi}}e^{-x^2/2},|x|<+\infty,f_Y(y)=\dfrac{1}{2\sqrt{\pi}}e^{-(y-1)^2/4},|y|<+\infty$;

(2)$f_{Y|X}(y|0)=\dfrac{1}{\sqrt{3\pi}}e^{-(y-1)^2/3},|y|<+\infty$; (3)0.5.

22.(1)$f_X(x)=\dfrac{1}{\sqrt{2\pi}}e^{-x^2/2},|x|<+\infty,f_Y(y)=\dfrac{1}{\sqrt{2\pi}}e^{-y^2/2},|y|<+\infty$; (2)$X,Y$ 独立.

23. $F_T(t)=\begin{cases}3(1-e^{-\lambda t})^2-2(1-e^{-\lambda t})^3, & t>0,\\ 0, & t\leqslant 0,\end{cases}$ $f_T(t)=\begin{cases}6\lambda e^{-2\lambda t}(1-e^{-\lambda t}), & t>0,\\ 0, & t\leqslant 0.\end{cases}$

24.(1)$Z\sim B(n,p),P\{Z=k\}=C_n^k p^k(1-p)^{n-k},k=0,1,2,\cdots,n$;

(2)$W\sim B(m+n,p),P\{W=k\}=C_{m+n}^k p^k(1-p)^{m+n-k},k=0,1,2,\cdots,m+n$.

25.(1)$f_Z(t)=\dfrac{1}{2a}[\Phi(\dfrac{t+a-\mu}{\sigma})-\Phi(\dfrac{t-a-\mu}{\sigma})],|t|<+\infty$.

26. $f_Z(t)=\begin{cases}t(3-t)/3, & 0<t\leqslant 1,\\ (3-t)/3, & 1<t\leqslant 2,\\ (3-t)^2/3, & 2<t<3,\\ 0 & \text{其他}.\end{cases}$

27. 0.034. 28. $f_Z(t)=0.5f(t)+0.3f(t-100)+0.2f(t-500)$.

29.(1)$1-e^{-10\lambda}-10\lambda e^{-10\lambda}$; (2)$1-e^{-10\lambda}(1+\lambda)^{10}$; (3)$1-e^{-10\lambda}[(1+\lambda)^{10}-\lambda^{10}]/[1-(1-e^{-\lambda})^{10}]$.

30.

Z	1	2	3	4	5
p	0.04	0.14	0.30	0.32	0.20

M	1	2	3
p	0.10	0.50	0.40

N	0	1	2
p	0.20	0.40	0.40

31.(1)$f_T(t)=\begin{cases}(\lambda_1+\lambda_2)e^{-(\lambda_1+\lambda_2)t}, & t>0,\\ 0, & t\leqslant 0.\end{cases}$

(2)$f_T(t)=\begin{cases}\lambda_1 e^{-\lambda_1 t}+\lambda_2 e^{-\lambda_2 t}-(\lambda_1+\lambda_2)e^{-(\lambda_1+\lambda_2)t}, & t>0,\\ 0, & t\leqslant 0.\end{cases}$

(3)当 $\lambda_1\neq\lambda_2$ 时，$f_T(t)=\begin{cases}\dfrac{\lambda_1\lambda_2}{\lambda_2-\lambda_1}[e^{-\lambda_1 t}-e^{-\lambda_2 t}], & t>0,\\ 0, & t\leqslant 0.\end{cases}$ 当 $\lambda_1=\lambda_2=\lambda$ 时，$f_T(t)=\begin{cases}\lambda^2 te^{-\lambda t}, & t>0,\\ 0, & t\leqslant 0.\end{cases}$

32. $f_Z(t)=\begin{cases}\frac{1}{2}-\frac{t}{8}, & 0<t\leqslant 4,\\ 0, & 其他.\end{cases}$

33. (1) $P\{W=k\}=C_n^k p^k(1-p)^{n-k}, k=0,1,2,\cdots,n$;

(2)

X \ Z	0	1
0	$(1-p)^2$	$p(1-p)$
1	p^2	$p(1-p)$

.

34. $F_Z(t)=\begin{cases}0, & t\leqslant 0,\\ \frac{t}{2}, & 0<t<1,\\ 1-\frac{1}{2t}, & t\geqslant 1.\end{cases}$ $f_Z(t)=\begin{cases}0, & t\leqslant 0,\\ \frac{1}{2}, & 0<t<1,\\ \frac{1}{2t^2}, & t\geqslant 1.\end{cases}$

思考题四

1. 不对. 随机变量 X 的期望按定义应该是

$$E(X)=\int_{-\infty}^{+\infty}x\cdot f(x)\mathrm{d}x$$
$$=\int_{-\infty}^{-1}x\cdot 0\mathrm{d}x+\int_{-1}^{0}x\cdot(1+x)\mathrm{d}x+\int_{0}^{1}x\cdot(1-x)\mathrm{d}x+\int_{1}^{+\infty}x\cdot 0\mathrm{d}x.$$

2. 随机变量 X 与 Y 同分布，那么它们的任意阶矩(如果存在)全部相等. 反之，若有 $E(X)=E(Y)$ 且 $D(X)=D(Y)$，不能推出随机变量 X 与 Y 分布一定相同. 反例，当 $X\sim\pi(1), Y\sim N(1,1)$ 时，$E(X)=E(Y)=1$ 且 $D(X)=D(Y)=1$，但显然两者的分布不一样.

3. 方差是 2×2.5^2.

4. 两个随机变量如果相互独立则它们一定不相关，反之则不然.

5. (1) 对于 $n\geqslant 1$，有 $E(\sum_{i=1}^{n}X_i)=\sum_{i=1}^{n}E(X_i)$ 成立，但 $D(\sum_{i=1}^{n}X_i)=\sum_{i=1}^{n}D(X_i)$ 不一定成立，因为

$$D(\sum_{i=1}^{n}X_i)=\sum_{i=1}^{n}D(X_i)+\sum_{i\neq j}\mathrm{Cov}(X_i,X_j).$$

且只有当 $\{X_i,i\geqslant 1\}$ 两两不相关时，$D(\sum_{i=1}^{n}X_i)=\sum_{i=1}^{n}D(X_i)$ 才成立.

(2) 若 $\{X_i,i\geqslant 1\}$ 相互独立，那么对于 $n\geqslant 1$，有 $E(\prod_{i=1}^{n}X_i)=\prod_{i=1}^{n}E(X_i)$ 成立，但 $D(\prod_{i=1}^{n}X_i)=\prod_{i=1}^{n}D(X_i)$ 不一定成立，仅知

$$D(\prod_{i=1}^{n}X_i)=E(\prod_{i=1}^{n}X_i^2)-(E(\prod_{i=1}^{n}X_i))^2=\prod_{i=1}^{n}E(X_i^2)-\prod_{i=1}^{n}(E(X_i))^2$$

6. 错. 应为 $D(X-2Y)=D(X)+(-2)^2D(Y)+2\mathrm{Cov}(X,-2Y)=5-4\mathrm{Cov}(X,Y)$.

7. 错. 应根据定理 4.1.2 来计算，

$$E(1/X)=\int_{1}^{3}\frac{1}{x}\cdot\frac{1}{2}\mathrm{d}x=\frac{1}{2}\cdot(\ln 3-\ln 1)=\ln\sqrt{3}.$$

习题四

1. nN/M.　2. 应采用第二种方案，因为后者的平均年薪比较高.　3. (略)　4. 6.

5. $E(\eta_n)=np, E(S_n)=n(2p-1)$.　6. $1/p$.　7. $\frac{3}{4}$.　8. (1) 0.5；(2) 0.5；(3) 1/4.

9. (1) $1/2+q(1-q)$，其中 q 表示离棍子某一端点的距离；

(2) 当 Q 位于棍子中点时，包含 Q 点的棍子平均长度达到最大.

10. 20(分钟).

11. 当 $0.7^k-1/k>0$ 时，第二种方法检验的次数少一些；当 $0.7^k-1/k<0$ 时，第一种方法检验的次数少一些；当 $0.7^k-1/k=0$ 时，两种方法检验的次数一样多.

12. $\frac{1-e^{-8\lambda}}{\lambda}$　13. (1) $E(X)=E(Y)=0$；(2) $\frac{2r}{3}$.　14. (1) 10；(2) 6.　15. 0.

16. 这一天去该冷饮店购买冷饮的顾客数服从期望为 λp 的泊松分布，期望为 λp.

17. (1) 7.5；(2) $\sum_{i=0}^{10}\frac{1}{11-i}\approx 3.02$.　18. $\frac{26}{63}$.　19. $E(X^k)=\frac{\Gamma(k+\alpha)}{\lambda^k\Gamma(\alpha)}(k\geqslant 1)$，$D(X)=\frac{\alpha}{\lambda^2}$.

20. $D(X)=2$，$D(|X|)=1$.　21. (1) 6，5.64；(2) 98，1.96.

22. (1) $\frac{3}{4}$；(2) $E(X\cdot(-1)^Y)=0$，$D(X\cdot(-1)^Y)=\frac{1}{2}$.　23. (略)

24. (1) $E(Z)=\frac{1}{6}$，$Cv(Z)=1$；(2) $E(Z)=\frac{7}{12}$，$Cv(Z)=\frac{\sqrt{33}}{7}$；(3) $E(Z)=\frac{3}{4}$，$Cv(Z)=\frac{\sqrt{5}}{3}$.

25. (1) $\mathrm{Cov}(X,|X|)=0$，故 X 与 $|X|$ 不相关；(2) X 与 $|X|$ 不独立.

26. (1) $\rho_{XY}=\frac{1}{3}$，X 与 Y 不独立且相关；(2) X^2 与 Y^2 相关系数为零，X^2 与 Y^2 独立且不相关.

27. (1)

A \ B	$\frac{\pi}{3}$	$\frac{\pi}{4}$	$\frac{\pi}{6}$	$P(A=i)$
$\frac{\pi}{3}$	$\frac{1}{16}$	$\frac{1}{8}$	$\frac{1}{16}$	$\frac{1}{4}$
$\frac{\pi}{4}$	$\frac{1}{8}$	$\frac{1}{4}$	$\frac{1}{8}$	$\frac{1}{2}$
$\frac{\pi}{6}$	$\frac{1}{16}$	$\frac{1}{8}$	$\frac{1}{16}$	$\frac{1}{4}$
$P(B=j)$	$\frac{1}{4}$	$\frac{1}{2}$	$\frac{1}{4}$	

；

(2) $\frac{6+\sqrt{3}+2\sqrt{6}+2\sqrt{2}}{16}\approx 0.966$；(3) $-\frac{\sqrt{2}}{2}$，负相关.

28. (1) $E(\Phi(X_{(1)}))=\frac{1}{n+1}$，$D(\Phi(X_{(1)}))=\frac{n}{(n+2)(n+1)^2}$，$E(\Phi^k(X_{(1)}))=\frac{n!\ k!}{(n+k)!}$；(2) $\frac{1}{n}$；(3) $\frac{k-n_0}{k}$.

29. (1) (略)　(2) $\rho_{X\xi}=2p-1$，故当 $p=1/2$ 时，X 与 ξ 不相关；当 $p>1/2$ 时，X 与 ξ 为正相关；当 $p<1/2$ 时，X 与 ξ 为负相关. 当 $0<p<1$ 时，X 与 ξ 不独立

30. (1)

X \ Y	0	1	$P(X=i)$
0	$\frac{2}{5}$	$\frac{1}{5}$	$\frac{3}{5}$
1	$\frac{1}{5}$	$\frac{1}{5}$	$\frac{2}{5}$
$P(Y=j)$	$\frac{3}{5}$	$\frac{2}{5}$	

，X 与 Y 不独立；

(2) 1/25，正相关.

31. 若 λ 为正整数，则众数为 λ 和 $\lambda-1$；若 λ 不为正整数，则众数为 λ 的整数部分 $[\lambda]$.

32. (1) $\xi\sim N(-b,a^2+4b^2)$，$\eta\sim N(a,4a^2+b^2)$；ξ 的标准化变量为 $\xi^*=\frac{\xi+b}{\sqrt{a^2+4b^2}}$，$\eta$ 的标准化变量为 $\eta^*=\frac{\eta-a}{\sqrt{4a^2+b^2}}$；$\xi$ 与 η 相关系数为 $\frac{-5ab}{\sqrt{(a^2+4b^2)(4a^2+b^2)}}$；

(2)$Cv(\xi)=-\frac{1}{b}\sqrt{(a-b)^2+3b^2}$； (3)$\eta$的中位数和众数均为$a$；

(4)当$b=-2a$或者$a=-2b$时，ξ与η不相关且相互独立；否则ξ与η相关且不相互独立.

33.(1)$X_1\sim N(0,1)$，$X_2\sim N(0,16)$，$X_3\sim N(1,4)$；

(2)X_1与X_2相关且不独立；X_1与X_3相关且不独立，X_2与X_3不相关且独立，X_1，X_2与X_3不相互独立；

(3)$\boldsymbol{Y}=(Y_1,Y_2)'\sim N(\mu,\Sigma)$，其中$\mu=\begin{pmatrix}0\\1\end{pmatrix}$，$\Sigma=\begin{pmatrix}13&0\\0&7\end{pmatrix}$.

思考题五

1.在高等数学中研究的对象都是确定的，不具有随机性.如：对于数列a_n而言，若有$\lim\limits_{n\to+\infty}a_n=a$，则意味着对于任意的实数$\varepsilon>0$，存在自然数$N$，使得当$n>N$时，均有$|a_n-a|<\varepsilon$成立，也就是对于满足$n>N$的$n$来说，$|a_n-a|\geqslant\varepsilon$是不会出现的；在《概率论》中，依概率收敛讨论的是随机变量序列的收敛性.若对随机变量序列ξ_n而言，有$\xi_n\xrightarrow{P}\xi$，其中ξ可以是随机变量也可以是实数.那就意味着对于任意的实数$\varepsilon>0$，当n充分大时，事件"$\{|\xi_n-\xi|<\varepsilon\}$"发生的概率很大，接近于1，但不能说事件"$\{|\xi_n-\xi|\geqslant\varepsilon\}$"一定不会发生，只是该事件发生的可能性非常小，几乎为0而已.

2.马尔可夫不等式适用于k阶矩存在的随机变量，切比雪夫不等式则要求随机变量的期望和方差都存在才可以使用.

3.大数定律与中心极限定理都是研究随机变量和(或者说随机变量的算术平均)的极限行为.如果对于独立同分布的随机变量序列，当它们的方差有限时，大数定律与中心极限定理都是成立的.它们的区别是：大数定律(我们此书中介绍的其实是弱大数定律的一种)研究的是随机变量序列的算术平均在一定条件下的依概率收敛性质；而中心极限定理则讨论了随机变量序列的算术平均在一定条件下可以用正态分布来近似，所以在两个都适用的条件下，中心极限定理不仅可以给出随机变量序列算术平均落入某区域的概率的极限值，还可以给出此概率的一个近似值(当n充分大).

4.例5.2.3中的X_i独立同分布，且方差有限，所以切比雪夫不等式与中心极限定理都适用.由于切比雪夫不等式仅仅可以得到随机变量落入某区域的一个界，而中心极限定理则可以给出当n充分大时，随机变量序列的部分和或算术平均落入某区域的近似概率，从一定角度看，后者讨论的概率更加"精确".事实上，比较两者的条件，也可知切比雪夫不等式的适用面更广，而其结论就相对粗糙些.

习题五

1.(1)72%； (2)75%.　　2.92.8%.　　3.$(3-2\sqrt{2},3+2\sqrt{2})$.

4.可求出$X_{(n)}$的分布函数，并利用依概率收敛的定义来得到；或者利用切比雪夫不等式证明.

5.服从.

6.(1)收敛，极限值为$\sigma^2+\mu^2$； (2)收敛，极限值为σ^2； (3)收敛，极限值为$\frac{\mu}{\sigma^2+\mu^2}$； (4)收敛，极限值为$\frac{\mu}{\sigma}$.

7.(1)$a=\frac{2}{\lambda^2}$； (2)$N(\frac{2}{\lambda},\frac{1}{25\lambda^2})$； (3)0.5.　　8.7.9%.

9.(1)99.756%，99.66%，99.55%；(2)117次.

10.$\Phi(1.81)=96.48\%$.

11.(1)86.21%；(2)94.3%.

思考题六

1.统计量就是样本$X_1,X_2,\cdots,X_n$的一个函数，且要求它不包含有任何未知参数.用样本$X_1,X_2,\cdots,X_n$的观测值$x_1,x_2,\cdots,x_n$计算出统计量的数值，就是统计量的值.统计量的分布称为抽样分布.

2.简单随机样本$X_1,X_2,\cdots,X_n$满足：(1)$X_1,X_2,\cdots,X_n$之间相互独立，(2)X_i与总体X具有相同分布.用简单随机抽样得到的样本称为简单随机样本.

3. 对于给定的 α，$0<\alpha<1$，如果 x_α 满足 $P(X>x_\alpha)=\alpha$，则称 x_α 是 X 的上侧 α 分位点. 若 X 服从某分布，则称 x_α 是该分布的上侧 α 分位点.

如果 x_α 满足 $P(|X|>x_\alpha)=\alpha$，则称 x_α 是 X 的双侧 α 分位点. 若 X 服从某分布，则称 x_α 是该分布的双侧 α 分位点.

如果 x_α 满足 $P(X<x_\alpha)=\alpha$，则称 x_α 是 X 的下侧 α 分位点. 若 X 服从某分布，则称 x_α 是该分布的下侧 α 分位点.

利用 Excel 中 norminv，tinv，chiinv，finv 函数可以分别得到正态分布、t 分布、χ^2 分布和 F 分布的分位点.

4. (3)，(4)，(6).

5. 不一定，当总体 X 服从正态分布时独立.

6. 不一定，当 X 和 Y 独立时成立.

习题六

1. 0.909.

2. (1) $\frac{1}{n}\sigma^2+\mu^2, \frac{1}{n}\sigma^2+\mu^2$；　(2) $N(0,\frac{n-1}{n}), \chi^2(n), \chi^2(1), F(1,n-1)$；　(3) $F(\frac{n}{2},\frac{n}{2})$.

3. $N(0,\frac{1}{n+1}), \chi^2(n)$.　　4. 97.　　5. (1) 1；　(2) $\Phi(1)$；　(3) $(n-1)\sigma^2, 2(n-1)\sigma^4+\frac{1}{n}\sigma^2$.

6. (1) 0.9786；　(2) 0.9719.　　7. $a=1/8, b=1/12, c=1/16, Y\sim\chi^2(3)$.　　8. $t(9)$

9. (1) $F(1,1)$；　(2) $F(2,2)$.　　10. (1) $0, \frac{1}{50}$；　(2) 2；　(3) 0.7794.　　11. $t(n-1)$.　　12. (略)

13. $X_{(1)}$ 服从参数为 $n\lambda$ 的指数分布；$nX_{(1)}$ 服从参数为 λ 的指数分布.

14. 5.82.　　15. $\frac{\theta}{2}, \frac{4\theta^2}{15}, \frac{\theta^2}{12}$.　　16. (1) $\chi^2(6), \chi^2(5)$；　(2) $\chi^2(1), F(1,5)$；(3) 2；(4) 8.　　17. 0.5；0.

思考题七

1. 估计量是样本的函数，是随机变量，估计值是样本观察值代入估计量后的取值.

2. $\overline{X}$ 是 μ 的估计量，取值是随机的，μ 是参数，是常量，因此 $\overline{X}\neq\mu$. 当总体是连续量时，$P(\overline{X}=\mu)=0$，$P(S^2=\sigma^2)=0$.

3. 不是.　　4. 参见教材 § 7.1 节的介绍.

5. 步骤参见教材 7.1 节的介绍. 各分布参数的矩估计和极大似然估计为

分布	$B(1;p)$	$B(n;p)$	$\pi(\lambda)$	$U(a,b)$	$E(\lambda)$	$N(\mu,\sigma^2)$
矩估计	$\hat{p}=\overline{X}$	$\hat{p}=\overline{X}/n$	$\hat{\lambda}=\overline{X}$	$\hat{a}=\overline{X}-\sqrt{\frac{3}{n}\sum_{i=1}^{n}(X_i-\overline{X})^2}$ $\hat{b}=\overline{X}+\sqrt{\frac{3}{n}\sum_{i=1}^{n}(X_i-\overline{X})^2}$	$\hat{\lambda}=1/\overline{X}$	$\hat{\mu}=\overline{X}$ $\hat{\sigma}^2=\frac{1}{n}\sum_{i=1}^{n}(X_i-\overline{X})^2$
极大似然估计	$\hat{p}=\overline{X}$	$\hat{p}=\overline{X}/n$	$\hat{\lambda}=\overline{X}$	$\hat{a}=\min(X_1,\cdots,X_n)$ $\hat{b}=\max(X_1,\cdots,X_n)$	$\hat{\lambda}=1/\overline{X}$	$\hat{\mu}=\overline{X}$ $\hat{\sigma}^2=\frac{1}{n}\sum_{i=1}^{n}(X_i-\overline{X})^2$

6. 参见教材 § 7.2 节的介绍.　　7. 参见教材 § 7.3 节的介绍.

8. 枢轴量是样本和待估参数的函数，其分布不依赖于未知参数，而统计量只是样本的函数，其分布可能依赖于未知参数.

9. 参见教材 § 7.3 节和 § 7.4 节的介绍.

10. 应选 $(\overline{X}\pm\frac{1}{\sqrt{n}}z_{\alpha/2})$，因为当 σ^2 已知时，选用正态分布枢轴量得到的区间估计要比 t 分布枢轴量得到的区间估计的精度更高.

习题七

1. $\hat{\theta}=2\overline{X}, E(\hat{\theta})=\theta, D(\hat{\theta})=\frac{\theta^2}{5n}$.　2. $\hat{N}=[\frac{rS}{t}]$.　3. $\frac{2}{3},\frac{2}{3}$.

4. 矩估计值和极大似然估计值一样：$\hat{\lambda}=\frac{1}{4},\hat{\theta}=\frac{3}{8}$.

5. 矩估计：$\hat{p}=\frac{3-\sqrt{4\overline{X}-3}}{2}$，MLE：$\hat{p}=\frac{n_0+2n_1+n_2}{2n}$.

6. (1) $\hat{\theta}=\frac{2\overline{X}-1}{1-\overline{X}},\hat{\theta}=-\frac{n}{\sum\limits_{i=1}^{n}\ln X_i}-1$；　(2) $\hat{\theta}=2\ln\overline{X},\hat{\theta}=\frac{1}{n}\sum\limits_{i=1}^{n}(\ln X_i)^2$；　(3) $\hat{\theta}=\frac{\overline{X}}{2-\overline{X}},\hat{\theta}=\frac{n}{n\ln 2-\sum\limits_{i=1}^{n}\ln X_i}$；

(4) $\hat{\theta}=2\overline{X}-100,\hat{\theta}=\min(X_1,\cdots,X_n)$；　(5) $\hat{\theta}=\sqrt{\frac{\sum\limits_{i=1}^{n}X_i^2}{2n}},\hat{\theta}=\frac{1}{n}\sum\limits_{i=1}^{n}|X_i|$.

7. (1) $\hat{p}=\Phi(\frac{2\sqrt{6}}{3})-\frac{1}{2}$；　(2) $\hat{A}=12.0588$.

8. (2) $k=\frac{1}{2(n-1)}$.　9. 都是无偏估计，$\hat{\mu}_2$ 比 $\hat{\mu}_1$ 更有效.

10. (1) $a+b+c=1$；　(2) $a=\frac{1}{6},b=\frac{1}{3},c=\frac{1}{2}$.　11. $\hat{\theta}=\frac{\sum\limits_{i=1}^{n}X_i^2}{2n}$，无偏.

12. $\hat{\theta}_1=\frac{3}{2}\overline{X}$，无偏；$\hat{\theta}_2=\max(X_1,\cdots,X_n)$，有偏.

13. (1) $\hat{\theta}=\frac{4}{3}\overline{X},\hat{\theta}=\max(X_1,\cdots,X_n)$；(2) T_2 比 T_1 有效.

14. (1) $\hat{\mu}_1=\min(X_1,\cdots,X_n),\hat{\mu}_1^*=\hat{\mu}_1-\frac{1}{n}$；　(2) $\hat{\mu}_2=\overline{X}-1$；　(3) $\hat{\mu}_1^*$ 比 $\hat{\mu}_2$ 更有效.

15. (2) $c=\frac{1}{n+1}$.　16. (1) $\hat{\theta}_1=\frac{3}{2}\overline{X}$，无偏，相合；　(2) $\hat{\theta}_2=\max(X_1,\cdots,X_n)$，有偏，相合.

17. (1) $\hat{\theta}_B=\frac{2}{5}$；　(2) $\hat{\theta}_B=\frac{4}{15}$.　18. (2) $(X_{(1)}+\frac{1}{n}\ln(\frac{\alpha}{2}),X_{(1)}+\frac{1}{n}\ln(1-\frac{\alpha}{2}))$.

19. $(\frac{0.56}{\overline{X}},\frac{1.50}{\overline{X}})$.　20. (136.08,143.92).　21. (5.473,5.887).　22. (2.213,15.779).

23. (0.022,0.096).

24. (1)(−0.198,1.998)；(2)无显著差异.

25. (1)(−14.306,−0.494)；(2)有显著差异.

26. (1)(0.678,4.919)；(2)不足以说明 σ_1^2 不同于 σ_2^2.

27. (1)(0.185,0.563)，两郊区居民收入的方差有显著差异，郊区 B 居民的贫富差距程度比郊区 A 居民严重；

(2)(−921.809,−697.891)，两郊区居民的平均收入有显著差异，郊区 A 居民平均收入比郊区 B 居民收入低.

28. (0.227,0.459)

思考题八

1. 若原假设成立，则样本落入拒绝域中是小概率事件，因此当样本观察值落在拒绝域时，有充分的理由拒绝原假设.

2. 参见教材 8.1 节的介绍.

3. 对于有关参数的假设检验，根据样本资料，将希望得到支持的假设作为备择假设；对于分布的假设检验，则是将希望得到支持的假设作为原假设.

4. 对于假设问题 $H_0:\theta\leqslant\theta_0,H_1:\theta>\theta_0$，如果在显著水平 α 下，拒绝原假设 $H_0:\theta\leqslant\theta_0$，意味着有充分的把握

认为 $\theta>\theta_0$，此时对应于假设问题 $H_0:\theta>\theta_0, H_1:\theta\leqslant\theta_0$ 的判断结果是接受 $H_0:\theta>\theta_0$，但并不意味着有充分的把握. 因此有关参数的假设检验，我们应根据样本资料，将希望得到支持的假设作为备择假设.

5. 不矛盾. 有 $100\times(1-\alpha_1)\%$ 的把握但没有 $100\times(1-\alpha_2)\%$ 的把握拒绝原假设.

6. 参见教材§8.1节的介绍.

7. 参见教材§8.4节的介绍.

8. 参见教材§8.5节的介绍.

9. 对于小样本(容量小于50)情形，选用 W 检验，对于大样本(容量大于50)情形选用 D 检验.

习题八

1. (1) $H_0:\mu\leqslant 2.3, H_1:\mu>2.3$； (2) $P_-=1-\Phi(2.04)=0.0207$； (3) 0.0207； (4) 拒绝域为 $W=\{\frac{\sqrt{35}(\overline{X}-2.3)}{0.29}>1.645\}$； (5) 是.

2. $H_0:\mu\geqslant 15, H_1:\mu<15$，接受 H_0，即认为该广告是真实的.

3. (1) 拒绝域为 $W=\{\overline{X}>1.66\}, \beta=0.198$； (2) 拒绝域为 $W=\{S^2<0.577\}, \alpha=0.012$.

4. (1) $t_0=2.972>t_{0.025}(7)=2.365$，有显著差异； (2) (2925.93, 2991.57)； (3) $P_-=2P(t(7)>2.972)=0.0207$.

5. (1) (166.4, 168.0)； (2) 明显低于全国水平.

6. $H_0:\mu_d\leqslant 0, H_1:\mu_d>0, P_-=0.0056$，说明该药的减肥效果显著.

7. $H_0:\sigma^2\geqslant 8^2, H_1:\sigma^2<8^2, \chi_0^2=5.421, P_-=0.021<0.05$，有充分的理由拒绝原假设，不需要退货.

8. (1) (2.641, 11.593)； (2) 接受 H_0. 9. (1) 没有； (2) (18.903, 133.185).

10. $H_0:\mu_A\leqslant\mu_B, H_1:\mu_A>\mu_B, P_-=0.0267$，认为 $\mu_A>\mu_B$. 11. (1) 相同； (2) 不是.

12. (1) 接受 H_0；(2) (−0.642, −0.558). 13. (1) (0.397, 0.443)； (2) 是.

14. $\chi_0^2=2.683<\chi_{0.05}^2(4)$，或 $P_-=0.611$，符合泊松分布的假设.

15. 接受 H_0. 16. $P_-=0.309$，服从几何分布. 17. 接受 H_0.

18. (1) 两组数据都服从正态分布； (2) $P_-=0.116$，认为两样本来自方差相同的总体； (3) 有显著差异.

19. 服从正态分布.

思考题九

1. 方差分析的主要任务是比较分类数据均值的差异，因此，一般方差分析的数据来自几个方差相同的不同正态总体的分类数据，并且要求数据具有独立性.

方差分析的基本假定为：各样本是来自相互独立的正态分布总体，各总体方差相等，即满足方差齐性.

2. 假设 $X_{i1}, X_{i2}, \cdots, X_{in}$ 是来自第 i 个正态总体 $X_i\sim N(\mu_i,\sigma^2)(i=1,\cdots,r)$ 的样本观测值，其中 μ_i,σ^2 均为未知参数，且每个总体 X_i 相互独立. 方差分析的**数学模型**.

$$\begin{cases} X_{ij}=\mu_i+\varepsilon_{ij}, \\ \varepsilon_{ij}\sim N(0,\sigma^2)\text{且相互独立}, \end{cases} \quad i=1,2,\cdots,r, j=1,2,\cdots,n_i,$$

其中 μ_i 是第 i 个总体的均值(理论均值)，ε_{ij} 是相应的试验误差.

方差分析是要检验假设 $H_0:\mu_1=\mu_2=\cdots=\mu_r$. 方差分析的基本步骤如下：

(1) 建立检验假设 $H_0:\mu_1=\mu_2=\cdots=\mu_r$；

(2) 给出方差分析表，得到检验统计量 F 的值和 P_- 值；

(3) 给定显著性水平，并作出推断结果.

3. 可以，但一般不采用，因为用两样本 t 检验没有用到全部的数据.

4. (1) 自变量是各省份，性别，应变量是交通事故发生率；

(2) 自变量是分类变量，应变量是连续随机变量；

(3) 这样的数据适合采用方差分析去分析数据.

5. 一元线性回归模型：$y_i=\beta_0+\beta_1 x_i+\varepsilon_i, i=1,2,\cdots,n$.

经典的线性回归模型需要满足3个假设：

(1)$E(\varepsilon_i)=0$； (2)$\mathrm{Cov}(\varepsilon_i,\varepsilon_j)=0, i\neq j$； (3)$D(\varepsilon_i)=\sigma^2$.

如果需要对模型进行统计推断，一般要假设 ε_i 独立，并服从正态分布 $N(0,\sigma^2)$.

6. 不是，用线性回归模型进行数据分析要求变量之间存在因果关系，并有一定的线性相关性. 除此以外，如果采用经典的回归分析的方法，要求总体具有正态性.

7. 一元线性回归方程的显著性经验可以采用 F 检验和 t 检验，但对于多元线性回归方程的显著性检验只能用 F 检验.

习题九

1. α 和 β 的最小二乘估计与极大似然估计是一致的，但 σ^2 的极大似然估计为$\frac{SSE}{n}$.

2. (1)

单因素方差分析表

方差来源	自由度	平方和	均方	F 比
因素 A	2	0.738	0.369	2.077
误差	27	4.796	0.178	
总和	29	5.534		

接受 H_0； (2)$MS_E=0.178$.

3. (1)

单因素方差分析表

方差来源	自由度	平方和	均方	F 比
因素 A	3	626.835	208.945	3.564
误差	57	3341.546	58.624	
总和	60	3968.381		

(2)不同年级学生的月生活费水平有显著差异.

4.

单因素方差分析表

方差来源	自由度	平方和	均方	F 比
因素 A	2	18.657	9.329	13.592
误差	12	8.236	0.686	
总和	14	26.893		

(1)从方差分析表可以看出，三个车间生产的低脂奶的脂肪含量有显著差异； (2)$MS_E=0.686$； (3)(5.593,7.207)； (4)(−3.862,−1.578).

5.

单因素方差分析表

方差来源	自由度	平方和	均方	F 比	P_值
因素 A	3	502	167.33	6.61	0.0249
误差	6	152	25.33		
总和	9	654			

有显著差异.

6. 由 Excel 得方差分析表如下：

差异源	df	SS	MS	F	P-$value$	$Fcrit$
样本	3	2464.972	821.6574	6.3231	0.0026	3.01
列	2	100.5	50.25	0.3867	0.6834	3.40
交互	6	242.611	40.4352	0.3112	0.9249	2.51
内部	24	3118.667	129.9444			
总计	35	5926.75				

从表中可以得出，手机外观不同对销售量有影响，但不同卖场对销售量没有影响，并且外观因素与卖场因素之间无交互效应.

7.(1)$r=0.7985$； (2)$\hat{y}=135.362+16.428x$； (3)$s^2=87928$；

(4)

方差来源	自由度	平方和	均方	F比	P_-值
回归	1	928404	928404	10.56	0.0175
残差	6	527568	87928		
总计	7	1455972			

从P_-值$=0.0175$可以判断回归方程是显著的；

	系数	标准误差	t值	P_-值
常数	135.362	280.103	0.483	0.646
x	16.428	5.056	3.249	0.0175

从P_-值$=0.0175$，可以判断回归系数检验显著；

(5)$\widehat{E[y]}=1121$，置信区间为(843,1399)； (6)$\hat{y}=1121$，预测区间为(344,1898).

8.(1)不是线性关系； (2)采用Y比采用$\ln Y$结果要好.

9.(1)$\hat{y}=33.85+5.15x_1+4.38x_2$； (2)回归方程是显著的，回归系数都显著； (3)残差图略，线性假设成立，方差齐性，独立性满足.

思考题十

1.不对. 2.不一定. 3.对. 4.不对. 5.对.

6.不相关不能推出相互独立.相互独立并且都是二阶矩过程时，一定不相关.

7.不对.边际正态不能推出联合正态.由条件不能推出$(X_{t_1},\cdots,X_{t_n})$正态，所以不能推出$\{X(t);t\in T\}$一定是正态过程.

习题十

1.(1)$P(Y_n=k)=\dfrac{k^n-(k-1)^n}{6^n}$，$k=1,2,3,4,5,6$； (2)$\dfrac{1}{324}$.

2.(1)共四条样本函数：$x_1(t)=t+1$，$x_2(t)=t-1$，$x_3(t)=-t+1$，$x_4(t)=-t-1$；(2)$P(X(1)=0,X(2)=1)=P(X(1)=0,X(2)=-1)=P(X(1)=2,X(2)=3)=P(X(1)=-2,X(2)=-3)=\dfrac{1}{4}$，$P(X(1)=0)=\dfrac{1}{2}$，$P(X(1)=2)=P(X(1)=-2)=\dfrac{1}{4}$，$P(X(2)=1)=P(X(2)=-1)=P(X(2)=3)=P(X(2)=-3)=\dfrac{1}{4}$.

3.(1)共五条样本函数：$x_1(t)=0$，$x_2(t)=1$，$x_3(t)=-1$，$x_4(t)=t$，$x_5(t)=-t$；

(2)$P(X(1)=1)=\dfrac{4}{9}$，$P(X(2)=1)=\dfrac{1}{9}$，$P(X(1)=1,X(2)=1)=\dfrac{1}{9}$.

4.(1)$\dfrac{1}{4}$，$\dfrac{3}{4}$，$\dfrac{1}{4}$； (2)$\mu_Z(t)=\dfrac{t+1}{2}$，$R_Z(s,t)=\dfrac{1}{2}+st$.

5.(1)$\dfrac{25}{6^6}$； (2)0.9772； (3)0.0139. 6.$\dfrac{7}{16}$，$\dfrac{3}{8}$. 7.(B)，(F)，(H)，(D).

8. $N(0,1)$，$N(0,2+2\cos(t-s))$.

9. (1) $\mu_X(t)=\mu(t+1)$，$R_X(s,t)=\sigma^2(ts+1)+\mu^2(t+1)(s+1)$，$C_X(s,t)=\sigma^2(ts+1)$；

(2) $X(t)\sim N(0,t^2+1)$，$X(t)-X(s)\sim N(0,(t-s)^2)$，$X(t)+X(s)\sim N(0,(t+s)^2+4)$.

10. $\mu_Z(t)=\mu_X(t)+\sum_{i=1}^{n}a_i\mu_{X_i}(t)$，$C_Z(t,s)=C_X(t,s)+\sum_{i=1}^{n}a_i^2C_{X_i}(t,s)$，$C_{Z,X}(t,s)=C_X(t,s)$.

11. $\mu_Z(t)=a(t)\mu_X(t)+b(t)\mu_Y(t)+c(t)$，$C_Z(s,t)=a(t)a(s)C_X(s,t)+b(t)b(s)C_Y(s,t)$.

12. $\mu_Y(t)=\mu_X(t)+\mu_X(t+1)$，$R_Y(s,t)=R_X(s,t)+R_X(s,t+1)+R_X(s+1,t)+R_X(s+1,t+1)$，$R_{XY}(s,t)=R_X(s,t)+R_X(s,t+1)$.

13. $\mu_Z(t)=\mu_X(t)\mu_Y(t)$，$R_Z(s,t)=R_X(s,t)R_Y(s,t)$，$R_{XZ}(s,t)=\mu_Y(t)R_X(s,t)$.

思考题十一

1. 不对. Markov 性是指在知道现在状态的条件下，过去与将来相互独立. 过去和将来不一定独立，习题 9 (1) 就给出了一个反例.

2. $P^{(m)}=P^m$.

3. 首先计算多步转移概率，然后对任何 $n_1<n_2<\cdots<n_k$，$P(X_{n_1}=i_1,\cdots,X_{n_k}=i_k)=\sum_i P(X_0=i)p_{ii_1}^{(n_1)}p_{i_1i_2}^{(n_2-n_1)}\cdots p_{i_{k-1}i_k}^{(n_k-n_{k-1})}$.

4. 方法一：计算 f_{ii}，如果 $f_{ii}=1$，则 i 常返，否则暂留；

方法二：计算 $\sum_n p_{ii}^{(n)}$，若 $\sum_n p_{ii}^{(n)}=\infty$，则 i 常返，否则暂留；

方法三：考虑状态 i 的互达等价类，若互达等价类不闭，则 i 暂留；若互达等价类闭且是有限集，则 i 正常返；若互达等价类闭且是可数集，则在这互达等价类中找一个容易判断常返性的状态，i 的常返性与这个状态的常返性相同.

5. 方法一：如果 $f_{ii}=\sum_n f_{ii}^{(n)}=1$ 且 $\mu_i=\sum_n nf_{ii}^{(n)}<\infty$，则 i 正常返，否则不是正常返；

方法二：与上题中方法三相同；

方法三：若 i 的互达等价类闭且是可数集时，我们可以把 Markov 链限制在这个互达等价类上考虑，此时 i 正常返当且仅当存在平稳分布.

6. 方法一：$\mu_i=\sum_n nf_{ii}^{(n)}$；

方法二：把 Markov 链限制在 i 的互达等价类上考虑，计算出平稳分布，则 $\mu_i=\frac{1}{\pi_i}$.

7. 不一定. 如果一个状态的互达等价类是闭的且是有限集时，则它一定是正常返态. 如果一个状态的互达等价类是闭的且是可数集时，则它可能是暂留，可能是零常返，也有可能是正常返，爬梯子模型就是这样的例子.

8. 对.

9. 不对，取决于过程的常返性. 对于不可约非周期的 Markov 链，若正常返，则对任何 i,j，$\lim_{n\to\infty}p_{ij}^{(n)}=\pi_j>0$，否则对任何 i,j，$\lim_{n\to\infty}p_{ij}^{(n)}=0$.

10. 不对. 如果状态 i 的周期为 d，则 $p_{ii}^{(n)}>0$ 推出 n 是 d 的整数倍. 反之，则不一定对. 例如在爬梯子模型中，对任何 $n\geqslant 2$，$p_{11}^{(n)}\geqslant p_{10}p_{00}^{n-2}p_{01}>0$，所以状态 1 的周期为 1，但是 $p_{11}=0$.

习题十一

1. $I=\{0,1,\cdots,m\}$，$p_{i,i+1}=\frac{(m-i)^2}{m^2}$，$p_{i,i}=\frac{2i(m-i)}{m^2}$，$p_{i,i-1}=\frac{i^2}{m^2}$，$\forall i\in I$.

2. $I=\{0,1,2,\cdots\}$，当 $j\geqslant i\geqslant 0$ 时，$p_{ij}=p_{j-i}$，当 $0\leqslant j<i$ 时，$p_{ij}=0$.

3. $I=\{0,1,2,\cdots\}$，$p_{i,i+1}=p$，$p_{i,0}=q$，$\forall i\in I$.

4. $I=\{0,1,\cdots,N\}$，$p_{i,i+1}=\frac{2i(N-i)p}{N(N-1)}$，$p_{i,i}=1-\frac{2i(N-i)p}{N(N-1)}$，$\forall i\in I$.

5. $\frac{4}{9}$.

6. $I=\{1,2,\cdots,9\}$, $P=\begin{pmatrix} 0 & \frac{1}{2} & 0 & \frac{1}{2} & 0 & 0 & 0 & 0 & 0 \\ \frac{1}{3} & 0 & \frac{1}{3} & 0 & \frac{1}{3} & 0 & 0 & 0 & 0 \\ 0 & \frac{1}{2} & 0 & 0 & 0 & \frac{1}{2} & 0 & 0 & 0 \\ \frac{1}{3} & 0 & 0 & 0 & \frac{1}{3} & 0 & \frac{1}{3} & 0 & 0 \\ 0 & \frac{1}{4} & 0 & \frac{1}{4} & 0 & \frac{1}{4} & 0 & \frac{1}{4} & 0 \\ 0 & 0 & \frac{1}{3} & 0 & \frac{1}{3} & 0 & 0 & 0 & \frac{1}{3} \\ 0 & 0 & 0 & 0 & 0 & 0 & 1 & 0 & 0 \\ 0 & 0 & 0 & 0 & \frac{1}{3} & 0 & \frac{1}{3} & 0 & \frac{1}{3} \\ 0 & 0 & 0 & 0 & 0 & 0 & 0 & 0 & 1 \end{pmatrix}$，被猫吃掉的概率是$\frac{3}{5}$.

7. (1) $I=\{(0,0),(1,1),(0,1),(1,0)\}$, $P=\begin{pmatrix} 1 & 0 & 0 & 0 \\ 0 & 1 & 0 & 0 \\ 0.1 & 0.4 & 0.4 & 0.1 \\ 0.2 & 0.3 & 0.3 & 0.2 \end{pmatrix}$； (2) $\frac{2}{9}$.

8. (1) $0,\frac{1}{66}$； (2) $\frac{1}{6},\frac{1}{36}$； (3)不具有 Markov 性.

9. (1) $\frac{p^2}{2}$，0，不独立； (2) p，$p^2+(1-p)^2$； (3)不具有 Markov 性.

10. (1) $I=\{0,1,2\}$, $P=\begin{pmatrix} 0 & \frac{2}{3} & \frac{1}{3} \\ \frac{1}{3} & 0 & \frac{2}{3} \\ \frac{2}{3} & \frac{1}{3} & 0 \end{pmatrix}$； (2) $\frac{2}{81},\frac{5}{18}$.

11. (1) $\frac{5}{9},\frac{5}{13}$； (2) $\frac{1}{3},\frac{70}{729}$； (3) $f_{11}^{(1)}=0,f_{11}^{(2)}=\frac{7}{9},f_{11}^{(n)}=\frac{4}{9}(\frac{1}{3})^{n-2},n\geqslant 3,f_{11}=1,\mu_1=\frac{7}{3}$.

12. (1) $\frac{7}{36},\frac{11}{36},\frac{1}{3\cdot 2^{10}}$； (2)1，2，3 正常返，0 暂留，$\mu_1=\frac{5}{2},\mu_2=\frac{5}{3},\mu_3=1$.

13. $f_{00}^{(1)}=\alpha,f_{00}^{(n)}=(1-\alpha)^2\alpha^{n-2},\forall n\geqslant 2$. $f_{01}^{(n)}=\alpha^{n-1}(1-\alpha),\forall n\geqslant 1$.

14. $\pi=(\frac{3}{7},\frac{3}{7},\frac{1}{7})$.

15. (1) $\boldsymbol{I}=\{0,1,2,3\}$, $\boldsymbol{P}=\begin{pmatrix} \frac{1}{6} & \frac{1}{3} & \frac{1}{3} & \frac{1}{6} \\ \frac{1}{6} & \frac{1}{6} & \frac{1}{3} & \frac{1}{3} \\ \frac{1}{3} & \frac{1}{6} & \frac{1}{6} & \frac{1}{3} \\ \frac{1}{3} & \frac{1}{3} & \frac{1}{6} & \frac{1}{6} \end{pmatrix}$, $\boldsymbol{\pi}=(\frac{1}{4},\frac{1}{4},\frac{1}{4},\frac{1}{4})$； (2) $\frac{1}{4}$.

16. (1) $\boldsymbol{I}=\{0,1,\cdots,N\}$, $p_{i,i+1}=\frac{p(N-i)}{N}$, $p_{i,i}=\frac{ip+(1-p)(N-i)}{N}$, $p_{i,i-1}=\frac{(1-p)i}{N}$；

(2) $\boldsymbol{\pi}=(\frac{1}{8},\frac{3}{8},\frac{3}{8},\frac{1}{8})$, $\mu_0=8$.

17. (1) $I=\{0,1,2,3\}$, $P=\begin{pmatrix} 0 & 0 & 0 & 1 \\ 0 & 0 & 1-p & p \\ 0 & 1-p & p & 0 \\ 1-p & p & 0 & 0 \end{pmatrix}$, $\pi=\left(\frac{1-p}{4-p},\frac{1}{4-p},\frac{1}{4-p},\frac{1}{4-p}\right)$;

(2) $\frac{p(1-p)}{4-p}$, $\because \frac{p(1-p)}{4-p}\leqslant\frac{1}{4(4-p)}\leqslant\frac{1}{12}$.

18. $\lim\limits_{n\to\infty}P(X_n=0)=0$, $\lim\limits_{n\to\infty}P(X_n=1)=\frac{4}{15}$, $\lim\limits_{n\to\infty}P(X_n=2)=\frac{2}{5}$, $\lim\limits_{n\to\infty}P(X_n=3)=\frac{1}{3}$.

19. (1) $\{0,1,2,3\}$闭，$\{6,7\}$闭，$\{4,5\}$不闭； (2) 0,1,2,3,6,7 正常返，4,5 暂留，4,5,6,7 非周期，0,1,2,3 周期为 2，$\mu_0=\mu_3=6$, $\mu_1=\mu_2=\mu_6=3$, $\mu_7=\frac{3}{2}$； (3) $0,\frac{2}{3}$.

20. (1) $\{0,1,2\}$闭，所有状态正常返周期为 2，$\mu_0=6$, $\mu_1=2$, $\mu_2=3$；

(2) $\begin{pmatrix} \frac{1}{3} & 0 & \frac{2}{3} \\ 0 & 1 & 0 \\ \frac{1}{3} & 0 & \frac{2}{3} \end{pmatrix}$，$\{0,2\}$闭，$\{1\}$闭，所有状态非周期正常返，$\mu_0=3$, $\mu_1=1$, $\mu_2=1.5$.

思考题十二

1. (A),(C).

2. $\mathrm{Cov}\{N(2),N(5)-N(1)\}=\mathrm{Cov}\{N(2),N(5)\}-\mathrm{Cov}\{N(2),N(1)\}=\lambda$.

3. (1) $\{N(t)<n\}=\{W_n>t\}$； (2) $\{N(t)>n\}\subset\{W_n<t\}$； (3) $\{N(t)\leqslant n\}\supset\{W_n\geqslant t\}$； (4) $\{N(t)\geqslant n\}=\{W_n\leqslant t\}$.

4. (C)不正确，其余都正确． 5. 布朗运动是正态过程，反之不一定.

6. 不成立，$\mathrm{Cov}\{B(3),B(5)-B(2)\}=\mathrm{Cov}\{B(3),B(5)\}-\mathrm{Cov}\{B(3),B(2)\}=1$. 7. 不独立.

习题十二

1. (1) $1-(1+2\lambda)e^{-2\lambda}$； (2) $1-e^{-2\lambda}$； (3) $\frac{\lambda e^{-\lambda}(1-e^{-2\lambda})}{1-(1+3\lambda)e^{-3\lambda}}$.

2. $\mu_X(t)=\lambda$, $R_X(s,t)=\begin{cases}\lambda^2+\lambda(1-|t-s|), & |t-s|\leqslant 1,\\ \lambda^2, & |t-s|>1.\end{cases}$

3. $\mu_X(t)=0$, $R_X(s,t)=\begin{cases}\lambda t(1-s), 0<t\leqslant s<1\\ \lambda s(1-t), 0<s<t<1\end{cases}$.

4. (1) $1-\left[1+3(\lambda_1+\lambda_2)+\frac{9(\lambda_1+\lambda_2)^2}{2}\right]e^{-3(\lambda_1+\lambda_2)}$； (2) $1-[1+2(\lambda_1+\lambda_2+\lambda_3)]e^{-2(\lambda_1+\lambda_2+\lambda_3)}$.

5. $C_n^k\left(\frac{\lambda}{\lambda+\mu}\right)^k\left(\frac{\mu}{\lambda+\mu}\right)^{n-k}$. 6. (1) $\frac{(\lambda pt)^k}{k!}e^{-\lambda pt}$； (2) $\lambda p\min(s,t)$.

7. (1) $C_n^k\left(\frac{s}{t}\right)^k\left(1-\frac{s}{t}\right)^{n-k}$； (2) $1-e^{-2\lambda}$； (3) $\sum\limits_{i=k}^{n}C_n^i\left(\frac{s}{t}\right)^i\left(1-\frac{s}{t}\right)^{n-i}$.

8. (1) $\frac{(2\lambda)^3}{3!}e^{-2\lambda}$； (2) $\left(1+\lambda+\frac{\lambda^2}{2}\right)e^{-\lambda}-(1+2\lambda+2\lambda^2)e^{-2\lambda}$.

9. (1) $1-\frac{17}{2}e^{-3}$； (2) $1-179.8e^{-6}$.

10. $f(x)=\frac{1}{\sqrt{10\pi}}e^{\frac{-x^2}{10}}$, $-\infty<x<\infty$.

11. (1) $\Phi(1)$； (2) 2； (3) 10. 12. $0,2,\Phi(\sqrt{3})$. 13. $3t$, $13\min(s,t)$, $2\min(s,t)$.

14. $e^{\frac{t}{2}}$, $e^{2t}-e^t$. 15. $0,\frac{t^3}{3}$. 18. (1) $2\Phi\left(\frac{x}{\sqrt{t}}\right)-1$； (2) $2\Phi\left(\frac{x}{\sqrt{t}}\right)-1$.

思考题十三

1. 不一定.　2. 都是.

3. $\{Y(t),-\infty<t<\infty\}$是平稳过程,$\{Z(t),-\infty<t<\infty\}$不是平稳过程.　4. 是.

5. 见定义 13.2.4. 对于各态历经过程,可以通过记录一条样本函数来估计均值函数和相关函数.

6. 不一定存在,如随机相位正弦波.

7. 见维纳—辛钦公式.　8. 见定义 13.4.1 和 13.4.2.

9. 对线性时不变系统,频率响应函数 $H(\omega)$表示了输入谐波信号时,输出的同频率谐波其振幅和相位的变化.

习题十三

1. (1)$0,\sigma^2\cos m\omega$. (2)0, $\sum\limits_{k=0}^{m}\sigma_k^2\cos j\omega_k$.　2. 是. $\mu_X(t)=0,R_X(t,t+\tau)=\frac{1}{6}\cos\tau$.

3. (1)$\mu_Y(t)=0,R_Y(t,t+\tau)=1+e^{-|\tau|}-e^{-|t+\tau|}-e^{-|t|}$;

(2)$\mu_Z(t)=0,R_Z(t,t+\tau)=\frac{1}{2}e^{-|\tau|}$,$Y(t)$不是,$Z(t)$是平稳过程.

4. (1)$\mu_X(t)=\mu(\sin t-\cos t),R_X(t,t+\tau)=\sigma^2\cos\tau-\mu^2\sin(2t+\tau)$;　(2)0;

(3)$P\{X(0)=\pm1\}=0.5,P\{X(\frac{\pi}{4})=\pm\sqrt{2}\}=\frac{1}{4},P\{X(\frac{\pi}{4})=0\}=\frac{1}{2}$,不是严平稳过程.

6. $\mu_Y(t)=\sin t,R_{XY}(s,t)=4\sin t\cos s$.　7. ±1.　8. 均值都具有各态历经性.

9. (1)$\mu_X(t)=0,R_X(t,t+\tau)=\frac{1}{3}\cos\tau$;　(2)0,是;　(3)不是.　10. (1)$\frac{A}{8},\frac{A^2}{48}$;(2)$\frac{A}{8}$.

12. (1)$aR_X(\tau-\tau_1)+R_{XN}(\tau)$;(2)$aR_X(\tau-\tau_1)$.

13. $\frac{\sqrt{2}}{4}e^{-\sqrt{2}|\tau|}-\frac{\sqrt{3}}{6}e^{-\sqrt{3}|\tau|}$.

14. $\frac{2}{\omega^2+1}+\frac{1}{(\omega+\pi)^2+1}+\frac{1}{(\omega-\pi)^2+1}$.

15. (2)$\langle X(t)\rangle=C,P\{\langle X(t)\rangle=0\}=0\neq1$,均值不具有各态历经性;　(3)$\frac{\pi}{3}[\delta(\omega+1)+\delta(\omega-1)+2\delta(\omega)]$.

16. $\frac{1}{\pi}(1+\frac{2\sin^2\tau/2}{\tau^2})$.　17. $R_X(\tau)=\frac{\sin\tau}{\pi\tau}$;$\mu_X=0$ 时$\{X(t)\}$的均值具有各态历经性.

20. $\frac{\alpha\beta}{2}\cos\tau,\frac{\pi\alpha\beta}{2}[\delta(\omega+1)+\delta(\omega-1)]$.　21. $S_{XY}(\omega)=2\pi\mu_X\mu_Y\delta(\omega),S_{XZ}(\omega)=S_X(\omega)+2\pi\mu_X\mu_Y\delta(\omega)$.

22. (1)是;(2)不是.　23. $H(\omega)=\frac{-i\omega}{a\omega^2-b}$.　24. $|H(\omega)-1|^2S_X(\omega)$.

25. (1)$H(\omega)=\frac{T(\sin T\omega/2)}{T\omega/2}e^{-iT\omega/2}$;　(2)$S_Y(\omega)=T^2[\frac{(\sin T\omega/2)}{T\omega/2}]^2,R_Y(\tau)=\begin{cases}T-|\tau|,|\tau|\leqslant T,\\0,|\tau|>T.\end{cases}$

(3)$S_{XY}(\omega)=\frac{T(\sin T\omega/2)}{T\omega/2}e^{-iT\omega/2}$.

26. (1)$H(\omega)=\frac{a}{i\omega+b}$;　(2)$S_Y(\omega)=\frac{2\beta a^2\sigma^2}{\beta^2-b^2}(\frac{1}{\omega^2+b^2}-\frac{1}{\omega^2+\beta^2}),R_Y(\tau)=\frac{a^2\sigma^2}{\beta^2-b^2}(\frac{\beta}{b}e^{-b|\tau|}-e^{-\beta|\tau|})$.

参考文献

[1]邓永录.应用概率及其理论基础.北京:清华大学出版社,2005.

[2]林正炎,苏中根.概率论(第二版).杭州:浙江大学出版社,2008.

[3]盛骤,谢式千,潘承毅.概率论与数理统计(第三版).北京:高等教育出版社,2001.

[4]茆诗松,王静龙.数理统计.上海:华东师范大学出版社,1989.

[5]周纪芗.回归分析.上海:华东师范大学出版社,1993年.

[6]Gudmund and Mary 著.统计学——基本概念和方法.吴喜之等译.北京:高等教育出版社,柏林:施普林格出版社,2000年.

[7]Weisberg 著.应用线性回归.北京:王静龙等译.中国统计出版社,1998年.

[8]陆大绘.随机过程及其应用.北京:清华大学出版社,1986年.

[9]方兆本,缪柏其.随机过程.北京:中国科学技术大学出版社,1993年.

[10]Sheldom M. Ross 著.合肥:随机过程.何声武等译.北京:中国统计出版社,1997年.

[11]林元烈.应用随机过程.北京:清华大学出版社,2002年.

[12]应坚刚,金蒙伟.随机过程基础.上海:复旦大学出版社,2005年.

[13]刘次华.随机过程及其应用(第三版).上海:高等教育出版社,2004年.

[14]Edward P. C. Kao 著.随机过程导论(英文版).北京:机械工业出版社,2003年.

[15]Larry Wasserman. All of Statistics: A Concise Course in Statistical Inference. Spring, 2003.

[16]Sheldon M. Ross. A First Course in Probability(7th Edition). Pearson Education, Inc. ,2005.

[17]Andrei N. Kolmogorov(1933). Grundbegriffe der Wahrscheinlichkeitsrechnung. Springer, Berlin. English translation(1950): Foundations of the theory of probability. Chelsea, NewYork.

[18]K. Pearson. Contributions to the Mathematical Theory of Evolution. Philosophical Transactions of the Royal Society A, 1894, 185: 71-110.

[19]R. A. Fisher. On the Mathematical Foundations of Theoretical Statistics, Philosophical Transactions of the Royal Society of London. Series A, 1922, 222: 309-368.

[20]T. Bayes. An Essay towards solving a Problem in the Doctrine of Chances. Philosophical Transactions, Giving Some Account of the Present Undertakings, Studies and Labours of the Ingenious in Many Considerable Parts of the World, 1763, 53: 370-418.

[21]K. Pearson. On the criterion that a given system of deviations from the probable in the case of a correlated system of variables is such that it can be reasonably supposed to have arisen from random sampling. London, Edinburgh and Dublin Magazine and Journal of Science, 1900. (50)5: 157-175.

[22]Google 的秘密——PageRank 彻底解说中文版. http://www. kreny. com/pagerank cn. htm

[23]Samuel Karlin, Howard M. Tailor. A First Course in Stochastic Processes. New York, Academic Press, 1975.

[24]Denis Bosq, Hung T. guyen. A Course in Stochastic Processes. Kluwer Academic Publishers, 1996.

[25]Geoffrey Grimmett and David Stirzaker. Probability and Random Processes. Oxford University Press, 2001.

图书在版编目（CIP）数据

概率论、数理统计与随机过程／张帼奋主编．—杭州：浙江大学出版社，2011.7(2015.7 重印)
ISBN 978-7-308-08852-7

Ⅰ.①概… Ⅱ.①张… Ⅲ.①概率论—高等学校—教材②数理统计—高等学校—教材③随机过程—高等学校—教材 Ⅳ.①O21

中国版本图书馆 CIP 数据核字（2011）第 134518 号

概率论、数理统计与随机过程
主　编　张帼奋
副主编　黄柏琴　张彩伢

责任编辑　余健波
封面设计　续设计
出版发行　浙江大学出版社
（杭州市天目山路 148 号　邮政编码 310007）
（网址：http://www.zjupress.com）
排　　版　杭州中大图文设计有限公司
印　　刷　德清县第二印刷厂
开　　本　787mm×1092mm　1/16
印　　张　18.25
字　　数　558 千
版 印 次　2011 年 7 月第 1 版　2015 年 7 月第 5 次印刷
印　　数　14501—17000
书　　号　ISBN 978-7-308-08852-7
定　　价　32.00 元